太湖流域综合调度促进河湖有序流动的研究与实践

李敏　吴时强　展永兴　庄志伟 等　著

中国水利水电出版社
www.waterpub.com.cn
·北京·

内 容 提 要

太湖流域社会经济发达，城镇化率高，流域内河流纵横交错，水利工程众多，是我国典型的平原河网地区，科学合理的工程调度对于促进河湖有序流动，保障流域防洪、供水和水生态环境安全具有十分重要的意义。本书系统回顾了太湖流域调度的发展演变历程，总结梳理了流域调度存在的难点和需求，研究构建了太湖流域综合调度的评价指标体系，探索提出了太湖综合调度目标以及流域河道工程调度优化建议，深入阐述了河湖有序流动的水环境响应机制，并提出了面向防洪、供水、水生态环境“三个安全”的太湖流域综合调度方案和管理建议，为太湖流域综合治理体系建设和水治理能力的提升提供了技术支撑。

本书可供关心和研究太湖流域综合调度与河湖有序流动的技术人员借鉴和参考，也可供水资源管理与保护、水利规划、流域综合治理等水行政主管部门的管理人员和相关大专院校的师生使用。

图书在版编目（CIP）数据

太湖流域综合调度促进河湖有序流动的研究与实践 / 李敏等著. -- 北京 : 中国水利水电出版社, 2018.8
ISBN 978-7-5170-6792-4

Ⅰ. ①太… Ⅱ. ①李… Ⅲ. ①太湖－流域－水库调度－研究 Ⅳ. ①TV697.1

中国版本图书馆CIP数据核字(2018)第205284号

书　　名	**太湖流域综合调度促进河湖有序流动的研究与实践** TAIHU LIUYU ZONGHE DIAODU CUJIN HEHU YOUXU LIUDONG DE YANJIU YU SHIJIAN
作　　者	李敏　吴时强　展永兴　庄志伟　等 著
出版发行	中国水利水电出版社 （北京市海淀区玉渊潭南路1号D座　100038） 网址：www.waterpub.com.cn E-mail：sales@waterpub.com.cn 电话：（010）68367658（营销中心）
经　　售	北京科水图书销售中心（零售） 电话：（010）88383994、63202643、68545874 全国各地新华书店和相关出版物销售网点
排　　版	中国水利水电出版社微机排版中心
印　　刷	北京合众伟业印刷有限公司
规　　格	184mm×260mm　16开本　23印张　545千字
版　　次	2018年8月第1版　2018年8月第1次印刷
印　　数	0001—1000册
定　　价	**98.00**元

前 言

平原河网地区河流水系发达，一般地势较为低平，自然状态下水流相互沟通，连成一片，易渍涝成灾。区域通过实施海塘、湖堤、圩田、运河、堰、闸、泵等多种形式的水利设施，抵御了洪涝灾害，促进了地区发展。随着经济社会的快速发展和城市化进程的日益加快，地区水资源需求也随之不断增长，通过对已建水利工程实施综合调度，促进自然—人工复合水网体系运转，维持促进水体有序流动，提高水安全保障能力，日渐成为平原河网地区亟须攻克的难题。

太湖流域是我国典型的平原河网地区，地处长江三角洲南翼，北依长江，东临东海，南滨钱塘江，西以天目山、茅山为界，是长三角核心地区，也是我国大中城市最密集、经济最具活力的地区。流域内河网如织、湖泊棋布，独特的平原河网为流域经济社会发展提供了良好的水利条件，也决定了流域防洪、水资源、水环境等问题的复杂性、艰巨性和长期性。为解决流域洪水排泄问题，流域内开展了大量的水利工程建设，形成了流域范围内长江、太湖、天然河道、人工河道、流域治理骨干工程、闸、坝及其他配套工程集一体的多尺度、多层次、多目标的复杂江河湖水系，也初步实现了“北向长江引排、东出黄浦江供排、南排杭州湾且利用太湖调蓄”的流域防洪与水资源调控工程体系，为统筹流域和区域的防洪以及水资源调度奠定了基础。

近年来，随着流域经济社会的快速发展，太湖流域综合治理不断推进，流域水利工程调度理念也逐步升华，初步实现了“四大转变”，即从洪水调度向资源调度转变，从汛期调度向全年调度转变，从水量调度向水量水质统一调度转变以及从区域调度向流域与区域相结合的调度转变，流域水利工程调控在保障流域防洪安全、供水安全和水生态环境安全中的作用愈加明显。流域经济社会发展的不同阶段，对防洪、供水和水生态环境安全有不同的需求和侧重，流域调度管理也应紧紧围绕经济社会发展需求不断调整与优化。新形势下，太湖流域的水利改革发展对流域综合调度提出了更高的要求，如何充分发挥水利工程体系的综合作用，构建面向防洪、供水、水生态环境“三个安全”（以下简称“三个安全”）的流域综合调度模式，促进流域实现科学调度、精细调度，是一个值得研究的课题。2015年，太湖流域管理局水利发展研究中心联合南京水利科学研究院、江苏省太湖水利规划设计研究院有限公司、江苏省水文水资源勘测局苏州分局共同申报并获批水利部公益性行业科研专项“太湖流域综合调度及河湖有序流动技术研究（201501015）”，旨在通过建立太湖流域综合调度目标和指标体系，探索基于河湖水体有序流动的水环境调度关键技术，优化流域现状调度方案，构建面向“三个安全”的流域综合调度模式，统筹协调流域防洪、供水与水生态环境改善的不同目标，实现工程体系联动与调度目标联动，促进水生态系统良性循环发展，为实现流域“科学调度、精细调度”、更好地发挥水利工程调度的综合效益提供技术支撑，为建设流域水生态文明、实现以水资源可持续利用支撑经济社会可持续发展提供基础保障。

本书以“太湖流域综合调度及河湖有序流动技术研究”项目研究成果为基础，结合其他相关研究成果编著而成。全书共分13章，第1章简述太湖流域概况、近年来治理与管理成效以及项目研究背景；第2章综述国内外对于综合调度、河湖水体有序流动、调度实践等相关研究的进展；第3章概述全书的研究目标、思路、方法、研究工况、典型年、研究工具等，并总结提出太湖流域综合调度及河湖水体有序流动内涵；第4章在总结太湖流域调度演变历程和实践的基础上，分析提出现状调度方案存在的问题及研究需求；第5章分析太湖流域现状调度情况下流域、区域河湖水体流动情况；第6章在太湖流域及区域综合调度目标与指标分析基础上，构建太湖流域综合调度评价指标体系，研究提出评价方法；第7章～第9章，基于流域重点河湖的调度需求，分别研究提出太湖防洪、供水、水生态环境调度等综合调度目标及优化控制建议，以及流域骨干河道工程太浦河工程和望虞河工程的调度优化建议；第10章研究提出有利于湖西区、武澄锡虞区、阳澄淀泖区和杭嘉湖区区域河网水体有序流动和水环境改善的调度方案；第11章以阳澄淀泖区为典型示范区域，开展区域有序流动调度实践的水量水质原位观测试验，分析验证河湖水体有序流动与水环境调度的响应机制；第12章研究提出面向“三个安全”的太湖流域综合调度方案，并进行效果分析；第13章总结项目研究成果及创新性，并提出展望。

本书由李敏、李蓓统稿，第1章由李敏、蔡梅、杨文晶撰写，第2章由蔡梅、陆志华、钱旭、戴江玉撰写，第3章由李敏、蔡梅、王元元撰写，第4章由陆志华、钱旭、马农乐撰写，第5章由李蓓、马农乐撰写，第6章由吴时强、吴修锋、戴江玉、李蓓、陆志华撰写，第7章由李敏、陆志华、龚李莉、李勇涛撰写，第8章由李敏、王元元、马农乐、钱旭撰写，第9章由李蓓、陆志华、龚李莉、蔡梅撰写，第10章由展永兴、吴小靖、李灿灿、汪院生、王元元、马农乐撰写，第11章由庄志伟、杨金艳、白瑞泉、蔡晓钰、王元元、李勇涛撰写，第12章由李敏、李蓓、陆志华撰写，第13章由李敏、李蓓、王元元撰写。

研究工作得到了水利部太湖流域管理局、苏州市水务局、河海大学、上海勘测设计研究院有限公司、上海东南工程咨询有限责任公司等单位领导、专家的大力支持和指导，同时也感谢参与本项目研究工作的何建兵、刘克强、潘明祥、向美焘、韦婷婷、诸发文、周杰、薛万云、贾本有、杨倩倩、吴心艺、沙鹏、夏熙、秦灏、梁庆华、朱林、岳晓红、唐仁、许仁康、钮锋敏、陆建伟、李明、谈剑宏、周红兵、徐勇、俞茜、钱伟忠、杨惠、王谦、姜宇、朱文英等的合作和帮助。本项目研究全程得到了太湖流域管理局原局长、教授级高级工程师王同生，太湖流域水资源保护局原局长、教授级高级工程师房玲娣的指导与帮助，在此深表谢意。

鉴于太湖流域河湖水系复杂，平原河网地区水利工程调度涉及因素众多，研究工况尚在不断完善中，典型年具有一定局限性，调度方案设计仍有诸多不确定因素，加之作者水平有限，书中难免有偏颇、遗漏和不妥之处，恳请广大读者和同行批评指正、交流探讨，以利后续深入研究。

作者

2017年12月

目　　录

第1章 概述

太湖流域河流纵横交错，湖泊星罗棋布，是典型的平原河网地区。针对太湖流域平原河网典型特色，研究流域综合调度促进河湖水体有序流动，需根据太湖流域实际情况开展。本章简述综合调度研究开展的背景，并从自然地理、河湖水系、经济社会、水资源开发利用、流域治理与管理等方面入手，介绍流域基本情况及开展调度研究的基础条件。

1.1 研究背景

太湖流域是以太湖为中心的一个相对独立的封闭区域，是长江下游的支流区，除局部山丘区外，主要为典型的平原河网地区（占78%）。流域内河流纵横交错，湖泊星罗棋布，地势低平，河道坡降小，且北、东、南三面受长江和杭州湾水位影响及潮汐顶托，水流流向往复、流速缓慢。经过大量水利工程建设，太湖流域已初步形成了北向长江引排、东出黄浦江供排、南排杭州湾且利用太湖调蓄的流域防洪与水资源调控工程体系，为统筹考虑流域和区域、防洪和水量调度奠定了基础。

近年来，随着太湖流域治理不断推进、经济社会快速发展和水利工程调度理念逐步升华，流域水利工程调控在保障流域防洪安全、供水安全和水生态环境安全中的作用愈加明显。科学调度水利工程是合理调控流域洪涝、改善水资源与水环境条件、发挥水利工程减灾兴利综合效益的重要手段，对实现流域综合治理目标，保障流域及区域防洪、供水和水生态环境安全具有重要作用。在不同的发展阶段，流域水利工程调控能力及经济社会发展对防洪、供水和水生态环境安全有不同的需求和侧重，太湖流域的调度管理也不断地进行调整与优化。新形势下太湖流域综合治理与管理工作对流域综合调度提出了更高的要求。习近平总书记提出的“节水优先、空间均衡、系统治理、两手发力”新时期治水思路，为新时期水利工作指明了方向。水利部原部长陈雷多次在全国重要会议上提出要加强河湖水系连通，提高水利工程综合调度能力，构建布局合理、生态良好，引排得当、循环通畅，蓄泄兼筹、丰枯调剂，多源互补、调控自如的江河湖库水系连通体系，着力提升水资源调蓄能力、水环境自净能力和水生态修复能力。水利部原副部长矫勇在太湖流域综合规划专家审查会上指出，要通过流域综合治理工程布局的完善和水利工程科学调度，促进河湖水体有序流动，实现雨洪资源利用，增加河湖水体自净能力和水环境承载能力，进一步发挥水利工程防洪、供水与水环境的综合作用。

《太湖流域洪水调度方案》（1999年）、《太湖流域引江济太调度方案》（2009年）和《太湖流域洪水与水量调度方案》（2011年）先后获得国家防汛抗旱总指挥部及水利部的批复，并予以实施，流域调度初步实现了“四大转变”，即从洪水调度向资源调度转变，从汛期调度向全年调度转变，从水量调度向水量水质统一调度转变和从区域调度向流域与区域相结合的调度转变。但与“科学调度、精细调度”的要求相比，流域现状调度还存在一些薄弱环节：一是流域水生态环境调度目标及控制要求有待进一步研究，流域现行综合调度难以充分考虑水生态环境改善的需求；二是由于水文气象中长期预报准确性有待进一步提高，流域调度统筹兼顾防洪、供水、水生态环境“三个安全”难度较大，且流域与区域、区域与区域之间往往需求不同，同一时期各不同对象调度目标间存在差异，统筹协调难度大；三是流域水利工程未实现流域性统一管理，流域与区域工程体系尚未实现联合调度。

开展流域水利工程的综合调度是发挥水利工程综合效益，实现太湖流域江河湖库水系有效连通，促进河湖水体有序流动，保障流域防洪、供水和水生态环境“三个安全”的必然要求。水利工程调度与河湖水体有序流动关系密切，研究河湖水体有序流动关键技术，有利于开展流域综合调度的需求分析、目标制定及方案研究，提出流域水利工程综合调度模式，对流域洪水、水资源进行系统治理，充分发挥流域水利工程防御洪水和合理调度水资源的综合功能，进一步提升流域综合调度与管理水平。为此，本书在分析流域及区域现状调度实践与经验、存在问题及调度需求等的基础上，从流域层面统筹流域、区域多目标、多对象的不同要求，开展太湖流域综合调度促进河湖有序流动的研究，以期为流域综合调度方案优化与完善提供重要的技术支撑，进一步提升流域综合调度与管理水平。

1.2 流 域 概 况

太湖古称震泽，又名笠泽，是我国东部最大的湖泊，也是我国第三大淡水湖。太湖流域自然条件优越，风光秀美，物产丰富，河网密布，交通便利，自古以来就是名闻遐迩的“鱼米之乡”，有“上有天堂，下有苏杭”之美誉。

1.2.1 自然概况

太湖流域地处长江三角洲南翼，三面临江滨海，一面环山，北抵长江，东临东海，南滨钱塘江，西以天目山、茅山等山区为界，位于东经 119°08′～121°55′、北纬 30°05′～32°08′。行政区划分属江苏省、浙江省、上海市和安徽省，面积 36895km^2，其中江苏省 19399km^2，占 52.6%；浙江省 12093km^2，占 32.8%；上海市 5178km^2，占 14.0%；安徽省 225km^2，占 0.6%。流域地形特点为周边高、中间低，呈碟状。地貌分为山地丘陵及平原，西部山丘区面积 7338km^2，约占流域面积的 20%，山区高程一般为 200.00～500.00m（以镇江吴淞高程为基础，下同），丘陵高程一般为 12.00～32.00m；中东部广大平原区面积 29557km^2，分为中部平原区、沿江滨海高亢平原区和太湖湖区，中部平原区高程一般在 5.00m 以下，沿江滨海高亢平原地面高程为 5.00～12.00m，太湖湖底平均高程约 1.00m。

太湖流域属亚热带季风气候区，四季分明，雨水丰沛，热量充裕。流域多年平均降水量 1177mm，空间分布自西南向东北逐渐递减。受地形影响，西南部天目山区多年平均降水量最大；东部沿海及北部平原区多年平均降水量均少于 1100mm，宝山最少，为

1010mm。受季风强弱变化影响，降水的年际变化明显，年内雨量分配不均。夏季（6—8月）降水量最多，占年降水量的35%～40%；春季（3—5月）降水量占年降水量的26%～30%；秋季（9—11月）降水量占年降水量的18%～23%；冬季（12月至次年2月）降水量最少，占年降水量的11%～14%。全年有3个明显的雨季：3—5月为春雨期，特点是雨日多，雨日数占全年雨日数的30%左右；6—7月为梅雨期，梅雨期降水总量大、历时长、范围广，易形成流域性洪水；8—10月为台风雨期，降水强度较大，但历时较短，易造成严重的地区性洪涝灾害。

1.2.2 河湖水系及水利分区

1.2.2.1 水系

太湖流域是长江水系最下游的支流水系，江湖相连，水系沟通，犹如瓜藤相接，依存关系密切。长江水量丰沛，多年平均地表径流量9856亿m^3，最小月平均流量达5000m^3/s，是太湖流域的重要补给水源，也是流域排水的主要出路之一。流域现有75处沿长江口门，水量交换频繁，多年平均引长江水量为62.6亿m^3，排长江水量（不含黄浦江）为49.3亿m^3。

流域内河网如织，湖泊棋布，属典型的平原河网地区，水面面积达5551km^2，水面率为15%；河道总长约12万km，河道密度达3.3km/km^2。流域河道水面比降小，平均坡降约十万分之一；水流流速缓慢，汛期一般仅为0.3～0.5m/s；河网尾闾受潮汐顶托影响，流向表现为往复流。流域水系以太湖为中心，分上游水系和下游水系。上游水系主要为西部山丘区独立水系，包括苕溪水系、南河水系及洮滆水系；下游主要为平原河网水系，包括东部黄浦江水系、北部沿长江水系和东南部沿长江口、杭州湾水系。江南运河贯穿流域腹地及下游诸水系，起着水量调节和承转作用，也是流域重要的内河航道。太湖流域湖泊面积3159km^2（按水面面积大于0.5km^2的湖泊统计），占流域平原面积的10.7%；湖泊总蓄水量57.68亿m^3，是长江中下游7个湖泊集中区之一。以太湖为中心，形成西部洮滆湖群、南部嘉西湖群、东部淀泖湖群和北部阳澄湖群，面积大于10km^2的湖泊有9个，分别为太湖、滆湖、阳澄湖、洮湖、淀山湖、澄湖、昆承湖、元荡湖、独墅湖。流域湖泊均为浅水型湖泊，平均水深不足2.0m，个别湖泊最大水深达4.0m。

1. 苕溪水系

苕溪水系是太湖上游的最大水系，分为东、西两支，分别发源于天目山南麓和北麓。东苕溪流域面积为2306km^2，西苕溪流域面积为2273km^2，东、西苕溪分别长150km和143km，在湖州市区西侧汇合，经长兜港入太湖。苕溪水系地处流域内的暴雨区，其多年平均入湖水量约占太湖上游来水总量的50%。

2. 南河水系

南河水系发源于茅山山区，干流长50km，沿途纳宜溧山区诸溪，串联东氿、西氿和团氿3个小型湖泊，于宜兴大浦港、城东港、洪巷港入太湖，下游北与洮滆水系相连。南河水系多年平均入湖水量约占太湖上游来水总量的25%。

3. 洮滆水系

洮滆水系是由山区河道和平原河道组成的河网，以洮湖、滆湖为中心，上纳西部茅山诸溪，下经东西向的漕桥河、太滆运河、殷村港、烧香港等河道入太湖；同时又以越渎河、丹金溧漕河、扁担河、武宜运河等多条南北向河道与沿江水系相通，形成东西逢源、南北交汇的网络状水系。洮滆水系多年平均入湖水量约占太湖上游来水总量的20%。

4. 黄浦江水系

黄浦江水系是太湖流域的主要水系，涉及流域下游大部分平原，北起京杭运河和沪宁铁路线，与沿江水系相通，东南与沿杭州湾水系相连，西通太湖，面积约14000km²；非汛期沿江沿海关闸或引水期间，汇水面积可达23000km²。黄浦江水系是太湖流域最具代表性的平原河网水系，湖荡棋布，河网纵横。水系涉及的平原地区地面高程为2.50～5.00m，是流域内的“盆底”。河道水流流程长、比降小、流速慢，汛期流速仅0.3～0.5m/s。水系内包罗了流域内大部分湖泊，主要有太湖、淀山湖、澄湖、元荡湖、独墅湖等大中型湖泊，湖泊水面积约2600km²，约占流域内湖泊总面积的82%。受东海潮汐影响，黄浦江水系下段流向为往复流。

黄浦江水系以黄浦江为主干，其上游分为北支斜塘、中支圆泄泾和南支大泖港，并于黄浦江上游竖潦泾汇合，以下称黄浦江。黄浦江自竖潦泾至吴淞口长约80km，水深河宽，上中段水深7～10m，下段水深达12m，河宽400～500m。黄浦江是流域重要的排水通道，也是全流域目前唯一敞口的入长江河流。

5. 沿长江水系

沿长江水系主要由流域北部通长江河道组成，大多呈南北向，主要河道有九曲河、新孟河、德胜河、澡港、新沟河、夏港、锡澄运河、白屈港、十一圩港、张家港、望虞河、常浒河、杨林塘、七浦塘、白茆塘和浏河等，现已全部建闸控制。

6. 沿长江口、杭州湾水系

沿长江口、杭州湾水系包括浦东通长江口和杭嘉湖平原南部的入杭州湾河道，自北向南有上海浦东的川杨河、大治河和金汇港等河道，以及浙江杭嘉湖平原的长山河、海盐塘、盐官下河和上塘河等河道。杭嘉湖平原入杭州湾河道为流域南排洪涝水的主要通道。

1.2.2.2 水利分区

太湖流域洪涝治理主要在平原地区。自然情况下29557km²的平原浑然一片，洪水和地区涝水交混通过河网扩散，造成较大范围的洪涝灾害。为了提高治理效果，减少洪涝灾害损失，根据地形地貌、河道水系分布及治理特点等，流域分成8个水利分区，分别为湖西区、浙西区、太湖区、武澄锡虞区、阳澄淀泖区、杭嘉湖区、浦西区和浦东区，见图1.1。

1. 湖西区

湖西区位于流域的西北部，东自德胜河与澡港分水线南下至新闸，向南沿武宜运河东岸经太滆运河北岸至太湖，再沿太湖湖岸向西南至苏、浙两省分界线；南以苏、浙两省分界线为界；西与茅山和秦淮河流域接壤；北至长江。湖西区行政区划大部分属江苏省，上游约0.9%的面积属安徽省。该区地形极为复杂，高低交错，山圩相连，地势呈西北高、东南低，周边高、腹部低，腹部低洼中又有高地，逐渐向太湖倾斜。本区北部运河平原区地面高程一般为6.00～7.00m，洮滆、南河等腹部地区和东部沿湖地区地面高程一般为4.00～5.00m。区内又分为运河平原片（运河片）、洮滆平原片（洮滆片）、茅山山区、宜

图 1.1 太湖流域水利分区示意图

溧山区 4 片。

2. 浙西区

浙西区位于流域的西南部，东侧以东导流堤线为界；北与湖西区相邻；西、南以流域界为限。浙西区行政区划大部分属浙江省，上游约 2.6%的面积属安徽省。区内东西苕溪流域上、中游为山区，山峰海拔一般在 500.00m 以上，其中龙王峰高程 1587.00m，为流域最高峰，下游为长兴平原，地面高程一般在 6.00m 以下。浙西区又分为长兴、东苕溪及西苕溪 3 片。

3. 太湖区

太湖区位于流域中心，以太湖和其沿湖山丘为一独立分区。本区周边与其他水利分区相邻。行政区划分属江苏省和浙江省。太湖湖底平均高程约 1.00m，湖中岛屿 51 处，洞庭西山为最大岛屿，其最高峰海拔 338.50m。湖西侧和北侧有较多零星小山丘，东侧和南侧为平原。

4. 武澄锡虞区

武澄锡虞区位于太湖流域的北部，西与湖西区接壤；南与太湖湖区为邻；东以望虞河东岸为界；北滨长江。行政区划属江苏省。全区地势呈周边高、腹部低，平原河网纵横。本区以白屈港为界分为高、低两片：白屈港以西地势低洼，呈盆地状，为武澄锡低片；白屈港以东地势高亢，局部地区有小山分布，为澄锡虞高片。本区地形相对平坦，其中平原地区地面高程一般为 5.00～7.00m，低洼圩区主要分布在武澄锡低片，地面高程一般在 4.00～5.00m，南端无锡市区及附近一带地面高程最低，仅 2.80～3.50m。

5. 阳澄淀泖区

阳澄淀泖区位于太湖流域的东部，西接武澄锡虞区；北临长江；东自苏、沪省（直辖市）分界线，沿淀山湖东岸经淀峰，再沿拦路港、泖河东岸至太浦河；南以太浦河北岸为界。阳澄淀泖区行政区划大部分属江苏省，小部分属上海市。区内河道湖荡密布，东北部沿江稍高，地面高程一般为6.00～8.00m，腹部地面高程为4.00～5.00m，东南部低洼处为2.80～3.50m。阳澄淀泖区内以沪宁铁路为界，南北又分成淀泖片和阳澄片。

6. 杭嘉湖区

杭嘉湖区位于太湖流域的南部，北与阳澄淀泖区和太湖区相邻，以太湖南岸大堤和太浦河南岸为界；东自斜塘、横潦泾至大泖港向南沿惠高泾接浙江、上海省市行政分界线至杭州湾；西部与浙西区接壤；南滨杭州湾和钱塘江。杭嘉湖区行政区划大部分属浙江省，小部分属江苏省和上海市。地势自西南向东北倾斜，地面高程沿杭州湾为5.00～7.00m，腹部为3.50～4.50m，东部一般为3.20m，局部低地为2.80～3.00m。杭嘉湖区又分成运西片、运东片及南排片等3片。

7. 浦西区、浦东区

浦西区、浦东区位于太湖流域东部，东临东海，南滨杭州湾，北以苏、沪省（直辖市）分界线及长江江堤为界，西邻阳澄淀泖区和杭嘉湖区。浦西区、浦东区以黄浦江为分界线，行政区划均属上海市。本区北、东、南部地势比西部高，境内以平原为主，有零星的小山丘分布。金山、青浦、松江地区为上海最低地区，地面高程一般为2.20～3.50m，最低处不到2.00m。

1.2.3　经济社会概况

太湖流域位于长江三角洲核心地区，是我国经济最发达、大中城市最密集的地区之一。流域内除特大城市上海外，还有杭州、苏州、无锡、常州、镇江、嘉兴和湖州等大中城市以及迅速发展的众多小城市和建制镇，城镇化率达74.7%。流域内人口密集，经济发展迅速。2015年，太湖流域人口5997万人，占全国总人口的4.4%，人口密度约1623人/km^2。全流域国内生产总值66884亿元，约占全国GDP的9.9%；人均生产总值达11.2万元，是全国平均水平的2.3倍。

1.2.4　水资源开发利用与典型水旱灾害

1.2.4.1　流域水资源与开发利用现状

太湖流域濒临长江，内部有本地水资源可供利用，外部有长江提供充足的过境水资源。流域多年平均水资源总量为176.0亿m^3，其中：地表水资源量为160.1亿m^3，地下水资源量为53.1亿m^3，地表水和地下水资源的重复计算量为37.2亿m^3。流域多年平均本地地表水可利用量为64.1亿m^3，占多年平均地表水资源量的40%。平原区浅层地下水可开采总量为24.3亿m^3，可开采系数约为0.6。流域本地水资源有限，供需水总体平衡主要依靠调引长江水和上下游重复利用。近年来，流域引长江水量趋增。现状流域沿长江口门引水量98.2亿m^3，排长江水量38.6亿m^3。

太湖流域供水水源主要以地表水源为主，除取用本地河网水量外，也直接取用长江水和钱塘江水。2014年，太湖流域实际总供水量（以用水口径计）为343.5亿m^3，其中：本地水源供水154.3亿m^3，长江水源供水184.1亿m^3，钱塘江水源供水5.1亿m^3（全部供自来水厂）。若按全国用水总量控制指标分解口径（以耗水口径计），2014年太湖流域

用水总量为249.8亿m^3。供水方式上，有优质用水需求的生活以及部分工业用水由自来水厂、自备水源集中供水，水质要求较低的农业和部分工业用水直接从当地河网取水。

太湖流域水资源开发利用程度较高，开发利用率高达82%。1980年以来，太湖流域人均用水量先增后降，万元GDP用水量大幅度下降，居民生活用水量增长较快，农田亩均灌溉用水量有所下降。流域用水水平和效率均有较大程度的提高，但与发达国家相比，仍存在较大差距。2014年太湖流域人均用水量为574m^3，万元工业增加值（当年价）用水量83m^3，其中江苏省90m^3、浙江省32m^3、上海市90m^3，流域农田灌溉亩均用水量524m^3。

1.2.4.2 典型水旱灾害

梅雨和台风暴雨是造成流域洪涝灾害的主要原因。受平原地势低洼、坡降小和潮汐顶托等影响，流域排水速度慢，排水难度大，太湖水位易涨难消，流域洪涝灾害频繁。中华人民共和国成立以来，发生流域性大洪水的年份主要有1954年、1991年、1999年、2016年。

1954年洪水为梅雨型洪水，降雨从5月5日持续到7月31日，降雨历时长、总量大，但强度不大，暴雨中心位于浙西区和杭嘉湖区。流域最大90日降雨890.5mm，重现期约43年；流域及各分区历时30日以内雨量均较小，重现期普遍不超过10年。由于长期降水，河湖水位并涨，高水持久不退，加之中华人民共和国成立初期水利设施薄弱，流域防洪除涝能力低，灾情极为严重，发生了当时有记录以来的最大一次水灾。太湖最高水位达4.65m，全流域近25%平原受灾，受灾面积达868万亩，成灾面积439万亩，粮食损失约5亿kg，当年经济损失达10亿元，约占当年GDP的10%。

1991年洪水属梅雨型洪水，入梅早，梅雨期长，雨量集中，强度大，暴雨中心主要位于湖西区和武澄锡虞区。流域降雨过程分3个阶段：第一阶段5月18日—6月19日，陆续降雨398.4mm；第二阶段6月30日—7月14日，降雨280.5mm；第三阶段7月31日—8月7日，降雨126.1mm。形成太湖高水位的暴雨历时约56日。全流域最大30～60日雨量较大，最大30日降雨量491.4mm，重现期约36年。全流域发生了严重的洪涝灾害，太湖最高水位达4.79m，受灾农田941万亩，粮食损失1.28亿kg，减产8.12亿kg，受灾人口1182万人，当年直接经济损失达113.9亿元，约占当年GDP的6.7%。

1999年洪水是有历史记录以来最大的梅雨型洪水，暴雨集中，总量大，强度大，暴雨中心分布在太湖区、浙西区。流域主雨期发生在6月7日—7月1日，形成1999年太湖最高水位的主要降雨时段约为30日。全流域平均最大7日、15日、30日、45日、60日、90日各统计时段的降雨量均超过了历史降雨量最大值，30日、90日时段降雨量超过百年一遇，太湖水位创历史新高，达4.97m。全流域受灾人口达746万人，粮食减产超过9.1亿kg（不包括上海市）。虽然"治太"工程在此次洪灾中发挥了重要作用，受灾面积小于1991年，但由于流域单位面积经济值增加，洪灾损失加大，当年直接经济损失高达141.3亿元，约占当年GDP的1.58%。

2016年，受超强厄尔尼诺现象影响，太湖流域发生了仅次于1999年的历史第二大洪水，太湖最高水位达4.87m，位列1954年有记录以来的第2位。4月，太湖流域降雨持续偏多，至7月8日太湖达到最高水位，流域平均降雨量870.5mm，较常年偏多9成。降雨主要集中在流域上游及北部，其中太湖湖区达971.7mm，较常年偏多1.2倍。流域6

月19日入梅，入梅后降雨更为集中，至7月20日出梅，梅雨量412.0mm，较常年偏多7成，其中北部及湖区均偏多1倍以上；期间位于太湖上游的湖西区最大3日、7日和15日降雨量均位列历史第1位，最大15日降雨量重现期超过200年，流域上游及湖区集中降雨是造成太湖高水位的主要因素。梅雨期间，地区河网水位大范围超警，超警时间大多在20d以上，流域北部和江南运河一线10余个站点达到或超过历史最高水位。尽管降雨多、水位高，但除流域上游的宜兴、溧阳、金坛及长兴一带发生局部洪涝外，没有出现类似1991年、1999年的流域性洪涝灾害。据统计，流域直接经济损失75.28亿元，约占当年GDP的0.056%，远低于1991年的6.7%和1999年的1.58%，无人员因灾死亡和失踪。

太湖流域的旱灾不及水灾频繁和严重，但遇少雨年份也会出现干旱，山丘高地易因旱成灾。中华人民共和国成立以来，共发生重大旱灾4次，分别发生于1967年、1968年、1971年和1978年。其中1967年、1978年为流域特枯水年，1967年全流域成灾面积47.9万亩，粮食减产3600万kg；1978年受旱面积99.51万亩，成灾面积22.91万亩。

2007年5月，太湖梅梁湖湾、贡湖湾蓝藻大规模暴发，导致梅梁湖湾的小湾里水厂、贡湖湾的南泉水厂原水恶臭，致使无锡市市区80%的居民无法正常饮用自来水，引发了城市供水危机，造成了较大的社会影响。

1.2.5　流域治理与管理概况

1.2.5.1　流域治理规划

太湖流域治理经历了规划从无到有，从侧重工程建设到更加注重综合管理，从传统水利向现代水利、可持续发展水利的转变，流域治理规划体系不断完善，先后组织完成总体规划方案、防洪规划、水资源综合规划、水环境综合治理总体方案及修编、流域综合规划、水资源保护规划、水利发展“十三五”规划等重要规划编制工作。

1.2.5.2　流域治理与管理成效

1. 流域治理成就

1991年太湖大水后，国务院决定进一步治理太湖，《太湖流域综合治理总体规划方案》确定的“治太”骨干工程（望虞河、太浦河、环湖大堤、湖西引排、武澄锡引排、杭嘉湖南排、东西苕溪防洪、拦路港、红旗塘、杭嘉湖北排通道，后增加黄浦江上游干流防洪工程，共计11项骨干工程）相继开工建设。其中，望虞河、太浦河、杭嘉湖南排后续、环湖大堤工程以太湖洪水安全蓄泄为重要目标，为流域性骨干工程；东西苕溪防洪、湖西引排、武澄锡引排工程以地区防洪排涝和引水效益为主，对流域防洪也有重要作用，为区域性骨干工程；拦路港、红旗塘、杭嘉湖北排通道、黄浦江上游干流防洪工程主要是解决边界水利矛盾及其遗留问题，或是工程位于省界，承泄邻省来水，为省际边界工程。

截至2005年，“治太”11项骨干工程已全面建成，结合流域内的其他水利工程，太湖流域已初步形成北向长江引排、东出黄浦江供排、南排杭州湾并且利用太湖调蓄的防洪与水资源调控工程体系。同时，流域内各省（直辖市）在江堤海塘、水源地建设、水库建设和除险加固、河道整治、圩区建设、水土流失治理等方面也取得了显著成效，为拦蓄上游洪水、抵御外江高潮位、提高低洼地区防洪除涝标准、保障供水安全发挥了重要的作用。

2. 流域综合管理

在不断完善流域水利工程体系的同时，流域各级水行政主管部门积极践行可持续发展治水思路，努力强化依法管理，积极创新工作思路，流域综合管理水平逐步提高。

（1）努力推进管理体制机制改革创新。积极探索建立权威、高效、协调的流域管理与行政区域管理相结合的管理体制，初步提出了管理体制改革试点实施方案。上海、苏州等城市实现了水务一体化管理。为贯彻落实《太湖流域水环境综合治理总体方案》，国务院批复建立了太湖流域水环境综合治理省部际联席会议制度，水利部会同江苏省、浙江省、上海市（简称两省一市）人民政府成立了太湖流域水环境综合治理水利工作协调小组。流域两省一市发展和改革委员会等部门和太湖流域管理局（以下简称太湖局）协商建立了太湖流域水环境综合治理工作定期协商制度、工作例会制度、重大事项应急协商制度和信息沟通制度。2009 年 4 月，太湖流域防汛抗旱总指挥部经批准成立。

（2）努力加强水法规体系建设。《太湖流域管理条例》经国务院颁布实施，《太湖流域水功能区划》经国务院批复，流域内各省（直辖市）也相继颁布、实施一系列水法规，为流域水资源的合理开发、有效保护与综合管理提供了一定的依据和保障。

（3）努力加强水行政执法。逐步规范行政审批，努力加强防洪影响评价、取水许可、涉水建设项目、水工程规划同意、水资源论证等行政许可管理工作。努力加快推进节水型社会建设，逐步加大流域饮用水水源地保护力度，水资源管理与保护得到加强。积极探索和实践流域与区域执法合作途径，逐步加大执法力度，有效遏制了流域水事违法案件上升的趋势。应急管理工作得到逐步加强，太湖局和流域各省（直辖市）均制订了防洪、防台、防水污染相关预案，共同签订了《太湖流域省际边界水事活动规约》，应对突发事件能力得到一定提高。

（4）流域调度管理水平逐步提高。根据洪水调度和资源调度相结合、区域调度和流域调度相结合、水量调度和水质调度相结合的原则，太湖局会同两省一市水行政主管部门编制了《太湖流域引江济太调度方案》，并经水利部印发实施。引江济太逐步从应急调水转为常态调度管理，长效运行机制逐步完善，一定程度增加了流域水资源有效供给，促进了流域河湖水体流动，改善了流域水环境。

（5）水利信息化建设取得一定成效。水利信息采集、网络传输、数据中心等信息化基础设施初具规模；防洪与水资源监测网络初步形成；防汛指挥、水资源监测等业务应用系统的开发建设一定程度上提高了流域的综合管理、治理水平和应对突发事件能力；利用水利网站、信息公开等手段逐步提高了水利公共服务能力。

1.2.5.3 流域治理与管理面临的形势

1. 流域防洪安全保障能力不足

经过多年综合治理，太湖流域防洪工程体系初步形成，防洪能力有了明显提升。但现状流域防洪标准偏低、太湖洪水出路不足、流域防洪与区域排涝矛盾突出等问题尚未根本解决，流域还不能防御不同降雨典型 50 年一遇洪水，部分区域还没有达到 20～50 年一遇防洪标准；由于土地利用、圩区建设与地面沉降等下垫面变化，以及海平面上升等周边水情变化，平原河网地区洪涝矛盾进一步加剧，流域防洪风险逐步增加。随着流域经济社会的不断发展，防洪保护区的范围已达流域面积的 60%，保护区内聚集了流域内 80%以上的人口和GDP，淹不得、也淹不起；部分已建工程长期运行，存在不同程度的损毁和安全隐患，防洪能力难以满足设计要求。流域的防洪安全保障能力与流域经济社会的发展水平和要求明显不相称、不协调。

2. 河湖污染严重影响水源地供水安全

《太湖流域水环境综合治理总体方案》实施以来，流域水环境恶化趋势得到遏制。但由于经济增长方式尚未根本转变，水环境保护形势依然严峻。

(1) 现状流域污染物排放总量远超水体纳污能力。据统计，2014年流域废污水排放量64.1亿t，COD、NH_3—N、TP入河量达流域水功能区纳污能力的2～3倍。

(2) 太湖总体仍处于中度富营养水平，水质整体状况仍为Ⅴ类，湖体藻型生境尚未根本改变，仍存在大规模暴发蓝藻的风险。

(3) 河网污染严重。据统计，2014年流域重要水功能区水质达标率为40.3%，距2020年达到80%规划目标差距较大。

(4) 部分城市饮用水水源地水质供水安全仍不乐观，浙江嘉兴市境内（除太浦河外）已难寻水质合格的饮用水水源地。

3. 流域水资源调控与管理亟须强化

太湖流域本地水资源不足，多年平均水资源量176亿m^3，远小于2014年流域用水总量249.8亿m^3，水资源供需平衡主要依靠引长江水和上下游重复利用弥补。经多年水利建设，流域水资源调控能力明显提升，现状工程可实现中等干旱年（$P=75\%$）水资源供需平衡，但难以满足经济社会发展需求。

(1) 流域引江入湖能力不足。目前仅望虞河引长江水直接入太湖，在强化节水条件下，遇枯水年、特枯水年流域仍缺水25亿～39亿m^3，规划确定的望虞河拓宽等骨干引水通道工程实施缓慢。

(2) 用水效率有待提高。流域水稻田灌溉大多采用大水漫灌方式，流域2014年万元工业增加值用水量45m^3，部分城市自来水管网平均漏损率超过15%，主要用水方式和用水指标离发达国家和国内先进水平仍有差距。

(3) 水资源综合调度管理有待进一步加强，需更好地统筹流域与区域，防洪排涝、供水和水生态等多目标需求。

4. 流域综合管理有待加强

近年来，太湖流域不断探索创新管理机制，《太湖流域管理条例》等流域性法规的出台为流域综合管理提供了重要法制保障，太湖流域水环境综合治理省部际联席会议和太湖流域防汛抗旱总指挥部的平台在流域治理和管理中发挥了重要作用，流域与区域在防洪抗旱、水资源管理和调度、水资源保护方面形成了一定的共识。但流域跨省市、跨行业协调协作仍受到很大程度制约，影响了流域沟通协作和议事协调，影响到水行政效率。水利规划在流域经济社会发展中的约束作用还不明显，规划水资源论证制度尚未建立，水利的公益性、基础性、战略性地位有待进一步强化。《太湖流域管理条例》协调推进、深化实施难度大，相关配套制度建设进展缓慢，监督考核措施不够，难以满足流域管理的有关要求。流域水利信息化水平与发达的经济社会发展水平还不适应，存在信息采集基础设施有待加强、资源整合与共享难度大、流域治理与管理决策应用系统不够完善等问题。

第2章 国内外研究进展

自20世纪80年代以来，随着经济社会的快速发展、人类活动的日趋频繁、水文地质条件的不断变化，全国各地河流不同程度地承受着过度引水、河道结构破坏等诸多胁迫，严重影响了河湖的水体连通性和流动性，对水资源的可持续利用以及地区生态安全和经济社会的可持续发展产生一定影响。水利工程调度是合理调控流域洪涝、改善水资源与水环境条件、促进河湖水体有序流动、发挥水利工程减灾兴利综合效益的重要手段。在不同阶段，流域经济社会发展对防洪、供水和水生态环境安全有不同的需求和侧重。

2.1 调度理论研究

2.1.1 防洪调度

我国是世界上洪涝灾害最为频繁和严重的国家之一，洪涝灾害对社会经济造成的损失占据各种自然灾害的首位。防洪调度是运用防洪工程，有计划地实时安排洪水以达到防洪最优效果，其主要目的是减免洪水危害，同时适当兼顾其他综合利用要求。防洪调度常用的指标有水位、流量、水位流量混合指标、设计标准等；实时防洪调度中常用目标有削峰率最大、成灾历时最短、分洪水量最小、洪灾损失最小（或防洪效益最大）、防洪系统“安全度”最大等。

1. 防洪调度指标

Wei等以水库平衡水位指数（Balanced Water Level Index，BWLI）为水库实时防洪调度指标，以保障水库大坝安全的最高位洪水量、减少下游洪水及确保干旱期间足够水库蓄水量为目标，考虑连续性约束、物理约束、制度约束，分析比较使用BWLI方法与否的两种调度策略的多用途水库群系统，建立洪水期间水库群实时防洪调度。研究发现使用BWLI方法的防洪调度优于不使用BWLI方法的防洪调度。

张清武从为清河水库选择最优的调度方式出发，选用净雨、水位、流量作为水库防洪预报调度方式的判别指标，拟定4种洪水预报调度规划方式，以1995年典型放大的设计洪水进行校核，对清河水库的4种防洪预报调度方式进行优选，通过计算推选预报调度方式，可以在满足设计防洪安全的前提下，保持主汛限水位129.00m不变，实现洪水资源充分利用的目标。

李兴学以钱塘江流域为背景，以水位指标作为水库防洪调度规则，开展水库群预报调度技术研究。在库群联合调度时采用分块补偿方法，以提高流域整体防洪能力；同时因汛限水位是反映水库防洪与兴利之间矛盾的主要指标，详细分析汛限水位设计与管理的差别以及汛限水位动态控制的可能性，在实时防洪调度决策时，提出了“逐步松弛法”“后续降雨预留法”两种调度期内最高控制水位的实时控制方法；提出了以兴利与防洪预泄能力确定超蓄水量，以减少闸门操作和超蓄风险确定关闸时机的汛限水位动态控制技术。

李伟以碧流河水库为背景，以预报误差的累计净雨、入库流量和下游河道的过流能力为调度判别指标，将过流能力从以往大多采用的单纯约束提升到动态变化过程，制定了基于下游河道过流能力分级的预报调度方式，结合水库防洪风险、年平均发电量、洪水资源利用率及供水保证率可靠度4项指标，确定实时调度阶段汛限水位动态控制的满意决策方案。

李志远根据大清河流域的实际情况，以汛期库、淀系统的运行管理为重点，以有库水位消落深度、汛限水位恢复时间、最高水位变幅以及削峰幅度等为防洪风险调度评价指标；在此基础上构建水库系统防洪调度风险评价指标体系，指标体系包括风险指标和兴利指标，并进一步建立库、淀防洪控制调度模型。

胡炜根据太湖流域防洪调度实际情况，对其气象信息、实时水位及其特征值等水情信息和实时工情分析，进而进行防洪形势分析。同时考虑超警戒水位变量、闸门开启频次以及圩区被淹历时等目标，建立太湖流域防洪调度模型评价指标体系，运用层次分析法对防洪调度模型进行多种方案的评价和比较，将方案选择方式由人工选择随意性变成定量化。

2. 防洪调度目标

Yu等的研究以最大削峰准则为防洪调度目标函数，基于Copula函数的随机模拟方法得到梯级水库的入库洪水过程，建立清江流域梯级水库防洪优化调度模型，并以一种新的基于差分进化算法（Differentid Evolution，DE）和粒子群算法（Particle Swarm Optimization，PSO）的并行差分进化粒子群优化算法（Paralleled DE and PSO，PDP）求解优化防洪调度方式；以清江流域的水布垭、隔河岩、高坝洲水库组成的梯级水库防洪调度实例证明，基于并行搜索思想的PDP算法，容易求得全局最优解。

仲刚总结了2005年汛期辽河流域的防洪调度经验，以防洪减灾效益最大化为目标，明确“泄水迎洪、河库联合、蓄洪错峰、调控洪水”的工作思路，探索出一种“全信息动态综合优化预报调度”新方法，每5～7d制订一个防洪调度方案，并根据实际情况滚动修正，尽量满足防洪目标的要求。其中水库防洪调度预案的制订，是按照降水50mm和100mm两种情况，分别预测水库将增加的水量、入库洪峰流量，并进行水库洪水调节、下游防洪目标的最大组合流量分析计算，同时确定水库最高洪水位和最大下泄流量。

胡秀英在研究西江流域龙滩水库防洪调度时，以最大削峰准则为防洪调度目标函数，其最终目标是利用河道排洪能力和水库蓄泄洪水能力达到下游防洪控制点梧州断面洪峰流量最小的目的，建立水库防洪调度模型，约束水量平衡、水库库容、水库下泄能力、水库蓄水水位库容关系等，以遗传算法求解水库防洪调度最优解。

钟平安以削峰率最大和成灾历时最短为流域实时防洪调度目标，研究证明了最大削峰准则和最小成灾历时准则目标函数的现行表达式与两准则本原表达式的等价关系，从理论上揭示了两种优化调度准则“理想最优解”的物理意义。通过对最小成灾历时准则进一步分析，从形式上统一最大削峰和最小成灾历时两种准则目标函数的表达式；提出了能保证

最优解的可操作性，以及具有较高计算速度的最大削峰准则分段试算法。

3. 防洪调度多目标方案决策

Zhou 等为协调水库各防洪目标，需确定不同评价指标的权重关系，按赋值形式不同将权重分为主观权重和客观权重，同时引入熵权法确定各目标的客观权重，将其与主观权重线性组合，基于模糊优选模型进行多方案优选。以浑江流域桓仁水库 2005 年 8 月 12 日洪水防洪调度决策为例，决策时主要考虑 4 个指标：最大下泄流量；调洪最高库水位，即大坝安全程度；调洪末水位，兼顾汛后兴利供水能力和后期防洪能力；弃水量。

吕涑琦以浑河流域为背景，建立基于 PSO 算法的防洪优化调度模型；优化模型以最大削峰准则为基础，以水库泄流量最小，同时兼顾下游控制站组合流量最小为目标进行优化调度。

马志鹏等研究水库的调度方案决策，以一场洪水的泄流过程为状态，应用灰色决策理论和技术推求梯级水库群洪水调度的决策方案，从而实现优化调度。选取乌江流域上游洪家渡、东风、索风营、乌江渡 4 个水库形成的一个梯级水库群防洪系统进行实例计算，此系统划分为洪家渡、东风和乌江渡 3 个防洪子系统；考虑水库的泄流过程（此目标反映水库的泄洪过程是否均匀）、水库的弃水量、调洪末水位与理想末水位的接近程度、发电量等目标。

由上述分析可以看出，目前国内外流域防洪调度以水库和各流域防洪为典型，主要围绕库容、水位、泄量、流量、净雨等评价指标构建评价指标体系，设置调度指标。防洪调度目标主要围绕最大削峰和最小成灾历时，均衡上下游及大坝防洪安全，以水库泄流量最小、同时兼顾下游控制站组合流量最小，最大洪峰流量最小，削峰率最大，总防洪（调洪）库容最小等防洪调度目标，采用模糊优选模型、层次分析法、粒子群算法（PSO）的防洪优化调度模型以及灰色决策理论和技术等各种算法实现多目标防洪优化调度及防洪调度方案决策优选。就太湖流域而言，目前多数防洪方面的调度研究仍停留在以防洪为单一目标、利用防洪调度模型进行调度方案的模拟优选上，防洪调度研究的层次性和多样性还有待进一步拓展。

2.1.2 供水调度

目前我国水资源时空分布存在不均衡性，同时随着人口增长和社会经济快速发展，水资源供需矛盾日益突出。为了有效解决水资源日益增长的供需矛盾，流域的供水调度研究成为水资源优化配置的重点。

1. 供水调度指标

根据流域的现有利用状况和水资源需求，提取该流域供水调度的评价指标，相关文献[15-24]根据供水需求最大、引水效率最高、生态环境需水的要求、水库调度能力、考虑降雨预报等单个或多个需求，构建供水调度评价指标体系，进而进行模型构建和算法求解，满足流域供水需求。

（1）综合指标方面。万芳研究了滦河流域水库群联合供水调度与预警系统。在供水区重要度评价方面，采取经济指标、社会指标、生态指标和水资源利用效率 4 个一级指标来表示不同供水区的相对重要度；在供水预警指标方面，应用模糊数学理论建立水库现状供水评价指标 D 和水库未来水情指标 S，并应用信息熵（Information Entropy）的原理，确定水库供水预警灯号数及供水预警指标（Water Supply Alert Index，SAI）。刁树峰等在考虑降雨预报的跨流域调水供水调度及其风险分析中，建立考虑降雨预报的跨流域调水供水调度模型，利用决策树算法根据水库当前状态和全球预报系统（Global Forecasting System，GFS）获取跨流域调水规则，以确定跨流域调水量，然后进行水库供水调度；选择调水保证率、供水可靠性、供水恢复性、供水破坏率作为风险评价指标，建立风险综合评价体系，对跨流域调水供水调度模型进行风险评估。实例表明，采用考虑降雨预报信息的跨流域调水供水调度模型较水库常规调度和优化调度，综合风险率低，且能有效提高水资源的利用效率。彭慧等在沭水东调工程跨流域水库群联合供水研究中，分析了日照市沭水东调工程特点，以城市供水量最大、水库弃水量最小为目标建立了多目标跨流域水库群联合供水调度模型。同时，将遗传算法嵌套于长系列变动时历法中，对工程涉及的沭河流域青峰岭、小仕阳、峤山水库以及傅疃河流域日照水库进行联合供水调算，探讨沭河流域各水库的可调限制库容和日照水库需水动态限制库容等调水指标。结果表明，水库群联合供水较各水库单独供水可增加利用沭河水量 939 万 m^3，说明水库群联合调度有助于充分挖掘沭河流域各水库的供水潜力，对解决日照市区供水缺口十分有利。

（2）供水量最大指标方面。刘娜针对跨流域调水工程联合调度问题进行研究，当远期规划供水需求较大时，在现有调水工程的基础上推求水库的最大供水能力，为未来规划决策作参考，并以此最大供水能力为需水要求进行水库群联合调度规划应用研究，建立多个水库群联合调度模型，针对不同情况为水库群的科学安全调度制定多种调度方案，以保障水库群的安全供水。高海东等进行了冶峪河流域供水水库优化调度及用水补偿研究，以冶峪河流域为研究对象，建立流域可供水量之和最大的多水源联合调度数学模型。在冶峪河流域供水水库优化调度及用水补偿研究中，以冶峪河流域为研究对象，采用蚁群算法，对多水源联合调度数学模型进行求解，并根据流域实际分析用水削减方的用水补偿方案。王强等针对浑太流域水库群联合供水调度问题，建立了水库群联合调度模型Ⅰ和Ⅱ。分析水库群蓄水与农业灌溉供水的关系；引入“目标蓄水量”的概念，根据供水量与目标蓄水量、联合供水任务以及供水分配系数之间的相关关系，实现水库间联合供水任务的分配；采用逐步优化算法（Progress Optimality Algorithm，POA）制定水库群联合优化调度图及其相应的水库群联合调度规则。长系列模拟结果表明：所建的两个联合调度模型比原设计的年均农业供水量增加，年均弃水量减少。

（3）供水量最大与引水效率最高指标方面。刘莎通过制定合理的受水水库引水与供水联合调度图及其调度规则，对跨流域引水工程中受水水库的引水与供水联合调度相关问题展开研究，建立了供水量最大与引水效率最高的受水水库多目标调度模型，将其分解成两阶段单目标联合调度模型，提出了求解受水水库引水与供水联合调度图及其调度规则的模拟优化方法，应用动态规划逐次逼近算法（Dynamic Programming Successive Approximation，DPSA）对各模型求解。彭安帮针对跨流域水库群引水进行研究，为提高整个系统的供水和引水效益，确定供水量最大和引水量最小两个目标函数以及相应的约束条件，构建基于调度规则的跨流域水库群联合调度优化模型。针对跨流域水库群联合优化调度具有高维非线性和动态性的特点，提出一种改进微粒群算法用于求解。周惠成等研究了跨流域

引水期间受水水库引水与供水联合调度，针对跨流域引水工程中受水水库引水与供水联合调度问题，建立了供水量最大与引水效率最高的多目标联合调度模型，并将其分解成两个单目标调度模型，应用长系列模拟优化的方法求解。以大伙房水库输水应急入连工程规划为基础，建立模型对其受水水库碧流河水库进行实例研究，先后求解引水期间水库最大可供水量以及如何高效引水的问题。杨春霞研究大伙房跨流域引水工程优化调度方案，建立了跨流域引水优化调度的模型，选用遗传算法为优化方法，研究了该方法在大伙房跨流域引水工程优化调度中的应用。其指导思想是优先利用本地水资源，目标函数为被补偿流域引水量最少。充分考虑了引水工程的引水能力、水量平衡、工农业用水量和水库汛限水位等影响因素，将其作为约束条件。采用自适应交叉率和变异率、浮点编码的遗传算法对引水优化调度模型进行求解。与长系列法相比，在满足工、农业用水年保证率的前提下降低了引水量，提高了水资源的利用率。

2. 供水调度目标

基于解决水资源短缺、防止库区灾害、保障城市生产生活供水等单目标或多目标，进行国内外流域的供水调度研究。

（1）解决水资源短缺方面。水资源分布不均匀性与人类社会需水不均衡性的客观存在使得跨流域调水成为解决水资源供需矛盾的重要途径之一，李学森基于跨流域调水系统的组成及特点，针对目前跨流域调水系统缺乏统一有效的水资源调度管理体系和调度决策中忽视水资源预报信息的问题，对跨流域调水系统调度决策方式和管理模式展开研究。

（2）防止库区灾害方面。三峡大坝的建设彻底改变了长江的自然流动性，影响到长江中下游的资源和环境，改变了水文条件和洞庭湖的生态环境。Zhan 等通过对三峡水库的运行，确保洞庭湖的水位不能在旱季太低，也不能在雨季过高，从而防止湖区可能发生的水旱灾害。岗南、黄壁庄、王快和西大洋水库是南水北调中线工程规划向北京应急供水的4座水库，对水库来水进行快速准确的预报对应急供水调度有着十分重要的意义，彭辉等针对水库控制流域的水循环特性，选用了双层水箱模型进行水库入流预报。

（3）保障城市生产生活供水方面。谢招南概述了晋江流域水资源短缺的现状，为保障晋江下游地区供水安全，确保泉州经济社会稳定发展，针对流域水库群供水能力进行丰、平、枯期水量分析，提出水库群串、并联联合供水调度方案。

总体而言，流域供水调度的研究首先根据供水调度的目标，确立各个流域的供水指标，在此基础上进行供水调度模型构建，通过算法对模型求解，进行流域的供水调度研究，实现水资源的优化配置。文献研究涉及辽河流域、滦河流域、浑太流域、晋江流域、永定河流域、南水北调、东水西调等流域。供水调度的目标包括解决水资源短缺、生态环境保护、防止库区灾害、保障城市生产生活供水等单一或多个目标。供水指标是指依据供水需求最大、引水效率最高、生态环境需水的要求、水库调度能力、考虑降雨预报等单个或多个需求，确立供水调度的评价指标，包括基于经济指标、社会指标、生态指标和水资源利用效率的供水区重要性评价指标，基于调水保证率、供水可靠性（缺水风险率）、供水恢复性、供水破坏率的风险综合评价体系，基于农业供水量、工业供水量、发电量、弃水量、缺水量的权重趋势系数评价指标，基于运行风险、管理人员、引水量、供水保证率、缺水量的调度规则指标及管理人数多目标评价指标，供水量最大评价指标，供水量最大和引水效率最高评价指标，生态需水量评价指标等。在研究中涉及的供水调度模型包括跨流域调水模型、水库群联合调度模型、多目标优化模型、引水与供水联合优化调度模型、多水源调度模型、双层水箱模型等，模型求解算法包括粒子群算法、遗传算法、蚁群算法、模糊模式识别优化算法、决策树算法、Copula 函数、样本分析等。

2.1.3　水生态环境调度

水生态环境调度旨在抢救或恢复已受损的河流生态系统，是为促进河流生态系统自我修复能力提高而实施的各项河流和水利工程调度措施的统称，其实质就是将生态因素纳入到现行水库调度和区域水资源配置方案中进行多目标综合调度。国外对生态调度的研究主要集中在河道生态需水理论及计算方法、水利水电工程调度方式优化、水库水沙调节、生态洪水、水质保护、水库及下游河道生物栖息地改善、生态调度方案评价、生态调度立法等方面。目前，生态调度的研究与实践已从前期的水库生态调度拓展到流域生态调度的新阶段，并逐步融入到流域综合管理范畴，以满足流域水资源优化调度和河流生态健康为目标的流域生态调度日益成为社会共识。目前国内生态调度研究主要集中在生态需水调度、水文情势调度、防治水污染调度、水库水沙调度、生态因子调度、水系连通性调度等 6 个方面。

1. 水生态环境调度的概念

生态调度的理念最早源于美国、澳大利亚等国，很早就在水库调度运行中考虑生态因素，并进行恢复流域生态系统的相关研究和实践，以行动实践着生态调度的理念，丰富了调度的研究与实践。目前研究实践表明，对生态调度考虑居多的领域为水库调度，且除防洪、发电、灌溉、航运、供水、渔业、控制水质和改善水景观以外，还包含生物栖息环境、维持或增强溯河产卵的鱼类种群的寻址需求、下游堤岸保护、湿地保护与改良等因素。一些工程在运行时，将保护鱼类和野生动物优先于发电需求进行考虑，对生态环境进行恢复。国外生态环境保护及恢复的观念较强，相关工程建设和调度运行过程中注重将库区、河道保持在天然状态，维护生态环境完整性和良好性，将生态调度列入日常管理工作，制定明确的管理和补偿制度。

我国对生态调度的研究也主要集中在水库调度领域。随着经济社会发展及人类对生态系统认识的深入，生态调度逐渐受到重视，当前国内学者对于生态调度已经有一定的研究。20 世纪 80 年代，方子云等提出了水库生态调度的雏形：改变水库运行方式，进而改善生态环境。2003 年董哲仁提出，水利工程对于生态系统胁迫的主要原因是水利工程在不同程度上造成河流形态的均一化和不连续化，从而导致生物群落多样性下降；并将生态调度解读为在满足防洪、发电、供水、灌溉等经济社会功能的同时，兼顾下游水域生态系统需求的调度原则和方法。21 世纪初，我国水利学领域提出了“生态调度”或“生态友好型水库调度”的概念。生态调度是指充分考虑水库的调节性能和河道的输送特性，通过调整与优化调度方式，改善流域水环境，减轻筑坝对河流生态系统的负面影响，促进河流健康；而生态友好型水库调度则是适应生态要求的水库调度方式，将传统的以综合效益最佳为目标的水库调度和以生态保护为目标的调度结合起来，实现双赢。相对于生态调度，生态友好型调度既不同于传统的以综合效益最佳为目标的水库调度，也与专注改善生态环

境的水库生态调度涵义有所差别，是经济目标与生态目标的协调与均衡，使水库调度理论和实践进入了一个新阶段。

2. 水生态环境调度指标

水生态环境调度指标的研究主要考虑的角度有河道闸坝等的水利工程调度、流域调水活动以及流域整体生态安全等。

Matete等针对莱索托和莱索托高地水利工程项目（LHWP），利用多国生态社会核算矩阵（Multi - Country Ecological Social Accounting Matrix，MC - ESAM）分析下游生态服务情况，以维持生态生产、维持人类需要用水、保持经济生产需要期为指标进行评价，通过关键值分析居住在LHWP的河段内的人口对生态资源的影响。徐建新等运用模糊数学理论建立了河道闸坝生态调度多层次模糊综合评价模型，评价指标体系以生态环境极大改善、社会效益显著、资源利用率提高、技术先进和带动经济发展为总目标；建立生态环境指标、社会效益指标、资源指标、工程技术指标和经济效益指标5个一级指标；并以不达标污水排放严重超标、河道流量的不稳定性、不满足生态基流等因素建立18个二级指标。

Meng等从沱江流域生态安全预警入手，基于压力—状态—响应（Pressure State Response，PSR）模型构建生态安全评价指标体系，共有15个细分指标，分别是单位面积化肥施用量（折纯）、农业人口比例、单位面积农药使用量、文盲率、农业灾害指数、人均耕地面积、农村居民人均用电量、人均粮食产量、网路密度、灌溉指数、水土流失率、森林覆盖率、农村居民人均纯收入、景观多样性指数、农村恩格尔系数。采用层次分析、时间序列预测、模糊综合评判、主成分分析方法对流域2010年、2015年、2020年的生态安全状态进行评价与预警研究。

中国水利水电科学研究院分析水动力条件对藻类生长过程的影响，认为“水流速度作为一个能较好地反映水体水动力条件的综合表征指标，既能反映水体迁移流动特性、又能反映水体滞留时间”。赵颖在水文、气象因子对藻类生长影响作用的试验研究结果表明，在温度、光照、水体营养盐浓度一定的条件下，在试验设计的流速水平中，适合藻类生长的最佳流速条件为0.03m/s；流速不小于0.30m/s时，藻类的生长均受到不同程度的抑制；尤其当流速大于0.05m/s时，藻类生长受到显著限制，数量无明显增加。彭进平等以环形水槽为手段，以太湖作为对象，研究水动力条件对湖泊水体磷素质量浓度的影响，实验研究表明随着水体流速的变化，水体中TP质量浓度的变化会有3个阶段，流速从0到12.5cm/s的上升期，12.5～50cm/s的上升期和50～60cm/s的突增期。分析认为在低流速下，沉积物会成为TP的“汇”而非“源”；随着流速增大，水流将对悬浮物和沉积物均产生作用，使得泥沙的起动导致TP质量浓度的增加。郝文彬等研究了水利工程调度对水体流动性改善的影响，采用环境流体动力学模型（Environmental Fluid Dynamics Code，EFDC）对引江济太工程的水动力调控效果、水体交换过程及经济调水量通过湖体水龄[1]的时空分布来进行分析，表明引江济太调水工程能够改善太湖部分湖区的水动力状

[1] 水龄定义为颗粒物从入口传输到指定点的时间（入口的水龄往往设为零），是描述湖泊水体交换速率的参数。水龄越大，说明水体运动越慢，水体被交换程度越弱；反之亦然。

况，而不是整个太湖的水动力状况。谢其华等以慈溪市中心城区河网为研究对象，利用水流连续方程和水流运动方程，选择、建立和验证了河网平面二维数学模型，对河网水体流动流速的大小和方向等水利特性进行了分析，按照水体流动大小和强弱以及形成原因把中心城区分成5个区域，得出水体流动性差急需治理的区域，说明了合理利用水利工程壅高河网水位形成稳定水位差对增强水体有序流动的效果。

总体而言，水生态环境的调度指标主要集中在考虑水文影响、河网水位、湖体水龄（或换水周期）、水质状况、生态影响、资源利用、社会效益等方面，同时就具体的研究对象及工程项目特征，在设置时各有侧重。

3. 水生态环境调度目标

目前，国内对于水生态环境调度目标的探索多是基于水利工程如水库及水库群、闸泵等的调度和流域整体的生态调度来进行，主要涉及的流域有黄河流域、长江中下游流域、石羊河流域、海河流域、浦河流域、太子河流域、金沙江流域、辽河流域以及淮河流域等。

许可等以三峡水利枢纽工程为实例，针对流域生物资源保护为目标的流量要求，建立了以水电站发电效益最大为目标的长期优化调度模型，采用差分进化法进行优化求解，并在此基础上采取人造洪峰、提高下泄水温等生态修复方式保护流域生物资源。许可针对三峡梯级电站调度过程中生态效应和经济效益的均衡问题，建立了综合考虑生态和经济目标的多目标生态调度模型，提出了衡量生态效益的指标体系用以量化生态目标。杨正健等提出通过改善支流水流条件进而控制支流富营养化及水华的三峡水库上游流域潮汐式生态调度。潘明祥运用MIKE11水动力模型建立了三峡水库下游的一维水动力学模型，选择评价河流健康的32个生态水文学指标，运用物理栖息地模型（Physical Habitat Simulation Model，PHABSIM）模拟三峡水库下游河道鱼类，主要包括中华鲟和“四大家鱼”的栖息地环境。赵越针对长江中游生境改善与修复的需求，提出了一种考虑生态系统、“四大家鱼”产卵、中华鲟产卵的生态需水量及防止气体过饱和与河口咸潮入侵发生的临界流量，建立了以生态溢缺水量最小及年发电量最大为目标的水库多目标调度模型。

胡和平等以水电站年发电量最大为优化目标，以生态方案为约束，提出了基于生态流量过程线的水库优化调度模型，并进行了水库生态调度计算，以维持一定的河道基流、保证水质、维持河道景观、保护河岸湿地4项生态环境组合出5个生态方案。张洪波等设计以防洪减灾、生态流量、水资源利用为目标的多目标生态调度目标函数，应用流量恢复方法获取恢复河流生态水文系统健康所需的水流过程，建立了黄河干流梯级水库综合调度模型。

王宗志等采用系统仿真与智能计算相结合的途径，构建了基于库容分区运用的水库群生态调度模型，并将模型应用于海河流域滦河水系，从用水保证率、发电量和生态系统改善效果等目标分析了调度方案的合理性和有效性。何俊仕等提出了蒲河流域棋盘山水库和团结水库的联合生态调度，以经济、生态、社会三方面综合效益最大化为目标，建立了水库生态调度多目标数学模型。运用遗传算法通过Matlab软件优化求解，提出了维持蒲河流域景观连续水面的建议。陈南祥等以太子河流域水资源利用和河流生态流量为目标，建立阶梯水库多目标生态调度模型，并采用模拟仿真技术求解。杜青辉以辽河流域河流为研

究对象建立了汛期以旬、非汛期以月为调度时段的面向生态的水库多目标调度模型，包括经济目标、社会目标、环境目标和生态目标，并利用模拟仿真和大系统分解协调的多目标遗传算法求解调度模型；采用三维仿真基础平台（Neomap Vplatform，NVP），将地理信息系统和虚拟仿真技术与水库生态调度模型相结合，建立太子河流域水库生态调度三维仿真系统。程绪水等以满足河道内最小生态需水量为目标，建立了流域生态用水优化调度模型体系和平台，提出了生态用水调度方案和方式。邓晓雅等以流域水资源合理配置为目标，分析塔里木河流域的生态调度与水资源合理配置的关系、流域生态调度关键问题，提出了源流"集中同步组合"、干流"分段耗水控制"、干流下游"地下水位调控"的生态调度方案。Chang 等采用随机折中规划（Stochastic Compromise Programming，SCP）生产效率最大化和减少流动的竞争目标之间提出了水资源管理方案。

因此，研究人员在长江、黄河、石羊河、淮河、塔里木河等多个流域地区，以提高发电效益、保护流域生物资源、优化生态用水、合理配置水资源、控制支流富营养化及水华等为目标进行生态调度研究，并分别建立调度模型，采用差分进化法、可行搜索算法（Feasibility of Search，FS）、高散微分动态规划方法（Discret Differential Dynamics Programming，DDDP）等优化模型实现生态调度目标。近年来在流域生态调度的研究中多集中在多目标优化，国内外分别就爱达荷州中北部红河流域、黄河流域、长江中下游流域、石羊河流域、海河流域、浦河流域、太子河流域、金沙江流域、辽河流域、滦河流域以及淮河流域进行多目标优化生态调度研究；以经济、社会、环境和生态效益的最大化为目标设计了不同的生态调度优化模型和方案，如以发电量最大并引入生态约束（河道基流、水质保证、河道景观和保护河岸湿地）、发电量最大和生态缺水量最小的生态调度方案；防洪减灾、生态流量、水资源利用的多目标生态调度；考虑防洪、发电、航运等社会经济效益，以维护水库下游河流健康为目标的生态调度方案；防洪、发电以及生态调度为目标的调度模型；以及"三生用水"（生活用水、生态用水和生产用水）为调度优先级、调节雨洪资源适应库区及下游需要等多生态目标的调度方案等。

在水生态调度评价方面，国内外分别对沱江流域、张家口地区水资源、北运河水闸以及湄公河、康乃狄格水库的生态安全、水资源配置、闸坝生态调度等问题进行了研究。在河流闸坝调度中建立了多层次的评价指标体系，以生态环境改善、社会效益显著、资源利用提高、工程技术先进和促进经济发展为评价总目标，采用生态环境指标、社会效益指标、资源指标、工程技术指标和经济效益指标等一级指标及其相应的二级指标作为评价指标；在跨流域调水中建立调水沿线的生态环境指标、水环境质量指标、资源承载力指标、环境风险指标和社会经济环境指标的评价体系；在水利工程建设中利用径流量，断流天数，氮、磷、钾、氧元素含量，物种等指数建立三级生态效应评价体系。

2.1.4 综合调度

流域水资源综合调度是水资源管理工作的重要内容之一，旨在水资源调度过程中以水资源系统分析手段、水资源合理分配为目的，通过各种评价指标和技术方法，进行多目标优化，实现流域水资源统一调度及跨流域调水。水资源调度按照调度的时间尺度可分为年、月、旬调度，周、日调度和实时调度；按照调度内容可分为防洪调度、排涝调度、灌溉调度、供水调度、排沙调度、发电和生态调度等，也可划分为综合调度和单一目标调度。水资源调度兼顾防洪、灌溉、发电等多方面效益，决定了流域水资源调度的多目标特点，因而多目标优化法在水资源综合调度中起着不可或缺的作用。水资源综合调度的评价指标体系根据水量、调蓄、调水、调沙等具体调度目标，综合考虑社会发展、生态、资源、效率、经济等的合理性，遵循保序性、客观性、协调性等原则，以各种现代智能启发算法和常规优化算法为配置评价的理论基础进行构建。

2.1.4.1　流域综合调度多目标及其优化方法

为实现流域水资源多目标优化综合调度，国内外研究开发了多种多目标规划模型、决策模式以及优化算法。

Ahmad 等研究了水库调度中传统的进化计算以及仿真优化和多目标优化组合的应用，同时还展示了新的优化算法，重点是人工蜂群（Artificial Bee Colony，ABC）和引力搜索算法（Gravitational Search Algorithm，GSA）；Tabari 等使用序贯遗传算法（Sequential Genetic Algorithm，SGA）和非支配排序遗传算法（Non - dominated Sorting Genetic Algorithm，NSGA）Ⅱ型号的多目标优化模型对地表水和地下水的联合使用进行规划和管理；Kim 等通过分析目标函数值和决策变量之间的关系，提出了一种确定非支配解的最佳解的方法，把 NSGA -Ⅱ应用到汉江流域四维多水库系统中。李涛涛建立了滦河流域多目标优化配置模型，运用粒子群算法求解该优化模型中非劣解集；Yang 等提出了一种改进的进化算法（Evolutionary Optimization Algorithm，EA），又称为用主成分分析和拥挤距离排序的多目标复杂演化全局优化方法（Multi - Objectire Complex Evolution Global Optimization Method with Principal Component Analysis and Crowding Distance Operator，MOSPD）。Bai 等提出了一种新算法：可行搜索空间优化非支配排序遗传算法（Feasible Search Space Optimization - Non - dominated Sorting Genetic Algorithm，FSSO - NSGA -Ⅱ）。

2.1.4.2　流域综合调度指标体系

从水资源综合调度多维性和多目标优化综合调度评价指标体系两方面阐述了流域水资源综合调度评价指标体系研究进展。

1. 流域水资源综合调度多维评价体系

流域水资源综合调度的影响因素众多，涉及范围较广，必须建立多维度的水资源综合评价体系来进行评判。曾国熙等基于分区指标与全局指标两个层次，构建涵盖社会合理性、经济合理性、生态合理性、资源合理性、效率合理性与发展协调性六大类的多维评价指标，以可持续发展理论、水资源二元承载力理论为配置评价的理论基础，针对黑河流域实际特点，分目标层、准则层和指标层建立了流域水资源配置评价指标体系；胡玉明针对岷江流域的生态功能，采用多准则的层次分析法，构建了社会发展、经济发展和生态保护三维度的评价指标，其评价准则由目标层、准则层、指标层和方案层组成，评价指标从评价区域或流域的社会经济可持续发展水平、水资源开发利用、区域用水和区域水资源承载能力、水资源可持续利用及流域所处位置的生态功能等方面设置了水量分配指标体系（包括社会性指标、经济性指标、生态性指标）、层次结构图和指标权重。

流域水资源综合调度多维评价体系主要通过设定社会、经济、生态及发展等各方面因

素，分层次进行指标权重赋值，通过完善的综合调度评价指标体系来指导流域综合调度工作。

2. 流域多目标优化综合调度评价指标体系

与水资源综合调度多维评价体系不同，国内外学者针对流域内防洪、水资源开发利用等不同领域、不同地区的目标及需求，构建流域综合调度多目标优化调度评价指标体系。采用相关评价方法对构建的指标体系进行分析。

陈雯卿通过对2006—2013年钱塘江流域水资源开发利用的相关数据进行统计分析，从开发利用现状（现状用水量、人均生活用水量、土地面积、农田有效灌溉面积）、经济贡献（包括资源规模和经济发展，资源规模含总人口数、多年平均人均水资源量、水资源开发利用率3项分指标；经济发展以GDP、第一产业GDP比重、第二产业GDP比重为分指标）、利用效率（包括用水效率和经济质量，用水效率以万元GDP用水量、万元工业产值用水量、万元农业产值用水量、亩均灌溉用水量、节水灌溉面积比例为5项分指标；经济质量以人均GDP、工业用水重复利用率和人均工业产值为分指标）、可持续发展［包括水质状况和社会发展，水质状况以Ⅰ～Ⅲ类水质比例、城市污水处理率、污水集中处理率和年人均COD排放量4项分指标来反映；社会发展以水利投资占GDP比重、GDP年均增长率（2006—2013年）、人口自然增长率、森林生态功能指数4项分指标来反映］构建了多目标多层次评价指标体系，并利用层次分析算法（Analytic Hierarchy Process，AHP）构建一个基于水资源开发利用评价指标体系的初始递阶层次结构，选择逼近于理想解的排序方法（Technique for Order Preference by Similarity to Ideal Solution，TOPSIS）（简称AHP+TOPSIS模型）对系统进行评价。Zhou提出了一个由防洪风险分析模块、使用效益分析模块和多目标评价模块组成的综合模型，得出梯级水库联合优化填充规则，选择长江流域的金沙江和三峡梯级水库作为案例研究，用1950—2010年间的61年每日观察径流数据测试模型，结果表明该模型能够在防洪和使用效益之间进行有效权衡。

由上述分析可以看出，目前国内外流域水资源综合调度具有水资源利用多目标的特征，并因此构建了多种多目标规划模型、决策模型、联合调度模型和各种仿真平台，包括柔性决策模式、自适应水量调度模型框架、MDB-水平衡动态模拟模型（Water Balance Dynamic Simulation Model，WBDSim）、时间序列和参数—仿真—优化（Particle Swarm Optimization，PSO）框架、WEAP21水资源管理模型（Water Evaluation And Planning System，WEAP21模型）、二维水动力学和水质综合模型（Two-Dimensional Hydrodynamic and Water-Quality Model），CE-QUAL-W2模型等，其研究前沿技术主要涉及多种智能算法和优化算法及结合方法：实数编码遗传算法优化、加速遗传算法（Real Coding Based On Accelerating Genetic Algorithm，RAGA）、灰色关联度法、熵权理想点法、动态规划法（Successive Approximation Methods of Dynamic Programming，DPSA）、动态规划逐次逼近方法（Progressive Optimality Algorithm，POA-DPSA）方法、粒子群优化算法、多目标粒子群算法（Multi-Objective Particle Swarm Optimization，MOPSO）、改进的粒子群优化算法（Non-Dominated Sorting Particle Swarm Optimization，I-NSPSO）、非支配排序遗传算法（Non-dominated Sorting Genetic Algorithm，

NSGA－Ⅱ)、二倍体多目标遗传算法、多目标优化算法(Pareto Efficient Global Optimization，ParEGO)、宏观进化多目标免疫算法、多目标遗传算法(Multi－Objective Genetic Algorithm，MOGA)、多目标NSGA－ALAN算法、多目标非支配归档蚁群优化(Non－dominated Archiving Ant Colony Optimization，NA－ACO)算法、精英突变的多目标粒子群优化技术(Elite Mutation Multi－Objective Particle Swarm Optimization，EM－MOPSO)、可行搜索空间优化—非支配排序遗传算法(Feasible Search Space Optimization Non－dominated Sorting Genetic Algorithm，FSSO－NSGA－Ⅱ)等。

因此，目前关于流域综合调度指标与目标的研究多集中于水库及水库群，缺乏针对流域平原河网与湖库群综合调度的研究。同时，综合调度的评价指标体是围绕社会、经济、生态、资源、效率、环境、发展等方面构建的多维评价体系，评价指标体系由目标层、准则层、指标层、方案层、要素层等构成。根据流域调度目标的不同，相关学者分别构建了水资源配置、流域生态功能、流域协调度、风险综合评价、水资源开发利用、闸坝调度、人水和谐等评价体系，所选取的评价指标从流域工业总产值、流域社会经济生活总需水量、流域总的环境用水量、流域总缺水量、流域总耗水量和流域实际农灌面积，到调水保证率、供水可靠性(缺水风险率)、供水恢复性、供水破坏率，到可供水量、发电量、调水调沙水量，到闸坝水域控制库容、上游来水最大流量、闸坝上下游水质指标浓度，再到水资源开发利用现状、经济贡献、利用效率、可持续发展等，涵盖范围广。对太湖流域来说，综合调度评价指标除需考虑多种因素外，也应考虑评价指标的实际可操作性，为流域综合调度工作实践提供有效支持。

2.2　调度实践研究

兴建调水工程是为了从水量充沛的地区调水到缺水的地区，从而改善缺水地区的水资源短缺和水体的生态环境，带动周边地区的社会经济发展，产生社会经济效益和生态环境效益。调水工程古已有之，据不完全统计，目前世界上至少有40个国家建成了350余项大型的调水工程，主要分布在美国、加拿大、印度、巴基斯坦、俄罗斯、中国、澳大利亚等国家。

2.2.1　国外综合调度实践及特点

最早的跨流域调水工程可追溯到公元前2400年的古埃及，为满足埃塞俄比亚境内南部灌溉和航运要求，古埃及兴建了世界第一条跨流域调水工程，在一定程度上促进了古埃及文明的发展与繁荣。20世纪40—80年代是世界范围内建设调水工程的高峰期，国外绝大多数调水工程是在这个时期完成的。例如美国20世纪40年代建成“中央河谷”工程、70年代建成加州调水工程，苏联“北水南调”工程，澳大利亚50—60年代“雪山调水工程”等。到20世纪70年代，国外学者开展了水利工程对水量分配、水质及生态环境改善影响的全面、系统的研究，并进行了大量的水资源调度工程实践。

1978年，田纳西河流域管理局(TVA)制定了“保护鱼类、野生生物和有关适应河川水流的其他财富”的方针，根据1970—1977年的资料，研究水质及用水造成影响的要

素，根据影响程度的大小确定水库研究的优先级别和数目，并针对各影响要素的具体问题寻找有效的解决方法。1990年，田纳西河流域完成环境评估报告，基于每个大坝下游水环境、栖息地、供水等方面的综合需求，提出了改进流域内20座大坝调度方式的建议，并给出了这些大坝下泄水流的最小流量和最小DO浓度。1996年，历时5年、花费5000万美元的田纳西河流域20座大坝生态调度项目圆满完成。1988年，为解决新奥尔良地区存在的盐水入侵和湿地萎缩问题，美国陆军工程兵团与路易斯安那州共同规划和实施了引水工程，从密西西比河引水，向新奥尔良地区补充淡水，使得地区水环境得到有效改善。

1995年日本河川审议会的《未来日本河川应有的环境状态》报告指出推进“保护生物的多样生息和生育环境”“确保水循环系统健全”“重构河川和地域关系”的必要性。1997年日本对其《河川法》做出修改，不仅治水、疏水，而且“保养、保全河川环境”也写进了新《河川法》。筑坝使河流下游水流稳定而丧失活力，导致河床形态改变和浸水频率减少；沙石供给使河床下降、河床材料粗粒化，最终导致多种生物的栖息地减少。鉴于此，日本通过弹性管理大坝对下游放水、将蓄沙堰临时沉积的泥沙还原给大坝下游、设置排沙闸等，尽可能使泥沙供给、移动对自然环境的冲击得到恢复。在非洲南部的津巴布韦，研究人员在奥济（Odzi）河的Os－borne水库观测站开展研究，运用Desktop模型，估算河流生态环境需水流量，为水库调度提供了切实可行的指导。在澳大利亚，每个州和地区都要对“水依赖的生态系统”做出评价，并且提出水的永续利用和恢复生态系统的分配方案。

综合国外综合调度实践，具有以下基本特点：

(1) 综合调度开展的历史时机具有鲜明的阶段性特征。西方发达国家最初也仅针对水量开展调度，从20世纪80—90年代前后开始实施水生态环境调度，其中美国开展最早。从社会经济发展阶段看，生态调度是在具备必要的社会经济可承受能力条件下才得以开展。

(2) 综合调度已经融入流域综合管理。20世纪80年代末，西方发达国家从整体性管理角度提出流域综合管理理念，在生态调度逐渐受到重视后，近年来又提出了动态管理，即通过在某种程度上恢复河流的自然变化动态来维持或恢复河流的生态活力。生态环境调度强调整体、动态的技术特点恰好与流域综合管理的要求自然契合，国外的生态环境调度已经自然融入流域综合管理的日常工作之中，成为制度性、日常性的河流综合管理的重要调控手段。

(3) 强调适应性管理，通过加强实验、监测、研究和及时反馈来不断减少综合调度实践中存在的不确定性。西方发达国家正视河流生态系统自身的复杂性和河流生态响应的不确定性，强调利用最新的科学知识来提出指导综合调度的可供验证的基本假设，再利用长期的系统监测研究计划以及效果评价计划来积极地对已有的假设进行验证，并不断地反馈改进。

2.2.2 国内综合调度实践及特点

中国自古以来就是一个水利大国，修筑了大大小小、不可胜数的水利工程，以减除水害。其中，调水工程数量最多，公元前 486 年修建了引长江水入淮河的邗沟工程；公元前 361 年修建了引黄河水入淮河的鸿沟工程；公元前 256 年修建了引岷江水入成都平原的都江堰引水工程，使成都平原成为“水旱从人”的“天府之国”；公元前 246 年起兴建郑国渠，引泾河水灌溉关中地区，使贫瘠的渭北平原变成富饶的八百里秦川；公元前 219 年建成了引湘江水入珠江水系的灵渠工程。我国已建的调水工程，在 20 世纪 70 年代以前多以农业灌溉为主要目的，随着我国社会经济的不断发展，城市用水增加，水资源供需矛盾逐渐突出，为解决城市缺水，从 80 年代起，陆续建设了一批调水工程，在解决地区供水上发挥了积极作用，有的还在干旱地区生态改善方面发挥了作用。

黄河水利委员会在 1964 年利用三门峡水库两次进行人造洪峰试验，2002—2004 年黄河防汛抗旱总指挥部（以下简称防总）连续 3 年进行调水调沙试验，尝试利用水库联合调度塑造人工异重流排沙出库，利用人工扰沙技术促进河床泥沙启动，实现河床下切、输沙入海。在成功试验的基础上，2005 年调水调沙由试验正式转入生产运用。2007 年 6 月 19 日—7 月 7 日，黄河防总按照洪水资源化和水沙联合调控的思路，精心调度万家寨、三门峡、小浪底等水库，再次成功实施调水调沙。此次洪峰是近 10 年来下游河道通过的最大洪峰，下游主河槽得到全线冲刷，而且还漫灌了黄河口湿地，为湿地保护及时补充了淡水资源。

2002 年南水北调工程正式开工，把长江流域水资源自其上游、中游、下游，结合中国疆土地域特点，分东、中、西三线抽调部分送至华北与淮海平原和西北地区水资源短缺地区，该工程成为目前世界上正在实施的最大规模调水工程，也是我国跨流域调水的标志性工程。

针对珠江口咸潮上溯问题，国家防总、水利部连续组织实施了 2005 年、2006 年珠江压咸补淡应急调水，2006—2008 年转为枯水期珠江骨干水库统一调度。调度中针对龙头水库采取先蓄后补、保证调度水量的方法，调度策略采用“避大潮、压小潮、多蓄淡”的方法，调度的方式采取“月计划、旬调度、周调整、日跟踪”的方法，并每日跟踪，实施精细调度。

三峡工程自 2007 年 1 月 11 日起正式启动对长江中下游的补水调节机制，以满足沿江地区紧迫的生产、生活、通航、调节水量、平衡生态的需求，水库实验性蓄水完成后，对下游补水能力大大增强，从 2008 年长江枯水期开始至 2009 年 2 月 11 日，累计补水 25 亿 m^3。

太湖流域自 2002 年以来组织开展了“引江济太”水资源调度，在确保流域防洪安全的前提下，增加流域水资源总量。至 2014 年，通过望虞河调引长江水 262.7 亿 m^3 入太湖流域，其中入太湖 120.2 亿 m^3，经太浦闸向下游地区增加供水 179.6 亿 m^3。“引江济太”的实施成功缓解了 2003 年、2004 年和 2011 年流域的严重旱情，并在应对 2003 年黄浦江上游特大燃油污染事故、2007 年太湖蓝藻暴发引发的无锡市供水危机、2013 年上海金山船舶水污染事件，以及保障上海世博会供水安全等方面发挥了重要作用。

此外，江苏省江都江水北调工程、广东省东深引水工程、河北省与天津市引滦工程、山东省引黄济青等工程的修建均为当地经济、社会发展提供了必要的水源保障。

从目前国内的情况来看，基于多目标的工程调度实践取得了较为显著的效果，但仍处

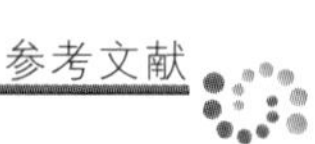

于尝试和摸索阶段，其特点及主要存在的问题如下：

（1）满足多目标要求的综合调度实践较少。随着工程管理技术及管理要求的不断提高，大多数的工程调度目标不再单一，但各项工程的综合调度侧重点不同，能够同时满足多目标要求的综合调度实践还较少。

（2）生态环境调度目前仍缺乏系统的理论指导。由于我国缺乏长期系统的生物监测资料，对水生生物的生态水文学、生态水力学特征的认识薄弱；对水沙过程与生物过程的相互作用关系研究较少；生态流量的设置主要集中在最小下泄生态流量，对于动态流量过程的生态作用认识还很不充分，尤其是对洪水过程的生态作用则更少关注。在管理实践中，水利水电工程生态环境影响后评估工作的基础仍然薄弱。

（3）综合调度的长效机制尚未建立，要进一步总结经验，向常态化运行调度转变。通过开展诸多综合调度试验，水利工程在实况调度中不断总结经验，工程的综合效益显著体现，但目前工程综合调度能力与地方需求还存在矛盾，需要进一步加强地区水利工程综合调度需求分析，逐渐由应急调度向常态化运行转变。

（4）流域综合调度管理水平有待进一步提高。我国流域管理体制是流域统一管理和行政区域管理相结合的方式。在市场经济条件下，我国尚未建立水资源配置的市场机制，对水权划分仍很模糊。流域水量的统一管理和调度在大部分区域尚未真正落实。已实施的调度实践需要通过多部门、多行业协调的方式开展，协调沟通成本较高。

参 考 文 献

[1] 刘宁．响应水质型缺水社会需求的跨流域调水浅析 [J]．中国水利，2006（1）：14-19.

[2] Wei C C，Hsu N S. Multireservoir real-time operations for flood control using balanced water level index method [J]. Journal of Environmental Management，2008，88（4）：1624.

[3] 张清武．基于熵权的多目标决策防洪预报调度方式优选 [D]．大连：大连理工大学，2009.

[4] 李兴学．钱塘江流域水库群防洪预报调度研究 [D]．南京：河海大学，2007.

[5] 李伟．人类活动对洪水预报影响分析及防洪调度研究 [D]．大连：大连理工大学，2009.

[6] 李志远．水库防洪调度方案优选及库淀联合防洪调度问题的研究 [D]．天津：天津大学，2007.

[7] 胡炜．大型平原河网地区防洪系统模拟与调度研究 [D]．南京：河海大学，2007.

[8] Yu L I，Guo S L，Zhou Y L，et al. Optimal Flood Control Operation for the Cascade Reservoirs Considering Stochastic Reservoir Inflow Hydrograph [J]. Sichuan Daxue Xuebao，2012，44（6）：13-20.

[9] 仲刚．辽河流域防洪调度经验与体会 [J]．中国水利，2006（11）：43-44，47.

[10] 胡秀英．广西西江流域干流水库防洪优化调度研究 [D]．南宁：广西大学，2015.

[11] 钟平安．流域实时防洪调度关键技术研究与应用 [D]．南京：河海大学，2006.

[12] Zhou H C，Zhang G H，Wang G L. Multi-objective decision making approach based on entropy weights for reservoir flood control operation [J]. Shuili Xuebao/journal of Hydraulic Engineering，2007，38（1）：100-106.

[13] 吕涑琦．浑河流域防洪调度决策研究及系统设计 [D]．大连：大连理工大学，2008.

[14] 马志鹏，陈守伦，芮钧．梯级水库群防洪系统多目标决策的灰色优选 [J]．数学的实践与认识，2007（11）：112-116.

[15] 万芳．滦河流域水库群联合供水调度与预警系统研究 [D]．西安：西安理工大学，2012.

[16] 习树峰，王本德，梁国华，等．考虑降雨预报的跨流域调水供水调度及其风险分析 [J]．中国科

学：技术科学，2011 (6)：845－852.

[17] 彭慧，李光吉，李维硕，等．沭水东调工程跨流域水库群联合供水研究 [J]．南水北调与水利科技，2013 (6)：25－29.

[18] 刘娜．跨流域水库群联合优化调度应用研究 [D]．大连：大连理工大学，2015.

[19] 高海东，解建仓，张永进，等．冶峪河流域供水水库优化调度及用水补偿研究 [J]．水资源与水工程学报，2015 (01)：149－153.

[20] 王强，周惠成，梁国华，等．浑太流域水库群联合供水调度模型研究 [J]．水力发电学报，2014 (3)：42－54.

[21] 刘莎．跨流域引水后受水水库优化调度图研究 [D]．大连：大连理工大学，2013.

[22] 彭安帮．跨流域水库群引水与供水联合优化调度研究 [D]．大连：大连理工大学，2015.

[23] 周惠成，刘莎，程爱民，等．跨流域引水期间受水水库引水与供水联合调度研究 [J]．水利学报，2013 (8)：883－891.

[24] 杨春霞．大伙房跨流域引水工程优化调度方案研究 [D]．大连：大连理工大学，2007.

[25] 李学森．跨流域调水系统调度决策方式及管理模式研究 [D]．大连：大连理工大学，2009.

[26] Zhan L，Chen J，Zhang S，et al. Relationship between Dongting Lake and surrounding rivers under the operation of the Three Gorges Reservoir，China. [J]. Isotopes in Environmental & Health Studies，2015，51 (2)：1－16.

[27] 彭辉，贾仰文，牛存稳．南水北调中线京石段应急供水水库入流预报研究 [J]．南水北调与水利科技，2009 (1)：8－10，21.

[28] 谢招南．晋江流域水库群联合供水调度方案探讨 [J]．水利科技，2009 (2)：9－11.

[29] 崔国韬，左其亭．生态调度研究现状与展望 [J]．南水北调与水利科技，2011 (6)：90－97.

[30] 方子云，谭培伦．为改善生态环境进行水库调度的初步研究 [J]．人民长江，1984 (6)：65－67.

[31] 董哲仁．水利工程对生态系统的胁迫 [J]．水利水电技术，2003，34 (7)：1－5.

[32] 员江斌，梅亚东，郑慧涛，等．生态友好型水库调度研究热点与展望 [J]．中国农村水利水电，2014 (8)：79－81，84.

[33] 杨娜，梅亚东，李娜．生态友好型水库调度及其研究进展 [J]．水利水电科技进展，2008 (5)：91－94.

[34] Matete M，Hassan R. Integrated ecological economics accounting approach to evaluation of inter－basin water transfers：An application to the Lesotho Highlands Water Project [J]. Ecological Economics，2006，60 (1)：246－259.

[35] 徐建新，刘宏利，李彦彬．闸坝生态调度效果多层次模糊综合评价 [J]．华北水利水电学院学报，2012 (1)：15－18.

[36] Meng Z X，Chun－Yan L I，Deng Y L. Ecological Security Early－Warning and Its Ecological Regulatory Countermeasures in the Tuojiang River Basin [J]. Journal of Ecology & Rural Environment，2009：1－8.

[37] 李锦秀，杜斌，孙以三．水动力条件对富营养化影响规律探讨 [J]．水利水电技术，2005 (5)：15－18.

[38] 赵颖．水文、气象因子对藻类生长影响作用的试验研究 [D]．南京：河海大学，2006.

[39] 彭进平，逄勇，李一平，等．水动力条件对湖泊水体磷素质量浓度的影响 [J]．生态环境，2003 (4)：19－23.

[40] 郝文彬，唐春燕，滑磊，等．引江济太调水工程对太湖水动力的调控效果 [J]．河海大学学报（自然科学版），2012，40 (2)：129－133.

[41] 谢其华，李东风，陈冬云，等．基于二维数值模拟的城市河网水体流动性研究 [J]．浙江水利水电专科学校学报，2010，22 (4)：1－6.

[42] 许可，周建中，顾然，等. 基于流域生物资源保护的水库生态调度 [J]. 水生态学杂志，2009 (2)：134-138.

[43] 许可. 面向生态保护和恢复的梯级水电站联合优化调度研究 [D]. 武汉：华中科技大学，2011.

[44] 杨正健，刘德富，纪道斌，等. 防控支流库湾水华的三峡水库潮汐式生态调度可行性研究 [J]. 水电能源科学，2015 (12)：48-50，109.

[45] 潘明祥. 三峡水库生态调度目标研究 [D]. 上海：东华大学，2011.

[46] 赵越. 面向河流生境改善的水库调度建模理论与方法研究 [D]. 武汉：华中科技大学，2014.

[47] 胡和平，刘登峰，田富强，等. 基于生态流量过程线的水库生态调度方法研究 [J]. 水科学进展，2008，19 (3)：325-332.

[48] 张洪波，王义民，蒋晓辉，等. 基于生态流量恢复的黄河干流水库生态调度研究 [J]. 水力发电学报，2011 (3)：15-21，33.

[49] 王宗志，程亮，王银堂，等. 基于库容分区运用的水库群生态调度模型 [J]. 水科学进展，2014 (3)：435-443.

[50] 何俊仕，韩宇舟，张磊，等. 蒲河流域水库生态调度研究 [J]. 水电能源科学，2010 (9)：34-36.

[51] 陈南祥，杜青辉，徐晨光，等. 基于仿真技术的太子河流域水库生态调度研究 [J] . 灌溉排水学报，2011 (5)：57-60.

[52] 杜青辉. 基于生态的辽河流域水库调度模式研究 [D]. 郑州：华北水利水电大学，2012.

[53] 程绪水，万一. 构建生态用水调度体系推进淮河流域水生态文明建设 [J]. 中国水利，2013 (13)：42-44，51.

[54] 邓晓雅，杨志峰，龙爱华. 基于流域水资源合理配置的塔里木河流域生态调度研究 [J]. 冰川冻土，2013 (6)：1600-1609.

[55] Chang N-B，Parvathinathan G，Dyson B. Multi-objective risk assessment of freshwater inflow on ecosystem sustainability in San Antonio Bay，Texas [J]. Water International，2006，31(2)：169-182.

[56] 邓坤，张璇，杨永生，等. 流域水资源调度研究综述 [J]. 水利经济，2011，29 (6)：23-27.

[57] Ahmad A，El-Shafie A，Razali S F M，et al. Reservoir Optimization in Water Resources：a Review [J]. Water Resources Management，2014，28 (11)：3391-3405.

[58] Tabari M M R，Soltani J. Multi-Objective Optimal Model for Conjunctive Use Management Using SGAs and NSGA-II Models [J]. Water Resources Management，2013，27 (1)：37-53.

[59] Kim T，Heo J H，Jeong C S. Multireservoir system optimization in the Han River basin using multi-objective genetic algorithms [J]. Hydrological Processes，2006，20 (9)：2057-2075.

[60] 李涛涛，董增川，王南. 基于生态调度的滦河流域多目标优化配置 [J]. 水电能源科学，2012 (7)：58-61.

[61] Yang T T，Gao X G，Sellars S L，Sorooshian S. Improving the multi-objective evolutionary optimization algorithm for hydropower reservoir operations in the California Oroville-Thermalito complex [J]. Environmental Modelling & Software，2015，69262-69279.

[62] Bai T，Wu L Z，Chang J X，et al. Multi-Objective Optimal Operation Model of Cascade Reservoirs and Its Application on Water and Sediment Regulation [J]. Water Resources Management，2015，29 (8)：2751-2770.

[63] 曾国熙，裴源生，梁川. 流域水资源合理配置评价理论及评价指标体系研究 [J]. 海河水利，2006 (4)：35-39，46.

[64] 胡玉明，梁川. 岷江全流域水资源量化配置研究 [J]. 水资源与水工程学报，2016 (1)：7-12.

[65] 陈雯卿. 钱塘江流域水资源开发利用评价与对策研究 [J]. 杭州电子科技大学学报（社会科学版），2015 (3)：18-26.

[66] Zhou Y, Guo S, Xu C-Y, Liu P, et al. Deriving joint optimal refill rules for cascade reservoirs with multi-objective evaluation [J]. Journal of Hydrology (Amsterdam), 2015, 59 (24): 166-181.

[67] 骆进仁，张少敏，钱晓东，等. 国内外调水工程实践与启示 [J]. 兰州交通大学学报，2011，30 (5): 104-107.

[68] 汪秀丽. 国外流域和地区著名的调水工程 [J]. 水利电力科技，2004，30 (1): 1-25.

[69] 方子云. 中美水库水资源调度策略的研究和进展 [J]. 水利水电科技进展，2005，20 (1): 625-629.

[70] 方妍. 国外跨流域调水工程及其生态环境影响 [J]. 人民长江，2005 (10): 9-10，28.

[71] 俞瑞堂. 日本的河川管理 [J]. 水利水电科技进展，2000，3 (1): 5-9.

[72] 张丽丽. 水库生态调度研究现状与发展趋势 [J]. 人民黄河，2009，1 (11): 25-28.

[73] 郑连第. 中国历史上的跨流域调水工程 [J]. 南水北调与水利科技，2003，1 (12): 5-8.

第3章　研究方法及相关概念界定

本章简述全书的研究目标与研究思路，在目标导向的基础上提出研究的技术路线，介绍具体的研究内容和研究工具等相关基础条件，并基于流域综合调度、有序流动的实践与特点分析，阐明流域综合调度以及平原河网水体有序流动的内涵。

3.1　研究目标、思路与技术路线

3.1.1　研究目标

探索构建太湖流域综合调度评价指标体系，分析研究太湖流域综合调度关键技术，构建面向“三个安全”的流域综合调度模式，促进流域实现“科学调度、精细调度”，发挥水利工程调度的综合效益，为建设流域水生态文明、实现以水资源可持续利用支撑经济社会可持续发展提供技术支撑。

3.1.2　研究思路

为保障太湖流域“三个安全”，充分利用相关规划、调度实践和科研成果等已有工作基础，通过调研收集各地区河湖水体流动、防洪、供水、水生态环境现状，以及主要控制线工程规模、功能、调度方式等情况，界定太湖流域综合调度内涵，梳理分析流域调度存在的问题，构建太湖流域综合调度评价指标体系，研究提出流域综合调度需求和目标；在此基础上，以太湖流域水量水质数学模型为技术手段，一方面从雨洪资源利用、供水需求满足、骨干工程潜在的防洪与供水效益挖掘等角度，优化流域现状调度；另一方面结合区域水体有序流动、水环境改善效果分析与典型地区河网水体有序流动水环境调度示范试验，探明河湖有序流动的水环境响应机制，探索提出基于平原河网有序流动的水环境调度模式；最终构建面向“三个安全”的流域综合调度模式，统筹协调流域防洪、供水与水生态环境改善不同目标，实现工程体系联动与调度目标联动，促进太湖流域实现综合调度，提升流域的综合治理与管理水平。

3.1.3　技术路线

本书以现状流域调度及河湖水体流动特性为基础，以太湖流域水量水质数学模型为主要计算分析工具，结合典型地区水量水质原型观测试验，从指标体系构建、机理探索、调度研究、典型试验4个层次研究流域综合调度关键技术。

1. 指标体系构建

梳理借鉴国内外典型河湖调度指标研究成果，结合现状调研，界定太湖流域综合调度内涵，分析流域现状调度存在问题，提出新形势下太湖流域综合调度的需求；构建太湖流域综合调度评价指标体系，提出流域综合调度评价方法，初步提出流域及区域综合调度目标；应用构建的综合调度评价指标体系，结合实测资料，评估现状流域综合调度情况。

为研究满足“三个安全”要求的太湖流域综合调度方案，本书构建了综合调度评价指标体系，主要用于对现状调度方案、研究调度方案等进行比较评价，找出调度方案存在的薄弱环节，为太湖流域综合调度方案优化提供技术支撑，为太湖流域综合调度提供宏观指导。鉴于实际调度工作受气象条件、水利工程上下游水文条件、不同省市间行政协调等因素的影响，本书中所提出的太湖流域综合调度评价指标体系若用于评价调度业务部门实际调度工作的优劣，尚需考虑实际调度的多种影响因素，进一步调整完善。

2. 机理探索

界定流域河湖水体有序流动内涵，提出基于平原河网有序流动的水环境调度目标；结合历年流域及区域调度管理实践及成果，评估现状综合调度下的水体流动规律；开展河湖有序流动的水环境响应机制研究，探明太湖与出入湖河道水体有序流动的联动效应，提出太湖与出入湖河道水体有序流动的联动模式；研究区域河网水体有序流动与水量水质的响应关系，提出典型区域水体有序流动的模式；开展流域骨干河道联合调度、综合调度潜力及效果分析，研究提出基于平原河网有序流动的流域水环境调度模式。

3. 调度研究

基于研究提出的太湖防洪、供水、水生态环境调度目标，在分析流域降水类型以及强度的季节性规律的基础上，分析现状太湖防洪与调水控制水位时段划分的合理性和年内不同时段太湖雨洪资源利用的可行性，优化太湖现状防洪与供水调度控制要求；研究太湖多因子指标水生态环境调度的可行性，分析太湖水生态环境调度效果及防洪风险，提出太湖水生态环境调度控制要求；提出太湖综合调度控制要求建议。

研究望虞河、太浦河等流域骨干河道现状调度优化关键技术，重点研究望虞河、走马塘联合调度模式，探索分析太浦河泄洪与杭嘉湖区排涝关系，以及加大太浦河供水流量的可行性，提出“两河”优化调度建议。

基于研究提出的太湖综合调度控制要求建议、“两河”优化调度建议和基于平原河网有序流动的流域水环境调度模式，考虑现状工况和规划工况，提出现状与规划工程布局下流域骨干工程与区域工程联合调度方案建议并进行效果分析；研究提出面向“三个安全”的太湖流域水利工程综合调度模式，进行流域综合调度的效果评价。

本书采用太湖流域水量水质数学模型对不同的设计方案进行模拟分析，针对不同的方案优化目标，选取太湖流域综合调度评价指标体系中相关的不同对象的水位、水质等指标进行统计计算，分析评价不同方案对流域、区域防洪、水资源、水生态环境产生的效益及风险，研究提出推荐的调度方案。对于最终研究提出的太湖流域综合调度方案，在进行防洪、水资源、水生态环境效益与风险分析的基础上，运用整套太湖流域综合调度评价指标体系进行不同水情期与全年期的评价打分，定量化评估流域综合调度方案的效果。

4. 典型试验

以研究得出的典型区域水体有序流动模式和综合调度建议为依据，开展区域水量水质原位观测试验，分析流动规律，验证河湖水体有序流动与水环境调度的响应机制，评估典型区域平原河网有序流动对河网水环境改善的实际效果，并为流域水量水质模型完善与率定验证提供基础数据。

本书技术路线详见图 3.1。

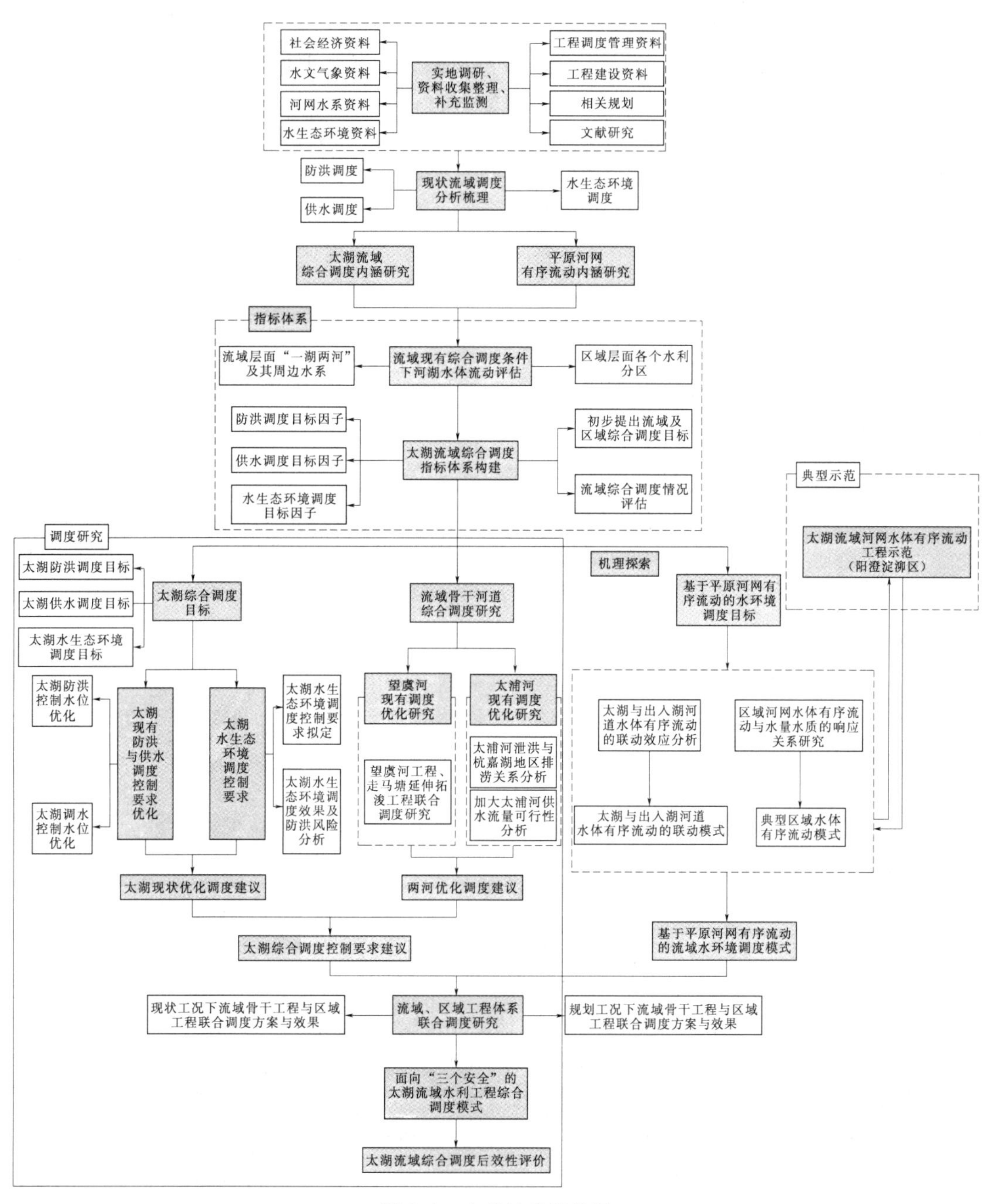

图 3.1　本书技术路线图

3.2　研究内容与相关基础条件

3.2.1　研究范围与水平年

太湖流域典型平原河网地区河道交织如网、湖泊星罗棋布，下游感潮河道水流往复不定，区域间水量交换频繁，水文情势复杂，全流域河网系统是不可分割的整体，本书研究范围为整个太湖流域，面积3.69万km^2，包括上游湖西区、浙西区和太湖区，以及下游武澄锡虞区、阳澄淀泖区、杭嘉湖区、浦东区和浦西区，见图1.1。

考虑到阳澄淀泖区北以沿江控制线为界、西以太湖控制线为界、西北侧以望虞河东岸控制线为界、南以太浦河北岸控制线为界，水流运动相对独立、可控性较强，且工程基础较好、调水实践经验丰富，因此，本书研究选取阳澄淀泖区为工程示范典型区域。通过典型区域工程调度示范，验证河湖水体有序流动与水环境调度的响应机制，率定水量、水位、营养盐迁移降解等关键参数，评估典型区域平原河网有序流动对河网水环境改善的实际效果，完善提出阳澄淀泖区河湖水体有序流动的调度建议。

本书现状基准年为2014年，近期水平年为2020年。

3.2.2　研究内容

本书在剖析太湖流域综合调度及平原河网有序流动内涵的基础上，研究综合调度和河网有序流动的关键技术，提出构建面向“三个安全”的流域综合调度模式。

1. 太湖流域综合调度评价指标体系构建及太湖综合调度目标研究

剖析国内外典型河湖调度指标，研究满足保障太湖流域“三个安全”需求，并能促进河湖水体有序流动要求的太湖流域综合调度内涵，分析新形势下太湖流域综合调度的需求，构建太湖流域综合调度评价指标体系，初步提出流域及区域综合调度目标，重点提出太湖防洪、供水、水生态环境调度目标；应用构建的太湖流域综合调度评价指标体系，评估流域现状调度情况。

2. 太湖流域现状调度优化关键技术研究

结合历年流域及区域调度管理实践及成果，分析评估现有综合调度下的水体流动规律；结合雨洪资源利用、供水需求分析等，对太湖防洪与供水调度控制要求进行优化与完善，研究调水情况下增加太湖水质类控制指标的可行性；从太浦河泄洪与杭嘉湖地区排涝，提高太浦河、黄浦江上游沿线重要饮用水水源地供水的保障程度，提高望虞河引水入湖效率等角度，开展太浦河、望虞河现有调度优化研究。

3. 基于平原河网有序流动的水环境调度关键技术研究

在界定太湖流域河湖水体有序流动内涵的基础上，开展河湖有序流动的水环境响应机制研究，重点分析太湖与出入湖河道水体有序流动的联动效应，提出以改善太湖水环境质量为目标，兼顾上、下游地区供水和水生态环境安全的平原河网水体有序流动关键影响因素；研究区域河网水体有序流动与水量水质的响应关系，提出典型区域水环境改善的平原河网有序流动的关键影响因素。

4. 面向“三个安全”的流域综合调度关键技术研究

统筹太湖综合调度的多目标需求，研究提出面向流域防洪、供水和水生态环境安全条件下的太湖综合调度控制要求；以基于有序流动水环境调度方案建议为依据，为实现面向“三个安全”的综合调度目标，研究提出太湖流域综合调度模式的建议，评估综合调度方案对改善太湖及典型区域防洪、供水和水生态的效果；选取阳澄淀泖区为示范区域，开展水量水质原位观测试验，评估典型区域平原河网有序流动对河网水环境改善的实际效果。

3.2.3 水文典型年

太湖流域属平原河网地区，由于缺少流域控制性断面和系统的实测断面流量资料，一般用降雨量推求设计洪水与枯水年产流。

《太湖流域防洪规划》根据历史特大暴雨类型和时空分布特征的代表性、水文气象条件相似性和资料充分性的典型暴雨选择原则，选取1991年和1999年作为设计暴雨典型年，并根据近期、远期流域防洪标准，研究提出了流域不同降雨典型50年一遇及100年一遇设计洪水。立足流域治理与管理远期需求，本书防洪调度研究采用1999年100年一遇设计洪水（“99南部”百年一遇设计洪水）。

针对水资源、水生态环境调度研究，本书依据《太湖流域水资源综合规划》《太湖流域水量分配方案》[1]，采用降水频率典型年法，在流域及区域1951年以来的降雨资料系列分析基础上，拟选择流域丰水年、平水年、枯水年水文典型年分别为：丰水年（P=20%）1989年，平水年（P=50%）1990年、2000年，枯水年（P=90%）1971年、2003年，特枯水年（P=95%）1967年。本书水资源、水生态环境调度研究采用平水年（P=50%）1990年、枯水年（P=90%）1971年。

2013年太湖流域年降水量较常年偏少5.6%，2月、5月、10月降水量比常年同期均偏多，其中10月偏多幅度最大，达236%，其余月份比常年同期均偏少；10月6—8日受“菲特”台风影响，降雨急转增多，全流域出现了明显的旱涝急转现象。2013年内既实施了引江济太水资源调度，又实施了防洪调度，具有一定的代表性和典型性。本书将2013年作为旱涝急转以及台风影响的特殊典型实况年。

受超强厄尔尼诺现象影响，太湖最高水位达4.87m，位列1954年有记录以来第2位（1999年为历史第1位）。2016年，太湖流域降雨量1792.4mm，较常年偏多47.1%，创历史新高。汛期（5—9月）降雨量1088.0mm，较常年偏多50.1%，列历史第3位。流域6月19日入梅，7月20日出梅，梅雨量412.0mm，较常年偏多70.5%；降雨主要集中在北部及太湖区，均为常年的2倍以上。湖西区最大3天、7天和15天降雨量均位列1951年以来第1位，其中最大15天降雨量超过200年一遇。汛后（10—12月）降雨量是常年的2.3倍。本书将2016年作为防洪的特殊典型实况年。

[1] 《太湖流域水量分配方案》于2018年5月通过国家发展改革委、水利部批复（发改农经〔2018〕679号）。

3.2.4　研究工况

根据《太湖流域综合规划》中确定的流域重点治理工程以及区域相关引排水工程实施完成情况确定研究工况，主要包括现状工况、规划工况。

1. 现状工况

1991年江淮大水之后，根据国务院关于进一步治理淮河和太湖的决定，按照原国家计委批复的《太湖流域综合治理总体规划方案》，太湖流域先后实施完成了望虞河、太浦河、环湖大堤、杭嘉湖南排后续、湖西引排、武澄锡引排、东西苕溪防洪、杭嘉湖北排通道、红旗塘、扩大拦路港泖河及斜塘、黄浦江上游干流防洪等11项综合治理骨干工程建设。

综合《太湖流域防洪规划》确定的二轮“治太”工程实施进展以及区域骨干工程建设情况，本书现状工况为在流域治太11项骨干工程基础上考虑以下工程：已建成的走马塘拓浚延伸工程、新沟河延伸拓浚工程，已开工建设的新孟河延伸拓浚工程、太嘉河工程、杭嘉湖地区环湖河道整治工程、扩大杭嘉湖南排工程、平湖塘延伸拓浚工程、苕溪清水入湖河道整治工程、望虞河西岸控制工程等流域性治理骨干工程；已建成的苏州市七浦塘拓浚整治工程、西塘河引水工程、常熟市海洋泾引排综合整治工程等区域性治理骨干工程，杨林塘、京杭运河“四改三”等航道整治工程以及苏州、无锡、常州、嘉兴、湖州等城市大包围工程。

2. 规划工况

规划工况为在上述现状工况的基础上，综合考虑望虞河后续工程、太浦河后续工程及吴淞江工程等规划骨干工程。

本书依据各工程前期论证报告以及省市调研了解收集的相关资料，对太湖流域数学模型中各工程的工程方案等进行了复核及更新，主要复核内容包括工程的河线、规模等。

3. 研究工况选用

本书在规划工况综合调度方案研究中采用规划工况。其余研究均采用现状工况，主要包括：流域河湖水体流动情况分析，“一湖两河”（太湖、太浦河、望虞河）现状调度优化研究，区域河网水体有序流动与水量水质的响应关系研究，太湖综合调度控制要求研究，面向“三个安全”的流域综合调度研究中现状工况下流域、区域工程体系综合调度模式研究，以及太湖流域综合调度方案效果评估等。

3.2.5　研究工具

本书主要采用太湖流域水量水质数学模型进行不同设计方案的模拟分析。太湖流域水量水质数学模型开发研制于太湖流域水资源综合规划期间，其后模型机理和功能经不断完善，是目前较为成熟的适用于太湖流域平原河网地区的数学模拟工具。该模型在综合分析太湖流域平原河网特点的基础上，根据水文、水动力学等原理建立模型，模拟流域平原河湖、河道汊口连接和各种控制建筑物及其调度运行方式，对流域各类供、用、耗、排进行合理概化，耦合一维河网和二维太湖，模拟流域平原河网地区水流运动，对河湖水量、水质进行联合计算，并采用一体化集成模式，将模型核心技术、数据库技术、地理信息系统

技术及信息处理技术在系统底层进行集成，形成适合于太湖流域河网水量水质计算的系统平台，初步具备了水资源和防洪调度的决策支持功能。关于模型的详细介绍可参考文献［3］。

太湖流域水量水质数学模型是水文、水动力学耦合模型，包括降雨径流模型、河网水量模型、污染负荷模型、河网水质模型、太湖湖流模型和太湖湖区水质模型6个子模型，其逻辑关系见图3.2。其中，降雨径流模型主要模拟太湖流域各类下垫面的产汇流过程，该模型为河网水量模型和污染负荷模型提供输入；河网水量模型主要根据降雨径流模型和污染负荷模型的计算结果，综合流域内引、排水工程作用，模拟河网水位流量过程；污染负荷模型主要模拟流域内点、面污染源产生的废污水量及污染物排放过程；河网水质模型主要根据水量模型提供的各断面水位、流量，再根据污染物源汇项，模拟各河段水质；太湖湖流模型主要模拟各种风向、风速情况下的太湖风生流流场，采用准三维模型；太湖湖区水质模型主要模拟太湖湖区水质指标，提供河网水质模型中太湖来水的水质边界条件。

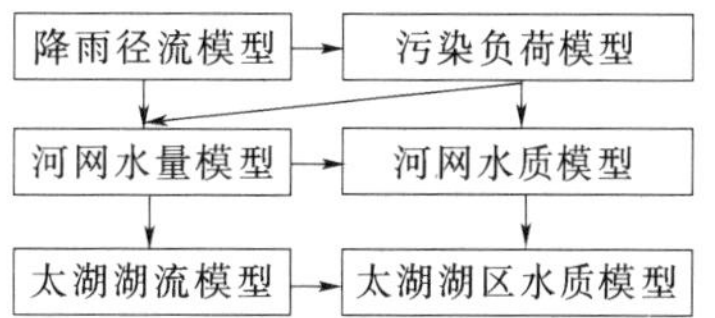

图3.2 太湖流域平原河网水量水质模型逻辑关系

太湖流域水量水质数学模型已经相关部门评审鉴定，并在流域水资源综合规划、流域水量分配方案及相关技术论证等工作中得到检验，已在论证流域水环境综合治理考核目标、核定流域水环境容量、工程方案及调度方案比选、分析评估措施效益等工作中发挥了重要作用；同时，在历年的使用过程中，模型的河网水系、水利工程、下垫面、排污口等信息也得到不断的更新和完善。

3.3 流域综合调度及平原河网水体有序流动内涵研究

3.3.1 太湖流域综合调度的内涵

人类从逐水而居到逐水而兴，由开始的开发利用河湖水系到后来的逐渐改造河湖水系，更好地服务于人类的社会经济发展，河湖水系调度的目的不断发生改变，从传统的军事、航运、供水、防洪、排涝、抗旱等单方面的重开发利用向统筹水资源调配、兼顾水生态环境修复等人水和谐的综合调度方面转变。但随着流域经济社会的快速发展和人民群众生活水平的不断提升，人民群众对环境质量、生存健康的关注度越来越高，对流域水利提出了更高、更全面的要求，从进一步保障流域防洪、供水、水生态安全的需求出发，需要在完善流域工程体系的同时，进一步提升流域综合调度管理水平，实现流域工程体系效益最大化。

流域尺度的综合调度是一项十分复杂的系统工程，既涉及社会、经济、政治、法律、生态、环境等方面的问题，又需要水利、电力、通信、控制、计算机等多领域的技术支撑。同时，由于各大流域涉及范围之大、工程之多、问题之复杂前所未有，即使在水利领域，也需要水文学、水力学、河流动力学、水资源学、水环境学、水生态学、水灾害学和数学等学科支撑。科学调度水利工程是合理调控流域洪涝、改善水资源与水环境条件、发挥水利工程减灾兴利综合效益的重要手段，对实现流域综合治理目标，保障流域及区域防洪、供水和水生态环境安全具有重要作用。

考虑调度目标统筹、调度矛盾协同、调水水情影响等方面，太湖流域综合调度内涵包括防洪—供水—水生态环境改善多目标协同、流域与区域多尺度协同、适应不同水情期调度目标、复杂水利工程群联合运用、实现河湖有序流动可控。

1. 防洪—供水—水生态环境改善多目标协同的调度

2000年之前，太湖流域的突出问题是防洪，调度工作主要围绕防洪安全开展，主要指导思想是蓄泄兼筹、以泄为主，以洪水入江入海为安。进入21世纪，随着流域内经济社会持续高速发展，流域水资源、水环境与经济社会发展的矛盾日益突出，供水、水环境、水生态用水需求不断增加。国家防总防汛抗旱“两个转变”的提出以及流域水利工程调控能力的提高，为太湖通过工程调度提高水资源、水环境承载能力，缓解水质型缺水矛盾，改善水环境、水生态指明了方向，创造了条件。

与此同时，流域的调度目标也随之调整。1997年流域调度方案第一次明确了防洪调度目标，即确保环湖大堤安全，全力保护上海、苏州、无锡、常州、镇江、杭州、嘉兴、湖州等城市及其他重要城镇、重要设施的安全。2000年以前，流域调度主要围绕防洪安全开展，主要任务是合理安排太湖蓄泄，控制太湖洪水位，科学调度太浦河、望虞河骨干水利枢纽，使太湖洪水安全排泄。从2005年开始，随着引江济太的长效运行，流域水利工程调度不仅要统筹流域防洪、供水安全，还需兼顾水环境改善。特别是2007年无锡供水危机后，太湖流域水环境综合治理将引江济太工程作为遏制太湖蓝藻暴发、确保太湖水源地供水安全的重要措施之一，流域调度开始围绕防洪、供水及水生态“三个安全”开展，调度目标也逐步调整为流域防洪、供水、水环境和水生态的多目标。

流域水问题与经济社会发展的矛盾在未来一个时期将继续存在，流域多目标的综合调度是缓解矛盾，实现防洪、供水、水生态“三个安全”的必然选择和要求。

2. 流域与区域多尺度协同的调度

太湖流域是我国大中城市最密集、经济最具活力的地区。改革开放以来，太湖流域城镇化发展迅猛，城市和圩区规模迅速扩大。各地开展了大量的城市包围工程和联圩并圩建设等，排涝动力大幅度提高，全流域总排涝动力相应增至1.71万m^3/s，并仍有增大趋势。然而，流域沿江沿杭州湾闸泵总外排设计流量仅为0.8万m^3/s，尚不足圩区排涝动力的一半，远不能满足流域泄洪的要求。城市包围工程和圩区建设在提高城市中心区和广大低洼地区防洪除涝标准的同时，也切断了与湖荡通连的河道，削弱了洪水调蓄能力，加大了流域骨干河道及圩外河道的防洪压力，也加大了各城镇、圩区自身的设防压力，使洪涝矛盾加剧恶化。同时，流域建设用地大幅度增加，水域面积总体减少，因土地利用方式的改变造成汇水过程加快、洪峰增大，流域整体调蓄能力趋于降低，进一步增大了流域洪涝风险。

近年，江南运河及沿线地区防洪安全问题凸显。由于江南运河沿线苏州、无锡、常州等城市排涝动力增强，运河两岸排水量加大，一直以航运为主要任务的运河渐渐成为两岸地区的主要排涝通道，而江南运河江苏段工程现状沿线防洪标准仅为20年一遇，江南运河已经成为流域内新的防洪薄弱环节。据统计，运河沿线已建和在建泵站总排涝动力已超

过 1500m³/s，其中常州、无锡、苏州三大城市在城市防洪工程建设过程中都将江南运河作为中心城区行洪和排水的主要通道，三大城市中心城区沿运河总排涝动力达到 290m³/s。

2007 年太湖蓝藻暴发后，为改善太湖水质，无锡市环太湖口门长期关闭，主要涝水出路受阻转而向运河排涝，直接导致上游常州段运河水位壅高、下游苏州段运河洪水量增加。如此一旦遭遇强降雨，运河水位迅速上涨且长期居高不下，给江南运河沿线区域及上下游各大城市防洪排涝带来巨大压力。流域内社情、工情变化的同时，流域极端暴雨与台风、高潮位遭遇等极端天气情况多有发生，进一步加剧了流域内的洪涝矛盾和蓄泄矛盾，增大了洪涝风险。

综上，太湖流域综合调度的内涵首先应当包括通过科学调度协调流域、区域、城市、圩区等不同空间尺度的矛盾。

3. 适应不同水情期调度目标的调度

太湖流域地处长江中下游，地区季节变化引起的水情形势变化明显。汛期，防洪、供水及水生态环境调度都会存在，但防洪调度是该时期综合调度的核心，处于绝对优势。非汛期，防洪调度可能只存在于局部区域，但供水与水生态环境调度的重要性则更为明显，尤其是枯水年，太湖低水位运行情况下，流域内太湖及部分区域需水量与水源地水质必须得到满足，供水与水生态安全调度成为综合调度的核心内容。甚至当流域处于旱涝急转水情期时，流域与区域“防洪、供水、水生态环境”三大调度目标的重要性会突然变化。通常年内、年际流域综合调度三大目标在不同水情期会明显变化。因此，太湖流域综合调度内涵也是调度多目标适应不同水情期的综合调度。

4. 复杂水利工程群联合运用的调度

太湖流域属平原河网区，为了实现防洪、供水等目的，流域修建了大量堤坝、土圩、闸口、泵站等水利工程，基本形成了防洪除涝、保障供水的工程体系，部分工程通过有针对性的引排水调度也可解决或缓解区域水环境问题。但就防洪而言，流域骨干引排工程调度与区域仍存在不同程度的矛盾，沿江排水工程难以协同和有效发挥泄洪效益，流域与区域、区域与区域水利工程仍未形成较为稳定有效的协同调度机制。就水利工程本身而言，工程引排能力与工程布局也存在很多不足，难以充分满足流域或区域对于设计洪水等水情的调度需求。因此，太湖流域综合调度是综合考虑流域与区域复杂水利工程群联合协同的调度，既需要依托现有工程能力与布局体系，也需要提出工程体系的不足，不断完善服务流域防洪、供水、水生态改善的复杂水利工程体系。

5. 实现河湖有序流动可控的调度

太湖流域是典型的平原河网地区，河湖有序流动对于合理调控洪涝水，特别是改善水资源、水环境条件意义重大。近年流域初步开展了以保障防洪与供水安全、兼顾水环境改善为目标的综合调度，但按照“科学调度、精细调度”的要求，现有调度还存在不少薄弱环节。

(1) 对流域生态调度目标及控制要求的认识不足，流域现行综合调度难以充分考虑水生态环境改善的需求。

(2) 由于水文气象中长期预报准确性有待进一步提高，流域调度统筹兼顾防洪、供水、水生态环境“三个安全”难度较大；流域与区域、区域与区域之间往往需求不同，同一时期各对象调度目标存在差异，统筹协调难度大。

（3）流域水利工程缺乏流域性统一管理和完善的运行体制，流域与区域工程体系尚未实现联合调度。

（4）太湖流域虽已开展了多项引排通道工程建设和调水实践，但流域河网水体有序流动及其对水量水质的响应关系尚缺乏系统性研究。

太湖流域上下游、左右岸关系复杂，太湖作为流域防洪及水资源调蓄的核心，既受湖西区、浙西区等上游来水的影响，也是下游地区供水和水环境改善的重要保障，是流域水体有序流动的关键节点；望虞河、太浦河、江南运河等流域骨干河道，是流域水体有序流动的重要通道；区域部分水利工程，如梅梁湖泵站、走马塘拓浚延伸工程、西塘河引水工程等，都位于太湖及流域骨干引水河道周边，其建设与运用可影响流域与部分区域的水体流动格局，对流域防洪、供水和区域下游水环境均产生一定影响。因此，河湖有序流动可控也是太湖流域综合调度的重要内涵。

综上所述，本书认为太湖流域综合调度是指在保障流域防洪排涝、供水安全的基础上，兼顾水生态环境的一种多目标调度，是一项综合性的调度管理措施，通过设置科学、经济、合理的流域综合调度方案，合理运用水利工程，有序调动河网水体，解决流域、区域存在的一些防洪、供水、水生态问题，是一种利于防洪安全、供水安全、水生态改善等“三个安全”的多目标协调调度，统筹流域与区域、协调上下游省市间的多尺度协同调度，适应不同水情期且实现河湖有序流动可控的复杂水利工程群的联合调度。

3.3.2　太湖流域平原河网水体有序流动的内涵

有序是指物质的系统结构或运动是确定的、有规则的，序是事物的结构形式，指事物或系统组成诸要素之间的相互联系。有序的相对性是指事物的组成要素的相互联系处于永恒的运动变化之中，即有序是动态的、变化的有序。当事物组成要素具有某种约束性、呈现某种规律时，称该事物或系统是有序的。水体有序流动则可定义为河湖水体的组成要素的相互联系处于永恒的运动变化之中，即水体遵循动态的、变化的规律。当水体通过水利工程合理的调度具有某种约束性、呈现某种规律时，称水体实现了有序流动。水体流动有其自然属性和社会属性，水体有序流动总体上应既符合自然属性，即由自然地理条件决定的水流运动规律，也符合社会属性，即通过人类科学调控，改变其自然属性中对人类不利以及因人为造成的不利于总体的一面，形成一种自然流畅、人水和谐、利益最大化的流动格局。广义的河湖水体有序流动是指江河湖自然水系通过自然营造力和人为科学调控作用维持、重塑或构建的，能满足防洪、供水、水生态等一定功能目标的水体流动方式，包含洪水期、平水期、枯水期的河湖水体有序流动。河湖水体有序流动的概念化较抽象，不同学者对其内涵的理解不同，纵观上述国内外研究成果，河湖水体有序流动主要用来表征水流或以水为介质的有机物等转移的效率，表现为水体流动的规律性。

太湖流域大部分属于平原河网地区，河网密布、地势平坦，水体流动慢、流动性差。河流水系纵横交错，多数河流流经多个地市行政区，涉及上下游、省份间、地市间利益，水体流动受地方利益的影响较大，存在区域内部因各自为政造成水体流动无序、区域之间

水体流动无序、流域与区域水体流动无序等问题。如何通过对河网水体流动性的控制来优化水资源配置，改善水生态环境，成为保障流域区域“三个安全”亟须解决的重大问题。鉴于太湖流域丰水期主要关注洪水外泄，本书河湖水体有序流动的研究重点是平水期、枯水期，旨在通过水利工程合理调度，将原河网流向多变、换水低效、流动性平缓的无序流态转变为水体引排方向规律、换水高效、流动性加快的有序流态，形成一种自然流畅、人水和谐、利益最大化的流动格局，改善水动力条件，增强流域、区域河湖水体稀释自净能力，增加水环境容量，从而有效促进河湖水生态环境的改善。

参 考 文 献

[1] 河海大学. 太湖流域水资源综合规划数模研制总报告 [R]. 南京：河海大学，2007.

[2] 李蓓，陈红，何建兵，等. 太湖流域水资源综合规划数学模型系统及率定 [M] //《水资源管理创新理论与实践》编委会. 水资源管理创新理论与实践. 北京：中国水利水电出版社，2006.

[3] 程文辉，王船海，朱琰. 太湖流域模型 [M]. 南京：河海大学出版社，2006.

[4] 谈广鸣，刘百川. 中国江河综合调度的探索与发展 [J]. 水利发展研究，2012，12 (12)：10－12.

第4章　流域现状调度分析

科学调度水利工程对实现流域综合治理目标，保障流域及区域防洪、供水和水生态环境安全具有重要作用。本章阐述太湖流域调度的演变历程，梳理流域、区域和城市现状调度方案及已有的调度实践，总结流域调度目前存在的问题和深入研究的需求，为进一步优化太湖流域综合调度、促进河网水体有序流动提供基础支撑。

4.1　流域调度演变历程

在不同阶段，因流域水利工程调控能力及经济社会发展对防洪、供水和水生态环境安全有不同的需求和侧重，太湖流域的调度管理也不断地进行调整与优化。

4.1.1　调度方案制定过程

调度方案是水利工程调度的依据。太湖流域调度方案随流域社情、工情、水情的变化和调度经验的积累不断进行修订和完善，经历了从无到有、从单一到综合的过程。流域调度方案的演进，实质上是经济社会发展需求变化、水利工程体系完善、治水管水思路转变、流域管理能力提高以及相关省、直辖市团结治水的综合体现。

太湖流域调度方案制定大致经历了五个阶段。

第一阶段——1987年以前，无调度方案，未开展流域调度。1977年之前，太湖沿岸没有连续的堤防，太湖与溇港自然相通，也没有骨干排水河道，洪水通过溇港向下游自然排泄，流域基本无调控能力。1977—1986年间，流域内江苏等省（直辖市）根据需要，建设了部分环湖大堤和圩堤，对环湖溇港进行归并整治建闸，太湖工情、水情有所改变，但尚未制定流域性的调度方案。

第二阶段——1987—1991年，提出首个流域防洪调度意见，流域调度起步。为适应太湖工情、水情的变化，1987年，根据国家防总《关于太湖流域度汛问题的建议》，太湖局提出《1987年太湖度汛调度意见》。意见主要提出了保护无锡、苏州城市安全的工程调度措施以及太浦闸运用规定。由于当时太浦河及望虞河尚未建成，太浦河仅上段初通，因此意见规定只有当太湖平均水位达到4.65m（即太湖发生超标准洪水）时才能开启太浦闸向下游排水。该意见是太湖流域第一个洪水调度方案，但限于当时工程调控能力较弱，调度方案尚未成形。至1991年，继续执行该调度意见。

第三阶段——1992—1998年，防洪调度方案逐步形成，流域防洪调度逐步开展。1991年大洪水后，流域治太骨干工程相继开工建设，随着流域工情变化，流域水利工程

调度也相应调整。1992年，太湖局根据当年治太骨干工程建设情况，组织制定了《1992年太湖流域防洪调度方案》，方案主要明确了太浦河、望虞河等重要水利工程的调度，太湖水位超过4.65m时的非常措施，以及防洪工程的调度权限，并且对太浦河实行了分级调度。该方案第一次明确了流域防洪工程的调度权限。1993—1998年，根据治太工程进展，每年相应修订流域洪水调度方案，经国家防总批复后执行。1994年，望亭枢纽工程完工，望虞河全面具备泄洪条件，故1994年方案对望虞河也实行了分级调度，形成了现今流域调度方案的雏形。

第四阶段——1999—2011年，防洪调度方案成熟，流域防洪调度逐步规范；制定引江济太调度方案，流域水资源调度逐步开展。在总结历年防洪调度实践的基础上，结合"治太"工程进展，1999年太湖局对1998年《太湖流域洪水调度方案》进行了修订，并经国家防总批复。由于1999年流域"治太"骨干工程基本完工，之后工情没有大的变化，因此，至2011年该方案一直作为各年洪水调度的依据。同时针对流域经济社会发展对水资源、水环境的新需求，从2002年起太湖局利用已建"治太"骨干工程，组织开展了引江济太水资源调度。结合多年实践，2009年太湖局组织编制了《太湖流域引江济太调度方案》并经水利部批复，用于指导流域引江济太水资源调度工作。

第五阶段——2011年至今，制定洪水与水量综合调度方案，实现防洪与水资源统一调度。2009年太湖防总成立后，结合太湖流域实际，统筹流域防洪与供水需求，于2011年组织对1999年洪水调度方案进行修订，调整了太湖防洪调度水位。同时在《太湖流域引江济太调度方案》的基础上，将洪水调度与水量调度相结合，编制了《太湖流域洪水与水量调度方案》，经国家防总批复执行，为流域防洪与水资源统一调度提供了依据。

4.1.2 调度理念转变

太湖流域工程调度是随着流域治理中工程建成而产生，并在流域管理工作深化的同时不断得到完善，实现以单项工程调度为基础，逐渐与其他工程进行联合调度，走向精细化、全面化、常态化调度。太湖流域调度模式经历了以泄为主、蓄泄兼筹、多目标调度等3个阶段。

流域性调度源于20世纪80年代太湖大堤的建成和环湖溇港的整治建闸。2000年之前，流域主要围绕防洪安全开展工程调度，主要解决流域内洪水外排出路，偏重防洪调度，蓄泄兼筹、以泄为主，以洪水入江入海为安。《1987年太湖度汛调度意见》是太湖流域第一个洪水调度方案。限于工程体系的不完善，该方案规定"只有当太湖平均水位达到4.65m（即太湖发生超标准洪水）时才能开启太浦闸向下游排水"，且一直沿用至1991年。1991年大洪水后至1998年流域"治太"骨干工程完成之前，太湖流域每年根据工情变化调整调度方案。1994年，太浦河、望虞河初步实现分级调度，现今的流域性调度方案初见雏形。1999年国家防总批复同意《太湖流域洪水调度方案》则标志着流域性防洪调度走向规范化。

进入21世纪，随着流域经济社会持续高速发展，流域水资源、水环境与经济社会发展的矛盾日益突出，供水、水环境、水生态需求不断增加，太湖流域调度开始向蓄泄兼筹、引排结合转变。2002年太湖局组织利用已建"治太"骨干工程，开展引江济太调水试验，对水资源调度进行了有益探索，成功缓解了2003年、2004年流域的严重旱情。2005年起，引江济太转入长效运行，有效调活了水体，改善了太湖水体水质和流域水网的水环境。2009年，太湖局组织编制了《太湖流域引江济太调度方案》，获得水利部批复执行。

2009—2011年间，太湖流域在引江济太调度方案的基础上，将洪水调度与水量调度相结合。2011年太湖流域为统筹防洪与供水需求，对1999年洪水调度方案进行修订，调整了太湖防洪调度水位，编制了《太湖流域洪水与水量调度方案》，2011年8月经国家防总正式批准并发布执行，成为我国第一个洪水与水量相结合的流域性综合调度方案。至此，太湖流域调度从单一的防洪调度转向防洪、供水、水环境的综合调度，逐步实现从洪水调度向洪水调度与资源调度相结合、汛期调度向全年调度、水量调度向水量水质统一调度、区域调度向流域与区域相结合调度的“四个转变”。

4.1.3 调度目标调整

随着经济社会发展的需要和治水思路的变化，流域的调度目标随之调整。1997年流域调度方案第一次明确了防洪调度目标，即确保环湖大堤安全，全力保护上海、苏州、无锡、常州、镇江、杭州、嘉兴、湖州等城市及其他重要城镇、重要设施的安全。2000年以前，流域调度主要围绕防洪安全开展，主要任务是合理安排太湖蓄泄，控制太湖洪水位，科学调度太浦河、望虞河骨干水利枢纽，使太湖洪水安全排泄。从2005年开始，随着引江济太的长效运行，流域水利工程调度不仅要统筹流域防洪、供水安全，还需兼顾改善水环境。特别是2007年无锡供水危机后，太湖流域水环境综合治理将引江济太工程作为遏制太湖蓝藻暴发、确保太湖水源地供水安全的重要措施之一，流域调度开始围绕防洪、供水及水生态“三个安全”开展，调度目标也逐步调整为流域防洪、供水、水环境和水生态的多目标。

4.2 流域现状调度方案

4.2.1 流域调度

太湖流域现状调度主要依据国家防总批复的《太湖流域洪水与水量调度方案》（国汛〔2011〕17号）。2015年，为应对太湖发生超标准洪水（太湖水位超过4.65m且预报将继续上涨）、太湖水位过低影响流域供水安全（太湖水位降至2.80m，且预报将继续下降）等情形，太湖流域防总组织编制了《太湖超标准洪水应急处理预案》《太湖抗旱水量应急调度预案》，均已获得批复并实施。

4.2.2 区域调度

2005年以来，流域经济社会持续高速发展，防洪工程体系进一步完善，流域内各大中型城市为防洪减灾，根据经济发展及地形特点设置了不同防洪级别的城市包围工程，编制了相应的调度方案。流域内江苏省在2015年印发了《苏南运河区域洪涝联合调度方案

（试行）》，成为相关区域调度的重要依据。

4.2.3 城市调度

各地市根据实际运行需要制定了水利工程运行方案，如《苏州市日常调度原则》《无锡市水情调度方案》《无锡市防洪大包围调度方案（试行）》《常州市主要水利工程调度控制运用方案》《常州市运北片城市防洪大包围节点工程运行调度方案（试行）》《常州市区河道引清调水调度方案（试行）》等。上海市水利工程调度主要依据《上海市水利控制片水资源调度实施细则》实施。浙江省嘉兴市、湖州市水利工程调度依据城市防洪工程调度方案。

4.3 流域现状调度实践

4.3.1 流域调度

4.3.1.1 防洪调度实践

从流域调度演变历程可知，太湖防洪既是流域调度的起因，也是太湖流域治理管理工作中的重中之重。从1987年第一次提出太湖洪水调度方案，特别是1991年大水之后，随着“治太”骨干工程的逐步实施，流域防洪工程体系逐步完善，通过洪水调度降低了太湖最高水位，缩短了太湖高水位的持续时间，把灾害降低到最低限度。1991年太湖洪水最高水位达到4.79m，防洪形势严峻，面临两省一市长期水利纠纷遗留的诸多问题，国家防总成功地进行了流域洪水调度。从1992年起，按照国家防总授权，太湖局对1993年、1995年、1996年、1999年洪水进行了科学调度，取得了较好的效果。

1999年太湖流域发生大洪水，比1954年和1991年更大，最大30d全流域降雨量重现期约为231年（1954年和1991年分别为5年和36年），太湖水位从6月7日的3.07m涨到7月8日的4.97m，31d内太湖水位陡涨1.90m；比防洪设计水位4.65m（也是1954年最高水位）高出0.32m。1999年汛前“治太”工程总体框架已基本形成，太浦河工程和望虞河工程已达设计标准，太湖局依靠在建或刚刚建成的工程体系应对了设计洪水标准内调度和超标准洪水调度。与“治太”工程开工前的1991年洪水相比，1999年受灾农田减少200万亩，以经济损失率（经济损失与GDP之比）进行统计，1999年为1.6%，较1991年6.9%下降5.3%。

1999年大洪水后的16年太湖流域没有发生过流域性大洪水。太湖防总未雨绸缪，根据流域经济社会发展和工情、水情变化编制了《太湖超标准洪水应急处理预案》，并于2015年报备国家防总。2016年梅雨期太湖流域发生流域性特大洪水，太湖最高水位4.87m，居历史第二位，仅比1999年低0.1m。太湖局及时编制了《太湖流域2016年超标准洪水应对方案》并报国家防总批复后用以指导水利工程的调度，为特大洪水的成功应对创造了必要条件。严峻的汛情在科学调度下得以平息，实现了人民群众生命安全和环湖大堤等重要堤防设施安全“两个确保”，最大限度减轻了洪涝灾害损失，取得了防御流域性特大洪水的胜利。

流域性大洪水的调度实践表明，统筹兼顾、科学调度是成功防御流域特大洪水的核心，坚持统筹流域与区域、防洪与除涝相结合的流域水利工程精细调度，才能全力确保流域防洪安全。随着流域全面建设小康社会及水生态文明建设的推进，流域水安全保障需求增加，各地对防洪、水资源、水环境、水生态环境安全保障的要求越来越高，迫切需要实施多目标调度；流域区域、防洪排涝、供水水环境矛盾突出，多目标调度统筹难度增大。

4.3.1.2　引江济太实践

2002年起，太湖局会同江苏省、浙江省、上海市水利部门，依托现有水利工程，利用流域性骨干河道望虞河、太浦河及流域骨干工程常熟水利枢纽、望亭水利枢纽和太浦河闸泵，实施了引江济太。历经2002—2003年引江济太调水试验、2004年扩大引江济太调水试验，自2005年起进入长效运行，引长江水进入太湖及河网地区，增加水资源量的同时，有效改善了水环境，在提升流域水资源与水环境承载能力方面发挥了重要作用。

截至2014年年底，望虞河引调长江水约263亿m^3入太湖流域，其中入太湖约120亿m^3；结合雨洪资源利用，通过科学调度，经太浦闸向下游的江苏、浙江、上海部分地区增加供水约180亿m^3。引江济太使太湖水体置换周期从原来的309d缩短至250d，加快了太湖水体的置换速度；太湖湖区大部分时间保持在3.00～3.40m的适宜水位，增加了水环境容量；平原河网水位抬高0.30～0.40m，太湖、望虞河、太浦河与下游河网的水位差控制在0.20～0.30m，河网水体流速由调水前的0～0.1m/s增至0.2m/s，受益地区河网水体流速明显加快，水体自净能力增强。此外，根据2014年引江济太期间的实际监测数据，望虞河干流在引江济太引水时期的水质基本好于非引江济太时期。因此，引江济太对于改善望虞河水质有积极效应。

实践证明，引江济太可以有效促进太湖和河网水体流动、改善水质、提高流域区域水资源和水环境承载能力、增加流域供水量。在2003年黄浦江燃油事件应急处置、2007年应对无锡供水危机、2013年应对上海金山朱泾水污染、太浦河二氯甲烷超标等突发水污染事故，2006年太浦河调水改善下游及黄浦江水质，2010年保障世博会供水安全以及青草沙原水系统通水切换工作中均发挥了重要作用。

4.3.1.3　突发污染事件应对实践

太湖是流域重要的供水水源。2007年4月底，太湖西北部湖湾梅梁湖等蓝藻大规模暴发。太湖局对小湾里水厂、锡东水厂、贡湖水厂水源地的监测表明，5月6日梅梁湖小湾里水厂水源地叶绿素a含量达到259μg/L，位于贡湖湾和梅梁湖交界的贡湖水厂达到139μg/L，贡湖湾锡东水厂水源地达到53μg/L，叶绿素a在太湖西北部湖湾全部超过40μg/L的蓝藻暴发界定值；到5月中旬，太湖梅梁湖等湖湾的蓝藻进一步聚集，蓝藻分布的范围和程度均在扩大和加重。为应对无锡市供水危机这一突发水污染事件，5月6日—7月4日，太湖局组织开启常熟枢纽泵站抽引长江水，同时根据地区水雨情变化、外江潮位及预防旱涝急转情况发生，适时调整引江入湖水量，短时间内改善了太湖西北部湖湾供水水源地的水质；7月18日—9月16日，太湖西北部湖湾再次出现蓝藻暴发迹象，为抑制蓝藻暴发趋势，统筹流域防洪和供水安全，太湖局再次启动引江济太应急调水，开启常熟枢纽泵站引水，同时根据蓝藻情况，适时调整引江入湖水量。在无锡供水危机发生后，实施引江济太调水，结合梅梁湖泵站使用，使得距望虞河入湖口较近的无锡锡东水厂水源

地（2km）及苏州金墅湾水源地（5km）水质保持良好，水源地水质均好于往年。实践证明，引江济太应急调水是改善水源地水质的有效措施。

太浦河是太湖流域引江济太的重要供水河道，地跨江苏、浙江和上海两省一市，太浦河中下游是浙江省嘉善县、平湖市和上海市等市县的饮用水水源地。太浦河南岸地区有较多纺织、印染企业，其排放的工业污水中含有较高浓度的锑，近年来太浦河水源地取水口锑浓度异常事件偶有发生。2015 年 9 月 30 日，太湖局监测发现太浦河南岸支流京杭运河平西大桥断面锑浓度异常，10 月 3 日太浦河干流芦墟大桥、金泽断面（为苏浙沪省界断面）锑浓度均超过限值 0.005mg/L，影响下游水源地供水。太湖局启动应急响应，实施太浦河应急调度，结合水位情况及时开闸供水，并在过程中加大供水流量到 $80m^3/s$，到 10 月 6 日太浦河干流除平西大桥外其他监测断面锑浓度均低于 0.005mg/L，终止突发水污染事件应急响应，太浦河锑浓度异常事件得到有效处置。2016 年 9 月 20 日，太湖局在水质监测时发现太浦河干流金泽断面锑浓度超过限值 0.005mg/L，遂加大太浦闸下泄流量 $80m^3/s$，增加清水稀释流量，并开展太浦河近期锑浓度应急监测方案；9 月 22 日，为加快消除污染影响，又加大太浦闸供水流量至 $200m^3/s$；9 月 23 日，太浦河水源地锑浓度均已达标后，解除突发水污染事件应急响应，太浦河锑浓度异常事件得到有效处置。太浦河供水对增大水体稀释能力，减少南岸支流污染物汇入，加快污染物下移，减短取水口受影响时间，均起到积极的作用。

4.3.2 区域调度

4.3.2.1 湖西区水量调度与水环境改善调水试验

太湖流域湖西区曾组织开展多次调水试验。2010 年，太湖流域开展了太湖流域湖西区（镇江地区）水量调度与水环境改善试验。试验共分 5 种方案，方案一考虑“谏壁闸开启引水、九曲河正常运用”工况，方案二考虑“谏壁闸、九曲河闸关闭”工况，方案三考虑“关闭谏壁闸，开启九曲河枢纽”工况，方案四考虑“遇区域（或流域）强降雨而排涝”工况，方案五考虑“谏壁闸翻水站抽引江水”工况。5 种方案共开展水量水质同步监测 29 次。

2011 年，太湖流域开展了湖西区（常州地区）水量调度与水环境改善试验。试验共分 4 种方案，其中，方案一考虑“沿江口门利用潮汐自引”工况，方案二考虑“沿江口门不能自流引水，泵站翻水”工况，方案三考虑“沿江高潮期时自流引水与魏村枢纽及澡港枢纽机引相结合”工况，方案四考虑“遇区域（或流域）强降雨而排涝，沿江口门排水”工况，4 种方案共开展水量水质同步监测 60 次。

2013 年，太湖流域开展了太湖流域湖西区水量调度与水环境改善试验。试验分为 3 个工况，第 1～2 天沿江口门高潮期关闭，利用低潮期开闸排水（自排），第 3～10 天利用高潮全力引水，低潮期关闸（自引），第 11～12 天根据江苏省防汛抗旱指挥部以及常州、镇江两市防汛抗旱指挥部调度，开启泵站引水（翻引）。试验历时 12d（9 月 4 日—9 月 16 日），共测流 929 次，水质采样 586 次。2013 年试验覆盖面广，涉及整个湖西区，分析成果较全面，分析结论可鉴性较强。试验期间共引江 1.59 亿 m^3，折合流量约 $160m^3/s$ 进入湖西区，沿江水位雍高最大，平均涨幅为 0.35～0.43m，闸内外受潮位影响变幅较大，京杭运河沿线水位壅高也比较明显，平均涨幅在 0.18～0.43m，运河以南腹部地区水位抬高相对较小，平均涨幅在 0.04～0.22m，越往南水位涨幅越小。由于调水试验区域较大，水质响应关系不明显，换水时间至少要达 15d 以上才能有一定改善效果。调水试验相对稳定后，江边至入湖水位差为 50～60cm，实现由北往南、由西向东的有序流动，水体流动性改善效果较好，流动性加快，河道流速由现状的 2～31cm/s 提升到 7～58cm/s。

4.3.2.2　武澄锡虞区引江济太区域调水试验

试验范围为武澄锡虞区无锡地区，即为锡澄地区，适当兼顾澄锡虞区。根据走马塘、白屈港实际工程调度情况，分为 4 种工况：工况一，走马塘张家港枢纽自排，白屈港控制；工况二，走马塘张家港枢纽泵排，白屈港抽引；工况三，走马塘张家港枢纽自排，白屈港抽引；工况四，走马塘张家港枢纽控制，白屈港引排结合。调水试验安排在 2013 年 9 月 22—29 日、12 月 23—30 日、2014 年 1 月 2—7 日 3 个时段，白屈港引江平均流量约 $50m^3/s$。通过试验结果分析，走马塘枢纽泵排解决了望虞河西岸锡澄地区锡北运河以北地区的排水出路，可有效防止污水进入望虞河，但对锡北运河以南地区河网水质水量几乎没有影响；调水试验期间，望虞河大流量引水，水质监测指标基本稳定，走马塘张家港枢纽等水利工程运行没有影响到望虞河水质。通过白屈港引水，大大改变了锡澄地区北部河流的自然流态，提高了区域河流自净能力，大大改善了水环境质量。同时，增加了走马塘菖蒲桥—锡甘路桥段的水量，为无锡市城市防洪工程通过伯渎港引水提供了较好的水源和水质保障。城市防洪工程伯渎港枢纽引水、利民桥枢纽排水期间，走马塘、伯渎港、无锡城区东南部水质有所改善，不会造成望虞河水分流进入市区，对望虞河引江济太调水工程效益没有影响。

4.3.2.3　杭嘉湖区水环境改善调水试验

为改善杭嘉湖区水环境，进一步探索杭嘉湖平原区域河网水体的有序流动模式，分别于 2005 年、2007 年和 2015 年先后开展了 3 次调水试验，充分利用现有工程设施，积极探索调活水体的措施和方法，促进平原河网水体流动，提高水环境容量。

2005 年 2 月 16 日—3 月 6 日主要以南排口门排水为主，其他各口门按实际情况配合运行。试验共持续 20d，期间长山闸、南台头闸累计放水 1.96 亿 m^3，通过东苕溪和太浦河进入嘉兴的水量约为 1.52 亿 m^3，按全区河网蓄水量估算，约置换河网水量的 12%（全区域河网 3.00m 高程时的河网蓄水量约为 17 亿 m^3）。通过调水试验，研究范围内高锰酸盐指数符合Ⅲ类的水体增加 38.7%，平均改善幅度约 10%；NH_3—N 指标劣于Ⅴ类的水体减少 13.0%，平均改善幅度为 9%；TP 指标符合Ⅲ类的水体增加了 29.0%，平均改善幅度为 15%，说明在水量有保证的前提下，通过利用位于杭州湾（钱塘江）沿岸的排涝工程（闸站）进行水量调度，下泄（或外排）一定水量，能起到拉动平原河网水流的效果，从而达到改善河网水质的目的。

2007 年 10 月 18 日—12 月 15 日，杭嘉湖区域调水试验调动的口门包括导流港口门和浙江省环湖口门及南排工程，主要影响范围为导流港以东、頔塘以及苏浙省界以南、浙沪省界以西和钱塘江以北的区域。试验期间，经东苕溪东岸入东部平原水量 5.837 亿 m^3；沿頔塘自北而南进入平原水量为 2.753 亿 m^3；经苏浙省界太湖—南浔—桐乡段入江苏水量 6.283 亿 m^3；经苏浙省界桐乡—丁栅枢纽段净进水量 7.219 亿 m^3；经浙沪省界丁栅枢

纽一金丝娘桥段排出水量10.135亿m^3；南排嘉兴段南台头、长山闸、盐官下河闸排水量2.356亿m^3，约置换河网水量的14%。通过调水试验，Ⅳ类水体增加38.2%，Ⅴ类水体减少了2.9%，劣Ⅴ类水体减少了35.3%。调水前后TP下降最多，平均下降了43.1%，其次是NH_3—N，呈下降的监测断面平均下降了48.1%，高锰酸盐指数和COD浓度下降20%～30%。

2015年11月6—26日，杭嘉湖区调水试验探索通过太浦河上太浦闸及南岸口门将太浦河水引入嘉兴，同时结合南排工程调度，拉动嘉兴市内河网水体流动，以改善嘉兴地区河网水质。具体分3个阶段进行调度，11月6—12日引水排污阶段、11月13—19日改善嘉兴城区水质阶段、11月20—26日改善平湖水质阶段。调水试验期间，太浦闸共下泄水量1.253亿m^3，但通过太浦河南岸嘉兴段沿线口门的进水量仅为0.517亿m^3；从西片湖州进入嘉兴片的水量为3.148亿m^3，共计入境水量达3.665亿m^3。东排出境水量0.473亿m^3，南排口门排水2.801亿m^3，共计排水3.274亿m^3，相当于置换河网约22%水量。试验后，Ⅴ类水及劣Ⅴ类水水体减少了18%，Ⅲ类及以上水体增加了13%。从空间分布看，本次调水对DO的改善基本上覆盖了嘉兴河网全境。其他指标在调水过程中受各种因素影响有所波动，但总体上仍有所改善。

纵观3次调水试验，杭嘉湖区区域试验越来越关注多个工程的联合调度效果，特别是2015年调水试验充分运用了导流港东大堤沿线各闸、太浦闸和南排工程及嘉兴城市防洪工程，实现了以“西进南排”为主，“北进东排”为辅的区域河网水体流动格局，对杭嘉湖东部平原骨干河道水质有较大幅度提高，水环境改善效果较为明显。

4.3.3 城市尺度水环境改善调水试验

4.3.3.1 苏州市古城区河网“自流活水”试验

2012年7月，苏州水利局依托《苏州古城区河网“自流活水”方案研究》，利用流域、区域的引江工程和中心城区防洪大包围引排体系及古城区闸站控制工程，由望虞河、阳澄湖经西塘河和外塘河双源供水，通过溢流堰、潜坝等配水工程，营造古城区河道南北水头差，因势利导，全面“活”动河网水体，满足改善古城区河网水环境的需求。

试验期间，城区大包围水体水质普遍改善，古城区水质改善明显。从中心城区水质指标变化情况来看，各河道的高锰酸盐指数达标率最高，达标率高达100%，TP、NH_3—N、DO次之。古城区自流活水实施以后，水质明显改善，TP、高锰酸盐指数、NH_3—N 3项水质理化指标浓度明显降低，符合Ⅴ类水的水体比例明显提高。根据2013年以来的引水实践，入城流量约40m^3/s时才能实现入古城区流量达到约8m^3/s，换水一次约5d(按照3倍水体换水计算)，稳定后，南北水位差控制30cm，改善效果较好，能形成有序的由北向南的流动方向，且流动性加快，河道流速由活水前的2～5cm/s提升至基本15cm/s以上。

4.3.3.2 常州市主城区河道“引清活水”试验

为提升常州市主城区河道水质，2015年3月，常州市水利局组织开展了常州市主城区河道“引清活水”试验，历时5d。澡港水利枢纽通过泵站引长江水，开机流量40m^3/s；大运河东枢纽开启泵站由西向东排水，开机流量50m^3/s；采菱港枢纽关闸，其他枢纽闸门开启。

调水期间，澡港、魏村水利枢纽及小河水闸共引水2599万m^3。其中，澡港枢纽引水约有73.8%来水进入澡港河，水流通过澡港河南枢纽、老澡港河枢纽、永汇河枢纽、北塘河枢纽及横塘河枢纽等口门，进入常州市主城区包围圈，总水量约为1340万m^3；通过南运河枢纽、采菱港枢纽、大运河东枢纽等口门流出主城区，总水量约为1167万m^3，出入水量差为173万m^3。引江清水出入包围圈主要途径为澡港河—关河—老京杭运河、澡港河—关河—老京杭运河—南运河。老京杭运河出包围圈水量约占总出包围圈水量的66.5%，南运河、串新河、采菱港出包围圈水量约占总出包围圈水量29.2%。从主城区河道水质改善情况来看，NH_3—N浓度平均降幅为41.1%，高锰酸盐指数平均降幅为18.8%，TP浓度平均降幅为15.1%。另外，新孟河NH_3—N、高锰酸盐指数降幅较大，新京杭运河的TP浓度降幅较大。从各污染物削减效果来看，主城区各河道中NH_3—N的削减效果最佳，最大降幅达78.1%。

4.4　流域调度存在的问题及研究需求

基于对太湖流域调度演变历程，流域、区域现状调度方案、调度实践的梳理，以及流域及主要控制线、区域河网水体流动情况分析成果，总结提出太湖流域流域层面、区域层面调度存在的主要问题及研究需求，为有针对性地开展太湖流域现状调度优化研究奠定基础。

4.4.1　太湖流域综合调度存在问题分析

4.4.1.1　流域层面

在不同阶段，流域经济社会发展对防洪、供水和水生态环境安全有不同的需求和侧重，太湖流域的调度理念、调度任务等需要随着流域工程体系完善与经济社会发展进行不断调整与优化。目前太湖流域综合调度存在的主要问题如下：

1. *太湖调度控制要求有待优化*

太湖水位是流域防洪和水资源调度的重要参照指标，关系到流域与区域等不同尺度调度需求间的平衡，以及防洪、供水与水生态环境等不同调度目标间的协调，因此太湖控制水位往往成为省市间争论的焦点。太湖水位主要受制于上游来水及环湖口门工程的控制运用。洪水期遇流域性降雨，河湖水位齐涨，下游涨率往往高于太湖，太湖排水受下游高水位限制，而下游外排河道受潮汐顶托，排水受阻，致使太湖水位洪水期呈上涨快、持续时间长、退水过程慢的特点。枯水期湖面蒸发量大，环湖口门出流快，而流域引水入湖能力有限，太湖水位下降趋势难以控制。流域防洪、供水、水环境不同调度目标存在的不协调也集中表现在太湖水位上。因此，研究提出太湖综合调度目标，科学优化太湖防洪与供水调度控制要求，探索太湖水生态环境调度控制要求，将流域的防洪减灾与水资源利用和水环境改善密切结合、统筹考虑，对于缓解流域水资源供需矛盾，增加流域供水，改善流域水生态环境，有效提高水资源的利用效率和效益具有重要的现实意义，是实现流域综合调度目标的必然要求。

2. 流域骨干河道调度与两岸地区调度需求间存在不协调

流域骨干河道行洪与区域排涝矛盾突出。由于城镇化发展，圩区规模迅速扩大，在提高城市和广大低洼地区防洪除涝标准的同时，切断了河湖连通河道，削弱了洪水调蓄能力，加大了流域骨干河道、圩外河道的防洪压力，使洪涝矛盾加剧，影响太湖防洪调度的决策与调度效果，较为突出的是望虞河、太浦河、江南运河及黄浦江上游。以流域1999年实况洪水为例，暴雨中心集中在流域南部地区，太湖水位与杭嘉湖地区水位均快速上涨，为保障杭嘉湖区的防洪除涝安全，太湖造峰期间（30d）太浦闸关闸15d，严重制约了太浦河排泄太湖洪水的能力。在太湖退水期，考虑杭嘉湖地区圩区防洪承受能力，太浦闸开闸泄洪初期仅按150m^3/s控制排水，但仍有大量洪水倒灌入杭嘉湖地区，延长了区域的超警戒水位持续时间。

流域水资源调度与区域水环境改善引水间存在矛盾。引江济太期间，望虞河作为引清通道，须保证入湖水量水质。实际调度运行中，由于望虞河西岸污水入侵和东岸分流较大，导致入湖效率偏低，入湖水质得不到保证。因此，需制定统筹望虞河和两岸地区相关工程的调度方案，要求西岸地区适度排江，降低地区水位；东岸地区按照流域及区域水资源优化配置格局要求，加大引江水量，形成区域内部引排结合的有序流动，减少对望虞河引水入湖的影响。

3. 防洪、供水和水生态环境多目标调度统筹难度大

由于流域与区域对调度的需求不尽一致，甚至互为矛盾，使得调度统筹难度大。例如，太湖流域河湖属浅水型，水位变幅不大，调蓄能力小，遇降雨极易发生旱涝急转，而且太湖洪水出路不足，水位易涨难消，加上流域中长期水文气象预测预报准确性不高等，在确保防洪安全的同时，流域供水调度、雨洪资源的利用会受到严重的限制。特别是太湖蓝藻大多在盛夏汛期暴发，太湖水位往往超过引水控制水位，在此情况下安全供水与防洪安全矛盾突出，而汛末雨洪资源利用往往又面临台风威胁，加大了多目标统筹调度的难度。

4.4.1.2　区域层面

区域层面存在的问题主要是各水利分区及行政区域内部的不协调，表现在为改善区域水环境多引水，导致区域排水不畅，地区水位抬升等的引排不协调。

1. 湖西区

湖西区地处太湖上游，有大量的入湖河道，但区域内污染严重，多数河流水质劣于Ⅳ类。从河网水体流动情况分析结果可知，湖西区总体呈现由北向南输移，且污染物特别是TN、TP会在区域内部不断累积与迁移，并最终影响到太湖水质。湖西区亟须结合产业布局和结构调整，治理工业点源和农业面源污染，从根本上促进水环境改善。同时，区域以往调水试验表明，合理有序的水体流动有助于提高河网水环境容量，起到很好的辅助作用。

2. 武澄锡虞区

江阴市、张家港市因各自调水引流导致水流运动格局变化。目前，为满足江阴城区的水资源和水环境需求，江阴白屈港常年引水，抬高了江阴城区水位，张家港沿江口门排水致使江阴城区的污水大量进入张家港，张家港城区水质恶化，因此张家港市采取只引不排

的方针应对。但张家港位于武澄锡东部，地势高于武澄锡腹部江阴地区，在无洪水时，白屈港控制线均敞开，这样张家港城区污水又会进入到江阴，影响江阴的防洪和水环境，同时，不排只引的情况也会抬高城区水位，给自身防洪带来压力。

3. 阳澄淀泖区

苏州市施行“自流活水”项目以来，古城区水质明显改善，同时周边区县包括常熟、昆山、太仓等地也根据自身特点陆续开展引水促进本地水体循环和改善水环境，引水产生的问题也相对突出。如太仓市自2000年后引水量增加，排水量减少，内河控制水位明显抬高20～30cm，减弱了太仓市的蓄洪能力。这种因引致涝的矛盾给太仓市防洪及改善太仓市水环境，特别是城区水环境带来了压力。

4. 杭嘉湖区

受地形条件限制，长期以来区域内分片水流方向不同，难以形成有效的水体循环，同时嘉兴地区洪水北排的工程能力不足，太浦河高水位行洪对南部嘉兴的排水造成顶托，导致区域内水体更新慢，水环境受制约，难以明显改善。

4.4.2　研究需求分析

针对前述存在的问题，需要协调好流域防洪与水资源利用及水环境改善的关系，合理安排有序流动的引排通道，并确定合理的引排调度水位，在保证防洪除涝安全、满足流域和区域用水需求的同时，兼顾水生态环境改善。

1. 明确综合调度目标，建立综合调度评价指标体系

以流域河长制、最严格水资源管理制度实施、水生态文明建设以及流域水环境综合治理为契机，以引江济太为载体，结合流域水环境、水生态以及河湖有序流动等需求，进一步深化流域综合调度实践。要按照水利改革要求，明确太湖流域综合调度的目标需求，积极推进防洪与水资源的统一调度，有效统筹，有序满足防洪、供水、航运、发电、水环境、水生态等不同层次的需求，确保流域“三个安全”。要结合流域特点，建立流域防洪、供水、水生态环境安全的综合调度评价指标体系，以统筹流域调度的多目标需求，为调度提供科学依据。

2. 强化骨干工程调度，提高流域调控能力

分析现状太湖防洪与调水控制水位时段划分的合理性和太湖雨洪资源利用的可行性，优化太湖现状防洪与供水调度控制要求；研究太湖多指标水生态环境调度的可行性，分析太湖水生态环境调度效果及风险，提出太湖水生态环境调度控制要求；提出太湖综合调度控制要求建议。进一步挖掘流域骨干工程潜力，分析太浦河泄洪与杭嘉湖区排涝的关系，以及加大太浦河供水流量的可行性，研究望虞河、走马塘联合调度模式，提出流域骨干工程优化调度建议。

3. 评估现状水体流动，提出基于有序流动的水环境调度

评估现状综合调度下的水体流动规律，开展河湖有序流动的水环境响应机制研究，探明太湖与出入湖河道水体有序流动的联动效应，提出太湖与出入湖河道水体有序流动的联动模式；研究区域河网水体有序流动与水量水质的响应关系，分析小尺度水体有序流动及水环境改善作用，提出典型区域水体有序流动的模式；开展流域骨干河道联合调度、综合

调度潜力及效果分析，研究提出基于平原河网有序流动的流域水环境调度模式。

4. 研究流域综合调度方案，推进多目标统筹调度

按照水利改革要求，积极推进防洪与水资源的统一调度，有效统筹，有序满足防洪、供水、航运、发电、水环境、水生态等不同层次的需求，确保流域“三个安全”。为此，需在分析对比太湖流域防洪、水资源、水生态环境等领域的流域、区域现行调度防护重点、目标定位、调度参数等的基础上，以太湖和流域骨干河道现状调度优化为突破口，并结合区域水利工程体系调度优化，研究提出面向“三个安全”的太湖流域水利工程综合调度模式，为实施流域综合调度、并在调度实践中不断优化与完善提供技术参考。

5. 推进流域区域联合调度，增强调度的协调性

目前，流域及地方按照“三个安全”需要，利用滨江临湖临海及已建工程优势，开展了防洪、供水以及水生态环境调度。为最大限度发挥流域与区域工程体系的综合效益，还需进一步增强流域区域调度的协调性。在把握流域总体目标的基础上，根据地方和区域需求，因势利导，充分调动地方参与流域调度的积极性，以流域调度带动区域调度，促进区域调度服从流域调度的基础上充分发挥工程效益；通过整合资源调度，加强调度管理，变各自为政为协同作战，尽力减少流域与区域、区域与区域间的矛盾，促进整体效益最大化。

参 考 文 献

[1] 梅青，章杭惠. 太湖流域防洪与水资源调度实践与思考 [J]. 中国水利，2015 (9)：19-21.

[2] 吴浩云，孙海涛. 太湖流域洪水与水量调度方案的制定和认识 [J]. 中国防汛抗旱，2012 (22)：5-7.

[3] 费国松，胡尊乐. 太湖流域湖西区水量调度与水环境改善试验研究 [J]. 江苏水利，2015 (7)：40-44.

第5章 流域河湖水体流动情况分析

流域河湖水体流动状况取决于河网结构连通情况和水动力条件两个方面。本章在充分调研河网水系和水利工程建设运行现状的基础上，运用改进的基于水流阻力与图论的河网连通性评价方法，对流域河湖水系连通性状况进行评价；进而采用太湖流域水量水质数学模型，定量分析现状调度条件下流域及区域的河网水体流动规律及其影响。

5.1 河湖水系连通性评价

根据国内外相关研究成果，本书主要采用较为成熟的基于水流阻力与图论的河网连通性评价方法，并结合太湖流域水利工程特征进行改进。

5.1.1 评价方法

基于水流阻力与图论的河网连通性评价方法基本思路为：由数字河网建立河网图模型，用相邻节点间河道的水力连通性（水流阻力的倒数）为权值得到加权邻接矩阵；通过矩阵的运算得到任一节点与其他节点之间的最大连通性；所有节点连通性的平均值即为河网加权连通性。河网连通性评价流程见图5.1。

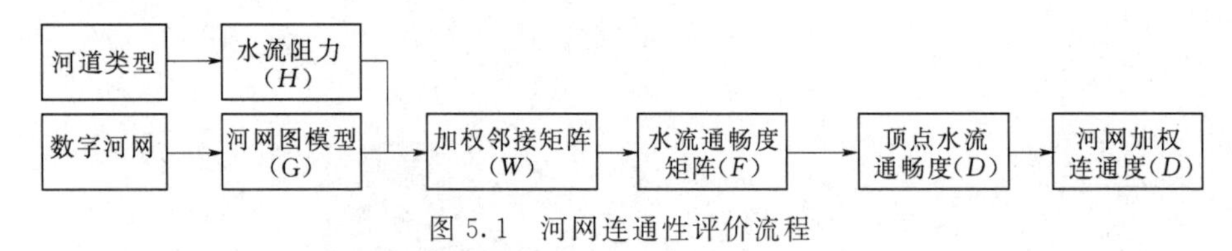

图5.1 河网连通性评价流程

1. 河网图模型

将河道汇合点、边界条件和闸坝堰看成图的节点（v_1，v_2，v_3，v_4），河道看成悬挂边（e_1）、边（e_2，e_4）或多重边（e_3，e_5），建立河网图模型G。用邻接矩阵$\boldsymbol{W}=(\omega_{ij})_{n\times n}$表示河网图模型G，$\omega_{ij}$是节点$v_i$和$v_j$之间的关系，$\boldsymbol{W}$为对称矩阵。对于边无权值的网络图，$\omega_{ij}$为节点$v_i$和$v_j$之间连接的边数；对于边有权值的网络图，$\omega_{ij}$表示节点$v_i$和$v_j$的边权值$\omega$，此时$\boldsymbol{W}$为加权邻接矩阵。当节点$v_i$和$v_j$之间无边直接相连或$i=j$时，$\omega_{ij}=0$；当有多条边相连时，$\omega_{ij}$表示$v_i$和$v_j$之间边的权值之和。图的节点和边详见图5.2。

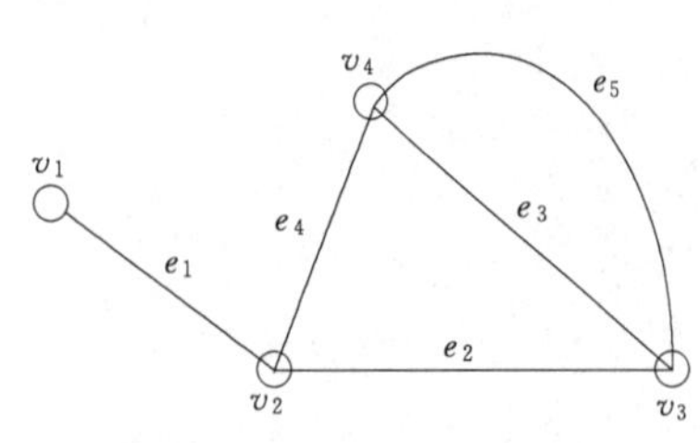

图5.2 图的节点和边

$\boldsymbol{W}$ 的表达式为

$$\boldsymbol{W}=\begin{bmatrix} 0 & \omega_{e_1} & 0 & 0 \\ \omega_{e_1} & 0 & \omega_{e_2} & \omega_{e_4} \\ 0 & \omega_{e_2} & 0 & \omega_{e_3}+\omega_{e_5} \\ 0 & \omega_{e_4} & \omega_{e_3}+\omega_{e_5} & 0 \end{bmatrix} \tag{5.1}$$

2. 边的权值

基于河道水流阻力来表征河网图 G 的边的权值。对于独立开放河道，河道流量与河道坡度、纵坡面形状和河道糙率有关。流速用曼宁公式表述为

$$v=\frac{1}{n}R^{2/3}S_f^{1/2} \tag{5.2}$$

式中：v 为截面平均流速；n 为曼宁糙率系数；R 为河道水力半径；S_f为摩阻坡度。

在稳定流条件下，S_f可用河床坡度表示，由于 n、R 均大于 0，所以流向由节点间的河床坡度决定；在不稳定流条件下，流向则由节点间的水位差 ΔZ 决定。这里放宽河道水流为单向流的约束，允许水流为双向流，则沿河道水流受阻于河道几何形状和摩擦力，此时流速与河道水力半径的 2/3 次方和曼宁糙率系数的倒数成比例。

水力半径 R 等于河道纵切面积除以湿周，对于梯形河道，R 可表示为

$$R=\frac{A}{X}=\frac{(b+mh)h}{b+2h\sqrt{1+m^2}} \tag{5.3}$$

式中：A 为河道纵切面积；X 为湿周；b 为河道底宽；h 为水深；m 为边坡系数。

从式（5.3）可以看出，河道的几何形状和糙率系数会影响流速。并且水流运行距离 l 越长，能量耗散越大，水流运行也会因为摩擦力作用而降低流速。平原河道河床坡度极小，可忽略不计，节点间河道的水流阻力 H 可表示为

$$H=nl\left[\frac{(b+mh)h}{b+2h\sqrt{1+m^2}}\right]^{-2/3} \tag{5.4}$$

相邻节点间河道的权值 ω 用水流阻力的倒数表示，即 $\omega=1/H$。

3. 河网加权连通性评价

$\boldsymbol{W}=(\omega_{ij})_{n\times n}$为河网图 G 的加权邻接矩阵。由于河道的权值 ω 越小，河道水流阻力 H 越大，ω 可用来表征河道水力连通性。采用矩阵乘法

$$\boldsymbol{W}^k=(\omega_{ij}^{(k)})_{n\times n}=\sum_{p=1}^{n}\omega_{ip}^{(k-1)}\omega_{pj} \quad k=1,2,\cdots,n-1 \tag{5.5}$$

式中：$\omega_{ij}^{(k)}$为由节点 v_i出发经 $k-1$ 个中间节点到达节点 v_j的水力连通性；p 为节点编号（$i\leqslant p\leqslant j$）。

引入 $\omega_{ij}^{(k)}$的作用是：节点 v_i和 v_j之间无河道直接相连时水力连通性可评价；当节点 v_i到 v_j直接相连的河道为较长、较窄的一般河道，同时 v_i又可通过主干河道的少量中间节点到达 v_j时，v_i和 v_j之间的水力连通性可能取决于通过少量中间节点的水力连通性。

建立连通性矩阵 $F=(f_{ij})_{n\times n}$，f_{ij}表示节点 v_i和 v_j之间连通性的最大值，即

$$f_{ij}=\max\ \omega_{ij}^{(k)}$$

节点 v_i的连通性 D_i用所有与 D_i相连的 f_{ij}的总和表示，即

$$D_i = \sum_{j=1}^{n} f_{ij}$$

区域河网的加权连通性 D 由所有节点的水力连通性 D_i 平均值表示

$$D = \frac{1}{n}\sum_{i=1}^{n} D_i \tag{5.6}$$

太湖流域平原河网地区水体流动很大程度上受水利工程调度控制影响。本书在原有基于水流阻力与图论的河网连通性评价方法的基础上，考虑了闸门（泵站）的实际控制运行对流域水系连通性的影响。基本思路为通过太湖流域水量水质数学模型计算得到水位等水文数据和闸门开启度，修正相连河道的权值 ω 或闸门两端节点构成的“短河道”的权值 ω，进而计算骨干河网结构节点的连通性：①如果闸门关闭，就将闸门所假设的“短河道”的权值 ω 修改为0，即闸门两端的河道不连通，为隔断河道；②如果闸门开启，则取消闸门与河道相连的节点，相当于闸门不存在，即认为原通过闸门相连的几个河道直接相连，而闸门与原河道相连所形成的“新河道”的权值 ω 为原河道的权值 ω。

根据太湖流域水量水质数学模型中平原河网水系的相关资料，整理出计算加权矩阵所需的数据。经整理，太湖流域平原河网地区骨干河网水系概化为河道1574个、调蓄节点61个、闸门（泵站）245个，这些河道、闸门由1698个节点相连；边界河道101条，其中潮位边界47条，环太湖水位边界31条，山区入流流量边界20条。太湖流域骨干河网水系概化图见图5.3。

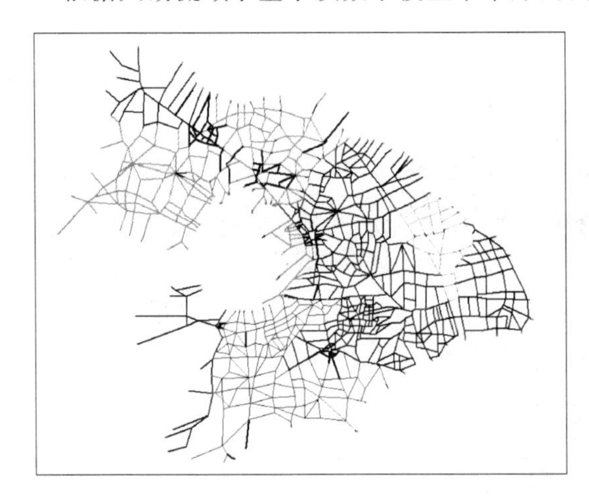

图5.3　太湖流域骨干河网水系概化图

5.1.2　评价结果

根据改进的评价方法，整理出太湖流域平原河网地区概化河网中每一条河道的长度、底宽、边坡系数、糙率等数据信息。根据太湖流域水量水质数学模型计算出河网水位情况，进而求出河道的水深 h，代入相应河道中，计算出各河道的水流阻力 H，随后构造出整个太湖流域平原河网地区1698个节点构成的河网加权矩阵 $\boldsymbol{W}_{1698\times1698}$。通过河网加权矩阵，采用Matlab软件编程，计算出每个节点直接相连时或通过中间节点的水系连通性。

太湖流域各水利分区河网水系连通性见表5.1和图5.4，可以发现整个太湖流域平原河网地区骨干河网的连通性为0.077。阳澄淀泖区和太湖区水系连通性最高，为0.089；杭嘉湖区次之，为0.084；浙西区最低，为0.039。各水利分区的河网水系连通性存在较大差异，处于0.04与0.09之间，大体上可划分为3个不同的等级范围：较低水平的河网水系连通性（连通性 D 为0.03～0.05），以浙西区为代表；中等水平河网水系连通性（连通性 D 为0.05～0.07），以湖西区、浦西区和浦东区为代表；高水平河网水系连通性（连通性 D 为0.07～0.09），以阳澄淀泖区、太湖区、杭嘉湖区为代表。

表 5.1　　1990 年型平水年太湖流域各水利分区河网水系的连通性

水利分区	连通性				平均连通性
	2月20日	6月20日	8月20日	10月20日	
湖西区	0.0546	0.0553	0.0548	0.0550	0.055
武澄锡虞区	0.0757	0.0772	0.0773	0.0771	0.077
阳澄淀泖区	0.0887	0.0901	0.0877	0.0906	0.089
太湖区	0.0971	0.0878	0.0727	0.0970	0.089
杭嘉湖区	0.0827	0.0829	0.0854	0.0840	0.084
浦西区	0.0696	0.0724	0.0683	0.0697	0.070
浦东区	0.0616	0.0588	0.0572	0.0581	0.059
浙西区	0.0415	0.0384	0.0379	0.0385	0.039
太湖流域	0.0767	0.0771	0.0766	0.0774	0.077

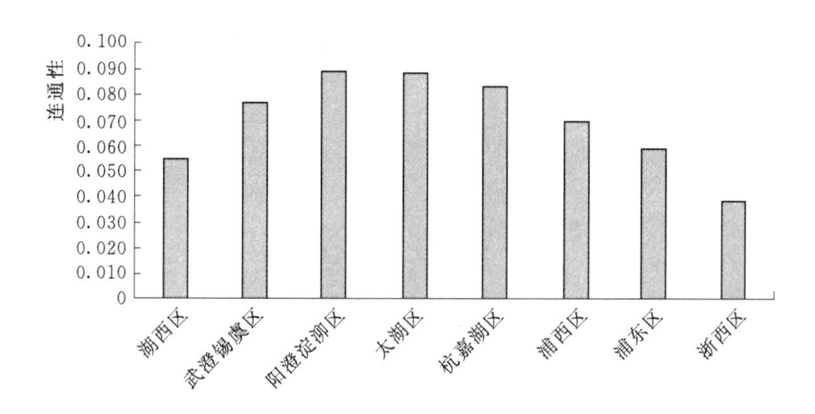

图 5.4　各水利分区水系的平均连通性

假设闸门都关闭时流域各个分区的水系连通性见图 5.5，相比考虑闸门有开启度时的连通性偏小 2%～30%，特别是太湖区的连通性偏小很多，这说明闸门（泵站）等水利工程的控制运行情况对平原河网地区河网水系的连通性影响较大。

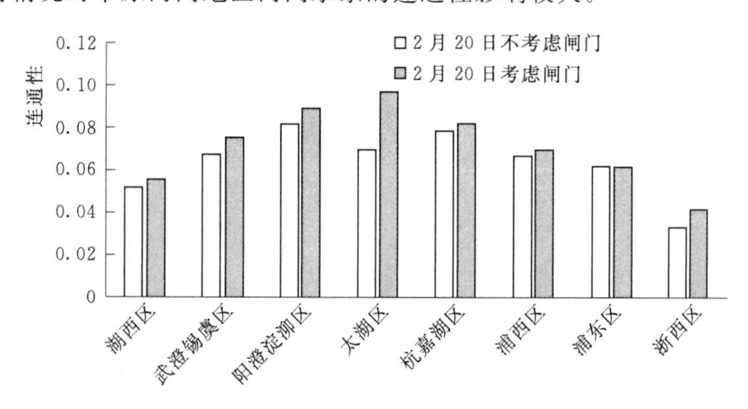

图 5.5　典型时段各水利分区水系连通性

将河网水系水力连通性评价结果与《江河湖连通改善太湖流域水生态环境作用研究》中太湖流域各水利分区骨干水系结构连通性计算成果相比（表 5.2）可以发现，两者水系连通性评价结果基本一致，都是阳澄淀泖区、杭嘉湖区河网水系连通性较大，浙西区连通性最小。在考虑河网中河道参数、骨干河网水位、闸门开启度等因素的情况下，本书提出的方法能较好地反映太湖流域平原河网地区的水系连通性情况。

表 5.2　　太湖流域各水利分区骨干水系结构连通性与水力连通性的对比

水利分区	水面率/%	河网密度 /(km·km^{-2})	河频率 /(条·km^{-2})	河网结构连通性 (γ 指数)	河网水力连通性 D
湖西区	7.48	0.10	0.0051	0.43	0.055
浙西区	3.30	0.15	0.0098	0.36	0.039
武澄锡虞区	6.86	0.23	0.0161	0.43	0.077
杭嘉湖区	11.55	0.13	0.0106	0.43	0.084
阳澄淀泖区	19.02	0.18	0.0090	0.54	0.089
浦西区	10.54	0.29	0.0296	0.51	0.070
浦东区	9.76	0.30	0.0236	0.51	0.059

注　本表数据引自《江河湖连通改善太湖流域水生态环境作用研究》。

5.2　流域总体水体流动情况

现状工况下平水年（1990 年型）流域全年期水量交换示意统计见图 5.6。从全年期流域外排水量来看，北、东、南向总净排水量为 117.55 亿 m^3，北向长江以引水为主，净引

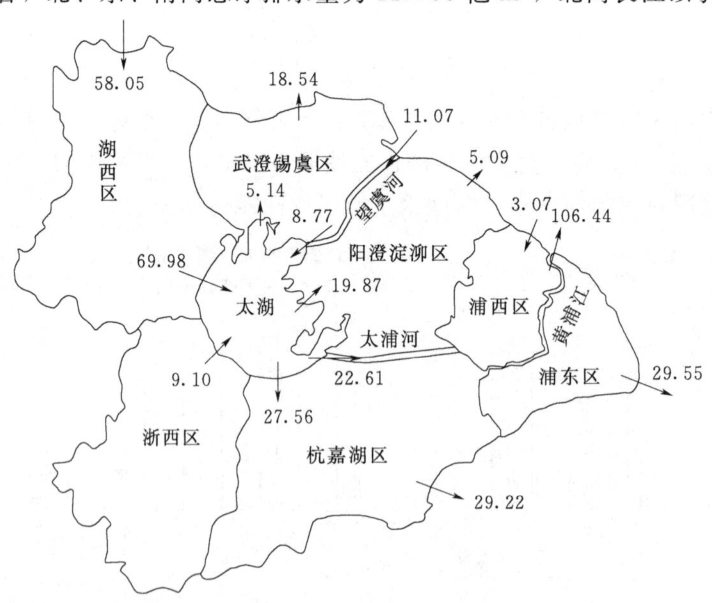

图 5.6　1990 年型太湖流域全年期水量交换示意图（单位：亿 m^3）
注：箭头表示水流方向。

江量为44.59亿m^3；东向净排总量为132.92亿m^3，其中黄浦江外排水量为106.44亿m^3；南排入杭州湾水量为29.22亿m^3。从环湖地区出入湖水量来看，湖西区、浙西区、望虞河以入太湖为主，年净入湖总水量为87.85亿m^3，其中湖西区净入湖量最大，占比达80%；武澄锡虞区、阳澄淀泖区、杭嘉湖区、太浦河以出太湖为主，年净出湖总水量为75.18亿m^3，以上四者占比分别为7%、26%、37%和30%。

模拟结果显示，流域引水与排水期间河网水体总体流向存在一定差异。

（1）当沿江引水量较大时，湖西上游地区降水径流通过南河水系于宜兴大浦港、城东港、洪巷港入湖，沿江口门引江水经南北向河道进入湖西区腹地洮滆水系，并经漕桥河、太滆运河、殷村港、烧香港等入湖河道汇入太湖，经太湖调蓄后，从东部、南部流出。上游地区河道水面坡降大，水动力条件好，水流主导流向为西北→东南；下游地区河道水面坡降小，流速缓慢，水动力条件较差，水流主导流向为西→东。

（2）汛期排江水量较大时，沿长江主要河道如望虞河、新孟河、新沟河等河道以排水为主，流域洪水通过望虞河及区域通江河道向北排入长江，通过太浦河，经黄浦江东排入长江，通过杭嘉湖南排工程排入杭州湾。

统计流域内有代表性河道共80条（其中湖西区取21条、武澄锡虞区取20条、阳澄淀泖区取20条、杭嘉湖区取19条）流速情况，流速最大的12条河道流动情况见表5.3。可以发现，流域平原河网地区流速较大的河道集中在黄浦江上游的拦路港、红旗塘、大泖港等河道，江南运河，湖西区通济河、太滆运河、殷村港等入太湖河道，杭嘉湖区黄姑塘、秀洲塘等河道，以及沿江新七浦塘、杨林塘等河道，全年期平均流速在0.20m/s以上，汛期时河道流速更大。流域内部非沿江、非环湖的河道大多数流速较为缓慢，年平均流速在0.1m/s左右。由于汛期时河道水量更为充沛，故汛期时河道的流动性更好些。

表5.3　　1990年型太湖流域平原河网地区流速较大河道的流动情况

河道名称	主要流向	全年期主要流向平均流速/($m\cdot s^{-1}$)	全年期主要流向天数比例/%	汛期主要流向平均流速/($m\cdot s^{-1}$)	汛期主要流向天数比例/%
拦路港	东南	0.54	74	0.55	66
红旗塘	东	0.37	71	0.36	68
大泖港	北	0.41	67	0.38	66
江南运河	东	0.25	100	0.29	100
丹金溧漕河	南	0.23	98	0.26	96
通济河	南	0.24	100	0.26	100
殷村港	东	0.23	100	0.27	100
太滆运河	东	0.20	96	0.27	99
漕里河	东	0.20	96	0.26	97
黄姑塘	东南	0.24	75	0.23	80
秀洲塘	东	0.36	68	0.35	66
新七浦塘	东北	0.17	51	0.27	69

以代表性河道的平均流速为基础对分区的流动性（流速值已经考虑往复流的情况）进

行评估，见表5.4。太湖流域平原河网地区各分区流动性有所差别，从流速判断流动性角度看，湖西区、阳澄淀泖区河网水体流动性相对较好，武澄锡虞区河网水体流动性相对较差。

表5.4　1990年型太湖流域各水利分区的总体平均流速　单位：m/s

水利分区	全年期平均流速	汛期平均流速	全年期流速最大的10条河道的平均流速	汛期流速最大的10条河道的平均流速
湖西区	0.13	0.16	0.20	0.25
武澄锡虞区	0.07	0.09	0.12	0.15
阳澄淀泖区	0.14	0.17	0.17	0.19
杭嘉湖区	0.15	0.15	0.20	0.18

5.3　区域河网水体流动情况

根据太湖流域水利分区，在现状工况下遇1990年型平水年时，重点分析湖西区、武澄锡虞区、阳澄淀泖区、杭嘉湖区、浙西区等水利分区边界及内部水量交换情况、代表河道水体流向与流速、污染物通量输移情况等，评估分析区域河网水体流动性。

5.3.1　湖西区

1. 区域进出水量

湖西区主要进出水量示意见图5.7。湖西区沿江口门全年以引长江水为主，由长江净流入58.05亿m^3水量，受降雨、河网调蓄、开发利用等多重作用后，向东净流入武澄锡虞区11.28亿m^3，向南入太湖69.98亿m^3。湖西区与武澄锡虞区水量交换频繁。全年期，湖西区流向武澄锡虞区的水量为18.70亿m^3，武澄锡虞区进入湖西区的水量为7.42亿m^3，主要是通过江南运河排入武澄锡虞区。

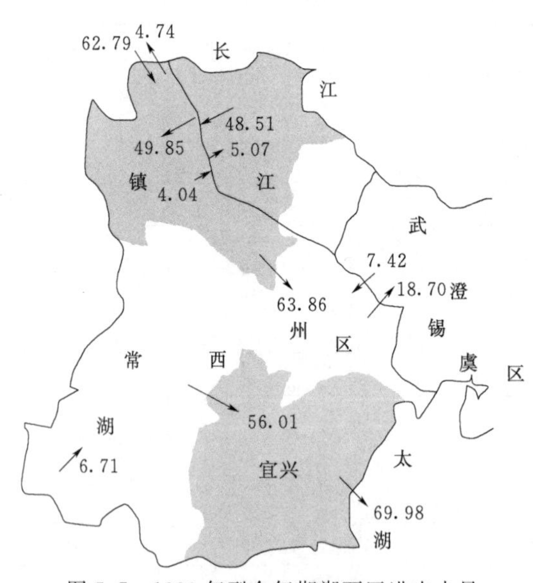

图5.7　1990年型全年期湖西区进出水量示意图（单位：亿m^3）

注：箭头表示水流方向。

2. 流向与流速

9月2日11时为湖西区排江水量最大时刻，排江流量为715m^3/s，此时王母观、坊前、丹阳等代表站水位以及洮湖、滆湖均处于全年较高水位，湖西区入太湖流量为523m^3/s。1月5日8时为湖西区引江量最大时刻，王母观站最低水位为3.04m，其余代表站水位也处于全年较低水平。

从水体流向来看，江南运河以南的金

坛、宜溧地区水体流动规律较为简单，基本表现为入太湖方向的流动，且洪水期、全年期流动方向基本一致，在汛期流速相对较快。江南运河以北河网水体流动复杂，不仅表现为每日流动路径复杂，因受沿江各大闸非汛期（用于引水）、汛期（用于排涝）功能完全不同的影响，会出现洪水期、全年期流动路径相反的情况。总体而言，湖西区的水体流动基本呈现出由北向南、由西向东的流动形势，形成了“长江→运河→太湖”和西线的“沿江口门→丹金溧漕河→南溪河→宜兴→太湖”水体流动线路。

选取湖西区有代表性的若干河道，统计各河道的全年期和汛期流速与流向情况可知，沿江的德胜河、新孟河、环湖殷村港，以及发源于山丘区的通济河等河道流速较大，汛期日均流速达 0.25m/s 以上，非汛期也在 0.2m/s 以上；而湖西区内部的中干河、中河、横塘河、孟津河等河道流速较小，基本在 0.1m/s 以下。

3. 污染物输移

湖西区主要污染物通量输移示意见图 5.8，总体而言，污染物迁移规律与水体流动方向基本一致。长江来水水质优于湖西区本地河网水质，湖西区引江量较大，一定程度上改善了区域水环境。湖西区内部相关行政区之间的污染物迁移规律主要为从镇江流向常州区域、从常州流向宜兴，总体由西北向东南输移，且污染物特别是 TN、TP 会在区域内部不断累积与迁移。从湖西区入湖河道污染通量比较来看，COD、NH_3—N 通量贡献率最大的是太滆运河、殷村港、大浦港，入湖 TN、TP 通量贡献率最大的是大浦港等湖西区南部入湖河道。

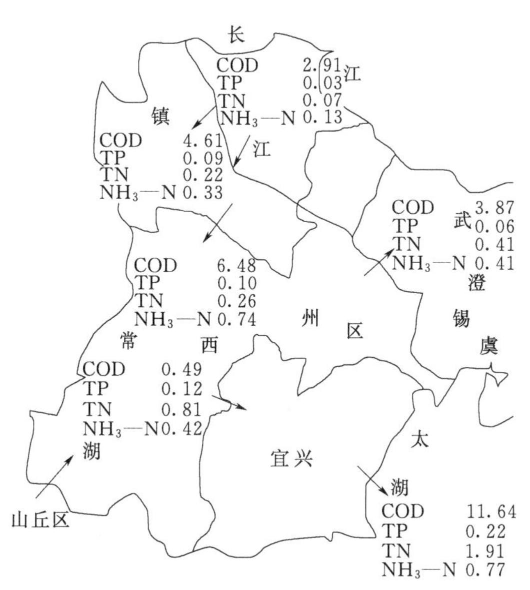

图 5.8　1990 年型全年期湖西区主要污染物通量输移示意图（单位：万 t）

注：箭头表示水流方向。

5.3.2　武澄锡虞区

1. 区域进出水量

遇 1990 年型平水年时，武澄锡虞区主要进出水量示意见图 5.9。全年期，武澄锡虞区从湖西区来水 11.28 亿 m^3，从太湖引水 5.14 亿 m^3，入长江水量 18.54 亿 m^3，入望虞河 4.75 亿 m^3，通过江南运河排水 15.58 亿 m^3。武澄锡虞区内部水体流动为从常州沿运河流向无锡，从东部澄锡虞高片通过白屈港控制线流入西部武澄锡低片。全年期，从东部澄锡虞高片向西流入武澄锡低片的净流入水量为 7.53 亿 m^3。对比现状工况下的水体流动情况可以发现，新沟河延伸拓浚工程实施后，排长江水的能力大大增强，提高了区域涝水北排长江的能力，同时从江南运河向东排出水量有所减少。

2. 流向与流速

统计区域引江水量最大、排江水量最大时刻水体流动性可知，8 月 8 日 4 时，武澄锡

虞区引江水量最大，引江平均流量为 1516m^3/s，此时青阳、陈墅、洛社各站水位分别为 3.37m、3.22m、3.32m，处于全年较低水位；9 月 1 日 9 时，武澄锡虞区排江水量最大，排江平均流量为 1415m^3/s，青阳、陈墅、洛社各站水位分别为 4.79m、4.39m、4.72m，处于全年较高水平。从流向来看，当区域水位较高时，德胜河、澡港、新沟河、十一圩港、张家港等沿江河道主要为向北排江方向；当区域水位较低时则为引江方向。澄锡虞高片和西部武澄锡低片之间，总体为从白屈港控制线从东向西部流动。从流速来看，距离长江相对近一些的西璜河、应天河、青祝河流动性较好，流速在 0.1m/s 以上。处于区域中部或距离太湖相对近一些的锡北运河、九里河、伯渎港等流速相对较慢，小于 0.1m/s。

3. *污染物输移*

遇 1990 年型平水年时，武澄锡虞区污染物通量示意见图 5.10。污染物通量迁移规律与水体流动基本一致。现状工况下新沟河拓浚延伸工程主要为排水调度，大量面源产生的 N、P 等污染物通量经新沟河排入长江，故新沟河工程在排泄地区洪水的同时，也有利于面源污染物通量输移入长江。武澄锡虞区内部污染物输移规律较为复杂。由于江南运河的水体流动，污染物通量总体为由常州向无锡迁移：从常州境内带入了 1.17 万 t 的 COD、0.13 万 t 的 NH_3—N 进入无锡境内。白屈港控制线两岸从东岸的澄锡虞高片入西部武澄锡低片的污染物量 COD 为 1.80 万 t、TP 为 0.06 万 t、TN 为 0.47 万 t、NH_3—N 为 0.28 万 t。

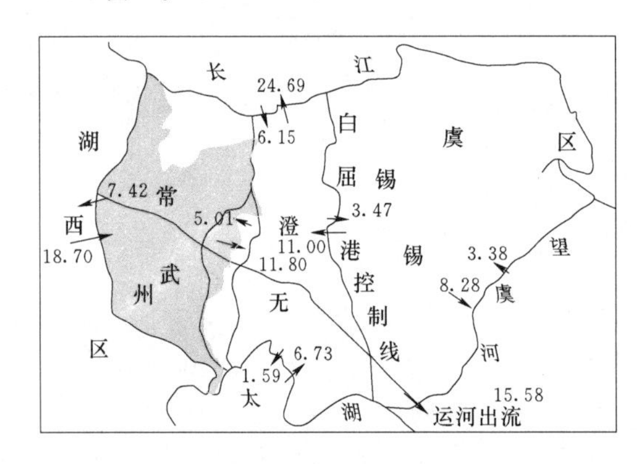

图 5.9　1990 年型全年期武澄锡虞区进出水量示意图（单位：亿 m^3）

注：箭头表示水流方向。

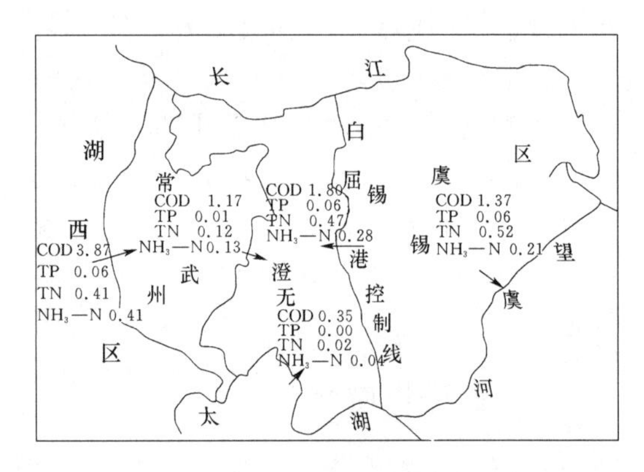

图 5.10　1990 年型全年期武澄锡虞区污染物通量示意图（单位：万 t）

注：箭头表示水流方向。

5.3.3　阳澄淀泖区

1. *区域进出水量*

遇 1990 年型平水年，阳澄淀泖区主要进出水量示意见图 5.11。太湖东岸区、望虞河东岸和沿长江河道的水体向阳澄淀泖区流动，同时区域向太湖、望虞河、长江、太浦河、拦路港及浦西区排泄洪水。全年，望虞河东岸净入流 8.16 亿 m^3，向拦路港出流 33.19 亿 m^3，向太浦河净出流 24.14 亿 m^3（其中通过平望北闸出流 15.82 亿 m^3），向浦西出流 9.58 亿 m^3。总体上，水体由北向南运动，阳澄区向淀泖区净输水 22.46 亿 m^3。江南运河

阳澄淀泖区段，水体为由运河西侧向东侧运动，西侧入运河 17.64 亿 m^3，东侧出运河 26.94 亿 m^3。

2. 流向与流速

选取区域代表性河道，统计了各河道全年期和汛期的流向和流速情况。阳澄淀泖区通江河道内水体流向与地区需求和长江潮位形势密切相关。其中，浏河、白茆塘、杨林塘等河道是以排江为主，海洋泾、七浦塘等河道以引江为主，且汛期流速高于非汛期，杨林塘排江流速可达 0.1m/s 以上，新七浦塘引江流速可达 0.2m/s 以上。虽然淀泖区水系发达、湖荡众多，但由于淀泖区南北和东西水势相比阳澄区小，且部分河道沟通不畅，水体流动性相对不足，淀泖区内部河道平均流速相对较小，多数在 0.1m/s 以下。

3. 污染物输移

现状工况遇 1990 年型平水年时，阳澄淀泖区污染物通量示意见图 5.12，污染物随水体流动迁移输送，输移规律与水体流动基本一致。全年期，阳澄区向淀泖区输入污染物通量 COD 4 万 t、TP 0.10 万 t、TN 0.8 万 t、NH_3—N 0.44 万 t。江南运河作为流域水量调节和承转的通道，也成为流域污染物通量输移的重要通道，经江南运河从武澄锡虞区输入阳澄淀泖区的污染物通量 COD 33 万 t、TN 10 万 t、TP 1.33 万 t、NH_3—N 5.59 万 t，经过在阳澄淀泖区内部的迁移、转化，约 1/4 污染物输送进入太浦河。污染物随水体径流迁移输送，呈现出从江南运河西侧输入东侧的迁移规律。

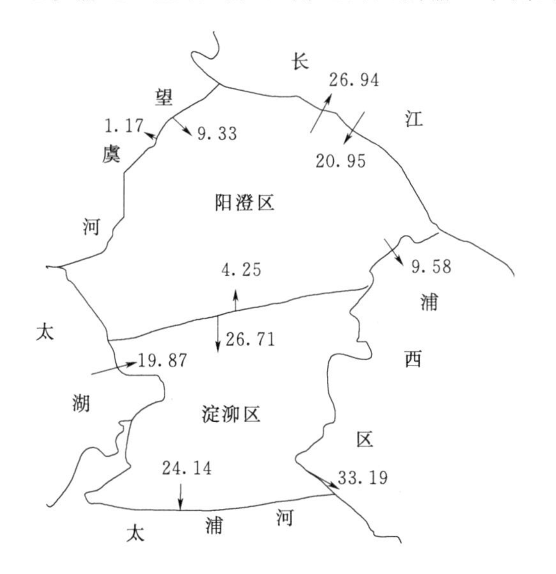

图 5.11　1990 年型全年期阳澄淀泖区进出水量示意图（单位：亿 m^3）

注：箭头表示水流方向。

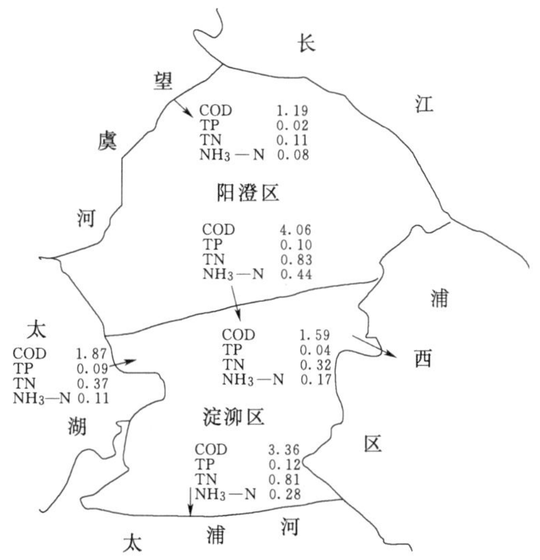

图 5.12　1990 年型全年期阳澄淀泖区污染物通量示意图（单位：万 t）

注：箭头表示水流方向。

5.3.4　杭嘉湖区

1. 区域进出水量

杭嘉湖区主要进出水量示意见图 5.13。杭嘉湖地区环湖河道整治工程、扩大杭嘉湖南排工程等工程完工后，太湖来水量、南排杭州湾的水量均较现状工况大为增加。全年期，太湖净入杭嘉湖区水量为 27.56 亿 m^3，南排杭州湾水量为 29.22 亿 m^3，东排水量为 31.04 亿 m^3，主要是圆泄泾和大泖港向黄浦江排水。区域内部的水体流动基本为从湖州、杭州流向嘉兴，再从嘉兴向吴江、上海流出，或从湖州直接流向吴江并流出。其中，从湖州流向嘉兴的水量为 22.24 亿 m^3，从湖州流向吴江的水量为 26.10 亿 m^3。

2. 流向与流速

杭嘉湖区 9 月 2 日 8 时南排杭州湾水量最大，水体流动呈现出从环湖、东导流向杭州湾、黄浦江排水的格局。内部水体流动复杂，杭嘉湖区的吴江地区、嘉兴北部地区水流部分流向太浦河，部分向东进入黄浦江。

从河道流速来看，南北向的连接河道如老江南运河、伍子塘等处于区域内部，水位差不足，受太浦闸下泄流量、杭嘉湖区入湖和潮汐影响，往复流特征明显，往复流动天数比例各半，且平均流速均较小，基本不大于 0.1m/s。

3. 污染物输移

现状工况遇 1990 年型平水年时，杭嘉湖区污染物通量示意见图 5.14。污染物输移主要依托水体流动完成，输移规律与水体流动基本一致。进一步分析杭嘉湖区内部的污染物输移规律，主要表现为从湖州流向吴江、嘉兴，嘉兴流向吴江、上海，总体流向与区域水体流向特点相一致。同时，由于湖州地区的水量流入，给吴江地区带入了部分污染，加之吴江本地的部分污染物，最终经太浦河进入黄浦江。

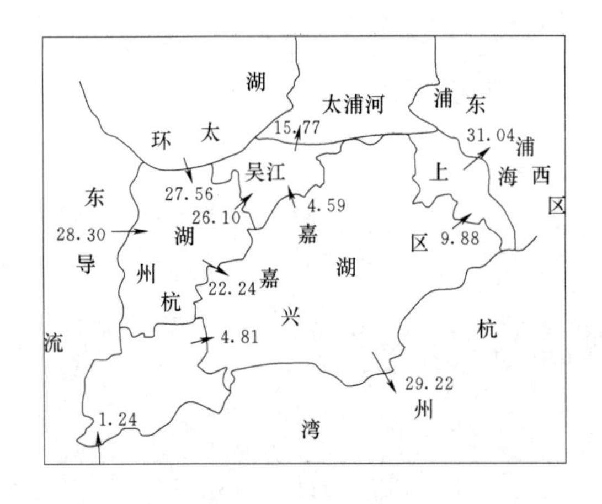

图 5.13　1990 年型全年期杭嘉湖区主要进出水量示意图（单位：亿 m^3）

注：箭头表示水流方向。

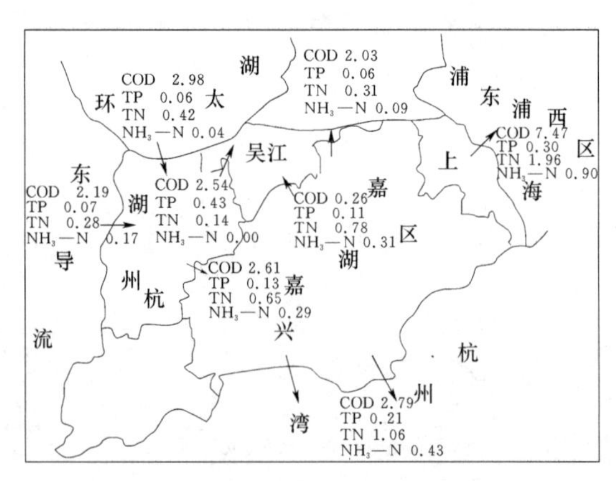

图 5.14　1990 年型全年期杭嘉湖区污染物通量示意图（单位：万 t）

注：箭头表示水流方向。

5.3.5　浙西区

1. 区域进出水量

1990 年型情况下进入浙西区最多的水量来自山丘区来水，大部分水量流向杭嘉湖区，其余汇入太湖。全年期进入太湖水量为 9.10 亿 m^3，其中汛期约占 70%，见表 5.5。

表 5.5　　1990 年型全年期浙西区主要进出水量统计　　单位：亿 m^3

项 目	全 年 期			汛期
	总量	+	−	
山丘区入流	36.52	36.52	0	21.26
浙西区入太湖	9.10	23.32	14.22	6.33
浙西区入杭嘉湖区	28.30	28.30	0	12.81

注："+"为与统计项目定义流向相同，"−"为与统计项目定义流向相反。

东苕溪导流控制线进出水量统计见表 5.6。东苕溪水体流动表现为由上游往下游流动，东苕溪上游德清大闸附近全年期入流为 9.32 亿 m^3，出流为 0.74 亿 m^3；东导流下游流入长兜港水量为 12.12 亿 m^3，由长兜港流入水量为 13.68 亿 m^3；西岸以入东苕溪为主，全年期西岸入东苕溪水量为 14.70 亿 m^3，东苕溪入西岸水量为 0.02 亿 m^3，浙江省入湖河道中水质最好的即为东、西苕溪。东岸经由东导流控制工程由东苕溪流入杭嘉湖区，全年期经东导流流出水量为 28.30 亿 m^3。在汛期、非汛期东苕溪两岸水流运动与全年期基本一致，但是在汛期，东苕溪下游出流表现为经由长兜港流入下游。

表 5.6　　1990 年型全年期东苕溪导流控制线进出水量统计　　单位：亿 m^3

统 计 项 目	全 年 期			汛期
	总量	+	−	
东苕溪上游入流（德清大闸附近）	8.58	9.32	0.74	5.97
东苕溪下游出流（入长兜港）	−1.56	12.12	13.68	0.94
东岸出东导流	28.30	28.30	0	12.81
西岸入东导流	14.68	14.70	0.02	8.06

注："+"为与统计项目定义流向相同，"−"为与统计项目定义流向相反。

2. 流向及流速

浙西区水体流向相对较为单一，主要为从南部山丘区向平原区流动。选取了浙西区与杭嘉湖区联系紧密的东导流及机坊港、长兜港等 3 条河道，经统计，全年期机坊港、长兜港入太湖流向的天数比例分别为 62%和 49%。东导流以入太湖的流向为主，特别是在汛期上游来水量较大时，入湖段河道流速能达到 1m/s，非汛期则流速缓慢，在 0.1m/s 以下。

5.4 综 合 分 析

本书改进了基于水流阻力与图论的河网连通性评价方法，结合骨干工程闸门的开启情况，对太湖流域平原河网的水系连通性进行评价。评价结果显示，流域骨干河网的总体连通性为 0.077，阳澄淀泖区和太湖区水系连通性最高，为 0.089，杭嘉湖区次之，为 0.084。浙西区内多为山区性河流，内部河网以纵向发育为主，因此河网连通性计算结果相对较小，为 0.039。相关连通性评价成果与其他科研方法得出的河网水系结构连通性评价结果基本一致，且能较好地评价平原河网区的水系连通性。

平水年（1990年型）流域总体水体流动规律与《太湖流域综合规划》提出的“利用太湖调蓄、北向长江引排、东出黄浦江供排、南排杭州湾”的流域水体流动格局相一致。全年期来看，湖西区、武澄锡虞区沿江河道及望虞河以引江为主，阳澄淀泖区沿江河道以排江为主；湖西区、浙西区、望虞河以入湖为主，武澄锡虞区、阳澄淀泖区、杭嘉湖区、太浦河以出湖为主。现状工况下，引排长江和出入湖水量均有所增加，表明相关规划工程完成后，将进一步提高流域和区域的水体流动性。从出入太湖污染物总量对比分析可知，现状调度下滞留在太湖中的污染物仍较多。在调水引流时，污染物也随之在流域内外、区域之间、行政区之间迁移，在开展有关调水引流试验或实践时应引起关注。

与太湖关系密切的水利分区中，湖西区水体流动基本呈现出由北向南、由西向东的态势，内部水体流动主要为从镇江流向常州、从常州流向宜兴，引起污染物特别是TN和TP在区域内部的不断累积与迁移。武澄锡虞区沿江河道以引江为主，在汛期时向南流动有所减少；新沟河以排江为主，大量面源产生的N、P等污染物经新沟河排入长江。阳澄淀泖区连通长江的杨林塘、白茆塘、浏河等主要河道以引江流动为主，流动性较好；阳澄片水体向南流动进入淀泖片也带来营养盐的迁移，淀泖区水体流动性则相对不足。杭嘉湖区的河网水体流动基本呈现出从环湖、东导流引水，南向杭州湾、东向黄浦江排水的格局。

参 考 文 献

[1] 徐光来，许有鹏，王柳艳．基于水流阻力与图论的河网连通性评价［J］．水科学进展，2012（6）：776－781．

[2] 太湖流域管理局水利发展研究中心，南京水利科学研究院，河海大学．江河湖连通改善太湖流域水生态环境作用研究［R］．上海：太湖流域管理局水利发展研究中心，2012．

第6章　流域综合调度评价指标体系研究

基于太湖流域综合调度内涵以及流域、区域现状调度存在问题的分析，结合新形势下流域社会经济发展对于防洪安全、供水安全、水生态环境安全“三个安全”保障的需求，研究提出太湖流域及相关区域的综合调度目标与指标。在此基础上，采用层次分析法构建了太湖流域综合调度评价指标体系，并给出了不同水情期各个指标的参考权重，为调度方案研究比选提供参考，为太湖流域综合调度方案优化提供依据。

6.1　流域及区域综合调度目标与指标分析

流域综合调度与区域调度的研究范围、调度目标、调度重点等各有侧重，区域综合调度的指标也有别于流域；各区域因气象、地理位置、地形地貌及人类活动影响的差异，洪水特性、水资源需求以及水环境问题也有所不同。结合流域及区域调水实践，针对流域和不同区域水利工程的分布特征与调度特点，定性提出各个区域在防洪调度、供水调度、水生态环境调度等3个方面的调度目标和调度指标，并在此基础上提出太湖流域综合调度目标与调度指标，为流域综合调度评价指标体系的构建奠定基础。

太湖流域综合调度目标是指通过一定调度措施实施后期望达到的效果，包括防洪调度目标、供水调度目标、水生态环境调度目标3个方面。防洪调度目标为城市与圩区等重点保护对象水位安全、沿江闸泵泄洪排水充分、环湖河道泄水入湖充分、区域涝水错峰入河（湖）、减轻洪灾经济损失、避免洪水污水入水源地；供水调度目标为满足城区与农村用水需求、提高引水效率、减少供水弃水量、提高供水保证率、提高饮用水源地水质达标率；水生态环境调度目标为满足河湖生态需水、改善受水区河湖水质、减轻蓝藻水华灾害、河湖水体有序流动。调度指标是指对上述不同调度目标的具体量化指标，具体调度指标主要包括：①防洪调度指标，包括重点保护对象超保水位、重点保护对象超保历时、工程泄水入江（湖）流量、错峰泄水流量、洪灾经济损失、洪水污水入水源地水量；②供水调度指标包括地区代表站水位、单位时间引水量、供水损失量、供水保证率、饮用水源地水质达标率；③水生态环境调度指标，包括河道生态基流、湖泊生态水位、受水区河湖水质、湖泊蓝藻密度或面积、河网水体流向或流速。太湖流域综合调度目标与指标见表6.1。

太湖是流域洪水最大的调蓄库，太湖防洪调度最核心的目标是保障太湖防洪安全。因涉及太湖环湖各区域防洪安全，骨干排水河道泄洪量最大并不一定是太湖防洪调度应当追求的合理目标。因此，太湖防洪调度目标主要是保障太湖防洪安全，对应的调度指标为太湖水位；太湖供水调度目标也是确保太湖水位能够满足太湖自身以及流域生产、生活及生

表 6.1　　**太湖流域综合调度目标与指标**

综合调度	调度目标	调度指标
防洪调度	城市与圩区等重点保护对象水位安全	重点保护对象超保水位
		重点保护对象超保历时
	沿江闸泵泄洪排水充分，环湖河道泄水入湖充分	工程泄水入江（湖）流量
	区域涝水错峰入河（湖）	错峰泄水流量
	减轻洪灾经济损失	洪灾经济损失
	避免洪水污水入水源地	洪水污水入水源地水量
供水调度	满足城区与农村用水需求	地区代表站水位
	提高引水效率	单位时间引水量
	减少供水弃水量	供水损失水量
	提高供水保证率	供水保证率
	提高饮用水源地水质达标率	饮用水源地水质达标率
水生态环境调度	满足河湖生态需水	河道生态基流
		湖泊生态水位
	改善受水区河湖水质	受水区河湖水质
	减轻蓝藻水华灾害	水体蓝藻密度或面积
	河湖水体有序流动	河网水体流向或流速

态用水需求；同时饮用水源地水质达标率也是重要内容。因此，太湖供水调度目标为满足太湖供水区用水需求、提高饮用水源地水质达标率，对应的调度指标为太湖水位与饮用水源地水质达标率。太湖属富营养化浅水湖泊，近年来在外源与内源污染的双重胁迫下，蓝藻水华频发、水源地水质保护等已成为太湖水生态环境改善调度密切关注的问题。因此，太湖水生态环境改善调度目标主要包括满足湖泊生态水位、减轻蓝藻水华灾害，其对应的调度指标分别为太湖水位、水体蓝藻密度或面积。太湖综合调度目标与指标详见表 6.2。

表 6.2　　**太湖综合调度目标与指标**

综合调度	调度目标	调度指标
防洪调度	保障太湖防洪安全	太湖水位
供水调度	满足太湖供水区用水需求	太湖水位
	提高饮用水源地水质达标率	太湖饮用水源地水质达标率
水生态环境调度	满足太湖生态水位	太湖水位
	减轻蓝藻水华灾害	水体蓝藻密度或面积

6.2　流域综合调度评价指标体系构建

为找出流域综合调度及其工程条件的薄弱环节，为流域支撑防洪、供水与水生态环境

改善目标的工程建设与调度方式转变提供科学依据。本节根据上述提出的流域及区域综合调度目标与指标分析成果，从流域综合调度方式、工程能力以及自然水情综合影响下的调度效应评价需求出发，构建太湖流域综合调度评价指标体系，具体包括对防洪、供水以及水生态环境调度效应的评价。该评价技术体系也可用于太湖流域综合调度方案的制定与评估，支撑流域综合调度水平的提升。

6.2.1 指标体系总体框架

针对流域综合调度的评价问题，将评价对象所产生的效应及表征指标划分为不同层次，一般可分为目标层、对象层和指标层。对象层包含防洪调度评价、供水调度评价以及水生态环境调度评价3个方面，属于评价体系的评价对象；指标层则为表征对象层的优劣提供了具体的调度评价指标及其计算依据。

本书结合上述国内外关于流域综合调度的共性指标，从太湖流域防洪、供水以及水生态环境调度的个性特点出发，构建了以目标层、对象层和指标层为一体的太湖流域综合调度评价指标体系的框架，见图6.1。

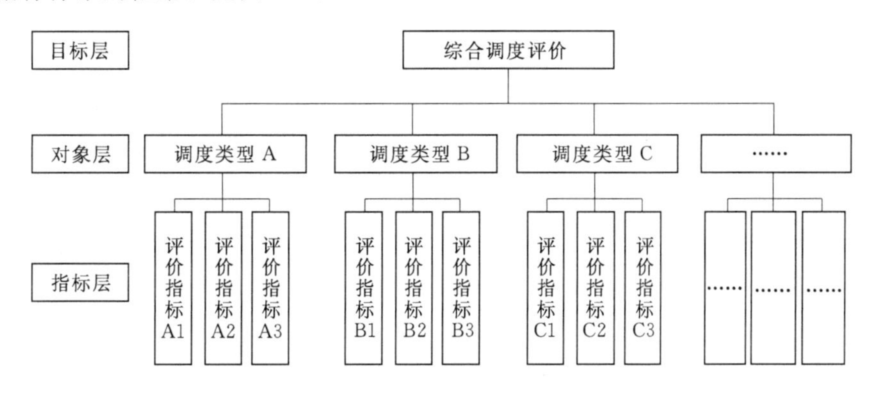

图6.1　综合调度评价指标体系总体框架

6.2.1.1 目标层

目标层表明评价对象的优良状况，本书分为优、良、中、差、劣5级。评价结果等级、类型、赋分范围见表6.3。

表6.3　调度评价分级表

等级	赋分范围	说　明
优	(80，100]	调度工程运行或调度产生效应达到或接近预期目标
良	(60，80]	与预期目标有较小差异
中	(40，60]	与预期目标有中度差异
差	(20，40]	与预期目标有较大差异
劣	(0，20]	与预期目标有显著差异

6.2.1.2 对象层

流域综合调度评价的对象层包括防洪调度、供水调度以及水生态环境调度3类。

6.2.1.3　指标层

指标层包括直接指标与间接指标。直接指标指调度工作及其工程运行工作的评价指标；间接指标包括调度所产生的效应。

6.2.2　指标选取原则及候选指标

6.2.2.1　指标选取原则

科学、合理的指标体系构建，需要以科学的原则为前提。为了能全方位、多视角地体现调度模式的内涵，准确地评价各种可能的调度模式，有效地指导调度运行管理，在研究和确定调度评价指标体系和设定具体评价指标时，遵循下述基本原则。

1. 科学性原则

指标概念必须明确，具有一定的科学内涵，能客观反映综合调度本身及其效应的特征，科学地反映调度的总体水平。

2. 代表性原则

指标选择应力求全面合理，把影响程度最大的指标选出来，选取信息量大、综合性强，能代表流域综合调度及其效应的指标。

3. 可操作性原则

所选指标应概念明确，易于理解，不仅要简单明了，而且参数要易于获取，便于采集、测定、计算和分析。

4. 独立性原则

选择的指标之间要求有一定的独立性，以便提高评价的准确性和科学性。

5. 可比性原则

选择涵义明确、口径一致的评价指标。评价指标应具有动态可比和横向可比的功能。动态可比是指在时间序列上的动态比较；横向可比则指对不同调度在同一时间上按照评价指标数值进行排列比较，说明各类型调度的差异程度。

6. 针对性原则

分类构建表征指标体系。针对流域不同对象或功能区的特点与调度效应，构建能够反映各对象或功能区特点的综合调度评价指标体系。

6.2.2.2　候选指标

综合调度评价指标体系的建立是流域综合调度评价的基础，对流域及区域综合调度的诊断具有至关重要的作用。由于流域综合调度需要综合考虑防洪、供水以及水生态环境安全 3 方面，在构建评价指标体系时，能否找到最基本的、易于理解和观测的、可操作性强的关键评价指标来体现综合调度的总体状况，是流域调度研究与优化的关键。

为此，本书在构建流域综合调度评价指标体系时，充分利用了国内外现有的研究成果，尤其是系统分析了流域防洪、供水、水生态环境安全以及综合调度案例，吸纳了其中简单实用、可操作性强的评价指标，同时根据太湖流域调度工作的特点及上述提出的流域综合调度目标与指标，初步提出了太湖流域综合调度评价指标的候选指标群，共 14 个候选指标，详见表 6.4。

表 6.4　　太湖流域综合调度评价指标的候选指标群

对象层	调　度　指　标	评　价　指　标
防洪调度	工程泄水入江（湖）流量	外排工程泄流状态
	重点保护对象超保历时	代表站超保风险指数
	重点保护对象超保水位	圩区被淹历时
		超保证水位变量
供水调度	单位时间引水量	引江水量比
		引水工程供水效率
	地区代表站水位	代表站水位满足度
	供水保证率	供水可靠性（缺水风险性）
		供水保证率
	饮用水源地水质达标率	饮用水源区水质改善程度
水生态环境调度	受水区河湖水质	河湖受水区水质改善程度
	湖泊生态水位	湖泊生态水位满足度
	水体蓝藻密度或面积	湖库受水区蓝藻密度变化率
	河网水体流向或流速	河道/河网流速改善程度

6.2.3　评价指标筛选分析

6.2.3.1　流域防洪调度评价指标

根据太湖流域防洪调度的特点，从防洪外排工程运行效率与防洪调度效应角度提出能表征流域防洪调度的关键指标，构成流域防洪调度评价指标，见表 6.5。

表 6.5　　太湖流域防洪调度评价指标

对象层	对象层属性	指　标　层
防洪调度	工程运行效率	外排工程泄流状态
	水位安全效应	代表站超保风险指数

6.2.3.2　流域供水调度评价指标

流域供水调度涉及引水工程与骨干工程调度，工农业生产以及饮用水源地供水保障也是太湖流域供水调度的主要内容，太湖流域供水调度评价指标见表 6.6。

表 6.6　　太湖流域供水调度评价指标

对象层	对象层属性	指　标　层
供水调度	引水工程运行	引江水量比
		引水工程供水效率
	代表站供水	代表站水位满足度
	水源地水质	饮用水源区水质改善程度

6.2.3.3　流域水生态环境调度评价指标

流域河湖水生态环境安全包括水环境安全与水生态安全，水环境安全重点体现在河湖水量满足与水质达标上，也是水生态安全的前提。太湖流域水生态环境调度评价指标从水环境与水生态两方面考虑，具体指标见表6.7。

表6.7　　流域水生态环境调度评价指标

对象层	对象层属性	指　标　层
水生态环境调度	水环境	河湖受水区水质改善程度
	水生态	湖泊生态水位满足度
		湖泊受水区蓝藻密度变化率
	有序流动	河道流速改善程度

6.2.4　调度评价指标计算方法及评分标准确定

6.2.4.1　防洪调度评价指标

1. 外排工程泄流状态

外排工程泄流状态用于评价防洪调度过程中流域与区域主要外排工程的运行效率，是从工程运行角度衡量防洪调度优劣的指标，由外排工程控制断面实际泄流水量与工程设计最大过流水量的比值来表达，同时考虑流域与区域洪水规模对该指标的影响。计算公式为

$$DS = QZ_wQ_d^{-1}Z^{-1} \tag{6.1}$$

式中：DS为流域与区域外排工程泄流状态；Q为某外排工程控制断面的实际泄流水量；Q_d为外排工程最大设计过流水量；Z_w为流域与区域代表站的防洪警戒水位（汛限水位）；Z为调度期间流域与区域代表站的实际水位。

DS值越大，表明外排工程泄洪运行效率越高，承泄洪水作用也越大。根据外排工程防洪泄流能力利用效率的要求，对外排工程泄流状态指标进行均等赋分，见表6.8。

表6.8　　流域与区域外排工程泄流状态指标赋分标准

等级	推荐标准	赋分	等级	推荐标准	赋分
优	(0.80, 1.00]	(80, 100]	差	(0.20, 0.40]	(20, 40]
良	(0.60, 0.80]	(60, 80]	劣	(0, 0.20]	(0, 20]
中	(0.40, 0.60]	(40, 60]			

2. 代表站超保风险指数

代表站超保风险指数用以评估流域与区域重点保护对象（太湖、重点城市等）与地区代表站水位超出保证水位的时间累积效应，该指数适用于代表站水位高于保证水位的情况，由代表站的运行水位、保证水位以及超保天数确定，表达式为

$$R = e^{(Z_d - Z)T_rZ_d^{-1}}Z_dZ^{-1} \tag{6.2}$$

式中：R为代表站超保风险指数；Z为调度期间代表站超保期间的实际水位或平均水位；Z_d为代表站保证水位；T_r为超保天数。

代表站超保风险指数值越大，表明流域与区域重点保护对象与水位代表站的防洪风险

越小，指标赋分越高。超保风险指数赋分标准见表 6.9。

表 6.9　　　　代表站超保风险指数指标赋分标准

等级	推荐标准	赋分	等级	推荐标准	赋分
优	(0.8，1.0]，(1.0，+∞)	(80，100]，100	差	(0.2，0.4]	(20，40]
良	(0.6，0.8]	(60，80]	劣	(0，0.2]	(0，20]
中	(0.4，0.6]	(40，60]			

6.2.4.2 供水调度评价指标

1. 引江水量比

太湖流域与区域引江济太工程的运行对保障流域供水安全至关重要，工程引江水量是衡量流域供水保障能力的重要指标，由调度期间实际引江水量与历史同期多年平均引江水量的比值表征，计算公式为

$$\omega=\begin{cases}VV_a^{-1}, Z\geqslant Z_a\\ VV_a^{-1}ZZ_a^{-1}, Z<Z_a\end{cases} \tag{6.3}$$

式中：ω 为引江水量比；V 为调度期间的实际引江水量；V_a 为流域与区域调度同期近 5 年的平均引江水量；Z_a 为引江工程所在流域或区域代表站近 5 年的平均水位；Z 为引江工程所在流域或区域代表站调度期间的实际水位。

通常情况下，供水调度期间引江水量应与流域及区域的实际生产与生活需水量有关。考虑到引江工程的经济效益，过多的引江水量会造成资源浪费；较少的引江水量不足以满足流域与区域的用水需求。本书以太湖流域与区域具体水位代表站近 5 年来的调度期同期平均引江水量作为比较依据，引江水量比值高于 1 表明流域或区域引江水量过多，指标赋分为 0；引江水量比取值不高于 1，按指数标准平均赋分；引江水量比值为 1，指标赋分最高，表明流域或区域引江调度工作最优。具体赋分标准见表 6.10。

表 6.10　　　　引江水量比指标赋分标准

等级	推荐标准	赋分	等级	推荐标准	赋分
优	(0.8，1.5]，(1.5，3]	(80，100]	差	(0.2，0.4]，(12，+∞]	(20，40]
良	(0.6，0.8]，(3，6]	(60，80]	劣	(0，0.2]	(0，20]
中	(0.4，0.6]，(6，12]	(40，60]			

2. 引水工程供水效率

引水工程供水效率指目标需水区域的供水满足程度，由某引水工程引至目标区域的水量与引水工程总引水量的比值表示，其表达式为

$$WSE=V_{wd}V_{wa}^{-1} \tag{6.4}$$

式中：WSE 为引水工程供水效率；V_{wd} 为调度期间引入流域或目标区域的水量；V_{wa} 为调度期间流域或区域的总引水量。

引水工程供水效率值越高，表明引入目标区域的水量越多，供水调度赋分也越高。但不同引水工程的供水效率目标值并不同，太湖流域目前运行的望虞河引水工程的入湖效率目标值仅为 70%。鉴于流域其他骨干引水工程仍在建或并未完全投入运行，本书中的流域以望虞河引水工程供水效率的 70%为标准值，望虞河引水工程入湖效率值达到或高于该值，供水调度的赋分为 100，考虑到供水调度赋分为优时，分值范围为 80～100，因此，选择当供水入湖效率达到 56%时的赋分为 80。望虞河引水工程供水效率指标赋分标准见表 6.11。

表 6.11　　引水工程供水效率指标赋分标准

等级	推荐标准	赋分	等级	推荐标准	赋分
优	[0.56，1.5]	(80，100]	差	[0.14，0.28)	(20，40]
良	[0.42，0.56)	(60，80]	劣	[0，0.14)	(0，20]
中	[0.28，0.42)	(40，60]			

3. 代表站水位满足度

代表站水位是反映区域水量水平的重要指标。对于供水调度而言，代表站水位满足度指流域或区域水量对生产与生活需水的满足程度，可表征流域或区域供水调度的有效程度。水位代表站包括流域与区域水位站以及饮用水源地水位站，由供水调度期间代表站实际水位与代表站允许最低旬平均水位的比值表示，表达式为

$$RL = ZZ_s^{-1} \tag{6.5}$$

式中：RL 为代表站水位满足度；Z 为调度期间代表站的实际水位；Z_s 为代表站的允许最低旬平均水位。代表站水位满足度值越高，供水调度的赋分也越高，具体赋分标准见表 6.12。

表 6.12　　代表站水位满足度指标赋分标准

等级	推荐标准	赋分	等级	推荐标准	赋分
优	[0.8，+∞)	(80，100]	差	[0.2，0.4)	(20，40]
良	[0.6，0.8)	(60，80]	劣	[0，0.2)	(0，20]
中	[0.4，0.6)	(40，60]			

4. 饮用水源区水质改善程度

《太湖流域水功能区划（2010—2030）》对流域重要水域的水功能区进行了分类，其中饮用水源区是其重要内容。流域与区域部分饮用水源区水质与调度工作密切相关，本书通过评价调度期间流域与区域此类饮用水源区的水质改善程度，评判供水调度工作的优劣。不同饮用水源区的水质指标的选择依据该饮用水源区的水质特点，选取河湖水质标准评判约束性水质指标。根据《太湖健康状况报告（2013）》等统计资料，可选择 NH_3—N、高锰酸盐指数等作为河湖水质标准评判的约束性水质指标。指标计算公式为

$$DQ = \frac{C_{db} - C_{da}}{C_{db}} \times 100\% \tag{6.6}$$

式中：DQ 为饮用水源区水质改善程度；C_{da} 为调度后流域或区域重要水域饮用水源区水质指标的浓度；C_{db} 为调度前流域或区域重要水域饮用水源区水质指标的浓度。

饮用水源区水质改善程度越高，表明针对流域或区域供水调度的效果越明显。饮用水源区水质改善程度指标赋分标准见表6.13。

表6.13　饮用水源区水质改善程度指标赋分标准

等级	推荐标准	赋分	等级	推荐标准	赋分
优	[66%，100)	(80，100]	差	[−33%，0)	(20，40]
良	[33%，66%)	(60，80]	劣	(−∞，−33%)	(0，20]
中	[0，33%)	(40，60]			

6.2.4.3　水生态环境调度评价指标

1. 河湖受水区水质改善程度

水质是反映水体水环境质量的关键要素，也是流域与区域水生态环境调度的重要考核指标。本书通过分析常规调度对流域与区域河湖受水区重要水质指标浓度的影响程度，评价水生态环境调度的优劣。不同河湖受水区参评水质指标的选择依据该水域水质特点，选取河湖水质标准评判约束性水质指标。指标计算公式为

$$WQ=\frac{C_{wb}-C_{wa}}{C_{wb}}\times 100\% \tag{6.7}$$

式中：WQ为河湖受水区水质改善程度；C_{wa}为调度后流域或区域河流与湖泊受水区水质指标的浓度；C_{wb}为调度前流域或区域流域或区域河流与湖泊受水区水质指标的浓度。

河湖受水区水质改善程度越高，表明流域或区域常规水生态环境调度的效果越明显。河湖受水区水质改善程度指标赋分标准见表6.14。

表6.14　河湖受水区水质改善程度指标赋分标准

等级	推荐标准	赋分	等级	推荐标准	赋分
优	[66%，100)	(80，100]	差	[−33%，0)	(20，40]
良	[33%，66%)	(60，80]	劣	(−∞，−33%)	(0，20]
中	[0，33%)	(40，60]			

2. 湖泊生态水位满足度

湖泊生态水位是指为维持湖泊生态系统结构、功能而必须维持的水量。而湖泊生态水位一般以湖泊最低生态水位表征。本书以流域与区域湖泊生态水位满足度作为评价指标之一衡量流域水生态环境调度的优劣，该指标适用于特殊干旱条件下流域与区域湖泊生态水位需要进行调度时的评价。该指标的表达式为

$$EW=\frac{Z_a-Z_b}{Z_{eco}-Z_b} \tag{6.8}$$

式中：EW为湖泊生态水位满足度；Z_a为调度后流域或区域某湖泊的实际水位；Z_b为调度前流域或区域某湖泊水位；Z_{eco}为流域或区域某湖泊的最低生态水位。

流域与区域湖泊生态水位满足度值越高，水生态环境调度工作的赋分越高，评分标准与湖泊生态水位满足度值一致。湖泊生态水位满足度指标赋分标准见表6.15。

表 6.15　　湖泊生态水位满足度指标赋分标准

等级	推荐标准	赋分	等级	推荐标准	赋分
优	[66%，100)	(80，100]	差	[−33%，0)	(20，40]
良	[33%，66%)	(60，80]	劣	(−∞，−33%)	(0，20]
中	[0，33%)	(40，60]			

3. 湖泊受水区蓝藻密度变化率

湖泊蓝藻水华暴发是影响湖泊和水库饮用水安全、景观以及生态安全的问题，针对湖库蓝藻水华问题开展应急调度是水生态环境调度的重要内容。湖泊受水区蓝藻密度变化由调度前后蓝藻密度的变化值表征，表达式为

$$AW=\frac{C_b-C_a}{C_b}\times 100\% \tag{6.9}$$

式中：AW 为湖泊受水区蓝藻密度变化率；C_a 为应急调度后流域或区域湖泊受水区蓝藻密度；C_b 为应急调度前流域或区域湖库受水区蓝藻密度。

蓝藻密度变化率越高，表明针对流域或区域湖库受水区的应急调度效果越明显。湖泊受水区蓝藻密度变化率指标赋分标准见表 6.16。

表 6.16　　湖泊受水区蓝藻密度变化率指标赋分标准

等级	推荐标准	赋分	等级	推荐标准	赋分
优	[66%，100)	(80，100]	差	[−33%，0)	(20，40]
良	[33%，66%)	(60，80]	劣	(−∞，−33%)	(0，20]
中	[0，33%)	(40，60]			

4. 河道流速改善程度

太湖流域属平原河网，水势平缓，加之污染物输入，易造成河道水质恶化，水环境品质降低。通过引清调度等手段增加河道流速，改善水动力，可实现河网与湖泊水体自净能力的提升。河道流速改善程度可用于评价流域或区域水生态环境调度的效果，以河道流速越大，调度效果越好为原则。该指标的表达式为

$$RF=\frac{V_a-V_b}{V_s-V_b} \tag{6.10}$$

式中：RF 为河道流速改善程度；V_a 为调度期流域或区域河道监测断面流速，m/s；V_b 为调度前流域或区域河道监测断面流速，m/s；V_s 为不同类型河道最小适宜流速，m/s。

河道流速改善程度值越高，表明针对流域或区域河网的生态环境调度效果越明显。河道流速改善程度指标赋分标准见表 6.17。

表 6.17　　河道流速改善程度指标赋分标准

等级	推荐标准	赋分	等级	推荐标准	赋分
优	[0.8，+∞)	(80，100]	差	[0.2，0.4)	(20，40]
良	[0.6，0.8)	(60，80]	劣	(−∞，0.2)	(0，20]
中	[0.4，0.6)	(40，60]			

6.2.4.4 流域综合调度评价指标体系

综上所述，从防洪调度、供水调度、水生态环境调度 3 个评价对象层，研究构建了包含 10 个具体指标的太湖流域综合调度评价指标体系，见表 6.18。

表 6.18　　流域综合调度评价指标体系

对象层	对象层属性	指标层
防洪调度	工程运行效率	外排工程泄流状态
	水位安全效应	代表站超保风险指数
供水调度	引水工程运行	引江水量比
		引水工程供水效率
	代表站供水	代表站水位满足度
	水源地供水安全	饮用水源区水质改善程度
水生态环境调度	水环境	河湖受水区水质改善程度
	水生态	湖泊生态水位满足度
		湖库受水区蓝藻密度变化率
	有序流动	河道流速改善程度

6.3 流域综合调度评价方法

在各项指标值已经确定的情况下，指标权重的变化将直接导致评价结论的变化，因此权重确定的合理与否，对太湖流域综合调度评价至关重要。按照权重的生成方式，权重确定方法可分为主观赋权法和客观赋权法。主观赋权法由评价者直接给出指标的相对重要程度，权重的确定一般和评价者对事物的认知程度密切相关，与指标值之间不存在函数关系。主观赋权法的再现能力比较差。客观赋权法是通过分析指标值内部的数值特征，用函数来表现它们之间的相对重要程度关系，根据约束条件，“自动”生成权值。在方法确定的前提下，权重生成过程不受人为因素影响，再现生成能力好。客观赋权法的生成方法实质上是一种“伴随生成权”，是一种机械的权重生成方法，这种权重一般只反映数值特征，与人的主观判断结果有一定的区别。因此，无论主观赋权法还是客观赋权法，其确定的权重都存在一定的不合理之处，主观赋权法主要依靠专家的主观判断，这与人员的知识结构、判断水平及个人偏好等许多主观因素有关系，客观赋权法则纯粹是指标数值的机械计算，在某种情况下甚至会出现很荒谬的结果。因此，兼顾主观和客观、定性与定量相结合的赋权方法是目前较为理想的方法，也是未来发展的趋势。其中，层次分析法是这类方法的代表，也是目前确定权重广泛应用的主要方法之一。

6.3.1 层次分析法

层次分析法（Analytic Hierarchy Process，AHP）是一种定性与定量分析相结合的多准则决策方法，其基本思想是将组成复杂问题的多个元素权重的整体判断转变为对这些元素进行“两两比较”，并将比较结果转化为定量判断数据，形成判断矩阵。对每个判断矩阵，按照其特征方程求出最大特征根对应的特征向量。然后，检验判断矩阵的一致性，若该判断矩阵有可接受的一致性，则得到归一化的单排序权重向量。层次单排序之后，进行层次总排序。

层次分析法把人的思维过程层次化、数量化，并用数学方法为分析、决策或控制提供定量的依据。这里采用层次分析法来确定指标权重，由专家根据经验对评价体系中的指标进行两两比较，判断两个指标之间的重要程度，构造成对比较判断矩阵，并进行一致性校验，最后得到指标权重。层次分析法的计算步骤如下：

1. 建立递阶层次结构模型

针对评价问题，将评价对象所包含的因素划分为不同层次，分为目标层、对象层和指标层。

2. 构造出各层次中的所有判断矩阵

对象层中各对象以及指标层中各指标在衡量中所占的比重不一定相同，在决策者的心中它们各占有一定的比例。用两两比较的方法将各因素的重要性进行量化，记 a_{ij} 为元素 i 比元素 j 的重要性等级，将两两比较结果构成的矩阵 $\boldsymbol{A}=[a_{ij}]$ 称作判断矩阵。可知，$a_{ij}>0$，$a_{ii}=1$ 且 $a_{ij}=1/a_{ji}$。重要性等级及其赋值见表6.19。

表6.19　　判断矩阵重要性等级及其赋值

a_{ij} 赋值	重要性等级
1	i，j 两元素同样重要
3	元素 i 比元素 j 稍重要
5	元素 i 比元素 j 明显重要
7	元素 i 比元素 j 强烈重要
9	元素 i 比元素 j 极端重要
2，4，6，8	上述相邻判断的中间值
倒数	若元素 i 与元素 j 的重要性之比为 a_{ij}，那么元素 j 与元素 i 的重要性之比为 $a_{ji}=1/a_{ij}$

3. 计算权重向量

为了从判断矩阵群中提炼出有用的信息，达到对事物的规律性认识，为决策提供科学的依据，需要计算每个判断矩阵权重向量和全体判断矩阵的合成权重向量。目前求判断矩阵权重向量的方法很多，主要有和值法、特征向量法、对数最小二乘法、最小偏差法等。本书采用和值法。计算方法如下：

（1）将判断矩阵每一列正规化，即

$$\overline{a}_{ij}=\frac{a_{ij}}{\sum_{j=1}^{n}a_{ij}}\quad i,j=1,2,\cdots,n \tag{6.11}$$

（2）每一列经正规化后的判断矩阵按行相加，即

$$\overline{w}_i=\sum_{j=1}^{n}\overline{a}_{ij}\quad i,j=1,2,\cdots,n \tag{6.12}$$

（3）对向量 $\overline{w}=(\overline{w}_1,\overline{w}_2,\cdots,\overline{w}_n)^{\mathrm{T}}$ 正规化，即

$$\overline{w}_{ij} = \frac{\overline{w}_i}{\sum_{j=1}^{n} \overline{w}_j} \quad i,j = 1,2,\cdots,n \tag{6.13}$$

所得到的 $\overline{w}=(\overline{w}_1, \overline{w}_2, \cdots, \overline{w}_n)^T$ 即为所求的权重向量。

4. 判断矩阵的一致性

(1) 计算一致性指标 CI(Consistency Index)，用来衡量矩阵 A 的不一致程度，即

$$CI=\frac{\lambda_{\max}-n}{n-1} \tag{6.14}$$

式中：$\lambda_{\max}$为判断矩阵的最大特征值。

(2) 查找平均随机一致性指标 RI (Random Index) 见表 6.20。

表 6.20　　平均随机一致性指标 *RI* 值

阶数	*RI* 值	阶数	*RI* 值	阶数	*RI* 值	阶数	*RI* 值
1	0	5	1.12	9	1.45	13	1.56
2	0	6	1.24	10	1.49	14	1.57
3	0.58	7	1.32	11	1.51		
4	0.90	8	1.41	12	1.48		

(3) 计算一致性比例 CR(Consistency Ratio)，当 $CR<0.1$ 时，认为判断矩阵的一致性是可以接受的，否则应对判断矩阵作适当修正。

$$CR=\frac{CI}{RI} \tag{6.15}$$

5. 层次总排序

计算同一层次所有因素对于最高层（目标层）相对重要性的排序权值称为总排序，该过程是从最高层到最低层逐层进行的，若上一层 A 包含有 m 个因素，A_1，A_2，…，A_m，其层次总排序权值分别为 a_1，a_2，…，a_m，下一层次 B 包含 n 个因素，B_1，B_2，…，B_n，且相对于因素 A_j 的单排序权值分别为 b_{1j}，b_{2j}，…，b_{nj}（当 B_k 与 A_j 无关联时，$b_{kj}=0$），此时 B 层次总排序权值为

$$B_1 = \sum_{j=1}^{m} a_j b_{1j}, B_2 = \sum_{j=1}^{m} a_j b_{2j}, \cdots, B_n = \sum_{j=1}^{m} a_j b_{nj} \tag{6.16}$$

当 $CR<0.1$ 时，认为层次排序有满意的一致性。其中

$$CI = \sum_{i=1}^{n} a_i CI, RI = \sum_{i=1}^{n} a_i RI \quad i = 1,2,\cdots,n \tag{6.17}$$

再按 B_i 值从大到小排序并编写对象名次，便得层次总排序。

判断矩阵是计算权重的根据，也是唯一的信息来源，对最终结果有决定性影响。因此，构造判断矩阵是 AHP 中非常重要的一步。其主要特点为既能充分考虑人的主观判断，对研究对象进行定性与定量相结合的分析，同时又把研究对象看成一个系统，从系统的内部和外部相互关系出发，将各种复杂因素用递阶层次结构形式表示出来，分层次、拟定量、规范化地进行评价分析，并在整个过程中加入统计检验。层次分析法的计算流程见图 6.2。

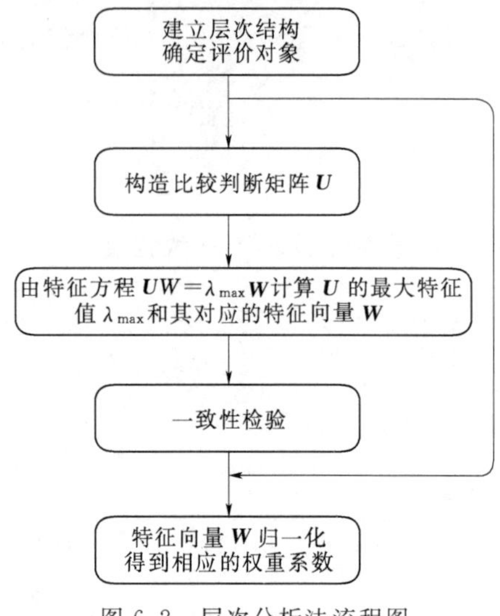

图 6.2　层次分析法流程图

6.3.2　指标体系权重分析

太湖流域综合调度是防洪、供水与水生态环境安全综合保障的调度。在不同水情条件下，流域在防洪、供水与水生态环境调度方面的侧重点有所不同，汛期与水资源调度期流域综合调度的重心也所有区别。与此同时，流域不同区域因调度需求与目标的不同，同一时期区域调度的重心也有所不同。指标权重的分配与指标的选择关系密切，当使用的指标发生变化，相应的权重也需要发生变化。本书从太湖流域与区域整体层面出发，分别计算流域与区域在不同水情阶段防洪、供水、水生态环境调度以及下属各调度评价指标的权重，为太湖流域综合调度评价指标体系提供可操作方案。不同水情期依据太湖水位进行划分：当太湖水位高于太湖防洪控制线时，流域处于防洪调度期；当太湖水位位于防洪控制水位线与调水限制水位线之间时，流域处于水生态环境调度期，水生态环境调度重于防洪与供水调度；当太湖水位位于太湖调水限制水位线与 2.80m 之间，流域处于供水与水生态环境调度期，供水与水生态环境调度并重；当太湖水位低于 2.80m 水位，流域处于供水调度期，以供水调度为主。

1. 防洪调度期综合调度评价指标体系权重分析

防洪调度期太湖流域综合调度应以防洪调度为重心，同时兼顾水生态环境调度与供水调度。防洪调度与供水及水生态环境调度相比明显重要，权重比为 5∶1∶1。防洪调度评价指标中代表站超保风险指数较外排工程泄流状态明显重要，权重比应设置为 5∶1，供水调度评价指标中代表站水位满足度与饮用水源地水质改善程度等指标相对引江水量比和引水工程供水效率等指标明显重要，河湖生态水位通常满足，而河湖受水区水质改善程度应当更重要，其次是河道流速改善程度指标。防洪调度期流域综合调度评价指标的权重分析结果见表 6.21～表 6.25。

表 6.21　防洪调度期综合调度评价不同对象层的判断矩阵与权重向量

流域综合调度评价	防洪调度	供水调度	水生态环境调度	$\overline{W}_i$
防洪调度	1.00	5.00	5.00	0.7142
供水调度	0.20	1.00	1.00	0.1429
水生态环境调度	0.20	1.00	1.00	0.1429

注　一致性比例 $CR=0$；矩阵最大特征值 $\lambda_{max}=3$。

表 6.22　防洪调度期防洪调度评价指标层判断矩阵与权重向量

防洪调度评价	代表站超保风险指数	外排工程泄流状态	$\overline{W}_i$
代表站超保风险指数	1.00	5.00	0.8333
外排工程泄流状态	0.20	1.00	0.1667

注　一致性比例 $CR=0$；矩阵最大特征值 $\lambda_{max}=2$。

表 6.23　　防洪调度期供水调度评价指标层判断矩阵与权重向量

供水调度评价	引江水量比	引水工程供水效率	代表站水位满足度	饮用水源区水质改善程度	$\overline{W}_i$
引江水量比	1.00	1.00	0.25	0.25	0.10
引水工程供水效率	1.00	1.00	0.25	0.25	0.10
代表站水位满足度	4.00	4.00	1.00	1.00	0.40
饮用水源区水质满足度	4.00	4.00	1.00	1.00	0.40

注　一致性比例 $CR=0$；矩阵最大特征值 $\lambda_{\max}=4$。

表 6.24　　防洪调度期水生态环境调度评价指标层判断矩阵与权重向量

水生态环境调度评价	河湖受水区水质改善程度	湖泊生态水位满足度	湖泊受水区蓝藻密度变化率	河道流速改善程度	$\overline{W}_i$
河湖受水区水质改善程度	1.00	0.20	1.00	3.00	0.1574
湖泊生态水位满足度	5.00	1.00	5.00	5.00	0.6132
湖泊受水区蓝藻密度变化率	1.00	0.20	1.00	3.00	0.1574
河道流速改善程度	0.33	0.20	0.33	1.00	0.0720

注　一致性比例 $CR=0.058$；矩阵最大特征值 $\lambda_{\max}=4.15$。

表 6.25　　防洪调度期综合调度评价指标层权重排序表

评 价 对 象	评 价 指 标	权重（按大小排序）
防洪调度	代表站超保风险指数	0.59514
防洪调度	外排工程泄流状态	0.11906
水生态环境调度	湖泊生态水位满足度	0.08763
供水调度	饮用水源区水质改善程度	0.05716
供水调度	代表站水位满足度	0.05716
水生态环境调度	河湖受水区水质改善程度	0.02249
水生态环境调度	湖泊受水区蓝藻密度变化率	0.02249
供水调度	引江水量比	0.01429
供水调度	引水工程供水效率	0.01429
水生态环境调度	河道流速改善程度	0.01029

防洪调度期太湖流域综合调度评价指标权重分析中各判断矩阵的一致性比例 CR 均低于 0.1（表 6.21～表 6.25），表明综合调度评价对象层判断矩阵，防洪调度、供水调度以及水生态环境调度评价指标层的判断矩阵均有很好的一致性，各判断矩阵的权重向量赋值合理。

对象层防洪调度、供水调度以及水生态环境调度评价相互间的权重向量赋值依据《太湖流域洪水与水量调度方案》中防洪安全保障优先的原则，综合考虑供水安全与水生态环境安全，防洪调度较供水调度和水生态环境调度的重要性处于绝对优势地位。防洪调度期内，地区生产、生活用水需求通常都能得到满足，但水生态环境安全保障也至关重要，故而认为水生态环境调度与供水调度同等重要。从表 6.25 综合调度评价指标的权重排序可以看出，防洪调度评价指标的权重均较高，水生态环境调度与供水调度评价的权重次之。防洪调度评价指标中，代表站超保风险指数权重高于外排工程泄流状态，也客观反映了防洪调度安全保障的实际情况；供水调度评价指标中，代表站水位满足度与饮用水源地水质改善程度的权重值也较高，体现了供水调度中水量与水质调度的重要性；水生态环境调度首要是保障湖泊生态水位，因而其评价指标权重赋值也最高。综上，防洪调度期太湖流域防洪调度期综合调度评价指标体系权重分配方案见图6.3。

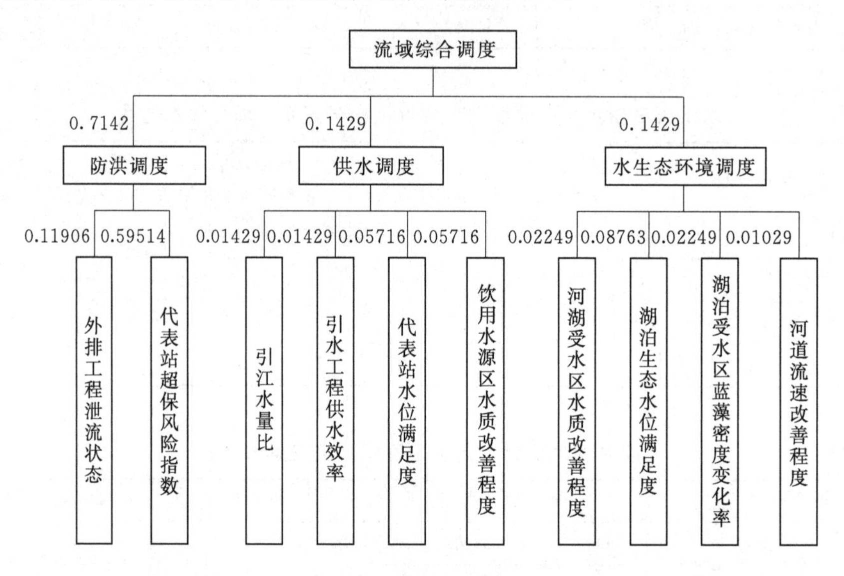

图6.3 防洪调度期太湖流域防洪调度期综合调度评价指标体系权重分配方案

2. 水生态环境调度期综合调度评价指标体系权重分析

水生态环境调度期太湖流域综合调度应以水生态环境调度为重心，同时兼顾供水调度和防洪调度。水生态环境调度期综合调度评价指标的权重分析结果如下：

（1）水生态环境调度期太湖流域综合调度评价指标权重分析中各判断矩阵的一致性比例 CR 均低于0.1（表6.26～表6.29），表明综合调度评价对象层判断矩阵，防洪调度、供水调度以及水生态环境调度评价指标层的判断矩阵均有很好的一致性，各判断矩阵的权重向量赋值合理。

（2）水生态环境调度期内，对象层防洪调度、供水调度以及水生态环境调度评价相互间的权重向量赋值以水生态环境调度为主，兼顾供水与防洪安全，水生态环境调度应处于十分重要的地位，供水安全次之，防洪调度可能仅在局部区域发生。故水生态环境调度较重要。

（3）从综合调度评价指标的权重排序表（表6.30）可以看出，水生态环境调度评价的权重均较高，供水调度评价的权重次之，防洪调度评价的权重最低。水生态环境调度评价指标中，湖泊生态水位满足度是该阶段流域水生态环境调度应确保的目标，其次是河湖受水区水质改善程度与湖泊受水区蓝藻密度变化率。供水调度评价指标中，代表站水位满足度与饮用水源区水质改善程度的权重值也相对较高，体现了供水调度中水量与水质调度并重的重要性。

综上，水生态环境调度期太湖流域综合调度评价指标体系权重分配方案见图6.4。

表 6.26　水生态环境调度期流域综合调度评价不同对象层的判断矩阵与权重向量

流域综合调度评价	防洪调度	供水调度	水生态环境调度	$\overline{W}_i$
防洪调度	1.00	0.25	0.17	0.0852
供水调度	4.00	1.00	0.33	0.2706
水生态环境调度	6.00	3.00	1.00	0.6442

注　一致性比例 $CR=0.05$；矩阵最大特征值 $\lambda_{max}=3.05$。

表 6.27　水生态环境调度期流域防洪调度评价指标层判断矩阵与权重向量

防洪调度评价	代表站超保风险指数	外排工程泄流状态	$\overline{W}_i$
代表站超保风险指数	1.00	5.00	0.8333
外排工程泄流状态	0.20	1.00	0.1667

注　一致性比例 $CR=0$；矩阵最大特征值 $\lambda_{max}=2$。

表 6.28　水生态环境调度期流域供水调度评价指标层判断矩阵与权重向量

供水调度评价	引江水量比	引水工程供水效率	代表站水位满足度	饮用水源区水质改善程度	$\overline{W}_i$
引江水量比	1.00	1.00	0.25	0.25	0.10
引水工程供水效率	1.00	1.00	0.25	0.25	0.10
代表站水位满足度	4.00	4.00	1.00	1.00	0.40
饮用水源区水质改善程度	4.00	4.00	1.00	1.00	0.40

注　一致性比例 $CR=0$；矩阵最大特征值 $\lambda_{max}=4$。

表 6.29　水生态环境调度期流域水生态环境调度评价指标层判断矩阵与权重向量

水生态环境调度评价	河湖受水区水质改善程度	湖泊生态水位满足度	湖泊受水区蓝藻密度变化率	河道流速改善程度	$\overline{W}_i$
河湖受水区水质改善程度	1.00	0.20	1.00	3.00	0.1574
湖泊生态水位满足度	5.00	1.00	5.00	5.00	0.6132
湖泊受水区蓝藻密度变化率	1.00	0.20	1.00	3.00	0.1574
河道流速改善程度	0.33	0.20	0.33	1.00	0.0720

注　一致性比例 $CR=0.06$；矩阵最大特征值 $\lambda_{max}=4.15$。

表 6.30　水生态环境调度期流域综合调度评价指标层权重排序表

评价对象	评价指标	权重（按大小排序）
水生态环境调度	湖泊生态水位满足度	0.3950
供水调度	饮用水源区水质改善程度	0.1082
供水调度	代表站水位满足度	0.1082
水生态环境调度	湖泊受水区蓝藻密度变化率	0.1014
水生态环境调度	河湖受水区水质改善程度	0.1014
防洪调度	代表站超保风险指数	0.0710
水生态环境调度	河道流速改善程度	0.0464
供水调度	引江水量比	0.0271
供水调度	引水工程供水效率	0.0271
防洪调度	外排工程泄流状态	0.0142

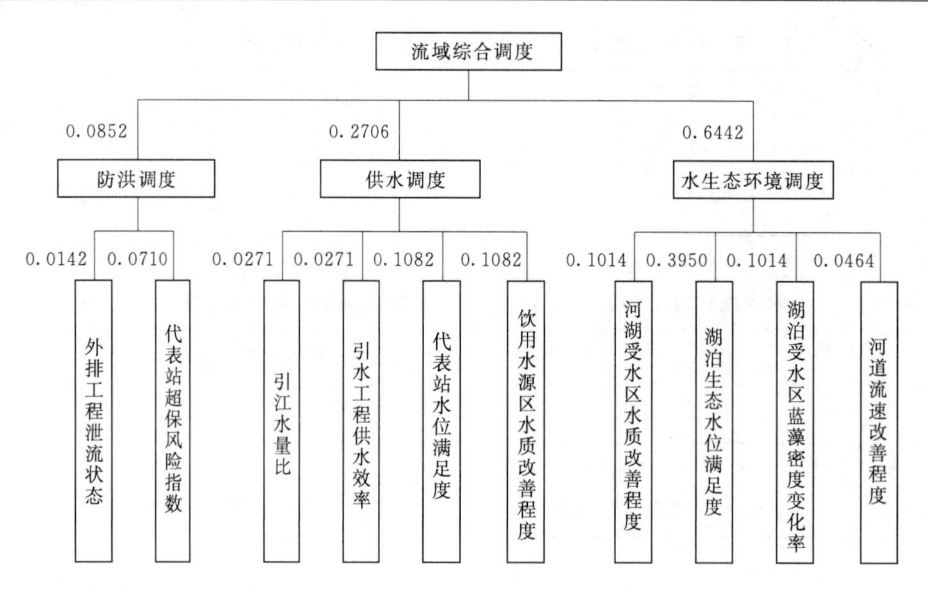

图 6.4 水生态环境调度期太湖流域综合调度评价指标体系权重分配方案

3. 供水与水生态环境调度期综合调度评价指标体系权重分析

供水与水生态环境调度期是指相机引水期，流域综合调度以供水与水生态环境调度并重，评价指标权重分析结果如下：太湖流域综合调度评价指标权重分析中各判断矩阵的一致性比例 CR 均低于 0.1（表 6.31～表 6.34），表明综合调度评价对象层判断矩阵，防洪调度、供水调度以及水生态环境调度评价指标层的判断矩阵均有很好的一致性，各判断矩阵的权重向量赋值合理。

从综合调度评价指标权重排序表（表 6.35）可以看出，供水与水生态环境调度评价的权重相同，防洪调度评价的权重最低。供水调度评价指标中，代表站水位满足度的权重值也相对较高，体现了供水调度中水量调度的重要性。水生态环境调度评价指标中，湖泊生态水位满足度依然是该阶段流域水生态环境调度应确保的目标，其次是河湖受水区水质改善程度与湖泊受水区蓝藻密度变化率。综上，供水与水生态环境调度期太湖流域综合调度评价指标体系权重分配方案见图 6.5。

表 6.31 供水与水生态环境调度期流域综合调度评价对象层判断矩阵与权重向量

流域综合调度评价	防洪调度	供水调度	水生态环境调度	$\overline{W}_i$
防洪调度	1.00	0.17	0.17	0.0770
供水调度	6.00	1.00	1.00	0.4615
水生态环境调度	6.00	1.00	1.00	0.4615

注 一致性比例 $CR=0$；矩阵最大特征值 $\lambda_{max}=3$。

表 6.32 供水与水生态环境调度期流域防洪调度评价指标层判断矩阵与权重向量

防洪调度评价	代表站超保风险指数	外排工程泄流状态	$\overline{W}_i$
代表站超保风险指数	1.00	5.00	0.8333
外排工程泄流状态	0.20	1.00	0.1667

注 一致性比例 $CR=0$；矩阵最大特征值 $\lambda_{max}=2$。

表 6.33 供水与水生态环境调度期流域供水调度评价指标层判断矩阵与权重向量

供水调度评价	引江水量比	引水工程供水效率	代表站水位满足度	饮用水源区水质改善程度	$\overline{W}_i$
引江水量比	1.00	1.00	0.25	0.25	0.10
引水工程供水效率	1.00	1.00	0.25	0.25	0.10
代表站水位满足度	4.00	4.00	1.00	1.00	0.40
饮用水源区水质改善程度	4.00	4.00	1.00	1.00	0.40

注 一致性比例 $CR=0$；矩阵最大特征值 $\lambda_{max}=4$。

表 6.34 供水与水生态环境调度期流域水生态环境调度评价指标层判断矩阵与权重向量

水生态环境调度评价	河湖受水区水质改善程度	湖泊生态水位满足度	湖泊受水区蓝藻密度变化率	河道流速改善程度	$\overline{W}_i$
河湖受水区水质改善程度	1.00	0.20	1.00	3.00	0.1574
湖泊生态水位满足度	5.00	1.00	5.00	5.00	0.6132
湖泊受水区蓝藻密度变化率	1.00	0.20	1.00	3.00	0.1574
河道流速改善程度	0.33	0.20	0.33	1.00	0.0720

注 一致性比例 $CR=0.06$；矩阵最大特征值 $\lambda_{max}=4.15$。

表 6.35 供水与水生态环境调度期流域综合调度评价指标层权重排序表

评价对象	评价指标	权重（按大小排序）
水生态环境调度	湖泊生态水位满足度	0.28299
供水调度	饮用水源区水质改善程度	0.18460
供水调度	代表站水位满足度	0.18460
水生态环境调度	湖泊受水区蓝藻密度变化率	0.07264
水生态环境调度	河湖受水区水质改善程度	0.07264
防洪调度	代表站超保风险指数	0.06416
供水调度	引江水量比	0.04615
供水调度	引水工程供水效率	0.04615
水生态环境调度	河道流速改善程度	0.03323
防洪调度	外排工程泄流状态	0.01284

4. 供水调度期综合调度评价指标体系权重分析

供水调度期主要指枯水季节，供水安全保障需求剧增的阶段。太湖流域综合调度以供水调度为中心，同时兼顾水生态环境调度，评价指标权重分析结果如下：

太湖流域综合调度评价指标权重分析中各判断矩阵的一致性比例 CR 均低于 0.1（表 6.36～表 6.39），表明综合调度评价对象层判断矩阵，防洪调度、供水调度以及水生态环境调度评价指标层的判断矩阵均有很好的一致性，各判断矩阵的权重向量赋值合理。从综合调度指标的权重排序表（表 6.40）可以看出，供水调度评价的权重最高，水生态环境调度评价的权重次之，防洪调度评价的权重最低。供水调度评价指标中，代表站水位满足度与饮用水源区水质改善程度的权重值也相对最高。水生态环境调度评价指标中，湖泊生

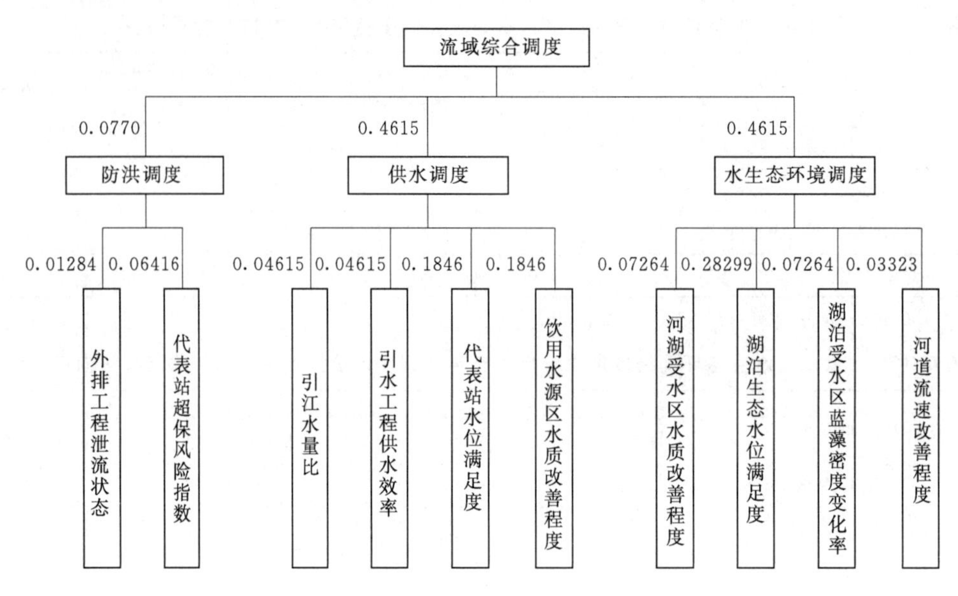

图 6.5　供水与水生态环境调度期太湖流域综合调度评价指标体系权重分配方案

态水位满足度依然是该阶段流域水生态环境调度应确保的目标，其次是河湖受水区水质改善程度与湖泊受水区蓝藻密度变化率。综上所述，供水调度期太湖流域综合调度评价指标体系权重分配方案见图 6.6。

表 6.36　　供水调度期流域综合调度评价对象层判断矩阵与权重向量

流域综合调度评价	防洪调度	供水调度	水生态环境调度	$\overline{W}_i$
防洪调度	1.00	0.11	0.14	0.0549
供水调度	9.00	1.00	3.00	0.6554
水生态环境调度	7.00	0.33	1.00	0.2897

注　一致性比例 $CR=0.07$；矩阵最大特征值 $\lambda_{max}=3.08$。

表 6.37　　供水调度期流域防洪调度评价指标层判断矩阵与权重向量

防洪调度评价	代表站超保风险指数	外排工程泄流状态	$\overline{W}_i$
代表站超保风险指数	1.00	5.00	0.8333
外排工程泄流状态	0.20	1.00	0.1667

注　一致性比例 $CR=0$；矩阵最大特征值 $\lambda_{max}=2$。

表 6.38　　供水调度期流域供水调度评价指标层判断矩阵与权重向量

供水调度评价	引江水量比	引水工程供水效率	代表站水位满足度	饮用水源区水质改善程度	$\overline{W}_i$
引江水量比	1.00	1.00	0.25	0.25	0.10
引水工程供水效率	1.00	1.00	0.25	0.25	0.10
代表站水位满足度	4.00	4.00	1.00	1.00	0.40
饮用水源区水质改善程度	4.00	4.00	1.00	1.00	0.40

注　一致性比例 $CR=0$；矩阵最大特征值 $\lambda_{max}=4$。

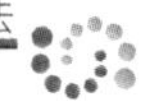

表 6.39　　供水调度期流域水生态环境调度评价指标层判断矩阵与权重向量

水生态环境调度评价	河湖受水区水质改善程度	湖泊生态水位满足度	湖泊受水区蓝藻密度变化率	河道流速改善程度	$\overline{W}_i$
河湖受水区水质改善程度	1.00	0.20	1.00	3.00	0.1574
湖泊生态水位满足度	5.00	1.00	5.00	5.00	0.6132
湖泊受水区蓝藻密度变化率	1.00	0.20	1.00	3.00	0.1574
河道流速改善程度	0.33	0.20	0.33	1.00	0.0720

注　一致性比例 $CR=0.06$；矩阵最大特征值 $\lambda_{\max}=4.15$。

表 6.40　　供水调度期流域综合调度评价指标层权重排序表

评 价 对 象	评价指标	权重（按大小排序）
供水调度	饮用水源区水质改善程度	0.26216
供水调度	代表站水位满足度	0.26216
水生态环境调度	湖泊生态水位满足度	0.17764
供水调度	引江水量比	0.06554
供水调度	引水工程供水效率	0.06554
防洪调度	代表站超保风险指数	0.04575
水生态环境调度	湖泊受水区蓝藻密度变化率	0.04560
水生态环境调度	河湖受水区水质改善程度	0.04560
水生态环境调度	河道流速改善程度	0.02086
防洪调度	外排工程泄流状态	0.00915

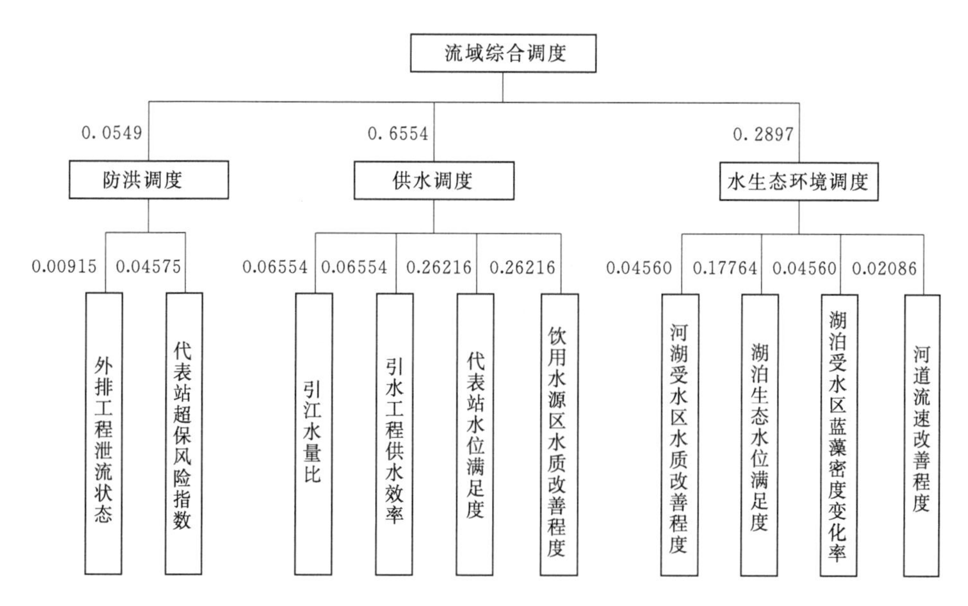

图 6.6　供水调度期太湖流域综合调度评价指标体系权重分配方案

需要注意的是，鉴于实际调度工作受气象条件、水利工程上下游水文条件、不同省市间行政协调等因素的影响，本研究构建的太湖流域综合调度评价指标体系并不适用于评价调度业务部门实际调度工作的优劣，主要用于评价不同调度方案的成果，找出调度方案存在的薄弱环节，为太湖流域综合调度方案优化提出技术支撑，为太湖流域综合调度提供宏观指导。

参 考 文 献

[1] 褚克坚，华祖林，田红．一种改进的水环境质量模糊层次综合评价模型［J］．中国科技论文在线，2009，4（5）：379-386.

[2] 徐兵兵，张妙仙，王肖肖．改进的模糊层次分析法在南苕溪临安段水质评价中的应用［J］．环境科学学报，2011，31（9）：2066-2072.

[3] 邓勃，秦建候，李隆弟．水环境质量模糊综合评价中的一些问题探讨［J］．环境科学学报，1990，10（2）：258-262.

[4] 郭金玉，张忠彬，孙庆云．层次分析法的研究与应用［J］．中国安全科学学报，2008，18（5）：148-153.

[5] 邓雪，李家铭，曾浩健，等．层次分析法权重计算方法分析及其应用研究［J］．数学的实践与认识，2012，42（7）：93-100.

第7章　太湖调度优化研究

太湖是流域的重要调蓄湖泊，是流域水量合理蓄泄和水资源有效利用的中心所在，科学的调度目标是开展太湖现状调度优化研究的重要基础。本章从防洪、供水、水生态环境等方面研究提出太湖综合调度目标，进而围绕实现太湖综合调度目标，开展太湖防洪与供水调度控制要求优化研究、太湖水生态环境调度控制要求探索，为面向"防洪、供水、水生态环境'三个安全'"的太湖综合调度研究奠定技术基础。

根据前述章节研究提出的太湖流域综合调度评价目标与指标、构建的太湖流域综合调度评价指标体系，分析现状太湖防洪、供水、水生态环境调度目标的合理性，研究提出面向"三个安全"的太湖综合调度目标；重点针对太湖现状调度存在的问题和需求进行优化研究，主要包括太湖防洪与供水调度控制要求优化研究、水生态环境调度控制要求探索。太湖防洪与供水调度控制要求优化研究，主要为实现太湖防洪、供水调度目标，采用历年降雨、水位、水质、用水等实测资料，结合太湖流域水量水质数学模型模拟分析，从优化太湖现状控制水位的时段划分、适度承担风险提高太湖雨洪资源利用等角度出发，对太湖现状分阶段防洪控制水位线、调水控制水位线进行优化分析，提出太湖防洪与供水调度控制要求。太湖水生态环境调度控制要求探索研究，主要为满足太湖水生态环境改善需求，分析提出促进太湖水体流动、利于太湖湖体水环境改善的适宜入湖流量，同时结合在流域骨干工程调度中增加太湖水质类指标的可行性分析，研究提出太湖水生态环境调度控制要求。

7.1　太湖综合调度目标研究

根据太湖综合调度目标与指标分析成果，太湖综合调度目标可分为防洪调度目标（太湖水位安全）、供水调度目标（满足太湖供水区用水需水、提高饮用水源地水质达标率）、水生态环境调度目标（满足太湖生态水位、减轻蓝藻水华灾害）等3个层次。本节从防洪、供水、水生态环境"三个安全"出发，对太湖防洪、供水、水生态环境调度目标进行逐一分析与优化，提出不同水情期的太湖综合调度目标。

7.1.1　防洪调度目标

太湖防洪调度目标研究主要关注在流域现状与规划工程条件下太湖所能承受的汛限水位。优化太湖汛限水位一方面可在汛期减轻区域洪涝压力，有利于流域与区域排涝错峰；另一方面可增加雨洪资源的蓄积利用，增加非防洪调度期流域水资源量，避免旱涝急转期流域出现供水与生态需水不足问题。本书通过对太湖环湖大堤滞蓄能力与外排河道泄洪能力分析，研究提出太湖防洪调度目标。

太湖环湖大堤是流域防洪安全的重要基础，是广大平原地区重要的防洪屏障，是统筹太湖蓄泄的关键。《太湖流域防洪规划》中对环湖大堤后续工程实施后的太湖设计水位进行了计算，综合考虑了江苏省的溧阳、金坛、武进和浙江省的湖州、长兴等市县的70个乡镇的上游滨湖地区回水影响范围，提出太湖防洪设计水位应从4.66m提高至规划实施后的4.80m。

太湖外排河道设计泄洪能力分析主要包括望虞河、太浦河、新孟河、新沟河4条外排河道。《太湖流域防洪规划》研究得出，遇1991年型（包括“91上游”“91北部”）百年一遇设计洪水，造峰期（6月7日—7月6日共30d）望虞河可承泄太湖洪水12.9亿～13.7亿m^3；太浦河可承泄太湖洪水14.8亿～14.9亿m^3，新孟河可北排长江洪水7.5亿～7.9亿m^3，新沟河可北排长江水量2.9亿～3.3亿m^3。遇“99南部”百年一遇设计洪水，造峰期望虞河可承泄太湖洪水6.4亿m^3，太浦河可承泄太湖洪水5.7亿m^3，新孟河可北排长江洪水3.3亿m^3，新沟河可北排长江水量1.6亿m^3。综上分析，在仅考虑遭遇“99南部”百年一遇设计洪水的情况下，太湖上游与下游4条骨干泄洪通道造峰期的总泄水能力可达17.0亿m^3；遭遇1991年型百年一遇设计洪水时，4条骨干河道造峰期总泄洪能力则可达38.1亿～39.8亿m^3。鉴于新孟河与新沟河延伸拓浚工程并未完全投入运行，现状太湖泄洪能力主要集中体现在望虞河与太浦河排水工程，在2016年6—7月流域大水中，望虞河与太浦河造峰期泄洪水量为13.5亿m^3，太湖最高水位为4.87m。按工程泄洪量和太湖面积进行综合换算，得出太湖4条主要泄洪通道全部改造和投入运行后遇“99南部”百年一遇设计洪水造峰期可降低太湖单日平均水位约14cm，遭遇1991年型百年一遇设计洪水造峰期可降低太湖单日平均水位约15cm。因此，规划工况下太湖防洪调度目标可按太湖大堤防洪设计水位进行取值，即由现状的4.65m提高至4.80m。

7.1.2　供水调度目标

太湖供水调度目标研究主要包括太湖低水位调度目标、太湖水源地水质达标目标。鉴于太湖流域水资源和水环境特征，供水调度目标重点关注太湖水源地水质的达标情况。

7.1.2.1　低水位调度目标分析

依据《太湖流域水资源综合规划》，太湖旬平均水位不低于2.65m时[1]可满足城镇供水、农田灌溉、航运、渔业等方面的要求。鉴于流域水污染问题突出、太湖富营养化严重、蓝藻频发、水生态退化，为提高太湖的供水能力以及水环境承载能力，有效改善太湖及下游地区水环境，促进太湖水生态修复，规划综合确定太湖最低旬平均水位2030年规划目标为2.80m。

《太湖流域水资源综合规划》对流域需水量进行了预测，采用降水典型年法，通过重点分析流域和区域对水资源量起控制作用的降水时段（汛期5—9月、高温干旱期7—8月以及农作物生长期4—10月等）的降水频率，选定流域典型年，得到所确定典型年的流域

[1] 该水位接近太湖实测水位（1964—2000年）平水年最低旬平均水位。

需水量计算结果，2030 年 75%中等干旱年（1976 年）、90%枯水年（1971 年）以及 95%特枯水年（1967 年）太湖流域河道外需水总量较 2008 年分别净增 29.7 亿 m^3、24.8 亿 m^3 以及 22.8 亿 m^3。

通过实施引江济太工程增加了流域引江入湖水量，环湖口门多年平均入湖水量约 87 亿 m^3。2030 年规划工况下，随着流域进一步扩大引江济太工程、望虞河后续工程、太浦河后续工程、吴淞江工程、太嘉河工程、环湖河道整治工程等规划工程实施，太湖供水能力将会有效增强，入太湖水量达 116.8 亿 m^3，较多年平均值增加 29.8 亿 m^3，可满足不同枯水典型年缺水需求，因此，太湖供水调度最低水位无需明显提升，仍可采用《太湖流域水资源规划》提出的 2.80m 最低旬平均水位。

7.1.2.2 水源地水质达标目标分析

太湖湖区范围内有贡湖水源地与湖东水源地两大集中式水源地，据 2009—2013 年太湖健康状况报告，在 TN 与 TP 不参评的情况下，两大水源地全年平均水质均能达到或优于Ⅲ类水质标准，达标参评指标包括 DO、高锰酸盐指数以及 NH_3—N 浓度，因此，选取这 3 项水质指标达到Ⅲ类水质标准的上限浓度值作为太湖水生态环境调度目标之一，如果有其中一项指标劣于Ⅲ类水，则建议开展针对太湖水源地的应急水生态环境调度。

7.1.3 水生态环境调度目标

7.1.3.1 生态水位调度目标分析

水位是湖泊水文情势的主要特征指标，对湖泊水量、水质和生物栖息地等有直接或间接的影响，被认为是湖泊生态系统健康的关键影响因素。如何确定合理的太湖水位以保障生态系统健康成为实现太湖水生态环境调度目标的关键之一。湖泊的生态水文研究主要集中于计算湖泊的最低生态水位或最小生态需水量，认为湖泊最小水量或水位是满足湖泊生态系统健康的水文底线。天然水位资料法与生物空间最小需求法相结合是研究湖泊生态水位的常用方法。有研究以 1956—2010 年的天然水位资料为基础，结合太湖水生植物优势种马来眼子菜的适宜生长水位以及浅水湖泊生态系统恢复的需要，计算确定太湖适宜生态水位为 2.80m。《太湖及流域河网综合利用水位、流量研究报告》[1] 中指出，太湖湖底平均高程约为 1.00m，满足水生高等植物生长的太湖最低生态水位为 1.60m，适宜生态水位为 2.80m。相关学者采用天然水位资料法，基于 1980—2014 年太湖水位系列资料（太湖五站平均水位），对太湖月均水位进行了频率分析，得到 50%、75%、90%和 95%保证率条件下太湖水位分别为 2.85m、2.75m、2.66m 和 2.61m，根据《全国水资源保护规划技术大纲》要求，选取 90%～95%频率条件下的水位 2.61～2.66m 作为太湖生态水位。同时，结合太湖主要水生植物、水生动物以及水产养殖的生长期，重点分析了太湖 1980—2014 年 4—10 月的最低月均水位，得出 90%、95%保证率条件下太湖水位为 2.76m、2.72m，此时 90%～95%频率条件下太湖生态水位则为 2.72～2.76m。同时考虑太湖的重要性，为维系太湖生态环境系统的基本功能，研究采用了 90%保证率条件下的太湖全年

[1] 太湖流域管理局水利发展研究中心编制。

最低月均水位作为太湖生态水位，即2.66～2.76m。

从1954—2013年太湖历年最低水位年际变化趋势（图7.1）可以看出，2002年实施引江济太以后，太湖逐年最低水位均不低于2.66m，也表明目前太湖常态水位均能满足最低生态水位要求。根据前述太湖供水调度目标分析结果，规划工况下2.80m可作为太湖水生态环境调度的生态需水调度目标。

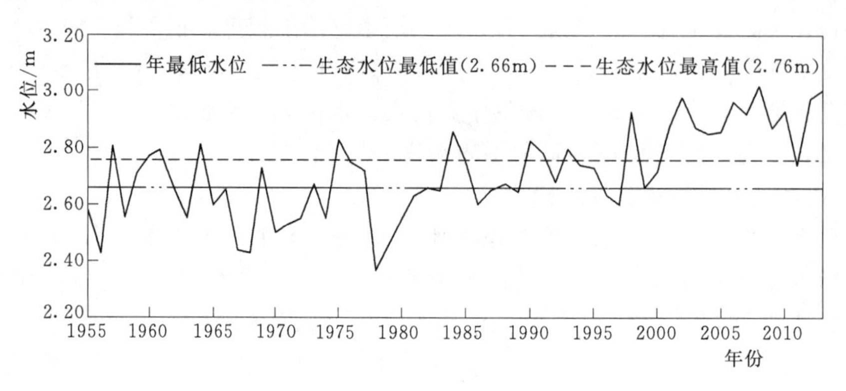

图7.1 太湖历年最低水位与生态水位对比

7.1.3.2 蓝藻密度控制目标分析

随着"治太"工作不断深入，太湖水体得到逐步改善，现处于中度富营养化水平。但总体来看太湖水体仍未达到流域水功能区的要求，水体水质达标率仍是太湖综合治理工作的重点。对太湖水源地而言，通过应急或常态化调度改善水质也是重要的治理手段。此外，太湖水体全年的蓝藻水华问题比较普遍，尤其是北部湖区。作为快速改善太湖蓝藻水华的应急措施，引江济太调度对缓解局部湖区蓝藻水华危害具有成效。同时，根据目前流域管理机构使用的太湖健康综合指标评价体系，将太湖蓝藻密度与太湖水源地水质达标情况列为太湖水生态环境应急调度目标的指标具有可操作性。

目前，太湖贡湖湾是对太湖水生态环境调度响应敏感的湖区，本书基于贡湖湾2009—2013年蓝藻数量季节变化特征，结合太湖健康综合指标评价体系中的评价标准，确立太湖贡湖湾蓝藻密度的调度目标。

太湖贡湖湾2009—2013年4个季度蓝藻密度均值的变化特征（图7.2）表明，除2013年外，2009—2012年同一季度贡湖湾蓝藻密度均值相近，冬季与春季蓝藻密度相对较低，4年均值分别为483万/L与289万/L，夏季与秋季蓝藻密度均值分别为1534万/L与1795万/L。按照太湖健康综合指标评价体系中太湖蓝藻数量的健康评价标准，蓝藻密度小于862万/L为健康水平，蓝藻密度大于3362万/L为不健康水平，介于两者之间为亚健康水平。结合4年来蓝藻密度实测值，贡湖湾冬季与春季蓝藻密度均处于健康水平，而夏季和秋季则处于亚健康水平。2013年太湖流域处于干旱年份，夏秋季蓝藻水华大量暴发，贡湖湾蓝藻密度均明显高于其他年份的同季度水平。为此，2013年夏季实施了望虞河引水入湖调度，但夏季与秋季蓝藻平均密度仍处于不健康水平。因此，可将太湖贡湖湾近年来不同季度蓝藻水华密度的均值作为贡湖湾水生态环境调度的目标之一，见图7.3。

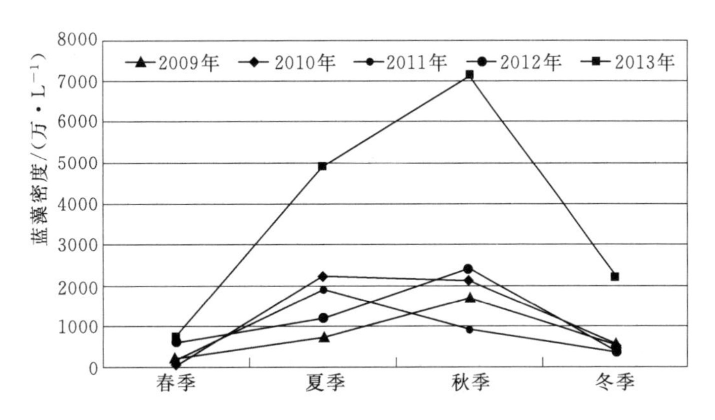

图 7.2 太湖贡湖湾蓝藻密度季节变化特征

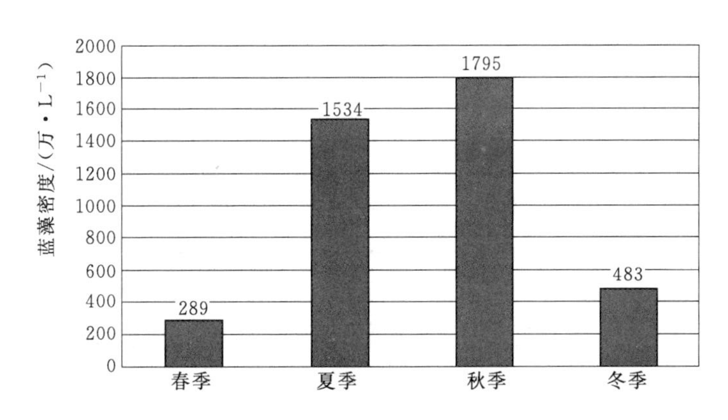

图 7.3 太湖贡湖湾蓝藻密度调度目标示意图

7.1.4 典型年不同水情期太湖综合调度目标

通过上述太湖防洪、供水、水生态环境调度目标分析，可以发现不同水情期太湖综合调度目标侧重有所不同。

当太湖水位高于防洪控制线，流域处于防洪调度期，太湖综合调度侧重于防洪调度，综合调度目标以太湖水位安全为重，即太湖水位不低于 2.80m，现状工况下应不高于 4.65m，规划工况下应不高于 4.80m。同时，兼顾供水调度与水生态环境调度，太湖水源地水质应当始终以水质达标Ⅲ类水标准作为目标；太湖蓝藻水华控制目标应以蓝藻密度在夏秋季所能达到的健康值作为目标。

当太湖水位低于防洪控制线、高于引水控制线时，流域一般处于水生态环境调度期，水生态环境改善与供水为主要调度任务。该期间不同季节的太湖水位都应高于太湖旬平均最低水位 2.80m，以满足流域用水与太湖生态水位需求；太湖水源地水质保持Ⅲ类水标准；由于蓝藻密度季节性变化的特点，太湖蓝藻密度在不同季节有所不同，但均需满足湖泊健康要求。

当太湖水位低于供水控制线时，流域处于供水调度期，该期间太湖综合调度目标与水生态环境调度期的调度目标一致。当流域处于旱涝急转期或季节变换期时，应考虑提前进

行调度。不同水情期太湖综合调度目标见表7.1。

表7.1 不同水情期太湖综合调度目标

水情期		太湖综合调度目标		
		水位目标范围/m	水源地水质目标	蓝藻密度控制目标/(万·L^{-1})
春	防洪调度期	2.80~4.80	Ⅲ类	<1795
	水生态环境调度期	>2.80	Ⅲ类	<289
	供水调度期	>2.80	Ⅲ类	<289
夏	防洪调度期	2.80~4.80	Ⅲ类	<1795
	水生态环境调度期	>2.80	Ⅲ类	<1795
	供水调度期	>2.80	Ⅲ类	<1795
秋	防洪调度期	2.80~4.80	Ⅲ类	<1795
	水生态环境调度期	>2.80	Ⅲ类	<1534
	供水调度期	>2.80	Ⅲ类	<1534
冬	防洪调度期	2.80~4.80	Ⅲ类	<1795
	水生态环境调度期	>2.80	Ⅲ类	<483
	供水调度期	>2.80	Ⅲ类	<483

7.2 太湖防洪与供水调度控制要求优化研究

太湖防洪控制水位、调水控制水位的运行方式对流域防洪及供水调度具有关键性作用。7.2节基于历年流域管理实践，采用历年降雨、水位、水质、用水等资料，结合太湖流域水量水质数学模型，从现状控制水位时段划分合理性分析、太湖雨洪资源利用可行性分析、太湖防洪调水控制水位优化分析等方面，开展太湖防洪与供水调度控制要求优化研究。

7.2.1 太湖现状控制水位时段优化

现行的《太湖流域洪水与水量调度方案》确定了太湖防洪调度控制水位和供水调度控制水位，控制水位主要包括控制时段和水位调度值。目前，太湖控制水位时段主要根据流域水雨情特点和历年防汛与调水实践等进行划分，实行分期和分目标控制，下文对时段划分的合理性与适应性进行论证分析。

7.2.1.1 时段划分研究方法

目前关于时段划分的研究方法主要包括变点分析、Fisher最优分割法、分形理论等，其中变点分析方法和分形理论均存在不同程度的主观性，而Fisher最优分割法，数学概念清晰、更为客观、结果稳定，适用于时序性聚类分析，因此本书采用Fisher最优分割法的思路对太湖控制水位时段划分进行优化研究。Fisher最优分割法的计算步骤如下：

1. 数据处理

对于n个有序样本，每个样本均为m维向量，则可构建相关矩阵$\boldsymbol{X}$为

$$\boldsymbol{X}=\begin{bmatrix} x_{11} & \cdots & x_{1m} \\ \vdots & & \vdots \\ x_{n1} & \cdots & x_{nm} \end{bmatrix} \tag{7.1}$$

若各指标之间的量纲不同，则需要通过下式进行无量纲化，即

$$x'_{ij}=\frac{x_{ij}}{x_{\max,j}} \tag{7.2}$$

式中：x'_{ij}为无量纲化后的指标特征值；$x_{\max,j}$为第j个指标所在列的最大值。

按照各指标对样本分类的重要程度赋以不同的权重系数，加权平均后可将多指标特征值矩阵转化为一维特征值向量。

2. 定义类的直径

设某一类P包含的样本有$\{x_{(i)}, x_{(i+1)}, \cdots, x_{(j)}\}(j>i)$，记为$P=\{i, i+1, \cdots, j\}$。该类的均值为

$$\overline{x_p}=\frac{1}{j-i+1}\sum_{t=i}^{j}x_{(t)} \tag{7.3}$$

用$D(i,j)$表示这一类的直径，则可记为

$$D(i,j)=\sum_{t=i}^{j}[x_{(t)}-\overline{x_p}]^{\mathrm{T}}[x_{(t)}-\overline{x_p}] \tag{7.4}$$

3. 定义目标函数

最优分割的实质是找到某一组分点，使得各分类的总离差平方和最小，据此，定义目标函数为

$$B(n,k)=\sum_{t=1}^{k}D(i_t,i_{t+1}-1) \tag{7.5}$$

目标函数值越小，表明分类内部差异越小，类之间差异越大。使目标函数值最小的那种分割就是最优分割，即

$$B^*(n,k)=\min\sum_{t=1}^{k}D(i_t,i_{t+1}-1) \tag{7.6}$$

对于式（7.6）有如下定理：N个有序样本的最优k分割，一定是在其某一个截尾子段的最优$k-1$分割之后再添加一段形成的，因此$B^*(n,k)$可由最优二分割的公式递推得出最优k分割的递推公式。假定分类数k已知，可由递推得到所有分类P_1，P_2，…，P_k，这就是最优k分类的分类结果。

根据分类结果，绘制目标函数随分类数k变化的曲线$B^*(n,k)-k$，该曲线的拐弯处所对应的k值即为最优分类数。

7.2.1.2 现状时段划分的合理性及方案优选

1. 现状控制时段特征及合理性分析

（1）现状控制时段划分。《太湖流域洪水与水量调度方案》根据1954—2009年共56年梅雨资料和1949—2009年影响太湖流域的211场热带气旋（台风）资料分析结果，将全年划分为6个时段，确定了太湖防洪、供水调度控制水位和现状调度方案（以下称基础方案，编号JC），见图7.4。

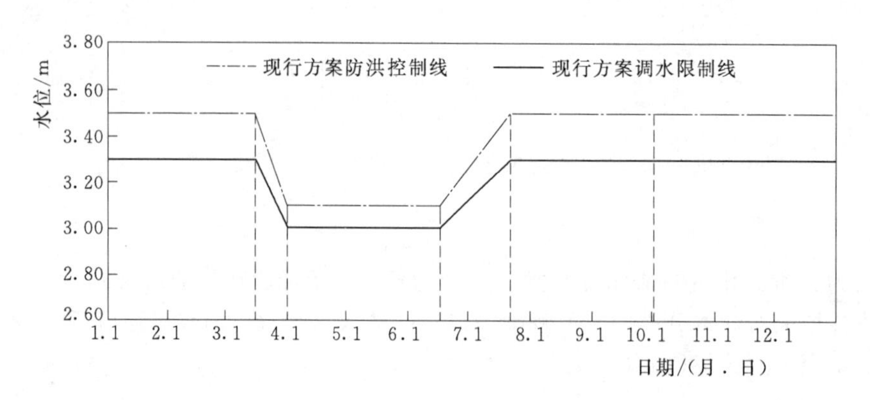

图7.4 太湖现状控制水位时段划分示意图

(2) 现状控制时段降雨特征分析。各时段多年平均雨强呈现出一定的特征，见表7.2，时段4和时段5多年平均雨强明显大于其他时段，各时段平均雨强具有显著的年际差异，年际变幅最大的为时段4，其次为时段2。经统计流域年内最大1d、3d、10d及30d降雨（分别记为max1d、max3d、max10d、max30d）出现于各时段的频次，发现极值降雨出现时间主要集中于时段3～时段5，时段4极值降雨出现频率最高，时段5次之；而时段3出现频率也较高，但由于时段3较长，极值降雨分布并不密集。不同日降雨量等级的相对雨日数[❶]在各时段分布特征较为一致，表现为时段3～时段5相对雨日数较大，其他时段则较小，且雨量越大，雨日数的时段间差异更为显著，特别是暴雨以上降水事件只出现在部分时段，这与极值降雨的时段特性相吻合。

综合来看，时段4、时段5降雨特征较其他时段更为明显。时段4对应为梅雨期降水，时段降雨最为丰沛，且不同历时的极值降雨分布密集程度及相对超定额降雨日数在各时段中均最大；其次为时段5，对应为台风雨，多年平均雨强、不同历时的极值降雨分布密集程度及相对超定额降雨日数均较大，但时段雨强年际变幅相对较小。时段1、时段2和时段6降雨量较少，极值降雨频次、超定额降雨日数等相应减小，部分时段甚至未出现长历时极值降雨。时段3降雨特征则介于以上两者之间。时段2、时段4的雨强年际变幅较大，综合考虑流域其他用水需求，存在时段优化的可能；时段3的max10d、max30d的降雨分布规律不十分明显，也有一定的优化空间。因此，现状控制时段的划分基本合理，但时段2、时段3、时段4可结合流域用水需求，进行进一步优化。

(3) 现状控制时段水位特征分析。超定额水位日数可以反映太湖水位的极值分布情况，需同时考虑太湖高水位与低水位情况，高水位阈值采用防洪控制水位的高水位(3.50m)、警戒水位（3.80m），同时增加太湖超警戒高水位（4.00m）作为分析阈值，采用太湖最低旬均水位规划目标2.80m作为低水位分析阈值。为便于比较时段之间的差异，引入相对超定额水位日数的概念。1954—1999年、2000—2013年各时段太湖水位时段特征值统计见表7.3和表7.4，各时段多年平均水位分布及其年际变化见图7.5。

❶ 超定额降水量是指单日降水量超过特定值对应的降水特征要素。选取0.1mm、10mm、25mm、50mm和100mm（分别对应有雨、小雨及以上、中雨及以上、暴雨及以上、大暴雨及以上）为统计特征值，逐年统计各时段超定额降水日数。相对超定额降雨日数为各时段超定额降雨日数与时段长的比值。

表 7.2　　　　流域降雨的时段特征

指　标			时段 1	时段 2	时段 3	时段 4	时段 5	时段 6
			1 月 1 日—3 月 15 日	3 月 16 日—3 月 31 日	4 月 1 日—6 月 15 日	6 月 16 日—7 月 20 日	7 月 21 日—9 月 30 日	10 月 1 日—12 月 31 日
时段平均雨强/mm	最大值		3.99	9.01	7.29	13.57	7.54	3.11
	最小值		0.83	0.38	2.30	0.91	1.07	0.28
	多年平均		2.24	3.29	3.75	6.45	4.14	1.73
极值降雨频次	max1d	次数	1	1	7	25	24	5
		比例	1.6	1.6	11.1	39.7	38.1	7.9
	max3d	次数	1	1	10	27	21	3
		比例	1.6	1.6	15.9	42.9	33.3	4.8
	max10d	次数	2	1	14	27	18	1
		比例	3.2	1.6	22.2	42.9	28.6	1.6
	max30d	次数	0	1	11	32	19	0
		比例	0.0	1.6	17.5	50.8	30.2	0.0
超定额降雨日数（多年平均）	≥0.1mm/d	日数	34.3	8.8	42.7	25.8	48.8	34.5
		相对日数	0.46	0.55	0.56	0.74	0.68	0.38
	≥10mm/d	日数	5.6	2.0	10.2	7.8	9.3	5.0
		相对日数	0.08	0.12	0.13	0.22	0.13	0.05
	≥25mm /d	日数	0.4	0.2	2.3	2.4	2.2	0.7
		相对日数	0.01	0.01	0.03	0.07	0.03	0.01
	≥50mm/d	日数	0.0	0.0	0.2	0.3	0.4	0.1
		相对日数	0.00	0.00	0.00	0.01	0.01	0.00
	≥100mm/d	日数	0.0	0.0	0.0	0.0	0.1	0.0
		相对日数	0.00	0.00	0.00	0.00	0.00	0.00

表 7.3　　　　1954—1999 年、2000—2013 年太湖水位的时段特征

统计年份	水位区间	统计项目	时段 1	时段 2	时段 3	时段 4	时段 5	时段 6
			1 月 1 日—3 月 15 日	3 月 16 日—3 月 31 日	4 月 1 日—6 月 15 日	6 月 16 日—7 月 20 日	7 月 21 日—9 月 30 日	10 月 1 日—12 月 31 日
1954—1999	<2.80m	日数	33	5	12	0	6	11
		相对日数	0.44	0.34	0.15	0.01	0.08	0.12
	≥3.50m	日数	1	0	2	9	21	10
		相对日数	0.01	0.00	0.02	0.26	0.30	0.11
	≥3.80m	日数	0	0	0	5	10	3
		相对日数	0	0	0.01	0.14	0.13	0.03
	≥4.00m	日数	0	0	0	3	5	1
		相对日数	0	0	0	0.10	0.07	0.01

续表

统计年份	水位区间	统计项目	时段1 1月1日—3月15日	时段2 3月16日—3月31日	时段3 4月1日—6月15日	时段4 6月16日—7月20日	时段5 7月21日—9月30日	时段6 10月1日—12月31日
2000—2013	<2.80m	日数	0	0	3	0	0	0
		相对日数	0	0	0.04	0	0	0
	≥3.50m	日数	1	1	2	8	19	5
		相对日数	0.01	0.05	0.03	0.23	0.27	0.05
	≥3.80m	日数	0	0	0	1	2	1
		相对日数	0	0	0	0.04	0.03	0.01
	≥4.00m	日数	0	0	0	0	1	0
		相对日数	0	0	0	0	0.01	0.00

表7.4　不同时段太湖最高水位位于一定水位区间的比例

统计时段/(月．日)	水位区间	出现次数			出现次数占比/%		
		1954—1999年	2000—2013年	1954—2013年	1954—1999年	2000—2013年	1954—2013年
3.15—3.20	3.30～3.50m	1	3	4	2.17	21.43	6.67
3.31—4.10	3.10～3.30m	8	3	11	17.39	21.43	18.33
7.10—7.20	3.30～3.50m	10	7	17	21.74	50.00	28.33
7.21—9.30	3.50～3.80m	10	6	16	21.74	42.86	26.67

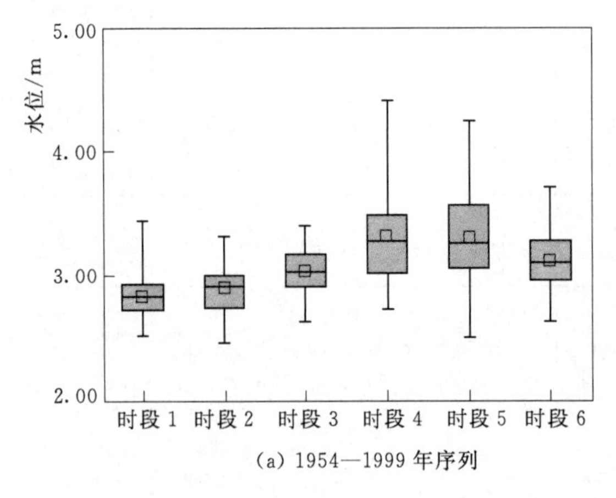

(a) 1954—1999年序列

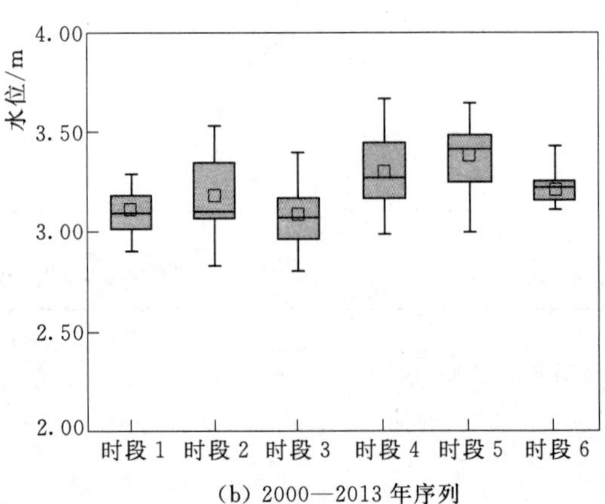

(b) 2000—2013年序列

图7.5　太湖时段平均水位及其年际变化分析

综合来看，1999年以前太湖水位具有较强的时段特征，低水位主要集中于时段1～时段3，高水位（高于4.00m，下同）主要集中于时段4和时段5，且时段4比时段5防洪风险更大。其中，时段4由于梅雨期降水丰沛太湖多年平均水位值较高，最高水位分布最为密集，该时段内高于4.00m的时间在全年内最长。受台风期降水影响，时段5多年平均水位值也较高，该时段内太湖高水位相对日数较大，尤其是水位高于3.50m的相对时

间在全年内最长。时段1、时段2多年平均水位较低（均处于3.00m以下），最低水位分布最为密集，因此，时段1、时段2的低水位持续时间最长。2000年以后，太湖水位时段特征并不十分显著，但与1999年以前相比，各特征水位均普遍抬升。由图7.5可知，时段4、时段5的太湖平均水位年际变幅较大，存在一定优化空间。因此，认为太湖水位的时段特征与其年内分布规律基本一致，表明仅考虑水位因素时现行时段划分基本合理，时段4、时段5存在一定优化空间。

进一步统计不同时段太湖最高水位位于一定水位区间的比例（详见表7.4），1954—1999年期间3月15—20日太湖最高水位位于3.30～3.50m的比例为2.17%，3月31日—4月10日太湖最高水位位于3.10～3.30m的比例为17.39%，7月10—20日太湖最高水位位于3.30～3.50m的比例为21.74%，7月21日—9月30日太湖最高水位位于3.50～3.80m的比例为21.74%。2000—2013年期间3月15—20日太湖最高水位位于3.30～3.50m的比例为21.43%，3月31日—4月10日太湖最高水位位于3.10～3.30m的比例为21.43%，7月10—20日太湖最高水位位于3.30～3.50m的比例为50.00%，7月21日—9月30日太湖最高水位位于3.50～3.80m的比例为42.86%。

（4）流域用水量年内需求规律分析。太湖控制水位时段划分除考虑降雨、水位等因素外，其他主要因素是流域内用水的年内特征，又分为河道外用水和河道内用水。

鉴于生活用水、第二产业及第三产业用水年内时程分配较均衡，本书主要分析第一产业用水中农业灌溉用水的年内分配特征。根据太湖流域管理局相关调查统计成果，太湖流域旱地灌溉水量较小，仅占水田耗水量的9.3%，因此仅统计水田灌溉需水。由于缺乏流域实际用水数据，本书采用太湖流域水量水质数学模型平水年计算结果进行分析，见图7.6。

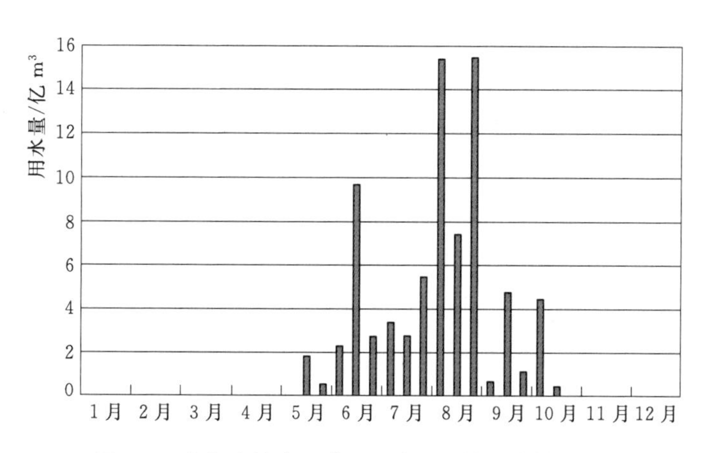

图7.6　太湖流域农田灌溉用水量（模型计算结果）

水田灌溉用水数据显示，灌溉用水量集中于5—10月的作物生长期，其中6—8月是流域高温干旱期，也是用水高峰期，用水量累计为64.9亿 m³，占全年灌溉用水的82.1%，尤其是8月，灌溉用水量占全年的48.6%。在非作物生长期，基本无灌溉用水量。

河道内用水主要考虑太湖最低旬均水位、平原河网区代表站允许最低旬均水位、黄浦江松浦大桥断面允许最小月净泄流量以及金泽水库水量水质要求对太湖控制水位的需求。《太湖流域水资源综合规划》提出了太湖及各代表站允许最低旬均水位规划目标。由前述现状控制时段水位特征分析可知，2000年以后太湖水位低于2.80m的天数仅3d，太湖生态需求要求可以得到满足。

蓝藻水华是太湖最主要的水生态环境问题，近几年太湖蓝藻水华发生持续时间均较长。近几年太湖蓝藻水华发生时间显示，太湖蓝藻多发生于4—5月，但发生时间仍具有一定的不确定性，尤其是近几年蓝藻暴发时间有提前趋势，甚至个别年份全年均有蓝藻水华。目前已有大量研究从不同角度探讨了湖泊富营养化的形成机制，虽然分析所取得的成因机理不尽相同，但均认为湖泊蓝藻水华的发生并不是单一原因引起的，而是多种因素综合作用的结果。研究发现太湖蓝藻水华暴发与温度、风速、风向、营养盐浓度（氮、磷）、光照等环境因素关系密切。通过2014—2016年逐日太湖水位对太湖蓝藻遥感监测面积影响分析（图7.7）发现，蓝藻涉及面积与太湖水位并没有明显的相关关系；因此，太湖水位高低与太湖蓝藻水华并没有直接关系。

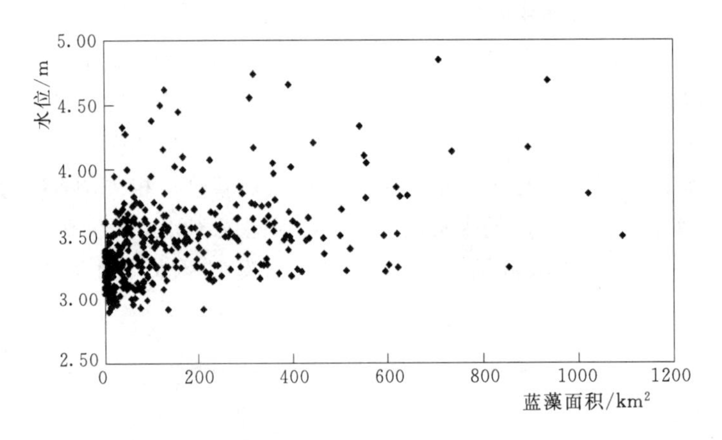

图7.7　太湖水位与蓝藻面积的关系

在阳澄淀泖区、武澄锡虞区、杭嘉湖区分别选取一个代表站（陈墓、青阳、嘉兴），计算旬均水位保证率（旬均水位满足允许最低旬均水位要求的年份在统计年份中的比例），定性判别各区域年内不同季节河道内需水的余缺情况。研究发现，陈墓、青阳、嘉兴各站旬均水位呈现较为明显的年内变化规律，且具有一定相似性，夏季旬均水位保证率较高，基本能够满足河道内生态需水的要求，但冬春季旬均水位多年保证率偏低。

根据2001—2013年松浦大桥逐月净泄流量统计各月多年最小净泄流量及保证率发现，除6月、8月外，令松浦大桥净泄流量保证率为100%，则6月、8月净泄流量保证率分别为91.7%和92.3%，略低于《太湖流域水量分配方案》确定的泄流目标100m³/s，基本能够满足流域下游地区河网的生态需水量。从近几年金泽断面实测水量水质资料及典型年数学模型分析成果发现，金泽取水口流量、水质与太浦闸下泄量存在较好的响应关系，太浦闸下泄流量对遏制两岸污水汇入，改善金泽断面取水水质具有重要作用。因此，在不影响流域防洪安全的条件下，适当延长太湖高水位控制时间，有利于保障下游用水安全。

综合流域河道外用水和河道内用水年内需求分析，认为现行太湖控制水位时段划分总

体较为合理，但局部存在进一步优化的可能。从河道外用水需求分析，作物生长期（4—10月）、高温干旱期（6—8月，也是用水高峰期）灌溉用水需求较大，而出于防洪安全考虑，在现状控制水位时段划分中，6—7月中旬处于低水位控制期或低水位与高水位的过渡期，对流域用水需求的满足程度相对较小。从河道内用水需求分析，部分地区代表站3月旬均水位保障率低于80%，河道内用水需求满足程度较低，而在现状控制水位时段划分中，3月中旬便进入汛前水位预降期，与流域冬春季河道内用水需求存在一定矛盾；此外，金泽断面部分水质指标在4月可能出现水质较差的情况，考虑适当延长太湖高水位控制时间，改善太浦河金泽取水水质。

（5）现状时段划分合理性分析。综合以上分析，总结现状太湖水位控制时段具有如下特性：

1）时段1（1月1日—3月15日）：为非汛期，流域降雨量较少，多年平均雨强2.24mm，极值降雨频次、超定额降雨日数等相应较小；由于降雨量偏少，太湖水位相应偏低，多年平均（1954—1999年）水位2.84mm，为年内最低，该时段年内最低水位分布最为密集，且低水位持续时间最长；该时段非作物生长期，基本无灌溉用水需求，但河网水位、地区代表站旬均水位保证率普遍偏低，最低旬均水位保证率在53%～93%，无法较好满足流域河道内用水的需求。

2）时段2（3月16—31日）：为非汛期，流域降雨、太湖水位和用水总体特征与时段1类似，其中流域降雨量略大于时段1，多年平均雨强为3.29mm，由于时段2雨强年际变幅较大，综合考虑流域其他用水需求，存在时段优化的可能。太湖多年平均（1954—1999年）水位2.90mm，地区旬均水位保证率在69%～93%，依然偏低。

3）时段3（4月1日—6月15日）：为前汛期，处于非汛期与汛期的过渡阶段，流域降雨开始增多，多年平均雨强为3.75mm，且极值降雨在该时段内也有一定分布。随着降雨量增加，太湖水位开始逐渐升高，多年平均（1954—1999年）水位3.03mm；地区旬均水位多年保证率相应有所提高，同时，该时段为作物生长期，尤其是后期灌溉用水需求增加较为明显。

4）时段4（6月16日—7月20日）：为梅汛期，也是主汛期，该时段流域降雨最为丰沛，多年平均雨强为6.45mm，梅汛期降雨往往呈连续性特征，年内不同历时的极值降雨分布最为密集，最大30d极值降雨分布比例为50.8%，对应流域降雨“双峰型”特征的第一个峰值；连续型降雨对太湖水位的抬升作用显著，因此受降雨影响，该时段也是太湖高水位期，多年平均（1954—1999年）水位3.31mm，太湖年内最高水位分布最为密集，给流域造成较大防洪压力；与时段2类似，该时段雨强年际变幅较大，综合考虑流域其他用水需求，存在时段优化的可能；与此同时，该时段流域内灌溉用水需求量较大。

5）时段5（7月21日—9月30日）：为台汛期，该时段流域降雨同样十分丰沛，多年平均雨强为4.14mm，主要为台风期降水，年内不同历时的极值降雨分布较为密集，对应流域降雨“双峰型”特征的第二个峰值；受降雨影响，该时段也是太湖高水位期，多年平均（1954—1999年）水位3.31mm，太湖年内最高水位分布较为密集；同时，该时段为流域高温干旱期，灌溉用水需求在全年中最大，用水需求年内累计占比达63.8%。

6）时段6（10月1日—12月31日）：为非汛期，流域降雨、太湖水位和流域用水总体特征与时段1类似，其中流域降雨量为年内最小，多年平均雨强为1.73mm，但由于前期降雨较多，太湖水位仍然较高，多年平均（1954—1999年）水位为3.13mm。

综合来看，太湖流域降雨、太湖水位和流域用水三者在年内呈现明显的时段特性，其中降雨和太湖水位两者相关性较高，现状太湖控制水位时段划分基本合理；但从流域用水特征来看，现状时段划分与流域河道内外用水、生态环境用水需求年内特征并不完全一致，存在进一步优化的可能。

2. 时段划分方案设计

在分类数未知的情况下，Fisher最优分割法的计算较为繁琐。首先需要假设所有可能的分类数，再通过递推得到相应分类 P_1，P_2，…，P_k，最后确定最优分类数和对应的分类。本书是在现状划分方案的基础上进行优化研究，即分类数已知，以现状方案为基础方案，对部分分点进行调整优化，设计计算方案集，计算各个方案的目标函数值，进而确定最优分类，能够极大地提高计算效率。

分点调整主要基于前述流域降雨、太湖水位和流域用水特性分析成果。考虑到流域1—3月地区代表站旬均水位保证率偏低，拟将目前的时段1适当延长，即第一个分点后移5d或10d，增加太湖高水位控制时间；考虑到太湖水位抬高对保障流域供水安全总体是有益的，拟适当提高时段2的太湖水位，即第二个分点后移5d或10d；《太湖流域洪水与水量调度方案》通过对太湖流域梅雨天气长序列分析，得出流域多年平均出入梅时间，流域平均入梅时间在6月15日，因此保持第三个分点不变；时段4主要代表梅汛期，据太湖流域1954—2016年共63年梅雨资料（含2年空梅），有48年在7月15日之前出梅，占79%，有36年在7月10日之前出梅，占59%，多数年份在7月10日之前出梅，拟考虑将第四个分点前移5d、10d，由此构成时段设计方案集，见表7.5。

表7.5　太湖控制时段设计方案

方案	时段1	时段2	时段3	时段4	时段5	时段6
基础方案	1月1日—3月15日	3月16日—3月31日	4月1日—6月15日	6月16日—7月20日	7月21日—9月30日	10月1日—12月31日
1	1月1日—3月20日	3月21日—4月5日	4月6日—6月15日	6月16日—7月15日	7月16日—9月30日	10月1日—12月31日
2	1月1日—3月20日	3月21日—4月10日	4月11日—6月15日	6月16日—7月15日	7月16日—9月30日	10月1日—12月31日
3	1月1日—3月20日	3月21日—4月5日	4月6日—6月15日	6月16日—7月10日	7月11日—9月30日	10月1日—12月31日
4	1月1日—3月20日	3月21日—4月10日	4月11日—6月15日	6月16日—7月10日	7月11日—9月30日	10月1日—12月31日
5	1月1日—3月25日	3月26日—4月5日	4月6日—6月15日	6月16日—7月10日	7月11日—9月30日	10月1日—12月31日
6	1月1日—3月25日	3月26日—4月10日	4月11日—6月15日	6月16日—7月10日	7月11日—9月30日	10月1日—12月31日
7	1月1日—3月25日	3月26日—4月5日	4月6日—6月15日	6月16日—7月15日	7月16日—9月30日	10月1日—12月31日
8	1月1日—3月25日	3月26日—4月10日	4月11日—6月15日	6月16日—7月15日	7月16日—9月30日	10月1日—12月31日

3. 时段优化方案优选

(1) 资料及指标选取。将全年期作为研究论域，以候为基本单位，进行降维处理，将整个论域划分为72个候。以1951—2013年太湖流域面雨量、1954—1999年太湖日均水位为基础资料，并选取最能反映太湖水位年内变化特征的5个因子为影响因子，即多年候内平均雨强（mm/d）、多年候最大1d降雨量（mm）、候内降雨量超过25mm的日数（d）、多年时段平均水位（m）、多年候最高水位（m）等。构建有序样本X，样本容量为72，每个样本均为5维向量，通过前述分析，认为可以假定各个指标权重相等。

(2) 数据处理。统计得到样本的统计特征值，并进行标准化处理。

(3) 分类直径计算。利用相关公式计算各分类直径$D(i,j)$，由于本研究是在基础方案的基础上进行的优化，因此仅计算时段设计方案集中涉及的各分类直径。

(4) 最优分类选取。计算基础方案及设计方案的目标函数值B［参见式（7.1）～式（7.6）］，结果见表7.6。

表7.6　　各方案目标函数计算结果

方案	D(i, j)						B
基础方案	D(1, 15)	D(16, 18)	D(19, 33)	D(34, 40)	D(41, 54)	D(55, 72)	
	0.013	0.001	0.073	0.096	0.057	0.047	0.286
1	D(1, 16)	D(17, 19)	D(20, 33)	D(34, 39)	D(40, 54)	D(55, 72)	
	0.016	0.001	0.066	0.075	0.057	0.047	0.262
2	D(1, 16)	D(17, 20)	D(21, 33)	D(34, 39)	D(40, 54)	D(55, 72)	
	0.016	0.001	0.065	0.075	0.057	0.047	0.261
3	D(1, 16)	D(17, 19)	D(20, 33)	D(34, 38)	D(39, 54)	D(55, 72)	
	0.016	0.001	0.066	0.050	0.058	0.047	0.237
4	D(1, 16)	D(17, 20)	D(21, 33)	D(34, 38)	D(39, 54)	D(55, 72)	
	0.016	0.001	0.065	0.050	0.058	0.047	0.237
5	D(1, 17)	D(18, 19)	D(20, 33)	D(34, 38)	D(39, 54)	D(55, 72)	
	0.025	0.000	0.066	0.050	0.058	0.047	0.246
6	D(1, 17)	D(18, 20)	D(21, 33)	D(34, 38)	D(39, 54)	D(55, 72)	
	0.025	0.001	0.065	0.050	0.058	0.047	0.246
7	D(1, 17)	D(18, 19)	D(20, 33)	D(34, 39)	D(40, 54)	D(55, 72)	
	0.025	0.000	0.066	0.075	0.057	0.047	0.270
8	D(1, 17)	D(18, 20)	D(21, 33)	D(34, 39)	D(40, 54)	D(55, 72)	
	0.025	0.001	0.065	0.075	0.057	0.047	0.270

根据目标函数计算结果，方案3、方案4的目标函数值小于其他方案，因此方案3和方案4可作为最优的分割方案。结合水资源与水生态环境改善需求角度，本书将方案4作

为最优分割方案，见表7.7，时段划分优化后，时段1延长了5d，时段2延长了5d，时段3缩短了10d，时段4缩短了10d，时段5延长了10d，时段6保持不变。

表7.7　　优化方案与现行方案划分时段的对比

方案	时段1	时段2	时段3	时段4	时段5	时段6
现行方案	1月1日—3月15日	3月16日—3月31日	4月1日—6月15日	6月16日—7月20日	7月21日—9月30日	10月1日—12月31日
优化方案	1月1日—3月20日	3月21日—4月10日	4月11日—6月15日	6月16日—7月10日	7月11日—9月30日	10月1日—12月31日
差异	延长5d	后移5d，延长5d	后移10d，缩短10d	缩短10d	前移10d，延长10d	不变

根据前述分析，3月中旬多年平均降雨量30.43mm，占全年降雨量的2.6%，基本无极值降雨发生，且太湖多年平均水位较低，除个别年份水位超过3.50m，其余年份太湖水位均低于3.40m；4月上旬多年平均降雨量32.88mm，占全年降雨量的2.8%，同样基本无极值降雨发生，太湖平均水位未超过3.50m，因此，延长时段1、时段2对防洪造成影响较小，且有利于保障流域供水安全，满足流域河道内用水需求。将时段4缩短10d，将抬高该时段内防洪控制水位，从降雨分布特征来看，与7月上旬相比，7月中旬降雨量、极值降雨发生频次均明显减少，因此，将时段4结束时间提前至7月10日，不会对防洪安全影响产生大的影响。同时根据长系列时段最高水位统计成果，3月31日—4月10日太湖最高水位位于3.10～3.30m的比例约为20%（1954—1999年期间为17.39%、2000—2013年期间为21.43%），因此将时段2结束时间从3月31日延长至4月10日，太湖可以保持一定高水位的概率为20%；7月10—20日太湖最高水位位于3.30～3.50m的比例为30%（1954—1999年期间为21.74%、2000—2013年期间为50.00%），后汛期提前10d开始（由7月21日开始调整为7月11日开始），太湖可以保持一定高水位的概率为30%，因此，适当调整控制时段有一定的可行性。

7.2.1.3　时段划分优化方案分析

选取“99南部”百年一遇设计洪水、1971年型枯水年、1990年型平水年，采用太湖流域水量水质数学模型对推荐的时段划分优化方案进行模拟，选取太湖流域综合调度评价指标体系中的太湖水位、代表站水位、饮用水源区水质、河湖受水区水质等指标对方案产生的防洪、水资源、水生态环境效益及风险进行分析。

1. 防洪效益与风险分析

“99南部”百年一遇设计洪水下，时段优化方案（以下简称SD方案）对全年期太湖水位过程基本没有影响，太湖最高水位略有增加，但仅较基础方案（以下简称JC方案）抬高0.001m，SD方案下太湖水位超保天数不变，与JC方案一致，见图7.8。较JC方案，造峰期SD方案太湖出湖水量增加0.03亿m^3，流域外排水量增加0.02亿m^3，见表7.8。汛期SD方案对太湖出湖水量没有影响，流域外排水量减少0.2亿m^3。因此，SD方案对流域防洪没有产生新的不利影响，且对造峰期太湖泄洪及流域洪水外排有一定改善作用，汛期太湖泄洪及流域外排水量有一定减少，说明有更多的水资源被调蓄在太湖及河网中。

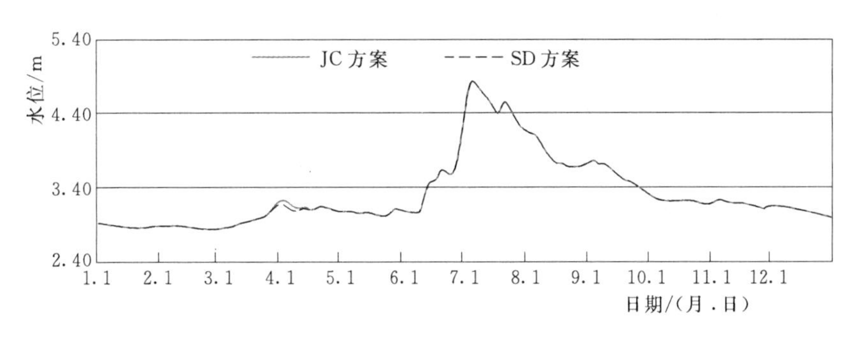

图 7.8 “99南部”百年一遇设计洪水下两方案太湖水位过程图

表 7.8 “99南部”百年一遇设计洪水下造峰期及汛期出湖及流域外排水量 单位：亿 m^3

统计项目	造峰期（6月7日—7月6日）		汛期（5—9月）	
	JC方案	SD方案	JC方案	SD方案
太湖出湖	9.17	9.20	78.46	78.46
流域外排	75.97	75.99	202.04	201.84

较JC方案，SD方案武澄锡虞区、杭嘉湖区代表站日均最高水位略有增加，增幅不超过0.001m；湖西区、阳澄淀泖区代表站最高水位略有降低，其中苏州站降幅达0.004m；各区域代表站超警天数、超保天数未发生变化。因此SD方案对于区域防洪不会产生不利影响，见表7.9。

表 7.9 “99南部”百年一遇设计洪水下时段优化方案地区代表站水位情况

分区	水位代表站	警戒水位/m	保证水位/m	JC方案			SD方案		
				日均最高/m	超警天数/d	超保天数/d	日均最高/m	超警天数/d	超保天数/d
湖西区	王母观	4.60	5.60	6.359	32	6	6.358	32	6
	坊前	4.00	5.10	5.895	65	9	5.894	65	9
武澄锡虞区	常州	4.30	4.80	6.417	74	16	6.417	74	16
	无锡	3.90	4.53	4.638	41	7	4.639	41	7
	青阳	4.00	4.85	4.995	26	3	4.996	26	3
阳澄淀泖区	枫桥	3.80	4.20	3.617	0	0	3.613	0	0
	湘城	3.70	4.00	4.394	11	7	4.394	11	7
	陈墓	3.60	4.00	4.373	24	7	4.373	24	7
杭嘉湖区	嘉兴	3.30	3.70	4.794	40	14	4.794	40	14
	南浔	3.50	4.00	5.004	80	26	5.005	80	26
	新市	3.70	4.30	5.344	53	18	5.345	53	18
浙西区	杭长桥	4.50	5.00	5.304	23	4	5.304	23	4

2. 水资源效益与风险分析

1971年型，SD方案较JC方案太湖水位过程在4月2日—10月7日有一定抬升，见

图7.9，其中4月2日—5月1日、7月1日—8月9日增幅较为明显，最大增幅分别达16mm、20mm；SD方案太湖全年平均水位、最低水位、最低旬均水位均呈一定增加。SD方案各地区代表站全年平均水位、最低水位、最低旬均水位均普遍上升，除嘉兴站外，均达到规划提出的允许最低旬均水位要求，有效改善了区域水资源条件。其中，阳澄淀泖区、杭嘉湖区、浙西区改善最为明显，最低旬均水位增幅为0.003～0.007m。SD方案下，嘉兴站最低旬均水位虽未达到规划要求，但较JC方案有所抬升。

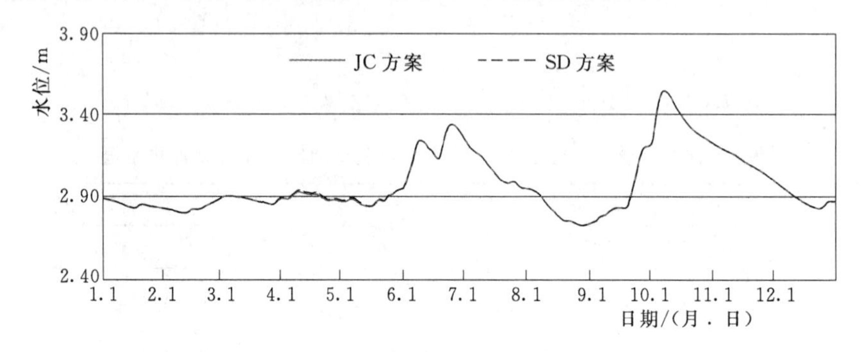

图7.9　1971年型各方案太湖水位过程图

较JC方案，SD方案向长江引排总量、出入湖总量均有所增加，见表7.10；其中，望虞河引江量增加1.63%、望亭枢纽入湖量增加0.62%；太浦河出口净泄量增加0.15%，最小月（8月）松浦大桥断面月净泄流量由52m^3/s增加至54m^3/s，见表7.11。因此，总体来看SD方案对于区域水资源条件改善具有一定作用。

表7.10　　1971年型各方案主要控制线全年期进出水量

分区		项目	JC方案/亿m^3	SD方案/亿m^3	变幅/%
沿江引排水量		引江	138.81	139.51	0.50
		排江	25.69	26.12	1.67
出入湖水量		入湖	116.48	116.78	0.26
		出湖	88.96	89.30	0.38
望虞河	常熟枢纽	引江	35.06	35.63	1.63
		排江	4.67	4.68	0.21
	望亭枢纽	入湖	34.02	34.23	0.62
		出湖	3.10	3.08	−0.65
太浦河	太浦河出湖		19.10	19.06	−0.21
	太浦河出口净泄量		40.78	40.84	0.15

表7.11　　1971年型各方案松浦大桥断面月净泄流量成果对比　　单位：m^3/s

方案	1月	2月	3月	4月	5月	6月	7月	8月	9月	10月	11月	12月
JC方案	416	403	397	409	378	420	230	52	157	488	447	493
SD方案	416	403	397	409	382	422	232	54	159	486	446	494

3. 水环境效益与风险分析

1990年型，较JC方案，SD方案对太湖水质基本没有影响，对湖西区、武澄锡虞区、阳澄淀泖区、杭嘉湖区水质均以改善为主，浙西区水质略有恶化，见表7.12。其中，湖西区COD浓度降幅为0.14%～0.29%，武澄锡虞区COD浓度降幅为0.17%～0.31%，NH_3—N浓度降幅为0.51%～0.84%；阳澄淀泖区浓度COD降幅为0.16%～1.08%，NH_3—N浓度降幅为0.90%～2.85%；杭嘉湖区COD浓度降幅为0.12%～0.49%，NH_3—N浓度降幅为0.48%～0.61%。

表7.12　　1990年型全年期各方案区域主要断面水质变化情况

统计项目		指标浓度/(mg·L^{-1})				变幅/%	
分区	断面	JC方案		SD方案		COD	NH_3—N
		COD	NH_3—N	COD	NH_3—N		
太湖	太湖	11.29	0.14	11.29	0.14	0	0
湖西区	坊仙桥	13.59	0.80	13.55	0.81	−0.29	1.25
	吕城大桥	14.48	1.27	14.46	1.28	−0.14	0.79
	人民桥	14.20	0.73	14.18	0.73	−0.14	0
	徐舍	16.09	2.23	16.05	2.23	−0.25	0
	金沙大桥	15.17	1.70	15.19	1.71	0.13	0.59
武澄锡虞区	水门桥	17.18	1.95	17.14	1.94	−0.23	−0.51
	西湖塘桥	15.95	1.82	15.97	1.83	0.13	0.55
	查家桥	14.01	1.73	14.07	1.72	0.43	−0.58
	东方红桥	17.26	2.37	17.23	2.35	−0.17	−0.84
	吴桥	19.07	2.70	19.01	2.68	−0.31	−0.74
阳澄淀泖区	元和塘桥	33.33	2.81	32.97	2.73	−1.08	−2.85
	周庄大桥	18.83	1.11	18.73	1.10	−0.53	−0.90
	娄江大桥	19.04	2.07	19.04	2.11	0	1.93
	千灯浦	21.72	1.78	21.74	1.78	0.09	0
	尹山大桥	19.11	2.83	19.08	2.80	−0.16	1.06
杭嘉湖区	鼓楼桥	10.82	0.26	10.83	0.26	0.09	0
	练市大桥	13.61	1.64	13.55	1.63	−0.44	−0.61
	乌镇双溪桥	17.95	1.87	17.92	1.86	−0.17	−0.53
	嘉兴	18.43	1.95	18.34	1.94	−0.49	−0.51
	平湖	17.11	2.08	17.09	2.07	−0.12	−0.48
浙西区	杭长桥	10.74	0.57	10.76	0.57	0.19	0

综上所述，控制时段优化方案（SD方案）抬高了4—5月太湖水位，对于阳澄淀泖区、杭嘉湖区、浙西区地区代表站旬均水位有较为明显的改善作用，有利于该时段非汛期流域、区域供水安全保障，对区域水质改善也有较为明显的促进作用，并且对流域、区域防洪没有产生不利影响。因此，将SD方案作为太湖防洪、调水控制水位优化的推荐方案之一。

7.2.2　太湖雨洪资源利用可行性分析

7.2.2.1　雨洪资源利用基本概念

1. 太湖雨洪资源的定义

太湖流域洪水主要由暴雨引起，根据天气系统不同，可分为梅雨型和台风雨型。汛期为每年5—9月，其中5—7月主要受梅雨影响，称为梅雨期；8—9月主要受热带气旋影响，称为台风雨期。考虑到不同年份、不同水雨情条件下，太湖每年发生洪水的具体时间不尽相同，本书将5—9月界定为太湖的“洪水期”。

太湖流域是以太湖为中心，河网相互交汇连成一体的河湖水系，上游西部山区河流来水汇入太湖后，经太湖调蓄，从东部流出，太湖在流域洪水蓄集和调配中居于中心地位。因此，本书所指“太湖雨洪资源”即指以太湖为核心、以太湖上游区（湖西区、浙西区）及太湖区降雨形成的太湖雨洪总量为资源，暂不针对流域各分区的雨洪资源情况进行分析，也不考虑城镇地区初期雨水及初期径流等雨洪资源利用。

2. 太湖雨洪资源利用评价指标

根据太湖流域雨洪资源调控实践与需求，构建太湖雨洪资源利用评价体系框架，包括雨洪资源量分析、利用水平分析、利用潜力分析等内容。基于已有研究，从水资源评价角度出发提出太湖雨洪资源利用的基本概念和计算方法。

（1）雨洪资源总量和可利用量。太湖雨洪资源总量是指在洪水期（5—9月）由太湖上游区及太湖区降水形成的天然洪水径流量。考虑到太湖流域梅雨期降水总量大、历时长、范围广，梅雨期降水量占全年的20%～30%，往往会造成流域性洪涝灾害，在太湖流域防御洪水应对实践中，梅雨期以全力防汛为主，对雨洪资源利用考虑较少。因此，本书提出的太湖雨洪资源可利用量的概念，主要是指在汛后期（7月21日—9月30日）由太湖上游区及太湖区降水形成的天然洪水径流量。这部分雨洪资源量既可以供汛后期利用，也可以调蓄起来供洪水期结束后的枯水期利用。

（2）雨洪资源现状利用量。雨洪资源现状利用量是指太湖流域在现状工程条件和洪水调控方案下，通过对洪水控制调节，洪水期内太湖蓄变量与同期太湖下游地区直接用水量之和。雨洪资源“供水量”与非洪水期地表水资源供水量难以截然分开，本书主要对洪水期内的雨洪利用现状进行分析。

（3）雨洪资源利用需求量。雨洪资源利用需求量是指在一定社会经济发展状况条件下，为满足地区生产、生活、生态需求，通过蓄、引、提、调等不同方式而利用的雨洪资源量。太湖雨洪资源的供给对象主要包括太湖自身、阳澄淀泖区、杭嘉湖区、浦东浦西区。

（4）雨洪资源利用潜力。雨洪资源利用潜力是指雨洪资源可利用量扣除雨洪资源现状利用量。太湖雨洪资源利用潜力是指在一定水文条件和工程条件下，通过对现状太湖分阶段浮动防洪控制水位进行调整，能够进一步调蓄的雨洪资源量。

7.2.2.2　太湖雨洪资源利用需求及满足性分析

1. 太湖雨洪资源量及利用水平分析

（1）太湖雨洪资源总量及可利用量。在构成太湖雨洪资源总量的洪水期太湖上游区及

太湖区降雨形成的本地天然径流量和外流域入境水量两部分水量中，后者由于在洪水期，流域处于泄洪状态，外流域入境水量相对较少，在雨洪资源量构成中居次要地位，因此，本书主要对洪水期太湖上游区及太湖区降雨形成的本地天然径流量进行计算分析。采用1956—2013年太湖上游区及太湖区逐日降雨资料，对洪水期（5—9月）太湖雨洪资源总量进行计算，得到1956—2013年太湖雨洪资源总量均值为65.7亿m^3，2010—2013年太湖雨洪资源总量均值为66.4亿m^3。对汛后期7月21日—9月30日太湖雨洪资源可利用量进行计算，发现太湖雨洪资源可利用量年际变化较大，2010—2013年多年平均太湖雨洪资源可利用量为26.5亿m^3，见表7.13。

表7.13　　2010—2013年汛后期太湖雨洪资源现状利用水平计算结果

年份	太湖雨洪资源可利用量/亿m^3	汛后期现状利用量/亿m^3	利用率/%
2010	23.1	9.7	42.0
2011	34.0	14.4	42.4
2012	32.0	17.4	54.4
2013	17.1	13.7	80.1
平均	26.5	13.8	52.1

（2）太湖雨洪资源利用水平。太湖雨洪资源利用水平是实际利用量与雨洪资源可利用量之间的比值。太湖雨洪资源实际利用量为汛后期内太湖蓄变量与同期太湖下游地区生产、生活和河道外生态直接用水量之和。

1）太湖蓄变量。根据实测资料计算2010—2013年汛后期内太湖蓄变量为−6.4亿m^3，即汛后期末较汛后期始太湖蓄水量有所减少。

2）太湖直接用水量。据统计，现状以太湖为水源地的规模以上（日均取水量大于1万t）取水户为13家，全年实际取水量约为9.0亿m^3，折算到汛后期直接取水量为1.8亿m^3。

3）下游区直接用水量。理论上太湖下游区直接用水量是指阳澄淀泖区、杭嘉湖区及浦东浦西区在汛后期内生产、生活、生态用水中利用的太湖雨洪资源的那部分水量，但考虑到太湖雨洪资源“供水量”与下游区本身地表水资源“供水量”难以截然分开，因此，本研究采用汛后期阳澄淀泖区、杭嘉湖区净出湖水量、太浦闸下泄水量等作为太湖下游区对于太湖雨洪资源的直接利用量。经统计，2010—2013年平均意义上阳澄淀泖区汛后期净出湖水量为5.2亿m^3，杭嘉湖区汛后期净出湖水量为4.9亿m^3，太浦闸汛后期下泄水量为5.4亿m^3，此外汛后期太浦河水源地取水量为2.9亿m^3。因此，2010—2013年太湖下游区汛后期平均直接用水量约为18.4亿m^3（表7.13）。

4）现状利用量。基于上述汛后期太湖蓄变量、太湖直接取水量、下游区直接用水量，计算得出汛后期太湖雨洪资源可利用量的现状利用量平均值为13.8亿m^3。

5）现状利用水平。汛后期太湖雨洪资源现状利用量年际变化总体与雨洪资源可利用量保持一致，雨洪资源可利用量大的年份，现状利用量也较大，2010—2013年多年平均雨洪资源利用率为52.1%，还有进一步利用空间。

2. 太湖及下游区水资源利用需求分析

梅雨洪水期过后以及汛期的台风雨洪水期过后的冬春季，太湖流域一般会进入一个供水相对不足的时段。本研究主要对太湖、阳澄淀泖区、杭嘉湖区及太浦河下游地区在汛后期到冬春季（7月21日至次年3月31日）用水需求进行分析。

（1）太湖用水需求。太湖自身对太湖雨洪资源量的利用需求主要包括太湖维持在一定水位条件的太湖蓄变量需水以及太湖周边城镇生活供水工程与自备水源供水工程对于太湖的直接取水量需求。

1）太湖蓄变量需水分析。本书将太湖从最低旬均水位增加至允许最低旬均水位的太湖蓄水量需求称为最低太湖蓄变量需水；将太湖从历史最低日均水位增加至多年平均日均水位的太湖蓄水量需求称为适宜太湖蓄变量需求。根据1956—2013年太湖水位资料得出汛后期到冬春季太湖历史最低旬均水位为2.39m（出现在1978年9月上旬），经计算太湖最低蓄变量需求为10.2亿m^3；太湖历史最低水位为2.37m，多年平均水位为3.12m，适宜蓄变量需求为18.7亿m^3。

2）太湖直接取水需求分析。基于《太湖流域水资源综合规划》对太湖水源地原水厂规模预测成果，以太湖为直接供水水源的城镇生活供水工程2020年设计供水能力达到777万t/d，全年取水量为28.3亿m^3，折算到汛后期到冬春季太湖直接取水量为19.8亿m^3。

综上所述，汛后期到冬春季太湖用水需求量为30.0亿～38.5亿m^3。

（2）下游河网区用水需求。下游河网区对太湖雨洪资源利用需求主要包括地区河网维持一定水位条件下所需的河网蓄变量的需水以及以河网水源地为取水水源的供水水厂取水需求。

1）河网蓄变量需水分析。按照满足"将各地区代表站历史最低旬水位抬高到允许最低旬均水位"的水量要求，推算得到河网最低蓄变量，并根据多年平均水位情况，折算得到河网适宜蓄变量。经计算，阳澄淀泖区、杭嘉湖区河网最低蓄变量分别为2.2亿m^3、1.5亿m^3，阳澄淀泖区、杭嘉湖区河网适宜蓄变量分别为4.7亿m^3、4.2亿m^3。

2）河网取水需水分析。主要考虑各区域主要水源地取水要求，根据规划2020年全年期取水量折算得到汛后期到冬春季河网取水需求。阳澄淀泖区、杭嘉湖区规划2020年汛后期到冬春季取水量分别为4.4亿m^3、11.6亿m^3。因此，在规划情况下，阳澄淀泖区用水需求量为6.6亿～9.1亿m^3，杭嘉湖区用水需求量为13.1亿～15.8亿m^3。

（3）太浦河水源地用水需求。太浦河作为太湖雨洪资源重要下泄与输送通道，本研究对其用水需求进行单独分析。规划2020年以太浦河为水源地的供水工程主要有浙江省嘉善县、平湖市太浦河原水厂以及上海市金泽水库原水厂。据预测，规划2020年汛后期到冬春季取水量为11.4亿m^3。

（4）松浦大桥下游地区用水需求。《太湖流域水量分配方案》提出金泽水库水源地实施后松浦大桥断面最小月净泄流量调整为100m^3/s。经计算，规划2020年汛后期到冬春季松浦大桥下游地区需水量为22.0亿m^3。

综上所述，规划情况下太湖及下游区的水资源利用需求为83.1亿～96.8亿m^3，见表7.14。

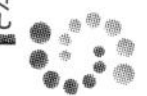

表 7.14　　　　太湖及下游区水资源利用需求　　　　单位：亿 m^3

统计项目		2020年规划需求	
		最低	适宜
太湖用水需求	太湖蓄变量	10.2	18.7
	太湖直接取水	19.8	
	小计	30.0	38.5
阳澄淀泖区用水需求	河网蓄变量	2.2	4.7
	河网水源地取水	4.4	
	小计	6.6	9.1
杭嘉湖区用水需求	河网蓄变量	1.5	4.2
	河网水源地取水	11.6	
	小计	13.1	15.8
太浦河水源地取水需求		11.4	
松浦大桥下游地区用水需求		22.0	
合　计		83.1	96.8

3. 太湖及下游区水资源利用需求满足性分析

太湖及下游区水资源利用需求可通过太湖及下游区本地降雨产流量、相邻水利分区补给量、区域引江量等方式来满足，本节基于2010—2013年区域降雨量、区域进出太湖水量、区域引排江水量等数据，估算分析可以满足太湖及下游区水资源利用需求的最大可供给量。

（1）本地降雨产流量。可以供给太湖及下游区水资源需求的降雨产流量主要包括下游区阳澄淀泖区、杭嘉湖区本地降雨产流量以及太湖降雨产流量。

1）下游区本地降雨产流量。对阳澄淀泖区、杭嘉湖区汛后期到冬春季本地天然产流量进行计算，2010—2013年汛后期到冬春季阳澄淀泖区天然径流量平均为17.3亿 m^3，杭嘉湖区天然径流量平均为29.4亿 m^3。

2）太湖降雨产流量。扣除太湖汛后期产生的雨洪资源量，计算2010—2013年10月1日至次年3月31日太湖天然降雨径流量平均为6.9亿 m^3。

（2）区域补给水量。可以供给太湖及下游区水资源需求的区域补给水量主要包括上游区湖西区补给水量、浙西区补给水量以及阳澄淀泖区自身的引江水量。

1）湖西区补给水量。汛后期到冬春季湖西区补给水量为此时间段内湖西区入湖水量扣除降雨产生的天然径流量。经估算，2010—2013年湖西区对太湖的补给水量平均为14.8亿 m^3。

2）浙西区补给水量。汛后期到冬春季浙西区补给水量为此时间段内浙西区入湖水量与东苕溪入杭嘉湖区水量扣除汛后期到冬春季浙西区降雨产生的天然径流量。经估算，2010—2013年浙西区对太湖的补给水量平均为−1.2亿 m^3。

3）阳澄淀泖区引江水量。阳澄淀泖区2010—2013年多年平均汛后期到冬春季以排江为主，净排江水量为2.3亿 m^3。

（3）最大可供给量。综合上述分析可以发现，满足太湖及下游区水资源利用需求的最大可供给量约为 64.9 亿 m^3，详见表 7.15。

表 7.15　汛后期到冬春季可供给量计算结果

统计项目	可供给量/亿 m^3	备注
阳澄淀泖区天然径流量	17.3	汛后期到冬春季
杭嘉湖区天然径流量	29.4	汛后期到冬春季
太湖降雨径流量	6.9	10 月 1 日到冬春季
湖西区补给量	14.8	汛后期到冬春季
浙西区补给量	−1.2	汛后期到冬春季
阳澄淀泖区引江量	−2.3	汛后期到冬春季
合计	64.9	

（4）需求满足性分析。通过对比汛后期到冬春季太湖及下游区水资源需求量与最大可供给量可以发现，汛后期到冬春季太湖及下游区水资源利用需求缺水量为 18.2 亿～31.9 亿 m^3。但是，目前汛后期形成的太湖雨洪资源可利用量总量为 26.5 亿 m^3，现状利用量为 13.8 亿 m^3，仅达 52.1%，尚有较大利用空间。如果这部分雨洪资源可以更多地被利用，那么太湖及下游区的水资源利用需求可以更好地得到满足，供给格局也可以得到一定优化，见表 7.16。

表 7.16　汛后期到冬春季太湖及下游区水资源利用需求满足性分析　单位：亿 m^3

太湖及下游区水资源利用需求（汛后期到冬春季）		最大可供给量（汛后期到冬春季）	太湖雨洪资源可利用量		
最低需求	适宜需求		可利用量总量	现状利用量	尚余量
83.1	96.8	64.9	26.5	13.8	12.7

综上所述，洪水期过后后续枯水阶段以及冬春季的水资源需求是雨洪资源利用需重点考虑的方面，在规划水资源供需条件下，汛后期用水是太湖雨洪资源利用的重要方面，通过合理调蓄洪水径流，增加汛后期的调蓄水量，在洪水期结束后为后续枯水阶段增加可利用的水资源量，保障区域水资源供需安全。

7.2.2.3　太湖雨洪资源利用方案分析

1. 雨洪资源利用方案设计

本节重点研究在保障防洪安全范围内，通过调整太湖分阶段防洪控制水位来进行太湖雨洪资源利用潜力分析。目前太湖警戒水位已由 3.50m 调整为 3.80m，但是现行洪水调度方案中汛后期、非汛期仍是以 3.50m 作为防洪调度控制水位。在太湖最高水位过后，由于望虞河和太浦河两岸平原区水位已基本消退，望虞河和太浦河泄水受限制较小，两河泄洪能够得到比较充分地发挥。因此，介于太湖安全水位与 3.50m 之间的太湖蓄水量，在较短时间内通过两河排泄，可以使太湖水位达到汛后期防洪安全保障的要求，但未能考虑这一阶段流域水资源的需求。在汛后期过后，太湖又面临着开启常熟枢纽和望亭枢纽引水进行太湖补水的需要，特别是在后期若来水较少，这一情况将更为明显。因此，可以考

虑适当抬高汛后期太湖防洪控制水位至3.80m，在保障流域防洪安全、适度承担防洪风险的前提下，尽可能拦蓄和利用汛后期洪水，增加流域可供水量。

基于上述雨洪资源利用思路，设计两种雨洪资源用方案，分别为将汛后期（7月21日—9月30日）防洪控制水位由现状3.50m抬高至3.80m（记为雨洪利用方案1，YH1）、汛后期（7月21日—9月30日）—非汛期（10月1日—12月31日）防洪控制水位由现状3.50m抬高至3.80m（记为雨洪利用方案2，YH2），见图7.10。

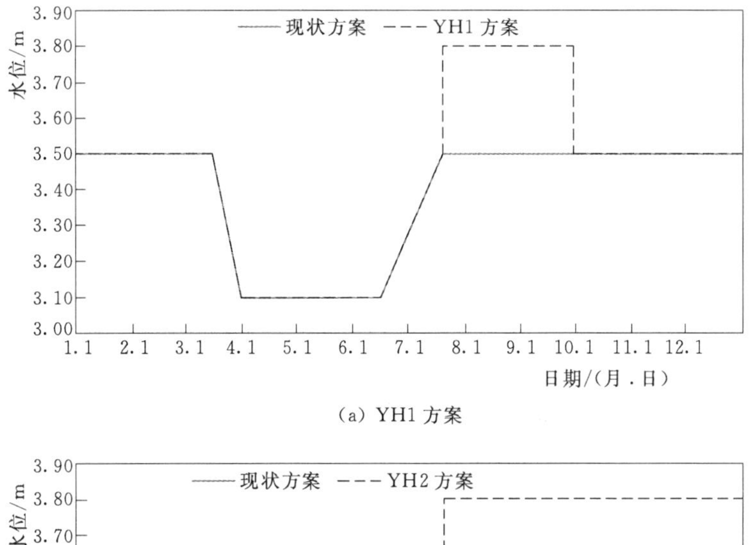

(a) YH1方案

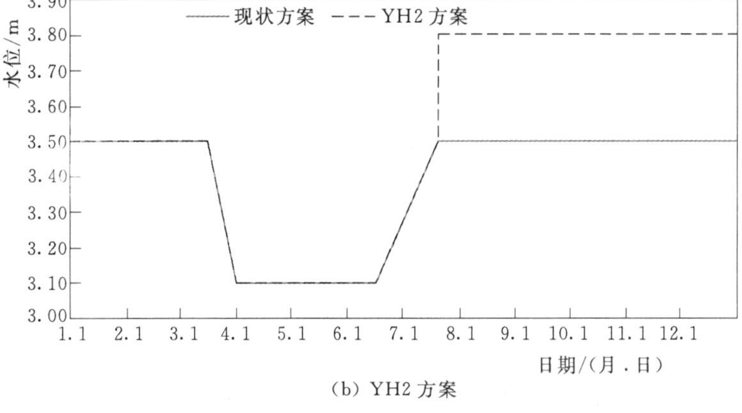

(b) YH2方案

图7.10 太湖雨洪资源利用方案设计

2. 方案效果分析

分别选取“99南部”百年一遇设计洪水、1971年型枯水年、1990年型平水年，采用太湖流域水量水质数学模型对设计的雨洪资源利用方案进行模拟，并选择太湖流域综合调度评价指标体系中受调度方案改变影响较大的太湖水位、地区代表站水位、饮用水源区水质、河湖受水区水质等指标，对方案产生的效益与风险进行分析。

(1) 防洪效益与风险分析。“99南部”百年一遇设计洪水下，较JC方案，雨洪利用方案太湖水位在8—10月有一定抬高，见图7.11，但对太湖最高水位基本没有影响；YH1方案太湖最高水位抬高0.001mm，YH2方案太湖最高水位没有影响，YH1方案、YH2方案太湖水位超过4.65m的天数均未增加。因此，雨洪利用方案对流域防洪没有产生新的不利影响。

较JC方案，雨洪利用方案抬高汛后期太湖防洪控制水位后，会抬高湖西区、武澄锡虞区、杭嘉湖区部分代表站最高水位，降低阳澄淀泖区部分代表站最高水位，见表7.17，但变幅均不大。

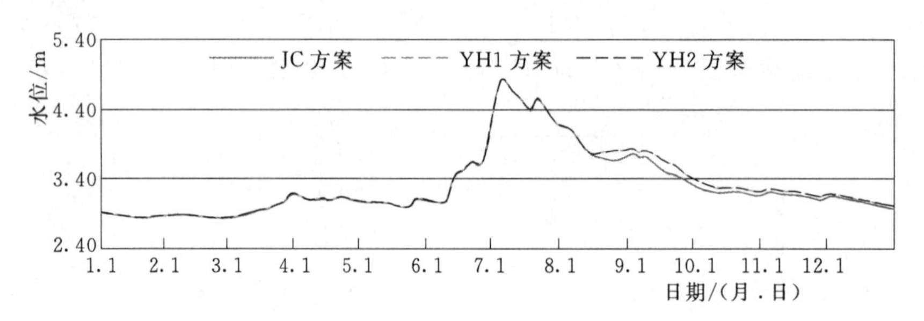

图7.11　"99南部"百年一遇设计洪水下各方案太湖水位过程图

表7.17　"99南部"百年一遇设计洪水下时段优化方案地区代表站水位情况

分区	代表站	警戒水位/m	保证水位/m	JC方案			YH1方案			YH2方案		
				最高水位/m	超警天数/d	超保天数/d	最高水位/m	超警天数/d	超保天数/d	最高水位/m	超警天数/d	超保天数/d
湖西区	王母观	4.60	5.60	6.359	32	6	6.359	32	6	6.36	32	6
	坊前	4.00	5.10	5.895	65	9	5.895	71	9	5.896	73	9
武澄锡虞区	常州	4.30	4.80	6.417	74	16	6.417	68	16	6.418	70	16
	无锡	3.90	4.53	4.638	41	7	4.639	41	7	4.638	41	7
	青阳	4.00	4.85	4.995	26	3	4.995	26	3	4.996	26	3
阳澄淀泖区	枫桥	3.80	4.20	3.617	0	0	3.613	0	0	3.616	0	0
	湘城	3.70	4.00	4.394	11	7	4.394	11	7	4.394	11	7
	陈墓	3.60	4.00	4.373	24	7	4.373	24	7	4.373	24	7
杭嘉湖区	嘉兴	3.30	3.70	4.794	40	14	4.794	41	14	4.794	41	14
	南浔	3.50	4.00	5.004	80	26	5.005	79	26	5.004	79	26
	新市	3.70	4.30	5.344	53	18	5.345	66	18	5.344	65	18
浙西区	杭长桥	4.50	5.00	5.304	23	4	5.304	23	4	5.304	23	4

较JC方案，造峰期YH1方案太湖出湖水量增加0.01亿m^3，流域外排水量增加0.21亿m^3；YH2方案太湖出湖水量保持不变，流域外排水量增加0.01亿m^3，见表7.18，可见，雨洪利用方案并未对造峰期太湖泄洪及流域洪水外排产生不利影响。汛期，YH1方案太湖出湖水量减少4.37亿m^3、流域外排水量减少3.05亿m^3，YH2方案太湖出湖水量减少4.19亿m^3、流域外排水量减少2.97亿m^3，说明汛后期有更多的水资源被调蓄在太湖及河网中。

综上所述，雨洪利用方案更好地发挥了太湖及河网的调蓄作用，可为汛后期的洪水资

源化利用创造条件，且未对流域和区域防洪产生明显的不利影响。

表 7.18 “99南部”百年一遇设计洪水下造峰期及汛期出湖及流域外排水量 单位：亿 m^3

统计项目	造峰期（6月7日—7月6日）			汛期（5—9月）		
	JC方案	YH1方案	YH2方案	JC方案	YH1方案	YH2方案
太湖出湖	9.17	9.18	9.17	78.46	74.09	74.27
流域外排	75.97	76.18	75.98	202.04	198.99	199.07

（2）水资源效益与风险分析。1971年型下，雨洪利用方案对局部时段太湖水位抬升作用明显，见图7.12。YH1方案太湖水位在6月19日—10月7日有一定抬升，最大增幅达0.019m；YH2方案太湖水位在6月19日—12月13日有一定抬升，最大增幅达0.035m。同时，雨洪利用方案太湖全年平均水位、最低水位、最低旬均水位均有所增加。与JC方案一致，YH1方案、YH2方案太湖水位低于太湖低水位调度目标（2.80m）天数没有增加，均为27d。

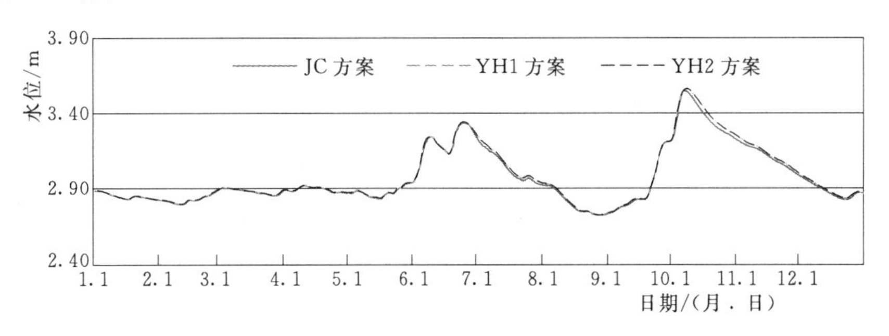

图 7.12 1971年型各方案太湖水位过程图

1971年型不同方案除嘉兴站外其他各代表站年最低旬均水位均达到允许最低旬均水位要求。较JC方案，雨洪利用方案不同程度地抬高了各区域代表站最低旬均水位，增大了松浦大桥断面最小月（8月）净泄流量，有效改善了区域总体水资源条件。其中，阳澄淀泖区、杭嘉湖区、浙西区产生改善最明显。YH1方案、YH2方案效果相当，相应地区最低旬均水位增幅为3～4mm，但YH2方案会造成常州站水位降低，对武澄锡虞区水资源条件产生不利影响。

从全年期流域进出水量来看，较JC方案，雨洪利用方案下向长江引排量、出入湖水量均有所减少，见表7.19，且YH2方案减幅大于YH1方案。汛后期（7月21日—9月30日）雨洪利用方案总引江量略有增加、总排江量略有减少，总入湖量略有减少、总出湖量略有增加，太浦河出湖水量略有增加，见表7.20，YH1方案、YH2方案影响相当。受阳澄淀泖区、杭嘉湖区环湖口门出湖水量增加、太浦河出湖水量增加等影响，汛后期太湖的水资源更多地被太湖下游地区所利用，汛后期太湖蓄变量均有所减少，减幅为0.15亿 m^3。同时，雨洪利用方案汛期末太湖蓄量均所增加，增幅为0.07亿 m^3，说明有更多的水资源积蓄在太湖中，有利于汛期结束之后下游地区利用太湖的雨洪资源。此外，较JC方案，雨洪利用方案8月净泄流量略有增加，均由 $52m^3/s$ 增加至 $53m^3/s$，对于下游用水高峰期用水状况有一定改善作用，见表7.21。

表 7.19　　1971 年型各方案主要控制线全年期进出水量　　单位：亿 m^3

分区		项目	JC 方案	YH1 方案	YH2 方案
沿江引排水量		引江	138.81	138.78	137.81
		排江	25.69	25.55	24.52
出入湖水量		入湖	116.48	116.35	115.84
		出湖	88.96	88.91	88.44
望虞河	常熟枢纽	引江	35.06	34.96	34.65
		排江	4.67	4.29	3.09
	望亭枢纽	入湖	34.02	33.92	33.58
		出湖	3.10	2.84	1.80
太浦河	太浦河出湖		19.10	18.67	17.57
	太浦河出口净泄量		40.78	40.61	40.73

表 7.20　　1971 年型各方案主要控制线汛后期进出水量　　单位：亿 m^3

分区		项目	JC 方案	YH1 方案	YH2 方案
沿江引排水量		引江	50.25	50.21	50.21
		排江	5.43	5.44	5.44
出入湖水量		入湖	31.14	31.05	31.05
		出湖	16.82	16.90	16.91
望虞河	常熟枢纽	引江	14.60	14.58	14.58
		排江	0	0	0
	望亭枢纽	入湖	12.48	12.43	12.43
		出湖	0	0	0
太浦河	太浦河出湖		2.43	2.45	2.45
	太浦河出口净泄量		2.78	2.83	2.83
太湖蓄量	7 月 21 日太湖蓄量		43.60	43.82	43.82
	9 月 30 日太湖蓄量		49.40	49.47	49.47
	汛后期太湖蓄变量		5.80	5.65	5.65

表 7.21　　1971 年型各方案松浦大桥断面月净泄流量对比　　单位：m^3/s

方案	1 月	2 月	3 月	4 月	5 月	6 月	7 月	8 月	9 月	10 月	11 月	12 月
JC 方案	416	403	397	409	378	420	230	52	157	488	447	493
YH1 方案	416	403	397	409	378	420	233	53	158	486	446	493
YH2 方案	416	403	397	409	378	421	233	53	158	484	449	493

综上所述，雨洪利用方案对太湖及阳澄淀泖区、杭嘉湖区、浙西区水资源条件具有一定改善效果，但 YH2 方案将会对武澄锡虞区水资源条件产生一定的不利影响。

(3) 水环境效益与风险分析。1990 年型下，较 JC 方案，除浙西区以外，雨洪利用方

案对太湖及区域主要水质指标浓度改善具有一定促进作用，大部分代表站断面COD、NH_3—N浓度呈降低趋势，也有部分断面有所增加，见表7.22。YH1方案、YH2方案对太湖和区域COD、NH_3—N浓度的影响范围相当，影响程度也相当，主要表现为太湖、阳澄淀泖区、杭嘉湖区指标浓度呈降低趋势，湖西区、武澄锡虞区COD浓度呈降低趋势，但NH_3—N浓度呈增加趋势。

表7.22　　1990年型各方案区域主要断面水质变化情况　　单位：mg/L

分区	断面	指标浓度					
		JC方案		YH1方案		YH2方案	
		COD	NH_3—N	COD	NH_3—N	COD	NH_3—N
太湖		11.29	0.14	11.28	0.14	11.28	0.14
湖西区	坊仙桥	13.59	0.80	13.49	0.82	13.49	0.82
	吕城大桥	14.48	1.27	14.47	1.29	14.47	1.29
	人民桥	14.20	0.73	14.14	0.72	14.14	0.72
	徐舍	16.09	2.23	16.09	2.24	16.08	2.24
	金沙大桥	15.17	1.70	15.16	1.72	15.16	1.72
武澄锡虞区	水门桥	17.18	1.95	17.15	1.96	17.15	1.96
	西湖塘桥	15.95	1.82	15.95	1.85	15.95	1.85
	查家桥	14.01	1.73	14.04	1.74	14.05	1.73
	东方红桥	17.26	2.37	17.24	2.38	17.23	2.38
	吴桥	19.07	2.70	19.19	2.70	19.18	2.70
阳澄淀泖区	元和塘桥	33.33	2.81	32.57	2.73	32.55	2.73
	周庄大桥	18.83	1.11	18.71	1.11	18.70	1.11
	娄江大桥	19.04	2.07	18.94	2.05	18.94	2.05
	千灯浦	21.72	1.78	21.66	1.76	21.65	1.76
	尹山大桥	19.11	2.83	18.74	2.75	18.72	2.75
杭嘉湖区	鼓楼桥	10.82	0.26	10.74	0.25	10.74	0.25
	练市大桥	13.61	1.64	13.51	1.62	13.52	1.63
	乌镇双溪桥	17.95	1.87	18.01	1.86	18.07	1.86
	嘉兴	18.43	1.95	18.35	1.94	18.32	1.94
	平湖	17.11	2.08	17.08	2.07	17.05	2.07
浙西区杭长桥		10.74	0.57	10.76	0.57	10.75	0.57

综上所述，雨洪利用方案对太湖汛后期及非汛期水位有一定抬升作用，改善了太湖水资源条件，从太湖水位抬升时段和抬升程度来看，YH2方案改善效果较YH1方案大些；改善了区域水资源条件，阳澄淀泖区、杭嘉湖区、浙西区最低旬均水位明显增加，阳澄淀泖区、杭嘉湖出湖水量有所增加，但是YH2方案会降低常州最低旬均水位，对武澄锡虞区水资源条件产生一定的不利影响；汛期末太湖蓄量有所增加，有助于提升汛期结束后下游地区供水保障能力，YH1、YH2方案在促进太湖雨洪资源利用方面效果相当；雨洪利

用方案还对太湖、阳澄淀泖区、杭嘉湖区水质改善具有促进作用。此外，雨洪利用方案对流域和区域防洪没有产生新的不利影响。因此，综合效益与风险，将YH1方案作为太湖防洪、调水控制水位优化的推荐方案之一。

7.2.3 推荐调度方案效果分析

7.2.3.1 推荐的调度方案

综合前述分析，将太湖水位控制时段优化方案SD方案、雨洪利用方案YH1方案进行组合（即ZH方案），形成太湖防洪、调水控制水位优化的推荐方案，见表7.23和图7.13。

表7.23 太湖防洪、调水控制水位优化组合方案设计

时段	前汛期	主汛期	后汛期	非汛期	非汛期	非汛期
时段划分	4月11日—6月15日	6月16日—7月10日	7月11日—9月30日	10月1日—12月31日	次年1月1日—3月20日	3月21日—4月10日
防洪控制水位	3.10m	3.10～3.50m 直线递增	3.80m	3.50m	3.50m	3.50～3.10m 直线递减
调水控制水位	3.00m	3.00～3.30m 直线递增	3.30m	3.30m	3.30m	3.30～3.00m 直线递减

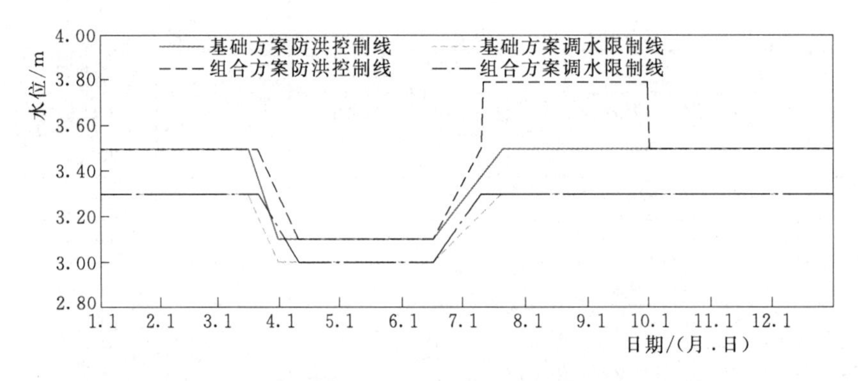

图7.13 太湖防洪、调水控制水位研究优化组合方案太湖防洪、调水控制水位示意图

7.2.3.2 典型年方案效益及风险分析

选取“99南部”百年一遇设计洪水、1971年型枯水年、1990年型平水年，采用太湖流域水量水质数学模型对组合方案进行模拟，选取太湖流域综合调度评价指标体系中太湖水位、代表站水位、饮用水源区水质、河湖受水区水质等指标对方案产生的防洪、水资源、水生态环境效益及风险进行分析。

1. 防洪效益与风险分析

“99南部”百年一遇设计洪水下，较JC方案，ZH方案下太湖水位在4月、8—11月有一定程度抬高，其中4月1日—4月16日水位抬高0.014～0.067m，8月16日—11月26日水位抬高0.020～0.142m。经统计，JC方案、ZH方案太湖最高水位均低于太湖防洪调度期目标水位4.80m，全年期太湖超警天数增加11d，但是超保天数没有增加，因此，ZH方案对流域防洪无不利影响。

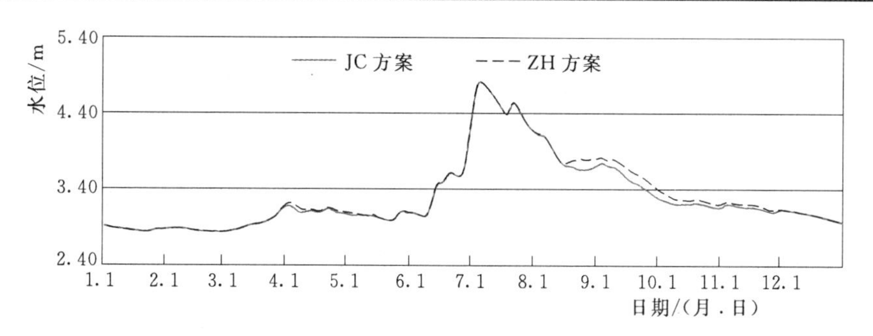

图 7.14 "99 南部"百年一遇设计洪水下组合方案太湖水位过程图

造峰期，ZH 方案太湖出湖水量增加 0.15%，流域外排水量增加 0.04%，较好地发挥了骨干工程的泄洪作用，详见表 7.24；汛期整体来看，ZH 方案太湖出湖水量、流域外排水量均呈减少趋势，减幅分别为 5.49%、1.71%。因此，ZH 方案在对流域防洪没有产生不利影响的基础上，有更多的水资源被调蓄在太湖中。

表 7.24 "99 南部"百年一遇组合方案太湖出湖及流域外排水量

统计项目	造峰期（6月7日—7月6日）			汛期（5—9月）		
	JC 方案/亿 m^3	ZH 方案/亿 m^3	变幅/%	JC 方案/亿 m^3	ZH 方案/亿 m^3	变幅/%
出湖水量	9.17	9.19	0.15	78.46	74.15	−5.49
流域外排水量	75.97	76.00	0.04	202.04	198.59	−1.71

此外，与 JC 方案比，ZH 方案下各地区代表站超保天数均没有变化，但降低了湖西区、武澄锡虞区等地区代表站的最高水位，武澄锡虞区常州站超警天数有所减少，杭嘉湖区代表站水位和超警天数均有所增加，见表 7.25。因此，ZH 方案对区域防洪基本没有产生新的不利影响，且对于保障湖西区、武澄锡虞区防洪安全具有一定积极作用。

表 7.25 "99 南部"百年一遇组合方案地区代表站水位情况

分区	水位代表站	JC 方案			ZH 方案			ZH 方案－JC 方案		
		最高水位/m	超警天数/d	超保天数/d	最高水位/m	超警天数/d	超保天数/d	最高水位/m	超警天数/d	超保天数/d
湖西区	王母观	6.359	32	6	6.357	32	6	−0.002	0	0
	坊前	5.895	65	9	5.893	71	9	−0.002	6	0
武澄锡虞区	常州	6.417	74	16	6.416	67	16	−0.001	−7	0
	无锡	4.638	41	7	4.638	41	7	0	0	0
	青阳	4.995	26	3	4.995	26	3	0	0	0
阳澄淀泖区	枫桥	3.617	0	0	3.617	0	0	0	0	0
	湘城	4.394	11	7	4.394	11	7	0	0	0
	陈墓	4.373	24	7	4.373	24	7	0	0	0
杭嘉湖区	嘉兴	4.794	40	14	4.794	41	14	0	1	0
	南浔	5.004	80	26	5.005	81	26	0.001	1	0
	新市	5.344	53	18	5.345	67	18	0.001	14	0
浙西区	杭长桥	5.304	23	4	5.304	23	4	0	0	0

2. 水资源效益与风险分析

1971年型下，较JC方案，ZH方案对太湖水位过程基本没有影响，在4—5月、7—10月水位有一定抬升，见图7.15。太湖全年平均水位、最低水位、最低旬均水位均有所增加，分别增加0.007m、0.012m、0.013m，增幅较为明显。较JC方案，ZH方案太湖水位低于2.80m天数为25d，较JC方案减少2d，增加了太湖低水位调度目标的满足性。ZH方案各分区区域代表站全年平均水位均有所增加，见表7.26，除了武澄锡虞区全年最低水位、最低旬均水位有所降低外，湖西区、阳澄淀泖区、杭嘉湖区、浙西区全年最低水位、最低旬均水位均有所增加，其中阳澄淀泖区、杭嘉湖区、浙西区水位增幅较大。因此，ZH方案对于太湖及阳澄淀泖区、杭嘉湖区、浙西区水资源条件改善具有积极作用。

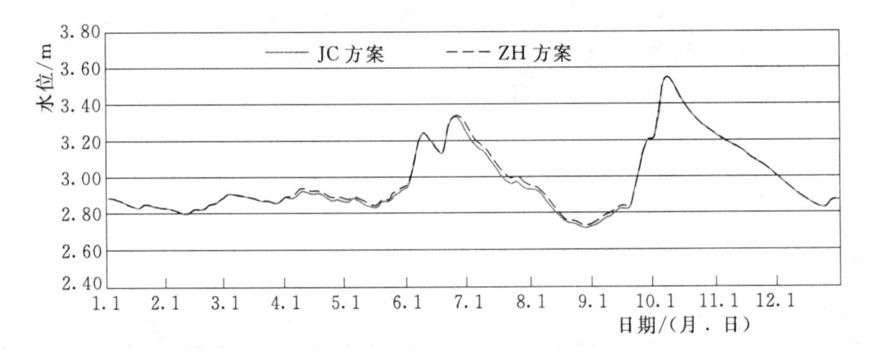

图7.15　1971年型组合方案太湖水位过程图

表7.26　1971年型组合方案地区代表站特征水位情况　单位：m

分区	代表站	允许最低旬均水位	全年平均水位		全年最低水位		最低旬均水位	
			JC方案	ZH方案	JC方案	ZH方案	JC方案	ZH方案
湖西区	王母观		3.451	3.457	2.905	2.908	3.023	3.022
	坊前①	2.87	3.392	3.398	2.905	2.908	3.001	3.001
武澄锡虞区	常州①	2.83	3.560	3.570	2.998	2.973	3.103	3.097
	无锡①	2.80	3.176	3.177	2.874	2.895	2.950	2.948
	青阳①	2.75	3.291	3.295	2.963	2.954	3.037	3.030
阳澄淀泖区	枫桥		2.986	2.990	2.788	2.784	2.857	2.856
	湘城①	2.60	3.004	3.005	2.826	2.835	2.885	2.887
	陈墓①	2.55	2.803	2.806	2.571	2.573	2.608	2.608
杭嘉湖区	嘉兴①	2.55	2.733	2.737	2.220	2.221	2.461	2.470
	南浔①	2.55	2.861	2.865	2.517	2.509	2.598	2.607
	新市①	2.55	2.940	2.946	2.461	2.466	2.604	2.616
浙西区	杭长桥①	2.65	2.986	2.993	2.690	2.693	2.712	2.725

① 《太湖流域水资源综合规划》中提出平原河网区代表站允许最低间平均水位的水位站点。

ZH方案全年期沿江总排江量增加53.21%，总引江量减少5.08%，总入湖水量增加2.95%，总出湖水量减少1.70%，望虞河入湖水量增加10.93%，望虞河出湖水量减少

57.31%，太浦河出湖水量减少5.51%。不同分区中，阳澄淀泖区、杭嘉湖区、浙西区出湖水量均有所增加。汛期末太湖蓄量增加0.34%，利于后期太湖雨洪资源利用，见表7.27。

表7.27　1971年型组合方案主要控制线全年期进出水量　单位：亿 m^3

分区		项目	JC方案	ZH方案	增幅	变幅/%
沿江引排水量		引江	138.81	131.76	−7.05	−5.08
		排江	25.69	39.36	13.67	53.21
出入湖水量		入湖	116.48	119.91	3.43	2.95
		出湖	88.96	87.44	−1.51	−1.70
望虞河	常熟枢纽	引江	35.06	20.36	−14.70	−41.92
		排江	4.67	4.92	0.25	5.36
	望亭枢纽	入湖	34.02	37.73	3.72	10.93
		出湖	3.10	1.32	−1.78	−57.31
太浦河	太浦河出湖		19.10	18.05	−1.05	−5.51
	太浦河出口净泄量		40.78	72.51	31.72	77.78
7月21日太湖蓄量			43.60	44.40	0.80	1.83
9月30日太湖蓄量			49.40	49.57	0.17	0.34
汛后期太湖蓄变量			5.8	5.17	−0.63	−10.79

3. 水环境效益与风险分析

1990年型下，除浙西区外，ZH方案对太湖及区域主要水质指标改善具有一定作用，大部分代表站断面COD、NH_3—N浓度降低较为明显，部分断面浓度有所增加，见表7.28。太湖COD浓度降幅为0.09%，NH_3—N浓度保持不变；阳澄淀泖区、杭嘉湖区水质指标浓度降低较为明显，阳澄淀泖区COD浓度降幅0.18%～3.51%，NH_3—N浓度降幅0.56%～4.27%；杭嘉湖区COD浓度降幅0.41%～1.18%，NH_3—N浓度降幅0.96%～7.69%；湖西区、武澄锡虞区主要表现为COD浓度有所降低。因此ZH方案对阳澄淀泖区、杭嘉湖区水质改善具有较为明显的作用。

表7.28　1990年型组合方案区域主要断面水质变化情况

分区	断面	指标统计/($mg \cdot L^{-1}$)						变幅/%	
		JC方案		ZH方案		ZH方案−JC方案			
		COD	NH_3—N	COD	NH_3—N	COD	NH_3—N	COD	NH_3—N
太湖	太湖	11.29	0.14	11.28	0.14	−0.01	0	−0.09	0
湖西区	坊仙桥	13.59	0.80	13.47	0.83	−0.12	0.03	−0.88	3.75
	吕城大桥	14.48	1.27	14.45	1.29	−0.03	0.02	−0.21	1.57
	人民桥	14.20	0.73	14.12	0.71	−0.08	−0.02	−0.56	−2.74
	徐舍	16.09	2.23	16.04	2.24	−0.05	0.01	−0.31	0.45
	金沙大桥	15.17	1.70	15.18	1.73	0.01	0.03	0.07	1.76

续表

分区	断面	指标统计/(mg·L^{-1})						变幅/%	
		JC方案		ZH方案		ZH方案－JC方案			
		COD	NH_3—N	COD	NH_3—N	COD	NH_3—N	COD	NH_3—N
武澄锡虞区	水门桥	17.18	1.95	17.12	1.95	−0.06	0	−0.35	0
	西湖塘桥	15.95	1.82	15.94	1.85	−0.01	0.03	−0.06	1.65
	查家桥	14.01	1.73	14.06	1.73	0.05	0	0.36	0
	东方红桥	17.26	2.37	17.21	2.36	−0.05	−0.01	−0.29	−0.42
	吴桥	19.07	2.70	19.14	2.68	0.07	−0.02	0.37	−0.74
阳澄淀泖区	元和塘桥	33.33	2.81	32.16	2.69	−1.17	−0.12	−3.51	−4.27
	周庄大桥	18.83	1.11	18.61	1.10	−0.22	−0.01	−1.17	−0.90
	娄江大桥	19.04	2.07	18.95	2.09	−0.09	0.02	−0.47	0.97
	千灯浦	21.72	1.78	21.68	1.77	−0.04	−0.01	−0.18	−0.56
	尹山大桥	19.11	2.83	18.66	2.71	−0.45	−0.12	−2.35	−4.24
杭嘉湖区	鼓楼桥	10.82	0.26	10.75	0.24	−0.07	−0.02	−0.65	−7.69
	练市大桥	13.61	1.64	13.45	1.61	−0.16	−0.03	−1.18	−1.83
	乌镇双溪桥	17.95	1.87	17.99	1.85	0.04	−0.02	0.22	−1.07
	嘉兴	18.43	1.95	18.25	1.93	−0.18	−0.02	−0.98	−1.03
	平湖	17.11	2.08	17.04	2.06	−0.07	−0.02	−0.41	−0.96
浙西区	杭长桥	10.74	0.57	10.78	0.57	0.04	0	0.37	0

综上所述，推荐的组合方案对太湖及阳澄淀泖区、杭嘉湖区、浙西区等区域水资源条件、水环境状况具有改善作用，且不会产生不利的防洪影响。因此，可认为本书推荐的太湖防洪、供水控制水位优化调度方案具有较好的效果。

7.2.3.3 特殊雨型方案效益及风险分析

为进一步分析太湖防洪、供水控制水位优化调度方案对流域、区域水资源供给、水环境改善的效益，以及对流域、区域防洪的风险，选用年内具有旱涝急转以及台风（“菲特”台风）影响特征的2013年（简称2013特殊实况年）进行ZH方案的防洪、水资源、水环境效益与风险分析，为推荐方案的科学性、合理性和普适性提供支撑。2013年内太湖流域年降水量较常年偏少5.6%，2月、5月、10月降水量比常年同期均偏多，其中10月偏多幅度最大达236%，其余月份比常年同期均偏少；10月6—8日受“菲特”台风影响，降雨急转增多，全流域出现了明显的旱涝急转现象，流域普降暴雨，10月6—8日杭嘉湖区、浙西区和浦东浦西区过程降雨量均位列1951年以来第1位。本节研究内容以2013年作为特殊实况年，分析ZH方案遇2013年特殊实况年的运行情况及其对流域、区域水安全、水资源、水环境产生的效益和风险。

1. 防洪效益与风险分析

遇2013年特殊实况年，较JC方案，ZH方案太湖水位在4—5月及7月有一定程度抬高，见图7.16，由于2013年实况下这两处时段处于太湖水位持续降低的少水期，因此

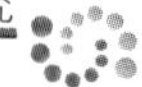

对缓解太湖低水位状况有一定效益。台风来临前的9月处于太湖引水阶段内，其最高日均水位为2.951mm，较JC方案增加0.005m，见表7.29，但幅度较小，未达到警戒水位，对后续台风期未造成明显影响。较JC方案，ZH方案太湖全年最高日均水位、台风影响期最高日均水位均增加0.001m，为3.643m，全年均未出现超警情况（太湖水位超过3.80m），未出现超保情况（太湖水位超过4.65m），未出现超太湖防洪调度目标水位（4.80m）情况。因此，在2013年特殊实况下，ZH方案对流域防洪未产生不利影响。

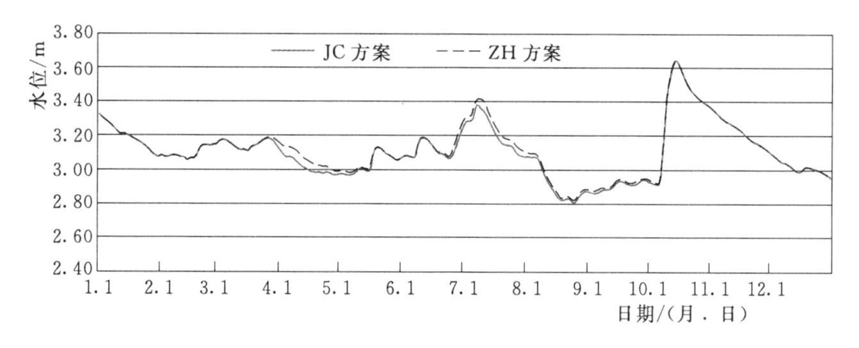

图7.16 2013年型太湖水位过程图

表7.29 **2013年型太湖特征水位情况** 单位：m

统计项目	JC方案	ZH方案	ZH方案－JC方案
太湖最高日均水位	3.642	3.643	0.001
台风来临前期（9月）最高日均水位	2.946	2.951	0.005
台风影响期间（10月）最高日均水位	3.642	3.643	0.001
超3.80m天数	0	0	0

较JC方案，ZH方案武澄锡虞区常州站水位超保天数增加1d，超警天数增加5d，其全年期和台风影响期间（10月）最高日均水位均增加0.068m，见表7.30。除常州站外，其他各分区代表站水位超保天数均未增加，超警天数增加情况为坊前站2d，无锡、青阳、杭长桥各1d，全年期及台风影响期间最高日均水位增幅为5～20mm。因此，ZH方案对武澄锡虞区尤其是其常州站附近的区域防洪有一定程度影响，对其他各分区的区域防洪未产生明显不利影响。

2013年实况下，较JC方案，汛期ZH方案沿江引水量大幅增加，增幅达120.78%，见表7.31，对缓解太湖枯水情势具有一定作用；台风来临前（9月）太湖水位处于最枯阶段，流域沿江口门仍以引江为主，引江量为15.85亿m^3，较JC方案略有减少；台风影响期（10月），ZH方案流域沿江口门转为排水，流域外排水量增加0.40%，有利于流域洪水外排。

2. 水资源效益与风险分析

2013年型ZH方案下太湖全年期及7—9月最低水位均有所上升，全年均高于太湖低水位调度目标2.80m，全年最低日均水位、7—9月枯水期最低日均水位均抬升0.009m，最低旬均水位抬升0.008m，见表7.32。因此ZH方案对太湖水资源条件具有一定改善作用。

表 7.30　**2013 年型地区代表站水位情况**

分区	代表站	警戒水位/m	保证水位/m	JC 方案				ZH 方案				ZH 方案－JC 方案			
				日均		超警天数/d	超保天数/d	日均		超警天数/d	超保天数/d	日均		超警天数/d	超保天数/d
				最高水位/m	台风期最高水位/m			最高水位/m	台风期最高水位/m			最高水位/m	台风期最高水位/m		
湖西区	王母观	4.60	5.60	4.586	4.586	0	0	4.600	4.600	0	0	0.014	0.014	0	0
	坊前	4.00	5.10	4.368	4.368	13	0	4.373	4.373	15	0	0.005	0.005	2	0
武澄锡虞区	常州	4.30	4.80	4.833	4.833	22	1	4.901	4.901	27	2	0.068	0.068	5	1
	无锡	3.90	4.53	4.447	4.447	2	0	4.451	4.451	3	0	0.004	0.004	1	0
	青阳	4.00	4.85	4.662	4.662	2	0	4.672	4.672	3	0	0.010	0.010	1	0
阳澄淀泖区	枫桥	3.80	4.20	4.073	4.073	1	0	4.073	4.073	1	0	0	0	0	0
	湘城	3.70	4.00	4.316	4.316	5	3	4.318	4.318	5	3	0.002	0.002	0	0
	陈墓	3.60	4.00	4.169	4.169	5	2	4.177	4.177	5	2	0.008	0.008	0	0
杭嘉湖区	嘉兴	3.30	3.70	5.537	5.537	9	5	5.546	5.546	9	5	0.009	0.009	0	0
	南浔	3.50	4.00	5.763	5.763	10	4	5.775	5.775	10	4	0.012	0.012	0	0
	新市	3.70	4.30	6.283	6.283	9	4	6.291	6.291	9	4	0.008	0.008	0	0
浙西区	杭长桥	4.50	5.00	5.657	5.657	2	2	5.662	5.662	3	2	0.005	0.005	1	0

表 7.31　　2013 年型流域外排水量

统计项目		流域外排			
		北排长江	东排黄浦江	南排杭州湾	流域外排合计
汛期	JC 方案/亿 m^3	−20.16	11.53	3.87	−4.75
	ZH 方案/亿 m^3	−44.51	20.97	11.19	−12.35
	变幅/%	120.78	81.87	189.15	160.00
台风来临前（9月）	JC 方案/亿 m^3	−16.11	3.57	1.23	−11.32
	ZH 方案/亿 m^3	−15.85	3.63	1.23	−10.99
	变幅/%	−1.61	1.68	0	−2.92
台风影响期（10月）	JC 方案/亿 m^3	3.74	18.55	10.57	32.86
	ZH 方案/亿 m^3	3.62	18.77	10.6	32.99
	变幅/%	−3.21	1.19	0.28	0.40

表 7.32　　2013 年型太湖特征水位情况　　单位：m

统计项目	JC 方案	ZH 方案	ZH 方案−JC 方案
全年最低日均水位	2.812	2.821	0.009
全年最低旬均水位	2.841	2.849	0.008
7—9 月最低日均水位	2.812	2.821	0.009
7—9 月最低旬均水位	2.841	2.849	0.008

从全年最低日均和旬均水位来看，较 JC 方案，ZH 方案对各分区区域水资源条件均具有改善效果，见表 7.33。其中，ZH 方案较大程度地抬高了杭嘉湖区和浙西区的低水位，全年最低日均水位抬高幅度为 0.008～0.018m，全年最低旬均水位抬高幅度为 0.008～0.014m。从 7—9 月枯水季节低水位来看，ZH 方案对除湖西区以外的区域水资源条件总体上仍具有改善效果，一定程度上抬高了 7—9 月日均及旬均水位。ZH 方案对武澄锡虞区、阳澄淀泖区、杭嘉湖区及浙西区 7—9 月日均最低水位抬高幅度为 0～0.018m，最低旬均水位抬高幅度为 0.001～0.014m。但是，ZH 方案对湖西区尤其是坊前站的低水位略有拉低，日均最低水位、旬均最低水位分别降低 0.011m、0.009m。

对 2013 年 7—9 月枯水季节，ZH 方案有效地保障了松浦大桥断面月净泄流量要求，JC 方案 8 月由 95.4m^3/s 提升至 104.3m^3/s，满足了黄浦江生态环境需水及河道内需水的要求。

3. 水环境效益与风险分析

遇 2013 年特殊实况年，较 JC 方案，ZH 方案对太湖及区域主要水质指标改善均有一定促进作用，个别站点出现水质浓度略微增加的情形，见表 7.34。ZH 方案降低了太湖水体 COD 浓度，降幅为 0.17%，NH_3—N 浓度未发生明显变化，湖区水质得到一定改善。ZH 方案湖西区水质指标浓度降低较明显，COD 浓度降幅为 0.06%～0.28%，NH_3—N 浓度降幅为 0.74%～1.94%；武澄锡虞区水质指标浓度降低程度不大，个别站点 COD 浓度降幅为 0.05%，NH_3—N 浓度降幅其中西湖塘桥、查家桥、吴桥等断面水质略有恶化；阳澄淀泖区元和塘桥、周庄大桥断面水质指标为 0.45%。浓度略有增加，其余断面浓度降低程度较大，COD 浓度降幅为 0.21%～0.26%，NH_3—N 浓度降幅为 1.15%～

表7.33　2013年型地区代表站特征水位情况　单位：m

分区	代表站	允许最低旬均水位	全年最低水位			全年最低旬均水位			7—9月最低水位			7—9月最低旬均水位		
			JC方案	ZH方案	ZH方案－JC方案	JC方案	ZH方案	ZH方案－JC方案	JC方案	ZH方案	ZH方案－JC方案	JC方案	ZH方案	ZH方案－JC方案
湖西区	王母观		3.162	3.162	0	3.233	3.233	0	3.744	3.752	0.008	3.809	3.803	−0.006
	坊前[①]	2.87	3.131	3.131	0	3.198	3.198	0	3.642	3.631	−0.011	3.656	3.647	−0.009
武澄锡虞区	常州[①]	2.83	3.218	3.219	0.001	3.302	3.302	0	3.739	3.748	0.009	3.947	3.946	−0.001
	无锡[①]	2.80	2.913	2.923	0.01	3.035	3.035	0	2.913	2.923	0.01	3.197	3.202	0.005
	青阳[①]	2.75	2.955	2.955	0	3.032	3.032	0	3.027	3.035	0.008	3.275	3.276	0.001
阳澄淀泖区	枫桥		2.829	2.833	0.004	2.955	2.959	0.004	2.829	2.833	0.004	2.955	2.959	0.004
	湘城[①]	2.60	2.841	2.841	0	2.959	2.961	0.002	2.858	2.858	0	2.959	2.961	0.002
	陈墓[①]	2.55	2.613	2.613	0	2.680	2.680	0	2.620	2.625	0.005	2.695	2.700	0.005
杭嘉湖区	嘉兴[①]	2.55	2.229	2.247	0.018	2.449	2.462	0.013	2.229	2.247	0.018	2.449	2.462	0.013
	南浔[①]	2.55	2.569	2.579	0.01	2.664	2.676	0.012	2.569	2.579	0.01	2.664	2.676	0.012
	新市[①]	2.55	2.591	2.599	0.008	2.689	2.703	0.014	2.591	2.599	0.008	2.689	2.703	0.014
浙西区	杭长桥[①]	2.65	2.791	2.800	0.009	2.833	2.841	0.008	2.791	2.800	0.009	2.833	2.841	0.008

① 《太湖流域水资源综合规划》中提出平原河网区代表站允许最低旬平均水位的水位站点。

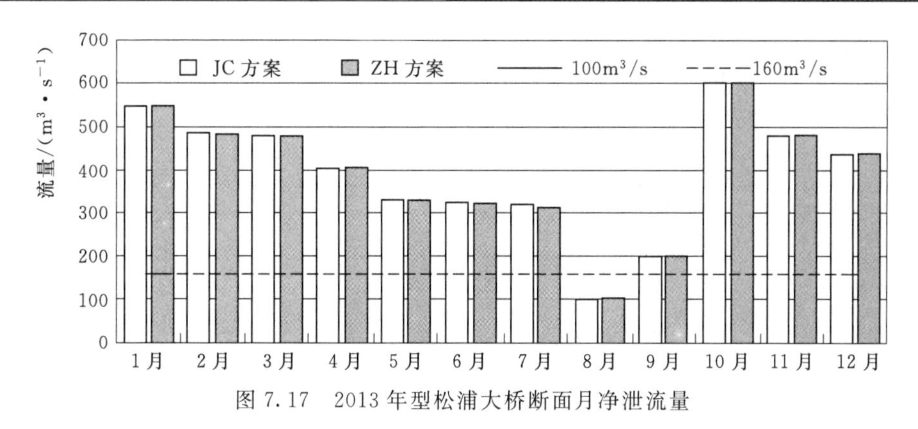

图 7.17 2013 年型松浦大桥断面月净泄流量

1.20%；杭嘉湖区整体呈现改善趋势，COD 浓度降幅为 0.27%～0.62%，NH_3—N 浓度降幅为 0.98%～3.85%。

表 7.34　　2013 年型区域主要断面全年期水质变化情况统计

分区	断面	JC 方案/(mg·L⁻¹)		ZH 方案/(mg·L⁻¹)		ZH 方案—JC 方案/(mg·L⁻¹)		变幅/%	
		COD	NH_3—N	COD	NH_3—N	COD	NH_3—N	COD	NH_3—N
太湖	太湖	11.63	0.13	11.61	0.13	−0.02	0	−0.17	0
湖西区	坊仙桥	12.56	1.03	12.61	1.01	0.05	−0.02	0.40	−1.94
	吕城大桥	14.77	1.36	14.77	1.35	0	−0.01	0	−0.74
	人民桥	14.15	0.67	14.11	0.67	−0.04	0	−0.28	0
	徐舍	16.11	2.24	16.10	2.24	−0.01	0	−0.06	0
	金沙大桥	15.18	1.68	15.19	1.68	0.01	0	0.07	0
武澄锡虞区	水门桥	19.05	2.20	19.04	2.19	−0.01	−0.01	−0.05	−0.45
	西湖塘桥	16.26	1.62	16.27	1.62	0.01	0	0.06	0
	查家桥	17.17	1.98	17.18	1.99	0.01	0.01	0.06	0.51
	东方红桥	18.20	2.41	18.19	2.42	−0.01	0.01	−0.05	0.41
	吴桥	21.69	2.98	21.69	2.99	0	0.01	0	0.34
阳澄淀泖区	元和塘桥	26.06	1.45	26.14	1.50	0.08	0.05	0.31	3.45
	周庄大桥	21.56	1.27	21.66	1.27	0.10	0	0.46	0
	娄江大桥	19.10	1.67	19.06	1.65	−0.04	−0.02	−0.21	−1.20
	千灯浦	22.75	1.74	22.69	1.72	−0.06	−0.02	−0.26	−1.15
	尹山大桥	22.30	3.14	22.25	3.14	−0.05	0	−0.22	0
杭嘉湖区	鼓楼桥	11.10	0.26	11.10	0.25	0	−0.01	0	−3.85
	练市大桥	13.91	1.66	13.84	1.64	−0.07	−0.02	−0.50	−1.20
	乌镇双溪桥	17.87	1.86	17.76	1.84	−0.11	−0.02	−0.62	−1.08
	嘉兴	18.31	2.04	18.26	2.02	−0.05	−0.02	−0.27	−0.98
	平湖	17.28	2.18	17.28	2.18	0	0	0	0
浙西区	杭长桥	11.10	0.55	11.11	0.54	0.01	−0.01	0.09	−1.82

2013 年型下，7—9 月太湖及区域主要断面 COD、NH_3—N 浓度在 JC 方案、ZH 方案下具有一致的变化趋势，见表 7.35，太湖水体 COD 浓度 7—9 月呈逐渐下降趋势，

表 7.35　　2013年型区域主要断面7—9月水质变化情况统计表

分区	断面	COD									NH_3—N								
		JC方案/(mg·L^{-1})			ZH方案/(mg·L^{-1})			变幅/%			JC方案/(mg·L^{-1})			ZH方案/(mg·L^{-1})			变幅/%		
		7月	8月	9月	7月	8月	9月	7月	8月	9月	7月	8月	9月	7月	8月	9月	7月	8月	9月
太湖	太湖	9.47	8.03	7.20	9.43	7.98	7.16	−0.42	−0.62	−0.56	0.05	0.04	0.05	0.05	0.04	0.05	0	0	0
湖西区	坊仙桥	11.26	10.24	9.47	11.23	10.19	9.77	−0.27	−0.49	3.17	0.99	1.08	1.29	0.99	1.06	1.22	0	−1.85	−5.43
	吕城大桥	13.44	13.31	13.68	13.44	13.37	13.67	0	0.45	−0.07	1.28	1.17	1.32	1.28	1.05	1.34	0	−10.26	1.52
	人民桥	11.24	11.13	11.51	11.24	11.01	11.49	0	−1.08	−0.17	0.47	0.41	0.39	0.47	0.42	0.39	0	2.44	0
	徐舍	13.01	11.72	11.70	12.98	11.95	11.70	−0.23	1.96	0	1.70	1.91	1.77	1.70	1.99	1.77	0	4.19	0
	金沙大桥	13.75	12.86	13.38	13.75	12.97	13.37	0	0.86	−0.07	1.41	1.35	1.55	1.40	1.23	1.52	−0.71	−8.89	−1.94
武澄锡虞区	水门桥	15.40	15.01	15.81	15.33	15.03	15.81	−0.45	0.13	0	1.86	1.77	1.91	1.87	1.71	1.90	0.54	−3.39	−0.52
	西湖塘桥	14.43	13.75	14.13	14.40	13.76	14.18	−0.21	0.07	0.35	1.49	1.32	1.61	1.52	1.30	1.60	2.01	−1.52	−0.62
	查家桥	13.64	12.79	13.64	13.60	12.78	13.62	−0.29	−0.08	−0.15	1.67	1.63	1.79	1.67	1.61	1.78	0	−1.23	−0.56
	东方红桥	14.01	13.85	14.91	13.95	13.88	14.88	−0.43	0.22	−0.20	1.95	2.02	2.22	1.97	2.01	2.21	1.03	−0.50	−0.45
	吴桥	16.43	15.99	17.51	16.43	16.06	17.49	0	0.44	−0.11	2.37	2.42	2.69	2.40	2.41	2.68	1.27	−0.41	−0.37
阳澄淀泖区	元和塘桥	26.58	27.95	28.74	25.75	27.70	28.68	−3.12	−0.89	−0.21	1.02	1.26	0.97	0.96	1.26	0.98	−5.88	0	1.03
	周庄大桥	19.44	20.47	19.28	19.55	20.48	19.27	0.57	0.05	−0.05	0.76	0.82	0.81	0.74	0.81	0.81	−2.63	−1.22	0
	娄江大桥	17.41	15.52	16.60	17.28	15.45	16.58	−0.75	−0.45	−0.12	1.92	1.61	1.80	1.91	1.61	1.80	−0.52	0	0
	千灯浦	21.50	18.69	19.23	21.65	18.67	19.23	0.70	−0.11	0	1.29	1.41	1.36	1.25	1.41	1.36	−3.10	0	0
	尹山大桥	19.10	17.82	18.65	19.14	17.79	18.66	0.21	−0.17	0.05	3.15	3.12	3.14	3.12	3.10	3.15	−0.95	−0.64	0.32
杭嘉湖区	鼓楼桥	9.06	7.51	6.42	9.05	7.49	6.40	−0.11	−0.27	−0.31	0.22	0.14	0.21	0.22	0.13	0.20	0	−7.14	−4.76
	练市大桥	11.38	10.47	11.37	11.26	10.39	11.31	−1.05	−0.76	−0.53	1.33	1.60	2.02	1.29	1.60	2.00	−3.01	0	−0.99
	乌镇双溪桥	15.76	13.22	15.03	15.65	13.20	14.97	−0.70	−0.15	−0.40	1.47	1.32	1.80	1.48	1.32	1.74	0.68	0	−3.33
	嘉兴	15.53	15.19	16.23	15.35	15.07	16.53	−1.16	−0.79	1.85	1.59	1.67	1.98	1.60	1.65	1.91	0.63	−1.20	−3.54
	平湖	13.75	12.09	13.08	13.76	12.07	13.22	0.07	−0.17	1.07	1.89	1.93	2.09	1.91	1.95	2.07	1.06	1.04	−0.96
浙西区	杭长桥	9.67	7.60	7.50	9.65	7.55	7.48	−0.21	−0.66	−0.27	0.37	0.33	0.41	0.36	0.33	0.41	−2.70	0	0

NH_3—N浓度呈先下降后升高趋势；区域代表站COD、NH_3—N浓度总体呈7—8月逐步降低，9月略有增加的趋势。较JC方案，ZH方案7—9月枯水状况下太湖COD浓度降幅8月较大，为0.62%，NH_3—N浓度保持不变；湖西区不同断面COD浓度、NH_3—N浓度变化趋势不一致，8月降幅最为明显，COD浓度降幅为0.49%～1.08%，NH_3—N浓度降幅为1.85%～10.26%；武澄锡虞区COD浓度7月降幅明显，为0.21%～0.45%，NH_3—N浓度8月、9月降幅明显，降幅为0.37%～3.39%；阳澄淀泖区COD浓度8月、9月降幅明显，为0.05%～0.89%，NH_3—N浓度7月改善较大，为0.52%～5.88%；杭嘉湖区COD浓度7—9月降低，NH_3—N浓度8月、9月降幅较大，为0.96%～7.14%；浙西区COD浓度8月降幅为0.66%，NH_3—N浓度7月降幅为2.70%。

综上所述，遇2013年特殊实况年，较JC方案，ZH方案对流域及区域防洪、水资源以及水生态环境均具改善作用，ZH方案太湖全年水位未出现超警现象，并对4—5月以及7—8月枯水现象起到缓解作用，同时对区域防洪未造成不利影响；太湖及各分区全年和枯水期低水位均得到一定抬升，松浦大桥断面月净泄流量全年均得到保障，流域、区域水资源条件得到改善；太湖及区域水环境的总体表现为一定程度的改善。

7.3 太湖水生态环境调度控制要求探索

水生态环境控制目标是流域多目标综合调度的重要组成部分，目前对于太湖水生态环境调度的研究较少。本节通过多年实测监测资料和调水实践资料统计分析，进一步明确了现状太湖水生态环境改善的需求和效果，探究流域上游区来水、望虞河引水等与太湖水质的响应关系，识别太湖水质指标的关键控制因子，并分析在望亭枢纽、太浦闸以及常熟枢纽等工程的调度方案中增加控制因子的可行性。

7.3.1 太湖与出入湖河道水体有序流动的联动效应分析

基于太湖流域河湖水体有序流动内涵的研究，结合太湖流域综合调度目标与指标体系构建，重点对湖西区上游水体、望虞河引水入湖流量过程与太湖水体水量、水质关系进行研究，同时以太浦河为对象分析出湖水量与水质的响应关系，研究提出太湖与出入湖河道水体有序流动的关键影响因素。

7.3.1.1 太湖与入湖河道水量水质响应关系分析

本节基于多年实测监测资料、调水实践资料以及数学模型模拟，分析湖西区上游水体、望虞河引江入湖水体的水量水质状况对太湖水生态环境的作用，提出湖西区及望虞河适宜的入湖流量。

1. 上游区来水与太湖水量水质影响效应分析

湖西区处于太湖上游，是入湖水量主要来源，2002—2012年环太湖历年入湖水量中，湖西区入湖水量占比达60%以上，故本次以湖西区为重点，分析拟定入湖流量、水质及引水时间等要素，研究上游区来水对太湖水量、水质尤其是对西北部湖区水环境的改善效应。

(1) 方案设计。

1）流量设定。根据2013年、2014年入湖流量监测资料，直湖港、武进港及雅浦港入湖控制长期处于关闸状态，防止直武地区污水入太湖，湖西区入湖河道流量最大的为城东港桥站，即东氿连通城东港入湖，2013年入湖月平均流量为47～180m^3/s，年平均流量为102m^3/s，2014年入湖月平均流量为35～145m^3/s，年平均流量为77m^3/s；其次为浯溪桥站，即滆湖入湖河道，2013年入湖月平均流量为40～86m^3/s，年平均流量为47m^3/s，2014年入湖月平均流量为16～54m^3/s，年平均流量为31m^3/s。考虑到上游区来水会受新孟河延伸拓浚工程影响，新孟河江边枢纽引江泵站流量为300m^3/s，根据模型计算新孟河入湖为80～100m^3/s，基于上游来水改善西部湖湾水环境，入湖清水主要靠新孟河引江直达太湖，另外一股为南部山丘区清水由东氿入湖，为77～102m^3/s，结合1990年型模型计算，湖西区入湖年平均流量合计140m^3/s，故入湖总流量设置150m^3/s、200m^3/s两种规模。

2）水质设定。根据2013年水质监测资料，若TN参评，入湖河道水质均为劣Ⅴ类，若TN不参评，入湖河道水质一般为Ⅳ～Ⅴ类。考虑到本次研究结合新孟河工程引长江清水改善湖西区水环境的同时，入湖河道水质将有所改善，因此设置入湖河道水质COD和NH_3—N分别维持Ⅲ类或Ⅳ类两个方案。若TN参评，西部沿岸湖区水体水质均为劣Ⅴ类，若TN不参评，J12#竺山湖、J13#大浦为Ⅳ类，J13A#洑东为Ⅲ类，因此太湖西部湖区水体水质初始按照Ⅳ类水设置。

3）引水时间拟定。考虑到竺山湖、西部沿岸区是湖西上游来水的直接受水区，引水时间以置换竺山湖、西部沿岸区水体为依据拟定。根据以往调水试验及引清活水方案研究，当引水量达到受水区水体槽蓄量的3倍时能实现整个河网水体换水一遍，当引水量达到受水区水体槽蓄量的1倍时，表层水体水质能有所改善，换水初见成效。竺山湖位于太湖西北角，为半封闭型湖湾，湖水面积68.3km^2，平均水深约2.4m，湖泊水体槽蓄量约为1.65亿m^3；西部沿岸区位于太湖西岸，北起烧香港，南至苏浙交界，湖区面积199.8km^2，平均水深约2.5m，湖泊水体槽蓄量约为5.01亿m^3；则需引入的清水量至少需6.66亿m^3，若按照入湖流量140m^3/s计，所需时间约为55d，因此，初拟湖西区引水时间为60d。

（2）效果分析。经过模型模拟，1990年型下，若上游区来水规模为150m^3/s，向太湖引清60d后，入湖水量为7.78亿m^3，从太湖主要水质指标改善效果来看，入湖水质为Ⅲ类水和Ⅳ类水方案中。Ⅲ类水改善幅度明显高于Ⅳ类水。与初始浓度相比，湖西区来水按照150m^3/s、Ⅲ类水质入湖后，竺山湖湾COD、NH_3—N浓度降幅分别为39.20%、35.00%，梅梁湖湾COD、NH_3—N浓度降幅分别为5.00%、3.33%，湖心区COD、NH_3—N浓度降幅分别为5.60%、5.00%。当湖西区来水按照150m^3/s、Ⅳ类水质入湖后，虽然改善幅度明显不如Ⅲ类水方案，但由于大量清水补给加快了湖体流动，太湖自净能力加强的同时，太湖水质总体也有所改善。竺山湖湾COD、NH_3—N浓度降幅分别为15.70%、13.75%，梅梁湖湾COD、NH_3—N浓度降幅分别为2.00%、0.83%，湖心区COD浓度降幅为2.20%、NH_3—N浓度保持不变。

进一步加大上游区来水规模至200m^3/s时，向太湖引清60d后，入湖水量为10.37亿m^3，对比入湖水质为Ⅲ类水和Ⅳ类方案对太湖主要水质指标的改善效果，表现为Ⅲ类水改善幅

度明显高于Ⅳ类水。与初始浓度相比，湖西区来水按照 200m³/s、Ⅲ类水质入湖后，竺山湖湾 COD、NH_3—N 浓度降幅分别为 44.00%、40.00%，梅梁湖湾 COD、NH_3—N 浓度降幅分别为 8.00%、5.00%，湖心区 COD、NH_3—N 浓度降幅分别为 8.00%、5.00%；当湖西区来水按照 200m³/s、Ⅳ类水质入湖后，太湖水质也有所改善，竺山湖湾 COD、NH_3—N 浓度降幅分别为 19.80%、17.50%，梅梁湖湾 COD、NH_3—N 浓度降幅为 3.60%、2.50%，湖心区 COD、NH_3—N 浓度降幅为 4.00%、5.00%，见表 7.36。

表 7.36　　1990 年型太湖湖西来水对太湖湖体水质影响成果

湖西区上游来水水质		初始浓度	湖西区上游来水规模/(m³/s)							
			150		200		150（改善幅度）		200（改善幅度）	
			Ⅲ类	Ⅳ类	Ⅲ类	Ⅳ类	Ⅲ类	Ⅳ类	Ⅲ类	Ⅳ类
竺山湖	COD/(mg·L⁻¹)	30	18.24	25.29	16.80	24.06	39.20%	15.70%	44.00%	19.80%
	NH_3—N/(mg·L⁻¹)	0.8	0.52	0.69	0.48	0.66	35.00%	13.75%	40.00%	17.50%
梅梁湖	COD/(mg·L⁻¹)	30	28.50	29.40	27.60	28.92	5.00%	2.00%	8.00%	3.60%
	NH_3—N/(mg·L⁻¹)	1.2	1.16	1.19	1.14	1.17	3.33%	0.83%	5.00%	2.50%
湖心区	COD/(mg·L⁻¹)	15	14.16	14.67	13.80	14.40	5.6%	2.20%	8.00%	4.00%
	NH_3—N/(mg·L⁻¹)	0.2	0.19	0.20	0.19	0.19	5.00%	0	5.00%	5.00%

2. 望虞河引水与太湖水质变化的关系分析

望虞河是太湖流域引江济太水资源调度的骨干引水通道，其多年平均入湖水量占环太湖地区入湖总量的 9%。根据《太湖流域引江济太调度方案》，当闸下水质控制指标满足地表水Ⅲ类水质要求时，望亭水利枢纽才开闸入湖，望虞河入湖水质可得到一定保障。因此，本部分重点围绕望虞河入湖水量变化和太湖水质变化的关系开展研究。

（1）方案设计。根据望虞河历年引江资料，拟定引江入湖流量、水质及引水时间，研究望虞河引水水量对贡湖水质及胥湖水质的改善效应。

1）流量设定。由历年引江资料分析，望虞河自 2002 年引江济太以来，常熟枢纽累计引水量为 274.25 亿 m³，引水流量为 67～159m³/s，多年平均引水流量为 124m³/s；望亭枢纽累计引水量为 120.21 亿 m³，引水流量为 37～89m³/s，多年平均引水流量为 57m³/s。结合模型计算，1990 年型望虞河入湖平均流量为 60～80m³/s，望虞河引水入湖设置 60m³/s、70m³/s 和 80m³/s 3 种规模。

2）水质设定。望虞河作为流域现状唯一的直接引长江水入太湖的输水通道，其水质变化与引江济太调度具有密切的关系。相关研究表明，引江济太调水对改善贡湖、梅梁湖及东太湖湖区等引排水流经的区域水质、保障太湖供水安全具有重要意义。由于贡湖是望虞河引江济太调水工程望亭枢纽入湖的直接受水区，引江济太调水对贡湖、东太湖水质起到明显改善作用。根据《太湖流域管理条例》《引江济太调水试验关键技术研究》等，为保证望虞河入湖水质，确保引江济太量质并重，望亭枢纽开闸的入湖条件为：枢纽闸下水质指标 COD 浓度小于 20mg/L，NH_3—N 浓度小于 1mg/L，即保证入湖水质为Ⅲ类及以上。2008—2013 年引江济太监测资料显示，望虞河干流在引江济太时期水质总体好于非引江济太时期，引江济太期间望亭水利枢纽断面入湖水质保持在Ⅱ～Ⅲ类，结合历年来太湖水质资料成果，望虞河入湖水质和太湖贡湖及胥湖湖区水质初始条件均设置为：COD浓度20mg/L，NH_3—N浓度0.3mg/L。

3）引水时间拟定。贡湖是望虞河引江济太调水工程望亭枢纽入湖的直接受水区，引水时间以置换贡湖水体为依据拟定。根据以往调水试验及引清活水方案研究，当引水量达到受水区水体槽蓄量的3倍时能实现整个河网水体换水一遍，当引水量达到受水区水体槽蓄量的1倍时，表层水体水质能有所改善，换水能初见成效。贡湖位于太湖东北部，湖泊水面积148km^2，平均水深约2.0m，湖泊水体槽蓄量约为2.97亿m^3，若按照望亭枢纽多年平均引水流量57m^3/s，所需时间约为60d。因此，初拟望虞河引水时间为60d。太湖流域多年平均降水量1177mm，根据各站点实测水文资料，2014年流域年降水量1288mm，较接近流域平均降水量，可作为平水年型，统计2014年的望亭枢纽实测逐日平均流量表，非汛期连续调水为57d，平均流量为70m^3/s，因此在平水年型拟定望虞河引水时间为60d既符合改善需求也符合实际情况。

（2）效果分析。当望虞河引水入湖流量为60m^3/s，引水约60d后，引水水量达3.11亿m^3时，贡湖水质有所改善，COD浓度由20mg/L下降至15.29mg/L，NH_3—N浓度由0.3mg/L下降至0.258mg/L，但对胥湖基本无改善，可见引水入湖流量为60m^3/s方案对贡湖有影响，影响范围主要为望虞河入湖口附近水体。当望虞河引水入湖流量加大到70m^3/s，引水约60d后，引水水量达3.63亿m^3时，水环境改善影响范围扩大，且改善效果更为明显，贡湖COD浓度由20mg/L下降至13.84mg/L，NH_3—N浓度由0.3mg/L下降至0.228mg/L；水环境改善影响范围扩大至胥湖，胥湖COD浓度下降至17.6mg/L，NH_3—N浓度下降至0.264mg/L，且入湖70m^3/s方案湖体周边河网水体流动性也较60m^3/s方案加快。

当望虞河引水入湖流量进一步加大到80m^3/s，引水约60d后，引水水量达4.15亿m^3时，水环境改善影响范围进一步扩大，胥口附近水质也有一定改善，且改善效果进一步加强，贡湖COD浓度由20mg/L下降至12.38mg/L，NH_3—N浓度由0.3mg/L下降至0.207mg/L，胥湖水质也进一步改善，胥湖COD浓度下降至16.53mg/L，NH_3—N浓度下降至0.249mg/L，且湖体周边河网水体流动性也较60m^3/s、70m^3/s方案进一步加快。但总体而言，望虞河入湖流量为80m^3/s时，较70m^3/s方案贡湖水质及胥湖水质改善效果趋缓，见表7.37。

表7.37　　1990年型望虞河不同引水规模下对太湖水体影响成果

统计项目		望虞河引江入湖规模/($m^3 \cdot s^{-1}$)			
		初始	60	70	80
贡湖	COD/($mg \cdot L^{-1}$)	20	15.29	13.84	12.38
	NH_3—N/($mg \cdot L^{-1}$)	0.3	0.258	0.228	0.207
胥湖	COD/($mg \cdot L^{-1}$)	20	19.29	17.6	16.53
	NH_3—N/($mg \cdot L^{-1}$)	0.3	0.291	0.264	0.249
湖体周边河网流速/($cm \cdot s^{-1}$)		—	5.5	8.7	9.4

7.3.1.2 太湖与出湖河道水量水质响应关系分析

太湖出湖河道主要为武澄锡虞区、阳澄淀泖区、杭嘉湖区等环湖口门，大部分环湖口门的水资源供给主要根据地区和区域需求，太浦河供水范围则主要是太浦河两岸和上海市金泽水库水源地。作为太湖向下游供水通道，优质水资源通过太浦闸向下游持续输送，极大地改善了下游水环境，有效保障了太浦河下游水源地的供水安全。因此本节内容以太浦河为对象分析出湖水量水质响应关系，太浦闸下断面水质监测结果显示，太浦河口处太湖水质较优且稳定。

1. 水量

根据2008—2014年监测资料，太浦闸下、平望、金泽等断面旬均流量变化趋势总体一致。太浦闸与平望、平望与金泽旬均流量存在相关关系，相关系数分别为0.73和0.62。10月至次年3月上旬，金泽站近7年平均旬均流量是太浦闸出湖流量的3～6倍；3月中旬至9月，金泽站近7年平均旬均流量是太浦闸出湖流量的1～3倍。

金泽断面来水中太湖清水所占比例随太浦闸出湖流量的增大而增加。当太浦闸出湖流量在80～100m^3/s时，金泽断面来水中太湖清水与两岸地区汇入的水量比例相当。当太浦闸出湖流量低于35m^3/s、35～50m^3/s、50～80m^3/s、80～100m^3/s、大于100m^3/s、大于200m^3/s时，金泽断面水量中太湖来水与两岸地区汇入的水量比例分别为1∶6.1、1∶3.0、1∶2.4、1∶0.9、1∶0.7和1∶0.4，详见表7.38。随着太浦闸出湖流量加大，太浦闸至平望段汇入太浦河水量逐渐减小；当流量大于100m^3/s时，太浦闸至平望段两岸地区以出太浦河为主。

表7.38　太浦闸不同出湖流量情况金泽断面来水组成　单位：m^3/s

出湖流量	金泽平均流量	太浦闸至平望段汇入	平望至金泽段汇入	来水比例
<35	178.3	67.7	100.3	1∶6.1
35～50	159.9	54.7	79.9	1∶3.0
50～80	188.7	46.1	101.1	1∶2.4
80～100	138.8	28.7	35.9	1∶0.9
>100	255.1	−10.2	104.9	1∶0.7
>200	319.1	−30.5	108.9	1∶0.4

2. 水质

根据2008—2014年水质监测评价资料，除2010年上海市举办世博会和青草沙原水系统切换需要，太浦闸出湖流量全年基本以较大流量向下游供水，使得太浦河沿线太浦闸下、平望大桥、芦墟大桥、金泽、东蔡大桥、练塘大桥监测断面水质总体较好，其余年份各断面水质年际间变化不大，除总氮外，太浦闸下断面水质指标总体在Ⅰ～Ⅲ类，金泽断面水质指标在Ⅱ～Ⅲ类。2008—2014年，太浦闸下水质基本稳定，除TN指标外，参评的22项水质指标总体在Ⅰ～Ⅲ类。其中，溶解氧、高锰酸盐指数、COD、五日生化需氧量、TP、铜、锌、氟化物、硒、砷、汞、镉、铬（六价）、铅、氰化物、挥发酚、石油类、阴离子表面活性剂和硫化物等指标均达到Ⅲ类；其余指标部分时段劣于Ⅲ类，参见表7.39。受太浦河两岸地区来水影响，太浦河干流沿线各评价站点水质浓度呈上升趋势，但总体在Ⅱ～Ⅲ类。金泽大部分水质指标基本能满足Ⅲ类，但溶解氧、氨氮、总氮、粪大肠菌群在部分时段劣于Ⅲ类，各指标达标情况参见表7.40。

表7.39　　太浦闸下水质达标情况

统计项目	总监测次数	优于Ⅲ类	优于Ⅳ类	优于Ⅴ类	劣于Ⅴ类
pH值	271	99.6%	99.6%	99.6%	0.4%
DO	280	100.0%	100.0%	100.0%	0
高锰酸盐指数	276	100.0%	100.0%	100.0%	0
COD	98	99.0%	100.0%	100.0%	0
五日生化需氧量	281	99.6%	100.0%	100.0%	0
氨氮	279	100.0%	100.0%	100.0%	0
TP	281	35.6%	64.8%	82.9%	17.1%
TN	86	100.0%	100.0%	100.0%	0
铜	86	100.0%	100.0%	100.0%	0
锌	87	100.0%	100.0%	100.0%	0
氟化物	86	100.0%	100.0%	100.0%	0
硒	86	100.0%	100.0%	100.0%	0
砷	86	100.0%	100.0%	100.0%	0
汞	86	100.0%	100.0%	100.0%	0
镉	86	100.0%	100.0%	100.0%	0
铬（六价）	86	100.0%	100.0%	100.0%	0
铅	86	100.0%	100.0%	100.0%	0
氰化物	86	100.0%	100.0%	100.0%	0
挥发酚	86	100.0%	100.0%	100.0%	0
石油类	86	100.0%	100.0%	100.0%	0
阴离子表面活性剂	86	100.0%	100.0%	100.0%	0
硫化物	86	95.3%	100.0%	100.0%	0
粪大肠菌群	271	100.0%	100.0%	100.0%	0

表7.40　　金泽断面水质达标情况

统计项目	总监测次数	优于Ⅲ类	优于Ⅳ类	优于Ⅴ类	劣于Ⅴ类
pH值	256	100.0%	100.0%	100.0%	0
DO	223	70.4%	96.9%	100.0%	0
高锰酸盐指数	266	95.9%	100.0%	100.0%	0
COD	211	91.5%	99.5%	100.0%	0
五日生化需氧量	70	90.0%	100.0%	100.0%	0
NH_3—N	266	86.8%	99.6%	100.0%	0
TP	266	99.6%	99.6%	99.6%	0.4%

续表

统计项目	总监测次数	优于Ⅲ类	优于Ⅳ类	优于Ⅴ类	劣于Ⅴ类
TN	266	0.4%	6.0%	21.4%	78.6%
铜	70	100.0%	100.0%	100.0%	0
锌	70	100.0%	100.0%	100.0%	0
氟化物	70	100.0%	100.0%	100.0%	0
硒	70	100.0%	100.0%	100.0%	0
砷	70	100.0%	100.0%	100.0%	0
汞	70	100.0%	100.0%	100.0%	0
镉	70	100.0%	100.0%	100.0%	0
铬（六价）	70	100.0%	100.0%	100.0%	0
铅	70	100.0%	100.0%	100.0%	0
氰化物	84	100.0%	100.0%	100.0%	0
挥发酚	84	100.0%	100.0%	100.0%	0
石油类	70	97.1%	97.1%	100.0%	0
阴离子表面活性剂	70	98.6%	98.6%	98.6%	1.4%
硫化物	69	100.0%	100.0%	100.0%	0
粪大肠菌群	70	57.1%	80.0%	90.0%	10.0%

随着太浦闸出湖流量增大，金泽断面水质指标呈逐步改善的趋势，见图7.18，在50～80m^3/s、大于100m^3/s、超过200m^3/s下泄条件下相关水质指标相对稳定。太浦闸出湖流量大于80m^3/s时，高锰酸盐指数和NH_3—N单指标水质评价水体水质可达Ⅱ类。

综上所述，太浦闸出湖流量与金泽断面流量、水质存在较好的响应关系。当出湖流量增加时，金泽断面水量组成中太湖来水占比提高，金泽断面水质指标有所好转：太湖出湖流量维持在50～80m^3/s时，金泽断面水量组成中太湖来水占比约30%，金泽断面水质指标均呈现好转并相对稳定；当出湖流量在80～100m^3/s时，金泽断面水量组成中太湖来水占比约50%，金泽断面部分水质指标继续呈现好转；出湖流量达到100m^3/s以上时，金泽断面水量组成中太湖来水占比约为60%，金泽断面部分水质指标进一步好转并相对稳定；当出湖流量继续增大时，金泽断面水质指标改善效果趋缓，部分指标并不会进一步改善。

7.3.1.3 太湖与出入湖河道水体有序流动关键影响因素研究

以改善太湖水环境质量为目标，基于湖西区入湖水量、望虞河入湖水量对太湖水质改善关系的研究，统筹考虑河网水体有序流动，方案设计考虑如下：上游区入湖总流量设置150m^3/s和200m^3/s两种规模，望虞河引水入湖流量设置60m^3/s、70m^3/s、80m^3/s和90m^3/s 4种规模，太湖西部湖区水体水质初始按照Ⅲ类水设置，太湖贡湖及胥湖湖区水质初始条件按照COD浓度为20mg/L、NH_3—N浓度为0.3mg/L设置，引水时间按照60d设置；由5.4.1.2节分析可知，太浦闸出湖流量为50～80m^3/s时，太浦河金泽断面水质改善较明显，且相对稳定；结合《太湖流域洪水与水量调度方案》，考虑太浦河出湖

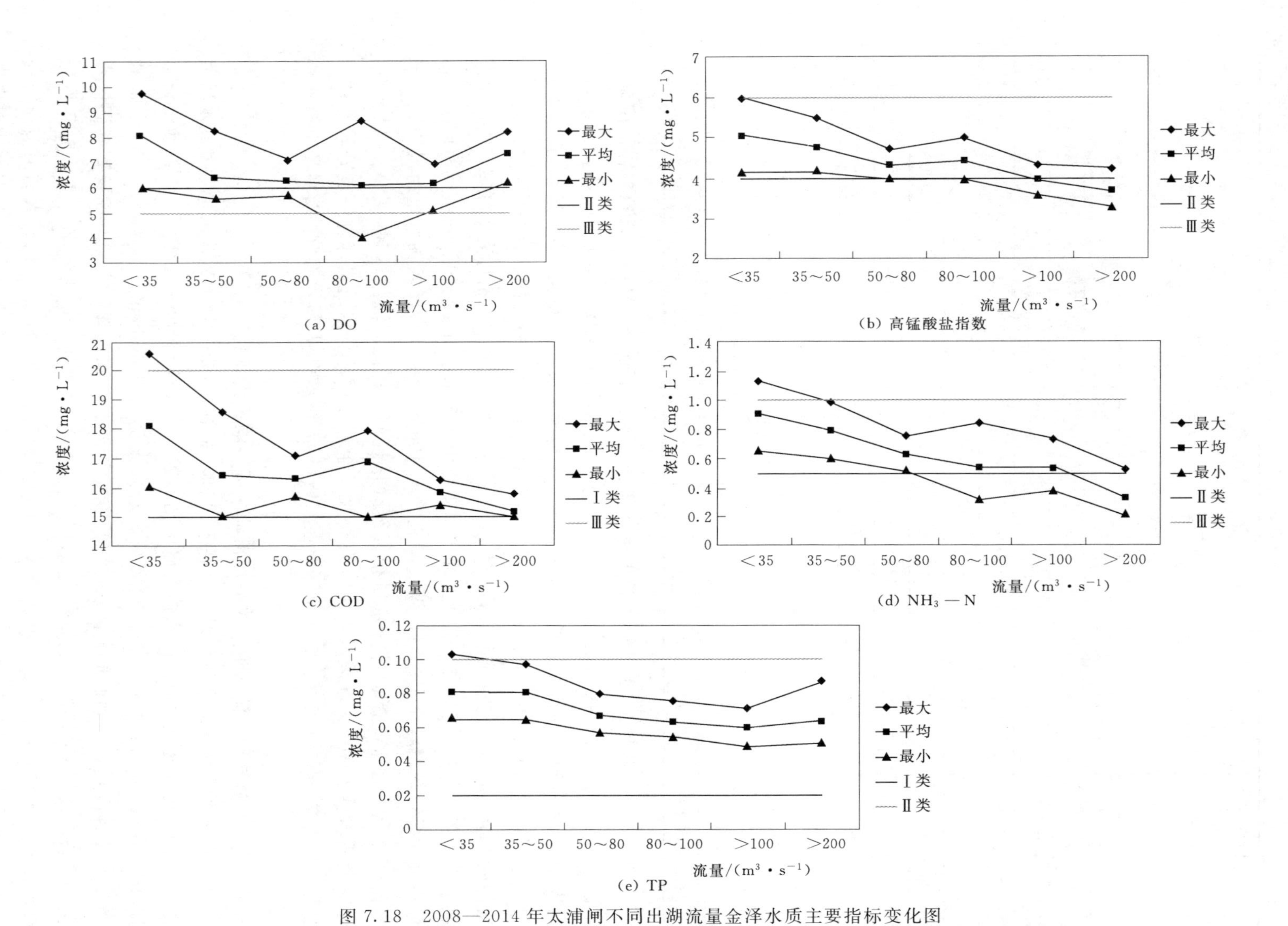

(a) DO

(b) 高锰酸盐指数

(c) COD

(d) NH_3—N

(e) TP

图 7.18　2008—2014年太浦闸不同出湖流量金泽水质主要指标变化图

流量以 50m³/s 基础、20m³/s 为级差进行设置，即 30m³/s、50m³/s、70m³/s 3 种规模。

通过组合方案分析，湖西区上游来水主要改善区域为竺山湖及梅梁湖，望虞河入湖后，水环境影响范围为贡湖及胥湖，对北部的梅梁湖及西部的竺山湖基本无影响，但与上游区来水同时入太湖时，可进一步改善湖心区水环境；随着上游区来水及望虞河入湖量的增大，对东太湖水质改善有一定效果，但东太湖为东南部湖湾属引清入湖的间接受水区，水质改善不明显；随着太浦河出湖流量加大，可有效补充太浦河水资源、促进河网水体有序流动，太浦河出湖由 30m³/s 增加至 50m³/s、70m³/s 时，平望水位分别抬高 2cm、3cm，水体流动性不断加强，太浦河流速分别增加 3cm/s、5cm/s；随着太浦河出湖流量加大，河网水质改善效果逐步提高，太浦河出湖流量为 30m³/s、50m³/s、70m³/s 时，太浦河平望断面 COD、NH_3—N 浓度相比初始水质的改善幅度分别为 13.66%、28.42%、38.25%，15.38%、32.31%、46.15%，但出湖流量每增加 20m³/s，COD 指标改善增量效益分别为 14.76%、9.83%，NH_3—N 指标改善增量效益分别为 16.93%、13.84%，增幅明显趋缓，太浦河出湖为 50m³/s 时改善河网水质增量效益相比 30m³/s 及 70m³/s 显著，随着出湖流量的继续增大，河网水质改善幅度趋缓，具体改善效果及程度详见表 7.41～表 7.43。

表 7.41　　出入湖河道不同引水规模组合计算方案设计表

方案名称	上游区入湖流量/($m^3 \cdot s^{-1}$)	望虞河引水入湖流量/($m^3 \cdot s^{-1}$)	太浦河出湖流量/($m^3 \cdot s^{-1}$)	湖西区上游来水水质	望虞河入湖水质
方案 1	150	60	30	Ⅲ类	Ⅲ类
方案 2	150	70	50	Ⅳ类	Ⅲ类
方案 3	200	80	70	Ⅲ类	Ⅲ类
方案 4	200	90	70	Ⅳ类	Ⅲ类

表 7.42　　出入湖河道不同引水规模下对太湖水体影响成果表

统计项目		初始浓度/($mg \cdot L^{-1}$)	浓度/($mg \cdot L^{-1}$)				改善幅度/%			
			方案 1	方案 2	方案 3	方案 4	方案 1	方案 2	方案 3	方案 4
竺山湖	COD	30	18.24	25.29	16.8	24.06	39.20	15.70	44.00	19.80
	NH_3—N	0.8	0.52	0.69	0.48	0.66	35.00	13.75	40.00	17.50
梅梁湖	COD	30	28.5	29.4	27.6	28.92	5.00	2.00	8.00	3.60
	NH_3—N	1.2	1.16	1.19	1.14	1.17	3.33	0.83	5.00	2.50
贡湖	COD	20	15.29	13.84	12.38	11.14	23.55	30.80	38.10	44.30
	NH_3—N	0.3	0.258	0.228	0.207	0.198	14.00	24.00	31.00	34.00
胥湖	COD	20	19.29	17.6	16.53	15.87	3.55	12.00	17.35	20.65
	NH_3—N	0.3	0.291	0.264	0.249	0.239	3.00	12.00	17.00	20.33
平望	COD	18.3	15.8	13.1	11.3	11.3	13.66	28.42	38.25	38.25
	NH_3—N	0.65	0.55	0.44	0.35	0.35	15.38	32.31	46.15	46.15

表7.43　　1990年型不同方案下太湖及下游地区水质情况

统计项目	方案1	方案2	方案3	方案4	方案2－方案1	方案3－方案1	方案4－方案1
太浦河流速/($cm \cdot s^{-1}$)	14	17	19	19	3	5	5
供水期（4—10月）平望站最低旬平均水位/m	2.82	2.84	2.85	2.85	0.02	0.03	0.03

根据沿江水利工程能力及实测资料分析，结合上游区来水、望虞河与太湖水质关系研究，可得出以下结论：

（1）湖西区上游来水入湖后，水环境影响范围为竺山湖及梅梁湖。对竺山湖的改善效果最好，水质可直接由Ⅳ类提升至Ⅲ类：对梅梁湖有一定的改善效果，但效果不明显。因此梅梁湖水环境改善需主要依靠控污截污，待直武地区水环境改善后，打开直湖港、武进港及雅浦港入湖控制，促进梅梁湖水体有序流动，方有可能大幅度提升该片区湖体水环境。

（2）根据湖西区入湖流量分别为150m^3/s及200m^3/s时对太湖湖体水质改善效果的分析，当入湖水质能保证为Ⅲ类时，由150m^3/s继续加大至200m^3/s，太湖水质改善幅度趋缓。根据新孟河江边界牌枢纽引水泵站规模为300m^3/s，入湖一般情况下只能达到100m^3/s，故可控的入湖流量最多可达到100m^3/s，加上西部山丘区清水可补给50m^3/s左右，因此，从改善效果、水利工程和实际情况出发，初拟推荐湖西入湖总流量为150m^3/s较适宜。

（3）望虞河入湖后，水环境影响范围为贡湖及胥湖，对北部的梅梁湖及西部的竺山湖基本无影响，但与上游区来水同时入太湖时，可进一步改善湖心区水环境。根据成果表，望虞河引清对贡湖改善效果最好，随着引水量的增加，影响范围越来越大，水质也能提升一个类别；其次对胥湖也有一定的改善效果。根据望虞河入湖流量分别为60m^3/s、70m^3/s、80m^3/s及90m^3/s 4种规模时对太湖湖体水质改善效果的分析，70m^3/s入湖时太湖水体改善幅度有明显提升，继续加大至80m^3/s或90m^3/s，太湖水质改善幅度趋缓。望虞河望亭枢纽入湖多年平均流量为57m^3/s，近五年以60～70m^3/s居多，因此，初拟推荐望虞河入湖流量为70m^3/s较适宜。

（4）太浦河出湖流量主要对太浦河水源地产生明显的影响。通过对2008—2014年太浦河出湖流量水量、水质监测资料分析，太浦闸出湖流量为50～80m^3/s时，太湖来水在金泽断面水量组成中占比约30%；出湖流量为80～100m^3/s时，太湖来水在金泽断面水量组成中占比约50%；出湖流量大于100～200m^3/s时，太湖来水在金泽断面水量组成中占比约60%；随太浦闸出湖流量增大，金泽断面水质指标逐步改善。

7.3.2　太湖水质类指标增加的可行性分析

本节分析制约太湖水质状况提升的关键因子，研究在望虞河常熟枢纽、望亭枢纽及新孟河江边枢纽等工程调度方案中增加太湖水质类指标的可行性，以促进太湖水生态环境改善。

7.3.2.1 太湖水质关键因子分析

2002年引江济太调水试验开展至今，太湖水质总体呈好转趋势，特别是高锰酸盐指数、NH_3—N、TN指标有了较大改善，但TP改善幅度较小。2015年，除TP外，太湖高锰酸盐指数、NH_3—N、TN浓度已经达到了《太湖流域水环境综合治理总体方案修编》确定的2015年近期目标。根据《太湖流域水环境综合治理总体方案修编》确定的2020年目标，现状太湖水体中TP尚未达到2020年目标，且因太湖TN一直为劣Ⅴ类，导致太湖水体一直属于劣Ⅴ类。因此，从太湖水质指标改善需求来看，TN、TP为制约太湖水质改善的关键因子。

2007—2014年太湖水质TN、TP指标平均年内变化趋势见图7.19，太湖TN、TP指标年内呈现不同的变化趋势。TP指标上半年相对平稳，8月前后显著上升并达到年内最高，后逐月下降，基本维持在Ⅳ类，太湖水体TP浓度没有明显的季节性变化规律。TN指标上半年均处于劣Ⅴ类，最高值集中出现在3—4月，7—11月逐月下降至Ⅳ类，其中在9—10月浓度最低，11月至次年3月又呈上升趋势，表明太湖水体TN浓度呈明显的季节性变化规律，与水温、水量呈显著的负相关关系。相关研究表明，这与TN的污染排放特征及水体氮的反硝化作用流失有关系。春季是氮肥大量使用的季节，而此期间往往是

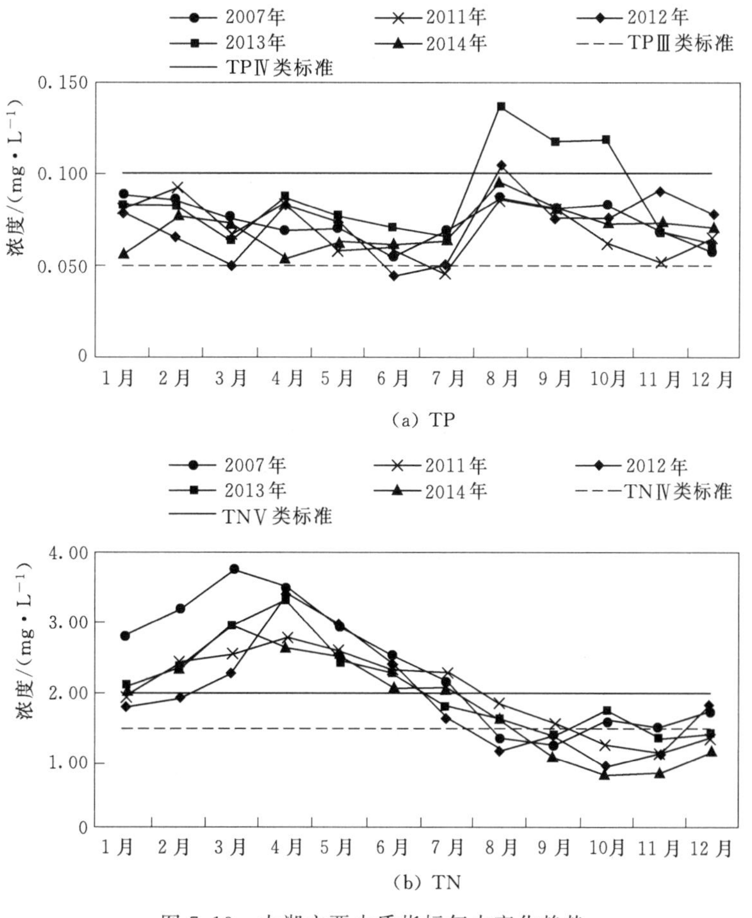

(a) TP

(b) TN

图7.19 太湖主要水质指标年内变化趋势

枯水期，温度也较低，同时细菌活性低，湖泊中反硝化过程等脱氮过程慢，形成了高氮、低水位的特征，此时水体氮的浓度特别高。而夏季随着施肥量的下降以及强降雨的稀释作用，同时湖体细菌活性旺盛，反硝化脱氮作用强烈，形成了高水位、低氮赋存量的特征。因此，太湖在2—5月期间最需要关注TN指标，8—10月期间最需要关注TP指标。

相关研究表明，太湖各湖区水体氮、磷浓度变化空间异质性明显，西部水域和北部水域变化幅度大于东部水域、南部水域和湖心区。太湖水体氮、磷浓度的长期变化趋势和流域经济发展及各项环保管理措施的实施密切相关，同时也受到重大水情变化的影响。在相对封闭的局部湖湾水体可以通过水利调度等综合治理措施短时期内改善氮、磷指标。

7.3.2.2　增加水质类指标的方案分析

1. 调度方案设计

根据《太湖流域洪水与水量调度方案》，当太湖水位处于引水控制线和防洪控制线之间时，流域骨干河道视流域、区域水雨情和水环境状况适时引排。因此，本研究将此区间作为增加太湖水质指标调度方案研究的执行区间。

为进一步发挥望虞河工程、新孟河延伸拓浚工程的综合效益，考虑在望虞河常熟枢纽、望亭枢纽、新孟河江边枢纽等工程调度中增加太湖水质关键因子作为调度参考指标进行优化调度，以便增加引江入湖水量，改善太湖水动力条件，增强水体稀释自净能力，提升太湖水环境容量，促进太湖西部水域、北部水域水质改善，调度方案见表7.44。由7.3.2.1节分析可知，太湖在2—5月期间最需要关注TN指标，8—10月期间最需要改善TP指标。考虑到现状TP浓度尚未达到《太湖流域水环境综合治理总体方案修编》确定的2015年控制目标，TN虽已达到2015年目标但未达到2020年目标，分别采用2015年TP目标浓度、2020年TN目标浓度作为工程调度的指标参数。调度方案模拟中，长江边界水质浓度按照Ⅲ类水设置，COD浓度为20mg/L，NH_3—N浓度为1.0mg/L，TN浓度为1.0mg/L，TP浓度为0.2mg/L。

表7.44　　增加水质类调度参考指标调度方案

工程名称	调度参考指标	参考标准/($mg \cdot L^{-1}$)	调度运行方式
望虞河常熟枢纽、望亭枢纽、新孟河江边枢纽	TN	2.0	当太湖水位处于适时调度区，若2—5月TN高于参考标准，或若8—10月TP高于参考标准，调引江水入湖
	TP	0.06	

2. 方案效果分析

采用太湖流域数学模型，选取平水典型年（1990年型）对方案效果进行模拟分析。1990年型下增加水质类指标方案对太湖水位过程影响不大，见图7.20，水位最大变幅为8mm。2—5月增加水质类指标方案可执行时间为3月24—28日、4月8—10日、4月19—29日、5月10—17日，共27d；8—10月水质类指标增加方案可执行时间为9月2日、9月18日—10月9日，共13d。因此，较JC方案，增加水质类指标方案可以增加引江入湖机会，引水时间增加约40d。

较JC方案，增加水质类指标方案后下环湖口门全年总入湖水量增加0.803亿m^3，出湖水量增加0.741亿m^3，见表7.45。执行调度期环湖口门总入湖水量增加0.410亿m^3，

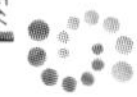

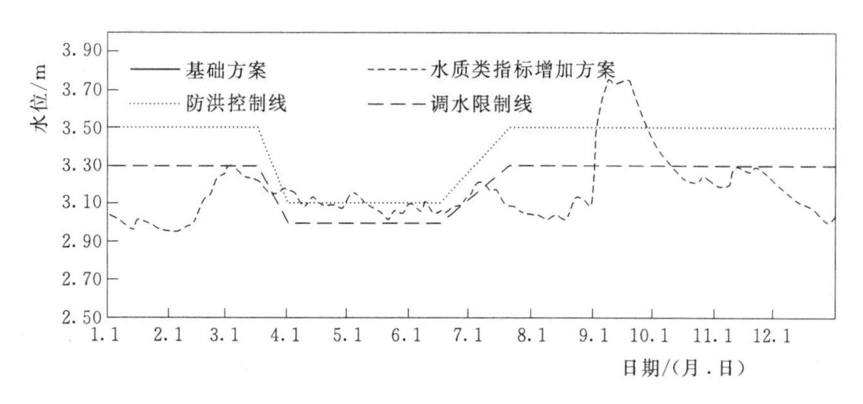

图 7.20　1990 年型基础方案及指标增加方案太湖水位过程图

出湖水量增加 0.170 亿 m^3。增加水质类指标方案较大程度地提高了净入湖水量，总体有利于促进太湖水质改善。其中，湖西区、望虞河入湖水量分别增加 0.390 亿 m^3、0.040 亿 m^3。

表 7.45　　1990 年型基础方案及增加水质类指标方案入湖水量统计　　单位：mg/L

分区	统计项目	全年			执行调度期		
		基础方案	增加水质类指标方案	变幅	基础方案	增加水质类指标方案	变幅
湖西区	入湖	69.44	70.31	0.870	7.17	7.56	0.390
	出湖	0	0	0	0	0	0
望虞河	入湖	16.91	16.93	0.020	0.02	0.06	0.040
	出湖	6.78	7.07	0.290	0.29	0.40	0.110
环湖口门合计	入湖	109.89	110.70	0.803	9.73	10.14	0.410
	出湖	124.56	125.30	0.741	14.13	14.3	0.170

增加水质类指标方案执行调度期间，贡湖、竺山湖的 COD、NH_3—N 浓度均有所下降，贡湖 COD、NH_3—N 浓度分别下降 0.132mg/L、0.019mg/L，竺山湖 COD、NH_3—N 浓度分别下降 0.255mg/L、0.404mg/L。贡湖、竺山湖的 TN、TP 浓度也均有不同程度的下降，贡湖 TN 浓度下降 0.011mg/L、TP 浓度保持不变，竺山湖 TN 浓度下降 0.070mg/L、TP 浓度下降 0.007mg/L。总体而言，增加水质类指标方案有利于太湖水质改善。

平水年，全年中执行水质类指标调度时间为 40d，较 JC 方案可更多地调引长江水入太湖。增加太湖水质类指标方案一定程度上提高了净入湖水量，执行调度期间湖西区入湖水量增加 0.390 亿 m^3，对竺山湖水质指标改善作用较为明显，贡湖本底水质条件较好，望虞河入湖水量增加较少，为 0.040 亿 m^3，其水质指标改善状况相对较小。由于现行的《太湖流域洪水与水量调度方案》中已明确实施引江济太时望亭枢纽视望虞河水质情况调度，望亭枢纽闸下水质需要满足Ⅲ类水要求才允许入湖。因此，在新孟河江边枢纽调度中考虑增加太湖水质类指标进行调度，当 TN、TP 浓度指标在某些月份较差时，增加新孟河引江入湖，促进太湖水体流动，进而促进太湖水质改善。需要注意的是，近年来长江流域TP浓度超标，成为长江干流主要污染物，利用水利工程调度引长江水可以在短时期内增加入湖水量，改善太湖水动力条件，提高太湖水环境容量，促进太湖水质改善，但从长期来看，加强太湖周边区域的产业转型升级与污染综合治理仍是根本之策。

7.4 小　结

本章以太湖为主要研究对象，研究提出面向防洪、供水、水生态环境“三个安全”的太湖综合调度目标；从太湖防洪与供水调度控制要求、太湖水生态环境调度控制要求两方面进行探索研究，得出太湖现状调度优化研究的结论。

从太湖环湖大堤滞蓄能力、太湖外排河道泄洪能力两方面分析提出太湖防洪调度目标，考虑望虞河、太浦河、新沟河、新孟河等4条主要泄洪通道全部建成并投入运行后，太湖防洪极限水位可考虑提高0.15m；从太湖低水位调度目标、太湖供水调度水位目标、太湖水源地水质达标目标等3方面分析提出太湖供水调度目标，太湖低水位调度目标仍沿用《太湖流域水量分配方案》的太湖低水位控制线，太湖供水调度水位目标采用2.80m最低旬平均水位，太湖水源地水质达标目标为太湖水源地水质达标参评指标DO、高锰酸盐指数、NH_3—N浓度3项指标达到Ⅲ类水质标准；从太湖生态水位、太湖蓝藻密度控制等方面分析提出太湖水生态环境调度目标，现行的太湖供水调度线满足太湖生态需水要求，将太湖贡湖湾近年来不同季度蓝藻水华密度的均值作为贡湖湾水生态环境调度控制目标。

从太湖现状控制水位时段优化、太湖雨洪资源利用可行性分析等方面，提出太湖防洪与供水调度控制要求；从太湖与出入湖河道的联动效应分析、太湖水质类指标增加的可行性分析等方面，提出太湖水生态环境调度控制要求，综合形成太湖现状调度优化方案。采用研究提出的优化的太湖水位时段划分方案，在现行方案基础上，进一步考虑了雨洪资源利用和太湖水生态环境安全，将时段1结束时间推迟了5d（即由3月15日推迟至3月20日），时段2结束时间推迟了10d（即由3月31日推迟至4月10日），将时段4结束时间提前了10d（即由7月20日提早至7月10日），有利于梅雨期结束后部分雨洪资源的利用；基于优化的水位控制时段划分，对汛后期太湖防洪控制水位进行优化，将汛后期防洪控制水位由现状3.50m抬高至3.80m，在保障流域防洪安全、适度承担防洪风险的前提下，尽可能拦蓄和利用汛后期洪水，增加流域可供水量；通过望虞河常熟枢纽、望亭枢纽调度优化达到望虞河适宜入湖流量要求，促进太湖水体流动，同时在新孟河江边枢纽调度中增加太湖水质类指标作为调度参考指标，通过增调长江清水入湖改善竺山湖水质，进而提升太湖整体水质。

参 考 文 献

[1] 罗小勇，计红，邱凉．长江流域重要湖泊最小生态水位计算及其保护对策［J］．水利发展研究，2010，10（12）：36-38.

[2] 胡艳，林荷娟，冯曦．太湖旱限水位初步研究［C］//中国水文科技新发展——2012中国水文学

术讨论会论文集，2012，672-676.

[3] 侯佳明，闵心怡. 太湖流域最低生态水位计算 [J]. 水能经济，2016 (4)：276-277.

[4] 肖聪，顾圣平，崔巍，等. Fisher 最优分割法在李仙江流域汛期分期中的应用 [J]. 水电能源科学，2014，32 (3)：70-74.

[5] 刘克琳，王银堂，胡四一，等. Fisher 最优分割法在汛期分期中的应用 [J]. 水利水电科技进展，2007 (3)：14-16，37.

[6] 杨姗姗. 乳山河雨洪资源利用效应分析与评价 [D]. 济南：济南大学，2014.

[7] 邹强，鲁军，喻杉，等. 长江流域洪水资源利用评价研究 [J]. 水资源研究，2015 (5)：432-442.

[8] 水利部太湖流域管理局，南京水利科学研究院. 太湖流域洪水资源化利用研究报告 [R]. 上海：水利部太湖流域管理局，2011.

[9] 李一平. 引江济太调水工程对太湖水动力调控效果研究 [C] //全国水资源合理配置与优化调度及水环境污染防治技术专刊. 北京：中国水利技术信息中心，中国水利学会水资源专业委员会，2011.

[10] 郝文彬，唐春燕，滑磊，等. 引江济太调水工程对太湖水动力的调控效果 [J]. 河海大学学报（自然科学版），2012，40 (2)：129-133.

[11] 赵林林，朱广伟，顾钊，等. 太湖水体氮、磷赋存量的逐月变化规律研究 [J]. 水文，2013 (5)：28-33，45.

[12] 戴秀丽，钱佩琪，叶凉，等. 太湖水体氮、磷浓度演变趋势（1985—2015 年）[J]. 湖泊科学，2016，28 (5)：935-943.

第8章 太浦河调度优化研究

太浦河为《太湖流域综合治理总体规划方案》确定的“治太”骨干工程之一，是流域主要排洪通道，同时承担向下游地区尤其是上海地区和浙江省嘉善、平湖地区的供水任务。从防洪方面来看，太浦河行洪与杭嘉湖排涝是流域关注的热点问题，也是流域防洪的关键节点之一。目前杭嘉湖区防洪排涝能力不足，太浦河泄洪与区域排涝存在矛盾。杭嘉湖区洪水期间除了本地降雨产水外，还受到东苕溪导流港来水、北面太湖太浦河来水等外来洪水侵入的影响。根据浙江省编制的《杭嘉湖区防洪控制水位分析专题》报告，杭嘉湖地区目前整体防洪能力不足20年一遇标准，区内城区除嘉兴市老城区城市防洪工程已建成100年一遇防洪标准外，平湖、海盐、嘉善、海宁、桐乡等城区防洪能力均只有10～20年一遇，部分低洼地区防洪标准严重偏低（仅5～10年一遇），部分半高地未建圩区保护。太浦河作为太湖排水通道，除了排洪以外，还要为下游地区涝水提供出路。由于太浦河两岸未实施有效控制，行洪期间为避免太浦河洪水顶托南部杭嘉湖地区涝水北排或倒灌杭嘉湖地区，太浦闸需按太浦河平望水位3.30m控制行洪。但平望洪水位主要受杭嘉湖区降雨影响，受太浦闸下泄流量影响较小。在流域集中暴雨和太湖涨水达到高水位期间，下游地区往往同时发生较大降雨，在太湖急需排水削峰时，往往反而要减小太浦河下泄量。从供水方面来看，太湖下游地区供水需求增大，适时加大太浦闸供水流量成为趋势。《太湖流域水量分配方案》明确了“为保障太浦河水源地供水安全，冬春季及其他时段，在统筹太湖供水安全和生态安全的基础上，经商两省一市，适当增大供水流量。流域规划骨干工程实施后供水流量可适当增大。”但如何适时、合理、有效地增大太浦河供水流量，既能提高太浦河水源地供水安全保障程度，又不至于对相关利益方产生较大影响，尚需开展进一步研究。

太浦河调度优化研究以现状调度存在问题及优化调度需求分析为基础，为进一步发挥太浦河防洪排涝与供水的主要功能，一方面从太浦河不同泄量对杭嘉湖区排涝的影响、扩大杭嘉湖区排涝对太浦河泄洪的影响分析，研究提出统筹太浦河泄洪与杭嘉湖区排涝的太浦闸调度优化方案；另一方面从满足太浦河水源地及下游地区供水需求出发，分析加大太浦河供水流量的可行性，提出保障太浦河下游供水的太浦闸调度优化方案。

8.1 太浦河防洪调度优化研究

太浦河作为太湖的骨干排洪通道之一，同时要兼顾杭嘉湖区地区排涝。为确保杭嘉湖区北排涝水进入太浦河，太浦闸在泄洪过程中需要视下游平望水位情况进行控制。在现行

调度方案的基础上，研究适当加大太浦闸泄量和扩大杭嘉湖区排涝的影响，寻求在确保区域排涝的情况下进一步发挥太浦河泄洪作用，对太浦闸调度进行优化。

8.1.1 优化需求分析

为进一步了解现有工程体系下太浦河现状调度的效果和存在的问题，以“99南部”百年一遇设计洪水为例，对防洪调度期太浦河现状调度效果进行模拟评估。

现状工况现状调度下的太湖水位过程与太湖调度水位线间的关系见图8.1。6月11日—9月18日，太湖水位高于防洪控制水位，太湖流域实施防洪调度，按照太湖流域洪水与水量方案，该时段内太浦闸调度按照平望水位分级控制。调度方案见表8.1。

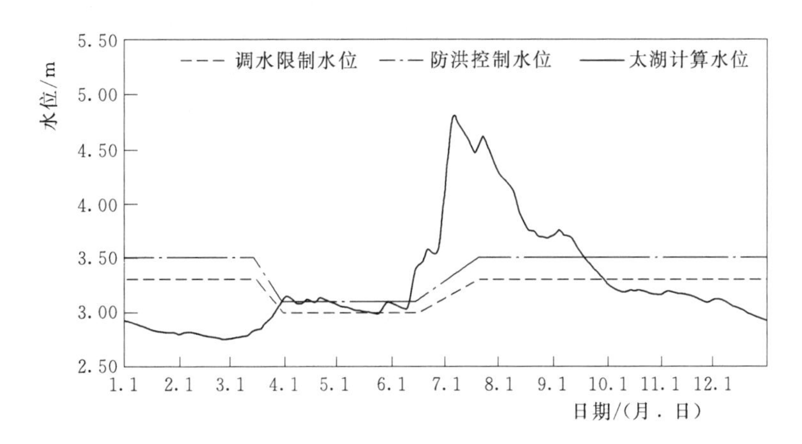

图8.1 “99南部”百年一遇设计洪水太湖水位过程与太湖调度水位线间的关系

表8.1 “99南部”百年一遇设计洪水下太浦闸调度方案

名称	调度方案
太浦闸	在太湖高于防洪控制水位但低于4.65m的情形下： 当太湖水位不大于3.50m时，太浦闸下泄按照平望水位不大于3.30m控制。 当太湖水位不大于3.80m时，太浦闸下泄按照平望水位不大于3.45m控制。 当太湖水位不大于4.20m时，太浦闸下泄按照平望水位不大于3.60m控制。 当太湖水位不大于4.40m时，太浦闸下泄按照平望水位不大于3.75m控制。 当太湖水位不大于4.65m时，太浦闸下泄按照平望水位不大于3.90m控制。 当太湖高于4.65m的情形下： 当太湖水位超过4.65m但不超过4.80m时，太浦闸全力泄水；若平望水位超过4.10m，可适当控制下泄流量。 当太湖水位超过4.80m且预报继续上涨时，太浦闸全力泄水

防洪调度期间太浦闸过流情况见图8.2，图中可以看出，6月29日太湖水位超过警戒水位3.80m并继续上涨，7月4日太湖水位超过4.65m，7月6日达到最高水位4.825m，期间最大日涨幅20cm；6月11日—9月17日的防洪调度期间，太浦闸因平望水位超过控制水位处于关闭状态时间共有13d，其中有5d处于太湖水位上涨期间（6月29日—7月3日）。关闸期间，太浦河南岸地区入太浦河流量出现超过100m^3/s的增幅，太浦河北岸地

区由出太浦河为主，转为入太浦河为主。此期间为区域水位集中上涨时期，杭嘉湖区和阳澄淀泖区水位受降水的影响均呈增长的趋势。

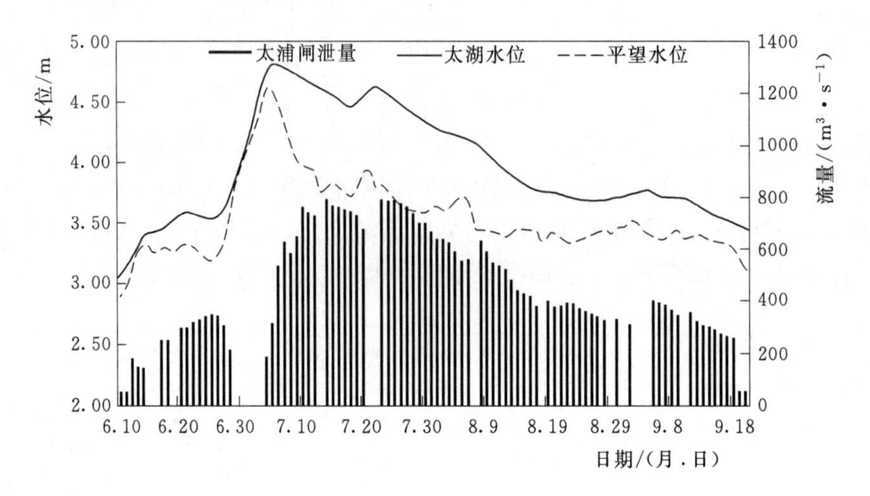

图 8.2　“99 南部”百年一遇设计洪水下防洪调度期间太浦闸过流情况

太浦河南岸芦墟以西口门尚未进行控制，杭嘉湖区与太浦河可以实现水体互通。防洪调度期间，杭嘉湖区入太浦河流量与太浦闸泄流关系见图 8.3。由图可知，杭嘉湖区入太浦河流量与太浦闸泄流成反向相关，同时相关性检验结果显示，相关系数为－0.608，太浦闸泄流与杭嘉湖区北排洪水相互影响。

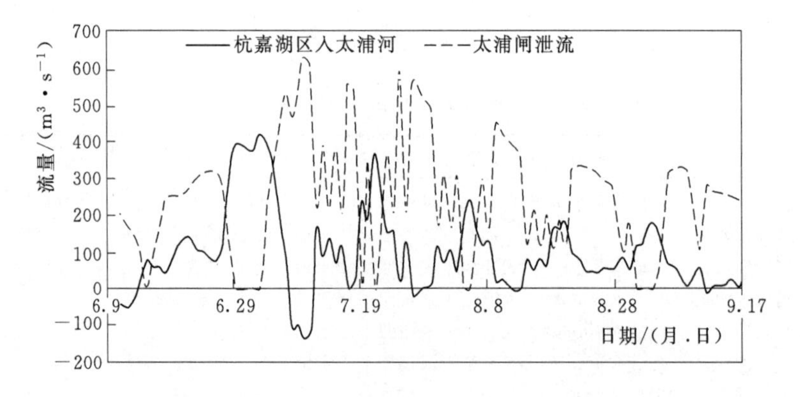

图 8.3　“99 南部”百年一遇设计洪水下杭嘉湖区入太浦河流量与太浦闸泄流关系

统计防洪调度期间太浦闸泄量情况见表 8.2，从表中可以看出，随着太湖水位的上涨，太浦闸平均下泄流量和最大泄流量呈逐渐增大趋势；当平望水位超过控制水位而太浦闸关闸或控制下泄流量导致平均流量减小时，太湖水位超过 4.65m 后按超标准洪水调度应进行全力排洪，但最大泄流量仅为 $631m^3/s$。可见，防洪调度期间，太浦闸平均下泄流量及最大下泄流量均小于其设计流量 $784m^3/s$，未充分发挥太浦闸泄洪通道的作用。

表 8.2　"99南部"百年一遇设计洪水下6月11日—9月18日防洪调度期太浦闸流量情况统计

太湖水位/m	维持天数/d	太浦闸过闸流量/($m^3 \cdot s^{-1}$)	
		平均流量	最大流量
≤3.50	7	123	205
(3.50，3.80]	47	222	333
(3.80，4.20]	16	225	450
(4.20，4.40]	7	406	567
(4.40，4.65]	15	247	588
(4.65，4.80]	5	489	631
>4.80	3	427	530

可见，太浦闸按平望水位控制下泄一定程度上制约了太湖洪水外排。现状工况下，太湖流域调控工程体系进一步完善，调控手段进一步增强，现有调度仍有优化空间，可进一步挖掘发挥流域工程体系的综合效益。本书从适当增大太浦闸泄洪流量，在太浦闸调度中增加杭嘉湖区代表站影响入手，探索有利于流域洪水外排、兼顾区域涝水北排的太浦河调度优化方案。

8.1.2　太浦闸不同泄量影响分析

为协调太浦闸下泄和杭嘉湖区北排，充分发挥太浦闸泄洪作用，重点研究太浦闸不同泄量情况下，对下游太浦河及两岸周边地区带来的影响，包括水位和水量等变化，以期作为研究优化太浦闸调度的基础。

8.1.2.1　方案设计

考虑应对大洪水的不利情形，选取"99南部"百年一遇设计洪水，以现行的《太湖流域洪水与水量调度方案》和《太湖超标准洪水应急处理预案》为基础，通过太浦闸的调度实现太浦闸泄量的变化。

方案主要设计思路是为进一步发挥太浦河泄洪能力，按照提前预降水位、加大泄洪流量的思路进行太浦闸调度方案设计，形成3个比选方案：①预降水位方案（记为方案1），即当太湖水位超过防洪控制水位但仍低于警戒水位3.80m时，太浦闸按固定流量下泄，以有效降低造峰期太湖水位；②适时加大泄量方案（记为方案2），即当太湖水位在超过3.80m时，适当放宽太浦闸控制条件，当平望水位超过原有控制水位时，太浦闸仍可按固定流量下泄；③持续加大泄量（记为方案3），太浦闸按照太湖水位分级设置固定流量进行下泄。

为有效下泄洪水，降低太湖水位，又尽量减少泄洪对下游平原河网地区的影响，以2015年汛期作为典型时段，对太浦闸下泄流量进行统计分析得到固定流量取值。2015年汛期太湖水位低于3.50m共计68d，期间太浦闸下泄流量平均值为$163m^3/s$，最大值为$314m^3/s$；太湖水位在3.50～3.80m之间共计51d，期间太浦闸下泄流量平均值为$191m^3/s$，最大值为$443m^3/s$；太湖水位在3.80～4.20m之间共计34d，期间太浦闸下泄流量平均值为 323m³/s，最大值为 554m³/s。因此，方案 1 和方案 2 下，固定流量均取 300m³/s，从太浦闸实际泄流状况来看，在考虑地区在适度承担风险的情况下太浦闸泄流量 300m³/s 是满足防洪安全的；方案 3 下，当太湖水位超过防洪控制水位且低于 3.80m 时，固定流量取 300m³/s，当太湖水位为 3.80～4.65m 时，固定流量取 500m³/s，当太湖水位超过 4.65m、4.80m 时，固定流量分别取设计流量、校核流量。具体方案见表 8.3。

表 8.3　“99 南部”百年一遇设计洪水下太浦闸调度方案

方　案	调　度　方　案
方案 1 预降水位方案	在太湖高于防洪控制水位但低于 4.65m 的情形下： 当太湖水位不大于 3.80m 时，太浦闸按 300m³/s 下泄。 当太湖水位不大于 4.20m 时，太浦闸下泄按照平望水位不大于 3.60m 控制。 当太湖水位不大于 4.40m 时，太浦闸下泄按照平望水位不大于 3.75m 控制。 当太湖水位不大于 4.65m 时，太浦闸下泄按照平望水位不大于 3.90m 控制。 在太湖高于 4.65m 的情形下： 当太湖水位超过 4.65m 但不超过 4.80m 时，太浦闸全力泄水；若平望水位超过 4.10m，可适当控制下泄流量。 当太湖水位超过 4.80m 且预报继续上涨时，太浦闸全力泄水
方案 2 适时加大泄量方案	在太湖高于防洪控制水位但低于 4.65m 的情形下： 当太湖水位不大于 3.50m 时，太浦闸下泄按照平望水位不大于 3.30m 控制。 当太湖水位不大于 3.80m 时，太浦闸下泄按照平望水位不大于 3.45m 控制。 当太湖水位不大于 4.20m，平望水位不大于 3.60m 时，开闸；平望水位大于 3.60m，太浦闸按 300m³/s 下泄。 当太湖水位不大于 4.40m，平望水位不大于 3.75m 时，开闸；平望水位大于 3.75m，太浦闸按 300m³/s 下泄。 当太湖水位不大于 4.65m，平望水位不大于 3.90m 时，开闸；太浦闸按 300m³/s 下泄。 在太湖高于 4.65m 的情形下： 当太湖水位超过 4.65m，但不超过 4.80m 时，太浦闸全力泄水；若平望水位超过 4.10m，可适当控制下泄流量。 当太湖水位超过 4.80m 且预报继续上涨时，太浦闸全力泄水
方案 3 持续加大泄量方案	在太湖高于防洪控制水位但低于 4.65m 的情形下： 当太湖水位不大于 3.80m 时，太浦闸按 300m³/s 下泄。 当太湖水位大于 3.80m，不大于 4.20m 时，太浦闸按 500m³/s 下泄。 当太湖水位大于 4.20m，不大于 4.40m 时，太浦闸按 500m³/s 下泄。 当太湖水位不大于 4.65m 时，太浦闸按 500m³/s 下泄。 在太湖高于 4.65m 的情形下： 当太湖水位超过 4.65m 但不超过 4.80m 时，太浦闸按 750m³/s 下泄。 当太湖水位超过 4.80m 且预报继续上涨时，太浦闸按 850m³/s 下泄

8.1.2.2　效果分析

1. 太湖及河网水位变化

“99 南部”百年一遇设计洪水下，不同方案太湖最高水位和超保证天数均有所降低，见图 8.4，最高水位出现时间一致，均为 7 月 6 日。较基础方案，方案 1 太湖最高水位降低约 0.02m，超警天数、超保天数均减少 1d；方案 2 太湖最高水位降低 15cm，超警天数、超保天数均减少 1d；方案 3 太湖最高水位降低 5cm，超警天数减少 3d，超保天数减

少 2d。因此，从降低太湖最高水位及改善超警水位维持时间来看，方案 3 效果最好，其次为方案 1。较基础方案，方案 1 太浦河南岸地区嘉兴最高水位抬高 3cm，超警天数维持不变，超保天数减少 2d，太浦河北岸陈墓最高水位抬高 3cm，超警天数增加 1d，超保天数不变；方案 2 嘉兴最高水位抬高 4cm，超警天数不变，超保天数减少 1d，陈墓水位抬高 3cm，超警、超保天数均增加 1d；方案 3 嘉兴最高水位抬高 9cm，超警、超保天数均增加 1d，陈墓最高水位抬高 6cm，超警、超保天数分别增加 2d、1d，见表 8.4。因此，从不增加太浦河两岸地区防洪风险来看，方案 1 与方案 2 效果相当，方案 3 效果较差。

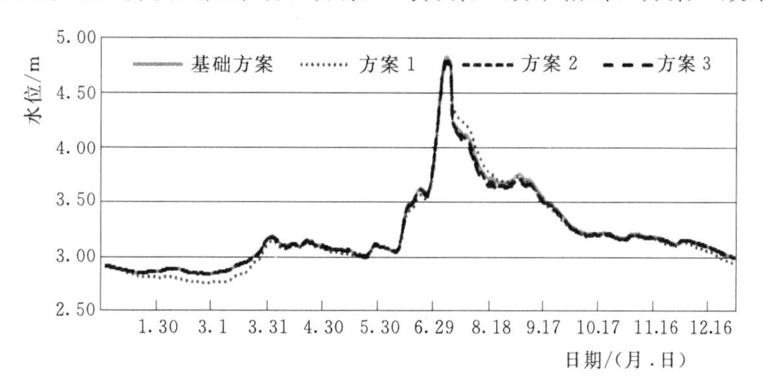

图 8.4　“99 南部”百年一遇设计洪水下不同方案太湖水位过程

表 8.4　“99 南部”百年一遇设计洪水下不同方案太湖计算最高水位情况对比

基础方案			方案 1			方案 2			方案 3		
最高水位/m	超警天数/d	超保天数/d	最高水位/m	超警天数/d	超保天数/d	最高水位/m	超警天数/d	超保天数/d	最高水位/m	超警天数/d	超保天数/d
4.825	46	8	4.805	45	7	4.810	45	7	4.776	43	6

2. 水量变化分析

较基础方案，汛期、造峰期太浦闸下泄量均有所增加，见表 8.5 和表 8.6，其中汛期方案 3 下泄量增加最大，其次为方案 1，方案 2 最小；造峰期方案 3 下泄量仍增加最大，其次为方案 2、方案 1。汛期、造峰期各方案杭嘉湖区入太浦河及阳澄淀泖区入太浦河水量均减少，减幅方案 3 最大，其次为方案 1、方案 2；汛期、造峰期各方案杭嘉湖区南排杭州湾和东排水量略有增加，但增幅不大，基本在 4%以内。

综合考虑太湖、地区水位变化和杭嘉湖区入太浦河水量变化等因素，方案 1 相对较优，即“99 南部”百年一遇条件下，当太湖水位不超过 3.80m 时太浦闸保持 $300m^3/s$ 进行下泄，可增加太浦闸下泄量，又不会明显增加下游太浦河两岸地区防洪风险，将其作为太浦河防洪调度优化研究的推荐方案之一。

8.1.3　扩大杭嘉湖区排涝研究

根据现状调度评估结果，遇“99 南部”百年一遇设计洪水，杭嘉湖区北排受太浦闸下泄流量影响明显。为此，从削减杭嘉湖区洪涝风险角度出发，开展太浦闸洪水调度优化研究。

表 8.5 “99 南部”百年一遇设计洪水下汛期杭嘉湖区洪水计算成果对比 单位：亿 m^3

统计项目	基础方案	方案 1	方案 2	方案 3	方案 1—基础方案	方案 2—基础方案	方案 3—基础方案
太湖入杭嘉湖区	14.90	12.53	12.80	10.64	−2.37	−2.10	−4.26
阳澄淀泖区入太浦河	2.63	0.74	1.12	−0.63	−1.89	−1.51	−3.26
杭嘉湖区入太浦河	10.38	7.99	8.35	5.78	−2.39	−2.03	−4.60
杭嘉湖东排	16.70	17.07	17.03	17.21	0.37	0.33	0.51
杭嘉湖区出杭州湾	63.81	63.90	63.88	64.28	0.09	0.07	0.47
太浦闸下泄量	27.33	38.17	33.44	40.59	10.84	6.11	13.26

表 8.6 “99 南部”百年一遇设计洪水下造峰期杭嘉湖区洪水计算成果对比 单位：亿 m^3

统计项目	基础方案	方案 1	方案 2	方案 3	方案 1—基础方案	方案 2—基础方案	方案 3—基础方案
太湖入杭嘉湖区	−3.74	−4.64	−4.43	−5.02	−0.90	−0.69	−1.28
阳澄淀泖区入太浦河	0.35	−0.37	−0.18	−0.71	−0.72	−0.53	−1.06
杭嘉湖区入太浦河	3.82	3.01	3.24	2.34	−0.81	−0.58	−1.48
杭嘉湖东排	8.46	8.65	8.64	8.78	0.19	0.18	0.32
杭嘉湖区出杭州湾	17.52	17.62	17.58	17.70	0.10	0.06	0.18
太浦闸下泄量	4.31	5.77	6.19	8.55	1.46	1.88	4.24

8.1.3.1 方案设计

太浦闸泄流影响区域主要集中在嘉兴以北地区，从适当扩大杭嘉湖区排涝出路角度，设计当太湖水位不超过警戒水位时，更多考虑杭嘉湖区排涝安全，太浦闸调度中除受平望水位约束外，还要分别按照杭嘉湖区北部不同代表站（王江泾站、嘉兴站）水位不超过警戒水位控制泄流；当太湖水位高于 4.65m 且低于 4.80m 时，太浦闸调度按照平望水位不超过 4.10m 或者按照杭嘉湖区北部代表站水位超保证水位不高于 10cm 控制泄流，共设计 2 个方案，分别记为考虑王江泾方案和考虑嘉兴方案，选择“99 南部”百年一遇设计洪水进行模拟分析，见表 8.7。

表 8.7 太浦闸调度考虑杭嘉湖区不同代表站特征水位调度方案设计

方案	调度方案	
1 （基础方案）	太浦闸	在太湖水位高于防洪控制水位但低于 4.65m 的情形下： 当太湖水位不大于 3.50m 时，太浦闸下泄按照平望水位不大于 3.30m 控制。 当太湖水位不大于 3.80m 时，太浦闸下泄按照平望水位不大于 3.45m 控制。 当太湖水位不大于 4.20m 时，太浦闸下泄按照平望水位不大于 3.60m 控制。 当太湖水位不大于 4.40m 时，太浦闸下泄按照平望水位不大于 3.75m 控制。 当太湖水位不大于 4.65m 时，太浦闸下泄按照平望水位不大于 3.90m 控制。 在太湖水位高于 4.65m 的情形下：当太湖水位超过 4.65m 但不超过 4.80m 时，太浦闸全力泄水；若平望水位超过 4.10m，可适当控制下泄流量。 当太湖水位超过 4.80m 且预报继续上涨时，太浦闸全力泄水

续表

方案	调度方案	
1（基础方案）	太浦河两岸口门	南岸口门：当嘉善水位大于 3.60m，地区排涝；当嘉善水位为 3.30～3.60m，南岸口门控制运用；当嘉善水位小于 3.30m，敞开。 北岸口门：当陈墓水位不小于 3.60m，地区排涝；当陈墓水位小于 3.60m，敞开
	环太湖口门	进入洪水期后，诸闸按顺流开闸、逆流关闸的原则调度。即当平原水位高于太湖水位，诸闸敞开，抢排平原涝水；当太湖水位高于平原水位，诸闸关闭，防止太湖洪水侵入平原
	东导流工程	诸闸闸上水位低于 3.80m 时，原则上各闸敞开；洪水期，当各闸上水位涨到关闸水位，且水位继续上涨时按计划关闸，拦洪。水位继续上涨至分洪水位（5.40～6.00m）时，开闸向东部平原分洪，削减洪峰，以确保湖州城和导流东大堤安全
	杭嘉湖南排	盐官上河闸：4 月 15 日—10 月 15 日长安站水位在 5.10～5.30m 时，开闸排水。 盐官下河枢纽：4 月 15 日—10 月 15 日嘉兴水位在 2.90～3.10m 时，开闸泄水；当预报后期有较大降雨，且水位达到 3.50m 时，开泵抽排。 长山闸、南台头闸：6 月 1 日—7 月 15 日，嘉兴水位在 2.70～2.80m 时开闸；7 月 16 日—10 月 15 日，嘉兴水位不小于 2.80m 时开闸；10 月 16 日至翌年 5 月 31 日嘉兴水位在 2.80～3.00m 时开闸。 独山排涝闸：嘉兴水位高于 3.30m 开闸排水
2（考虑王江泾站特征水位）	太浦闸	当太湖水位不大于 3.50m 且平望水位不大于 3.30m 时，太浦闸下泄按照王江泾站水位不大于 3.10m（其警戒水位）控制。 当太湖水位不大于 3.80m 且平望水位不大于 3.45m 时，太浦闸下泄按照王江泾站水位不大于 3.10m（其警戒水位）控制。 当太湖水位不大于 4.20m 时，太浦闸下泄按照平望水位不大于 3.60m 控制。 当太湖水位不大于 4.40m 时，太浦闸下泄按照平望水位不小于 3.75m 控制。 当太湖水位小于 4.65m 时，太浦闸下泄按照平望水位不大于 3.90m 控制。 当太湖水位不小于 4.65m 且小于 4.80mm 时，太浦闸全力泄水；若平望水位不小于 4.10m 或王江泾水位不小于 3.50m（在保证水位基础上上浮 10cm，下同），可适当控制下泄流量。 当太湖水位不小于 4.80m 且预报将继续上涨时，太浦闸全力泄水
	其他工程	同方案 1
3（考虑嘉兴站特征水位）	太浦闸	当太湖水位不大于 3.50m 且平望水位不大于 3.30m 时，太浦闸下泄按照嘉兴水位不大于 3.30m（其警戒水位）控制。 当太湖水位不大于 3.80m 且平望水位不大于 3.45m 时，太浦闸下泄按照嘉兴水位不大于 3.30m（其警戒水位）控制。 当太湖水位不大于 4.20m 时，太浦闸下泄按照平望水位不大于 3.60m 控制。 当太湖水位不大于 4.40m 时，太浦闸下泄按照平望水位不大于 3.75m 控制。 当太湖小于 4.65m 时，太浦闸下泄按照平望水位不大于 3.90m 控制。 当太湖水位不小于 4.65m 且小于 4.80m 时，太浦闸全力泄水；若平望水位不小于 4.10m 或嘉兴水位不小于 3.80m，可适当控制下泄流量。 当太湖水位不小于 4.80m 且预报将继续上涨时，太浦闸全力泄水
	其他工程	同方案 1

8.1.3.2 效果分析

1. 太湖及河网水位变化

“99 南部”百年一遇设计洪水下太浦河两岸地区代表站最高水位统计结果见表 8.8。

由表可知，太浦闸调度考虑杭嘉湖区不同代表站特征水位后，太浦河北岸地区代表站陈墓站最高水位有小幅增减。其中，考虑王江泾方案下陈墓站最高水位下降了1mm，其他两个方案下陈墓站最高水位均有所升高。以考虑嘉兴方案较为突出，该方案下陈墓站最高水位升高10mm，超过其警戒水位（3.60m）约12mm，北岸地区洪涝风险略有增加。

表8.8　"99南部"百年一遇设计洪水下太浦河两岸地区代表站最高水位情况

站点	基础方案		考虑王江泾方案		考虑嘉兴方案	
	最高水位/m	出现日期	最高水位/m	出现日期	最高水位/m	出现日期
陈墓	4.362	7月5日	4.361	7月5日	4.372	7月5日
平望	4.636	7月4日	4.686	7月5日	4.653	7月5日
王江泾	4.761	7月4日	4.825	7月4日	4.820	7月4日
嘉兴	4.955	7月3日	5.04	7月4日	5.034	7月4日
嘉善	4.523	7月4日	4.39	7月4日	4.391	7月4日

从超警天数变化来看（表8.9），太浦河北岸地区与基本方案一致，太浦河南岸地区代表站变化较为明显。在考虑王江泾方案下，王江泾站、嘉兴站、嘉善站超警天数分别减少了1d、4d、13d；在考虑嘉兴方案下，王江泾站超警天数无减反增，增加了2d，嘉兴站超警天数与基础方案一致，嘉善站超警天数减少了12d。从超保证水位天数变化来看，考虑嘉兴方案下，王江泾站、嘉善站超保证水位天数均有所减少，分别较基础方案减少3d。由于地区水位超过保证水位隐藏的防洪风险高于超过警戒水位的风险，从有效降低地区风险角度来看，考虑嘉兴方案优于考虑王江泾方案。太浦闸调度考虑杭嘉湖区代表站特征水位后，受太浦闸泄流量减少的影响，太湖水位6—11月间有不同程度抬升，抬升幅度为1～104mm不等，见图8.5。其中，考虑王江泾特征水位方案最为明显，平均抬升幅度为14mm，最大抬升幅度达到了104mm。从太湖特征水位来看，太浦闸调度考虑王江泾站、嘉兴站特征水位后，太湖最高水位较基础方案分别抬升了22mm、10mm，超过警戒水位的天数分别增加了6d、1d，超过太湖大堤设防水位的天数均增加了1d，见表8.10。从对太湖水位的抬升和超警戒水位维持时间来看，考虑嘉兴方案带来的太湖防洪风险相对较小，优于考虑王江泾方案。

表8.9　"99南部"百年一遇设计洪水下太浦河两岸地区代表站超过报汛特征水位天数　单位：d

站点	基础方案		考虑王江泾方案		考虑嘉兴方案	
	超警天数	超保天数	超警天数	超保天数	超警天数	超保天数
陈墓	17	6	16	6	17	6
平望	27	9	27	10	27	9
王江泾	99	42	98	39	101	39
嘉兴	40	14	36	16	40	14
嘉善	42	14	29	11	30	11

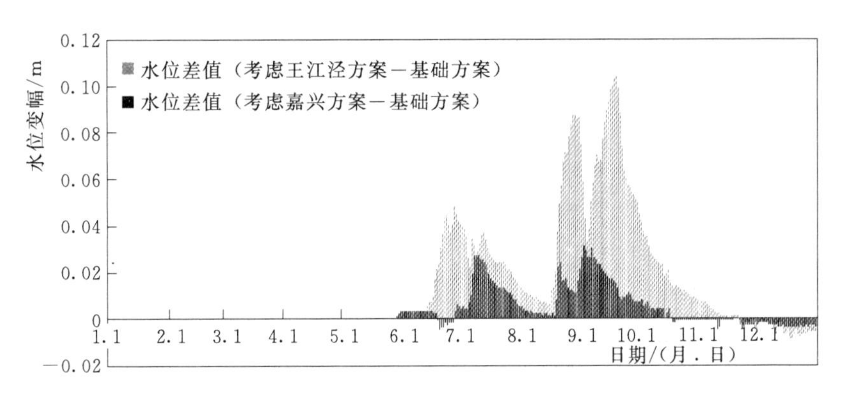

图 8.5 "99 南部"百年一遇设计洪水下不同方案下太湖水位变化情况

表 8.10 "99 南部"百年一遇设计洪水下太湖最高水位及超过特征水位天数

统计项目	基础方案	考虑王江泾方案	考虑嘉兴方案
最高水位/m	4.815	4.837	4.825
超警天数/d	48	54	49
超保天数/d	8	9	9

总的来说，太浦闸调度考虑杭嘉湖区域代表站特征水位后，对于嘉北地区涝水排出较为有利，但同时抬升了太湖水位，存在一定风险。从不同方案比较来看，考虑嘉兴方案可以有效减少太浦河南岸地区超警天数，又不至于明显增加太湖和太浦河北部地区洪涝风险，整体较优。由于该方案下太湖水位出现抬升 1cm 的幅度，在太浦闸泄流受控的情况下，需进一步拓展太湖洪水的其他出路。

2. 水量变化分析

(1) 太浦闸泄流及杭嘉湖区北排情况。"99 南部"百年一遇设计洪水不同方案下太浦闸泄流量统计情况见表 8.11，杭嘉湖区入太浦河流量统计情况见表 8.12。由表可知，太浦闸考虑王江泾特征水位后，太浦闸全年期平均泄流量约 120.78m^3/s，较现有调度减少 24.32m^3/s，减幅为 16.76%。同时期杭嘉湖区入太浦河水量有所增加，入流流量较现有调度增加 10.15m^3/s，增幅约 21.74%。5—9 月太浦闸平均泄流量变幅和杭嘉湖区入太浦河流量变幅均更为明显，太浦闸平均泄流量较现有调度下减少 57.95m^3/s，减幅提高到 21.72%，相应的，杭嘉湖区入太浦河平均流量较现有调度下增加 23.45m^3/s，增幅提高到 73.46%。

太浦闸考虑嘉兴特征水位后，太浦闸全年期日均泄流量约 142.54m^3/s，较现有调度减少 2.57m^3/s，减幅为 1.77%。同时期杭嘉湖区入太浦河水量有所增加，入流流量较现有调度增加 2.51m^3/s，增幅为 5.37%。5—9 月杭嘉湖区入太浦河流量增幅更为明显，较现有调度增加 5.67m^3/s，增幅提高到 17.77%。

从全年期太浦闸泄量变化和杭嘉湖区北排水量变化来看，考虑王江泾方案对增加杭嘉湖区北排太浦河水量明显，同时也导致太浦闸泄量相应减少，水量变化主要集中在汛期；考虑嘉兴方案对增加杭嘉湖区北排太浦河水量起到一定作用，又不至明显减少太浦闸泄量。

表 8.11　"99 南部"百年一遇设计洪水下不同方案下太浦闸泄量情况

统 计 项 目		基础方案	考虑王江泾方案	考虑嘉兴方案
全年期	水量/亿 m^3	45.76	38.09	44.95
	与基础方案差值/亿 m^3	0	−7.67	−0.81
	流量/($m^3 \cdot s^{-1}$)	145.10	120.78	142.54
	与基础方案差值/($m^3 \cdot s^{-1}$)	0	−24.32	−2.57
汛期（5—9 月）	水量/亿 m^3	35.27	27.61	34.46
	与基础方案差值/亿 m^3	0	−7.66	−0.81
	流量/($m^3 \cdot s^{-1}$)	266.81	208.86	260.68
	与基础方案差值/($m^3 \cdot s^{-1}$)	0	−57.95	−6.13

表 8.12　"99 南部"百年一遇设计洪水下不同方案下杭嘉湖区入太浦河水量情况

统 计 项 目		基础方案	考虑王江泾方案	考虑嘉兴方案
全年期	水量/亿 m^3	14.72	17.92	15.51
	与基础方案差值/亿 m^3	0	3.20	0.79
	流量/($m^3 \cdot s^{-1}$)	46.68	56.82	49.18
	与基础方案差值/($m^3 \cdot s^{-1}$)	0	10.15	2.51
汛期（5—9 月）	水量/亿 m^3	4.22	7.32	4.97
	与基础方案差值/亿 m^3	0	3.10	0.75
	流量/($m^3 \cdot s^{-1}$)	31.92	55.37	37.60
	与基础方案差值/($m^3 \cdot s^{-1}$)	0	23.45	5.67

不同方案下汛期（5—9 月）太浦闸日均流量过程见图 8.6。从图中来看，太浦闸调度考虑杭嘉湖区代表站特征水位后，部分时段其泄流量锐减，集中发生在 6 月中下旬、8 月中下旬和 9 月上中旬。不同方案对比来看，太浦闸调度考虑王江泾站特征水位方案对太浦闸泄流量的影响最大。

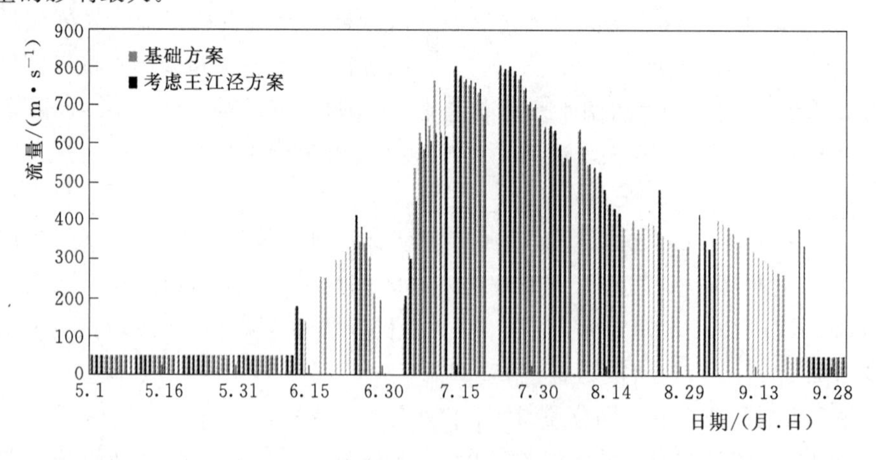

图 8.6（一）　"99 南部"百年一遇设计洪水下不同方案下汛期（5—9 月）太浦闸日均流量过程统计情况

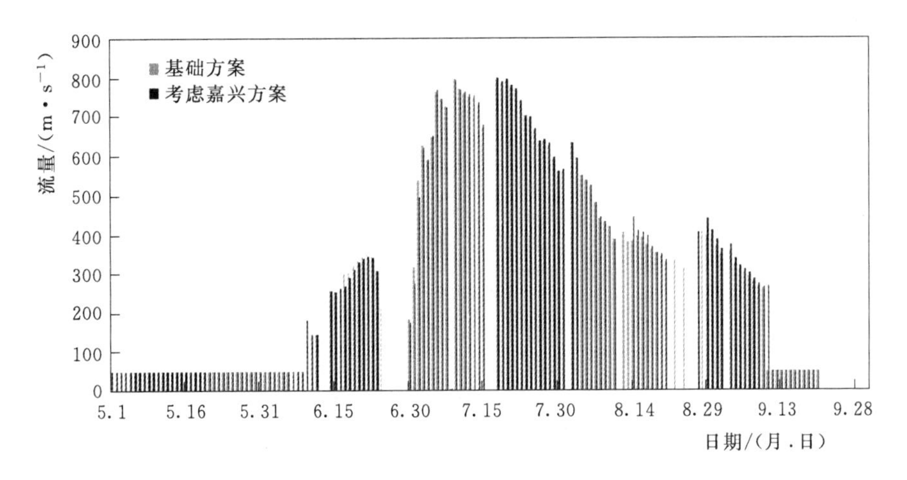

图 8.6(二) “99 南部”百年一遇设计洪水下不同方案下汛期(5—9 月)太浦闸日均流量过程统计情况

与基础方案相比，不同方案下杭嘉湖区入太浦河流量变化情况见图 8.7。从图中来看，杭嘉湖区入太浦河流量在 6 月下旬至 7 月上旬、8 月下旬至 9 月底间大幅增加，基本上都发生在太浦闸泄流量减少时段之后，推断杭嘉湖区入太浦河流量受到太浦闸下泄量减少的影响。总体来看，太浦闸调度考虑王江泾站特征水位方案下，杭嘉湖区入太浦河流量增加最为明显。

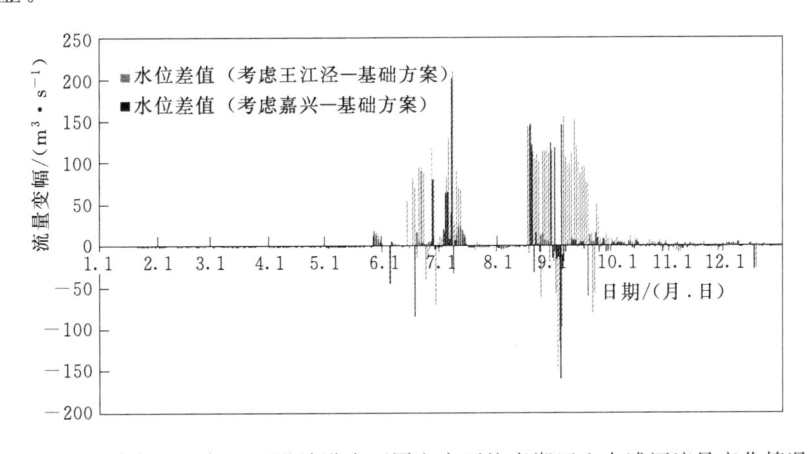

图 8.7 “99 南部”百年一遇设计洪水不同方案下杭嘉湖区入太浦河流量变化情况

(2) 流域及区域洪涝水外排情况分析。“99 南部”百年一遇设计洪水，汛期(5—9 月)流域各向排水情况见表 8.13，汛期(5—9 月)杭嘉湖区出入流情况见表 8.14。

从汛期流域各向排水情况来看，考虑杭嘉湖区代表站特征水位后，流域洪水外排总量较基础方案有所减少，各排水方向排出水量略有变化，占比分配与基础方案基本一致。主要排水方向中，北排长江水量增多，南排杭州湾水量减少，东出黄浦江水量则随方案不同而增减不一。其中，考虑王江泾站特征水位时，东出黄浦江水量较基础方案减少了 2 亿 m^3；考虑嘉兴站特征水位时，东出黄浦江水量较基础方案略有增加，增多了 0.3 亿 m^3。

表 8.13　“99 南部”百年一遇设计洪水下汛期流域各向排水情况

统计项目	基础方案		考虑王江泾方案		考虑嘉兴方案	
	水量/亿 m^3	占比/%	水量/亿 m^3	占比/%	水量/亿 m^3	占比/%
北排长江	48.6	24	49.6	25	49.2	24
望虞河出口	25.3	13	27.2	13	25.7	13
东出黄浦江	61.7	30	59.7	30	62	31
南排杭州湾	40.9	20	38.8	19	38.6	19
浦东入海	26.5	13	26.5	13	26.8	13
合计	203	100	201.8	100	202.3	100

表 8.14　“99 南部”百年一遇设计洪水下汛期杭嘉湖区出入流情况　单位：亿 m^3

统计项目	基础方案	考虑王江泾方案	考虑嘉兴方案
浙西区入流	16	14.1	15.6
太湖入流	7.9	13.2	8.1
山丘区入流	1.1	1.1	1.1
入流合计	25	28.4	24.8
北排太浦河	4.1	7.2	4.9
东排	16.2	16.6	16.9
南排	52.7	50.6	50.6
出流合计	73	74.4	72.4

从汛期（5—9月）杭嘉湖区出入流情况来看，太浦闸调度考虑杭嘉湖区代表站特征水位后，受局部时段太湖水位抬升影响，太湖入杭嘉湖区水量增加，杭嘉湖区涝水外排虽然仍以南排为主，但该方向水量有所减少，北排太浦河水量、东向黄浦江排水水量均有所增加。其中，考虑王江泾特征水位方案下，北排太浦河水量增加尤为明显，增量达 3.1 亿 m^3；该方案下，太湖入杭嘉湖区水量增加也较其他方案明显，增量为 5.3 亿 m^3。

造峰期内流域洪水外排情况见表 8.15，造峰期内杭嘉湖区出入流情况见表 8.16，太浦河进出水量见表 8.17。不同方案下造峰期内流域外排水量变化规律与汛期类似，仍表现为：与基础方案相比，流域外排总量减少，各向排水占比基本不变。造峰期内，杭嘉湖区北向出流可向太湖、太浦河排水，当考虑王江泾站特征水位时，杭嘉湖区入太湖水量减少，同时向太浦河排水水量增多，北排总量与基础方案持平，为 7.3 亿 m^3。当考虑嘉兴站特征水位时，杭嘉湖区入太湖、向太浦河排水水量均略有增多，北排总量较基础方案增加 0.3 亿 m^3。

综合来看，考虑嘉兴方案较优，在“99 南部”百年一遇条件下，当太湖水位不超过警戒水位且平望水位不超过控制水位时，太浦闸调度增加嘉兴控制站，可为杭嘉湖区北排太浦河创造条件，适度增加杭嘉湖区排涝机会，虽会减少太浦闸下泄水量，但可发挥太湖在警戒水位以下时的调蓄作用，又不至于明显增加太湖和太浦河北部地区的洪涝风险，整体较优，将其作为太浦河防洪调度优化研究的推荐方案之一。

表 8.15　　造峰期内流域洪水外排水量表　　单位：亿 m³

统计项目	基础方案	考虑王江泾方案	考虑嘉兴方案
北排长江	27.6	27.5	27.5
望虞河出口	7.1	7.2	7.1
东出黄浦江	27.8	27.5	28.3
南排杭州湾	11.5	10.3	10.3
浦东入海	8.9	8.9	8.9
合计	82.9	81.4	82.1

表 8.16　　造峰期内杭嘉湖区出入流对比表　　单位：亿 m³

统计项目	基础方案	考虑王江泾方案	考虑嘉兴方案
浙西区入流	4.8	4.7	4.7
山丘区入流	0.5	0.5	0.5
杭嘉湖区入太湖	3.5	2.7	3.7
杭嘉湖区入太浦河	3.8	4.6	3.9
北排总量（入太湖＋入太浦河）	7.3	7.3	7.6
东排	8.1	8.4	8.5
南排	14.9	13.8	13.7

表 8.17　　造峰期太浦河进出水量表　　单位：亿 m³

统计项目	基础方案	考虑王江泾方案	考虑嘉兴方案
太湖入太浦河	4.6	2.7	4.5
太浦河出口	8.4	7.9	8.5
河段来水量	3.8	5.2	4.0

8.1.4　太浦河防洪调度优化研究

根据对太浦闸不同泄量影响分析及扩大杭嘉湖区排涝研究分析，综合推荐的太浦闸调度方案组合形成优化方案，选择“99 南部”百年一遇设计洪水进行模拟计算并分析其效果。

8.1.4.1　方案设计

基于前述太浦闸不同泄量影响分析及扩大杭嘉湖区排涝影响分析成果，综合推荐的太浦闸调度方案形成组合优化方案，即按照风险共担原则进行优化，主要包括：①当太湖水位不超过警戒水位时，控制太浦闸下泄，抢排杭嘉湖区的涝水，充分发挥太湖调蓄作用，按照嘉兴站水位控制下泄量，当嘉兴站不超过警戒水位时，太浦闸按 300m³/s 泄洪；当嘉兴站超过警戒水位后，按 150m³/s 进行调度；②当太湖水位超过警戒水位但不超过 4.65m 时，在区域防洪风险可控的范围内加大太浦河下泄量，即保证地区不超过保证水位的情况下，加快排出流域洪水，适度放宽太浦闸调度控制条件，当平望水位超过原控制水位时，太浦闸仍按 300m³/s 进行下泄。太浦河现有调度优化组合方案设计具体如下：

在太湖水位高于防洪控制水位但低于4.65m情形下：当太湖水位不大于3.80m，嘉兴水位不超过警戒水位3.1m时，太浦闸按300m³/s下泄；当嘉兴水位大于3.1m时，太浦闸按150m³/s下泄。当太湖水位不大于4.20m，平望水位不大于3.60m时，太浦闸全力泄水；平望水位大于3.60m时，太浦闸按300m³/s下泄。当太湖水位不大于4.40m，平望水位不大于3.75m时，太浦闸全力泄水；当平望水位大于3.75m时，太浦闸按300m³/s下泄。当太湖水位不大于4.65m，平望水位不大于3.90m时，太浦闸全力泄水；当平望水位大于3.90m时，太浦闸按300m³/s下泄。

在太湖水位高于4.65m情形下：当太湖水位超过4.65m但不超过4.80m时，太浦闸全力泄水；当平望水位超过4.1m时，可适当控制下泄流量。

当太湖水位超过4.80m且预报继续上涨时，太浦闸全力泄水。

8.1.4.2　效果分析

1. 太湖及河网水位变化

（1）太湖水位。"99南部"百年一遇设计洪水下太湖最高日均水位情况见图8.8和表8.18。由表可知，组合优化方案情况下，太湖最高日均水位较原来降低0.019m，最高日均水位出现的时间不变，同时太湖水位超过警戒水位的天数减少1d，超保证水位天数减少1d，可有效降低太湖防洪风险。

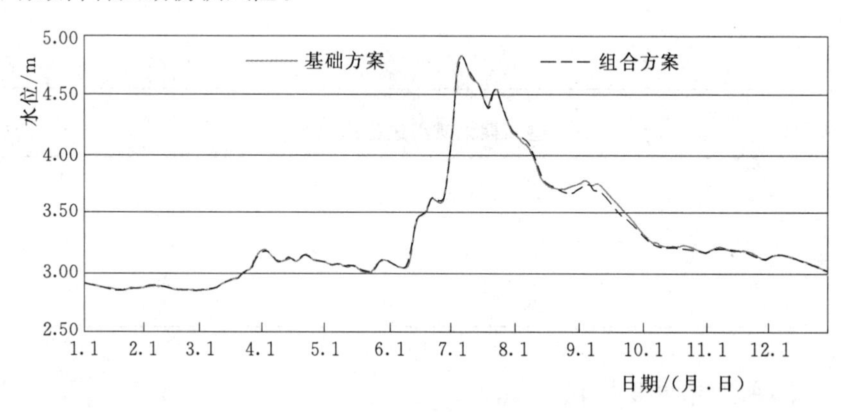

图8.8　"99南部"百年一遇设计洪水下组合方案与基础方案太湖水位过程线

表8.18　"99南部"百年一遇设计洪水下太湖最高日均水位及超过特征水位天数

统计项目	基础方案	组合方案	组合方案－基础方案
最高水位/m	4.825	4.806	－0.019
出现日期	7月6日	7月6日	—
超警天数/d	46	45	－1
超保证水位天数/d	8	7	－1

（2）太浦河两岸地区水位。"99南部"百年一遇设计洪水下太浦河两岸地区代表站最高日均水位情况见表8.19，由表可知，按组合优化方案调度太浦闸后，太浦河北岸地区最高日均水位上涨0.02m，超警水位天数增加1d，超保天数不变。太浦河南岸地区，南浔最高日均水位抬高0.022m，超警天数减少4d，超保天数减少1d；嘉兴最高日均水位抬

高了 0.031m，超警天数不变，超保天数减少 2d；王江泾最高日均水位抬高了 0.042m，超警天数减少 2d，超保证水位天数增加 3d；嘉善最高日均水位抬高了 0.031m，超警天数增加 2d，超保天数维持不变。可见，组合方案使得杭嘉湖区和淀泖区水位抬升 2～4cm，但不会增加杭嘉湖北部地区超保天数，南岸地区洪水风险仍在可控范围内。

总体而言，从水位变化情况来看，组合方案既可降低太湖最高水位，缓解流域防洪压力，也不会给太浦河两岸地区带来过多的洪水风险，防洪效果较好。

表 8.19 "99 南部"百年一遇设计洪水下防洪调度期太浦河两岸地区代表站最高水位情况

统计项目	基础方案			组合方案			组合方案－基础方案		
	最高水位/m	超警天数/d	超保天数/d	最高水位/m	超警天数/d	超保天数/d	水位/m	超警天数/d	超保天数/d
平望	4.63	33	14	4.651	34	16	0.021	1	2
王江泾	4.70	99	49	4.742	99	52	0.042	0	3
嘉兴	4.78	40	16	4.811	40	14	0.031	0	－2
南浔	5.00	81	26	5.022	77	25	0.022	－4	－1
嘉善	4.29	31	12	4.321	33	12	0.031	2	0
陈墓	4.37	24	7	4.394	25	7	0.024	1	0

2. 水量变化分析

（1）太浦闸下泄流量对比。"99 南部"百年一遇设计洪水下组合方案与基础方案两种不同调度方案下，太浦闸泄流流量变化情况见表 8.20，不同方案太浦闸下泄水量变化情况见表 8.21。由表可知，组合方案情况下，太浦闸全年期平均泄流量为 217.53m^3/s，较现状调度增加 71.58m^3/s，增幅 49.04%；5—9 月太浦闸平均泄流量较现状调度下增加 63.92m^3/s，增幅 30.91%。统计太浦闸下泄水量可以发现，全年期太浦河下泄水量增加 22.51 亿 m^3，其中汛期增加 8.45 亿 m^3，非汛期增加 14.06 亿 m^3。

表 8.20 "99 南部"百年一遇设计洪水下太浦闸泄流流量变化情况对比 单位：m^3/s

统计时段	基础方案	组合方案	组合方案－基础方案	变幅/%
全年期	145.95	217.53	71.58	49.04
汛期（5—9 月）	206.77	270.69	63.92	30.91

表 8.21 "99 南部"百年一遇设计洪水下太浦闸下泄水量变化情况对比 单位：亿 m^3

统计时段	基础方案	组合方案	组合方案－基础方案	变幅/%
全年期	45.90	68.41	22.51	49.04
汛期（5—9 月）	27.33	35.78	8.45	30.91
非汛期	18.57	32.63	14.06	75.71

（2）太浦河接纳两岸地区水量对比。"99 南部"百年一遇设计洪水下组合方案与基础方案两种调度方案下，太浦河两岸地区向太浦河排水情况统计见表 8.22。由表可知，在组合方案情况下，汛期太浦河两岸地区向太浦河排水减少，其中阳澄淀泖区向太浦河排水

由2.63亿m^3减少为0.86亿m^3，减少排水1.77亿m^3；杭嘉湖区向太浦河排水由10.38亿m^3减少为7.44亿m^3，减少排水2.94亿m^3。汛期太浦河两岸地区排水减少主要集中在太湖水位低于3.80m时段，此时段嘉兴水位低于警戒水位3.30m，太浦闸泄量较大。

表8.22　"99南部"百年一遇设计洪水下太浦河两岸地区向太浦河排水情况对比　单位：亿m^3

统计项目	汛　期			汛期太湖水位低于3.80m时		
	基础方案	组合方案	组合方案－基础方案	基础方案	组合方案	组合方案－基础方案
阳澄淀泖入太浦河	2.63	0.86	－1.77	1.16	0.09	－1.07
杭嘉湖区入太浦河	10.38	7.44	－2.94	5.36	3.14	－2.22

（3）杭嘉湖区各向水量情况对比。"99南部"百年一遇设计洪水下杭嘉湖区各向水量交换情况见表8.23。由表可知，在优化太浦闸调度的情况下，太湖入杭嘉湖区水量由14.90亿m^3减少为12.40亿m^3，减少2.5亿m^3；杭嘉湖向太浦河排水量由10.38亿m^3减小为7.44亿m^3，减少2.94亿m^3；杭嘉湖区东排水量和杭嘉湖区南排水量略有增加，分别增加0.23亿m^3和0.41亿m^3；汛期太湖水位低于3.80m时，杭嘉湖区北排太浦河水量和太浦河入杭嘉湖区水量减少较大。

表8.23　"99南部"百年一遇设计洪水下杭嘉湖区各向水量交换情况对比　单位：亿m^3

统计项目	汛　期			汛期太湖低于3.80m		
	基础方案	组合方案	组合方案－基础方案	基础方案	组合方案	组合方案－基础方案
浙西区入杭嘉湖区	18.96	18.15	－0.81	11.39	10.74	－0.65
太湖入杭嘉湖区	14.90	12.40	－2.5	7.02	5.63	－1.39
山丘区入流	1.07	1.07	0	0	0	0
入流合计	34.93	31.62	－3.31	18.41	16.37	－2.04
杭嘉湖区北排太浦河	10.38	7.44	－2.94	5.36	3.14	－2.22
杭嘉湖区东排	16.70	16.93	0.23	7.25	7.16	－0.09
杭嘉湖区南排	63.87	64.28	0.41	31.85	32.52	0.67
出流合计	90.95	88.65	－2.3	44.46	42.82	－1.64

综上所述，按照组合调度方案，在进入防洪调度期后，当太湖水位低于3.80m时，太浦闸在嘉兴水位不超过警戒水位时，按300m^3/s泄洪，当嘉兴水位超过警戒水位时减小泄量，可加大太浦河泄量，提高太湖的调蓄作用。当太湖水位超过警戒水位后，太浦闸在平望站超过控制水位后按300m^3/s下泄，可充分利用太浦河的泄洪能力。

基于上述分析，统筹考虑太浦河泄洪和杭嘉湖区排涝关系，按照风险共担原则对太浦河现状调度进行优化，主要包括以下方面：

1）当太湖水位不超过警戒水位3.80m时，控制太浦闸下泄，抢排杭嘉湖区的涝水，充分发挥太湖调蓄作用，按照嘉兴站水位控制下泄量。当嘉兴站不超过警戒水位时，太浦闸按300m^3/s泄洪；当嘉兴站超过警戒水位后，下泄流量按150m^3/s进行调度。

2）当太湖水位超过警戒水位3.80m但不超过4.65m时，保证地区不超过保证水位的情况下，适度放宽太浦闸调度控制条件，适当加大太浦闸的下泄流量，加快排出流域洪水。当平望水位超过原控制水位时，太浦闸仍可按300m³/s进行下泄。

8.2 太浦河供水调度优化研究

在太湖供水调度控制要求优化的基础上，以太湖流域水资源综合规划、太湖水量分配方案为依据，结合太浦河水源地及下游地区供水需求，在太浦闸调度运行中，基于《太湖流域洪水与水量调度方案》提出的“为保障太湖下游地区供水安全，原则上太浦河闸下泄流量不低于50m³/s”的要求，增加考虑下游供水关键节点断面指标（如金泽、松浦大桥等），采用太湖流域水量水质数学模型，分析平水年、枯水年加大太浦河供水流量对于提高太浦河供水保障程度的作用以及对流域及太浦河相关地区可能引起的风险，分析加大太浦河供水流量的可行性，提出保障太浦河下游供水的太浦闸调度优化方案。

8.2.1 优化需求分析

1. 保障太浦河水源地取水安全

目前以太浦河为水源地的供水工程主要有浙江省嘉善县、平湖市太浦河原水厂和上海市金泽水源湖原水厂，现状及规划太浦河取水口布局及取水规模见表8.24。从取水规模来看，保障上海金泽水源湖取水安全是太浦河水源地取水安全的重要内容。

表8.24　　太浦河取水口布局及取水规模　　单位：万m³/d

行政分区	取水口名称	取水规模		
		现状水平年	2020年	2030年
嘉兴	平湖市城镇自来水厂	35	50	50
	嘉善县城镇自来水厂	30	45	45
上海	青浦原水厂	50	—	—
	金泽水源湖原水厂	351	351	500
合计		466	446	595

太浦河水源地取水口位于平原河网地区，水量相对充足，根据《黄浦江上游水源地金泽水库工程可行性研究报告》，金泽水库最低水位不低于1.91m，金泽水源地取水口断面（即金泽水库太浦河取水闸所在的太浦河断面）水位应大于金泽水库库区最低水位。从水质角度来看，历史资料和同步水量水质试验观测资料均表明，金泽水源地取水口水质指标中NH_3—N浓度达标率最低，成为金泽取水口水质达标的关键影响因子，需满足地表水Ⅲ类标准。

2. 保障太湖供水及改善太湖水环境

太湖是流域内最重要的水源地，其供水范围涉及江苏、浙江、上海三省（直辖市），无锡、苏州以太湖为城市主要供水水源，太湖常年担任着重要的供水任务；此外，太湖维持一定的水位和流动性也为流域的水生态环境改善、自然景观提升提供了重要的保障和支撑。

太湖对太浦河工程调度的需求主要体现在3个方面。

（1）适应流域水情变化。按照太湖水位进行分级调度，太湖水位位于防洪控制线以上时，太浦河工程执行洪水调度，以泄洪为主；太湖水位位于引水控制线以下时，太浦河工程执行水资源调度，泄量不低于50m^3/s。

（2）在太浦河工程执行水资源调度向下游供水时，应保证太湖最低旬平均水位不低于2.80m，满足太湖自身的供水需求。

（3）为保障引江济太效果，在望虞河引水入湖期间，太浦闸应调控出湖水量，加快湖泊水体流动，改善太湖及下游河网水质。太浦河增供水量的有效合理区间为400万～800万m^3，折合日均流量46～93m^3/s为宜。

太湖对太浦河的调度需求见表8.25。

表8.25　太湖对太浦河的调度需求

太湖调度需求	控制指标	对太浦闸的调度需求及指标
太湖调度控制水位	防洪控制线以上	以泄洪为主
	引水控制线以下	以向下游供水为主，泄量不低于50m^3/s
保障太湖供水	太湖最低旬均水位大于2.80m	太浦河向下游供水需考虑太湖最低水位限制
改善太湖水环境	太湖最低旬均水位大于2.80m	太浦河适宜46～96m^3/s

注　太湖水位高于防洪控制线以上时，按照《太湖流域洪水与水量调度》执行防洪调度；太湖水位低于2.80m时，按照《太湖抗旱水量应急调度预案》执行太湖抗旱应急水量调度。

3. 太浦河两岸地区水资源、水环境调度需求

太浦河南北岸分属杭嘉湖区和阳澄淀泖区，地区河网需维持一定的水位用于满足城镇自来水厂取水、农业灌溉用水、航运用水及水环境改善等需求。《太湖流域水资源综合规划》明确了流域内平原河网地区各代表站的允许旬平均最低水位，高于这一水位基本可以满足上述需求。太浦河两岸的阳澄淀泖区及杭嘉湖区的区域代表站分别为陈墓站、嘉兴站，允许旬平均最低水位均为2.55m。在枯水年或枯水期，太浦河两岸地区主要靠引太湖和太浦河水来补充河网水资源的不足，而太浦河两岸口门实际运行过程中并无明确的引水调度规则，一般在地区缺水时引水，本书拟考虑两岸地区代表站最低水位需求，提出有利于改善枯水季节地区水资源条件的调度方案。

8.2.2　太浦河供水调度优化研究

基于长期实测数据和调水试验监测资料分析太浦闸流量变化区间及水源地来水组成情况，评估现状供水调度效果，在此基础上设置太浦河加大供水流量方案并进行模拟计算，分析枯水年型和平水年型太浦闸不同供水调度方案对太浦河水源地的效益和两岸地区的影响，提出优化调度方案。

8.2.2.1　现有供水调度效果评估

1. 太浦河供水调度现状

（1）太浦闸闸泵调度。太浦河闸泵现行调度依据《太湖流域洪水与水量调度方案》，

结合流域水雨情及用水实际组织调度。原则上太浦闸下泄流量不低于 50m³/s；当太湖下游地区发生饮用水水源地水质恶化或突发水污染事件时，可加大太浦闸供水流量，必要时启动太浦河泵站增加流量；当太湖下游地区遭遇台风暴潮或区域洪水时，可减小太浦闸供水流量，必要时关闭太浦闸。同时在流域治理管理过程中，不同的规划方案也都提出了相应的太浦闸调度原则及意见，包括《太湖流域水资源综合规划》和《太湖流域水量分配方案》。对比上述规划对太浦河闸泵的调度原则（意见），太浦闸泵调度原则/意见见表 8.26。

表 8.26　　　　太浦闸泵调度原则/意见

来　源	原则/意见	太浦闸流量	太浦河泵站启用条件
《太湖流域洪水与水量调度方案》	结合流域水雨情及用水实际组织调度	（1）原则上太浦闸下泄流量不低于 50m³/s。 （2）适当条件可增大或减少供水流量	太湖下游地区发生饮用水水源地水质恶化或突发水污染事件时，必要时启动太浦河泵站增加流量
《太湖流域水资源综合规划》	根据下游需水要求和太湖水资源条件相机调度	供水流量根据太湖水位进行分级控制	太浦河泵站抽引太湖水经太浦河入黄浦江，改善上海市黄浦江取水口附近水质
《太湖流域水量分配方案》	根据太湖水资源条件和下游（包括太浦河水源地）河道内外用水需求实施调度	供水流量按太湖水位分级调度： （1）太湖水位高于 2.80m，低于引水控制线，太浦闸供水流量不小于 50m³/s。 （2）适当条件可增大供水流量	—

（2）两岸口门调度分析。太浦河北岸口门除江南运河敞开外，已全部建闸控制。太浦河南岸口门芦墟以东支河口门已全线控制，芦墟以西尚有南亭子港、横路港、雪落漾、北琵荡、雪河（川金港）、牛头河（南富浜）、下丝港、南尤家港、梅坛港 9 个口门未实施控制。《太湖流域水资源综合规划》中提出太浦河两岸口门的调度原则为：太浦河两岸口门在太浦河向下游供水期间，视两岸地区需水情况，实施相机调度，补充区域用水。《太湖流域水量分配方案》中对太浦河两岸口门的调度意见为：当太浦闸向下游供水时，两岸口门可根据地区水资源需求引水；当太浦河泵站向下游供水时，为保障太浦河水源地供水安全，视地区需水情况控制两岸口门引水。

2. 太浦闸实际调度效果分析

（1）太湖水位与太浦闸流量关系分析。2002 年起流域开始实施引江济太，2002—2013 年逐年和冬春季太浦闸流量与太湖水位关系见表 8.28 和表 8.29。由表 8.27 可知，太浦闸下泄流量随着太湖水位的升高而增大。太湖水位维持在 3.10～3.30m 的时间较长，此时太浦闸下泄流量在 62m³/s 左右；太湖日均水位在 2.65～2.80m 范围时，太浦闸日均下泄流量为 19m³/s；太湖日均水位在 2.80～3.10m 时，太浦闸日均下泄流量为 50m³/s；太湖日均水位分别为 3.10～3.30m、3.30m～3.50m、大于 3.50m 时，太浦闸下泄流量分别为 62m³/s、72m³/s、126m³/s。由表 8.28 可知，冬春季（1—4 月）太浦闸下泄流量在太湖低水位区间与全年期基本持平，但随着太湖水位的升高，由于汛前期预降太湖水位及近年来冬春季保障下游地区用水等需要，在统筹太湖供水、生态安全和雨洪资源利用的基础上，太浦闸下泄流量明显高于全年期。太湖日均水位分别为 2.65～2.80m、2.80～

3.10m、3.10～3.30m、3.30～3.50m、大于3.5m时，太浦闸下泄流量分别约为20m^3/s、51m^3/s、71m^3/s、111m^3/s、205m^3/s。

表8.27　　2002—2013年太湖旬均水位与太浦闸旬均流量关系

太湖水位/m		太浦闸流量均值/($m^3 \cdot s^{-1}$)	系列个数
范围	均值		
2.65～2.80	2.78	19	48
2.80～3.10	3.02	50	1216
3.10～3.30	3.20	62	1670
3.30～3.50	3.39	72	994
>3.50	3.65	126	443

表8.28　　2002—2013年冬春季（1—4月）太湖日均水位与太浦闸日均流量关系

太湖水位/m		太浦闸流量均值/($m^3 \cdot s^{-1}$)	系列个数
范围	均值		
2.65～2.80	2.80	19.67	15
2.80～3.10	3.01	51.25	697
3.10～3.30	3.19	70.82	509
3.30～3.50	3.35	110.59	203
>3.50	3.62	205.20	18

（2）相关调水试验分析。根据《上海市太湖上游地区现状来水及水质情况分析报告》，2008—2012年太浦闸水质基本稳定，除TN指标外，参评的22项水质指标总体在Ⅰ～Ⅲ类。随着太浦闸下泄流量增大，金泽断面高锰酸盐指数、COD、BOD_5、NH_3—N、TP等指标呈逐步改善的趋势，在流量为50～80m^3/s、大于100m^3/s、超过200m^3/s下泄条件下水质相对稳定。

2014年2—4月对太浦河进行了调水试验，太浦闸下泄流量按50m^3/s、80m^3/s、200m^3/s分阶段进行控制，见表8.29，配合下游水源地工程参与试验，同步对太浦河、黄浦江及其相关支流进行大规模的水位、流量测验和水质监测。经分析发现太浦河干流由太湖来水（太浦闸下泄）和两岸支流来水为主，其中两岸支流来水主要集中在太浦闸—黎里段；当太浦闸泄量小于80m^3/s时，太湖来水在太浦河干流中的占比不到1/3，2/3以上的水均来自太浦河两岸支流；当太浦闸泄量达到200m^3/s时，太湖来水在太浦河干流中的占比则接近70%，太浦河两岸支流的汇入量明显减少。从水质角度看，随着太浦闸下泄流量的增大，金泽断面NH_3—N指标平均浓度逐渐降低，太浦闸下泄流量达200m^3/s时，NH_3—N均值为0.63mg/L，但NH_3—N指标达标率最高出现在第3阶段（太浦闸80m^3/s，大舜、丁栅、元荡单向引水），达标率为100%。调水试验监测结果表明，太浦闸下泄流量增大可增加金泽断面太湖清水占比，减少两岸支流的汇入，金泽断面NH_3—N浓度明显降低。

表 8.29　　太浦河 2014 年调水试验各阶段工况

阶段	运行工况	时间
第 1 阶段	太浦闸 50m³/s	2 月 23 日—3 月 3 日
第 2 阶段	太浦闸 80m³/s	3 月 3 日—3 月 10 日
第 3 阶段	太浦闸 80m³/s，大舜、丁栅、元荡单向引水	3 月 11 日—3 月 18 日
第 4 阶段	太浦闸 200m³/s	3 月 18 日—3 月 28 日
间歇期	太浦闸 50m³/s	3 月 28 日—4 月 16 日
第 5 阶段	太浦闸 50m³/s，大舜、丁栅、元荡单向引水	4 月 16 日—4 月 25 日

8.2.2.2 加大太浦河供水流量方案研究

从近几年实测水量水质资料分析成果来看，加大太浦闸下泄流量对遏制两岸污水汇入，改善太浦河水源地取水水质具有重要作用。因此，本书研究综合考虑太浦河上下游、左右岸防洪、供水及水生态等多方面需求，在太浦河闸泵、太浦河两岸支流口门现行调度规则和调度实践经验的基础上，进一步根据太湖、金泽水源地、太浦河两岸地区的调度需求，分析水利工程调度方式调整的可行途径。

1. 方案设计

太浦闸主要根据太湖水资源条件及下游水源地水质改善需求分级、分时段进行调度。在冬春季下游水源地取水口水质较差的重点时段加大流量向下游供水，其中，太湖分级主要参考《太湖流域洪水与水量调度方案》中确定的防洪控制水位、应急调度水位及由实测资料分析得到的引江济太实施后太湖多年平均水位等；下游两岸口门根据两岸水资源情况或排涝需求适时引排，为与现行调度方案相衔接，本书中太浦河南北两岸调度口门建筑物调度控制站分别选择嘉善站、陈墓站。根据水量分配方案水资源调度意见，当太浦闸向下游供水时，两岸口门可根据地区水资源需求引水。但为配合改善太浦河下游水源地供水水质，考虑在两岸地区常水位之间时，地区水资源需求和排涝需求都不强烈，可适当控制两岸口门进出流量。考虑在 1—4 月期间，太湖水位低于防洪控制水位且高于 2.80m 时，进一步加大太浦闸供水流量。具体方案如下：

（1）基础方案（方案 0）。太浦闸供水流量按太湖水位分级调度：当太湖水位位于 2.80～3.10m 时，太浦闸按 50m³/s 向下游供水；当太湖水位位于 3.10～3.30m 时，太浦闸按 60m³/s 向下游供水；当太湖水位高于 3.30m，低于防洪控制线时，太浦闸按 70m³/s 向下游供水。当太浦闸向下游供水时，两岸口门可根据地区需求实施引排水调度。太浦河南岸芦墟以东支河口门已全线控制，芦墟以西仍敞开。按调研芦墟以东口门情况，以嘉善（魏塘）站为调度参照站，嘉善水位低于 3.30m 时可适度引水；嘉善水位为 3.30～3.60m 时，闸门控制运用；嘉善水位超过 3.60m 时，区域适时排涝水入太浦河。太浦河北岸以陈墓站为调度参照站；陈墓水位高于 3.60m 时，区域适时排水；陈墓水位为 3.00～3.60m 时，闸门控制运用；陈墓水位低于 3.00m 时，可适度引水。

（2）方案 TPH1。简称“适度加大供水”方案。在基础方案的基础上增大太浦河供水流量，当太湖水位位于 2.80～3.10m 时，太浦闸按 70m³/s 向下游供水；当太湖水位位于 3.10～3.30m 时，太浦闸按 80m³/s 向下游供水；当太湖水位高于 3.30m，低于防洪控制线时，太浦闸按 90m³/s 向下游供水。同时考虑到两岸地区在常水位与排涝控制水位之间时，地区水资源需求和排涝需求都不强烈，适当控制两岸口门进出流量。南岸口门按嘉善水位调度，嘉善水位大于3.60m时，南岸区域适时排水；嘉善水位为2.90～3.60m时，控制运用；嘉善水位低于2.90m时，适度引水。北岸口门按陈墓水位调度，陈墓水位大于3.60m时，区域适时排水；陈墓水位为3.00～3.60m时，控制运用；陈墓水位低于3.00m时，适度引水。

(3) 方案TPH2。简称"进一步加大供水"方案，即在"适度加大供水"方案的基础上，进一步加大太浦河向下游供水流量。太湖水位位于2.80～3.10m时，太浦闸按80m^3/s向下游供水；太湖水位位于3.10～3.30m时，太浦闸按90m^3/s向下游供水；太湖水位高于3.30m、低于防洪控制线时，太浦闸按100m^3/s向下游供水。两岸口门调度同1方案。

(4) 方案TPH3。简称"重点时段进一步加大供水"方案，即在"进一步加大供水"方案的基础上，在冬春季1—4月太浦河水源地水质较差时段，增大太浦河向下游供水流量。太湖水位位于2.80～3.10m时，太浦闸按90m^3/s向下游供水；太湖水位位于3.10～3.30m时，太浦闸按100m^3/s向下游供水；太湖水位高于3.30m、低于防洪控制线时，太浦闸按110m^3/s向下游供水；其他时段，调度同方案TPH2。两岸口门调度同TPH1方案。各方案具体见表8.30。

表8.30 太浦河加大供水流量研究调度方案设计

方案编号	太湖水位	太浦河闸	太浦河南岸口门（芦墟以东）	太浦河北岸口门
方案TPH0	2.80～3.10m	50m^3/s	嘉善水位大于3.60m，适时排水；嘉善水位大于3.30m，不大于3.60m，控制运用；嘉善水位小于3.30m，适度引水	陈墓水位大于3.60m，适时排水；陈墓水位大于3.00m，不大于3.60m，控制运用；陈墓水位小于3.00m，适度引水
	3.10～3.30m	60m^3/s		
	3.30m～防洪控制线	70m^3/s		
方案TPH1（适度加大供水）	2.80～3.10m	70m^3/s	嘉善水位大于3.60m，适时排水；嘉善水位大于2.90m，不大于3.60m，控制运用；嘉善水位小于2.90m，适度引水	陈墓水位大于3.60m，适时排水；陈墓水位大于3.00m，不大于3.60m，控制运用；陈墓水位小于3.00m，适度引水
	3.10～3.30m	80m^3/s		
	3.30m～防洪控制线	90m^3/s		
方案TPH2（进一步加大供水）	2.80～3.10m	80m^3/s	嘉善水位大于3.60m，适时排水；嘉善水位大于2.90m，不大于3.60m，控制运用；嘉善水位小于2.90m，适度引水	陈墓水位大于3.60m，适时排水；陈墓水位大于3.00m，不大于3.60m，控制运用；陈墓水位小于3.00m，适度引水
	3.10～3.30m	90m^3/s		
	3.30m～防洪控制线	100m^3/s		
方案TPH3（重点时段进一步加大供水）	2.80～3.10m	冬春季（1—4月）90m^3/s；其余时段80m^3/s	嘉善水位大于3.60m，适时排水；嘉善水位大于2.90m，不大于3.60m，控制运用；嘉善水位小于2.90m，适度引水	陈墓水位大于3.60m，适时排水；陈墓水位大于3.00m，不大于3.60m，控制运用；陈墓水位小于3.00m，适度引水
	3.10～3.30m	冬春季（1—4月）100m^3/s；其余时段90m^3/s		
	3.30m～防洪控制线	冬春季（1—4月）110m^3/s；其余时段100m^3/s		

注 太湖水位在防洪控制水位以上及应急调度水位以下时，分别按《太湖流域洪水与水量调度方案》及《太湖流域抗旱应急预案》进行调度。

主要对平水、枯水典型年份太浦河水量水质的变化情况开展计算分析，选取1990年（50%）、1971年（90%）不同频率典型年。

2. 方案比较分析

（1）1971年型。

1）太湖及地区主要代表站水位。1971年型太湖水位过程线见图8.9。太浦闸增大供水流量后，供水期（4—10月）太湖及太浦河北岸地区代表站平均日均水位没有变化；太浦河南岸地区代表站王江泾、嘉善站平均水位没有变化，嘉兴站水位随着太浦河下泄流量加大平均日均水位抬升1cm左右；从太浦河沿线水位来看，随着太浦闸下泄流量的加大，平望水位普遍抬升0～1cm，金泽平均水位并未出现明显变化，见表8.31。

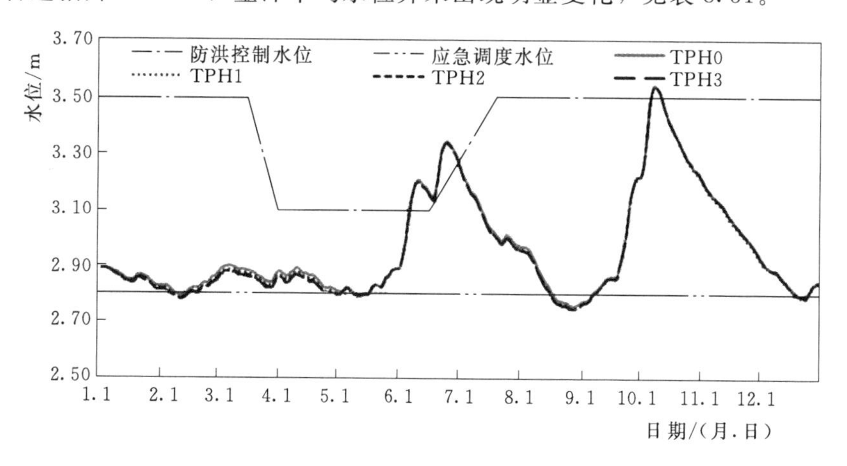

图8.9 1971年型太湖水位过程线图

表8.31　1971年型主要代表站供水期（4—10月）平均日均水位对比　单位：m

代表站		TPH0	TPH1	TPH2	TPH3	差值（TPH1－TPH0）	差值（TPH2－TPH0）	差值（TPH3－TPH0）
湖区	太湖	3.01	3.01	3.01	3.01	0	0	0
阳澄淀泖区	陈墓	2.82	2.82	2.82	2.82	0	0	0
杭嘉湖区	王江泾	2.81	2.81	2.81	2.81	0	0	0
	嘉兴	2.79	2.79	2.80	2.80	0	0.01	0.01
	嘉善	2.75	2.75	2.75	2.75	0	0	0
太浦河沿线	平望	2.82	2.82	2.83	2.83	0	0.01	0.01
	金泽	2.76	2.76	2.76	2.76	0	0	0

由表8.32可知，各方案供水期间（4—10月）太湖最低旬平均水位为2.76～2.77m，均未达到《太湖流域水资源综合规划》提出的太湖最低旬平均水位2.80m的规划目标，主要是由于《太湖流域水资源综合规划》考虑了望虞河拓宽工程的实施，而本书研究确定的现状工况尚未考虑望虞河拓宽工程，本书研究的各方案太湖最低旬平均水位均能满足《水量分配方案》中2020年1971年型下2.73m的调度目标。

表 8.32　　1971 年型主要代表站供水期（4—10 月）最低旬平均水位对比表　　单位：m

代表站		TPH0	TPH1	TPH2	TPH3	差值（TPH1−TPH0）	差值（TPH2−TPH0）	差值（TPH3−TPH0）
湖区	太湖	2.77	2.76	2.76	2.76	−0.01	−0.01	−0.01
阳澄淀泖区	陈墓	2.66	2.66	2.66	2.66	0	0	0
杭嘉湖区	王江泾	2.59	2.60	2.60	2.60	0.01	0.01	0.01
	嘉兴	2.57	2.57	2.57	2.57	0	0	0
	嘉善	2.56	2.57	2.57	2.57	0.01	0.01	0.01
太浦河沿线	平望	2.62	2.62	2.62	2.63	0	0	0.01
	金泽	2.57	2.58	2.58	2.58	0.01	0.01	0.01

从供水期（4—10 月）最低旬平均水位来看，由于太浦闸加大向下游供水流量，太湖最低旬平均水位均下降 1cm；太浦河北岸陈墓站最低旬平均水位没有变化；由于芦墟以西入流减少及芦墟以东出流的增加，使得太浦河南岸王江泾站、嘉善站最低旬平均水位抬升 1cm；随着太浦闸向下游供水的流量加大，太浦河沿线各站点的最低旬平均水位普遍抬升 0～1cm。

总的来说，随着太浦闸下泄流量增大，太湖供水期最低旬平均水位随之均有降低趋势，太浦河北岸地区代表站最低旬平均水位没有变化，南岸地区及太浦河沿线代表站略有升高。

2）太湖及太浦河相关区域水量。太浦河及相关区域水资源调度期间进出水量对比见表 8.33。与方案 TPH0 相比，加大太浦闸下泄流量后，“适度加大供水方案”“进一步加大供水方案”“仅按重点时段加大供水方案”下太浦河出湖水量分别增加 5.06 亿 m³、7.12 亿 m³、7.97 亿 m³，增幅分别达 35.71%、50.25%和 56.25%；太浦河出口净泄水量分别增加 1.53 亿 m³、1.97 亿 m³、2.16 亿 m³，增幅分别达 4.03%、5.19%和 5.69%。随着太浦闸向下游供水流量的加大，太浦河北岸和太浦河南岸芦墟以西入太浦河的水量呈现逐渐下降的趋势，太浦河南岸芦墟以东出太浦河的水量则呈现逐渐增大的趋势。太浦河及相关区域水资源调度期间出入水量见图 8.10。

表 8.33　　1971 年型水资源调度期间太浦河及相关区域进出水量对比表　　单位：亿 m³

统计项目		TPH0	TPH1	TPH2	TPH3	差值（TPH1−TPH0）	差值（TPH2−TPH0）	差值（TPH3−TPH0）
太浦河出湖水量		14.17	19.23	21.29	22.14	5.06	7.12	7.97
太浦河北岸	出太浦河	0.58	0.65	0.66	0.67	0.07	0.08	0.09
	入太浦河	28.58	27.58	27.20	27.03	−1.00	−1.38	−1.55
	代数和	28.00	26.93	26.54	26.36	−1.07	−1.46	−1.64
芦墟以西	出太浦河	1.59	1.76	1.83	1.83	0.17	0.24	0.24
	入太浦河	27.34	25.62	24.74	24.37	−1.72	−2.60	−2.97
	代数和	25.75	23.86	22.91	22.54	−1.89	−2.84	−3.21

续表

统计项目		TPH0	TPH1	TPH2	TPH3	差值（TPH1－TPH0）	差值（TPH2－TPH0）	差值（TPH3－TPH0）
芦墟以东	出太浦河	16.37	16.73	16.98	17.09	0.36	0.61	0.72
	入太浦河	1.20	1.10	1.08	1.09	－0.10	－0.12	－0.11
	代数和	15.18	15.63	15.89	16.01	0.46	0.73	0.83
太浦河出口净泄水量		37.97	39.50	39.94	40.13	1.53	1.97	2.16

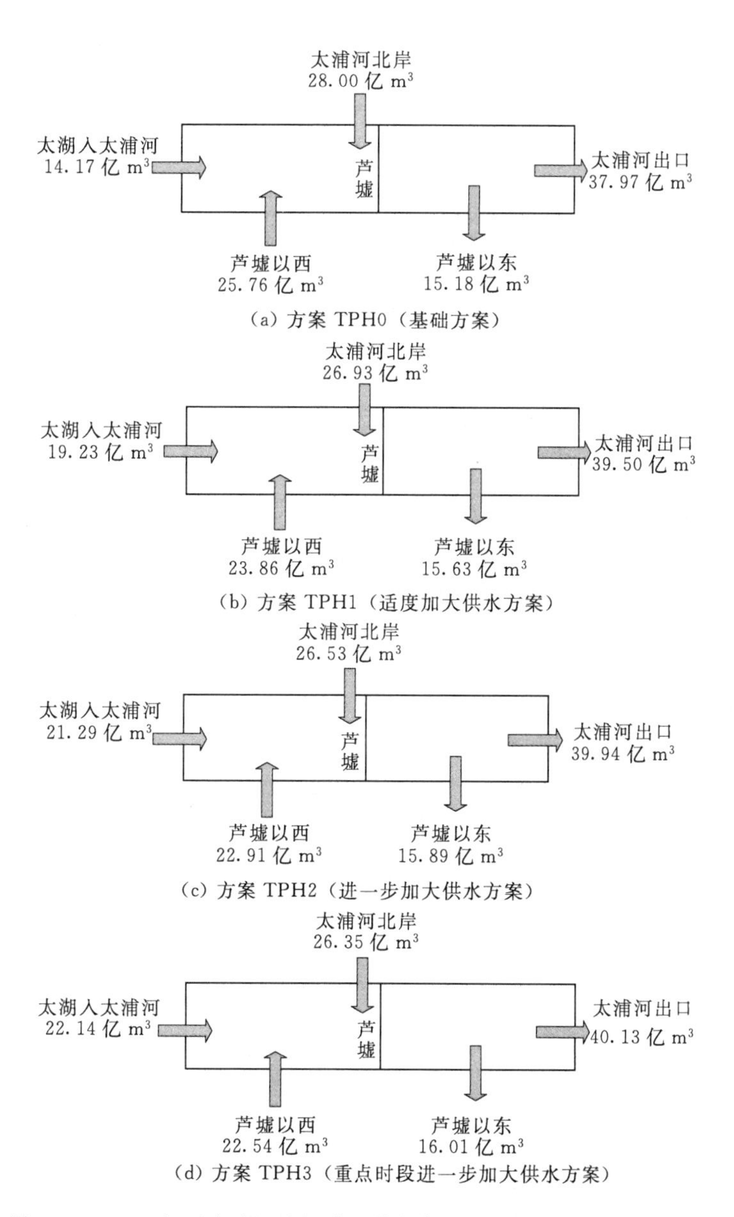

图 8.10 1971 年型太浦河及相关区域水资源调度期间出入水量示意图

太浦河及相关区域冬春季（1—4月，太湖水位低于防洪控制线期间）进出水量对比见表8.34。进一步比较方案TPH2与TPH3，与方案TPH2相比，TPH3方案下太浦河出湖水量增加0.84亿m^3，增幅10.77%；太浦河出口净泄水量增加0.17亿m^3，增幅1.11%；太浦闸向下游供水流量的加大，使得太浦河北岸和太浦河南岸芦墟以西入太浦河的水量有所减少，太浦河南岸芦墟以东出太浦河的水量略有增加。

表8.34　1971年型冬春季（1—4月）太浦河及相关区域进出水量对比表　单位：亿m^3

统计项目		TPH0	TPH1	TPH2	TPH3
太浦河出湖水量		5.03	6.90	7.80	8.64
太浦河北岸	出太浦河	0.05	0.05	0.06	0.06
	入太浦河	9.62	9.21	8.96	8.81
	代数和	9.57	9.16	8.90	8.75
芦墟以西	出太浦河	0	0	0	0.01
	入太浦河	10.14	9.33	8.96	8.56
	代数和	10.14	9.33	8.96	8.55
芦墟以东	出太浦河	5.48	5.70	5.78	5.88
	入太浦河	0.38	0.38	0.38	0.38
	代数和	5.10	5.32	5.40	5.50
太浦河出口净泄水量		14.67	15.10	15.30	15.47

3）重要水源地断面水质。各方案下金泽断面NH_3—N浓度对比成果详见表8.35。各方案金泽断面NH_3—N浓度过程线对比详见图8.11。

表8.35　1971年型金泽断面NH_3—N浓度对比表　单位：mg/L

方案	全年				冬春季（1—4月）			
	最大值	平均值	变幅/%	超Ⅲ类天数	最大值	平均值	变幅/%	超Ⅲ类天数
TPH0	0.748	0.518		0	0.748	0.627		0
TPH1	0.742	0.505	−2.51	0	0.742	0.610	−2.71	0
TPH2	0.758	0.500	−3.47	0	0.758	0.605	−3.51	0
TPH3	0.762	0.497	−4.05	0	0.762	0.597	−4.78	0

90%频率典型年1971年，方案TPH0金泽断面全年NH_3—N平均浓度为0.518mg/L，冬春季（1—4月）NH_3—N平均浓度为0.627mg/L；方案TPH1太浦闸下泄流量较方案TPH0增大，南北两岸入太浦河水量减少，金泽断面全年NH_3—N平均浓度较方案TPH0减小2.51%，冬春季（1—4月）NH_3—N平均浓度较方案TPH0减小2.71%。方案TPH2及方案TPH3太浦闸下泄流量逐渐加大后，金泽断面水质进一步改善作用明显，全年及冬春季（1—4月）NH_3—N平均浓度较方案TPH1进一步减小。

从金泽断面NH_3—N浓度过程线来看，各方案间差异集中反映在浓度相对较高的冬春季（1—4月）。对比太浦闸不同控制运用方式，90%频率典型年1971年，该时段内方

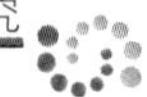

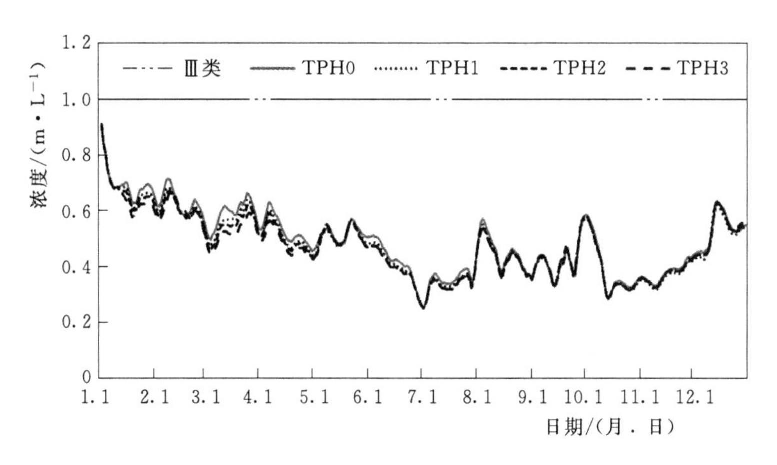

图 8.11 1971 年金泽断面 NH_3—N 浓度过程线对比图

案 TPH1 较方案 TPH0 的 NH_3—N 浓度有所减小，太浦闸下泄流量在 67m^3/s 左右；方案 TPH2 在方案 TPH1 的基础上进一步加大太浦闸的下泄流量，平均下泄流量增加至 76m^3/s 左右，金泽断面水质有一定程度改善，而在水质相对较好的 7—10 月太浦闸下泄流量的增加对水质改善作用不明显；方案 TPH3 在方案 TPH2 的基础上在重点时段进一步加大太浦闸下泄流量，平均下泄流量增加至 84m^3/s 左右，金泽断面水质进一步改善，而在 7—10 月水质相对较好时，太浦闸下泄流量增加对金泽断面水质过程影响不大。

总的来说，随着太浦闸下泄流量增大，两岸入河水量减少，金泽断面水质趋好。金泽断面 NH_3—N 日均浓度没有超Ⅲ类情况出现，太浦闸分级加大流量可有效降低 NH_3—N 平均浓度。

（2）1990 年型。

1）太湖及地区主要代表站水位。1990 年型太湖水位过程线见图 8.12。各方案对太湖及太浦河北岸地区供水期（4—10 月）平均日均水位几乎没有影响，太浦河南岸王江泾平均日均水位抬升 1cm，太浦河沿线日均水位普遍抬升 0～1cm，见表 8.37。

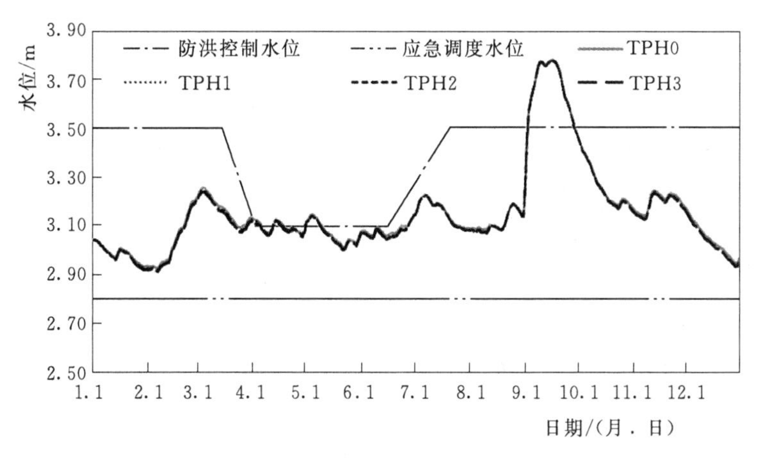

图 8.12 1990 年型太湖水位过程线图

表 8.36　　1990 年型主要代表站供水期（4—10 月）平均日均水位对比表　　单位：m

代表站		TPH0	TPH1	TPH2	TPH3	差值（TPH1－TPH0）	差值（TPH2－TPH0）	差值（TPH3－TPH0）
湖区	太湖	3.20	3.20	3.20	3.20	0	0	0
阳澄淀泖区	陈墓	3.00	3.00	3.00	3.00	0	0	0
杭嘉湖区	王江泾	2.99	3.00	3.00	3.00	0.01	0.01	0.01
	嘉兴	2.96	2.96	2.96	2.96	0	0	0
	嘉善	2.93	2.93	2.93	2.93	0	0	0
太浦河沿线	平望	3.01	3.02	3.02	3.02	0.01	0.01	0.01
	金泽	2.95	2.95	2.96	2.96	0	0.01	0.01

太湖及地区主要代表站最低旬平均水位见表 8.37。从供水期（4—10 月）最低旬平均水位来看，3 种计算方案下，由于太浦闸加大向下游供水流量，太湖最低旬平均水位下降 0～1cm；由于太浦河北岸入流减少，使得陈墓站最低旬平均水位均抬升 1cm，由于芦墟以西入流减少，使得太浦河南岸王江泾站最低旬平均水位抬升 1cm，由于芦墟以东出流增加，使得太浦河南岸嘉善站、嘉兴站最低旬平均水位抬升 1cm；随着太浦闸向下游供水的流量加大，太浦河沿线各站点的最低旬平均水位普遍抬升 1～2cm。

表 8.37　　1990 年型主要代表站供水期（4—10 月）最低旬平均水位对比表　　单位：m

代表站		TPH0	TPH1	TPH2	TPH3	差值（TPH1－TPH0）	差值（TPH2－TPH0）	差值（TPH3－TPH0）
湖区	太湖	3.03	3.03	3.02	3.02	0	－0.01	－0.01
阳澄淀泖区	陈墓	2.85	2.86	2.86	2.86	0.01	0.01	0.01
杭嘉湖区	王江泾	2.82	2.83	2.83	2.83	0.01	0.01	0.01
	嘉兴	2.80	2.81	2.81	2.81	0.01	0.01	0.01
	嘉善	2.78	2.79	2.79	2.79	0.01	0.01	0.01
太浦河沿线	平望	2.83	2.84	2.85	2.85	0.01	0.02	0.02
	金泽	2.79	2.80	2.81	2.81	0.01	0.02	0.02

总的来说，随着太浦闸下泄流量加大，太湖供水期最低旬平均水位随之均有降低趋势，太浦河南北两岸地区及太浦河沿线代表站均略有升高。

2）太湖及太浦河相关区域水量。太浦河及相关区域水资源调度期间进出水量对比见表 8.38。与方案 TPH0 相比，加大太浦闸下泄流量后，“适度加大供水方案”“进一步加大供水方案”“仅按重点时段加大供水方案”太浦河出湖水量分别增加 5.26 亿 m^3、7.91 亿 m^3、8.78 亿 m^3，增幅分别达 35.81%、53.85%和 59.77%；太浦河出口净泄水量分别增加 1.54 亿 m^3、2.36 亿 m^3、2.65 亿 m^3，增幅分别达 3.90%、5.98%和 6.72%。随着太浦闸向下游供水流量的加大，太浦河北岸和太浦河南岸芦墟以西入太浦河的水量呈现逐

渐下降的趋势，太浦河南岸芦墟以东出太浦河的水量则呈现逐渐增大的趋势。太浦河及相关区域水资源调度期间出入水量见图8.13。

表8.38　　1990年型水资源调度期间太浦河及相关区域进出水量对比表　　单位：亿 m^3

统计项目		TPH0	TPH1	TPH2	TPH3	差值（TPH1－TPH0）	差值（TPH2－TPH0）	差值（TPH3－TPH0）
太浦河出湖水量		14.69	19.95	22.60	23.47	5.26	7.91	8.78
太浦河北岸	出太浦河	0.76	0.78	0.81	0.82	0.02	0.05	0.06
	入太浦河	28.08	26.77	26.31	26.19	－1.31	－1.77	－1.89
	代数和	27.32	25.99	25.50	25.37	－1.33	－1.82	－1.95
芦墟以西	出太浦河	0.75	0.96	1.08	1.08	0.21	0.32	0.32
	入太浦河	27.87	25.69	24.76	24.47	－2.18	－3.11	－3.40
	代数和	27.12	24.73	23.68	23.39	－2.39	－3.44	－3.73
芦墟以东	出太浦河	17.54	17.11	17.44	17.53	－0.43	－0.10	－0.01
	入太浦河	1.16	0.83	0.82	0.81	－0.33	－0.34	－0.35
	代数和	16.38	16.28	16.62	16.72	－0.10	0.24	0.34
太浦河出口净泄水量		39.44	40.98	41.80	42.09	1.54	2.36	2.65

太浦河及相关区域冬春季（1—4月，太湖水位低于防洪控制线期间）进出水量对比见表8.39。进一步比较方案TPH2与TPH3，与方案TPH2相比，方案TPH3下太浦河出湖水量增加0.80亿 m^3，增幅9.59%；太浦河出口净泄水量增加0.14亿 m^3，增幅0.76%；太浦闸供水流量加大，使太浦河北岸和太浦河南岸芦墟以西入太浦河水量有所减少，太浦河南岸芦墟以东出太浦河水量略有增加。

表8.39　　1990年型冬春季（1—4月）太浦河及相关区域进出水量对比表　　单位：亿 m^3

统计项目		TPH0	TPH1	TPH2	TPH3
太浦河出湖水量		5.44	7.36	8.34	9.14
太浦河北岸	出太浦河	0.23	0.24	0.24	0.25
	入太浦河	11.10	10.62	10.47	10.29
	代数和	10.87	10.38	10.23	10.04
芦墟以西	出太浦河	0	0	0	0
	入太浦河	12.30	11.30	10.92	10.54
	代数和	12.30	11.30	10.92	10.54
芦墟以东	出太浦河	6.93	6.79	6.92	7.00
	入太浦河	0.44	0.32	0.32	0.32
	代数和	6.49	6.47	6.60	6.68
太浦河出口净泄水量		17.69	18.13	18.45	18.59

3）重要水源地断面水质。各方案下金泽断面 NH_3—N浓度对比详见表8.40。各方案

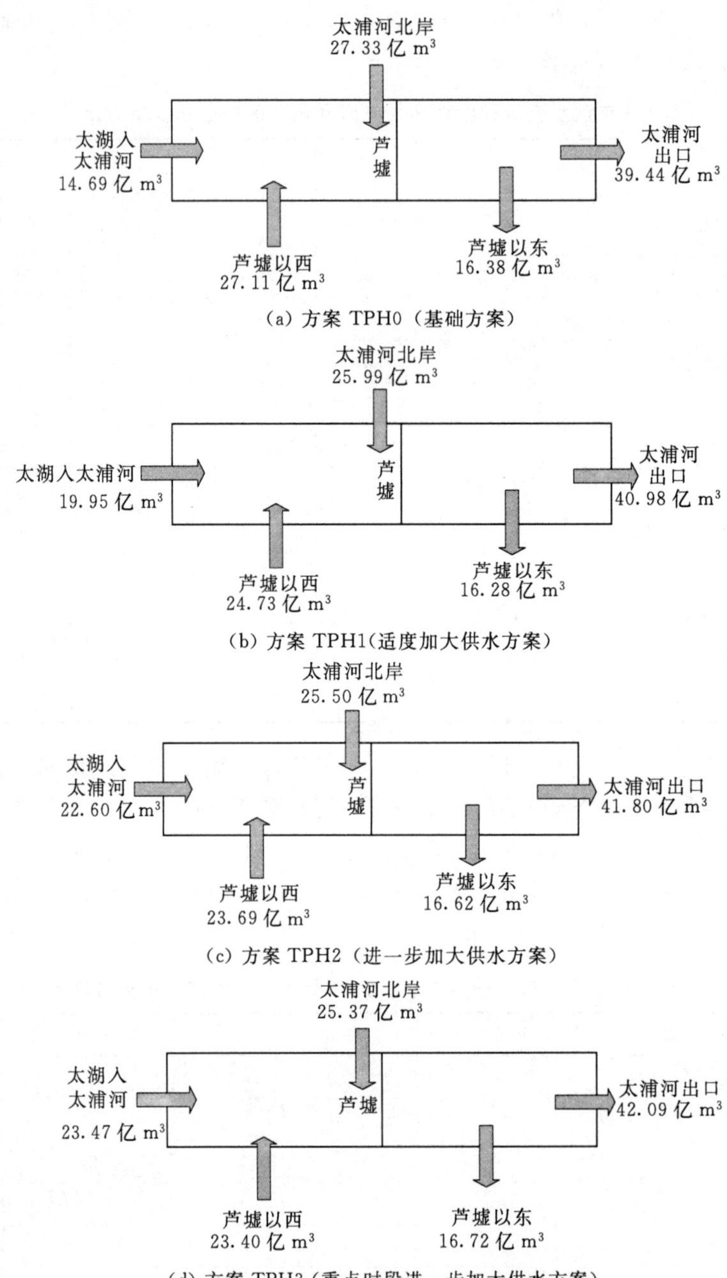

(a) 方案 TPH0（基础方案）

(b) 方案 TPH1(适度加大供水方案)

(c) 方案 TPH2（进一步加大供水方案）

(d) 方案 TPH3（重点时段进一步加大供水方案）

图 8.13　1990 年型太浦河及相关区域水资源调度期间出入水量示意图

金泽断面 NH_3—N 浓度过程线对比详见图 8.14。

50%频率定型年 1990 年，方案 TPH0 金泽断面全年 NH_3—N 平均浓度为 0.425mg/L，冬春季（1—4 月）NH_3—N 平均浓度为 0.638mg/L；方案 TPH1 太浦闸下泄流量较方案 TPH0 增大，南北两岸入太浦河水量减少，金泽断面全年 NH_3—N 平均浓度较方案 TPH0

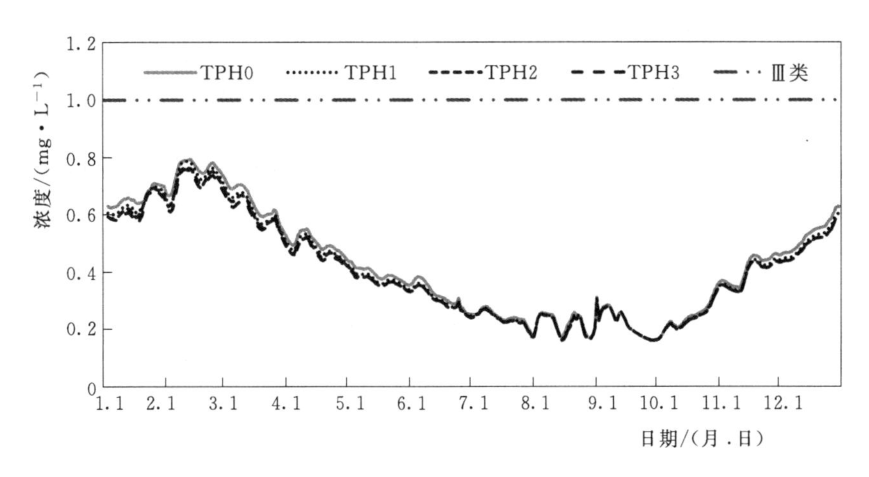

图 8.14 1990 年型金泽断面 NH_3—N 浓度过程线对比图

表 8.40　　1990 年型金泽断面 NH_3—N 浓度计算成果对比表　　单位：mg/L

方　案	全　年				冬春季（1—4 月）			
	最大值	平均值	变幅/%	超Ⅲ类天数	最大值	平均值	变幅/%	超Ⅲ类天数
TPH0	0.794	0.425		0	0.794	0.638		0
TPH1	0.788	0.411	−3.29	0	0.788	0.618	−3.13	0
TPH2	0.764	0.404	−4.94	0	0.764	0.606	−5.02	0
TPH3	0.759	0.400	−5.88	0	0.759	0.596	−6.58	0

减小 3.29%，冬春季（1—4 月）NH_3—N 平均浓度较方案 TPH0 减小 3.13%。方案 TPH2 及方案 TPH3 太浦闸下泄流量逐渐加大后，金泽断面水质进一步改善作用明显，全年及冬春季（1—4 月）NH_3—N 平均浓度较方案 TPH1 进一步减少。

从金泽断面 NH_3—N 浓度过程线来看，各方案间差异集中反映在浓度相对较高的冬春季（1—4 月）。对比太浦闸不同控制运用方式，50%频率定型年 1990 年，该时段内方案 TPH1 较方案 TPH0 的 NH_3—N 浓度有所减小，太浦闸下泄流量在 $72m^3/s$ 左右；方案 TPH2 在方案 TPH1 基础上进一步加大太浦闸的下泄流量，平均下泄流量增加至 $81m^3/s$ 左右，金泽断面水质有一定程度改善，而在水质相对较好的 7—10 月太浦闸下泄流量的增加对水质改善作用不明显；方案 TPH3 在方案 TPH2 的基础上在重点时段进一步加大太浦闸下泄流量，平均下泄流量增加至 $89m^3/s$ 左右，金泽断面水质进一步改善，而在 7—10 月水质相对较好时，太浦闸下泄流量增加对金泽断面水质过程影响不大。

总的来说，随着太浦闸下泄流量的增大，两岸入河水量的减少，金泽断面水质趋好。金泽断面 NH_3—N 日均浓度没有超Ⅲ类的情况出现，太浦闸分级加大流量可有效降低 NH_3—N 的平均浓度值。

综合太浦河加大供水流量不同调度方案遇 1971 年型、1990 年型方案的效果分析，将 TPH3 方案"重点时段进一步加大供水方案"推荐为太浦河供水调度优化方案，统筹考虑太浦河水源地以及两岸水资源等的需求，提出太浦河加大供水的优化调度方案如下：

太湖水位低于防洪控制水位时，按太湖水位分级加大太浦河供水流量。太湖水位位于2.80～3.10m时，太浦闸按80m³/s向下游供水；位于3.10～3.30m时，按90m³/s向下游供水；高于3.30m、低于防洪控制线时，按100m³/s向下游供水。

水质较差时段，如冬春季1—4月，进一步加大太浦河供水流量。当太湖水位位于2.80～3.10m时，太浦闸按90m³/s向下游供水；位于3.10～3.30m时，按100m³/s向下游供水；高于3.30m、低于防洪控制线时，按110m³/s向下游供水。

8.3 小　　结

本章从太浦河防洪调度优化和太浦河供水调度优化两方面提出调度优化方案研究结论。

太浦河防洪调度优化统筹考虑太浦河泄洪和杭嘉湖区排涝关系，按照风险共担原则，提出太浦河防洪调度优化方案。当太湖水位不超过警戒水位时，控制太浦闸下泄，抢排杭嘉湖区的涝水，充分发挥太湖调蓄作用，按照嘉兴站水位控制下泄量。当嘉兴站不超过警戒水位时，太浦闸按300m³/s泄洪；当嘉兴站超过警戒水位后，按150m³/s进行调度；当太湖水位超过警戒水位但不超过4.65m时，在保证地区不超过保证水位的情况下，适度放宽太浦闸调度控制条件，加快排出流域洪水，当平望水位超过原控制水位时，太浦闸仍按300m³/s进行下泄。

太浦河供水调度优化考虑太浦河水源地及两岸地区用水需求，以保障太浦河金泽水源地为重点，提出太浦河供水调度优化方案。在现状调度的基础上按太湖水位分级加大太浦闸供水流量，太湖水位位于2.80～3.10m时，太浦闸按80m³/s向下游供水；位于3.10～3.30m时，按90m³/s向下游供水；高于3.30m、低于防洪控制线时，按100m³/s向下游供水；重点时段，主要是冬春季（1—4月）太浦河水源地水质较差时段，根据太湖水位分级进一步加大太浦闸供水，在各级供水流量基础上提高10m³/s。

参 考 文 献

[1] 陈培竹，戴琪悦，张桂凤．杭嘉湖地区洪水遭遇及对嘉兴洪涝灾害影响的风险评价［C］．中国水利学会学术年会，2005.

[2] 王磊之，胡庆芳，戴晶晶，等．面向金泽水库取水安全的太浦河多目标联合调度研究［J］．水资源保护，2017，33（5）：61-68.

第9章 望虞河调度优化研究

望虞河工程为《太湖流域综合治理总体规划方案》确定的“治太”骨干工程之一，既是流域洪水北排长江的主要泄洪河道，又是流域重要的将长江水源直接引入太湖的引江济太通道，对流域整体防洪和供水安全起着决定性作用。根据《太湖流域综合规划》，规划实施望虞河后续工程，主要包括规划拓宽望虞河，提高太湖洪水北排长江能力，提高流域引水入湖能力和增加太湖水环境容量，同时，增加地区洪涝水入江能力及区域水资源配置能力；规划实施望虞河西岸有效控制，既防止行洪期间太湖洪水倒灌西岸地区，也防止引江济太期间西岸地区污水进入望虞河，提高望虞河引水入湖效率；统筹安排西岸地区排水出路，实施走马塘拓浚延伸工程。目前，望虞河拓宽工程正在开展前期工作，走马塘拓浚延伸工程已经建成，望虞河西岸控制工程已开工建设。近期待望虞河西岸控制工程建成后，望虞河实施引江济太水资源调度的边界条件将发生一定的变化，因此，本书考虑在保障流域引江济太的基础上，兼顾地区水环境改善需求，研究望虞河工程、走马塘工程联合调度的可行性，提出统筹考虑望虞河引水入湖效率以及改善区域河网水环境的望虞河—走马塘工程联合调度方案。

9.1 望虞河—走马塘联合调度优化方向分析

以近年来望虞河引江济太入湖效率及望虞河干流、西岸地区特征水位以及水质统计分析成果为基础，对现状情况下望虞河及西岸地区的水流运动规律、水质情况等进行分析，开展望虞河工程—走马塘工程联合调度需求分析，基于需求研究设计不同角度的调度优化方案，并进行方案效果分析，为联合调度方案的设计提供参考依据。

9.1.1 望虞河—走马塘联合调度需求分析

鉴于望虞河、走马塘工程特殊的地理位置以及规划定位，基于现状引江济太效果分析、区域水质状况以及用水需求分析，结合相关规划提出的目标，从流域和区域层面进行调度需求分析。

9.1.1.1 流域层面需求分析

1. 流域层面目标要求

太湖水资源安全对引江济太入湖水质提出了明确要求，引江济太入湖水质需要满足Ⅲ类水入湖标准。望虞河为太湖流域重要的引江济太调水通道，在《太湖流域水功能区划》和《江苏省水（环境）功能区划》中，全部划为水源保护区，为“望虞河江苏调水保护区”，水质目标为Ⅲ类。对于望虞河引水入湖效率，《太湖流域水资源综合规划》《太湖流域洪水与水量调度方案》《太湖流域水量分配方案》等均提出了要求，其中《太湖流域水量分配方案》提出2020年望虞河引水入湖效率需达到68.4%，见表9.1。

表9.1 **望虞河水量分配方案** 单位：亿 m^3

统计项目	各水平年分配水量		
	2015年	2020年	2030年
常熟枢纽引江	22.9	22.8	33.7
望亭枢纽入湖	16.3	15.6	22.3
东岸口门引水	6.9	7.6	10.3
西岸口门引水	1.9	1.7	2.8
引水入湖效率	71.2%	68.4%	66.2%

注 1. 河湖进出水量为全年实施流域水资源调度期间的水量。
2. 因望虞河西岸控制工程张家港枢纽未实施，2015年、2020年西岸引水量不包括张家港出望虞河水量。
3. 望虞河入湖水量是以严格控制东岸分流、按照限排意见加强西岸地区控污为前提的。

太湖水位综合反映太湖水资源及生态状况，《太湖流域水资源综合规划》将太湖最低旬均水位作为控制指标，综合考虑环湖及周边地区供水、农田灌溉、航运、渔业、改善水生态环境等方面的要求，最终确定太湖最低旬平均水位规划目标为2.80m。实际调度操作中，将太湖水位是否低于2.80m作为是否开展水量应急调度的判断条件。因此，望虞河及其西岸控制工程执行水资源调度时，应保证太湖最低旬平均水位不低于2.80m，满足太湖的供水需求。

2. 流域层面调度效果及需求分析

2002年1月，水利部门启动了引江济太调水试验工程，通过望虞河调引长江水进入太湖流域，增加流域水资源的有效供给，湖区水体水质和流域有关河网水环境得到一定的改善，保障了流域供水安全，提高了水资源和水环境的承载能力，发挥了连通工程在水环境改善方面的作用。

据统计，现状实际调度中，2002—2014年，通过实施引江济太，从望虞河调引长江水262.7亿 m^3 入太湖流域，通过望亭水利枢纽引水入太湖120.2亿 m^3，通过太浦闸向下游地区增加供水179.6亿 m^3，总引水入湖率为45.4%。历年引水入湖效率不尽相同，见表9.2，一般在40%～56%之间，2005年入湖率最低，仅18.33%，现状调度情况下，望虞河引水入湖率均未达到70%的要求。

从望虞河水质来看，望虞河干流自长江口至太湖沿程水质监测断面依次有常熟水利枢纽闸内、虞义大桥、张桥、大桥角新桥、望亭枢纽闸下等5个断面。根据2012—2014年历年引江济太期间望虞河干流沿线高锰酸盐指数、NH_3—N、TP、TN、DO等浓度[1]变化过程，引江济太期间望虞河总体水质较好，主要水质指标（TN不参评）均稳定在Ⅰ～Ⅲ类。望虞河入湖断面望亭枢纽闸下调度指标高锰酸盐指数、TP和调度参考指标 NH_3—N、DO均好于Ⅲ类标准。但是从望虞河沿程水质来看，高锰酸盐指数、NH_3—N、TN呈现

[1] 高锰酸盐指数、TP为引江济太水质调度指标，NH_3—N、DO为水质调度参考指标。

表 9.2　　历年引江济太期间引水入湖率统计　　单位：亿 m^3

年份	常熟枢纽引水	望亭枢纽入湖	引水入湖率/%
2002	18.02	7.91	43.9
2003	24.16	12.27	50.8
2004	22.43	10.09	45.0
2005	10.80	1.98	18.3
2006	14.66	6.17	42.1
2007	23.30	13.08	56.1
2008	22.03	8.92	40.5
2009	13.08	4.88	37.3
2010	23.72	10.02	42.2
2011	31.85	16.08	50.5
2012	16.12	6.86	42.6
2013	22.34	11.39	51.0
2014	22.17	10.56	47.6
总计	262.70	120.20	45.4
多年平均	20.36	9.25	45.4

沿程增加的趋势，TP 呈现沿程降低的趋势，DO 呈现沿程降低的趋势，这说明现状望虞河西岸没有控制的情况下，引江济太期间西岸污水进入了望虞河。

综合来看，现状引江济太调水过程中严格按照《太湖流域洪水与水量调度方案》中引水水质的要求，保障了入湖水质安全。但是望虞河引水入湖率偏低，没有达到 70%的要求。一方面是因为实际情况下望虞河东岸分流过大；另一方面是因为现状望虞河西岸尚未得到有效控制，西岸污水沿途汇入望虞河，导致望亭闸下水质调度指标未能满足入湖要求，望亭枢纽在引江济太初期为控制未达标水流进入太湖采取关闸调度，由此造成引江济太工程不能充分发挥作用。因此，需要考虑望虞河西岸与走马塘工程进行联合调度，既要防止引江济太期间西岸地区污水进入望虞河，又要统筹安排西岸地区排水出路，促进西岸地区水体有序流动。

9.1.1.2　区域层面需求分析

1. 区域层面目标要求

武澄锡虞区河网水位受地区降雨和引江水量影响，在每年 5 月随着降水径流增多、引长江水量增多而起涨，7 月达到最高值，高水期延至 10 月，10 月以后水位缓慢下降。白屈港以东地区主要水文（水位）测站有无锡（南门）站、甘露（望）站和陈墅站。据统计，3 站多年平均水位分别为 3.14m、3.06m、3.17m，历史最低水位为 2.24m、2.27m、2.40m，因此，望虞河西岸地区河网正常水位为 3.20m，地区灌溉需要河网水位不宜低于 2.50m，同时结合区域各水位站历史最低水位以及具有通航功能河道的最低通航水位，确定控制低水位为 2.50m。根据《太湖流域水资源综合规划》，无锡站允许最低旬平均水位为 2.80m，见表 9.3。

表 9.3 **武澄锡虞区各站特征水位情况** 单位：m

站名	计算系列	多年平均水位	警戒水位	历史最高水位	历史最低水位	全年最高水位					非汛期最高水位		
						均值	$P=20\%$	$P=10\%$	$P=5\%$	$P=2\%$	$P=20\%$	$P=10\%$	$P=5\%$
无锡	1950—2005年	3.14	3.90	4.88	2.24	3.90	4.25	4.45	4.62	4.82	3.73	3.90	4.06
甘露（望）	1967—2007年	3.06	3.80	4.82	2.27	3.85	4.15	4.34	4.51	4.70	3.60	3.72	3.82
陈墅	1958—2005年	3.17	3.90	5.40	2.40	4.15	4.49	4.70	4.89	5.11	3.41	3.56	3.68
北国	1978—1993年	—	—	5.27	2.49	4.08	4.35	4.54	4.71	4.90	—	—	—

望虞河西岸由北至南共9条支流，为北福山塘、张家港、锡北运河、羊尖塘、九里河卫浜、九里河黄塘河、伯渎港杨安港、伯渎港、古市桥港。根据《太湖流域水功能区划》和《江苏省水（环境）功能区划》，北福山塘、张家港、锡北运河、羊尖塘、九里河、伯渎港在汇入望虞河的河段均划为缓冲区，水功能区水质目标均为Ⅲ类，见表9.4。

表 9.4 **西岸支流入望虞河各节点水功能区水质目标**

序　号	西岸支流	所在功能区	水质目标
1	北福山塘	北福山塘常熟缓冲区	Ⅲ类
2	张家港	张家港常熟缓冲区	Ⅲ类
3	锡北运河	锡北运河常熟缓冲区	Ⅲ类
4	羊尖塘	严羊河—羊尖塘江苏缓冲区	Ⅲ类
5	九里河卫浜	九里河（含宛山荡）江苏缓冲区	Ⅲ类
6	伯渎港	伯渎港无锡缓冲区	Ⅲ类

为保障太湖水资源安全，引江济太入湖水质需要满足Ⅲ类水入湖标准，根据《引江济太期间望虞河纳污能力及限制排污总量试行意见》和《太湖流域洪水与水量调度方案》，西岸支流水质浓度控制节点有张家港大义桥、锡北运河新师桥、九里河鸟嘴渡、伯渎港大坊桥，并根据水功能区水质目标要求和引水期水质监测的实际情况，确定了限排期间不同节点水质浓度控制要求，见表9.5。

表 9.5 **西岸支流入望虞河各节点水质浓度控制要求**

河流名称	控制节点名称	水质浓度/($mg \cdot L^{-1}$)	
		高锰酸盐指数	$NH_3—N$
张家港	大义桥	10	1.5
锡北运河	新师桥	8	1.5
九里河	鸟嘴渡	6	1
伯渎港	大坊桥	6	1

2. 区域层面调度效果及需求分析

由于望虞河东岸支河口门已基本控制，望虞河的入河污染物主要来自西岸地区。望虞河西岸地区主要是指望虞河以西至白屈港控制线之间的澄锡虞高片，望虞河西岸现状仍敞开的37条支河，其中包括西岸地区向望虞河排水的主要河道张家港、锡北运河、九里河、伯渎港以及其他向望虞河排水的村、镇级河道。

(1) 区域水质分析。分析2012—2014年引江济太期间望虞河西岸支流高锰酸盐指数、NH_3—N水质指标变化过程发现，引江济太期间锡北运河（新师桥）高锰酸盐指数部分年份超过Ⅲ类，但仍满足入望虞河水质控制目标要求，张家港、九里河、伯渎港高锰酸盐指数均能满足水功能区水质要求与入望虞河水质控制目标要求；各支流NH_3—N浓度尚未达到西岸支流水质控制要求。

从望虞河西岸各支流总体水质来看，根据2012—2014水质监测资料统计结果（表9.6），各支流水质基本以地表水Ⅳ～Ⅴ类为主，2012—2014年主要河流水质年均值变化不大。张家港水质较差，为劣Ⅴ类，九里河水质相对较好，锡北运河、伯渎港水质相对较差。西岸地区排水入望虞河后，影响望虞河引江济太的入湖水质，导致入湖水量明显减少。引江济太期间由于望虞河水的补充，对西岸地区水质有明显改善作用，西岸各支流水质优于非引江济太期间。

表9.6　2012—2014年望虞河西岸支流水质浓度　单位：mg/L

河道名称	年份	时段	高锰酸盐指数	NH_3—N	TN	TP	评价类别
张家港（大义桥）	2012	年均	6.53	2.25	4.75	0.22	劣Ⅴ类
		引水期	5.75	1.70	4.11	0.22	Ⅴ类
		非引水期	7.07	2.64	5.25	0.22	劣Ⅴ类
	2013	年均	5.77	4.91	4.22	0.24	劣Ⅴ类
		引水期	5.73	5.89	4.19	0.25	劣Ⅴ类
		非引水期	5.91	1.92	4.31	0.19	Ⅴ类
	2014	年均	5.44	2.12	4.52	0.22	劣Ⅴ类
		引水期	5.15	2.03	4.76	0.22	劣Ⅴ类
		非引水期	5.78	2.23	4.23	0.21	劣Ⅴ类
锡北运河（新师桥）	2012	年均	5.72	1.91	4.58	0.21	Ⅴ类
		引水期	5.01	1.46	4.01	0.18	Ⅳ类
		非引水期	6.23	2.23	5.02	0.23	劣Ⅴ类
	2013	年均	7.49	1.16	3.36	0.46	Ⅳ类
		引水期	7.99	0.94	3.07	0.55	Ⅲ类
		非引水期	5.95	1.85	4.26	0.18	Ⅴ类
	2014	年均	6.93	1.46	3.80	0.55	Ⅳ类
		引水期	7.67	1.13	3.87	0.87	Ⅳ类
		非引水期	6.02	1.87	3.72	0.17	Ⅴ类

续表

河道名称	年份	时段	高锰酸盐指数	NH_3—N	TN	TP	评价类别
九里河（鸟嘴渡）	2012	年均	5.42	1.06	3.82	0.14	Ⅳ类
		引水期	4.85	0.60	3.07	0.13	Ⅲ类
		非引水期	5.96	1.49	4.53	0.15	Ⅳ类
	2013	年均	5.39	1.10	3.55	0.21	Ⅳ类
		引水期	5.30	0.94	3.26	0.22	Ⅲ类
		非引水期	5.67	1.60	4.45	0.18	Ⅴ类
	2014	年均	5.21	1.48	4.34	0.20	Ⅳ类
		引水期	4.93	1.64	4.47	0.19	Ⅴ类
		非引水期	5.55	1.29	4.17	0.22	Ⅳ类
伯渎港（大坊桥）	2012	年均	5.03	1.14	3.87	0.15	Ⅳ类
		引水期	4.91	0.95	3.62	0.16	Ⅲ类
		非引水期	5.26	1.52	4.37	0.13	Ⅴ类
	2013	年均	5.45	1.70	4.32	0.19	Ⅴ类
		引水期	5.40	1.60	4.15	0.19	Ⅴ类
		非引水期	5.84	2.47	5.55	0.17	劣Ⅴ类
	2014	年均	5.21	1.88	4.91	0.22	Ⅴ类
		引水期	5.08	1.86	4.90	0.22	Ⅴ类
		非引水期	5.76	1.98	4.94	0.20	Ⅴ类

注 TN不参与断面水质类别评价。

总的来看，望虞河西岸支流水质总体较差，2012—2014年望虞河西岸主要支流中，九里河水质相对较好，锡北运河、伯渎港水质相对较差。现状条件下，对引江济太造成一定的不利影响。在本书现状工况下，可以考虑对锡北运河、伯渎港等有入望虞河水质浓度控制要求但水质较差河道加大补水，促进水体流动，改善区域水环境质量。

（2）区域需水分析。为反映区域用水需求，采用太湖流域水量水质数学模型平水年灌溉用水量数据进行分析。结合太湖局相关调查统计成果，太湖流域旱地灌溉水量较小，仅占水田耗水量的9.3%，因此仅统计水田灌溉需水。水田灌溉用水数据显示（表9.7），灌溉用水量集中于5—10月的作物生长期，其中6月中旬至8月下旬（6月10日—8月31日）是用水高峰期，累计用水量为4.03亿m^3，占全年灌溉用水的81.4%，尤其是8月，灌溉用水量占全年的48.6%。在非作物生长期则基本无灌溉用水量。为提高区域用水需求保障程度，可以考虑在满足望虞河引水入湖要求的基础上，对于区域需水重点时段6月中旬至8月下旬适当增加西岸地区分流。

（3）区域水文情势分析。2002年开始实施望虞河引江济太调水试验，结果表明，当望虞河启用江边枢纽泵站引水时抬高了望虞河沿线水位，嘉菱荡以北的西岸河道受望虞河高水的顶托，水流主要由望虞河倒灌入西岸地区；嘉菱荡以南的西岸河道受望虞河沿线水位的影响，东排受阻，有时偶然出现倒灌现象，但地区水流以入望虞河为主。

表 9.7　　望虞河西岸水田灌溉用水年内分配比例

月份	旬	水田灌溉用水量 /m³	年内分类比例 /%	月份	旬	水田灌溉用水量 /m³	年内分配比例 /%
1	上	0	0	7	上	0.00	0
	中	0	0		中	0.19	4
	下	0	0		下	0.26	5
2	上	0	0	8	上	1.01	20
	中	0	0		中	0.38	8
	下	0	0		下	1.02	21
3	上	0	0	9	上	0.00	0
	中	0	0		中	0.29	6
	下	0	0		下	0.03	1
4	上	0	0	10	上	0.39	8
	中	0	0		中	0.04	1
	下	0	0		下	0	0
5	上	0	0	11	上	0	0
	中	0.12	2		中	0	0
	下	0.05	1		下	0	0
6	上	0.01	0	12	上	0	0
	中	0.73	15		中	0	0
	下	0.45	9		下	0	0

同时，由于走马塘拓浚延伸工程的建成运行，西岸地区水文情势发生了变化。2013年，太湖局联合江苏省有关部门开展了引江济太武澄锡虞区（无锡市）区域调水试验。由2013年12月24日走马塘张家港枢纽开启泵站排水（简称“泵排”）期间走马塘干流和支流水量及流向可以看出，走马塘干流张家港枢纽泵排流量49.5m³/s，主要来自锡北运河及以北地区；锡北运河以南干流流量较小，均不超过8m³/s，流向以向南为主，不受走马塘张家港枢纽开闸泵排影响。综合调水试验期间的监测成果分析发现，走马塘枢纽泵排解决了望虞河西岸锡澄地区锡北运河以北地区的排水出路，可有效防止污水进入望虞河，走马塘张家港枢纽泵排水量主要来自锡北运河，对锡北运河以南地区河网水质水量几乎没有影响；走马塘张家港枢纽泵排满负荷运行时有时会造成望虞河水分流倒灌锡北运河，影响引江济太效益；走马塘张家港枢纽停运时，经锡北运河北新桥向东排入望虞河的水量将明显增加，经张塘河鸿锋桥、伯渎港秦村桥向东排入望虞河的水量也明显增加。这两部分水量的加入会对望虞河水质有一定影响。因此，走马塘工程的实施，无法解决锡澄地区锡北运河以南地区的排水出路。目前，该地区基本上是一团死水，水质状况堪忧。走马塘张家港枢纽开泵期间水流动情况示意图见图9.1。实施望虞河西岸控制工程后，有必要研究望虞河西岸控制工程与走马塘工程联合调度，通过古市桥港、丰泾河、黄塘河等泵站进行补水，形成区域水体流动循环，加快水体流动。

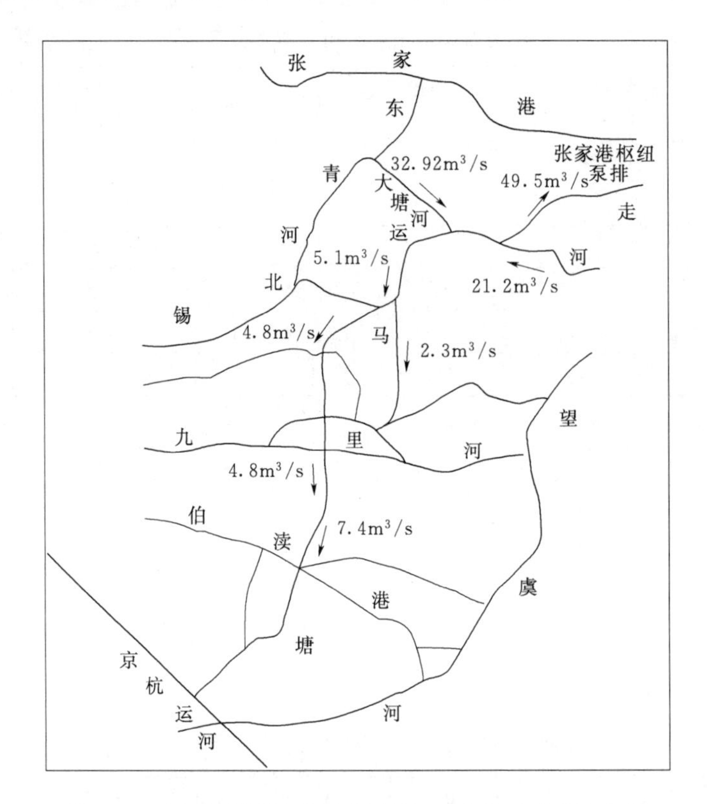

图 9.1　走马塘张家港枢纽开泵期间水流运动情况示意图

相关研究采用太湖流域水量水质数学模型，分析了平水年望虞河引江济太期间走马塘拓浚延伸工程对望虞河西岸地区河网水环境的影响效果。研究结果显示，在望虞河引江济太期间，望虞河西岸控制工程的实施将会对望虞河西岸地区水环境带来一定的不良影响，走马塘拓浚延伸工程可在较大程度上缓解西岸控制工程带来的不利影响，结合望虞河西岸适当的补水措施，可以基本消除望虞河西岸控制工程的不利影响。

综合来看，望虞河西岸地区河网水质较差，西岸支流水质基本在Ⅳ～劣Ⅴ类。对望虞河与走马塘之间的河网地区，在西岸敞开的现状工况下，支河水质受望虞河引江济太影响，引江济太期间当望虞河清水倒灌西岸时，西岸支流的水质相对较好；而当望虞河不倒灌时，西岸支流的水质基本维持在Ⅴ～劣Ⅴ类。对于6月中旬至8月下旬区域用水高峰期，区域需水量较大。此外，走马塘工程已建成实施，虽然锡北运河以北的望虞河西岸支流排水由东排入望虞河改为北排入走马塘，但是走马塘以东、锡北运河以南地区河网不能得到有效拉动，水体流动性较差，使局部地区水环境受到一定影响。因此，待望虞河西岸控制工程实施后，引江济太期间，通过西岸支河口门进行适当的水资源调度，向西岸地区补水，并联合走马塘工程改善地区水环境，解决西岸地区因“控”致“滞”问题，促进区域水体流动。

望虞河东岸已建成口门建筑物50座，范围从长江至京杭运河。对于望虞河东岸地区，现行《太湖流域洪水与水量调度方案》提出“在实施水量调度期间，对望虞河东岸口门实行控制运行，可开启冶长泾、寺泾港、尚湖、琳桥港等口门分水，分水比例不超过常熟水利枢纽引水量的30%，且分水总流量不超过$50m^3/s$。”

阳澄湖是江苏省县级以上重要水源地，由2010—2014年4条主要入阳澄湖河道水质监测资料来看（见图9.2、表9.8），蠡塘河水质较差，为劣Ⅴ类水，其他河道水质类别也基本为Ⅳ～Ⅴ类。对比分析引江济太前后相关水质监测数据可知，流域实施引江济太期间，阳澄淀泖区通过望虞河东岸口门进行分流，对于区域特别是常熟市、相城区水环境质量改善具有一定促进作用，见表9.9。

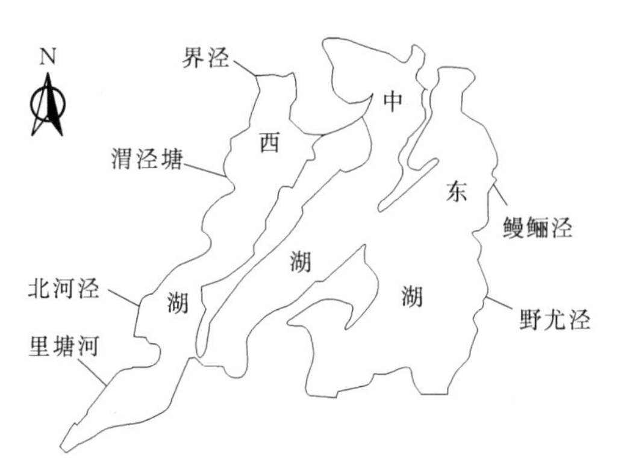

图9.2 阳澄湖主要出入湖河道示意图

表9.8 2010—2014年望虞河东岸地区入阳澄湖河道水质类别

年 份	蠡塘河	北河泾	漕泾塘	界泾
2010	劣Ⅴ类	劣Ⅴ类	Ⅳ类	Ⅳ类
2011	劣Ⅴ类	Ⅳ类	Ⅲ类	Ⅲ类
2012	劣Ⅴ类	Ⅴ类	Ⅳ类	Ⅳ类
2013	劣Ⅴ类	Ⅳ类	Ⅳ类	Ⅳ类
2014	劣Ⅴ类	Ⅴ类	Ⅳ类	Ⅳ类

表9.9 2012—2015年引江济太前后望虞河东岸入阳澄湖河道平均水质 单位：mg/L

河道	时段	COD	NH_3—N	TN	TP
蠡塘河	引江济太前	84.8	7.1	15.3	2.9
	引江济太期间	52.0	6.4	15.5	1.6
北河泾	引江济太前	86.5	3.7	12.1	1.4
	引江济太期间	56.8	3.2	12.7	0.8
漕泾塘	引江济太前	87.0	5.6	14.5	0.7
	引江济太期间	33.0	1.8	10.6	0.4
界泾	引江济太前	96.8	4.2	13.6	0.6
	引江济太期间	60.5	1.3	10.0	0.5

近年来，苏州市实施了古城区自流活水工程，从西塘河引水入城区，起到了较好的水环境改善效果和社会效益。但是，受制于区域污染源治理不足、引水量不足等因素，区域水质改善没有实现水质类别的提升。调研发现，在一定时期内维持望虞河分流水量仍是地方迫切需要的。对于阳澄湖水环境改善，仅依靠望虞河东岸分流带来的水资源量是不够的，还需要在区域层面通过长江、望虞河东岸、太湖等作为引水水源，通过水利工程调度形成区域层面的河湖水体有序流动，来促进阳澄湖水环境质量改善。因此，望虞河现状调度优化研究中重点研究望虞河西岸控制工程与走马塘工程的联合调度，望虞河东岸分流仍维持$50m^3/s$不变。

9.1.2 望虞河—走马塘联合调度单因素优化分析

基于前述望虞河—走马塘联合调度需求分析，从走马塘张家港枢纽工程调度参考水位优化、望虞河向西岸地区补水的空间优化和时间优化3个方面提出联合调度重点方向，并从3个方向进行望虞河—走马塘联合调度单因素优化方案设计与分析。

9.1.2.1 联合调度重点方向分析

基于上述对望虞河、走马塘工程联合调度的需求分析，提出本书望虞河—走马塘联合调度的重点方向。

(1) 对走马塘张家港枢纽调度的参考水位无锡水位进行优化研究，拟通过抬高无锡控制水位来抬高走马塘以东、望虞河以西地区河网整体水位，增加区域保水能力，分析对区域水体流动、河网水质改善的效果。

(2) 在望虞河西岸控制情况下，对西岸补水进行空间优化，即对西岸支流中有入望虞河水质浓度控制要求的河道、水质较差的河道进行优化补水研究，分析重点河道加大补水后河网水质的改善效果。

(3) 在望虞河西岸控制情况下，对西岸补水进行时间优化，即在6月中旬至8月下旬区域用水高峰期进行优化补水研究，分析重点时段加大补水后河网整体水量的改善效果。

9.1.2.2 联合调度单因素优化方案设计

基于望虞河现状调度和走马塘可研推荐的调度方案，提出方案研究的基础方案。其中，走马塘沿线工程的调度方案采用《走马塘拓浚延伸工程可行性研究报告》推荐的控制调度原则，走马塘张家港枢纽工程采用《走马塘张家港枢纽工程调度运用方案（试行）》中的调度方案，望虞河西岸控制工程的调度方案基于《望虞河西岸控制工程可行性研究报告》《走马塘拓浚延伸工程可行性研究报告》推荐的调度原则以及《太湖流域洪水与水量调度方案》的控制要求综合提出的调度方案，望虞河常熟枢纽、望亭枢纽的调度方案为在《太湖流域洪水与水量调度方案》控制要求的基础上，考虑了望虞河西岸地区的排水情况。

基于上述研究提出望虞河—走马塘工程联合调度研究3个重点方向，并设计望虞河—走马塘工程联合调度方案集，见表9.10。其中，走马塘工程调度参考水位优化研究中，根据无锡站特征水位，选取3.00m、3.20m（多年平均水位）、3.73m（接近非汛期5年一遇最高水位）作为参考值进行方案设计；望虞河西岸空间分流优化研究中，考虑对西岸支流中有入望虞河水质浓度控制要求的河道（锡北运河、伯渎港）、水质较差的河道（九里河、羊尖塘）进行优化补水研究；望虞河西岸分流时间优化研究中，考虑对6月中旬至8月下旬区域需水重点时段进行优化补水研究。

9.1.3 联合调度单因素优化方案效果分析

为分析各调度方案效果，选取1990年（平水年）作为典型年，分析望虞河引江济太相关区域、走马塘工程相关区域水量、水位、水质等情况，重点对流域引江济太的影响、对武澄锡虞区水量水质影响等方面分析，评估望虞河—走马塘联合调度方案的效果及其对流域、区域目标的满足程度，提出单因素优化的推荐调度方案。

表 9.10　　望虞河—走马塘联合调度单因素优化方案设计

方案	编号	太湖水位	工程调度		
			走马塘沿线工程	望虞河西岸口门（张家港枢纽未实施）	常熟枢纽、望亭枢纽
基础方案	JC	防洪调度区	可研调度方案（张家港立交底涵、张家港枢纽：当无锡水位不大于2.8m，且老七干河水位小于3.6m时，开启张家港枢纽往北排水）	无锡境内口门关闭；其他口门当西岸支河水位大于望虞河水位时敞开，向望虞河排涝； 西岸支河水位不大于望虞河水位时，西岸口门关闭	洪水与水量调度方案：当北国水位高于4.35m、望虞河承担西岸地区排涝任务时，常熟枢纽排水
		适时调度区		无锡水位不小于4.00m或北国水位不大于4.35m，西岸口门敞开，向望虞河排涝； 无锡水位小于4.00m或北国水位小于4.35m，控制西岸不入望虞河，允许开闸向西岸补水	
		引水控制线以下		无锡水位不大于4.00m或北国水位不大于4.35m，西岸口门敞开，向望虞河排涝； 无锡水位小于4.00m或北国水位小于4.35m，控制西岸不入望虞河，西岸口门闸泵均匀补水，且分水总流量不超过$11m^3/s$	
抬高无锡控制水位3.00m方案	WX1	防洪调度区	同基础方案	同基础方案	同基础方案
		适时调度区		同基础方案	
		引水控制线以下	无锡控制水位由2.80m抬高至3.00m	同基础方案	
抬高无锡控制水位3.20m方案	WX2	防洪调度区	同基础方案	同基础方案	同基础方案
		适时调度区	无锡控制水位由2.80m抬高至3.20m	同基础方案	
		引水控制线以下		同基础方案	
抬高无锡控制水位3.73m方案	WX3	防洪调度区	同基础方案	同基础方案	同基础方案
		适时调度区		同基础方案	
		引水控制线以下	无锡控制水位由2.80m抬高至3.73m	同基础方案	

续表

方案	编号	太湖水位	工程调度		
			走马塘沿线工程	望虞河西岸口门（张家港枢纽未实施）	常熟枢纽、望亭枢纽
望虞河西岸分流空间优化方案1	KJ1	防洪调度区	同基础方案	同基础方案	同基础方案
		适时调度区		同基础方案	
		引水控制线以下		无锡水位不小于4.00m或北国水位不小于4.35m，西岸口门敞开，向望虞河排涝； 无锡水位小于4.00m或北国水位不小于4.35m，控制西岸不入望虞河，西岸口门闸泵补水（重点河道锡北运河、伯渎港泵站全开，其余河道泵站减半开启），且分水总流量不超过11m^3/s	
望虞河西岸分流空间优化方案2	KJ2	防洪调度区	同基础方案	同基础方案	同基础方案
		适时调度区		同基础方案	
		引水控制线以下		无锡水位不小于4.00m或北国水位不小于4.35m，西岸口门敞开，向望虞河排涝； 无锡水位小于4.00m或北国水位小于4.35m，控制西岸不入望虞河，西岸口门闸泵补水（重点河道锡北运河、伯渎港、九里河、羊尖塘泵站全开，其余河道泵站减半开启），且分水总流量不超过11m^3/s	
望虞河西岸分流时间优化方案	SJ	防洪调度区	同基础方案	同基础方案	同基础方案
		适时调度区		同基础方案	
		引水控制线以下		无锡水位不小于4.00m或北国水位不小于4.35m，西岸口门敞开，向望虞河排涝； 无锡水位小于4.00m或北国水位小于4.35m，控制西岸不入望虞河，西岸口门闸泵均匀补水［重点时段（6月11日—8月31日）泵站全开，其余时段泵站减半开启］，且分水总流量不超过11m^3/s	

注 1. 望虞河西岸地区水位以北国站水位为代表，望虞河西岸地区遭遇5年一遇暴雨时，北国水位为4.35m。

2. 无锡境内口门主要是指九里河卫浜枢纽、九里河黄塘河枢纽、伯渎港杨安港枢纽、九里河丰泾河枢纽、古市桥港泵闸；其他口门主要是指锡北运河枢纽、羊尖塘枢纽。

9.1.3.1 抬高走马塘工程调度参考水位的调度效果分析

1990 年型下，在望虞河西岸控制情况下，抬高走马塘工程调度无锡控制水位，WX1～WX3 3 个方案对太湖水位没有产生不利影响，见图 9.3。望虞河西岸分流水量呈减少趋势，可促进望虞河引江入湖效率提高。武澄锡虞区区域代表站水位有所抬高，有利于区域水资源条件改善，其中 WX2 方案、WX3 方案代表站水位最低旬均水位增幅相当，较 WX1 方案好些，3 个方案区域最高水位均有所增加，其中 WX3 方案最高日均水位增幅最大，但是均未对区域防洪产生不利影响。在不考虑张家港分流的情况下，3 个方案西岸分流量基本相同，WX2 方案、WX3 方案中走马塘张家港枢纽开启北排要参考的无锡控制水位被抬高，走马塘北排水量有所减少，有利于增加区域保水能力。3 个方案区域河网水质改善集中在九里河（望虞河西岸—走马塘东岸）和锡北运河（走马塘西岸），WX1 方案九里河（望虞河西岸—走马塘东岸）NH_3—N 浓度降幅为 0.6%～1.4%，锡北运河（走马塘西岸）水质改善不明显；WX2 方案九里河 NH_3—N 浓度降幅为 0.1%～2.3%，锡北运河 NH_3—N 浓度降幅为 2.6%；WX3 方案九里河 NH_3—N 浓度降幅为 0.9%～6.8%，锡北运河 NH_3—N 浓度降幅为 5.4%。综合来看 WX1 方案、WX2 方案对于区域河网水质改善效果相对较好，见表 9.11 和表 9.12。

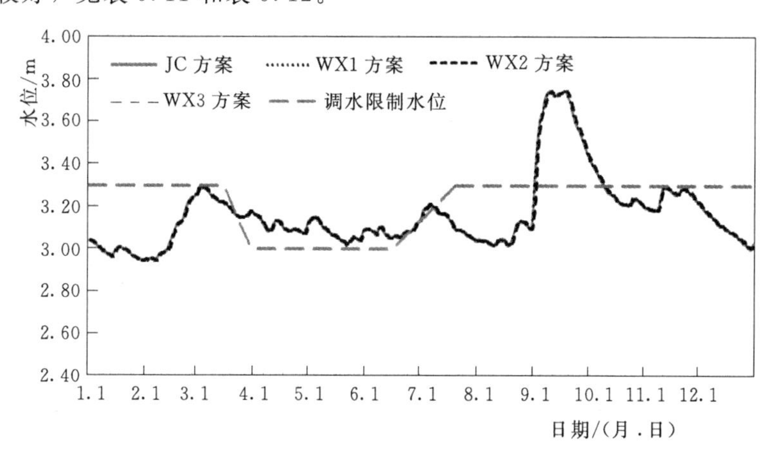

图 9.3 1990 年型无锡不同控制水位方案太湖计算水位过程

表 9.11 1990 年型下不同方案引江济太期间走马塘沿线进出水量计算成果

统计项目	JC 方案/(mg·L^{-1})	WX1 变幅/%	WX2 变幅/%	WX3 变幅/%
西岸支流入走马塘	8.02	0.1	−26.4	−87.3
东岸支流入走马塘	1.37	0.2	−0.5	−1.9
走马塘与锡北运河共线段	4.71	0	−28.4	−89.4
走马塘(锡北运河—张家港枢纽段)	7.85	0	−30.0	−95.6
走马塘退水闸	0			
走马塘张家港枢纽	7.85	0	−30.2	−98.9
走马塘入长江	7.87	0	−30.0	−98.9

综上所述，走马塘工程无锡控制水位抬高会导致走马塘北排水量减少、区域河网污水不能及时排出，虽有利于望虞河引江入湖效率提高、增加区域保水能力，但没有形成水体流动格局。综合 3 个方案对区域防洪的潜在影响以及对区域河网水质的改善效果，推荐

表 9.12　　1990 年型下不同方案引江济太期间区域河网水质计算成果

河　道		指标	JC 方案 /(mg·L^{-1})	WX1 变幅 /%	WX2 变幅 /%	WX3 变幅 /%
望虞河西岸支流	锡北运河	COD	20.23	2.5	4.2	5.4
		NH_3—N	2.00	6.0	11.3	17.4
	羊尖河	COD	17.51	2.0	3.9	5.0
		NH_3—N	1.73	3.5	9.0	14.7
	九里河卫浜	COD	13.32	1.0	1.5	2.2
		NH_3—N	2.21	−0.6	−0.1	0.9
	九里河黄塘河	COD	15.24	1.2	1.1	1.0
		NH_3—N	1.23	−1.4	−1.5	−1.0
	伯渎港杨安港	COD	12.95	1.8	1.8	1.6
		NH_3—N	0.64	−0.3	0.2	0.8
	伯渎港	COD	11.18	2.3	2.2	1.9
		NH_3—N	0.58	0.2	0.6	0.9
	古市桥港	COD	15.90	2.2	3.4	4.7
		NH_3—N	1.71	3.7	6.8	11.2
走马塘东岸支流	伯渎港	COD	14.03	0	8.2	20.6
		NH_3—N	2.34	0	8.8	19.7
	锡北运河	COD	25.79	−0.1	0.4	1.8
		NH_3—N	3.20	−0.1	2.3	4.3
	九里河	COD	23.87	0	2.5	6.1
		NH_3—N	2.96	0.1	−2.3	−6.8
走马塘西岸支流	九里河	COD	16.49	0	3.6	7.2
		NH_3—N	3.28	0	4.8	5.0
	锡北运河	COD	19.62	0	−2.6	−5.4
		NH_3—N	3.12	0	1.6	−0.7

WX1 方案（抬高至 3.00m）、WX2 方案（抬高至 3.20m）作为联合优化调度的比选方案，需结合加大望虞河西岸相关支流分流来进行进一步分析。

9.1.3.2　望虞河西岸分流空间优化调度的效果分析

望虞河西岸支河分流空间优化，即对西岸支流中有入望虞河水质浓度控制要求的河道、水质较差的河道进行优化补水，KJ1 方案为对锡北运河、伯渎港加大补水，KJ2 方案为对锡北运河、伯渎港、九里河、羊尖塘加大补水。1990 年型下，在不突破水量分配方案的要求下，KJ1、KJ2 两个优化方案对太湖水位过程基本没有影响，见图 9.4，无锡水位过程基本没有变化，KJ1 方案、KJ2 方案均能满足区域水资源需求。

引江济太期间，由于望虞河西岸分流量增加，KJ1 方案、KJ2 方案引水入湖效率较 JC 方案略有降低，分别为 82.3%、82.2%，降幅为 0.7%、0.8%，但可以满足流域引水入湖效率要求。引江济太期间，西岸分流占同期引江量的比例增幅较为明显，在不考虑张家港分流的情况下，KJ1 方案、KJ2 方案西岸分流分别为 1.41 亿 m^3、1.78 亿 m^3，占同期引江量比例分别为 7.1%、8.9%，较 JC 方案分流占比 5.2%，分别增加 1.9%、

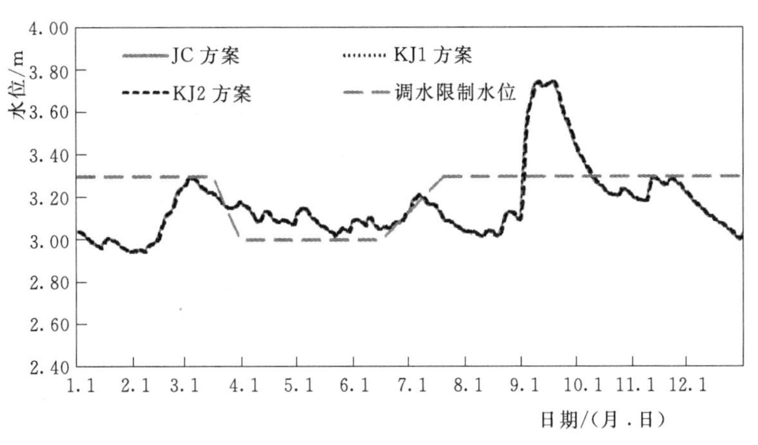

图 9.4 1990 年型不同空间分流方案太湖计算水位过程

3.7%。KJ1 方案锡北运河、伯渎港分流量较 JC 方案增加了 1 倍，见图 9.5，KJ2 方案下锡北运河、伯渎港、九里河、羊尖塘分流量较 JC 方案增加了 1 倍。张家港由于未进行控制，在 3 个方案下分流量均较大。

表 9.13　　不同方案引江济太期间望虞河进出水量计算成果

统计项目		JC 方案	KJ1 方案	KJ1 方案－JC 方案	KJ2 方案	KJ2 方案－JC 方案
常熟枢纽	引江/亿 m³	19.91	19.93		19.93	
望亭枢纽	入湖/亿 m³	16.53	16.40		16.39	
	引江入湖效率/%	83.0	82.3	−0.7	82.2	−0.8
西岸	入望虞河/亿 m³	2.81	2.85		2.89	
	出望虞河/亿 m³	1.59	1.94		2.29	
	西岸分流占同期引江/%	8.0	9.7	1.7	11.5	3.5
西岸（不考虑张家港）	入望虞河/亿 m³	0.12	0.11		0.11	
	出望虞河/亿 m³	1.04	1.41		1.78	
	西岸分流占同期引江/%	5.2	7.1	1.9	8.9	3.7

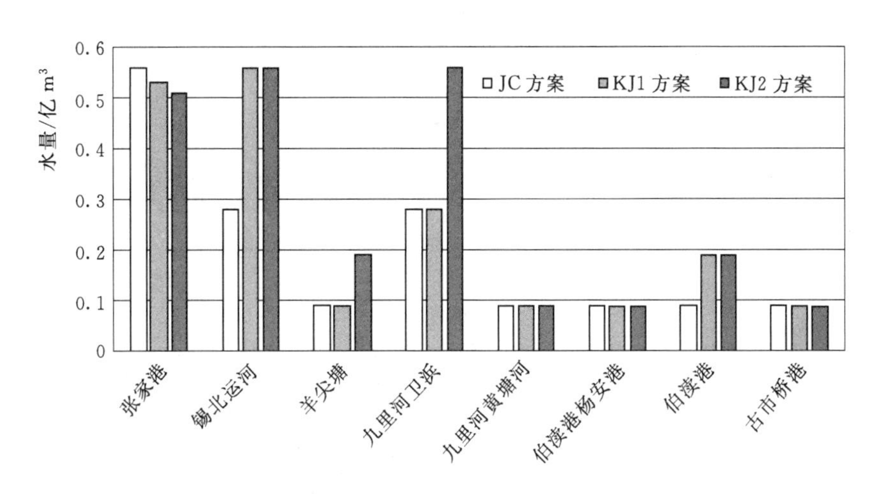

图 9.5 不同方案引江济太期间望虞河西岸分流水量示意图

空间优化方案由于增加了望虞河西岸支流分流量，区域河网水质总体呈改善趋势，较JC方案，KJ1方案锡北运河水质有所改善，COD浓度降幅为3.9%、NH_3—N浓度降幅达7.8%，伯渎港NH_3—N浓度降幅达30.3%；KJ2方案锡北运河、伯渎港水质改善情况与KJ1方案相同，九里河、羊尖塘水质也有所改善，九里河水质改善最为明显，COD浓度降幅为45.4%、NH_3—N浓度降幅达46.0%，羊尖塘COD、NH_3—N浓度降幅分别为1.9%、10.6%。两种方案走马塘西岸支流水质略有改善，浓度降幅均不到1%，走马塘东岸支流水质呈明显改善趋势，两种方案伯渎港、锡北运河水质改善幅度相当，KJ1方案伯渎港COD、NH_3—N浓度降幅分别为4.2%、15.8%，锡北运河COD、NH_3—N浓度降幅分别为9.3%、17.3%，KJ2方案伯渎港COD、NH_3—N浓度降幅分别为3.5%、15.4%，锡北运河COD、NH_3—N浓度降幅分别为9.2%、17.2%，此外KJ2方案走马塘东岸九里河、白迷塘桥、芙蓉河桥等断面浓度降幅均高于KJ1方案。因此，KJ1方案、KJ2方案均可以满足方案改善望虞河西岸—走马塘东岸地区河网水质的设计目的，且KJ2方案较KJ1方案改善效果更好。

综上所述，将KJ2方案作为望虞河—走马塘联合优化调度的推荐方案，即引水入湖期间，加大望虞河西岸锡北运河、伯渎港、九里河、羊尖塘等重点河道分水比例。

9.1.3.3　望虞河西岸分流时间优化调度的效果分析

对望虞河西岸补水进行时间优化，即在6月中旬至8月下旬区域需水重点时段进行优化补水研究，对西岸所有支流（张家港除外）加大补水，主要分析时间优化方案对区域整体水量改善的效果。

1990年型下，在区域需水重点时段（6月11日至8月31日）望虞河实施引江济太期间，适当增加望虞河西岸支流分流，较JC方案，SJ方案对太湖水位过程基本没有影响，见图9.6，且由于工程规模限制，SJ方案无锡水位过程基本没有变化，10月上旬水位略有降低，但SJ方案引江济太期间无锡最低旬均水位为3.09m，实际增加分流期最低旬均水位为3.27m，与JC方案一致，且均高于允许最低旬均水位，可以满足区域水资源需求。

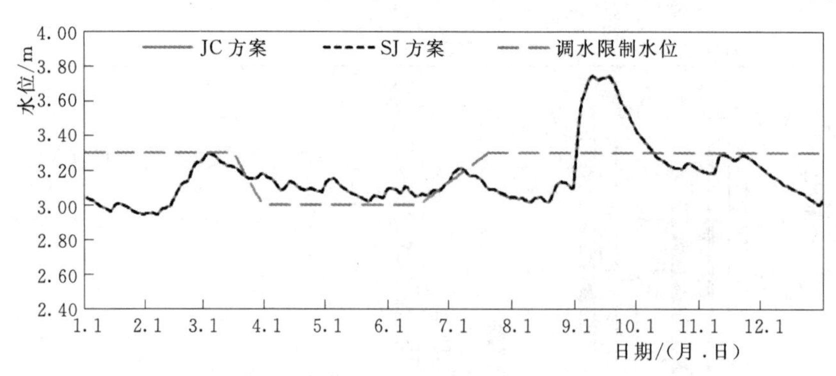

图9.6　不同方案太湖计算水位过程

引江济太期间，由于西岸分流量增加，SJ方案引水入湖率略有偏低，为82.8%，降幅仅为0.2%，可以满足流域引江济太效率要求。对于实际增加分流期，SJ方案引水入湖率为72.8%，较JC方案同期减少0.3%，西岸分流量增加幅度相对于引江量有限，望虞河引江入湖效率可以满足要求。SJ方案引水期与JC方案基本一致，高温干旱期加大望虞

河西岸分流，SJ方案实际增加分流期为6月11日—8月31日，期间在不考虑张家港分流的情况下，SJ方案西岸分流量较JC方案同期增加了1倍，走马塘东岸支流流入走马塘的水量增加113.6%，对增加望虞河西岸、走马塘东侧地区河网的水资源供给量、促进水体流动具有明显效果。

引江济太期间西岸分流占同期引江量比例的增幅较为明显，在不考虑张家港分流的情况下，SJ方案西岸分流量为1.28亿m^3，占同期引江量的比例为6.4%，较JC方案增加1.2%，见表9.14；实际增加分流期，在不考虑张家港分流的情况下，SJ方案西岸分流量为0.50亿m^3，较JC方案同期增加了1倍，见图9.7，说明SJ方案在此期间有效增加了西岸支流的水资源供给量。

表9.14　不同方案引江济太期间望虞河进出水量计算成果

统计项目		引江济太			实际增加分流期（6月11日—8月31日）		
		JC方案	SJ方案	SJ方案—JC方案	JC方案	SJ方案	SJ方案—JC方案
常熟枢纽	引江/亿m^3	19.91	19.92		11.18	11.18	
望亭枢纽	入湖/亿m^3	16.53	16.5		8.17	8.14	
	入湖效率/%	83	82.8	−0.2	73.1	72.8	−0.3
西岸	入望虞河/亿m^3	2.81	2.81		0.52	0.21	
	出望虞河/亿m^3	1.59	1.8		1.43	0.96	
	西岸分流占比/%	8.0	9.0	1.0	12.8	8.6	−4.2
西岸（不考虑张家港）	入望虞河/亿m^3	0.12	0.11		0.00	0.01	
	出望虞河/亿m^3	1.04	1.28		0.25	0.50	
	西岸分流占同期引江/%	5.2	6.4	1.2	2.3	4.5	2.2

引江入湖期间，SJ方案走马塘东岸支流流入走马塘的水量较JC方案增加18.2%，见表9.15；实际增加分流期，SJ方案走马塘东岸支流流入走马塘的水量较JC方案增加1倍多，偏多113.6%，这说明6月11日—8月31日加大望虞河西岸分流对于增加区域河网水量、促进水体流动具有明显效果。

表9.15　不同方案引江济太期间走马塘沿线进出水量计算成果

统计项目	引江入湖期间			实际增加分流期（6月11日—8月31日）		
	JC方案/亿m^3	SJ方案/亿m^3	SJ变幅/%	JC方案/亿m^3	SJ方案/亿m^3	SJ变幅/%
西岸支流入走马塘	8.02	7.84	−2.2	2.00	1.82	−9.0
东岸支流入走马塘	1.37	1.62	18.2	0.22	0.47	113.6
走马塘与锡北运河共线段	4.71	4.69	−0.4	0.98	0.96	−2.0
走马塘（锡北运河—张家港枢纽段）	7.85	7.89	0.5	1.62	1.64	1.2
走马塘退水闸	0	0		0	0	
走马塘张家港枢纽	7.85	7.87	0.3	1.64	1.66	1.2
走马塘入长江	7.87	7.90	0.4	1.64	1.67	1.8

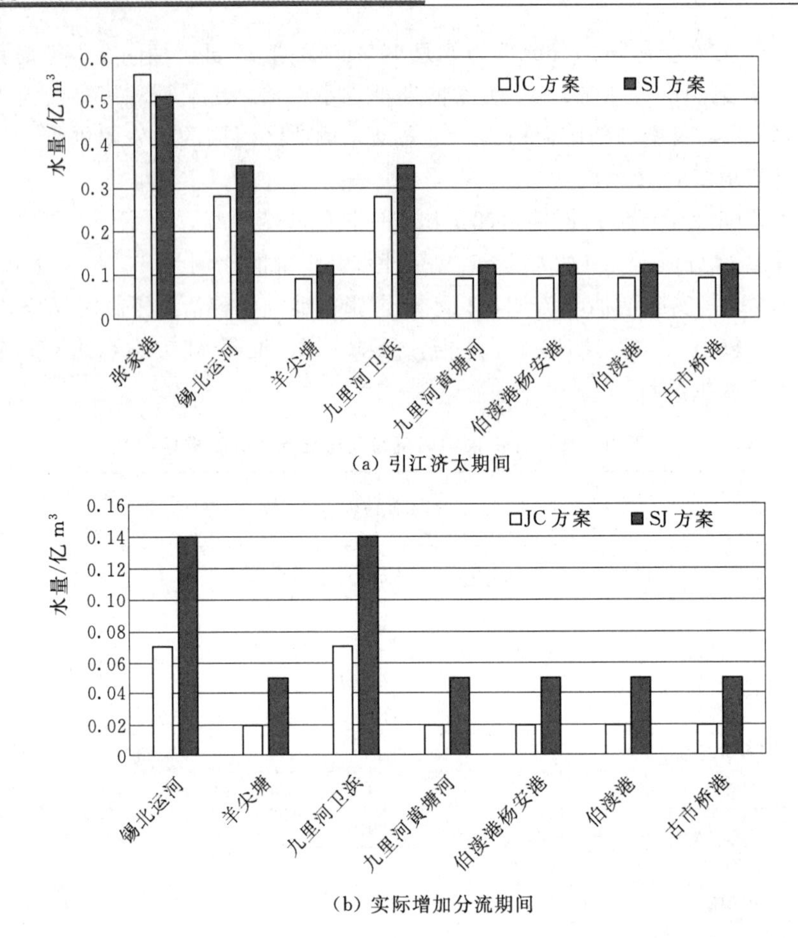

(a) 引江济太期间

(b) 实际增加分流期间

图 9.7 不同方案引江济太期间望虞河西岸分流水量示意图

由于6月11日—8月31日加大了望虞河西岸分流，引江济太期间特别是实际增加分流期，除了张家港，SJ方案望虞河西岸各支流水质COD、NH_3—N浓度均呈改善趋势，COD浓度降幅在0.2%～45.6%，NH_3—N浓度降幅在19.5%～47.8%；SJ方案在重点时段增加望虞河西岸支流分流量对走马塘西岸水质几乎没有影响，COD、NH_3—N浓度降幅不到1%；走马塘东岸水质具有明显改善作用，实际增加分流期走马塘东岸支流COD浓度降幅在1.2%～11.0%，NH_3—N浓度降幅在6.0%～29.7%。因此，SJ方案在重点时段增加望虞河西岸支流分流量对望虞河西岸—走马塘东岸地区河网水质改善具有一定作用。

综上所述，将SJ方案作为望虞河—走马塘联合优化调度的推荐方案，即区域需水重点时段（6月中旬—8月下旬）望虞河实施引江济太时，适度加大望虞河西岸支流口门引水量。

9.2 望虞河—走马塘联合调度优化方案分析

基于望虞河—走马塘联合调度单因素优化分析成果，综合设计望虞河—走马塘联合调

度优化方案，采用太湖流域水量水质数学模型进行模拟计算，分析各方案的效益与风险。

9.2.1 联合调度优化方案设计

根据前述对走马塘工程调度参考水位优化调度、望虞河西岸分流空间优化调度、望虞河西岸分流时间优化调度方案效果分析的成果，综合推荐形成望虞河—走马塘工程联合调度优化分析的比选方案，分别记为ZH1方案、ZH2方案、ZH3方案，具体调度方案见表9.16。

9.2.2 联合调度优化方案效果分析

采用太湖流域水量水质数学模型，对各方案遇1990年型平水年进行模拟分析，从太湖及地区代表站水位、望虞河引水入湖效率、区域进出水量、区域河网水质等方面进行方案效果分析。

1. 太湖及地区代表站水位

1990年型下，各方案太湖计算水位过程见图9.8，模拟结果显示ZH1方案、ZH2方案、ZH3方案引水期均与基础方案一致，即1月1日—3月22日、7月10日—9月1日、10月10日—12月31日。与JC方案相比，3种优化方案下太湖水位过程基本没有变化，引江济太期间，ZH1方案、ZH2方案最低旬均水位均为2.96m，与JC方案最低旬均水位相同，ZH3方案最低旬均水位为2.97m，较JC方案略有偏高，3种方案太湖最低旬均水位均高于太湖最低允许旬均水位2.80m，因此，3种方案均不会对太湖水位产生不利影响。

不同方案无锡计算水位过程详见图9.8，可以看出，与JC方案相比，ZH1方案、ZH2方案无锡水位过程基本没有变化，ZH3方案在12月中旬至2月中旬水位有一定抬高。ZH1方案、ZH2方案无锡最低旬均水位均为3.09m，与JC方案相同，ZH3方案无锡最低旬均水位为3.12m，较JC方案增加0.03m。3种方案无锡最低旬均水位均高于最低允许旬均水位2.80m的要求，因此，均可以满足区域水资源需求，见表9.17和表9.18。

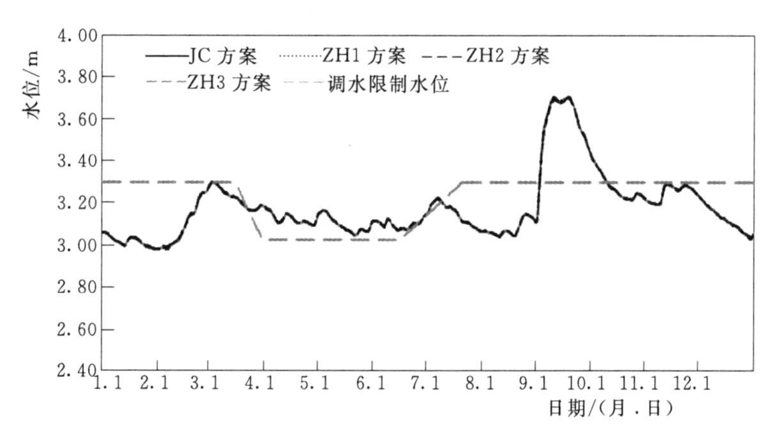

图9.8 1990年型下不同方案太湖计算水位过程

表 9.16 望虞河—走马塘联合调度优化方案设计

方案	编号	太湖水位	工程调度		
			走马塘沿线工程	望虞河西岸口门（张家港枢纽未实施）	常熟枢纽、望亭枢纽
基础方案	JC	防洪调度区	可研调度方案（张家港立交底涵、张家港枢纽：当无锡水位不小于2.80m，且老七干河水位小于3.60m，开启张家港枢纽往北排水）	无锡境内口门关闭；其他口门当西岸支河水位大于望虞河水位时敞开，向望虞河排涝；西岸支河水位不大于望虞河水位，西岸口门关闭	洪水与水量调度方案：当北国水位高于4.35m、望虞河承担西岸地区排涝任务时，常熟枢纽排水
		适时调度区		无锡水位不小于4.00m或北国水位不小于4.35m，西岸口门敞开，向望虞河排涝；无锡水位小于4.00m或北国水位小于4.35m，控制西岸不入望虞河，允许开闸向西岸补水	
		引水控制线以下		无锡水位不小于4.00m或北国水位不小于4.35m，西岸口门敞开，向望虞河排涝；无锡水位小于4.00m或北国水位小于4.35m，控制西岸不入望虞河，西岸口门闸泵均匀补水，且分水总流量不超过 $11m^3/s$	
重点河道重点时段补水方案+保持无锡水位2.80m	ZH1	防洪调度区	同基础方案	同基础方案	同基础方案
		适时调度区		同基础方案	
		引水控制线以下	同基础方案	无锡水位不小于4.00m或北国水位不小于4.35m，西岸口门敞开，向望虞河排涝；无锡水位小于4.00m或北国水位小于4.35m，控制西岸不入望虞河，西岸口门闸泵均匀补水，对于重点河道在重点时段（6月11日—8月31日）加大补水，且分水总流量不超过 $11m^3/s$。具体为：重点河道锡北运河、伯渎港、九里河、羊尖塘泵站在重点时段全开，其余时段泵站减半开启；其余河道同基础方案	
重点河道重点时段补水方案+抬高无锡控制水位至3.00m	ZH2	防洪调度区	同基础方案	同基础方案	同基础方案
		适时调度区		同基础方案	
		引水控制线以下	无锡控制水位由2.80m抬高至3.00m	同ZH1方案	
重点河道重点时段补水方案+抬高无锡控制水位至3.20m	ZH3	防洪调度区	同基础方案	同基础方案	同基础方案
		适时调度区		同基础方案	
		引水控制线以下	无锡控制水位由2.80m抬高至3.20m	同ZH1方案	

注 1. 望虞河西岸地区水位以北国站水位为代表，望虞河西岸地区遭遇5年一遇暴雨时，北国水位为4.35m。
2. 无锡境内口门主要是指九里河卫浜枢纽、九里河黄塘河枢纽、伯渎港杨安港枢纽、九里河丰泾河枢纽、古市桥港泵闸；其他口门主要是指锡北运河枢纽、羊尖塘枢纽。

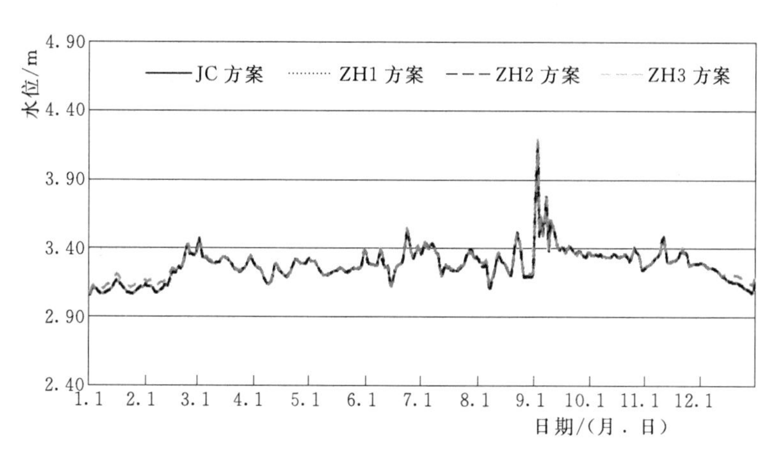

图 9.9 1990 年型下不同方案无锡计算水位过程

表 9.17 1990 年型下不同优化方案引江济太期间太湖最低旬均水位计算成果 单位：m

时间	JC 方案	ZH1 方案	ZH2 方案	ZH3 方案	允许最低旬均水位
引江济太期间	2.96	2.96	2.96	2.97	2.80

表 9.18 1990 年型下不同优化方案引江济太期间无锡最低旬均水位计算成果 单位：m

时间	JC 方案	ZH1 方案	ZH2 方案	ZH3 方案	允许最低旬均水位
引江济太期间	3.09	3.09	3.09	3.12	2.80

2. 望虞河引水入湖效率

1990 年型下，不同优化方案引江济太期间望虞河引江入湖效率计算成果见表 9.19。引江济太期间，ZH1 方案、ZH2 方案望虞河引江入湖效率分别为 82.93%、82.79%，较 JC 方案略有偏低；ZH3 方案引江入湖效率为 84.89%，较 JC 方案有所增加，但是 3 种组合方案均可以满足望虞河引江入湖的要求。

表 9.19 1990 年型下不同优化方案引江济太期间望虞河引江入湖效率计算成果

统计项目		JC 方案	ZH1 方案	ZH2 方案	ZH3 方案	ZH1 方案－JC 方案	ZH2 方案－JC 方案	ZH3 方案－JC 方案
常熟枢纽	引江水量/亿 m^3	19.91	19.92	19.93	19.79			
望亭枢纽	入湖水量/亿 m^3	16.52	16.52	16.50	16.80			
	入湖效率/%	82.97	82.93	82.79	84.89	−0.04	−0.18	1.92
东岸	出望虞河水量/亿 m^3	5.75	5.73	5.73	5.70			
	东岸分流水量占同期引江水量的比例/%	28.88	28.77	28.75	28.80	−0.11	−0.13	−0.08

3. 区域进出水量

1990 年型下，不同优化方案望虞河西岸进出水量计算成果详见表 9.20、表 9.21 和图 9.10。引江济太期间西岸分流占同期引江量的比例不同方案各有不同，3 个方案总体较 JC 方案有所增加，在不考虑张家港分流的情况下，ZH1 方案、ZH2 方案西岸分流量均为

1.22亿m^3，占同期引江量的比例为6.12%，较JC方案增加0.90%；ZH3方案西岸分流量为1.23亿m^3，占同期引江量的比例为6.22%，较JC方案增加0.99%。由于在重点时段、重点河道增加了分流，3个方案锡北运河、伯渎港、九里河、羊尖塘分流量均较JC方案有明显增加，ZH1方案、ZH2方案、ZH3方案各重点河道的分流量增幅为25.0%～33.3%，九里河黄塘河、伯渎港杨安港、古市桥港等支流分流量保持不变。

表9.20　　1990年型下不同组合方案引江济太期间望虞河进出水量计算成果

统计项目		JC方案	ZH1方案	ZH2方案	ZH3方案	ZH1方案－JC方案	ZH2方案－JC方案	ZH3方案－JC方案
常熟枢纽	引江水量/亿m^3	19.91	19.92	19.93	19.79			
望亭枢纽	入湖水量/亿m^3	16.52	16.52	16.50	16.80			
	引江入湖效率/%	82.97	82.93	82.79	84.89	−0.04	−0.18	1.92
西岸	入望虞河水量/亿m^3	2.81	2.83	2.79	3.21			
	出望虞河水量/亿m^3	1.59	1.74	1.74	1.73			
	西岸分流占同期引江/%	7.99	8.73	8.73	8.74	0.75	0.74	0.76
西岸（不考虑张家港）	入望虞河水量/亿m^3	0.11	0.11	0.11	0.10			
	出望虞河水量/亿m^3	1.04	1.22	1.22	1.23			
	西岸分流水量占同期引江水量的比例/%	5.22	6.12	6.12	6.22	0.90	0.90	0.99

表9.21　　1990年型下不同组合方案引江济太期间望虞河西岸分流计算成果

西岸分流	JC方案/亿m^3	ZH1方案/亿m^3	ZH1变幅/%	ZH2方案/亿m^3	ZH2变幅/%	ZH3方案/亿m^3	ZH3变幅/%
张家港	0.56	0.52	−7.1	0.52	−7.1	0.50	−10.7
锡北运河	0.28	0.35	25.0	0.35	25.0	0.36	28.6
羊尖塘	0.09	0.12	33.3	0.12	33.3	0.12	33.3
九里河卫浜	0.28	0.35	25.0	0.35	25.0	0.35	25.0
九里河黄塘河	0.09	0.09	0	0.09	0	0.09	0
伯渎港杨安港	0.09	0.09	0	0.09	0	0.09	0
伯渎港	0.09	0.12	33.3	0.12	33.3	0.12	33.3
古市桥港	0.09	0.09	0	0.09	0	0.09	0
小计	1.59	1.74	9.4	1.74	9.4	1.72	8.2

走马塘进出水量计算成果见表9.22。引江入湖期间，较JC方案，ZH1方案、ZH2方案对于走马塘干支流的影响几乎一致。西岸支流入走马塘水量均有小幅减少，减幅为1.6%、1.9%；东岸支流入走马塘水量均明显增加，增幅为13.1%、13.9%；走马塘（锡北运河—张家港枢纽段）干流水量略有增加，增幅均为0.3%；走马塘张家港枢纽北排水量略有增加，增幅为0.3%、0.1%。但是ZH3方案对走马塘干支流的影响更为明显。较JC方案，西岸支流入走马塘水量明显减少，减幅达28.1%；东岸支流入走马塘水

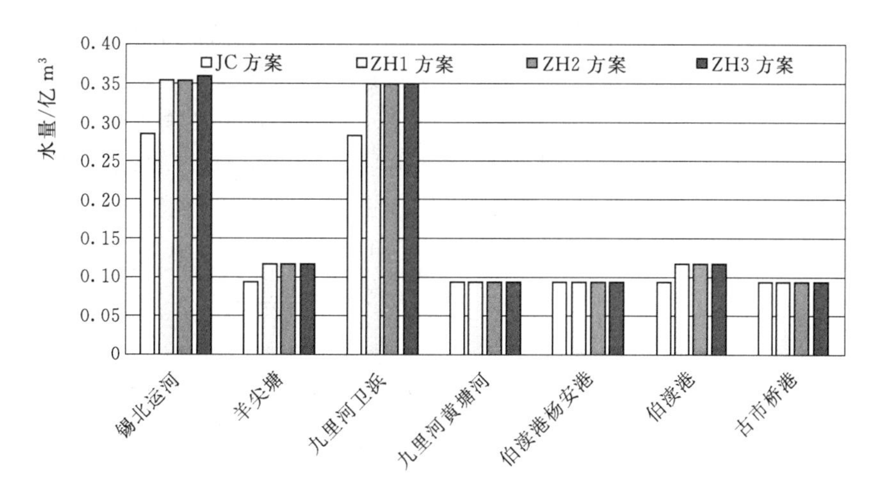

图 9.10　1990 年型下不同优化方案引江济太期间望虞河西岸分流水量示意图

量增幅为 13.1%，与 ZH1 方案一致，低于 ZH2 方案；走马塘（锡北运河—张家港枢纽段）干流水量明显减少，减幅达 29.7%；走马塘张家港枢纽北排水量也明显减少，减幅达 29.9%；因此，ZH3 方案不利于区域河网水体流动。

表 9.22　1990 年型下不同组合方案引江济太期间走马塘沿线进出水量计算成果

统计项目	JC 方案 /亿 m^3	ZH1 方案 /亿 m^3	ZH1 变幅 /%	ZH2 方案 /亿 m^3	ZH2 变幅 /%	ZH3 方案 /亿 m^3	ZH3 变幅 /%
西岸支流入走马塘	8.02	7.89	−1.6	7.87	−1.9	5.77	−28.1
东岸支流入走马塘	1.37	1.55	13.1	1.56	13.9	1.55	13.1
走马塘与锡北运河共线段	4.71	4.69	−0.4	4.69	−0.4	3.35	−28.9
走马塘（锡北运河—张家港枢纽段）	7.85	7.87	0.3	7.87	0.3	5.52	−29.7
走马塘退水闸	0	0		0		0	
走马塘张家港枢纽	7.85	7.87	0.3	7.86	0.1	5.50	−29.9
走马塘入长江	7.87	7.89	0.3	7.88	0.1	5.52	−29.9

4. 区域河网水质

1990 年型下，不同组合方案引江济太期间区域河网水质计算成果详见表 9.23。较 JC 方案，ZH1 方案、ZH2 方案对于锡北运河、伯渎港、九里河、羊尖塘等重点河道的水质具有一定改善作用，且 ZH2 方案的改善效果比 ZH1 方案要好。对于重点河道，ZH1 方案 COD 浓度降幅为 0.5%～10.0%，NH_3—N 浓度降幅为 2.8%～12.7%；ZH2 方案 COD 浓度降幅为 0.6%～10.0%，NH_3—N 浓度降幅为 3.3%～12.7%。对于其他河道的水质改善情况，ZH2 方案的改善效果也比 ZH1 方案要好，如对于九里河黄塘河，ZH1 方案 COD 浓度降幅为 0.1%，ZH2 方案 COD 浓度降幅为 2.5%。ZH3 方案望虞河西岸支流水质有所恶化，较 JC 方案，对于重要河道，九里河水质虽有一定改善，但是改善幅度不及 ZH1 方案、ZH2 方案，锡北运河、羊尖河水质有所恶化，COD 浓度增幅为 0.6%、

1.3%，NH_3—N 浓度增幅为 2.4%、1.1%；此外 ZH3 方案也造成了古市桥港水质恶化。对于走马塘两岸支流，ZH1 方案、ZH2 方案对于走马塘东岸支流有一定改善作用，且两者效果基本相当。ZH1 方案对于走马塘西岸支流水质几乎没有改善作用，且略有恶化；但是 ZH2 方案对于走马塘西岸部分支流具有一定的改善作用，COD 浓度降幅为 0.2%～0.5%，NH_3—N 浓度降幅为 0.3%～0.6%。ZH3 方案虽对走马塘东岸支流锡北运河、九里河水质具有一定改善作用，但是改善效果不及 ZH1 方案、ZH2 方案，并且其对伯渎港等其他支流造成了水质恶化，ZH3 方案对走马塘西岸支流也造成了明显的水质恶化。因此，ZH2 方案对于区域河网水质改善效果最好。

表 9.23　1990 年型下不同组合方案引江济太期间望虞河西岸支流水质计算成果

河道		指标	JC 方案/(mg·L^{-1})	ZH1 方案/(mg·L^{-1})	ZH2 方案/(mg·L^{-1})	ZH3 方案/(mg·L^{-1})	ZH1 变幅/%	ZH2 变幅/%	ZH3 变幅/%
望虞河西岸支流	张家港	COD	22.82	22.85	22.79	23.20	0.1	−0.1	1.7
		NH_3—N	2.88	2.89	2.86	3.01	0.3	−0.7	4.5
	锡北运河	COD	20.75	20.53	20.53	20.86	−1.1	−1.1	0.5
		NH_3—N	2.12	2.06	2.05	2.17	−2.8	−3.3	2.4
	羊尖河	COD	17.86	17.77	17.76	18.09	−0.5	−0.6	1.3
		NH_3—N	1.79	1.72	1.71	1.81	−3.9	−4.5	1.1
	九里河卫浜	COD	13.46	12.12	12.11	12.17	−10.0	−10.0	−9.6
		NH_3—N	2.20	1.92	1.92	1.93	−12.7	−12.7	−12.3
	九里河黄塘河	COD	15.42	15.41	15.04	15.40	−0.1	−2.5	−0.1
		NH_3—N	1.21	1.21	1.21	1.21	0	0	0
	伯渎港杨安港	COD	13.18	13.19	12.80	13.18	0.1	−2.9	0
		NH_3—N	0.64	0.64	0.64	0.64	0	0	0
	伯渎港	COD	11.44	11.69	11.67	11.67	2.2	2.0	2.0
		NH_3—N	0.58	0.53	0.53	0.53	−8.6	−8.6	−8.6
	古市桥港	COD	16.25	16.24	16.25	16.44	−0.1	0.0	1.2
		NH_3—N	1.77	1.77	1.77	1.83	0	0	3.4
走马塘东岸支流	伯渎港	COD	14.03	13.93	13.88	15.07	−0.7	−1.1	7.4
		NH_3—N	2.34	2.27	2.27	2.47	−3.0	−3.0	5.6
	锡北运河	COD	25.79	25.20	25.21	25.34	−2.3	−2.2	−1.7
		NH_3—N	3.20	2.99	2.98	3.07	−6.6	−6.9	−4.1
	九里河	COD	23.87	23.37	23.29	23.78	−2.1	−2.4	−0.4
		NH_3—N	2.96	2.81	2.81	2.77	−5.1	−5.1	−6.4
	芙蓉河桥	COD	18.27	18.25	18.26	19.45	−0.1	−0.1	6.5
		NH_3—N	3.39	3.35	3.36	3.43	−1.2	−0.9	1.2
	白迷塘桥	COD	24.98	24.70	24.64	24.09	−1.1	−1.4	−3.6
		NH_3—N	3.04	2.89	2.89	3.03	−4.9	−4.9	−0.3

续表

河道		指标	JC方案/(mg·L⁻¹)	ZH1方案/(mg·L⁻¹)	ZH2方案/(mg·L⁻¹)	ZH3方案/(mg·L⁻¹)	ZH1变幅/%	ZH2变幅/%	ZH3变幅/%
走马塘西岸支流	九里河	COD	16.49	16.49	16.50	17.11	0	0.1	3.8
		NH_3—N	3.28	3.28	3.29	3.44	0	0.3	4.9
	锡北运河	COD	19.62	19.62	19.68	19.11	0	0.3	−2.6
		NH_3—N	3.12	3.12	3.14	3.17	0	0.6	1.6
	港下北桥	COD	21.89	21.86	21.85	22.66	−0.1	−0.2	3.5
		NH_3—N	3.29	3.29	3.28	3.51	0	−0.3	6.7
	张家港	COD	25.02	25.02	24.98	25.28	0	−0.2	1.0
		NH_3—N	3.96	3.97	3.95	4.09	0.3	−0.3	3.3
	十一圩港	COD	32.28	32.27	32.12	33.49	−0.03	−0.5	3.7
		NH_3—N	4.74	4.75	4.71	4.94	0.2	−0.6	4.2

5. 调度效果综合分析

1990年型下，在望虞河西岸控制情况下，3种联合调度优化方案对太湖水位基本无影响，引江入湖效率均能满足规划提出的控制要求。

在不考虑张家港分流的情况下，3种组合方案西岸分流量略有增加，但是增幅有限。ZH1、ZH2方案占同期引江量的比例为6.12%，较JC方案增加0.90%；ZH3方案较JC方案增加0.99%。3种组合方案锡北运河、伯渎港、九里河、羊尖塘等重要河道分流量均较JC方案有明显增加，各重点河道的分流量增幅为25.0%～33.3%，但是造成了九里河黄塘河、伯渎港杨安港两条支流分流量有所减少。ZH1方案、ZH2方案下，西岸支流入走马塘水量均有小幅减少，减幅为1.6%、1.9%；东岸支流入走马塘水量均呈明显增加，增幅为13.1%、13.9%；走马塘张家港枢纽北排水量略有增加，增幅为0.3%、0.1%。ZH3方案对走马塘干支流的影响更为明显，较JC方案，西岸支流入走马塘水量明显减少，减幅达28.1%，东岸支流入走马塘水量增幅为13.1%，小于ZH1方案、ZH2方案，走马塘张家港枢纽北排水量也明显减少，减幅达29.9%，因此，ZH3方案不利于区域水体的流动。

对于望虞河西岸水质，ZH1方案、ZH2方案对于锡北运河、伯渎港、九里河、羊尖塘等重点河道的水质以及其他支流水质均具有一定改善作用，且ZH2方案的改善效果比ZH1方案要好。ZH3方案则使望虞河西岸部分支流水质有所恶化。对于走马塘两岸支流水质，ZH2方案的改善效果优于ZH1方案，ZH3方案虽对走马塘东岸锡北运河、九里河水质具有一定改善作用，但是改善效果不及ZH1方案、ZH2方案，其对伯渎港等其他支流造成了水质恶化，并且ZH3方案造成走马塘西岸支流明显的水质恶化。

综上所述，认为望虞河—走马塘工程联合优化调度ZH2方案，即对锡北运河、伯渎港、九里河、羊尖塘等重点河道在重点时段进行优化补水，并且适当抬高走马塘工程调度参考水位无锡水位至3.00m，可以在不影响流域引江入湖效率的前提下，在一定时段适当抬高区域河网水位，对重点河道进行有针对性的优化补水，对望虞河西岸支流、走马塘两河支流等区域河网水质改善效果最好。

9.3 小 结

望虞河是流域性骨干引排水河道，也是武澄锡虞区重要的边界河道，其相关工程调度与流域引江济太效益关系密切，对于区域水资源补给和水环境改善也非常重要。走马塘工程实施后改变了望虞河西岸地区尤其是走马塘以东望虞河以西区域的水文情势，使局部地区水环境受到一定影响。

针对望虞河西岸地区排水出路问题以及区域河网水环境改善需要，在望虞河西岸控制工程实施以后，由望虞河西岸控制工程与走马塘工程形成联合调度，在望虞河实施流域引江济太期间，在望虞河西岸控制总流量 $11m^3/s$ 的前提下，针对望虞河西岸锡北运河、伯渎港、九里河、羊尖塘等重点河道在区域需水重点时段（6月中旬至8月下旬）加大分流、优化补水，并且适当抬高走马塘工程调度参考水位无锡水位（由2.80m抬高至3.00m），可以在一定程度上抬升区域河网水位，增加区域的保水能力，在望虞河西岸、走马塘以东、锡澄运河以南地区范围内形成较为有序的流动格局，有利于改善望虞河西岸支流以及走马塘两岸支流等区域河网水质，提升水环境质量。

参 考 文 献

[1] 周杰，任小龙，杨金艳，等. 望虞河引江济太工程的水生态环境影响 [J]. 科技资讯，2017，11：142-144.

[2] 马倩，刘俊杰，闻亮. 望虞河对调水引流水质的影响分析 [J]. 中国水文科技新发展，2013 (9)：909-913.

[3] 吴巍巍. 走马塘拓浚延伸工程对望虞河西岸地区水环境的影响研究 [J]. 中国农村水利水电，2013 (9)：20-22.

第10章　区域水体有序流动研究

太湖流域地处长江三角洲核心区域，是我国经济最发达、大中城市最密集的地区之一。经济社会的高速发展和人民日益增长的美好生活需要对水生态环境提出了更高的要求。然而太湖流域当前的水资源、水环境条件尚不能完全适应经济社会的发展需求，流域水质型缺水和水生态环境恶化已成为制约经济社会可持续发展的重要因素。实践表明，在污染源尚未得到完全控制的情况下，合理调度水利工程，促进河湖水体有序流动，是改善河湖水环境的重要手段之一。因此，开展流域综合调度，促进平原河网有序流动研究对推进水生态文明建设、完善流域综合调度体系具有重要的意义。

基于太湖流域平原河网水体有序流动内涵的研究成果，本章以湖西区、武澄锡虞区、阳澄淀泖区、杭嘉湖区等流域平原河网地区为研究对象，以各区域河湖水系、水利工程布局、水体流动现状、水环境改善需求等为基础，提出各区域水体有序流动格局，设计区域水利工程不同调度组合方案，分析区域水体有序流动的水量水质响应关系，研究提出各区域水体有序流动方案。

10.1　代表站选择及调度目标参数拟定

太湖流域平原河网地区地势低平，河流水面比降小，水体流动缓慢，且下游为感潮河段，受上游来水和潮水上溯影响，水流往复不定。鉴于流域这种独特的地形地貌和水文特点，河网地区通常以代表站水位作为水利工程调度的主要参考指标。在流域内现有水文站中重点选取能够分别代表地区水资源总体状况的水位站，作为反映区域水情特征的代表站以及主要控制线的调度站。基于平原河网水体有序流动的内涵，结合区域调度试验与实践成果分析，拟定各区域河网水体有序流动的调度目标参数。

10.1.1　代表站选择

10.1.1.1　区域代表站

1. 湖西区

位于湖西区内的水文（水位）站主要有王母观站、坊前站、宜兴站、溧阳站及丹阳站。王母观站位于丹金溧漕河途经洮湖并与洮湖相接处，坊前站位于太滆运河东接滆湖出口处，这两站分别观测洮湖和滆湖的水位变化，湖泊水位较河道水位稳定，因此，这两站作为代表站更具合理性。宜兴站位于南仓河接东氿入口处，溧阳站位于丹金溧漕河与南溪河在溧阳市的交汇处，这两站也可以考虑作为代表站。而丹阳站位于丹阳北门外的大运河断面处，该断面距离长江入京杭运河口较近，因长江潮位变化幅度较大，谏壁引排能力也较大，致使丹阳测站水位也出现一日两高两低的特征，水位变幅加大，不宜作为湖西区的水位代表站。

2. 武澄锡虞区

位于武澄锡虞区内的水文（水位）站主要有常州站、无锡站、青阳站、陈墅站。常州站和无锡站都是位于京杭大运河流经该市的河段处，因运河水位变幅比较大，这两站不宜作为代表站，尤其是无锡城市形成大包围后，无锡站水位受城市防洪工程调度影响，已不能反映地区水资源自然状态，更不宜作为代表站。青阳站位于锡澄运河与青祝河交汇处，锡澄运河是武澄锡河网区西部主要的引排河道，沿线是武澄锡地区地势最低的地方，两侧既与夏港河、白屈港、张家港等通江河道相交，还与东横河、西横河、北横河、应天河、锡北运河等东西向河道相通，形成地区河网，共同承担地区引排和通航任务。青阳站可以考虑作为区域代表站。陈墅站位于武澄锡虞区的高片区，在东青河途经陈墅塘处。分析表明，陈墅站只能代表澄锡虞高片水位变化，无法反映整个分区的水位变化情况，不宜作为区域代表站。

3. 阳澄淀泖区

位于阳澄淀泖区内的水文（水位）站主要有阳澄区的湘城站、常熟站、昆山站和淀泖区的瓜泾口站、陈墓站。湘城站位于阳澄湖西北部的入口处，阳澄湖水位变化幅度较小，且能反映阳澄区水位变化，可以考虑将其作为代表站。常熟站位于白茆塘与福山塘交汇处，该站邻近沿江地区，其水位变化受长江潮位变化影响较大，不宜作为代表站。昆山站位于娄江经昆山市河段处，娄江下接浏河，浏河是阳澄淀泖区规模最大的通江河道，引排水能力较强，水位变幅也较大，该站也不宜作为代表站。淀泖区陈墓站位于陈墓塘即淀山湖北侧，与澄湖相通，澄湖是淀泖河网的调蓄湖泊，水位变幅较小，可以考虑将其作为该区代表站。瓜泾口站位于吴江北部瓜泾港，与吴淞江相通，吴淞江源自太湖瓜泾口，穿过江南运河，是上海通往江苏南部主要水上交通线和上海市区重要航道，该站受外界影响较大，不宜作为代表站。

4. 杭嘉湖区

位于杭嘉湖区内的水文（水位）站包括南浔、新市、双林、嘉兴、王江泾、欤城、硖石、嘉善、平湖等，在区域内又分别位于运西片、运东片和北排片。根据《太湖流域水资源综合规划》，杭嘉湖区的主要水位代表站为南浔、新市和嘉兴（杭），嘉兴站位于浙江省嘉兴市秀洲新区庙浜的杭嘉平运河，与区域内其他水位代表站的相关性较高，可以作为杭嘉湖区的典型代表站。

由各区域代表站水位相关性（表10.1）进一步优选，湖西区选择王母观、坊前作为地区代表站，武澄锡虞区选择青阳作为地区代表站，阳澄淀泖区选择湘城、陈墓作为地区代表站，杭嘉湖区选择嘉兴作为地区代表站。

10.1.1.2　控制线调度站

调度站是各工程执行水资源及水环境调度的参照和重要依据，主要在流域、区域及行政区主要水文站分布情况分析的基础上，考虑水文站的区域代表性，与流域水资源综合规划以及目前常用调度站的衔接等因素，进行综合分析比选确定。

表 10.1　　各水文（位）站典型年水位相关系数表

<table>
<tr><th rowspan="2">分　区</th><th rowspan="2">站　名</th><th rowspan="2">时段</th><th colspan="3">典型年相关系数</th></tr>
<tr><th>1990 年</th><th>1976 年</th><th>1971 年</th></tr>
<tr><td rowspan="4">湖西区</td><td rowspan="2">王母观—溧阳</td><td>汛期</td><td>0.98</td><td>0.99</td><td>0.99</td></tr>
<tr><td>非汛期</td><td>0.96</td><td>0.97</td><td>0.97</td></tr>
<tr><td rowspan="2">坊前—宜兴</td><td>汛期</td><td>0.97</td><td>0.98</td><td>0.99</td></tr>
<tr><td>非汛期</td><td>0.99</td><td>0.98</td><td>0.99</td></tr>
<tr><td rowspan="6">武澄锡虞区</td><td rowspan="2">青阳—常州</td><td>汛期</td><td>0.91</td><td>0.96</td><td>0.95</td></tr>
<tr><td>非汛期</td><td>0.95</td><td>0.97</td><td>0.98</td></tr>
<tr><td rowspan="2">青阳—无锡</td><td>汛期</td><td>0.9</td><td>0.95</td><td>0.95</td></tr>
<tr><td>非汛期</td><td>0.98</td><td>0.97</td><td>0.96</td></tr>
<tr><td rowspan="2">青阳—陈墅</td><td>汛期</td><td>0.83</td><td>0.89</td><td>0.82</td></tr>
<tr><td>非汛期</td><td>0.94</td><td>0.97</td><td>0.94</td></tr>
<tr><td rowspan="6">阳澄淀泖区</td><td rowspan="2">湘城—常熟</td><td>汛期</td><td>0.85</td><td>0.95</td><td>0.82</td></tr>
<tr><td>非汛期</td><td>0.98</td><td>0.99</td><td>0.97</td></tr>
<tr><td rowspan="2">湘城—昆山</td><td>汛期</td><td>0.83</td><td>0.87</td><td>0.81</td></tr>
<tr><td>非汛期</td><td>0.95</td><td>0.96</td><td>0.97</td></tr>
<tr><td rowspan="2">陈墓—瓜泾口</td><td>汛期</td><td>0.98</td><td>0.99</td><td>0.99</td></tr>
<tr><td>非汛期</td><td>0.99</td><td>0.98</td><td>0.99</td></tr>
<tr><td rowspan="8">杭嘉湖区</td><td>嘉兴—三里桥</td><td>全年</td><td>0.902</td><td>0.906</td><td>0.903</td></tr>
<tr><td>嘉兴—塘栖</td><td>全年</td><td>0.944</td><td>0.928</td><td>0.95</td></tr>
<tr><td>嘉兴—崇德</td><td>全年</td><td>0.97</td><td>0.957</td><td>0.97</td></tr>
<tr><td>嘉兴—欤城</td><td>全年</td><td>0.962</td><td>0.968</td><td>0.979</td></tr>
<tr><td>嘉兴—新市</td><td>全年</td><td>0.900</td><td>0.903</td><td>0.91</td></tr>
<tr><td>嘉兴—南浔</td><td>全年</td><td>0.912</td><td>0.927</td><td>0.916</td></tr>
<tr><td>南浔—双林</td><td>全年</td><td>0.992</td><td>0.826</td><td>0.989</td></tr>
<tr><td>新市—塘栖</td><td>全年</td><td>—</td><td>0.968</td><td>0.992</td></tr>
</table>

调度站选取因素主要有：①所选代表站应能代表流域及各区域水资源丰枯变化的总体状况，能够反映区域的水资源、水环境状况及需求，并应注重代表站的可靠性、资料完整性和稳定性；②与区域现状调度常用代表站相协调；③各水利工程的调度站应尽可能在其调度可以影响的区域范围内；④按行政区划考虑水利工程的管理权限，尽量减少与水利工程不在同一地级行政区的调度站，以提高运行管理中的可操作性；⑤在满足流域水资源及水环境需求时不影响区域防洪。通过研究分析确定各控制线口门调度站具体如下：

1. 湖西区

涉及沿江控制线，可选取王母观站、坊前站、丹阳站、常州（三）站作为口门调度站。

2. 武澄锡虞区

主要涉及沿江控制线、环湖控制线、望虞河西岸控制线及内部高低分片的白屈港控制线。沿江口门中，澡港河枢纽调度站为常州（三）站，新沟河江边枢纽调度站为青阳站，锡澄运河定波闸、白屈港闸调度站为无锡（大）站，张家港闸、十一圩港闸调度站为北国站；环湖控制线调度站为戴溪站，为防止污水入湖，一般情况实行控制运用；白屈港控制线日常调度一般为敞开状态，水环境调度时可适当控制无锡（大）站。

3. 阳澄淀泖区

主要涉及沿江控制线、环湖控制线、望虞河东岸控制线及太浦河北岸控制线。沿江骨干河道有常浒河、白茆塘、七浦塘、杨林塘及浏河，口门调度站选取湘城站；环湖控制线东太湖口门调度站选取陈墓站，其他口门选取枫桥站；望虞河东岸控制线调度站为湘城站；太浦河北岸控制线调度站为陈墓站。

4. 杭嘉湖区

主要涉及东导流控制线、环湖控制线、太浦河南岸控制线和沿杭州湾南排控制线，东导流控制线以闸上水位进行控制。环湖控制线调度站选取嘉兴站；沿杭州湾口门建筑物中，盐官上河闸以长安站水位进行控制，盐官下河闸、长山闸、南台头闸调度站为嘉兴站，独山闸调度站为平湖站，太浦河南岸芦墟以东口门调度站选取嘉善站。

10.1.2　调度目标参数拟定

区域河网水体有序流动调度目标参数拟定以调水试验、历史实测资料及各地区反馈意见为依据，制定水体流动性、水位、河网换水量 3 个目标。流动性目标以流速反映，汛期流速目标大于非汛期流速目标；水位目标根据不同时期的水位特点分时段拟定；河网换水量以置换河网水体初见成效的水量为依据拟定。

10.1.2.1　流动性目标

根据平原河网区特点，水体流动性是体现水环境改善的一个重要目标参数，流速的提升能有效增加河湖水体的自净能力，故本书将河道流速定为水环境调度方案研究的重要参数。

1. 湖西区

根据太湖流域湖西区水量调度与水环境改善试验，试验时段处于汛期，沿江主要引排河道流速中根据流量及河道断面推算，九曲河平均流速 26cm/s，京杭运河平均流速 29cm/s，德胜河平均流速 25cm/s，澡港河平均流速 30cm/s；其他骨干河道流速相对较小，香草河平均流速 18cm/s，通济河平均流速 28cm/s，丹金溧漕河平均流速 24cm/s，烧香港平均流速 18cm/s，城东港平均流速 19cm/s。根据河道分布特征、引排能力、水质提升需求不同，河道流速需求都存在差异。由以上调水试验实测资料分析，并参考周边地区活水经验，综合水质提升效果和换水效率，水体有序流动目标拟定汛期流速相对较大、非汛期相对较小，考虑到高流速会导致水体浑浊、影响水体感官，为改善河网流动性的同时兼顾水体透明度，腹部河网流速目标需控制在一个流速范围（通江河道流速受潮位影响很大，流速较难控制）。因此，初拟湖西区沿江主要引排河道汛期适宜平均流速达到 20cm/s 以上、非汛期 15cm/s 以上，运河以北其他骨干河道汛期适宜平均流速达到 15～

30cm/s、非汛期 10～25cm/s，运河以南骨干河道汛期适宜平均流速达到 10～20cm/s、非汛期 7～15cm/s。

2. 武澄锡虞区

根据引江济太武澄锡虞区（无锡市）区域调水试验，试验时段处于非汛期，沿江主要引排河道流速中根据流量及河道断面推算，锡澄运河平均流速 19cm/s，白屈港平均流速 12cm/s，走马塘平均流速 17cm/s；其他骨干河道流速相对较小，锡北运河平均流速 12cm/s，西横河平均流速 8cm/s，冯泾河平均流速 7cm/s，洋尖塘平均流速 8cm/s。由以上调水试验实测资料分析，并参考周边地区活水经验，综合水质提升效果和换水效率，水体有序流动目标拟定汛期流速相对较大、非汛期相对较小，考虑到高流速会导致水体浑浊、影响水体感官，为改善河网流动性的同时兼顾水体透明度，腹部河网流速目标需控制一个流速范围（通江河道流速受潮位影响很大，流速较难控制）。因此，初拟武澄锡虞区沿江主要引排河道汛期适宜平均流速达到 15cm/s 以上、非汛期 10cm/s 以上，走马塘以东、望虞河以西骨干河道汛期适宜平均流速达到 10～15cm/s、非汛期 7～10cm/s，运河以南骨干河道汛期及非汛期适宜平均流速达到 7～15cm/s。

3. 阳澄淀泖区

根据阳澄淀泖区河湖有序流动调水试验，试验时段处于非汛期，沿江主要引排河道流速较大，七浦塘平均流速 23cm/s，杨林塘平均流速 45cm/s，白茆塘平均流速 47cm/s；其他骨干河道流速相对较小，盐铁塘平均流速 13cm/s，永昌泾平均流速 12cm/s，元和塘平均流速 7cm/s，三船路港平均流速 10cm/s，新开路港 14cm/s，界泾入阳澄湖口平均流速 7cm/s，界浦港平均流速 5cm/s，牛长泾平均流速 11cm/s，冯泾河平均流速 7cm/s，洋尖塘平均流速 8cm/s。由以上调水试验实测资料分析，并参考周边地区活水经验，综合水质提升效果和换水效率，水体有序流动目标拟定汛期流速相对较大、非汛期相对较小，考虑到高流速会导致水体浑浊、影响水体感官，为改善河网流动性的同时兼顾水体透明度，腹部河网流速目标需控制一个流速范围（通江河道流速受潮位影响很大，流速较难控制）。因此，初拟阳澄区沿江主要引排河道汛期适宜平均流速达到 20cm/s 以上、非汛期 15cm/s 以上，阳澄区其他骨干汇水河道汛期适宜平均流速达到 10～25cm/s、非汛期 7～20cm/s，淀泖区骨干河道汛期适宜平均流速达到 10～20cm/s、非汛期 7～15cm/s。

4. 杭嘉湖区

杭嘉湖区的河网水体流动基本呈现出从环湖、东导流引水南向杭州湾排水、东向黄浦江排水的格局。已有调水试验监测成果表明，试验期间，杭嘉湖区水体流速普遍升高，区域内骨干河道的平均流速约为 16cm/s，河网水质有明显改善。其中，东导流、南排口门附近河道流速升高幅度最大，一般为原河道流速的 2～3 倍，河网内部升高幅度相对较小，基本为 20%～60%。综合水质提升效果和换水效率，水体有序流动目标拟定汛期流速相对较大、非汛期相对较小，因此，初拟杭嘉湖区环湖、沿杭州湾引排河道汛期适宜平均流速达到 20cm/s 以上、非汛期 15cm/s 以上，杭嘉湖区其他骨干河道汛期适宜平均流速达到 15cm/s 以上、非汛期 10cm/s 以上。

10.1.2.2 水位目标

鉴于流域平原河网地区独特的地形地貌和水文特点，河网水位变化相对平稳，适宜的水位有利于河网水体有序流动。流域平原河网地区缺乏控制性径流代表站，而水位站点较多，水位站更适于作为流域及区域水环境调度的代表站点。因此，本书在流域内现有水文站中重点选取能够分别代表流域、地区水位变化情况的水位站，采用河网适宜水位作为水环境调度的目标参数。

河网适宜水位是指能够保持河网水体正常流动的水位幅度，一般为多年平均水位上下10～30cm 的范围。考虑到一年中不同时期的水位幅度有较大差别，分汛期（5—9 月）、非汛期（10 月至次年 4 月）两个时期，即汛期适宜水位和非汛期适宜水位。

1. 水位特征分析

根据不同时期的水位特点拟定目标水位，分成以汛期和非汛期两个时段进行历史水位频率分析。区域水文代表站水位频率分析采用 P-Ⅲ型适线法。各站水位进行频率计算分析，成果见表 10.2。

表 10.2　　不同代表站最低日平均水位频率分析成果　　单位：m

站名	时段分期	最低日均水位				水位资料系列
		日均	50%	75%	90%	
王母观	汛期	3.11	3.10	2.98	2.87	1980—2012 年
	非汛期	2.91	2.91	2.81	2.73	
坊前	汛期	3.11	3.11	2.98	2.87	1980—2012 年
	非汛期	2.93	2.92	2.81	2.71	
青阳	汛期	3.08	3.05	2.92	2.83	1980—2012 年
	非汛期	2.85	2.84	2.71	2.60	
湘城	汛期	2.87	2.85	2.75	2.67	1980—2012 年
	非汛期	2.76	2.75	2.63	2.52	
陈墓	汛期	2.72	2.72	2.63	2.50	1980—2012 年
	非汛期	2.59	2.59	2.50	2.43	
嘉兴	汛期	2.47	2.47	2.36	2.26	1971—2007 年
	非汛期	2.40	2.39	2.33	2.28	

2. 适宜水位拟定

本书结合经济社会发展和水生态环境等对河网有序流动的需求，确定适宜水位时以 P-Ⅲ型适线法计算出的频率为 50% 的最低旬平均水位、多年平均水位为关键因子。此外，综合现状调研各地反映的情况，以保障防洪安全为原则，并结合代表站最低旬平均水位排频成果、引排控制水位、多年平均最低水位等历史特征水位，综合考虑代表站所在河道的特征、地势情况，以及区域生活、生产用水对河网水位要求，拟定适宜水位。

本书在确定目标水位时，考虑到适宜的水位是河网有序流动的前提，结合历史资料分析及各地区对河网水位反馈的意见，平水年河网水位总体不高，适宜水位的上限以多年平均水位上浮 10cm 为宜，下限以平原河网区的最低旬均水位为参考，上浮 10～20cm 为宜，以统筹利用滨江丰富的水资源改善水体流动性。经分析研究，确定各区代表站特征水位及适宜水位控制目标成果，详见表 10.3。

表 10.3　　各代表站特征水位及适宜水位控制目标成果表　　单位：m

分区代表站	王母观		坊前		青阳		湘城		陈墓		嘉兴	
	汛期	非汛期	汛期	非汛期	汛期	非汛期	汛期	非汛期	汛期	非汛期	汛期	非汛期
最低旬平均水位 50%频率	3.20	2.94	3.17	2.95	3.14	2.90	2.91	2.78	2.78	2.64	2.86	
警戒水位	4.60		4.00		4.00		3.70		3.60		3.30	
现状引江水位	3.00		3.00		3.20		2.80		2.80		—	
允许最低旬平均水位	—		2.87		2.80		2.60		2.55		2.55	
适宜水位目标	3.40～3.80	3.05～3.40	3.35～3.70	3.05～3.35	3.30～3.60	3.00～3.30	3.00～3.30	2.90～3.00	2.90～3.20	2.80～2.90	2.75～3.10	2.65～3.00

10.1.2.3 河网换水量

区域河网水体有序流动研究范围为平原河网，经查阅文献，不同的学者对平原河网水体换水周期的研究和表达方式不尽统一，但对河网水体的容量可达成一致，即河道的多年平均蓄水量，因此，本书以河网换水量作为一个指标。同时结合太湖流域内各地区调水实践，按“清水量达到河道现有槽蓄量的表层 0.8～1m 的水体时即认为河道完成一次换水”的原则，确定区域河网换水量。

1. 湖西区

湖西区河网多年平均水位约 3.47m，根据《江苏省太湖地区下垫面现状调查分析专题报告》，河网水面积 706km^2，根据湖西区骨干河道实测资料，河底高程一般为－1.00～0.50m，河底高程以 0m 估算，则全区域河网总蓄水量约为 25 亿 m^3，以置换河道槽蓄量表面 1m 的水体认为完成河道一次换水，则区域换水量约需 7 亿 m^3，河网水体置换率约达到 30%。根据湖西区水量调度与水环境改善试验实际监测结果，当来水量相当于河网容积的 32%左右时，区域河网水环境有改善，NH_3—N 浓度降幅为 20%～40%。因此，一个换水周期内（约 50d），河网换水量为 7 亿 m^3，水体置换率达到 30%可作为湖西区水体有序流动的目标参数之一。

2. 武澄锡虞区

武澄锡虞区河网多年平均水位约 3.44m，根据《江苏省太湖地区下垫面现状调查分析专题报告》，河网水面面积为 294km^2，根据武澄锡虞区骨干河道实测资料，河底高程一般为 0～1.00m，河底高程以 0.50m 估算，则全区域河网总蓄水量约为 9 亿 m^3，以置换河道槽蓄量表面 1m 的水体认为完成河道一次换水，则区域换水量约需 3 亿 m^3，河网水体置换率约达到 35%。根据引江济太武澄锡虞区（无锡市）区域调水试验实际监测结果，当来水量相当于河网容积的 36%左右时，区域河网水环境有改善，NH_3—N 浓度降幅为 10%～20%。因此，一个换水周期内（约 30d），河网换水量为 3 亿 m^3，水体置换率达到 35%可作为武澄锡虞区水体有序流动的目标参数之一。

3. 阳澄淀泖区

阳澄淀泖区河网多年平均水位 3.10m，根据《江苏省太湖地区下垫面现状调查分析专题报告》，河网水面面积为 867km^2，根据阳澄淀泖区骨干河道实测资料，河底高程一般为

−0.50～0.50m，河底高程以 0m 估算，则全区域河网总蓄水量约为 27 亿 m^3，以置换河道槽蓄量表面 1m 的水体认为完成河道一次换水，则区域换水量约需 9 亿 m^3，河网水体置换率约达到 35%。根据阳澄淀泖区河网水体有序流动监测试验实际监测结果，当来水量相当于河网容积的 33%左右时，区域河网水环境有改善，NH_3—N 浓度降幅为 20%左右。因此，一个换水周期内（约 60d），河网换水量为 9 亿 m^3，水体置换率达到 35%可作为阳澄淀泖区水体有序流动的目标参数之一。

4. 杭嘉湖区

杭嘉湖区河网多年平均水位约为 3.00m，以河底高程 1.00m 估算，全区域河网总需水量约为 17 亿 m^3，以置换河道槽蓄量表面 1m 的水体认为完成河道一次换水，则区域换水量约需 8 亿 m^3，河网水体置换率达到 50%。结合区域已有调水试验，当来水量相当于河网容积的 51%左右时，区域内Ⅳ类水有改善，改善幅度为 40%～50%。根据近年来区域实际监测结果，现状区域内主要为Ⅳ类水体。因此，一个换水周期内，河网换水量为 8 亿 m^3，水体置换率达到 50%可作为杭嘉湖区水体有序流动的目标参数之一。

10.1.2.4 有序流动调度目标参数

综合以上分析，得到各典型片区有序流动调度目标参数，详见表 10.4。

表 10.4 各典型片区有序流动调度目标参数表

类型	湖西区			武澄锡虞区		
	分类	汛期	非汛期	分类	汛期	非汛期
流动性目标/(cm·s^{-1})	沿江引排河道	20	15	沿江引排河道	15	10
	运河以北骨干河道	15	10	走马塘以东、望虞河以西骨干河道	10	7
	运河以南骨干河道	10	7	运河以南骨干河道	7	7
水位目标/m	王母观	3.40～3.80	3.05～3.40	青阳	3.30～3.60	3.00～3.30
	坊前	3.35～3.70	3.05～3.35			
河网换水量目标	河网换水量为 7 亿 m^3，水体置换率达 30%			河网换水量为 3 亿 m^3，水体置换率达 35%		

类型	阳澄淀泖区			杭嘉湖区		
	分类	汛期	非汛期	分类	汛期	非汛期
流动性目标/(cm·s^{-1})	阳澄区沿江引排河道	20	15	环太湖沿杭州湾骨干河道	20	15
	阳澄区其他骨干汇水河道	10	7	其他骨干河道	15	10
	淀泖区骨干河道	10	7			
水位目标/m	湘城	3.00～3.30	2.90～3.00	嘉兴	2.75～3.10	2.65～3.00
	陈墓	2.90～3.20	2.80～2.90			
河网换水量目标	河网换水量为 9 亿 m^3，水体置换率达 35%			河网换水量为 8 亿 m^3，水体置换率达 50%		

10.2 湖西区水体有序流动的水量水质响应关系

湖西区位于太湖流域上游，地形复杂，西、南部分别为茅山山区、宜溧山区，北倚长江，东以武澄锡西控制线与武澄锡低片相邻。湖西区总面积为 7791km^2，区域内 10m 等高线以上的面积占区域总面积的 40%，其余均为平原和圩区。地势总体呈西北高、东南低，周边高、腹部低，逐渐向太湖倾斜的趋势，腹部低洼中又有高地，高低交错，圩区间隔其间。湖西区有洮湖、滆湖、钱资荡和东、西氿等大中型天然湖泊，通江、入湖及内部调节主要河道几十条，这些湖泊和河道组成了湖西区河湖相连、纵横交错的河网水系。

10.2.1 有序流动总体格局分析

湖西区根据地形及水流情况，可分为三大水系。

（1）北部运河水系，以大运河为骨干河道，经大运河、九曲河、新孟河、德胜河入江。

（2）中部洮滆水系。主要由胜利河、通济河等山区河道承接西部茅山及丹阳、金坛一带高地来水，经由湟里河、北干河、中干河等河道入洮、滆湖调节，经太滆运河、殷村港、烧香港及湛渎港等河道入太湖。洮、滆湖面积分别约为 89km^2 和 147km^2。

（3）南部南河水系。古称荆溪，发源于宜溧山区和茅山山区，以南河为干流，包括南河、中河、北河及其支流，经溧阳、宜兴汇集两岸来水经西氿、东氿，由城东港及附近诸港入太湖。

三大水系间有南北向河道丹金溧漕河、越渎河、扁担河、武宜运河等连接，形成南北东西相通的平原水网。

湖西区具有较强的引江能力，沿江的抽水站目前总的引排能力达 300m^3/s，水环境状况相对较理想，水质基本处于Ⅲ～Ⅳ类水，引江水量除补充本区域用水外，最主要的是补充太湖水，以供流域用水。因此，湖西区总体格局的核心是以满足地区水资源不足和补充太湖水量为主，改善该区水环境为辅，并对下游区的影响降至最小，最终达到“充分利用现有工程，效益最大化”的目标。湖西区引水入湖拟定两条线路，一条线路是由谏壁枢纽和九曲河枢纽按照丹阳站水位进行引江，谏壁枢纽（包括泵站抽引水）与九曲河枢纽引进的长江水一部分经运河往东，一部分经丹金溧漕河向南，到金坛后分成两股，一股通过清水溪（白石港）入洮湖，另一股经过别桥进入北河、中河、南河地区。从丹金漕河、扁担河、武宜河进入南河、洮湖和滆湖的水，最终仍归流太湖，形成“谏壁闸→丹金溧漕河→南溪河→宜兴→太湖”引水路线；考虑到谏壁及九曲河引江大部分由京杭运河往东分流，运南地区受益有限，另一条线路由新孟河枢纽按照常州站水位进行引江，新孟河引水穿运河立交直往运南腹部河网，进入滆湖或太滆运河转而入太湖，促进运南洮滆腹部河网水体有序流动并有效补充太湖水量，形成“长江（新孟河）→腹部（洮湖、滆湖）→太湖”引水路线。

10.2.2 有序流动调度方案设计

10.2.2.1 基础方案调度方式

1. 沿江口门调度

湖西沿长江引排工程对排泄流域沿江地区涝水和引长江水保障流域供水安全具有不可

替代的重要作用，湖西沿江口门建筑物有谏壁枢纽、九曲河枢纽、新孟河江边枢纽、魏村枢纽、澡港枢纽等。《太湖流域水资源综合规划》《太湖流域水量分配方案》《江苏省水资源综合规划》等提出了湖西沿江口门水资源调度的原则和调度意见。

《太湖流域水资源综合规划》提出，湖西区沿江口门分别按洮湖或滆湖水位控制，适时引排。《太湖流域水量分配方案》提出，湖西区沿江口门调度原则为：在保障防洪安全的前提下，与望虞河工程、新孟河工程及环湖口门调度相协调，合理引排，保障区域供水安全，增加流域水资源补给，促进河网有序流动，改善水环境。《江苏省水资源综合规划》中提出，湖西区充分利用流域性引江河道，加大区域供水和向补给区供水。

根据《新孟河延伸拓浚工程可行性研究报告》，界牌枢纽调度方式为：当太湖水位处于泵引区或自引区时，开启泵站或节制闸引长江水；太湖水位处于适时调度区，坊前水位低于 3.7m 时，开闸引水。

综上所述，结合日常调度实践，谏壁枢纽和九曲河枢纽按王母观站即洮湖水位控制，当洮湖水位低于 3.00m 时，开泵引水；当洮湖水位高于 3.00m、低于 3.80m 时，开闸引水。新孟河界牌枢纽按照可研批复调度，魏村枢纽按常州（三）水位控制，当常州（三）位于 3.80～4.20m 时关闸，常州（三）低于 3.80m 时开闸自引；常州（三）低于 2.80m 时开泵引水。

2. 武澄锡西控制线调度

武澄锡西控制线现行水资源及水环境调度方式为敞开。结合日常调度实践，湖西区主要控制线基础方案调度方式详见表 10.5。

表 10.5　　湖西区主要控制线基础方案调度方式表

主要控制线	控制线口门	控制线口门调度站	调度水位/m	调度方式
沿江控制线	谏壁枢纽	丹阳站	3.50	以大运河丹阳站水位为依据，6 月，应保持 4.50m 水位，低于此水位且天气偏旱时，每潮必引；7—9 月，应保持 4.20m 水位，低于此水位且天气偏旱时，每潮必引。10 月至次年 5 月，丹阳站水位低于 3.50m 时或王母观水位低于 3.00m 开泵引水，王母观高于 3.00m 低于 3.80m 时开闸自引
		王母观站	3.00	
	九曲河枢纽	丹阳站	3.50	
		王母观站	3.00	
	新孟河界牌枢纽	坊前		按照新孟河可研批复调度，太湖水位处于泵引区或自引区时，开启泵站或节制闸引长江水；太湖水位处于适时调度区，坊前水位低于 3.70m 时，开闸引水
	魏村枢纽	常州（三）站	3.80	当常州（三）位于 3.80～4.20m 时关闸，常州（三）低于 3.80m 时开闸自引，常州（三）低于 2.80m 时开泵引水
武澄锡西控制线	全线口门			口门敞开

10.2.2.2　方案设计

湖西区沿江水体流动性较好，但运南地区河道水体流动性较差，水环境状况不佳，因此，利用湖西区沿江口门具有较强引排能力的优势，抬高河网水位的同时促进水体有序流动，持续的引清可使该区水质长期保持较优的状态，可保证入太湖水质，据此提出“增加

引江”方案。结合王母观、坊前适宜水位控制目标3.05～3.80m、3.05～3.70m，将谏壁闸、九曲河枢纽泵引水位由王母观3.00m抬高至3.10m，考虑到王母观警戒水位为4.60m，在平水年1990年型下，河网水位总体偏低，将谏壁闸、九曲河枢纽排水水位由王母观3.80m抬高至4.30m，在增加区域水量的同时考虑与警戒水位4.60m预留0.30m的调蓄水深以保障防洪安全；德胜河为湖西区东侧重要的引水入运南地区的通江河道，现行调度方式下，当常州（三）位于3.80～4.20m时关闸，为增加湖西区东部及运河以南地区河道水体的有序流动，优化现行调度，一方面结合代表站的适宜水位控制目标，抬高泵引水位至3.00m，另一方面增加德胜河引江机会，常州（三）水位位于3.30～4.20m时自引。根据上述设计思路，最终达到“充分利用现有工程，效益最大化”的目标，增加引江方案和基础方案的方案设计见表10.6。

表10.6　湖西区有序流动分析方案设计

方案编号	方案简称	沿江口门控制线					武澄锡西控制线
		主要建筑物	调度参照站	调度水位/m		调度方式	调度方式
				下限水位	上限水位		
方案1	基础方案	谏壁闸、九曲河枢纽	王母观	3.00	3.80	低于下限水位时开泵引水，高于上限水位时排水，上、下限水位之间时开闸自引	口门敞开
		孟城闸	常州（三）	3.00	4.30	低于下限水位开闸引水，高于上限水位排水	
		界牌枢纽	坊前			按照可研批复调度	
		魏村枢纽	常州（三）	2.80	4.20	当常州（三）位于3.00～4.20m时关闸，常州（三）低于3.0m时开闸自引，常州（三）低于2.8m时开泵引水	
方案2	增加引江	谏壁闸、九曲河枢纽	王母观	3.10	4.30	当王母观水位位于适宜水位3.80～3.30m时，根据地区水环境需求及防洪风险相机引水；当王母观水位低于适宜水位下限3.30m时，开闸自引；当沿江片区中的谏壁、九曲河、小河、魏村4闸引水量不足1000万m^3/d，且大运河王母观水位低于3.10m时，谏壁泵站开机引水；当王母观水位高于3.8m时视情况适当开闸排水，当王母观水位高于4.30m时开泵排水	同基础方案
		孟城闸	常州（三）	3.30	4.80	当常州（三）水位位于4.20～3.30m时，根据地区水环境需求及防洪风险相机引水；当常州（三）水位低于适宜水位下限3.30m时，开闸自引；当常州水位超过4.80m时开闸排水	
		新孟河界牌枢纽	坊前			按照可研批复调度	
		魏村枢纽	常州（三）	3.00	4.80	当常州（三）水位位于4.20～3.30m时，根据地区水环境需求及防洪风险相机引水；当常州（三）水位低于适宜水位下限3.30m时，开闸自引；当常州（三）水位低于3.00m时，开泵抽引；当常州水位超过4.80m时开闸排水，当常州水位超过5.00m开泵抽排	

10.2.3　方案效果分析

充分利用湖西区沿江口门如谏壁、九曲河及新孟河等具有较强引排能力的优势，抬高河网水位的同时，也促进水体有序流动，持续的引清可使该区水质长期保持较优的状态，进而保证了入太湖水质，为此，提出“增加引江”方案。湖西区主要河道设置的水位、流速、水质等计算统计断面（站点）位置信息见表 10.7。

表 10.7　　　　湖西区主要统计断面位置信息表

序　号	断面（站点）名称	具　体　位　置
1	洮湖（王母观）	与同名水位站位置一致
2	滆湖（坊前）	与同名水位站位置一致
3	丹阳	与同名水位站位置一致
4	运河 1	京杭运河陵口镇监测断面
5	金坛	与同名水位站位置一致
6	溧阳	与同名水位站位置一致
7	宜兴	与同名水文站位置一致
8	九曲河江边	九曲河闸闸上断面
9	新孟河江边	新孟河江边枢纽闸上断面
10	运河 2	与九里铺水位站位置一致
11	新孟河 1	新孟河与十里横河交叉处
12	新孟河 2	新孟河常州、丹阳交界处
13	运河 3	京杭运河奔牛镇中心附近
14	太滆运河入湖	太滆运河入湖口
15	湖西入湖 1	漕桥河入湖口
16	湖西入湖 2	殷村港入湖口
17	湖西入湖 3	烧香港入湖口
18	湖西入湖 4	师渎港入湖口
19	湖西入湖 5	新渎港入湖口
20	湖西入湖 6	湛渎港入湖口
21	湖西入湖 7	官渎港入湖口

10.2.3.1　水位及换水量分析

1990 年型下，按增加引江方案调度后，王母观水位由汛期最低的 3.36m 抬高至 3.49m；在河网适宜目标水位 3.40～3.80m 范围内，坊前水位由汛期的 3.29m 抬高至 3.41m；在河网适宜目标水位 3.35～3.70m 范围内，王母观、坊前非汛期最低水位也均在适宜水位 3.05～3.40m 范围内。由计算结果可知，加大江边引江能力后，本区各水位站在汛期和非汛期的最低水位均有不同程度的抬高，汛期抬高幅度明显大于非汛期，抬高幅度最大为丹阳站，抬高值为 27cm，其次为丹金溧漕河—南溪河沿线，抬高值为 10～18cm。这种变化原因为：丹阳站位于运河上，而金坛站和王母观站都位于丹金溧漕河上，

该河始于丹阳市运河段，引江水量增加，入运河水量大量增加，一方面运河水位急剧上升，另外与运河相连接的骨干河道丹金溧漕河来水量也相应增大，故沿线水位均有较大幅度的抬升。抬高引江水位后，引江水量增加，丹阳站、王母观等站点的最高水位都有不同幅度的升高，其中丹阳站最高水位5.48m，王母观站最高水位4.46m，都没有达到各站的警戒水位，若继续抬高自引水位，可能带来防洪风险。根据计算结果分析，有序流动格局稳定后，一个换水周期50d内，沿江口门平均引水流量为175m^3/s，换水量达7.6亿m^3，水体置换率达到31%，达到换水量预期目标，有利于水体水质改善，循环有序流动几次后，可提升整个河网水环境。因此，本方案的调度水位较基础方案的调度水位在不出现防洪风险的情况下增大了入太湖水量，且灵活运用泵站抽引，持续引清，实现了利用现有水利工程达到效益最大化的目的。1990年型增加引江方案与基础方案水位成果对比见表10.8。

表10.8　1990年型增加引江方案与基础方案水位成果对比表　单位：m

序号	名　称	基础方案		增加引江方案		差　值	
		汛期最低	非汛期最低	汛期最低	非汛期最低	汛期	非汛期
1	洮湖（王母观）	3.36	3.05	3.49	3.06	0.13	0.01
2	滆湖（坊前）	3.29	3.03	3.41	3.04	0.12	0.01
3	丹阳	3.64	3.20	3.91	3.27	0.27	0.07
4	运河1	3.61	3.19	3.87	3.25	0.26	0.06
5	金坛	3.46	3.07	3.65	3.09	0.19	0.02
6	溧阳	3.05	3.01	3.21	3.02	0.16	0.01
7	宜兴	3.06	2.97	3.16	2.98	0.10	0.01
8	九曲河江边	3.66	3.20	3.90	3.26	0.24	0.06
9	新孟河江边	3.41	3.06	3.52	3.10	0.11	0.04
10	运河2	3.52	3.14	3.72	3.21	0.20	0.07
11	新孟河1	3.40	3.06	3.51	3.10	0.11	0.04
12	新孟河2	3.39	3.06	3.51	3.10	0.12	0.04
13	运河3	3.47	3.12	3.64	3.19	0.17	0.07
14	太滆运河入湖	3.13	2.97	3.21	2.99	0.08	0.02
15	湖西入湖1	3.01	2.90	3.04	2.91	0.03	0.01
16	湖西入湖2	3.01	2.90	3.05	2.91	0.04	0.01
17	湖西入湖3	3.01	2.90	3.04	2.91	0.03	0.01
18	湖西入湖4	3.01	2.90	3.04	2.91	0.03	0.01
19	湖西入湖5	3.01	2.90	3.04	2.91	0.03	0.01
20	湖西入湖6	3.01	2.90	3.04	2.91	0.03	0.01
21	湖西入湖7	3.01	2.90	3.04	2.91	0.03	0.01

10.2.3.2 流速分析

1990年型下，增加引江方案相比基础方案，河网流速均有不同幅度的提高。对照流速目标，加大引江量后，运河以南最南端的溧阳站（位于南溪河）汛期流速可达 10cm/s 以上，非汛期流速可达 7cm/s 以上，由基础方案的滞留变为增加引江后的有序流动，可见，优化沿江调度方式后，可扩大受益范围至整个湖西区，水体流动明显加快。流速的变化幅度与水位规律基本一致，流速提升最大的是沿江及运河沿线，其次为运河以南丹金溧漕河等南北向骨干河道，增加引江方案调度后，沿江主要引排河道平均流速均能达到 15～20cm/s，运河以北其他骨干河道平均流速均能达到 10～15cm/s，运河以南骨干河道平均流速均能达到 7～10cm/s。整个河网流速提升后，水流方向更有序，均为自北向南、自西向东，且流速的加快还能带来河道自净能力的增加，有助于河道水环境改善。1990 年型增加引江方案与基础方案平均流速成果对比见表 10.9。

表 10.9　　1990 年型增加引江方案与基础方案平均流速成果对比表　　单位：cm/s

序号	名　称	基础方案		增加引江方案		差　值	
		汛期	非汛期	汛期	非汛期	汛期	非汛期
1	洮湖（王母观）	21.5	11.1	26.4	12.1	4.9	1.0
2	滆湖（坊前）	27.5	19.3	31.3	21.2	3.8	1.9
3	丹阳	28.7	15.7	41.3	23.4	12.6	7.7
4	运河 1	24.7	20.3	43.5	26.8	18.8	6.5
5	金坛	18.7	16.9	30.2	21.3	11.5	4.4
6	溧阳	6.7	5.0	10.7	7.5	4.0	2.5
7	宜兴	31.6	24.5	36.9	27.1	5.3	2.6
8	九曲河江边	10.2	8.1	20.8	15.7	10.6	7.6
9	新孟河江边	22.7	15.9	23.8	16.6	1.1	0.7
10	运河 2	35.9	28.7	56.2	36.1	20.3	7.4
11	新孟河 1	23.0	16.2	24.3	16.7	1.3	0.5
12	新孟河 2	22.9	15.8	24.1	16.1	1.2	0.3
13	运河 3	34.7	28.5	53.2	35.4	18.5	6.9
14	太滆运河入湖	25.0	19.3	28.8	21.9	3.8	2.6
15	湖西入湖 1	30.1	21.9	35.7	25.0	5.6	3.1
16	湖西入湖 2	45.3	32.9	53.6	37.4	8.3	4.5
17	湖西入湖 3	17.6	12.7	20.9	14.4	3.3	1.7
18	湖西入湖 4	21.7	15.8	25.8	17.8	4.1	2.0
19	湖西入湖 5	22.3	16.4	26.4	18.5	4.1	2.1
20	湖西入湖 6	20.3	14.9	24.1	16.8	3.8	1.9
21	湖西入湖 7	19.1	14.1	22.7	15.8	3.6	1.7

10.2.3.3　水质分析

湖西区河网现状水质以Ⅳ类和Ⅴ类居多，增加引江后，优质的长江水源（调入水体水

质为Ⅱ类水，COD浓度为15mg/L，NH_3—N浓度为0.5mg/L）及时地补充湖西区，促进水体加快流动的同时，整体河网水质均有所改善。COD和NH_3—N浓度的改善值分别为0.07～2.98mg/L、0.02～0.33mg/L，浓度降幅分别为0.5%～13.1%、1.5%～18.4%。可见加大引江后，效果比较明显，其中改善效果最好的是沿江一带以及运河沿线，其次是运南地区的南北向骨干河道丹金溧漕河。但从水质类别上看，基本无变化，可见水环境改善的根本措施还是控源截污，调水引流仅是辅助改善水环境，目的主要是促进水体流动、加快换水效率。1990年型增加引江方案与基础方案水质成果对比见表10.10。

表10.10　1990年型增加引江方案与基础方案水质成果对比表　单位：mg/L

序号	名　称	基础方案		增加引江方案		差　值		变幅/%	
		COD	NH_3—N	COD	NH_3—N	COD	NH_3—N	COD	NH_3—N
1	洮湖（王母观）	23.11	1.18	21.14	1.12	−1.97	−0.06	−8.5	−5.9
2	滆湖（坊前）	22.14	1.17	20.64	1.13	−1.50	−0.04	−6.8	−3.4
3	丹阳	20.85	1.36	19.49	1.11	−1.36	−0.25	−6.5	−18.4
4	运河1	19.72	1.14	18.45	1.01	−1.27	−0.13	−6.4	−11.4
5	金坛	23.94	1.40	21.39	1.32	−2.55	−0.08	−10.7	−5.7
6	溧阳	30.94	1.79	30.03	1.69	−0.91	−0.10	−2.9	−5.6
7	宜兴	25.32	1.63	24.69	1.57	−0.63	−0.06	−2.5	−3.7
8	九曲河江边	15.26	1.21	15.00	1.12	−0.26	−0.09	−1.7	−7.4
9	新孟河江边	14.93	1.15	14.86	1.12	−0.07	−0.03	−0.5	−2.6
10	运河2	20.18	1.23	17.54	1.18	−2.64	−0.05	−13.1	−4.1
11	新孟河1	16.41	1.26	16.19	1.23	−0.22	−0.03	−1.3	−2.4
12	新孟河2	17.03	1.32	16.72	1.30	−0.31	−0.02	−1.8	−1.5
13	运河3	20.24	1.42	17.58	1.36	−2.66	−0.06	−13.1	−4.2
14	太滆运河入湖	25.61	1.83	23.23	1.50	−2.38	−0.33	−9.3	−18.0
15	湖西入湖1	25.49	1.81	23.14	1.49	−2.35	−0.32	−9.2	−17.7
16	湖西入湖2	25.24	1.37	22.37	1.27	−2.87	−0.10	−11.4	−7.3
17	湖西入湖3	24.86	1.27	22.01	1.21	−2.85	−0.06	−11.5	−4.7
18	湖西入湖4	24.85	1.25	21.87	1.20	−2.98	−0.05	−12.0	−4.8
19	湖西入湖5	23.99	1.52	21.47	1.44	−2.52	−0.08	−10.5	−5.3
20	湖西入湖6	24.72	1.38	22.10	1.31	−2.62	−0.07	−10.6	−5.1
21	湖西入湖7	25.52	1.32	22.88	1.27	−2.64	−0.05	−10.3	−3.8

10.2.4 推荐方案

1990年型下，增加引江方案在不出现防洪风险的情况下增大了引江水量，充分利用

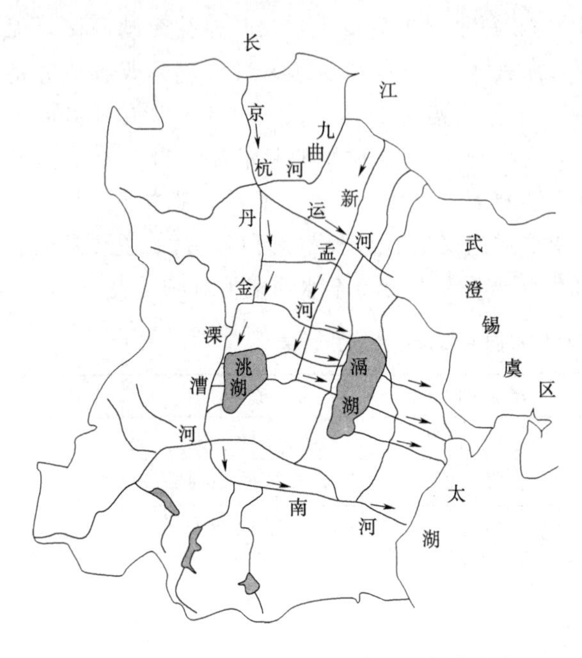

图 10.1　湖西区河网水系有序流动推荐方案效果示意图

湖西区沿江口门如谏壁、九曲河及新孟河等具有较强引排能力的优势，抬高河网水位，可达到河网适宜目标水位 3.05～3.80m，一个换水周期内，河网换水量达到 7 亿 m^3，沿江主要引排河道平均流速均能达到 15～20cm/s，运河以北其他骨干河道平均流速均能达到 10～15cm/s，运河以南骨干河道平均流速均能达到7～10cm/s。整个河网流速提升后，水流方向更有序，均为自北向南、自西向东，优质的长江水源及时地补充湖西区，使得湖西区整体河网水质有所改善，COD 和 NH_3—N 浓度的改善幅度分别为 0.5%～13.1%、1.5%～18.4%。综合考虑后，将增加引江方案作为湖西区有序流动的水环境调度推荐方案。湖西区有序流动调度在不增加防洪风险的前提下进行，当预报有地区性大暴雨袭击时，各主要控制工程提前减少引水量或转引为排，做好防洪调度准备。湖西区河网水系有序流动推荐方案效果示意见图 10.1。

10.3　武澄锡虞区水体有序流动的水量水质响应关系

武澄锡虞区是长江下游太湖流域北部的一片低洼平原，北临长江，南滨太湖，西部以武澄锡西控制线为界，东部至望虞河东岸。区域内地形复杂，地面高程不一，内部以白屈港东控制线为界，又分为武澄锡低片及澄锡虞高片。区域总面积约 3720km^2，水域面积约 248km^2。澄锡虞高片总面积 1431km^2，地势总体走向为北高南低，一般高程在 6.00m 以上。武澄锡低片则是夹在湖西高亢平原和澄锡虞高片间的低地，地势呈现四周高、腹部低，地面高程一般在 4.00～5.00m，尤以西部北塘河、中部漕河两侧和南端无锡城区及其附近地面高程最为低洼，仅为 2.80～3.50m。

10.3.1　有序流动总体格局分析

武澄锡虞区内河网密布，京杭运河自西向东经常州、无锡两市区贯穿本区，可分为运河以北片和运河以南片，大体可分为入江、入湖和内部调节河道 3 类。运河以北通江骨干河道有白屈港、锡澄运河、新夏港、新沟河、澡港、张家港、十一圩港、走马塘，其中走马塘是为解决望虞河西岸地区排水受引江济太期间望虞河高水位顶托致涝而延伸拓浚的一条排水通道，延伸拓浚河道自京杭运河沿沈渎港接老的走马塘段通过锡北运河东段后，沿澄虞边界新开河道接七干河入江；东西向有锡北运河、九里河、伯渎港、应天河等调节河

道，以及北塘河、三山港和采菱港等内部引排河道。运河以南、梁溪河以西地区，沿运河地势高，水流方向是由北向南流动，较大的入湖河道有直湖港和武进港等；梁溪河及其以东地区，较大的入湖河道还有曹王泾、蠡河等，由于运河及本地区水质差，为减少对梅梁湖、贡湖的影响，这些河道一般不向太湖排水。

在地区调水改善水环境研究的基础上，结合《无锡市城市防洪规划修编报告》（送审稿）中调水改善水环境研究成果，以及《引江济太武澄锡虞区（无锡市）区域调水试验》的试验成果，本书以改善河湖水环境质量为主要目标，进一步提高沿江口门的调度管理水平，适度提高地区控制水位，增引一部分长江水，增加排江水量，形成区域内部或区域与区域之间的水体循环，进一步改善区域水环境。武澄锡虞区水环境较差，确定有序流动格局的核心除了增引长江清水外，还要考虑退水线路，结合区域实际情况，考虑新沟河、走马塘及张家港排水为主。引水格局总体分为东西两个片区、两条线路：一是武澄锡低片常州市由魏村枢纽和澡港枢纽联合引江水流经德胜河和澡港河顺水势向南和向东进入常州城区，再由新沟河北排入江；二是武澄锡低片其他区域及澄锡虞高片由白屈港枢纽和定波枢纽按照青阳站水位进行引江，同时白屈港控制线锡北运河以北口门进行控制，有利于白屈港和锡澄运河联合引进的长江水经过江阴市进入无锡城区，与运河以南由梅梁湖泵站引太湖水通过梁溪河立交进入无锡城区来水进行汇合，这样能有效抬高无锡河网水位，尤其是九里伯渎地区水位有明显抬高，相应张家港和走马塘同时排水形成水位差，有利于无锡污水随着水流进入九里伯渎地区转而通过走马塘和张家港排入长江，也有利于澄锡虞高片的污水通过张家港和走马塘排入长江，充分发挥走马塘延伸拓浚工程改善望虞河西岸地区水环境的工程效益。

10.3.2 有序流动调度方案设计

10.3.2.1 基础方案调度方式

1. 沿江口门调度

武澄锡虞区沿长江引排工程对排泄流域沿江地区涝水和引长江水保障流域供水安全具有不可替代的重要作用，武澄锡虞区沿江口门建筑物有定波闸、张家港闸、十一圩闸、白屈港枢纽等。《太湖流域水资源综合规划》《太湖流域水量分配方案》《江苏省水资源综合规划》等提出了武澄锡虞区沿江口门水资源调度原则和调度意见。

《太湖流域水资源综合规划》提出，武澄锡虞区沿江口门按青阳水位控制，适时引排，结合望虞河西岸排水出路，形成区域小循环，实现有序流动，保证望虞河引江入湖水质。《太湖流域水量分配方案》提出，武澄锡虞区沿江口门调度原则为：在保障防洪安全前提下，与望虞河工程、新孟河工程及环湖口门调度相协调，合理引排，保障区域供水安全，增加流域水资源补给，促进河网有序流动，改善水环境。《江苏省水资源综合规划》提出，利用自身沿江口门有序引排改善水质的条件，在供需平衡的基础上，增引长江水，促使水体按序循环。

根据《新沟河延伸拓浚工程可行性研究报告》，新沟河江边枢纽调度方式为：当无锡或青阳水位高于 4.00m 或常州水位高于 4.60m 时，启用江边枢纽泵站抽排；当无锡或青阳水位高于 3.60m 或常州水位高于 4.20m 时，利用节制闸自排；当青阳水位在 3.20～

3.60m之间，根据武澄锡区域河网以及长江水环境等情况，进行适时调度。

综上所述，澡港河枢纽调度站为常州（三）站，当水位在3.80～4.20m时关闸，低于3.80m时开闸自引，低于2.80m启用泵站抽引；新沟河江边枢纽调度站为青阳站，按照可研批复调度；锡澄运河定波闸调度站为青阳站，当水位低于3.20m时开闸自引；白屈港枢纽、新夏港枢纽调度站为青阳站，当水位低于3.00m时开闸自引；张家港闸、十一圩港闸调度站为陈墅站，当陈墅水位低于3.20m时开闸自引；走马塘按照《走马塘拓浚延伸工程初步设计》批复调度，走马塘江边枢纽排水时要考虑到老七干河及以北地区是沿江低洼地区（地面高程3.40～3.90m），原则上应控制老七干河水位在3.60m左右。

2. 环湖控制口门调度

环湖控制线调度站为戴溪站，为防止污水入湖，一般情况实行控制运用，基础方案调度梅梁湖泵站和直湖港闸按照年引水量不超过6亿m^3，其他口门关闸。

3. 望虞河西岸控制线调度

基础方案按照敞开考虑。

4. 白屈港控制线口门调度

基础方案调度按照敞开考虑。武澄锡虞区主要控制线基础方案调度方式详见表10.11。

表10.11　　武澄锡虞区主要控制线基础方案调度方式表

主要控制线	控制线口门	控制线调度站	自引调度水位/m	调度方式
沿江控制线	澡港枢纽	常州（三）	3.80	当大运河常州（三）水位超过4.20m时，开闸排水，常州（三）位于3.80～4.20m之间关闸；常州（三）低于3.80m时开闸自引；常州（三）低于2.80m时开泵引水
	新沟河江边枢纽	青阳	3.20	按照新沟河可研批复调度
	定波枢纽	青阳	3.20	低于3.20m自引，3.20～3.60m关闸
	白屈港枢纽、新夏港枢纽	青阳	3.20	低于3.20m自引，3.20～3.60m关闸
	张家港	陈墅	3.20	低于3.20m时自引，位于3.20m与3.60m之间时关闸
	十一圩港闸	陈墅	3.20	低于3.20m时自引，位于3.20m与3.60m之间时关闸
	走马塘江边枢纽	七干河	3.60	高于3.60m时开闸排水，低于3.60m关闸
白屈港控制线	锡北运河以北口门	无锡（大）		敞开
	其余口门	无锡（大）		敞开
环太湖控制线	梅梁湖泵站和直湖港闸			年引水量不超过6亿m^3
	其余口门	无锡（大）		关闸
望虞河西岸控制线	羊尖塘和锡北运河闸	无锡（大）		敞开
	其余口门	无锡（大）		敞开

10.3.2.2 方案设计

武澄锡虞区内经济发达，排污总量较大，河道水质总体不容乐观。为加快区域水体有序流动，提高区域水环境容量和增强河网水体流动性，提高水体自净能力，在常规调度的基础上，充分利用沿江口门引排优势，增加沿江口门引排机会，形成多引多排的循环调度体系。多引多排方案以澡港河、锡澄运河、白屈港、十一圩港引水为主，新沟河、张家港、走马塘排水为主，转变锡澄运河等 3.20～3.60m 关闸的常规调度方式，优化调度为 3.70m 以下持续引清，并结合规划对新沟河、走马塘等河道的定位，在澡港河、锡澄运河、白屈港引清的同时，考虑新沟河、走马塘排水结合，3.20～3.60m 适当排水，3.60m 以上加大排水，形成多引多排的格局。从“充分利用现有工程，优化调度方案，效益最大化”考虑，并利用武澄锡虞区运北片河网临江滨河（运河），有网有纲，纵横交错、四通八达，有着较强沿江引排能力的区位优势，设想形成又“引”又“排”的循环调水线路，实现这种循环后，一方面可以减轻下游地区受水区的退水压力，另一方面也可以为无锡市城区改善水环境提供更多引退水线路的选择。武澄锡虞区有序流动分析方案设计见表 10.12。

表 10.12　　武澄锡虞区有序流动分析方案设计

方案编号	方案简称	控制线	主要建筑物	调度参照站	调度水位/m		调度方式
					下限	上限	
方案 1	基础方案	沿江控制线	澡港枢纽	常州（三）	2.80	4.20	当水位位于 3.80～4.20m 时关闸，低于 3.80m 时开闸自引，低于 2.80m 时开泵引水
			新沟河江边枢纽	青阳	3.20	3.60	按照新沟河可研批复调度
			定波枢纽	青阳	3.20	3.60	低于 3.20m 自引，3.20～3.60m 关闸
			白屈港枢纽、新夏港枢纽	青阳	2.80	3.60	低于 2.80m 开泵抽引，低于 3.00m 自引，3.00～3.60m 关闸
			张家港	北国	3.20	3.60	低于 3.20m 时自引，位于 3.20m 与 3.60m 之间时关闸
			十一圩港闸	北国	3.20	3.60	低于 3.20m 时自引，位于 3.20m 与 3.60m 之间时关闸
			走马塘江边枢纽	七干河	3.60		高于 3.60m 时开闸排水，低于 3.60m 关闸
		环湖控制线	梅梁湖泵站和直湖港闸				年引水量不超过 6 亿 m^3
			其余口门	无锡（大）			关闸
		望虞河西岸控制线	羊尖塘和锡北运河闸	无锡（大）			敞开
			其余口门	无锡（大）			敞开
		白屈港控制线	锡北运河以北口门				敞开
			其余口门				敞开

续表

方案编号	方案简称	控制线	主要建筑物	调度参照站	调度水位/m		调度方式
					下限	上限	
方案 2	多引多排	沿江控制线	澡港枢纽	常州（三）	3.00	4.80	当常州（三）水位位于 4.20～3.30m 时，根据地区水环境需求及防洪风险相机引水；当常州（三）水位低于适宜水位下限 3.30m 时，开闸自引；当常州（三）水位低于 3.00m 时，开泵抽引；当常州水位超过 4.80m 时开闸排水，当常州水位超过 5.00m 开泵抽排
			新沟河江边枢纽	青阳	3.20	3.60	按照新沟河可研批复调度
			定波枢纽	青阳	3.20	3.70	当青阳水位位于 3.70～3.20m 时，根据地区水环境需求及防洪风险相机引水；当青阳水位低于适宜水位下限 3.20m 时，开闸自引
			白屈港枢纽、新夏港枢纽	青阳	2.90	3.70	当青阳水位位于 3.70～3.20m 时，根据地区水环境需求及防洪风险相机引水；当青阳水位低于适宜水位下限 3.20m 时，开闸自引；当青阳水位低于 2.90m 时，开泵抽引；当青阳水位高于 3.70m 时，开闸排水；当青阳水位超过 4.00m 开泵排水
			张家港	北国	3.20	3.60	低于 3.20m 时自引，3.20m 与 3.60m 之间时适当引水，高于 3.60m 排水
			十一圩港闸	北国	3.60		低于 3.60m 时开闸引水，3.60～4.00m 之间根据地区水环境需求及防洪风险相机引水，高于 4.00m 排水
			走马塘江边枢纽	七干河	3.60		高于 3.60m 时开闸排水
		环湖控制线	梅梁湖泵站和直湖港闸				年引水量不超过 6 亿 m^3
			其余口门	无锡（大）			按水量分配方案中确定的调度原则，当太湖水位高于低水位控制线时，为改善近太湖河网水环境，适度引水；当太湖水位低于低水位控制线，如常州、无锡站水位 6 月下旬至 10 月下旬低于 2.90m 或其余时段低于 2.80m 时，可从太湖引水
		望虞河西岸控制线	羊尖塘和锡北运河闸	无锡（大）			开闸或泵连续引水
			其余口门	无锡（大）			杨安港、卫浜连续泵引，其他古市侨港、丰泾河、黄塘河 7d 引、7d 停进行间隔供水调度
		白屈港控制线	锡北运河以北口门				白屈港枢纽和定波枢纽等沿江口门引水时，适当控制锡北运河以北口门小流量往东泄流
			其余口门				敞开

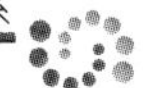

10.3.3 方案效果分析

在常规调度基础上，充分利用沿江口门在青阳或无锡水位位于3.20～3.60m关闸期间形成的多引多排循环调度体系，增加沿江口门引排机会，即：部分口门如澡港、锡澄运河、白屈港等引水，新沟、张家港、走马塘等进行排水，制定多引多排方案。武澄锡虞区主要河道设置的水位、流速、水质等计算统计断面（站点）位置信息见表10.13。

表10.13 武澄锡虞区主要统计断面位置信息表

序号	名称	具体位置
1	青阳	与同名水位站一致
2	陈墅	与同名水位站一致
3	常州（三）	与同名水位站一致
4	洛社	与同名水文站一致
5	锡北运河	锡北运河入锡澄运河断面
6	走马塘1	走马塘干流张家港枢纽附近
7	九里河3	与同名水位站一致
8	古市桥港	古市桥港与望虞河交汇口附近
9	曹王泾	曹王泾节制闸上断面
10	武进港入湖	武进港入太湖闸上断面
11	望亭（大）	与同名水位站一致

10.3.3.1 水位及换水量分析

1990年型下，按多引多排方案调度后，青阳水位由汛期最低的3.05m抬高至3.31m，满足汛期河网适宜目标水位3.30～3.60m的要求；非汛期水位由3.02m抬高至3.08m，满足非汛期河网适宜目标水位3.00～3.30m的要求。由表10.14可知，加大沿江河道引排机会后，本区各水位站在汛期和非汛期的最低水位均由不同程度的抬高。总体而言，汛期抬高幅度大于非汛期。抬高幅度最大为青阳站，汛期抬高值为26cm，其次为走马塘及运河沿线，抬高值为14～25cm。这种变化的原因是：青阳站位于锡澄运河与青祝河交汇处，向东与白屈港沟通，周边水系发达，江边引清后，锡澄运河及白屈港等多股清水汇集，水位抬升较快。抬高引江水位后，引江水量增加，青阳站的最高水位有所抬升，达到3.93m，还没达到其警戒水位4.00m，若继续抬高自引水位，可能带来防洪风险。根据计算结果分析，有序流动格局稳定后，一个换水周期30d内，平均引水流量为148m^3/s，换水量达3.8亿m^3，水体置换率达到44%，达到换水量预期目标，有利于水体水质改善，循环有序流动几次后，可提升整个河网水环境。

因此，在不出现防洪风险的情况下本方案调度水位较基础方案的调度水位增大了区域的清水补给量，且灵活运用泵站抽引持续引清，实现了利用现有水利工程达到效益最大化的目的。

10.3.3.2 流速分析

1990年型下，多引多排方案相比基础方案，河网流速均有不同幅度的提高。对照流速目标，加大引排后，走马塘以东、望虞河以西地区九里河、古市桥港等河道汛期流速可

表 10.14　　1990 年型“多引多排”与基础方案水位成果对比表　　单位：m

序号	名　称	基础方案		多引多排方案		差　值	
		汛期最低	非汛期最低	汛期最低	非汛期最低	汛期	非汛期
1	青阳	3.05	3.02	3.31	3.08	0.26	0.06
2	陈墅	2.95	2.93	3.11	3.02	0.16	0.09
3	常州（三）	3.34	3.07	3.48	3.15	0.14	0.08
4	洛社	3.09	3.01	3.25	3.08	0.16	0.07
5	锡北运河	3.01	2.99	3.19	3.07	0.16	0.08
6	走马塘 1	2.85	2.79	3.10	3.00	0.25	0.21
7	九里河 3	2.97	2.95	3.09	2.99	0.12	0.04
8	古市桥港	2.97	2.96	3.09	3.02	0.12	0.06
9	武进港入湖	3.16	3.02	3.17	3.07	0.01	0.05

达 10cm/s 以上，非汛期流速可达 7cm/s 以上，由基础方案的基本滞流变为多引多排后的有序流动。另外，由于区域河网水位的整体抬升，运河以南片区除武进港等入湖口门关闸的河道滞流外，其他河道如曹王泾等，河道流速也有所抬升。可见，优化调度方式后，在加大沿江河道引排机会的同时，在沿江口门进行引排调度时对白屈港控制线锡北运河以北口门进行适当控制。这种调度方式一方面避免白屈港枢纽和江阴枢纽引江水大部分通过锡北运河以北枝杈河道从张家港排入长江的短路循环，以使引江水能顺水流入无锡和九里伯渎地区，再由张家港及走马塘排入长江，补充该区水资源量的同时改善水环境，达到效益最大化的最终目的；另一方面防止澄锡虞高片退水水流进入武澄锡低片地势较低的锡澄运河地区，能有效避免对武澄锡低片地区水环境改善带来负面影响；除此之外，适当控制锡北运河以北口门小流量往东泄流，避免白屈港控制线沿线河道滞流，保证整个区域均有清水补充。

流速的变化幅度与水位规律基本一致，流速提升最大的是沿江河道，其次为运河沿线。按照多引多排方案调度后，沿江主要引排河道平均流速均能达到 10～15cm/s，走马塘以东、望虞河以西片区骨干河道平均流速均能达到 7～10cm/s，运河以南骨干河道平均流速均能达到 7cm/s。整个河网流速提升后，水流方向更有序，按照由北向南引清、由南向北退水、由西向东泄流，且流速的加快还能带来河道自净能力的增加，有助于河道水环境改善。1990 年型多引多排方案与基础方案流速成果对比见表 10.15。

10.3.3.3　水质分析

武澄锡虞区河网现状水质以Ⅴ类居多、部分为Ⅳ类。多引多排格局形成后，优质的长江水源（调入水体水质为Ⅱ类水，COD 浓度为 15mg/L，NH_3—N 浓度为 0.5mg/L）及时地补充武澄锡虞区的同时，加快中部及东部退水，确保防洪安全，形成引排有序的格局，促进水体流动。由水质计算成果分析，除了武进港（入湖口门关闸）基本无改善外，整体河网水质均有所改善，COD 和 NH_3—N 浓度的改善值分别为 0.7～3.73mg/L、0.05～0.33mg/L，浓度降幅分别为 0.4%～12.4%、0.3%～11.8%，可见加大引江后，效果较明显。其中改善效果最好的是沿江一带以及运河沿线，其次是九里伯渎港地区。但从水质类别上看，类别基本无变化，走马塘以西地区河道仍以Ⅴ～劣Ⅴ类水为主，可见，水环境改善的根本措施还是控源截污，调水引流仅是辅助改善水环境，目的主要是促进水体流动、

表 10.15　　1990 年型多引多排方案与基础方案流速成果对比表　　单位：cm/s

序号	名　称	基础方案		多引多排方案		差　值	
		汛期平均	非汛期平均	汛期平均	非汛期平均	汛期	非汛期
1	青阳	4.8	4.4	15.3	10.9	10.5	6.5
2	陈墅	7.2	3.0	11.9	7.6	4.7	4.6
3	常州（三）	27.3	20.6	35.2	24.1	7.9	3.5
4	洛社	23.6	16.6	27.8	19.0	4.2	2.4
5	锡北运河	12.5	7.1	14.1	8.3	1.6	1.2
6	走马塘 1	12.6	6.6	17.2	10.1	4.6	3.5
7	九里河 3	9.4	5.5	14.0	8.6	4.6	3.1
8	古市桥港	4.7	2.8	10.5	7.2	5.8	4.4
9	曹王泾	7.3	5.4	9.5	7.4	2.2	2.0
10	武进港入湖	0.7	0.5	1.0	0.7	0.3	0.2
11	望亭（大）	20.3	15.1	24.5	18.7	4.2	3.6

提高换水效率。由于引江水量的加大，形成引排有序的调度格局后，武澄锡虞区入阳澄淀泖区的望亭（大）断面水质没有恶化，仅在调水初期水质有小浮动，调水稳定后，水质还有一定程度好转，COD 和 NH_3—N 浓度的改善值分别为 0.35mg/L、0.03mg/L，浓度降幅分别为 1.2%、1.0%。1990 年型多引多排方案与基础方案水质成果对比见表 10.16。

表 10.16　　1990 年型多引多排方案与基础方案水质成果对比表

序号	名称	水质/(mg·L⁻¹)						降幅/%	
		基础方案		增加引江方案		差值			
		COD	NH_3—N	COD	NH_3—N	COD	NH_3—N	COD	NH_3—N
1	青阳	22.31	1.22	20.40	1.12	−1.91	−0.10	−8.6	−8.2
2	陈墅	30.44	2.55	27.31	2.36	−3.13	−0.19	−10.3	−7.5
3	常州（三）	29.37	1.56	25.74	1.44	−3.63	−0.12	−12.4	−7.7
4	洛社	29.34	2.48	26.79	2.28	−2.55	−0.20	−8.7	−8.1
5	锡北运河	30.26	1.76	26.53	1.61	−3.73	−0.15	−12.3	−8.5
6	走马塘 1	29.09	2.42	28.06	2.37	−1.03	−0.05	−3.5	−2.1
7	九里河 3	29.24	2.80	26.42	2.47	−2.82	−0.33	−9.6	−11.8
8	古市桥港	33.60	2.63	30.18	2.40	−3.42	−0.23	−10.2	−8.7
9	曹王泾	29.20	2.26	28.50	2.21	−0.70	−0.05	−2.4	−2.2
10	武进港入湖	39.60	3.23	39.45	3.22	−0.15	−0.01	−0.4	−0.3
11	望亭（大）	30.21	3.05	29.86	3.02	−0.35	−0.03	−1.2	−1.0

10.3.4 推荐方案

1990 年型下，多引多排方案在不出现防洪风险的情况下增大了引江水量，充分利用武澄锡虞区澡港、白屈港、锡澄运河、十一圩港、新沟河、张家港、走马塘等具有较强引排能力的优势，抬高河网水位，同时寻求合理的退水出路，可达到河网适宜目标水位 3.00～3.60m，一个换水周期内，河网换水量达到 3 亿 m^3，沿江主要引排河道平均流速均能达到 10～15cm/s，走马塘以东、望虞河以西片区骨干河道平均流速均能达到 7～10cm/s，运河以南骨干河道平均流速均能达到 7cm/s。整个河网流速提升后，水流方向更有序，按照由北向南引清、由南向北退水、由西向东泄流。对白屈港控制线锡澄运河以北进行控制后，避免了水资源流失，走马塘以东地区入走马塘水量有所增加，实现了武澄锡虞区高、低片互不影响的引排格局，充分发挥了走马塘北排长江的工程效益。区域形成了引排有序的调度格局后，九里伯渎地区水环境有所改善，COD 和 NH_3—N 浓度的改善幅度分别达 9.6%和 11.8%。综合考虑后，将多引多排方案作为武澄锡虞区有序流动的水环境调度推荐方案。武澄锡虞区有序流动调度在不增加防洪风险的前提下进行，当预报有地区性大暴雨袭击时，各主要控制工程提前减少引水量或转引为排，做好防洪调度准备。武澄锡虞区河网水系有序流动推荐方案示意见图 10.2。

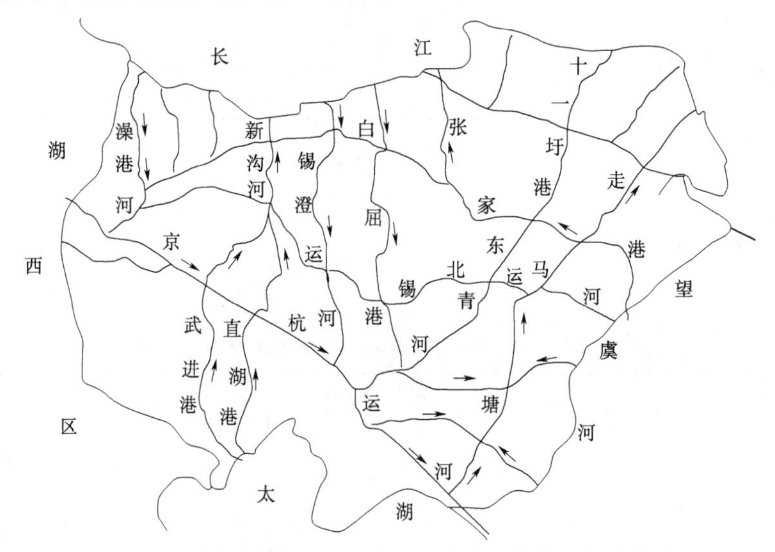

图 10.2　武澄锡虞区河网水系有序流动推荐方案示意图

10.4　阳澄淀泖区水体有序流动的水量水质响应关系

阳澄淀泖区地形以平原为主，属流水地貌，区域地势低平，具有西北高、东南低，沿江高、腹部低的特点。根据境内地形地貌特征，具体可划分为平原、水面和丘陵 3 种类型，地貌形态较为复杂。区域地面高程一般为 3.50～5.00m，其中，东北部沿江稍高，一般高程为 4.00～5.50m；腹部低洼，一般高程为 2.80～3.50m，最低点低洼地的高程在 2.00m 以下；西南部多丘陵，最高点穹隆山主峰高 341.7m。区域内河网密布、湖泊众多，较大的湖泊有阳澄湖、淀山湖、澄湖和昆承湖等。

10.4.1　有序流动总体格局分析

阳澄淀泖区以阳澄湖为调蓄中心的较大的通江河道依次有常浒河、白茆塘、七浦塘、杨林塘和浏河等；淀泖区淀山湖以西则有网无纲。阳澄区和淀泖区之间的交往河道有夏驾浦、青阳港、小渔河、东尤泾、界河、石浦港、千灯浦、新开河、大直港、清港和屯浦塘等。阳

澄淀泖区有序流动格局的核心与武澄锡虞区相近，在增引长江清水的同时，还需合理拟定退水线路。结合区域实际情况，考虑常浒河、白茆塘及浏河、拦路港退水为主。根据区域水系及调水水源等实际情况，以阳澄湖为界，分阳澄湖以北和以南两个区域分片制定水体循环格局。阳澄湖以北区域，即七浦塘—阳澄湖一线以北至长江及望虞河，考虑望虞河东岸口门及海洋泾引水为主，以常浒河及白茆塘排水为主，形成“长江、望虞河→区域腹部河网→常浒河、白茆塘→长江”的水循环线路，切实改善苏州相城区、常熟市等河网水动力条件，加快水体流动。阳澄湖以南区域，即七浦塘—阳澄湖一线以南至太浦河，考虑长江、太湖两个水源，形成“长江→阳澄区腹部、阳澄湖→浏河”及“太湖→淀泖区腹部→拦路港”的水循环线路，切实改善阳澄湖、昆山市、吴江区、工业园区、吴中区等河网水动力条件。

10.4.2　有序流动调度方案设计

10.4.2.1　基础方案调度方式

1. 沿江口门调度

阳澄淀泖区沿长江引排工程对排泄流域沿江地区涝水和引长江水保障流域供水安全具有不可替代的重要作用，阳澄淀泖区沿江口门建筑物有浒浦闸、白茆闸、七浦闸、杨林闸、浏河闸等。《太湖流域水资源综合规划》《太湖流域水量分配方案》《江苏省水资源综合规划》等提出了阳澄淀泖区沿江口门水资源调度的原则和意见。

《太湖流域水资源综合规划》提出，阳澄淀泖区沿江口门调度原则为：充分发挥其引水优势，参考湘城水位调度，引水以满足阳澄淀泖区用水及改善水环境为目标，形成“以长江为主，以望虞河和太湖为辅”的水资源调度格局。《太湖流域水量分配方案》提出，阳澄淀泖区沿江口门调度原则为：在保障防洪安全的前提下，与望虞河工程、新孟河工程及环湖口门调度相协调，合理引排，保障区域供水安全，增加流域水资源补给，促进河网有序流动，改善水环境。《江苏省水资源综合规划》提出，阳澄淀泖区沿江口门调度原则为：利用沿江口门，在区域用水供需平衡的基础上，增引长江水，促使水体在区内按序循环。

2. 环湖控制口门调度

《太湖流域洪水与水量调度方案》《太湖流域水资源综合规划》《太湖流域水量分配方案》《江苏省水资源综合规划》等提出了环湖口门水资源调度的原则和调度意见。

《太湖流域洪水与水量调度方案》提出，当太湖水位低于调水限制水位时，相机实施水量调度，对环太湖口门（不含太浦闸和望亭水利枢纽）实行控制运用，避免污水进入太湖，并合理控制出湖水量。《太湖流域水资源综合规划》提出，环湖口门的调度原则为：结合太湖水资源可持续利用与区域供水需求，根据太湖水位，对环太湖口门实施流域统一调度。当太湖水位高于低水位控制线时，环湖各口门可从太湖引水；当太湖水位低于低水位控制线时，需统筹考虑太湖水位及地区水资源需求，当地区水位较常水位偏低时，各环湖口门可从太湖适当引水，补充区域供水。《太湖流域水量分配方案》提出，阳澄淀泖区环湖口门调度意见为：对于东太湖口门，太湖水位在低水位控制线以上时，陈墓水位位于2.80～3.40m时，环湖口门适时引排；陈墓水位低于2.80m时，口门敞开引水；太湖水位在2.80m～低水位控制线之间时，陈墓水位小于2.80m时，阳澄淀泖区环湖口门控制适当引水。对于环湖其他口门，太湖水位在低水位控制线以上时，枫桥水位位于 3.00～3.60m 时，环湖口门适时引排；枫桥水位低于 3.00m 时，口门敞开引水；太湖水位在 2.80m～低水位控制线之间，枫桥水位小于 3.00m 时，阳澄淀泖区环湖口门控制适当引水。《江苏省水资源综合规划》提出当太湖水位高于低水位控制线时，可从太湖引水；当太湖水位低于低水位控制线时，适度从太湖引水。

3. 望虞河东岸控制线调度

按引水量不超过常熟枢纽全年引水量 30%控制，且分水总流量不超过 50m³/s。

4. 太浦河北岸控制线调度

太浦河北岸控制线调度站为陈墓站，陈墓水位高于 3.60m 时，区域排水；3.00～3.60m 之间时，控制运用；低于 3.00m 时，全敞。阳澄淀泖区主要控制线基础方案调度方式见表 10.17。

表 10.17　　阳澄淀泖区主要控制线基础方案调度方式

主要控制线	控制线口门	调度站	调度水位 /m	调　度　方　式
望虞河东岸控制线	全线口门	湘城站	3.20	按引水量不超过常熟枢纽全年引水量的 30%控制东岸口门引水，且分水总流量不超过 50m³/s
环太湖控制线	东太湖口门（瓜泾口及以南口门）	陈墓站	2.80	太湖水位在低水位控制线以上时，陈墓水位 2.80～3.40m 时，环湖口门适时引排；陈墓水位低于 2.80m 时，口门敞开引水；太湖水位在 2.80m～低水位控制线之间时，陈墓水位小于 2.80m 时，阳澄淀泖区环湖口门控制适当引水
	其余口门	枫桥站	3.00	太湖水位在低水位控制线以上时，枫桥水位 3.00～3.60m 时，环湖口门适时引排；枫桥水位低于 3.00m 时，口门敞开引水；太湖水位在 2.80m～低水位控制线之间时，枫桥水位小于 3.00m 时，阳澄淀泖区环湖口门控制适当引水
沿江控制线	常浒河、白茆塘	湘城站	3.00	低于 3.00m 时自引，3.00～3.30m 时关闸，3.30m 以上排水
	海洋泾、七浦塘	湘城站	3.00	低于 3.00m 时开泵引水，3.00～3.30m 时关闸，3.30～3.50m 时自排，高于 3.50m 时开泵排水
	浏河	湘城站	3.00	低于 3.00m 时自引，3.00～3.30m 时关闸，3.30m 以上时排水
	其余口门	湘城站	3.00	低于 3.00m 时自引，3.00～3.30m 时关闸，3.30m 以上时排水
太浦河北岸控制线	全线口门	陈墓站	3.00	陈墓水位高于 3.60m 时，区域排水；3.00～3.60m 时，控制运用；低于 3.00m 时，全敞

10.4.2.2　调度方案设计

阳澄淀泖区经济的快速发展和高密度的人口分布，给全区环境资源带来了巨大压力，入河水污染排放总量巨大，水体感观不理想。为增加清水补充，加快该区域水体有序流动，提高区域水环境容量，从而提高水体的自净能力，在常规调度的基础上，考虑适度引排方案，即以海洋泾、七浦塘、杨林塘、望虞河东岸口门及太湖环湖河道引水为主，常浒河、白茆塘、浏河排水为主，沿江口门开闸自引水位由基础方案的 2.80m 抬高至 3.20m，抽引水位由 2.80m 抬高至 3.00m，并抬高太湖沿线河道引水水位至 3.00～3.20m，多股清水同时补充本区域，最终退水长江及淀山湖，形成适度引排格局，具体调度方案设计见表 10.18。

表 10.18　阳澄淀泖区有序流动分析方案设计

方案编号	方案简称	控制线	主要建筑物	调度参照站	调度水位/m 下限水位	调度水位/m 上限水位	调度方式
方案1	基础方案	望虞河东岸控制线	全线口门	湘城	3.20	3.20	按引水量不超过常熟枢纽全年引水量的30%控制东岸口门引水，且分水总流量不超过$50m^3/s$
		环太湖控制线	东太湖口门（瓜泾口及以南口门）	陈墓	2.80	3.40	太湖水位在低水位控制线以上，陈墓水位位于2.80～3.40m时，环湖口门适时引排；陈墓水位低于2.80m时，口门敞开引水；太湖水位在2.80m～低水位控制线之间时、陈墓水位小于2.80m时，阳澄淀泖区环湖口门控制适当引水
			其余口门	枫桥	3.00	3.60	太湖水位在低水位控制线以上，枫桥水位位于3.00～3.60m时，环湖口门适时引排；枫桥水位低于3.00m时，口门敞开引水；太湖水位在2.80m～低水位控制线之间，枫桥水位小于3.0m时，阳澄淀泖区环湖口门控制适当引水
		沿江控制线	常浒河、白茆塘	湘城	2.80	3.00	低于2.80m时自引，2.80～3.00m关闸，3.00m以上排水
			海洋泾、七浦塘	湘城	2.80	3.00	低于2.80m开泵引水，高于2.80～3.00m关闸，3.00～3.50m自排，高于3.50m开泵排水
			浏河	湘城	2.80	3.00	低于2.80m时自引，2.80～3.00m关闸，3.00m以上排水
			其余口门	湘城	2.80	3.00	低于2.80m时自引，2.80～3.00m关闸，3.00m以上排水
		太浦河北岸控制线	全线口门	陈墓	3.00	3.40	陈墓水位大于3.60m时，区域排水；3.00～3.60m时，控制运用；低于3.00m时，全敞

续表

方案编号	方案简称	控制线	主要建筑物	调度参照站	调度水位/m		调　度　方　式
					下限水位	上限水位	
方案 2	适度引排方案	望虞河东岸控制线	全线口门	湘城	3.20		按引水量不超过常熟枢纽全年引水量的 30%控制东岸口门引水，且分水总流量不超过 50m³/s
		环太湖控制线	东太湖口门（瓜泾口及以南口门）	陈墓	3.00	3.40	太湖水位在低水位控制线以上，陈墓水位位于 2.80～3.40m 时，环湖口门适时引排；陈墓水位低于 3.00m 时，口门敞开引水；太湖水位在 2.80m～低水位控制线之间，陈墓水位小于 3.00m 时，阳澄淀泖区环湖口门控制适当引水
			其余口门	枫桥	3.20	3.60	太湖水位在低水位控制线以上，枫桥水位位于 3.00～3.60m 时，环湖口门适时引排；枫桥水位低于 3.20m 时，口门敞开引水；太湖水位在 2.80m～低水位控制线之间，枫桥水位小于 3.20m 时，阳澄淀泖区环湖口门控制适当引水
		沿江控制线	常浒河、白茆塘	湘城	3.00		高于 3.00m 时排水
			海洋泾、七浦塘	湘城	3.00	3.40	当湘城水位位于 3.40～3.10m 时，根据地区水环境需求及防洪风险相机引水相机引水；当湘城水位低于适宜水位下限 3.10m 时，开闸自引；当湘城水位低于 3.00m，开泵抽引；当湘城水位超过 3.40m 闸排，超过 3.50m 泵排
			浏河	湘城	3.00		高于 3.00m 开闸排水
			其余口门	湘城	3.40		低于 3.40m 开闸引水
		太浦河北岸控制线	全线口门	陈墓	3.00	3.60	陈墓水位大于 3.60m 时，区域排水；3.00～3.60m 时，控制运用；低于 3.00m 时，全敞

10.4.3 方案效果分析

在常规调度的基础上，充分利用沿江口门在湘城水位位于3.00～3.30m关闸期间形成适度引排的循环调度体系，增加沿江口门引排机会，制定了优化的调度方案，并与基础方案进行差别分析。阳澄淀泖区主要河道设置的水位、流速、水质等计算统计断面位置信息见表10.19。

表10.19　阳澄淀泖区主要统计断面位置信息表

序　号	名　　称	具　体　位　置
1	湘城	与同名水位站一致
2	陈墓	与同名水位站一致
3	枫桥	与同名水文站一致
4	常熟	与同名水位站一致
5	直塘	与同名水位站一致
6	永昌泾	与同名水文站一致
7	元和塘常相交界	元和塘常熟与相城区交界断面
8	昆山	与同名水位站一致
9	金家坝	牛长泾金家坝断面
10	马运河	马运河入京杭运河断面
11	瓜泾口	瓜泾口闸下断面
12	运河入太浦河	京杭运河入太浦河断面
13	入淀山湖	苏申外港入淀山湖断面
14	张鸭荡（太浦河北岸）	张鸭荡入太浦河断面
15	长畸荡（太浦河北岸）	长畸荡入太浦河断面
16	三白荡（太浦河北岸）	三白荡入太浦河断面

10.4.3.1 水位及换水量分析

1990年型下，按适度引排方案调度后，湘城水位由汛期最低的2.89m抬高至3.02m，在河网适宜目标水位3.00～3.30m范围内，非汛期水位由2.81m抬高至2.91m，也满足河网适宜目标水位2.90～3.00m的要求；陈墓水位由汛期最低的2.81m抬高至2.92m，在河网适宜目标水位2.90～3.20m范围内，非汛期水位由2.70m抬高至2.80m，也满足河网适宜目标水位2.80～2.90m的要求。由计算结果可知，加大沿江河道引排机会后，本区各水位站在汛期和非汛期的最低水位均有不同程度的抬高，总体而言，汛期抬高幅度大于非汛期。抬高幅度最大为直塘站，汛期抬高值为18cm。这种变化的原因为：直塘站位于七浦塘上，向东与盐铁塘沟通，向南与杨林塘沟通，周边水系发达，江边引清后，七浦塘及杨林塘等多股清水汇集，水位抬升很快；另外，湘城站位于阳澄湖西北部的入口处，七浦塘、杨林塘等通江达湖河道均持续向阳澄湖送水，故水位抬升较快。抬高引江水位后，引江水量增加，湘城、陈墓的最高水位均有所抬升，分别达到3.69m、3.58m，还没达到其警戒水位3.70m及3.60m，若继续抬高自引水位，可能带来防洪风险。根据计算结果分析，有序流动格局稳定后，一个换水周期 60d 内，平均引水流量为 189m^3/s，换水量达 9.8 亿 m^3，水体置换率达到 36%，达到换水量预期目标，有利于水体水质改善，循环有序流动几次后，可提升整个河网水环境。因此，在不出现防洪风险的情况下本方案的调度水位较基础方案的调度水位增大了区域的清水补给量，且灵活运用泵站抽引，持续引清，实现了利用现有水利工程达到效益最大化的目的。1990 年型适度引排方案与基础方案水位成果对比见表 10.20。

表 10.20　　1990 年型适度引排方案与基础方案水位成果对比表　　单位：m

序号	名　称	基础方案		适度引排方案		差　值	
		汛期最低	非汛期最低	汛期最低	非汛期最低	汛期	非汛期
1	湘城	2.88	2.81	3.02	2.91	0.14	0.10
2	陈墓	2.81	2.70	2.92	2.80	0.11	0.10
3	枫桥	2.93	2.88	3.06	3.01	0.13	0.13
4	常熟	2.87	2.82	2.98	2.92	0.11	0.10
5	直塘	2.86	2.80	3.04	2.95	0.18	0.15
6	昆山	2.84	2.75	2.89	2.81	0.05	0.06
7	金家坝	2.81	2.71	2.91	2.79	0.10	0.08
8	马运河	2.88	2.85	3.01	2.97	0.13	0.12
9	瓜泾口	2.82	2.80	2.97	2.89	0.15	0.09

10.4.3.2　流速分析

1990 年型下，适度引排方案相比基础方案，河网流速均有不同幅度的提高。对照流速目标，加大引排机会后，相城区永昌泾、元和塘及周边河道汛期流速基本可达 10cm/s 以上，非汛期流速基本可达 7cm/s，由基础方案的滞流变为适度引排方案的有序流动，流速明显加快。另外，由于区域河网水位的整体抬升，滨湖区马运河及淀泖区金家坝（位于牛长泾上）等河道流速也有所抬升。可见优化调度后，在加大沿江河道引排机会的同时，对七浦塘沿线进行适当控制，这种调度方式一方面避免七浦塘引江水大部分通过沿线枝杈河道流失，以使引江水入阳澄湖能达到不低于 30%的效益，补充阳澄湖水资源量的同时改善阳澄湖周边市、区水环境，达到效益最大化的最终目的；另一方面开启部分口门控制，避免对沿线支河产生滞留，达到兼顾七浦塘周边河道水环境的作用，保证整个区域均有清水补充。

从计算成果分析，河网整体流速均有一定提高，流速提升最大的是阳澄区沿江河道，其次为望虞河东岸地区。按照适度引排方案调度后，沿江主要引排河道平均流速均能达到 16～29cm/s，望虞河东岸地区骨干河道平均流速均能达到 7～16cm/s，淀泖区骨干河道平均流速均能达到 7～17cm/s，滨湖区骨干河道平均流速均能达到 7～10cm/s。骨干河道整个河网流速提升后，水流方向更有序，按照由北向南引清、由南向北退水、由西北向东南泄流，且流速的加快还能带来河道自净能力的增加，有助于河道水环境改善。1990 年型适度引排方案与基础方案流速成果对比见表 10.21。

表 10.21　　1990 年型适度引排方案与基础方案流速成果对比表　　单位：cm/s

序号	名　称	基础方案		适度引排方案		差　值	
		汛期平均	非汛期平均	汛期平均	非汛期平均	汛期	非汛期
1	湘城	11.1	8.7	21.7	16.2	10.6	7.5
2	陈墓	12.9	12.3	16.9	15.6	4	3.3
3	枫桥	16.7	13.9	22.6	18.4	5.9	4.5
4	常熟	12.9	10.6	25.6	19.5	12.7	8.9
5	直塘	13.9	11.2	28.7	21.3	14.8	10.1
6	永昌泾	2.9	0.8	9.2	6.7	6.3	5.9
7	元和塘常相交界	7.8	6.5	16.3	12	8.5	5.5
8	昆山	12.7	8.1	25.8	20.4	13.1	12.3
9	金家坝	5.8	3.7	10.9	7.3	5.1	3.6
10	马运河	3.6	3	9.9	7.2	6.3	4.2
11	瓜泾口	4.9	3.5	12.8	9.1	7.9	5.6
12	运河入太浦河	17.7	13.5	19.8	14.6	2.1	1.1
13	入淀山湖	13.1	12.5	17.2	15.8	4.1	3.3
14	张鸭荡（太浦河北岸）	8.6	6.6	16.7	12.8	8.1	6.2
15	长畸荡（太浦河北岸）	8.1	5.9	15.2	10.8	7.1	4.9
16	三白荡（太浦河北岸）	7.2	5.1	11.9	9.3	4.7	4.2

10.4.3.3　水质分析

阳澄淀泖区河网现状水质以Ⅳ类和Ⅴ类为主，部分河道水质为Ⅲ类。适度引排格局形成后，优质的长江水源（调入水体水质为Ⅱ类水，COD 浓度为 15mg/L，NH_3—N 浓度为 0.5mg/L）及时地补充阳澄淀泖区的同时，加快北部及中部退水，确保防洪安全，形成引排有序的格局，促进水体流动。由水质计算成果分析，整体河网水质均有不同程度改善，COD 和 NH_3—N 浓度的改善值分别为 0.33～4.14mg/L、0.01～0.23mg/L，浓度降幅分别为 1.2%～16.0%、0.6%～13.3%，可见加大引江后，效果较明显。其中改善效果最好的是阳澄区，其次是淀泖区，效果最不明显的是滨湖区。但从水质类别上看，类别基本无变化，滨湖区地区河道仍以Ⅴ～劣Ⅴ类水为主，可见，水环境改善的根本措施还是控源截污，调水引流仅是辅助改善水环境，目的主要是促进水体流动、加快换水效率。

由于引江水量的加大，且形成了引排有序的调度格局，入淀山湖、运河入太浦河、太浦河北岸主要支流入太浦河（张鸭荡、长畸荡、三白荡）等断面水质均未恶化，仅在调水初期水质有小浮动，调水稳定后，水质还有一定程度好转。入淀山湖断面 COD 和 NH_3—N 浓度的改善值分别为 1.51mg/L、0.08mg/L，浓度降幅分别为 5.5%、4.1%；运河入太浦河断面 COD 和 NH_3—N 浓度的改善值分别为 1.96mg/L、0.18mg/L，浓度降幅分别为 6.5%、6.3%；太浦河北岸主要支流入太浦河（张鸭荡、长畸荡、三白荡）断面 COD 和 NH_3—N 浓度的改善值分别为 0.33～1.05mg/L、0.01～0.03mg/L，浓度降幅分别为 1.2%～3.5%、0.6%～1.6%。1990 年型适度引排方案与基础方案水质成果对比见表 10.22。

表 10.22　　1990 年型适度引排方案与基础方案水质成果对比表　　单位：mg/L

序号	名　称	基础方案		适度引排方案		差值		降幅/%	
		COD	NH_3—N	COD	NH_3—N	COD	NH_3—N	COD	NH_3—N
1	湘城	29.13	1.37	26.82	1.27	−2.31	−0.10	−7.9	−7.3
2	陈墓	31.61	1.92	30.12	1.84	−1.49	−0.08	−4.7	−4.2
3	枫桥	31.21	3.49	29.60	3.38	−1.61	−0.11	−5.2	−3.2
4	常熟	33.83	1.64	29.90	1.51	−3.93	−0.13	−11.6	−7.9
5	直塘	25.02	1.28	21.02	1.11	−4.00	−0.17	−16.0	−13.3
6	永昌泾	26.84	1.35	23.21	1.25	−3.63	−0.10	−13.5	−7.4
7	元和塘常相交界	27.11	1.54	24.34	1.45	−2.77	−0.09	−10.2	−5.8
8	昆山	26.75	2.19	22.61	1.96	−4.14	−0.23	−15.5	−10.5
9	金家坝	28.61	1.71	26.40	1.65	−2.21	−0.06	−7.7	−3.5
10	马运河	36.13	3.53	34.72	3.43	−1.41	−0.10	−3.9	−2.8
11	瓜泾口	27.39	2.21	24.70	2.03	−2.69	−0.18	−9.8	−8.1
12	运河入太浦河	30.26	2.87	28.30	2.69	−1.96	−0.18	−6.5	−6.3
13	入淀山湖	27.27	1.97	25.76	1.89	−1.51	−0.08	−5.5	−4.1
14	张鸭荡（太浦河北岸）	29.60	1.82	28.55	1.79	−1.05	−0.03	−3.5	−1.6
15	长畸荡（太浦河北岸）	28.70	1.76	27.86	1.74	−0.84	−0.02	−2.9	−1.1
16	三白荡（太浦河北岸）	28.15	1.71	27.82	1.70	−0.33	−0.01	−1.2	−0.6

10.4.4　推荐方案

1990 年型下，适度引排方案增大了引江水量，充分利用阳澄淀泖区七浦塘、杨林塘、海洋泾、常浒河、白茆塘、浏河等具有较强引排能力的优势，抬高河网水位，同时寻求合理的退水出路，可达到河网适宜目标水位 2.80～3.30m，一个换水周期内，河网换水量达到 9 亿 m^3，沿江主要引排河道平均流速均能达到 16～29cm/s，望虞河东岸地区骨干河道平均流速均能达到 7～16cm/s，淀泖区骨干河道平均流速均能达到 7～17cm/s，滨湖区骨干河道平均流速均能达到 7～10cm/s。骨干河道整个河网流速提升后，水流方向更有序，按照由北向南引清、由南向北退水、由西北向东南泄流。整个阳澄淀泖区分为若干个互相影响又相对独立的引排区域，海洋泾—常浒河—白茆塘、七浦塘—杨林塘—浏河、太湖—淀泖区—淀山湖—拦路港之间形成了多个引排调度区，通过常浒河、白茆塘、浏河联合排水，能够有效降低阳澄区腹部河网水位，使整个阳澄淀泖区维持有利的水位差，让来自海洋泾、七浦塘、杨林塘的江水由各自片区的退水河道排出，真正实现了水体适度引排的有序流动，避免了流向不定的弊端，并在一定程度上改善了水环境。综合考虑后，将适度引排方案作为阳澄淀泖区有序流动的水环境调度推荐方案。

阳澄淀泖区有序流动调度在不增加防洪风险的前提下进行，当预报有地区性大暴雨袭击时，各主要控制工程提前减少引水量或转引为排，做好防洪调度准备。阳澄淀泖区河网水系有序流动推荐方案示意见图 10.3。

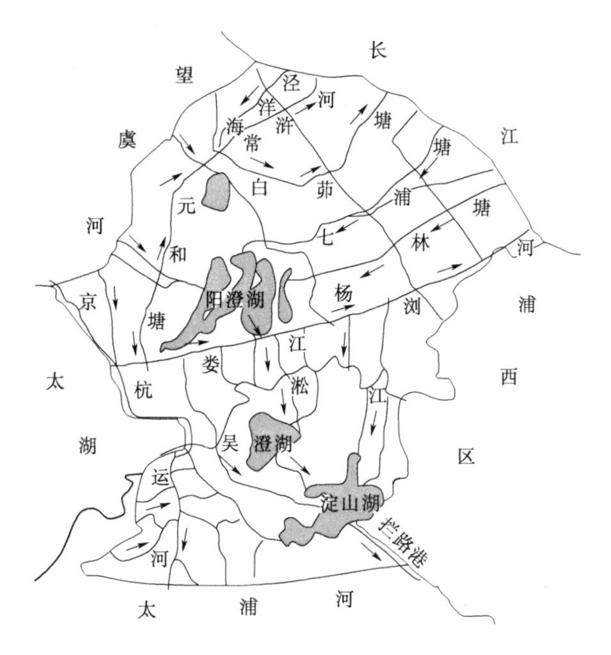

图 10.3 阳澄淀泖区河网水系有序流动推荐方案示意图

10.5 杭嘉湖区水体有序流动的水量水质响应关系

杭嘉湖区位于太湖流域东南部，北以太湖大堤和太浦河为界，东自斜塘、横潦泾至大泖港和张泾塘为界，南滨杭州湾和钱塘江，西以导流东大堤、西险大塘为界，总面积 $7436km^2$，区域河网如织，湖泊棋布，水面积约 $855km^2$，水面率约 11.5%。杭嘉湖区地势平坦，略呈西南高、东北低的特点，地面高程一般在 3.40～4.00m，总体水流格局为西承浙西山区来水，北向太湖和太浦河引排，南排杭州湾，东排黄浦江，区域内无蓄水工程，蓄水主要依赖河网。

10.5.1 有序流动总体格局分析

杭嘉湖区水流自然流向为由西南向东北流入太湖、太浦河和黄浦江，水系分为运河水系和上塘河水系，其中上塘河水系自成系统，与其他区域交换较少。运河水系有北排入太湖、东排入黄浦江及近年开拓的南排入杭州湾等河道。

杭嘉湖区水位具有如下特点：除了汛期东、西苕溪上的瓶窑、梅溪等站点受山区洪水影响水位变幅较大外，其余时间各点水位差异不大，河网水面坡降平缓；平枯水期水位总体呈现西高东低、北高南低之势；汛期水位则有所不同，表现为西南高、东北低，水流流向为北入太湖和往东进入黄浦江。排水期，杭嘉湖地区总体呈现北排太湖（太浦河），东排黄浦江，南排杭州湾的格局；引水期，杭嘉湖平原与太湖通过东、西苕溪与太浦河以及沿太湖的各个溇港进行水量交换。

根据地形地貌、河道水系分布和治理特点等，运河水系主要以新、老运河及平湖塘、乍浦塘为界分为 3 个水利分片，分别为运西片、运东片和南排片，上塘河以南为上塘河自排片。受区域地形地势影响，通常情况下运西片以北出入太湖、向东北入太浦河为主，运东片则以东入黄浦江为主，南排片以南排杭州湾为主，黄浦江为感潮河段，因此受潮汐影响区域水体流动性不足。有序流动拟通过南排口门调度，使区域运西片、南排片水体呈现稳定向南、向东趋势，减少潮汐对区域水体流动的不利影响。

为分析不同引水水源对区域水体流动的影响，设计 3 个方案进行模拟计算，见表 10.23。根据平水典型年 1990 年型降雨条件，模拟分析时段选择 1990 年型 10 月，选取 NH_3—N 作为水质代表性指标，对区域河网水质改善情况进行分析。

表 10.23　　不同引水水源模拟计算方案设计

方案序号	名称	调度方案			
		东导流口门	环太湖口门	太浦河南岸口门	南排口门
方案 1	东导流引水	引水	关闭	关闭	排水
方案 2	太湖引水	关闭	引水	关闭	排水
方案 3	太浦河引水	关闭	关闭	引水	排水

1. 东导流引水方案

以东导流为引水水源，将杭嘉湖区环湖口门和太浦河南岸口门全部关闭，东导流口门和杭嘉湖区南排口门正常运用，形成“西引南排”的水流格局。此方案下，运西片（杭嘉湖区东导流以东至京杭运河）水质相对较好，可以达到Ⅲ类，頔塘、双林塘、练南塘等东西向河道自西向东 NH_3—N 浓度逐渐升高，京杭运河附近浓度接近Ⅲ类限值 1.0mg/L。京杭运河以东到苏嘉运河—平湖塘一带，除海宁地区水质为劣Ⅴ类外，水质基本在Ⅳ～Ⅴ类；嘉兴以东区域，除红旗塘和青阳汇沿线受潮汐影响明显区域水质相对较好外，嘉善城区水质相对较差。较基础方案，运西片水质改善明显，改善幅度约 16.3%。京杭运河练市、乌镇段在 10d 左右可以显现改善效果，但会出现反复，在引水 20d 后有明显改善。新塍塘—平湖塘沿线基本在 25d 后有到明显改善。京杭运河以东区域受南排口门和潮汐作用影响明显，且越靠近南排口门，受南排工程调度影响越明显，反则受潮汐作用越明显。

2. 太湖引水方案

以太湖为引水水源，关闭东导流口门和太浦河南岸所有口门，会形成“北引太湖—南排杭州湾”的水流格局。环太湖口门全年期引水量 5.03 亿 m^3，占杭嘉湖区河道蓄水量的 77.86%；通过南排口门向南排水 4.64 亿 m^3，通过圆泄泾、泖港等河道向东排水 1.26 亿 m^3。此方案下，杭嘉湖西北部河网水质可以得到改善。其中，洛舍闸—新市以北的运西片区域、桐乡西部区域、南浔地区、嘉兴西部和北部地区、嘉善北部地区水质得到明显改善，且在引水 5d 后嘉兴以西区域水质浓度明显下降；嘉兴以东区域基本在 25d 后会得到改善。太湖引水受益范围能达到苏嘉运河以西的杭嘉湖区。运河以南区域站点水位变化趋势基本一致，主要受南排口门排水影响，其中硖石、欤城位于长山河、海盐塘干流，受长山闸、南台头闸排水影响更为明显。

3. 太浦河引水方案

以太浦河为引水水源，将东导流口门和环湖口门关闭，太浦河南岸口门和杭嘉湖南排口门正常运用，形成“北引太浦河—南排杭州湾”的水流格局。其中，太浦河南岸进入杭嘉湖区水量共计 1.49 亿 m^3，其中芦墟以西口门未设控制，杭嘉湖区通过这些口门引水 0.97 亿 m^3，占比 65.10%；通过杭嘉湖区南水量 2.62 亿 m^3，通过圆泄泾、泖港等向东排水 1.12 亿 m^3。此方案下，东导流沿线口门和环湖口门关闭，仅依靠太浦河南岸口门引水，仅南浔—乌镇—嘉兴—嘉善连线以北至太浦河区域和红旗塘沿线水质相对较好，水质类别能达到Ⅲ类，其余水质基本劣于Ⅴ类水。在太浦河引水流量相对稳定后（10 月 17 日以后），全区域河网水位受太浦河来水影响呈基本相同的变化趋势，出现略微抬升后又回落。在东导流和环湖口门关闭情况下，杭嘉湖区受南排影响，崇德、桐乡、嘉兴、王江泾、硖石、钦城受长山闸、南台头闸大流量排水影响明显，青阳汇则主要受独山闸排水影响，受长山闸、南台头闸排水的影响相对较弱。

综合前述分析，杭嘉湖区运西片呈现东北和东南两个主要流向，嘉善地区则主要受潮汐影响，因此杭嘉湖区水体流动格局以东导流、太湖为主要引水方向，同时根据实际情况实施从太浦河引水，通过南排口门运行降低南部区域水位，增大与引水水源的水位差来促进水体流动。嘉兴以东地区以太浦河为主要引水水源，借助潮汐作用促进水体流动。

10.5.2 有序流动调度方案设计

杭嘉湖区可以实现三向引水，即西引东导流、北引太湖、东引太浦河。为探索杭嘉湖区有序流动格局，在摸清不同水源引水量质响应关系的基础上，研究提出有利于区域水环境改善的水体有序流动建议。为分析不同调度方案产生的水量水质变化，先对基础方案（表 10.24）进行分析，找出现状调度方案下水量水质存在的问题；然后进行调度方案优化或进行不同组合，促进不同水源引水量变化，研究水质变化情况，分析提出推荐方案。

表 10.24　　基础方案工程调度原则

工　程	调　度　原　则
东导流口门	闸上水位小于 3.80m 或分洪水位小于闸上水位，开闸
环湖口门	太湖水位在低水位控制线和防洪控制线之间时，开闸；太湖水位低于低水位控制线，7—10 月嘉兴水位低于 2.80m 时开闸引水，否则关闸；1—6 月和 11—12 月嘉兴水位低于 2.70m 时开闸引水，否则关闸
太浦河南岸口门	太湖水位在 2.65m 和防洪控制线之间，松浦大桥流量大于 150m^3/s；嘉兴站低于 2.80m 时开闸引水，高于 2.80m 时关闸
南排工程	长山闸、南台头闸：6 月 1 日—10 月 16 日，嘉兴水位高于 3.00m 开闸排水，否则关闸。其余时间，嘉兴水位高于 2.80m 开闸排水，否则关闸

1990 年型下，统计基础方案无降雨情况下东导流、环湖口门、南排口门及太浦河南岸口门组合调度时段共 5 个，集中在 1 月和 9—12 月（表 10.25），东导流和太湖同时出现引水时，水量比例为 1∶1.5～1∶2.2，杭嘉湖区以太湖引水为主，太浦河南岸芦墟以

西口门主要以入太浦河为主，芦墟以东口门基本处于关闭状态。

表 10.25 无降雨时段杭嘉湖区水量交换及水位情况

序号	时段/(月．日)	流量/($m^3 \cdot s^{-1}$)					水位/m		
		东导流入杭嘉湖	太湖入杭嘉湖	南排	芦墟以东入太浦河	芦墟以西入太浦河	太湖	双林	嘉兴
1	1.19—1.29	39.21	87.70	0	−31.35	96.32	2.98	2.94	2.78
2	9.17—9.28	156.28	0	400.66	0.02	−19.31	3.63	3.41	3.02
3	10.4—10.14	93.68	144.54	330.78	0	36.29	3.31	3.24	2.86
4	10.26—11.6	65.62	113.57	76.70	0	82.27	3.21	3.16	2.96
5	11.27—12.6	68.10	124.18	39.01	0	101.50	3.21	3.16	2.92

结合上述不同引水水源影响分析进行方案组合，从两个方向设计组合方案。一是在现状调度方案中对于 3 个引水方向的水利工程考虑增加不同区域代表站进行调度分级，称为“增大导流引水，控制太湖引水”；二是在方向一的基础上，南排调度同步进行修改，又分为“保水”方案、“适度保水”方案，见表 10.26。

表 10.26 杭嘉湖区有序流动分析方案设计

方案序号	调 度 原 则	备 注
组合方案 1	东导流口门：闸上水位小于 3.80m 或分洪水位不大于闸上水位，开闸；闸上水位不小于 3.80m、小于分洪水位，新市水位小于 3.20m，半开；新市水位不小于 3.20m，关闸； 环湖口门：太湖水位在低水位控制线和防洪控制线之间时，双林水位不小于 3.20m，半开；双林水位小于 3.2m，全开；其余不变； 太浦河南岸口门：松浦大桥流量大于 $100m^3/s$ 可引水；嘉兴水位不小于 3.00m 关闸；嘉兴水位不小于 2.80m，小于 3.00m 时半开；低于 2.80m 时全开； 南排工程：保持原调度不变	增大导流引水，控制太湖引水
组合方案 2	改变南排工程调度：长山闸、南台头闸：嘉兴水位不小于 3.00m 排水，小于 3.00m 关闸。其他工程调度同组合方案 1	保水
组合方案 3	改变南排工程调度：长山闸、南台头闸：嘉兴水位不小于 3.00m 适度排水；嘉兴水位不小于 2.90m，小于 3.00m，开闸；嘉兴水位小于 2.90m，关闸。其他工程调度同组合方案 1	适度保水

10.5.3 方案效果分析

10.5.3.1 水位分析

1990 年型下，较基础方案，组合方案 1 双林、新市、嘉兴年均水位和最低旬均水位保持基本不变，变幅不超过 5mm（表 10.27）。组合方案 2 双林、新市、嘉兴年均水位和最低旬均水位均出现不同程度抬升，其中嘉兴站最低旬均水位增加 9.3cm，双林旬均水位保持不变，新市旬均水位增加 1.3cm；嘉兴站年均水位增加 2.8cm，新市增加 1cm，双林增加 0.8cm。组合方案 3 嘉兴年均水位降低 1.1cm，旬均水位增加 6.7cm；双林年均水位

降低 0.7cm，旬均水位降低 0.5cm；新市年均水位降低 0.6cm，旬均水位增加 0.8cm。组合方案 2、组合方案 3 基本达到保水和适度保水的调度目的。各方案嘉兴站最低旬均水位均满足允许最低旬均水位要求，最低旬均水位和年均水位也基本能达到嘉兴站适宜水位要求，但是组合方案 2 较其他方案均相对较高。

表 10.27　　杭嘉湖区主要站点水位情况统计　　单位：m

站　点		双林	嘉兴	新市
基础方案	年均水位	3.111	2.888	3.12
	最低旬均水位	2.917	2.669	2.914
组合方案 1	年均水位	3.109	2.884	3.119
	最低旬均水位	2.915	2.672	2.911
	年均水位差值	−0.002	−0.004	−0.001
	旬均水位差值	−0.002	0.003	−0.003
组合方案 2	年均水位	3.118	2.916	3.13
	最低旬均水位	2.917	2.762	2.927
	年均水位差值	0.008	0.028	0.01
	旬均水位差值	0	0.093	0.013
组合方案 3	年均水位	3.103	2.877	3.114
	最低旬均水位	2.911	2.736	2.922
	年均水位差值	−0.007	−0.011	−0.006
	旬均水位差值	−0.005	0.067	0.008

10.5.3.2 流速分析

1990 年型下，通过改变杭嘉湖区相关控制线口门调度，一定程度上加快了非汛期河道水体流速，但幅度不大。3 个组合方案中，组合方案 3 改善效果较其他两个方案更明显（表 10.28），仅个别断面流速减缓，南排口门附近的流速增幅较大，杭嘉湖运河及以西大部分断面流速出现了 0.4～1.4cm/s 的提升，促进了杭嘉湖区水体流动。

表 10.28　　杭嘉湖区非汛期各方案不同断面流速均值变化统计　　单位：cm/s

断面	基础方案	组合方案 1		组合方案 2		组合方案 3	
	流速	流速	差值	流速	差值	流速	差值
頔塘上	8.0	8.4	0.4	8.4	0.4	8.7	0.7
练南塘	5.7	5.8	0.1	5.9	0.2	6.1	0.4
运河乌镇	11.8	11.8	0	11.8	0	12.3	0.5
运河练市	12.0	12.0	0	11.9	−0.1	12.6	0.6
长山河上	8.1	8.1	0	8.0	−0.1	8.7	0.6
长山河中	12.8	12.8	0	12.5	−0.3	14.2	1.4
长山河下	6.8	6.9	0.1	5.6	−1.2	11.3	4.5

续表

断面	基础方案	组合方案1		组合方案2		组合方案3	
	流速	流速	差值	流速	差值	流速	差值
澜溪塘	−15.5	−15.7	−0.2	−15.9	−0.4	−15.4	0.1
新塍塘	11.3	10.7	−0.6	10.6	−0.7	11.3	0
平湖塘	20.6	20.9	0.3	22.3	1.7	17.0	−3.6
红旗塘	6.0	6.0	0.0	6.1	0.1	5.1	−0.9

10.5.3.3　水质分析

1990年型下，通过改变杭嘉湖区相关控制线口门调度，对非汛期区域NH_3—N指标浓度起到一定的改善作用。较基础方案，组合方案3 NH_3—N浓度改善效果最好，其次为组合方案1、方案2（表10.29）。其中组合方案3改善幅度在0.8%～15.3%，但区域水质类别未发生变化，均达不到Ⅲ类标准。这说明仅依靠调度无法实现区域水质提升，尚需通过控源减排来最终实现水质改善。

表10.29　杭嘉湖区非汛期各方案不同断面NH_3—N浓度均值变化情况　单位：mg/L

断面	基础方案	组合方案1			组合方案2			组合方案3		
	浓度	浓度	差值	变幅/%	浓度	差值	变幅/%	浓度	差值	变幅/%
頔塘上	1.257	1.237	−0.020	−1.6	1.238	−0.019	−1.5	1.201	−0.056	−4.5
练南塘	1.378	1.359	−0.019	−1.4	1.361	−0.017	−1.2	1.329	−0.049	−3.6
运河乌镇	1.854	1.845	−0.009	−0.5	1.847	−0.007	−0.4	1.776	−0.078	−4.2
运河练市	1.589	1.583	−0.006	−0.4	1.585	−0.004	−0.3	1.505	−0.084	−5.3
长山河上	2.800	2.797	−0.003	−0.1	2.811	0.011	0.4	2.696	−0.104	−3.7
长山河中	2.230	2.237	0.007	0.3	2.243	0.013	0.6	2.182	−0.048	−2.2
长山河下	2.430	2.426	−0.004	−0.2	2.443	0.013	0.5	2.411	−0.019	−0.8
澜溪塘	1.452	1.474	0.022	1.5	1.484	0.032	2.2	1.393	−0.059	−4.1
新塍塘	1.719	1.772	0.053	3.1	1.784	0.065	3.8	1.677	−0.042	−2.5
海盐塘	2.152	2.147	−0.005	−0.2	2.177	0.025	1.2	2.061	−0.091	−4.2
平湖塘	2.217	2.203	−0.014	−0.6	2.230	0.013	0.6	2.101	−0.116	−5.2
红旗塘	1.364	1.242	−0.122	−8.9	1.248	−0.116	−8.5	1.155	−0.209	−15.3

10.5.4　推荐方案

综上可知，1990年型下，组合方案3"适度保水"方案效果较好，将其作为杭嘉湖区水体有序流动的水环境调度推荐方案，即以东导流和太湖为主要引水水源，适当加大东导流引水、减少从太湖引水，结合南排工程运行，利用南排工程放水，置换区域内平原河网水体，辅以从太浦河进行引水，保持适当水位差，促进水体流动，区域河网改善幅度在0.8%～15.3%。杭嘉湖区河网水系有序流动推荐方案示意见图10.4。

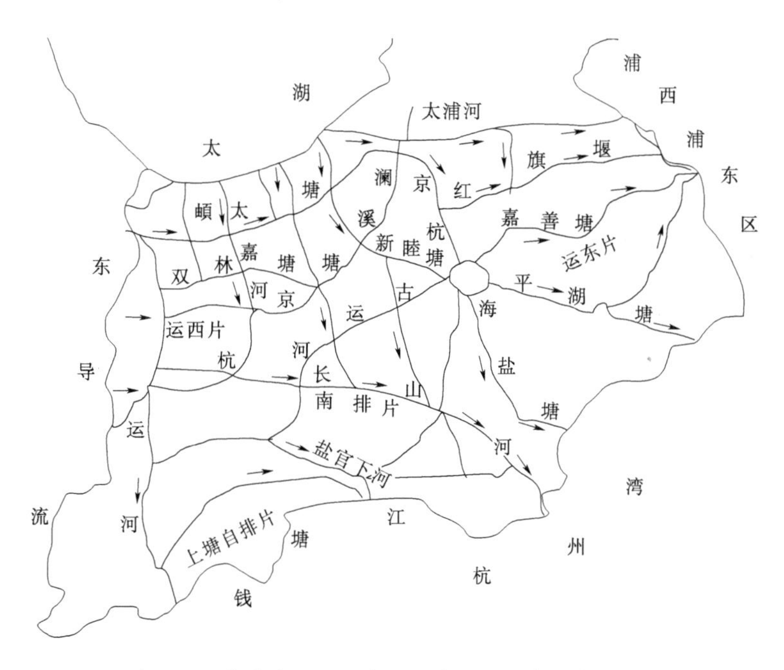

图 10.4 杭嘉湖区河网水系有序流动推荐方案示意图

10.6 小 结

结合现状区域河网水体流动情况及流动需求，制定河网水体有序流动的水位、流速、换水量等调度目标参数，分析拟定各区域水体有序流动的总体格局，并设计区域水利工程联合调度方案，以1990年平水年为典型年，分析区域水体有序流动的水量水质响应关系，研究推荐有利于区域水环境改善的河网水体有序流动调度方案。其中，湖西区重点研究沿江水利工程联合调度的有序流动调度方案，调引优质的长江水源后自北向南、自西向东流动；武澄锡虞区重点研究沿江口门引水与新沟河、走马塘等排水改善区域河网水环境质量的有序流动调度方案，实现由北向南引清、由南向北退水、由西向东泄流的有序流动格局；阳澄淀泖区重点研究沿江口门、望虞河东岸控制线等水利工程联合调度的有序流动调度方案，实现由北向南引清、由南向北退水、由西北向东南泄流的有序流动格局；杭嘉湖区重点以东导流和太湖为主要引水，研究推荐东导流、杭嘉湖南排及环湖溇港等水利工程联合调度的有序流动调度方案。

参 考 文 献

［1］ 梁庆华，李灿灿．江苏省阳澄淀泖区水资源调度最低目标水位研究［J］．水资源保护，2012，28（5）：90－94.

［2］ 王桂凤，宋丽花，李灿灿．江苏省武澄锡虞区水量调度方案研究［J］．江苏水利，2016（10）：67－72.

［3］ 张良平，王珏，徐骏．调水改善武澄锡虞区河网水质效果评估［J］．人民长江，2009，40（7）：30－32.

第11章 典型示范区域有序流动工程调度实践

阳澄淀泖区是太湖流域“金三角”（上海青松、浙江杭嘉湖、江苏阳澄淀泖）地区，也是我国经济最发达的地区之一。阳澄淀泖区为典型的平原河网地区，北以沿江控制线为界、西以环太湖控制线为界、西北侧以望虞河东岸控制线为界、南以太浦河北岸控制线为界，水流运动相对独立、可控性较强，且工程基础较强，调水试验经验丰富。本章选取阳澄淀泖区为典型示范区域，通过设计区域主要水利工程不同调控方案的情景，开展水量水质原位观测试验，分析流动规律，验证河湖水体有序流动与水环境调度的响应机制，评估典型区域平原河网有序流动对河网水环境改善的实际效果。

11.1 调水试验方案及实施

根据阳澄淀泖区概况，结合第10章阳澄淀泖区水体有序流动格局及方案分析成果，制定区域有序流动非汛期调水试验方案，实施时间为2017年3月9—23日。调水试验实施期间进行47个水量水质监测断面同步监测，并于2017年5月9—18日、6月8—17日组织实施了两轮汛期河网水量水质监测，对现状常规实际调度情况下区域水体流动及水质变化情况进行监测分析。

11.1.1 区域概况

11.1.1.1 自然地理

阳澄淀泖区以平原为主，属流水地貌，区域地势低平，呈西北高、东南低，沿江高、腹部低。其中，阳澄区地势东高西低，水面积东少西多，大体以盐铁塘为界，东部属沿江冲积平原，地面稍高，西部为淤积平原，地势低洼；淀泖区以洼地为主，地势自西向东微微倾斜。阳澄淀泖区水系发达，河湖众多。流域性河道有望虞河、太浦河，分别形成区域的西、南边界；流域内区域交往河道苏南运河由西部入境并折向南部流出；区域内部分布有大小河道2万余条，汇合阳澄湖、淀山湖等诸多蓄水湖荡，形成一个西部引排太湖、东部泄流江（长江）浦（黄浦江）的自然水系。阳澄区主要河流有白茆塘、常浒河、七浦塘、杨林塘、浏河、海洋泾、徐六泾、金泾、钱泾等20多条通长江河道。盐铁塘、张家港、元和塘3条为南北向的调节河道；主要湖泊有阳澄湖、昆承湖、盛泽荡、巴城湖、傀儡湖等，500亩以上湖荡18个，总称阳澄湖群，是阳澄区水量的调蓄中心。苏南运河的来水和望虞河东岸地区的产水通过一些东西向的三级河道东入阳澄湖群，经调蓄后由张家港以东的通江河道下泄长江。常浒河、海洋泾、白茆塘、七浦塘、杨林塘、浏河为该区的

主要引排河道，80%的水量由这六大河道排入长江，其余通江河道主要为滨江平原自引自排服务。该区域水系经过多次大规模整治，已基本形成规格的网状结构，在沿长江口均已建挡潮闸，遇长江洪潮能挡、遇涝能排、遇旱能引。如遇干旱年份（1978年），五大通江河道引水量达22.26亿m^3，遇太湖流域1999年的洪水年份，五大通江河道排水达40.20亿m^3，充分发挥了水利工程的防洪抗旱作用，确保了防洪保安和用水安全。淀泖区是太湖流域水面率较大的地区之一，大小湖泊众多，有澄湖、金鸡湖、独墅湖、元荡、白莲湖、淀山湖等，河湖串连、相互贯通，但缺乏骨干的引排河道，河网有网无纲。吴淞江横贯东西，其下游在实施青淞大包围以后，河网排水主要汇入淀山湖，经拦路港东出黄浦江。

11.1.1.2　水利工程

阳澄淀泖区目前已形成长江堤防控制线、环太湖大堤控制线、望虞河东岸控制线、太浦河北岸控制线以及淀山湖昆山堤段控制线5条外围防洪屏障，防洪格局基本形成。

1. 长江堤防控制线

长江堤防是区域重要的外围防洪屏障。自20世纪50—60年代初至今，先后重点实施了七浦塘、杨林塘、常浒河、白茆塘、娄江—浏河建闸以及七浦塘拓浚整治、杨林塘航道整治、海洋泾引排综合整治工程，有效提升了区域防洪排涝及水环境改善能力。

2. 环太湖大堤控制线

环太湖控制线南起太浦河北岸，北至望虞河东岸月城河枢纽处，总长123.3km（不含环湖山丘自然屏障），涉及苏州市吴江区、吴中区和高新区和相城区。环湖出入湖河道众多，目前全部建成控制，共建成口门建筑物73座，其中骨干口门10座。

3. 望虞河东岸控制线

望虞河东岸控制线是防止望虞河洪水入侵区域的重要屏障，东岸口门目前已全部形成控制，建成口门建筑物50座，其中骨干口门22座。

4. 太浦河北岸控制线

太浦河北岸利用青（浦）平（望）公路挡洪并建设堤防18km，北岸支河口门除京杭运河外已全部控制，建成配套建筑物30座，大部分结合淀泖区圩区治理建设，目前属淀泖区圩外河道沟通太浦河的骨干口门8座。

5. 淀山湖昆山堤段控制线

淀山湖防洪工程以千灯浦闸为界，分两大联圩，东为茜东圩，西为茜西圩。淀山湖防洪工程中的淀山湖防洪控制线被列为苏州市重要控制线之一。淀山湖防洪工程控制线的堤防工程位于两大联圩南端，直接面临淀山湖，已建防洪闸13座、泵站13座、套闸1座，13座闸站排涝总流量73m^3/s。

各控制线骨干工程调度原则汇总见表11.1。

11.1.1.3　水环境现状

近年来，阳澄淀泖区水环境质量逐步好转，根据2010—2016年水功能区水质断面监测指标统计，199个监测断面水质指标DO平均值由2010年的5.57mg/L（Ⅲ类）上升到2016年6.71mg/L（Ⅱ类），上升幅度为21.9%。高锰酸盐指数、COD、BOD_5、NH_3—N、TN和TP则分别下降了15.5%、37.9%、2.1%、51.9%、15.0%和26.4%。

表 11.1　　各控制线骨干工程调度原则汇总

序号	控制线	建筑物/座		调 度 原 则
		控制闸	闸站	
1	沿长江堤防控制线	5	1	太湖水位高于防洪控制水位且低于4.65m时，实施洪水调度，沿江各口门根据太湖及地区水情适时引排，保持合理的河网水位；在太浦闸和望亭水利枢纽泄洪期间要全力泄水，并服从流域防洪调度。沿长江口门在保障防洪安全的前提下，与望虞河工程、新孟河工程及环湖口门调度相协调，合理引排，保障区域供水安全，增加流域水资源补给，促进河网有序流动，改善水环境
2	环太湖大堤控制线	10		当太湖水位高于防洪控制水位且低于4.65m时，实施洪水调度，环太湖口门应保持行水通畅。当太湖水位不超过4.10m时，东太湖沿岸各闸及月城河节制闸、胥口节制闸开闸泄水；超过4.10m后，可以控制运用。当太湖水位不超过4.20m时，犊山口节制闸开闸泄水；超过4.20m后，可以控制运用。区域代表站（枫桥、陈墓）水位站6月下旬至10月下旬低于2.70m或其余时段低于2.60m时，可以从太湖引水，否则关闸
3	望虞河东岸控制线	22		望亭水利枢纽泄水期间，当湘城水位不超过3.70m时保持行水通常，超过3.70m时控制运用。泄水期间裴家圩枢纽不得向望虞河排水。水量调度期间，东岸口门实行控制运行，可开启冶长泾、寺泾港、尚湖、琳桥港等口门分水，分水比例不超过常熟引水量的30%，分水总流量不超过50m³/s。常熟水利枢纽泵站引水期间虞山船闸严格按照套闸运用
4	太浦河北岸控制线	8		太浦闸向下游供水时，两岸口门可根据地区水资源需求引水
5	淀山湖昆山控制线		13	千灯浦闸水位到达3.80m，闸站配合排涝，圩区水位降至3.50m；千灯浦闸水位到达4.20m时，千灯浦套闸关闭，全线闸站排涝，圩区水位不突破3.80m

根据2016年水质监测资料统计，阳澄淀泖区水环境质量总体情况为：在所监测的145个功能区199个断面（点）中，年度水质综合评价（以各参评项目年均值进行评价，下同）为Ⅱ类的断面占总监测断面数的4.0%，评价为Ⅲ类的断面占51.3%，Ⅳ类和Ⅴ类分别占33.2%和9.0%，劣Ⅴ类占2.5%；累计超Ⅲ类水标准的断面占44.7%。从年内不同时期来看，汛期水质状况略好于非汛期。其中汛期评价为Ⅱ类的断面占5.6%，Ⅲ类为39.9%，Ⅳ类为44.4%，Ⅴ类为8.6%，劣Ⅴ类占1.5%。非汛期评价为Ⅱ类、Ⅲ类、Ⅳ类、Ⅴ类和劣Ⅴ类的断面分别为3.5%、41.7%、39.2%、9.5%和6.0%。

根据2016年阳澄淀泖区水质监测数据，主要超标因子为NH_3—N和BOD_5，浏河及其支流区域水质情况较差。主要河流元和塘元和塘桥段、老运河吴县农科所段、浏河、吴淞江苏沪边界处、盐铁塘苏沪边界段、吴塘等水质综合评价为Ⅴ类水。水质较好的河流主要有望虞河及东岸支线、海洋泾、徐六泾、七浦塘、张家港、海洋泾、娄江、吴淞江苏州段、江南运河吴江段、太湖出湖河流、各湖泊及湖泊出湖河道，水质综合评价达到Ⅲ类水要求。

11.1.2 调水试验方案及实施情况

基于阳澄淀泖区水体有序流动的水量水质响应关系分析成果，开展阳澄淀泖区典型区域工程调度示范，进行水量水质原位同步观测。2017 年 3 月 9—23 日组织实施了阳澄淀泖区非汛期水体有序流动调水试验，共布设 47 个水量水质监测断面，进行水量水质同步监测，分析验证河湖水体有序流动与水环境调度的响应机制。2017 年 5 月 9—18 日、6 月 8—17 日组织实施了两轮阳澄淀泖区汛期河网水量水质监测，每次均布设 23 个监测断面，对现状常规实际调度情况下的汛期前后河湖水体流动及水质变化情况进行监测分析。

11.1.2.1 非汛期调水试验

1. 试验方案

依据 10.4 节推荐方案制定调水试验引排路线方案，分阳澄湖以北和阳澄湖以南两部分。阳澄湖以北区域，即七浦塘—阳澄湖一线以北至长江及望虞河，考虑到望虞河东岸口门及海洋泾以引水为主，常浒河及白茆塘以排水为主。调水试验期间，利用周期性变化的潮汛，在大潮前首先趁潮排水，将区域河网整体水位降低，腾空河道库容后，望虞河东岸各口门在常熟枢纽引江期间自引望虞河水，往东送入腹部河网，海洋泾利用大潮期间纳潮河道水体的动能，自流引长江水入腹部河网，非大潮期启用江边泵站持续引清；引水一段时间后，由常浒河及白茆塘北排入江，形成“长江、望虞河→区域腹部河网→常浒河、白茆塘→长江”水循环线路。阳澄湖以南区域，即七浦塘—阳澄湖一线以南至太浦河，考虑长江、太湖两个水源，调水前期，首先由浏河排江腾空库容，再由七浦塘、杨林塘引水，环湖由瓜泾港、三船路、大浦港、戗港等骨干河道同时引水；调水后期，即阳澄湖南部水体水质改善后，再转变为大引格局，由七浦塘、杨林塘、浏河同时引江。调水试验前期，以适当引排格局为主，首先趁潮排水，腾空库容，再引长江及太湖优质水源入腹部河网，形成引排有序的水循环格局，形成“长江→阳澄区腹部、阳澄湖→浏河”及“太湖→淀泖区腹部→拦路港”的水循环线路；调水试验后期，以引为主，引江水流一部分入阳澄湖，一部分南下进入淀泖区，整个河网水位壅高后，形成北高南低的水势后由拦路港退水，形成“长江、太湖→阳澄湖及周边、淀泖区→拦路港”的水循环线路。

2. 试验周期

根据阳澄淀泖区现状水系分布和规模，以“沿江、望虞河清水量达到河道现有槽蓄量的表层 0.5m 的水体时即认为河道完成一次换水”为原则，按现状工程条件下引清流量分析，引水后，河道表层 0.5m 的水体 15d 左右换一次。阳澄淀泖区调水试验天数测算见表 11.2。

利用周期性变化的潮汛，长江潮汛 15d 为一个周期，调水时机可选择农历每月月初或月半的潮汛期大潮前后适时引排，同时提前关注天气预报。考虑到防洪排涝安全，调水时间安排在 2017 年 3 月 9—23 日。

3. 监测方案

（1）断面布设。本次调水试验共设 47 个监测断面，其中 46 个为水量水质同步监测点，1 个为水质监测点，见表 11.3。

（2）监测内容。流量、流速、水位、水质（8 个项目：pH 值、水温、DO、COD、高锰酸盐指数、NH_3—N、TP、TN)。

(3) 监测频次。流量每天监测1次，水质每两天监测1次。

表 11.2　　阳澄淀泖区调水试验天数测算表

试验范围内水面 /km^2	大包围及圩内水面 /km^2	圩外水面 /km^2	河道表层 0.5m 水体 /亿 m^3	相关引清工程	引水规模 /($m^3 \cdot s^{-1}$)	表层水换水天数 /d
769	180	589	2.94	海洋泾闸站	30	15
				七浦塘江边枢纽	120	
				望虞河东岸沿线口门	按有序流动需求，能引则引	

注　为满足有序流动水量的需求，在不与引江济太流域水量分配发生冲突的前提下，在常熟枢纽引江期间，当闸外水位高于闸内水位时，启用望虞河东岸口门能引则引。

表 11.3　　非汛期监测断面一览表

序号	所在河流	断面名称	东经	北纬	断面地址	备注
1	望虞河	望虞闸(上)	120°48′11.47″	31°46′02.64″	常熟市海虞镇	沿江
2	张家港	西三环湖桥	120°40′20.18″	31°40′50.10″	常熟市虞山镇	
3	张家港	通城河桥	120°57′27.00″	31°23′31.64″	昆山市玉山镇	
4	琳桥港	车轮桥	120°32′21.88″	31°26′14.53″	相城区黄埭镇	
5	常浒河	浒浦闸(上)	120°55′06.13″	31°44′47.66″	常熟市浒浦镇	沿江
6	元和塘	周塘河大桥	120°41′53.57″	31°37′06.52″	常熟市莫城镇	
7	元和塘	元和塘常相交界处(爱格豪路桥)	120°38′44.92″	31°28′58.49″	苏州市相城区	
8	元和塘	元和塘南段(建元路桥)	120°36′37.36″	31°23′00.79″	苏州市相城区	
9	白茆塘	白茆闸(上)	121°02′37.79″	31°43′06.32″	常熟新港镇	沿江
10	杨林塘	杨林闸(上)	121°14′24.13″	31°35′02.68″	太仓市浮桥镇	沿江
11	盐铁塘	盐铁塘常太交界	121°00′26.98″	31°33′28.27″	常熟市	
12	杨林塘	巴城工农桥(清水港桥)	120°52′03.06″	31°27′32.26″	昆山市巴城镇	
13	石头塘	石头塘长桥	121°12′26.01″	31°29′16.11″	太仓市岳王镇	
14	阳澄湖	野尤泾闸	120°50′37.47″	31°24′37.66″	昆山市巴城镇	
15	七浦塘	七浦塘桥(石泾大桥)	120°50′42.22″	31°30′14.16″	昆山市巴城镇	
16	七浦塘	七浦闸(上)	121°12′15.95″	31°36′27.90″	太仓市浮桥	沿江
17	盐铁塘	新丰新星桥	121°08′09.18″	31°24′40.56″	太仓市新丰镇	
18	盐铁塘	城南桥(南园桥)	121°06′25.64″	31°26′27.02″	太仓市城厢	
19	西港河	西港河出湖口(西港河桥)	120°43′32.59″	31°22′33.24″	苏州市工业园区	
20	陆泾	陆泾出湖口(陆泾河桥)	120°40′40.41″	31°21′30.75″	苏州市工业园区	
21	娄江	娄江大桥	120°47′46.40″	31°21′28.14″	唯亭镇	
22	娄江	西河大桥	120°58′29.85″	31°22′46.77″	昆山市区	
23	苏南运河	科林大桥	120°39′45.86″	31°04′01.07″	吴江市八坼镇	

续表

序号	所在河流	断 面 名 称	东经	北纬	断面地址	备注
24	瓜泾港	瓜泾口	120°39′21.53″	31°11′59.20″	吴江市松陵镇	
25	吴家港	吴家港桥	120°37′52.41″	31°08′01.63″	吴江市松陵镇	
26	大浦港	联湖桥	120°36′38.27″	31°05′44.10″	吴江市宛平镇	
27	大直港	机场路大直港桥	120°54′50.77″	31°16′48.84″	昆山市锦溪镇	
28	青阳港	青阳港大桥	120°59′11.83″	31°21′55.43″	昆山市区	
29	千灯浦	千灯浦闸	120°59′06.76″	31°11′41.67″	昆山市千灯浦镇	
30	大小朱砂	大朱砂港桥	120°55′26.85″	31°08′34.81″	昆山市锦溪镇	
31	急水港	周庄大桥	120°50′32.15″	31°07′19.80″	昆山市周庄镇	
32	荡茜	荡茜枢纽（上）	121°08′32.98″	31°40′09.55″	太仓市浮桥镇	沿江闸站
33	元荡	白石矶桥	120°54′08.83″	31°04′58.33″	吴江市莘塔镇	
34	北窑港	窑港桥	120°49′56.13″	31°01′02.96″	吴江市芦墟镇	
35	浏河	浏河闸（上）	121°16′06.63″	31°30′11.39″	太仓市浏河镇	沿江闸站
36	吴淞江	花桥吴淞江大桥	121°08′29.97″	31°16′38.05″	昆山市花桥镇	
37	太浦河	平望大桥	120°38′12.47″	30°59′46.61″	吴江市平望镇	
38	太浦河	芦墟大桥	120°50′13.96″	31°00′59.61″	吴江市芦墟镇	
39	太浦河	太浦闸（下）	120°30′17.21″	31°00′34.00″	吴江市横扇镇	
40	永昌泾	永昌泾闸内（永昌泾桥）	120°35′13.61″	31°28′19.58″	苏州市相城区	
41	永昌泾	永昌泾入湖口（毛庄桥）	120°43′31.96″	31°26′44.42″	苏州市相城区	
42	界泾河	界泾河入湖口（圣塘港桥）	120°44′09.05″	31°29′14.45″	苏州市相城区	
43	蠡塘河	蠡塘河入湖口（白兔泾桥）	120°40′10.73″	31°22′31.10″	苏州市相城区	
44	阳澄湖	阳澄东湖	120°48′48.81″	31°22′39.35″	苏州市工业园区	取样
45	斜塘河	斜塘河桥	120°43′12.78″	31°18′17.46″	苏州市工业园区	
46	牛长泾	牛长泾桥	120°46′04.65″	31°07′18.04″	苏州市吴江区	
47	界浦港	界江大桥	120°51′16.45″	31°19′34.57″	苏州市工业园区	

4. 实施情况

结合调水试验方案和实际工程调度情况，为便于调水试验监测结果的研究与分析，将试验划分为引水准备期、换水改善期前期、换水改善期后期 3 个时期。

（1）引水准备期（3 月 9—13 日）。该时期沿江闸站引排结合，望虞河东岸口门、东太湖口门引水为主。

（2）换水改善期前期（3 月 14—18 日）。该时期受降雨影响较小，工程调度较好，形成了调水试验方案设计的大引大排格局。

（3）换水改善期后期（3 月 19—23 日）。由于 3 月 19—20 日阳澄淀泖区有一次较强降雨，雨量较大，且沿江闸站在该时期全部关闸，同时降雨引起面源污染汇入对河网水质可能产生一定影响。因此，将 3 月 19—23 日进行单独分析。2017 年 3 月 9—23 日水利工程调度运行情况见表 11.4。

表 11.4　　2017 年 3 月 9—23 日水利工程调度运行情况

日期 /(月．日)	望虞闸	海洋泾	浒浦闸	白茆闸	荡茜枢纽	七浦闸	杨林闸	浏河闸	望虞河东岸	东太湖	太浦河北岸
3.9	引水	引水	关闸	关闸	引水	关闸	关闸	关闸	引水	引水	排水
3.10	引水	引水	关闸	引水	引水	关闸	关闸	关闸	排水	引水	排水
3.11	引水	引水	关闸	引水	引水	排水	关闸	引水	排水	引水	排水
3.12	引水	引水	关闸	关闸	关闸	排水	关闸	排水	引水	引水	排水
3.13	关闸	引水	关闸	关闸	关闸	关闸	引水	关闸	引水	引水	排水
3.14	关闸	引水	关闸	引水	引水	引水	引水	引水	排水	引水	排水
3.15	关闸	引水	关闸	引水	引水	引水	引水	引水	引水	引水	排水
3.16	关闸	引水	关闸	关闸	引水	引水	引水	引水	引水	引水	排水
3.17	引水	引水	排水	关闸	引水	引水	引水	关闸	引水	引水	排水
3.18	引水	引水	排水	关闸	引水	关闸	关闸	关闸	引水	引水	排水
3.19	关闸	引水	关闸	关闸	关闸	关闸	关闸	关闸	引水	引水	排水
3.20	关闸	引水	关闸	关闸	关闸	关闸	关闸	关闸	引水	引水	排水
3.21	关闸	引水	关闸	关闸	关闸	关闸	关闸	关闸	引水	引水	排水
3.22	关闸	引水	关闸	关闸	关闸	关闸	关闸	关闸	引水	引水	排水
3.23	关闸	引水	关闸	关闸	关闸	关闸	关闸	关闸	引水	引水	排水

11.1.2.2 汛期水量水质监测

1. 监测时间

汛期水量水质监测分为 2 轮，选择 5 月 9—18 日（农历四月十四至廿三）、6 月 8—17 日（农历五月十四至廿三），分别连续监测 10d。

2. 监测安排

（1）断面布设。汛期水量水质监测共设 23 个监测断面，其中 21 个为水量水质同步监测点，2 个为水质监测点，见表 11.5。

（2）监测内容。流量、流速、水位、水质（8 个项目：pH 值、水温、DO、COD、高锰酸盐指数、NH_3—N、TP、TN）。

（3）监测频次。内河断面每天测量流量 1 次，测量水质 1 次；沿江测 1 次潮位过程。

3. 水利工程运行情况

第一轮监测（2017 年 5 月 9—18 日）期间，各口门均以引水为主，未进行排水，部分时间关闸。第二轮监测（2017 年 6 月 8—17 日）期间，前 2 天各口门全部引水；后 8 天受降雨影响，各口门以关闸为主，部分时间视区域情况适时进行引排水，见表 11.6。

表 11.5　　汛期监测断面一览表

序号	河流	断面名称	东经	北纬	断面地址	备注
1	常浒河	浒浦闸（上）	120°55′06.13″	31°44′47.66″	常熟市浒浦镇	沿江
2	元和塘	元和塘常相交界（爱格豪路桥）	120°38′44.92″	31°28′58.49″	苏州市相城区	
3	白茆塘	白茆闸（上）	121°02′37.79″	31°43′06.32″	常熟新港镇	沿江
4	杨林塘	杨林闸（上）	121°14′24.13″	31°35′02.68″	太仓市浮桥镇	沿江
5	盐铁塘	盐铁塘常太交界	121°00′26.98″	31°33′28.27″	常熟市	
6	七浦塘	七浦塘桥（石泾大桥）	120°50′42.22″	31°30′14.16″	昆山市巴城镇	
7	界泾河	界泾河入湖口（圣塘港桥）	120°44′09.05″	31°29′14.45″	苏州市相城区	
8	瓜泾港	瓜泾口	120°39′21.53″	31°11′59.20″	吴江市松陵镇九龙村	
9	吴家港	吴家港桥	120°37′52.41″	31°08′01.63″	吴江市松陵镇	
10	大浦港	联湖桥	120°36′38.27″	31°05′44.10″	吴江市宛平镇	
11	大直港	机场路大直港桥	120°54′50.77″	31°16′48.84″	昆山市锦溪镇	
12	青阳港	青阳港大桥	120°59′11.83″	31°21′55.43″	昆山市区	
13	大小朱砂	大朱砂港桥	120°55′26.85″	31°08′34.81″	昆山市锦溪镇	
14	荡茜	荡茜枢纽（上）	121°08′32.98″	31°40′09.55″	太仓市浮桥镇	沿江
15	北窑港	窑港桥	120°49′56.13″	31°01′02.96″	吴江市芦墟镇	
16	浏河	浏河闸（上）	121°16′06.63″	31°30′11.39″	太仓市浏河镇	沿江
17	吴淞江	花桥吴淞江大桥	121°08′29.97″	31°16′38.05″	昆山市花桥镇	
18	永昌泾	永昌泾闸内（永昌泾桥）	120°35′13.61″	31°28′19.58″	苏州市相城区	
19	阳澄湖	阳澄东湖	120°48′48.81″	31°22′39.35″	苏州市工业园区	取样
20	牛长泾	牛长泾桥	120°46′04.65″	31°07′18.04″	苏州市吴江区	
21	界浦港	界浦港北	120°51′16.45″	31°19′34.57″	苏州市工业园区	
22	海洋泾	罗青桥	120°52′12.29″	31°45′44.46″	常熟市赵市镇	沿江
23	澄湖	澄湖	120°52′39.44″	31°13′22.57″	苏州市吴中区	取样

表 11.6　　汛期监测期间水利工程运行情况表

日期/(月.日)	望虞闸	海洋泾	浒浦闸	白茆闸	荡茜枢纽	七浦闸	杨林闸	浏河闸	永昌泾闸	瓜泾口	吴家港桥	联湖桥	太浦闸
第一轮监测													
5.9	排水	引水	引水	引水	关闸	引水	引水	引水	引水	引水	引水	引水	引水
5.10	排水	引水	引水	引水	引水	引水	引水	引水	引水	引水	引水	引水	引水
5.11	排水	引水	引水	引水	引水	引水	引水	引水	引水	引水	引水	引水	引水
5.12	排水	引水	引水	引水	引水	引水	引水	引水	引水	引水	引水	关闸	引水
5.13	关闸	引水	引水	引水	引水	引水	引水	引水	引水	引水	引水	引水	引水
5.14	引水	引水	引水	引水	引水	引水	引水	引水	引水	引水	引水	引水	引水
5.15	引水	引水	引水	引水	引水	引水	引水	引水	引水	关闸	引水	排水	引水
5.16	引水	引水	关闸	关闸	关闸	关闸	关闸	关闸	引水	排水	引水	引水	引水
5.17	引水	引水	关闸	关闸	关闸	关闸	引水	引水	引水	引水	引水	引水	引水
5.18	引水	引水	关闸	关闸	关闸	关闸	引水	引水	引水	引水	引水	引水	引水

续表

日期/(月.日)	望虞闸	海洋泾	浒浦闸	白茆闸	荡茜枢纽	七浦闸	杨林闸	浏河闸	永昌泾闸	瓜泾口	吴家港桥	联湖桥	太浦闸
第二轮监测													
6.8	关闸	引水	引水	引水	引水	引水	引水	引水	引水	引水	引水	引水	引水
6.9	关闸	引水	引水	引水	引水	引水	引水	引水	引水	引水	引水	引水	引水
6.10	排水	排水	排水	排水	关闸	排水	排水	排水	引水	引水	关闸	关闸	引水
6.11	排水	排水	排水	排水	关闸	关闸	排水	排水	关闸	排水	排水	排水	引水
6.12	排水	引水	排水	排水	关闸	关闸	关闸	关闸	关闸	排水	关闸	排水	关闸
6.13	排水	引水	关闸	排水	关闸	关闸	排水	排水	关闸	关闸	引水	排水	关闸
6.14	排水	引水	关闸	关闸	关闸	关闸	关闸	关闸	关闸	关闸	引水	排水	引水
6.15	排水	引水	排水	关闸	关闸	引水	引水	关闸	关闸	关闸	引水	关闸	引水
6.16	排水	引水	关闸	关闸	关闸	关闸	引水	排水	关闸	关闸	引水	引水	关闸
6.17	排水	引水	引水	引水	关闸	关闸	引水	关闸	关闸	引水	引水	引水	引水

11.2 非汛期水量水质监测成果分析

从区域水雨情、水利工程引排水量、河网流速、水流格局、河网水质等方面对非汛期阳澄淀泖区河湖水体有序流动调水试验的水量水质监测成果进行分析。

11.2.1 水雨情

3月1—8日，阳澄淀泖区有几次零星降雨过程，平均面雨量3.1mm，降雨主要集中在3月4日，降雨量较小，距离调水试验期较长，对调水试验期水位、流量基本无影响。3月9—23日，阳澄淀泖区有两次较大的降雨过程，平均面雨量45.0mm，折合水量5245万m^3，降雨主要集中在3月12—13日、3月19—23日；导致区域水位出现一定幅度上升，各水位站点水位变化均未达到或超过调度控制水位；太湖水位总体呈上升趋势，平均水位3.03m。期间，最高水位3.10m，出现在3月23日；最低水位2.98m，出现在3月12日。阳澄淀泖区域内河网水情平稳，水位整体呈上升趋势。调水试验期间，阳澄湖湘城站3月17日出现最高水位3.17m，3月9日出现最低水位3.06m，平均水位3.12m，高于2.80m，低于3.40m。淀泖区陈墓站3月16日出现最高水位3.00m，3月10日出现最低水位2.84m，平均水位2.94m，高于2.80m，低于3.30m。见图11.1～图11.4。

3月9—23日，望虞河常熟枢纽共引长江水4676万m^3，通过望亭枢纽入太湖2451万m^3，入湖水量占常熟枢纽引水量的52.42%。引水主要集中在3月9—12日、3月17—18日期间，望亭枢纽3月9—12日引水入湖，3月13—23日关闸。其中，常熟枢纽日引水量在115万～1600万m^3之间，最大日平均流量185m^3/s；望亭枢纽日入湖水量在470.9万～718万m^3之间，最大日平均流量83.1m^3/s。2017年3月9—23日引江济太水量统计见图11.5。

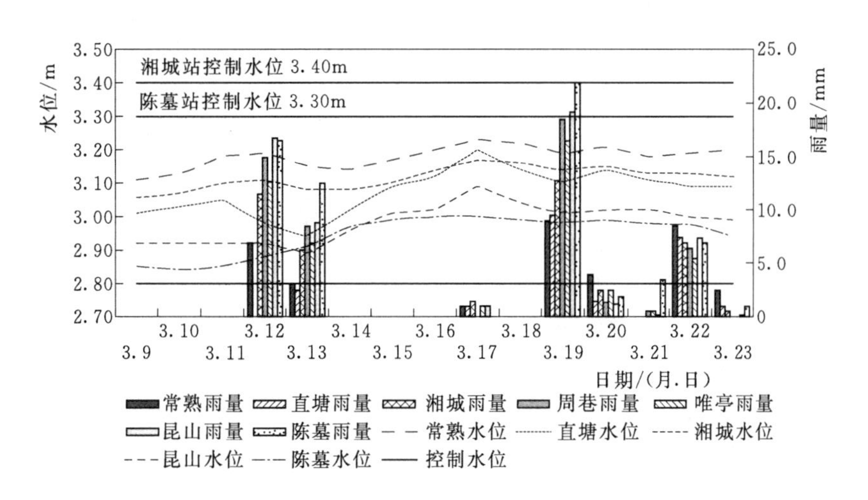

图 11.1 2017 年 3 月 9—23 日阳澄淀泖区主要站点雨量水位变化图

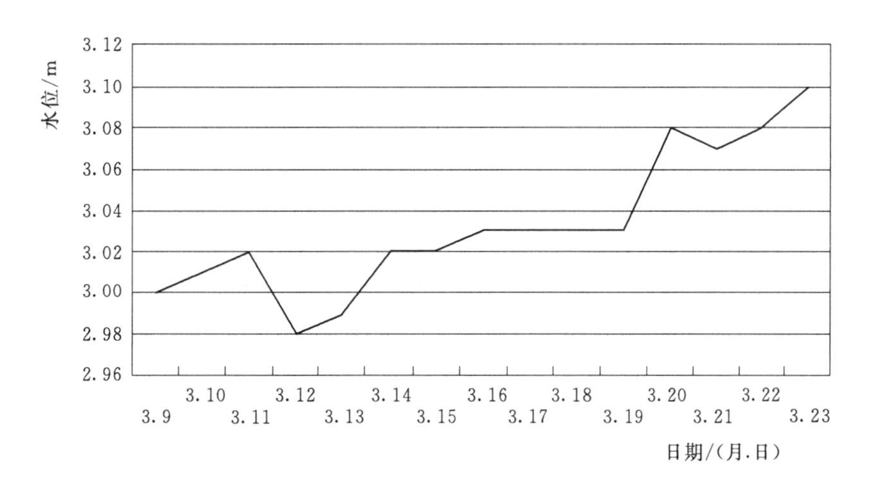

图 11.2 2017 年 3 月 9—23 日太湖平均水位过程

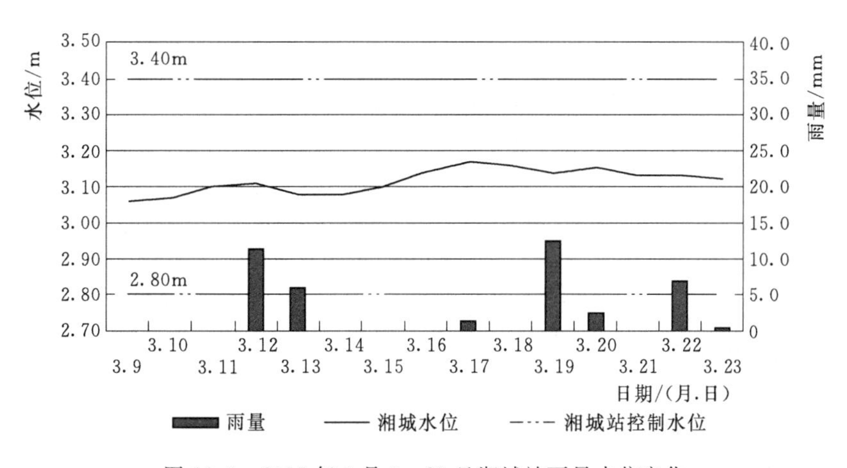

图 11.3 2017 年 3 月 9—23 日湘城站雨量水位变化

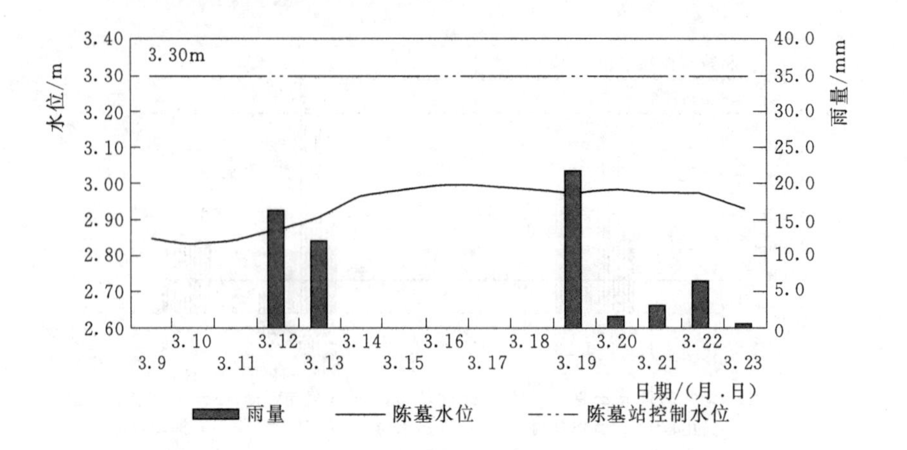

图 11.4　2017 年 3 月 9—23 日陈墓站雨量水位变化

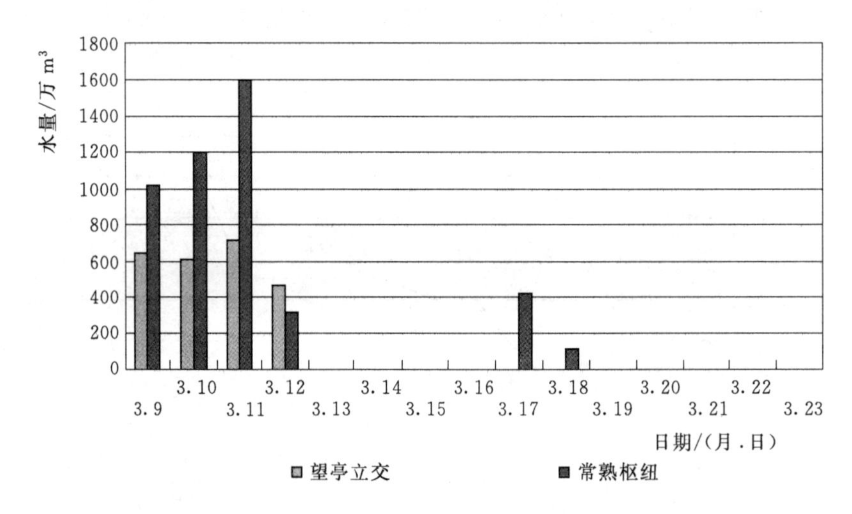

图 11.5　2017 年 3 月 9—23 日引江济太水量统计图

11.2.2　引排水量及流速

11.2.2.1　引排水量

调水试验期间，阳澄淀泖区平均面雨量 45.0mm，地表产流 5245 万 m^3，折合径流深 12.8mm。阳澄湖水面产流 524.4 万 m^3。

引水准备期（3 月 9—13 日），沿江闸站共引水 5081 万 m^3，望虞河东岸口门共引水 882.7 万 m^3，东太湖口门共引水 1421 万 m^3，省际边界流入水量 52.27 万 m^3，共引水 7436.97 万 m^3 进入阳澄淀泖区；沿江闸站共排水 719 万 m^3，望虞河东岸口门共排水 342.2 万 m^3，太浦河北岸口门共排水 3445 万 m^3，省际边界共排水 6935 万 m^3，共排水 11441.2 万 m^3 出阳澄淀泖区。

换水改善期前期（3 月 14—18 日），沿江闸站共引水 5334 万 m^3，望虞河东岸口门共引水 1043 万 m^3，东太湖口门共引水 774.4 万 m^3，共引水 7151.4 万 m^3 进入阳澄淀泖区；沿江闸站共排水 582 万 m^3，望虞河东岸口门共排水 72.75 万 m^3，东太湖口门共排水

343.8 万 m^3，太浦河北岸口门共排水 2301 万 m^3，省际边界共排水 4430 万 m^3，共排水 7729.55 万 m^3 出阳澄淀泖区。

换水改善期后期（3 月 19—23 日），沿江闸站共引水 447 万 m^3，望虞河东岸口门共引水 1140 万 m^3，东太湖口门共引水 759.3 万 m^3，太浦河北岸口门流入水量 658.4 万 m^3，省际边界引水 241.9 万 m^3，共引水 3246.6 万 m^3 进入阳澄淀泖区；望虞河东岸口门排水 85.97 万 m^3，东太湖口门排水 193.5 万 m^3，太浦河北岸口门排水 1814 万 m^3，省际边界排水 6751 万 m^3，共排水 8844.47 万 m^3 出阳澄淀泖区，见表 11.7。

表 11.7　2017 年 3 月 9—23 日阳澄淀泖区引排水量统计表　单位：万 m^3

引排水量		引水准备期	换水改善期前期	换水改善期后期	总计
引水量	引江水量	5081	5334	447	10860
	引望虞河水量	882.7	1043	1140	3065
	引太湖水量	1421	774.4	759.3	2955
	引太浦河水量	0	0	658.4	658.4
	省际边界流入水量	52.27	0	241.9	294.2
排水量	排江水量	719	582	0	1301
	排望虞河水量	342.2	72.75	85.97	500.9
	排太湖水量	0	343.8	193.5	537.3
	排太浦河水量	3445	2301	1814	7560
	省际边界流出水量	6935	4430	6751	18120

综合整个调水试验期间（3 月 9—23 日），阳澄淀泖区降雨地表产流 5245 万 m^3，沿江闸站共引水 10860 万 m^3，望虞河东岸口门共引水 3065 万 m^3，东太湖口门共引水 2955 万 m^3，太浦河北岸口门共引水 658.4 万 m^3，省际边界流入水量 294.2 万 m^3，共引水 23077.6 万 m^3 进入阳澄淀泖区；沿江闸站共排水 1301 万 m^3，望虞河东岸口门共排水 500.9 万 m^3，东太湖口门共排水 537.3 万 m^3，太浦河北岸口门共排水 7560 万 m^3，省际边界共排水 18120 万 m^3，共排水 28019.2 万 m^3 出阳澄淀泖区，见表 11.8。3 月 9—23 日阳澄淀泖区调水试验引排水量示意见图 11.6。

表 11.8　2017 年 3 月 9—23 日阳澄淀泖区出入境水量表　单位：万 m^3

入境水量	降雨产流量	5245
	引江水量	10860
	引望虞河水量	3065
	引太湖水量	2955
	引太浦河水量	658.4
	省际边界流入水量	294.2
出境水量	排江水量	1301
	排望虞河水量	500.9
	排太湖水量	537.3
	排太浦河水量	7560
	排出省际边界水量	18120

11.2.2.2　流速

根据实测资料分析，引水准备期 63%监测断面平均流速达到试验设计目标，换水改善期前期 54%监测断面达到试验设计目标，换水改善期后期 50%监测断面达到试验设计目标，整个调水试验期间 67%监测断面流速达到设计目标，大多数河道流速达到试验设

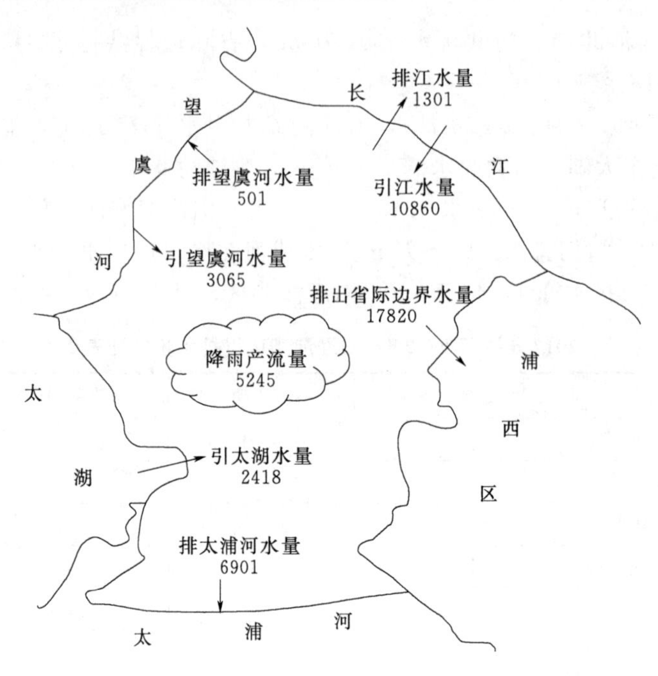

图 11.6　3 月 9—23 日阳澄淀泖区调水试验
引排水量示意图（单位：万 m^3）

计目标，见表 11.9。

表 11.9　　2017 年 3 月 9—23 日阳澄淀泖区骨干河道流速统计表　　单位：m/s

断　面	设计流速	引水准备期		换水改善期前期		换水改善期后期	
		平均流速	最大流速	平均流速	最大流速	平均流速	最大流速
西三环湖桥	0.15	0.11	0.19	0.02	0.04	0.03	0.07
永昌泾桥	0.15	0.10	0.14	0.11	0.15	0.10	0.12
车轮桥	0.15	0.08	0.15	0.18	0.23	0.19	0.24
吴家港桥	0.15	0.11	0.23	0.06	0.14	0.05	0.14
联湖桥	0.15	0.18	0.27	0.10	0.16	0.12	0.21
圣塘港桥	0.10	0.04	0.13	0.05	0.09	0.07	0.12
毛庄桥	0.10	0.02	0.04	0.01	0.04	0.02	0.03
白兔泾桥	0.10	0.04	0.10	0.06	0.11	0.10	0.18
石泾大桥	0.10	0.03	0.12	0.01	0.03	0.00	0.02
清水港桥	0.10	0.13	0.15	0.08	0.13	0.10	0.11
陆泾河桥	0.10	0.13	0.15	0.13	0.16	0.15	0.17
野尤泾闸	0.10	0.00	0.00	0.00	0.00	0.00	0.00
西港河桥	0.10	0.00	0.00	0.00	0.00	0.00	0.00
周塘河桥	0.10	0.06	0.13	0.05	0.06	0.03	0.06

续表

断　面	设计流速	引水准备期		换水改善期前期		换水改善期后期	
		平均流速	最大流速	平均流速	最大流速	平均流速	最大流速
爱格豪路桥	0.10	0.03	0.07	0.03	0.06	0.05	0.07
建元路桥	0.10	0.12	0.14	0.11	0.17	0.08	0.12
盐铁塘常太交界闸	0.10	0.11	0.53	0.12	0.37	0.14	0.32
南园桥	0.10	0.16	0.31	0.18	0.23	0.20	0.40
新丰新星桥	0.10	0.03	0.06	0.01	0.03	0.03	0.08
娄江大桥	0.10	0.01	0.02	0.03	0.07	0.01	0.02
西河大桥	0.10	0.00	0.01	0.01	0.03	0.02	0.06
通城河桥	0.10	0.15	0.20	0.08	0.13	0.16	0.27
青阳港大桥	0.10	0.18	0.25	0.14	0.19	0.15	0.23
石头塘长桥	0.10	0.17	0.40	0.09	0.14	0.10	0.22
斜塘河	0.10	0.01	0.03	0.00	0.00	0.02	0.05
界江大桥	0.10	0.06	0.08	0.05	0.07	0.05	0.06
大直港桥	0.10	0.19	0.21	0.15	0.16	0.15	0.19
吴淞江大桥	0.10	0.11	0.15	0.11	0.16	0.14	0.16
牛长泾	0.10	0.14	0.16	0.11	0.12	0.11	0.13
芦墟大桥	0.10	0.38	0.56	0.30	0.46	0.15	0.36
科林大桥	0.10	0.21	0.31	0.10	0.13	0.13	0.16
窑港桥	0.10	0.52	0.74	0.42	0.51	0.34	0.62
千灯浦闸	0.10	0.39	0.49	0.18	0.31	0.19	0.48
大朱砂港桥	0.10	0.20	0.25	0.11	0.19	0.15	0.30
周庄大桥	0.10	0.12	0.21	0.04	0.08	0.15	0.21
白石矶大桥	0.10	0.12	0.16	0.11	0.13	0.11	0.17

11.2.3 水流格局

11.2.3.1 引水准备期

根据水利工程调度情况和水量监测成果分析，引水准备期（3 月 9—13 日），阳澄湖以北区域，即七浦塘—阳澄湖一线以北至长江及望虞河，以望虞河、海洋泾、白茆塘引水为主，引长江水入腹部河网。七浦塘、杨林塘、冶长泾、西塘河引水入阳澄湖，抬高阳澄湖水位后，形成南北水势，湖水流入娄江、张家港，再流入浏河，形成了“长江、望虞河→阳澄区腹部、阳澄湖→娄江、浏河”的水循环路线。常浒河和白茆塘未能开闸把区域内水流北排长江，降低了有序流动的效率。

阳澄湖以南区域，即七浦塘—阳澄湖一线以南至太浦河，浏河闸在 3 月 11 日先引水 300 万 m^3，后于 3 月 12 日排水 520 万 m^3。张家港、阳澄湖水流汇入娄江、浏河，再通过界浦、青阳港流入吴淞江，水量一部分通过吴淞江流出边界，另一部分通过吴淞江南岸支流流入淀泖区腹地，最后流出边界，汇入淀山湖。

东太湖沿岸口门引水进入淀泖区腹部，再经淀泖区腹部河网，一部分汇入淀山湖，一部分汇入太浦河，最终经拦路港排出，形成了“太湖→淀泖区腹部→拦路港”的水循环路线。2017 年 3 月 9—13 日引水准备期引排路线示意见图 11.7。

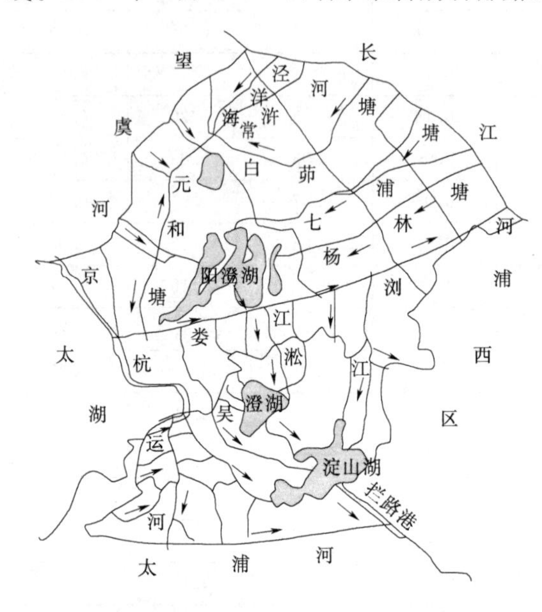

图 11.7　2017 年 3 月 9—13 日引水准备期引排路线示意图

11.2.3.2　换水改善期

1. 换水改善期前期

换水改善期前期（3 月 14—18 日），阳澄湖以北区域，即七浦塘—阳澄湖一线以北至长江及望虞河，以望虞河、海洋泾、白茆塘、张家港引水为主，常浒河以排水为主。望虞闸、海洋泾、白茆闸引长江水入腹部河网，引水一段时间后，由常浒河北排入江，形成“长江、望虞河→区域腹部河网→常浒河→长江”的水循环路线。七浦塘、杨林塘、冶长泾、西塘河引水入阳澄湖，抬高阳澄湖水位后，形成南北水势，湖水流入娄江、张家港，再流入浏河，形成了“长江、望虞河→阳澄区腹部、阳澄湖→娄江、浏河”的水循环路线。

阳澄湖以南区域，浏河闸连续引水 3d，同时张家港、娄江水流汇入，通过界浦、青阳港流入吴淞江，水量部分通过吴淞江流出边界，另一部分通过吴淞江南岸支流流入淀泖区腹地最后汇入淀山湖，促进了淀泖区内河网水体有序流动，有助于改善淀泖区内河湖的水质。

东太湖沿岸口门引水进入淀泖区腹部，再经淀泖区腹部河网，一部分汇入淀山湖，一部分汇入太浦河，最终经拦路港排出，形成了“太湖→淀泖区腹部→拦路港”的水循环路线。

换水改善前期引排路线示意见图 11.8。

2. 换水改善期后期

换水改善期后期（3 月 19—23 日），除海洋泾以外，沿江闸站望虞闸、浒浦闸、白茆闸、荡茜枢纽、七浦闸、杨林闸、浏河闸均关闸，阳澄区引排河道基本处于滞流状态。冶长泾、西塘河引水入阳澄湖，湖水流入娄江、张家港，再流入浏河，形成了“长江、望虞河→阳澄区腹部、阳澄湖→娄江”的水循环路线。娄江、张家港水流通过界浦、青阳港流入吴淞江，水量一部分通过吴淞江流出边界，另一部分通过吴淞江南岸支流流入淀泖区腹地，最后流出边界，汇入淀山湖。

东太湖沿岸口门引水进入淀泖区腹部，再经淀泖区腹部河网，一部分汇入淀山湖，一部分汇入太浦河，最终经拦路港排出，形成了“太湖→淀泖区腹部→拦路港”的水循环路线。换水改善后期引排路线示意见图 11.9。

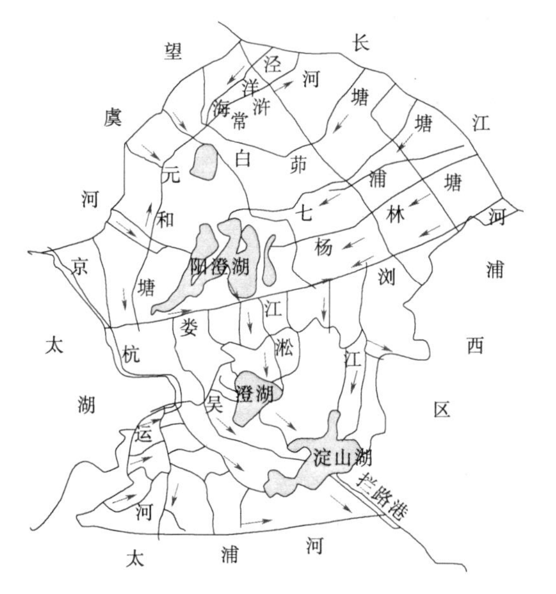

图 11.8　换水改善前期引排路线示意图

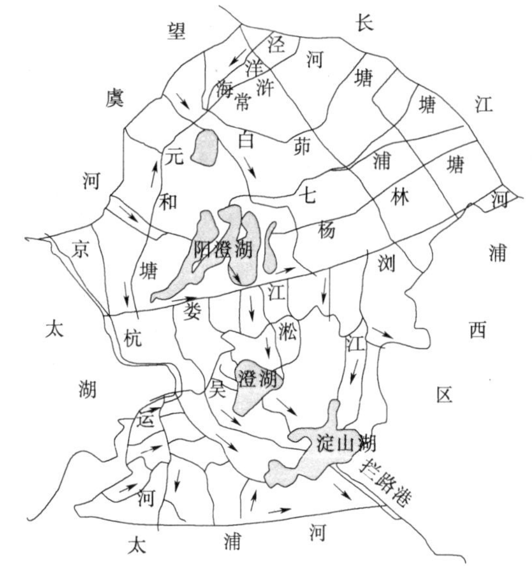

图 11.9　换水改善后期引排路线示意图

11.2.4　河网水质

11.2.4.1　调水试验期间水质情况

阳澄淀泖区水网纵横交错，水利工程较多。根据调水试验的要求，结合调水试验方案、降雨情况和实际工程调度情况，将原方案中的引水准备期（3 月 9—13 日）、换水改善期（3 月 14—23 日）进行细分，划分为引水准备期（3 月 9—13 日）、换水改善期前期（3 月 14—18 日）、换水改善期后期（3 月 19—23 日），参照《地表水环境质量标准》（GB 3838—2002），对监测成果进行分区分析评价（水质指标 TN 不参与评价）。

1. 沿江口门水质情况

沿江口门引水断面望虞闸（上）、荡茜枢纽（上）、七浦闸（上）水质稳定，不同时期水质综合评价均稳定在Ⅲ类水，达到调度水质要求。调水试验期间各口门相机引水。沿江口门引水断面杨林闸（上）13—17 日引水，其余时段关闸。水质变化有一定的过程，虽然 13 日引水，但杨林闸各项水质指标的最差值均出现在 13 日。9—13 日的 3 次监测成果中，高锰酸盐指数为Ⅳ类水，DO、NH_3—N、TP 均为劣Ⅴ类；随着 13—17 日持续引水，除 TP 指标浓度回落慢，其余各项指标在 15—17 日均达到Ⅱ类水要求；后期 18—23 日由于降雨关闸等因素，各类指标逐步反弹变差。在 15—23 日的 5 次监测成果中，DO 保持在Ⅰ类水，NH_3—N 在Ⅲ类水以内，高锰酸盐指数保持在Ⅱ～Ⅳ类，TP 保持在Ⅲ～劣Ⅴ类。沿江引水对杨林塘水质影响较大，引水期水质变优，降雨关闸情况下，由于面源污染汇集等因素，水环境易变差。引水断面杨林闸（上）水质综合评价为劣Ⅴ类。

沿江口门排水断面浒浦闸（上）、白茆闸（上）、浏河闸（上）水质综合评价为Ⅲ～Ⅳ类水。其中浒浦闸（上）相机排水。

望虞河东岸各口门相机引水。永昌泾闸、车轮桥水质较稳定，水质综合评价分别为

Ⅱ、Ⅲ类水，满足调度要求。张家港西三环湖桥引水准备期水质综合评价为Ⅲ类水，换水改善期水质综合评价为Ⅴ类水，主要影响因子为 NH_3—N。

本次调水试验期间，在东太湖口门设置监测断面为瓜泾口、吴家港桥、联湖桥、太浦闸（下），相机引水，同时水质综合评价均达到Ⅲ类水。

2. 区域河网总体水质情况

（1）水质类别分析。本次调水试验期间，在所监测的 47 个断面中，水质综合评价为Ⅱ类、Ⅲ类、Ⅳ类、Ⅴ类、劣Ⅴ类水断面个数占比分别为 19.1%、36.2%、23.4%、14.9%、6.4%，累计达到Ⅲ类水断面个数占比 55.3%。引水准备期Ⅱ类、Ⅲ类、Ⅳ类、Ⅴ类、劣Ⅴ断面占比分别为 14.9%、38.3%、21.3%、21.3%、4.2%。换水改善期Ⅱ类、Ⅲ类、Ⅳ类、Ⅴ类、劣Ⅴ断面占比分别为 21.4%、31.9%、19.1%、19.1%、8.5%。换水改善期较引水准备期Ⅱ类水断面占比增加 6.5%，Ⅲ类、Ⅳ类、Ⅴ类水分别降低 6.4%、2.2%、2.2%，劣Ⅴ类水断面占比增加 4.3%。

本次调水试验期间，换水改善期水质综合评价维持并达到Ⅲ类水要求的断面为 25 处，占比 53.2%，其中换水改善期前期维持并达到Ⅲ类水要求的断面为 26 处，占比 55.3%。26 处断面中，换水改善期与换水改善前期保持一致的有 25 处，仅白茆闸（上）段换水改善后期 NH_3—N 指标评价为Ⅴ类，换水改善期水质综合评价为Ⅳ类。

从水质综合评价来看，换水改善期较引水准备期水质类别提高的断面有 10 处，占 21.3%，主要为沿江口门、东太湖口门、阳澄湖及出入湖河道断面，阳澄区娄江和淀泖区大直港河道断面。换水改善期前期水质优于引水准备期的断面有 9 处，占 19.1%，主要为沿江口门、东太湖口门和阳澄湖及出入湖河道。调水试验期间水质综合评价提高的断面列表见表 11.10。

表 11.10　　调水试验期间水质综合评价提高的断面列表

<table>
<tr><th colspan="3">换水改善期较引水准备期
水质类别提高断面</th><th colspan="3">换水改善期前期较引水准备期
水质类别提高断面</th></tr>
<tr><th>区域</th><th>河流名称</th><th>断面名称</th><th>区域</th><th>河流名称</th><th>测站名称</th></tr>
<tr><td>沿江口门</td><td>浏河</td><td>浏河闸（上）</td><td>沿江口门</td><td>浏河</td><td>浏河闸（上）</td></tr>
<tr><td>东太湖口门</td><td>大浦港</td><td>联湖桥</td><td rowspan="3">东太湖口门</td><td>吴家港</td><td>吴家港桥</td></tr>
<tr><td rowspan="5">阳澄湖及出入河道</td><td>界泾河</td><td>界泾河入湖口</td><td>大浦港</td><td>联湖桥</td></tr>
<tr><td>陆泾</td><td>陆泾出湖口</td><td>太浦河</td><td>太浦闸（下）</td></tr>
<tr><td>西港河</td><td>西港河出湖口</td><td rowspan="5">阳澄湖及出入河道</td><td>界泾河</td><td>界泾河入湖口</td></tr>
<tr><td>阳澄湖</td><td>野尤泾桥</td><td>陆泾</td><td>陆泾出湖口</td></tr>
<tr><td>阳澄湖</td><td>阳澄东湖</td><td>西港河</td><td>西港河出湖口</td></tr>
<tr><td rowspan="2">阳澄区主干河道</td><td>娄江</td><td>娄江大桥</td><td>阳澄湖</td><td>野尤泾桥</td></tr>
<tr><td>张家港</td><td>通城河桥</td><td>阳澄湖</td><td>阳澄东湖</td></tr>
<tr><td>淀泖区河道</td><td>大直港</td><td>机场路大直港桥</td><td></td><td></td><td></td></tr>
</table>

（2）浓度分析。综合 47 个断面各项水质指标的浓度改善效果来看，换水改善期前期相比于引水准备期，有超过一半的断面 TP 指标均得到了不同程度的改善，浓度降幅范围

为1.7%～56.5%，降幅最大的断面为娄江大桥；有接近一半的断面高锰酸盐指数和NH_3—N指标得到改善，降幅分别为2.2%～67.1%、1.9%～91.2%，降幅最大的断面都是杨林闸（上）；有近1/3的断面TN和DO指标得到改善，TN浓度降幅为6.5%～35.9%，降幅最大的断面为杨林闸（上），DO浓度增幅为1.4%～1581.6%，增幅最大的断面为杨林闸（上），其次是娄江大桥，提升了11.7%。具体见表11.11。换水改善期前期与引水准备期相比，不少于3个指标浓度得到改善的断面分区域见表11.12。

表11.11　　单项浓度改善显著的断面与指标对照表　　%

排序	DO		高锰酸盐指数		TP		NH_3—N		TN	
	断面	幅度	断面	幅度	断面	幅度	断面	幅度	断面	幅度
1	杨林闸（上）	1581.6	杨林闸（上）	67.1	娄江大桥	56.5	杨林闸（上）	91.2	杨林闸（上）	35.9
2	娄江大桥	11.7	阳澄东湖	30.6	周塘河桥	55.3	永昌泾闸	84.4	娄江大桥	30.4
3	平望大桥	8.7	七浦塘桥	30.0	西港河出湖口	50.0	阳澄东湖	80.8	阳澄东湖	28.2

表11.12　　换水改善期前期多数指标浓度改善的断面列表

区　域	河流名称	断面名称	改善指标个数	具体的改善指标
沿江口门	浏河	白茆闸	3	DO、TP、NH_3—N
	杨林塘	杨林闸（上）	5	DO、高锰酸盐指数、TP、NH_3—N、TN
	浏河	浏河闸（上）	4	DO、高锰酸盐指数、TP、NH_3—N
望虞河东岸口门	永昌泾	永昌泾闸内	3	高锰酸盐指数TP、NH_3—N、TN
东太湖口门	瓜泾港	瓜泾口	3	DO、NH_3—N、TP
	吴家港	吴家港桥	3	DO、TP、TN
阳澄湖及出入河道	阳澄湖	阳澄东湖	4	DO、高锰酸盐指数、TP、NH_3—N、TN
	陆泾	陆泾出湖口	4	高锰酸盐指数、TP、NH_3—N、TN
	西港河	西港河出湖口	4	高锰酸盐指数、TP、NH_3—N、TN
阳澄区主干河道	娄江	娄江大桥	5	DO、高锰酸盐指数、TP、NH_3—N、TN
	石头塘	石头塘长桥	3	高锰酸盐指数TP、TP、NH_3—N
淀泖区河道	太浦河	平望大桥	3	DO、TP、NH_3—N

可以看到在所有断面中，在调水试验过程中只有杨林闸（上）和娄江大桥5个水质指标的浓度全部得到改善；其次是沿江的浏河闸（上）口门、阳澄东湖以及陆泾河西港河2个主要出湖口，有4个指标浓度都得到改善。根据实际改善效果，从区域上看，沿江各口门、东太湖各口门、阳澄湖及阳澄湖的出湖口换水改善期各指标的浓度改善效果最为明显。这与按水质类别分析的结果是一致的。

调水试验期间，部分本底值较差断面水质类别虽然没有得到改善，但浓度得到了不同程度的改善，由于本次调水试验与预期设计存在一定出入，以及调水试验的时空局限性，这种量变未能促成质变，但依然反映出了本次调水试验的积极影响和水体有序流动对水质的改善作用。

11.2.4.2　水质效果评估

1. 单项水质指标评价分析

选取试验前各口门关闸或滞流的状态，以阳澄淀泖区河道常态化的水功能区资料为背景资料，根据方案的监测项目并结合水体特点，选定水质指标DO、NH_3—N、高锰酸盐指数、TP，对水质监测成果均值和背景值按区域进行比较，从而分析调水水质变化的效果。

（1）阳澄区骨干河道。本次调水试验在阳澄区骨干河道元和塘、张家港、盐铁塘、石头糖、娄江和青阳港共布设监测断面11处。

调水试验期间，阳澄区骨干河道监测断面水质指标DO、高锰酸盐指数、NH_3—N、TP达到Ⅲ类水的占比分别为63.6%、90.9%、18.2%、18.2%，与背景值比较分别为持平、提高45.5%、降低18.2%、提高9.2%，区域内高锰酸盐指数和TP指标改善显著，见图11.10和表11.13。

表11.13　　　　阳澄区骨干河道监测断面水质均值表

河流名称	监测断面	时段	DO		高锰酸盐指数		NH_3—N		TP	
			浓度/(mg·L^{-1})	评价	浓度/(mg·L^{-1})	评价	浓度/(mg·L^{-1})	评价	浓度/(mg·L^{-1})	评价
元和塘	周塘河桥	背景	3.27	Ⅳ类	5.7	Ⅲ类	1.42	Ⅳ类	0.564	劣Ⅴ类
		调水试验期	6.37	Ⅱ类	4.9	Ⅲ类	1.55	Ⅴ类	0.404	劣Ⅴ类
	元和塘常相交界	背景	7.73	Ⅰ类	5.9	Ⅲ类	1.74	Ⅴ类	0.202	Ⅳ类
		调水试验期	7.71	Ⅰ类	3.2	Ⅱ类	0.48	Ⅱ类	0.081	Ⅱ类
	元和塘南段	背景	8.25	Ⅰ类	7.2	Ⅳ类	0.38	Ⅱ类	0.262	Ⅳ类
		调水试验期	7.46	Ⅱ类	4.3	Ⅲ类	1.53	Ⅴ类	0.227	Ⅳ类
盐铁塘	盐铁塘常太交界	背景	5.48	Ⅲ类	6.6	Ⅳ类	1.90	Ⅴ类	0.503	劣Ⅴ类
		调水试验期	7.53	Ⅰ类	4.0	Ⅱ类	1.01	Ⅳ类	0.207	Ⅳ类
	城南桥	背景	2.65	Ⅴ类	7.5	Ⅳ类	2.31	劣Ⅴ类	0.346	Ⅴ类
		调水试验期	4.95	Ⅳ类	4.7	Ⅲ类	1.97	Ⅴ类	0.294	Ⅳ类
	新丰新星桥	背景	4.22	Ⅳ类	6.4	Ⅳ类	3.39	劣Ⅴ类	0.215	Ⅳ类
		调水试验期	7.10	Ⅱ类	4.3	Ⅲ类	1.64	Ⅴ类	0.285	Ⅳ类
娄江	娄江大桥	背景	7.89	Ⅰ类	6.6	Ⅳ类	0.52	Ⅲ类	0.115	Ⅲ类
		调水试验期	9.72	Ⅰ类	3.0	Ⅱ类	0.43	Ⅱ类	0.038	Ⅱ类
	西河大桥	背景	5.65	Ⅲ类	5.7	Ⅲ类	0.76	Ⅲ类	0.446	劣Ⅴ类
		调水试验期	4.44	Ⅳ类	5.4	Ⅲ类	1.58	Ⅴ类	0.233	Ⅳ类
张家港	通城河桥	背景	8.04	Ⅰ类	5.1	Ⅲ类	1.00	Ⅲ类	0.386	Ⅴ类
		调水试验期	4.87	Ⅳ类	4.8	Ⅲ类	1.48	Ⅳ类	0.217	Ⅳ类
青阳港	青阳港大桥	背景	4.30	Ⅳ类	7.3	Ⅳ类	1.99	Ⅴ类	0.469	劣Ⅴ类
		调水试验期	3.93	Ⅳ类	6.1	Ⅳ类	1.50	Ⅳ类	0.286	Ⅳ类

续表

河流名称	监测断面	时段	DO		高锰酸盐指数		NH_3—N		TP	
			浓度/(mg·L⁻¹)	评价	浓度/(mg·L⁻¹)	评价	浓度/(mg·L⁻¹)	评价	浓度/(mg·L⁻¹)	评价
石头塘	石头塘长桥	背景	5.21	Ⅲ类	5.5	Ⅲ类	1.74	Ⅴ类	0.284	Ⅳ类
		调水试验期	6.93	Ⅱ类	4.3	Ⅲ类	1.06	Ⅳ类	0.354	Ⅴ类
阳澄区骨干河道	平均值	背景	5.70	Ⅲ类	6.3	Ⅳ类	1.56	Ⅴ类	0.345	Ⅴ类
		调水试验期	6.46	Ⅱ类	4.5	Ⅲ类	1.29	Ⅳ类	0.237	Ⅳ类

（2）阳澄湖及出入湖河道断面。本次调水试验在阳澄湖、入湖河道界泾、永昌泾、蠡塘河、七浦塘及出湖河道杨林塘、西港河、陆泾河共布设监测断面9处。

调水试验期间，阳澄湖及出入湖河道监测断面水质指标DO、高锰酸盐指数、NH_3—N、TP达到Ⅲ类水的占比分别为100%、100%、88.9%、88.9%，与背景值比较分别为持平、持平、持平、提高55.6%，区域内TP指标改善显著，见图11.11和表11.14。

表11.14　　阳澄湖及出入湖河道监测断面水质均值

河流名称	监测断面	时段	DO		高锰酸盐指数		NH_3—N		TP	
			浓度/(mg·L⁻¹)	评价	浓度/(mg·L⁻¹)	评价	浓度/(mg·L⁻¹)	评价	浓度/(mg·L⁻¹)	评价
永昌泾	永昌泾入湖口	背景	9.05	Ⅰ类	5.6	Ⅲ类	0.79	Ⅲ类	0.247	Ⅳ类
		调水试验期	8.53	Ⅰ类	3.9	Ⅱ类	0.42	Ⅱ类	0.065	Ⅱ类
界泾河	界泾河入湖口	背景	7.45	Ⅱ类	5.9	Ⅲ类	0.81	Ⅲ类	0.267	Ⅳ类
		调水试验期	9.77	Ⅰ类	3.9	Ⅱ类	0.33	Ⅱ类	0.062	Ⅱ类
蠡塘河	蠡塘河入湖口	背景	7.52	Ⅰ类	5.7	Ⅲ类	1.63	Ⅴ类	0.211	Ⅳ类
		调水试验期	6.55	Ⅱ类	4.8	Ⅲ类	1.91	Ⅴ类	0.242	Ⅳ类
七浦塘	七浦塘桥	背景	9.86	Ⅰ类	4.5	Ⅲ类	0.67	Ⅲ类	0.279	Ⅳ类
		调水试验期	10.25	Ⅰ类	3.4	Ⅱ类	0.31	Ⅱ类	0.053	Ⅱ类
陆泾	陆泾出湖口	背景	9.63	Ⅰ类	5.0	Ⅲ类	0.45	Ⅱ类	0.140	Ⅲ类
		调水试验期	11.93	Ⅰ类	4.5	Ⅲ类	0.90	Ⅲ类	0.109	Ⅲ类
西港河	西港河出湖口	背景	9.53	Ⅰ类	4.6	Ⅲ类	0.08	Ⅰ类	0.111	Ⅲ类
		调水试验期	10.63	Ⅰ类	3.5	Ⅱ类	0.18	Ⅱ类	0.032	Ⅱ类
杨林塘	巴城工农桥	背景	11.52	Ⅰ类	4.5	Ⅲ类	0.04	Ⅰ类	0.175	Ⅲ类
		调水试验期	10.68	Ⅰ类	3.0	Ⅱ类	0.11	Ⅰ类	0.022	Ⅱ类
阳澄湖	野尤泾桥	背景	12.36	Ⅰ类	4.3	Ⅲ类	0.05	Ⅰ类	0.088	Ⅳ类
		调水试验期	9.61	Ⅰ类	3.2	Ⅱ类	0.13	Ⅰ类	0.008	Ⅰ类
阳澄湖	阳澄东湖	背景	12.05	Ⅰ类	4.3	Ⅲ类	0.08	Ⅰ类	0.060	Ⅳ类
		调水试验期	10.90	Ⅰ类	3.2	Ⅱ类	0.10	Ⅰ类	0.004	Ⅰ类
阳澄湖及出入湖河道	平均值	背景	9.89	Ⅰ类	4.9	Ⅲ类	0.51	Ⅲ类	0.175	Ⅲ类
		调水试验期	9.87	Ⅰ类	3.7	Ⅱ类	0.48	Ⅱ类	0.066	Ⅱ类

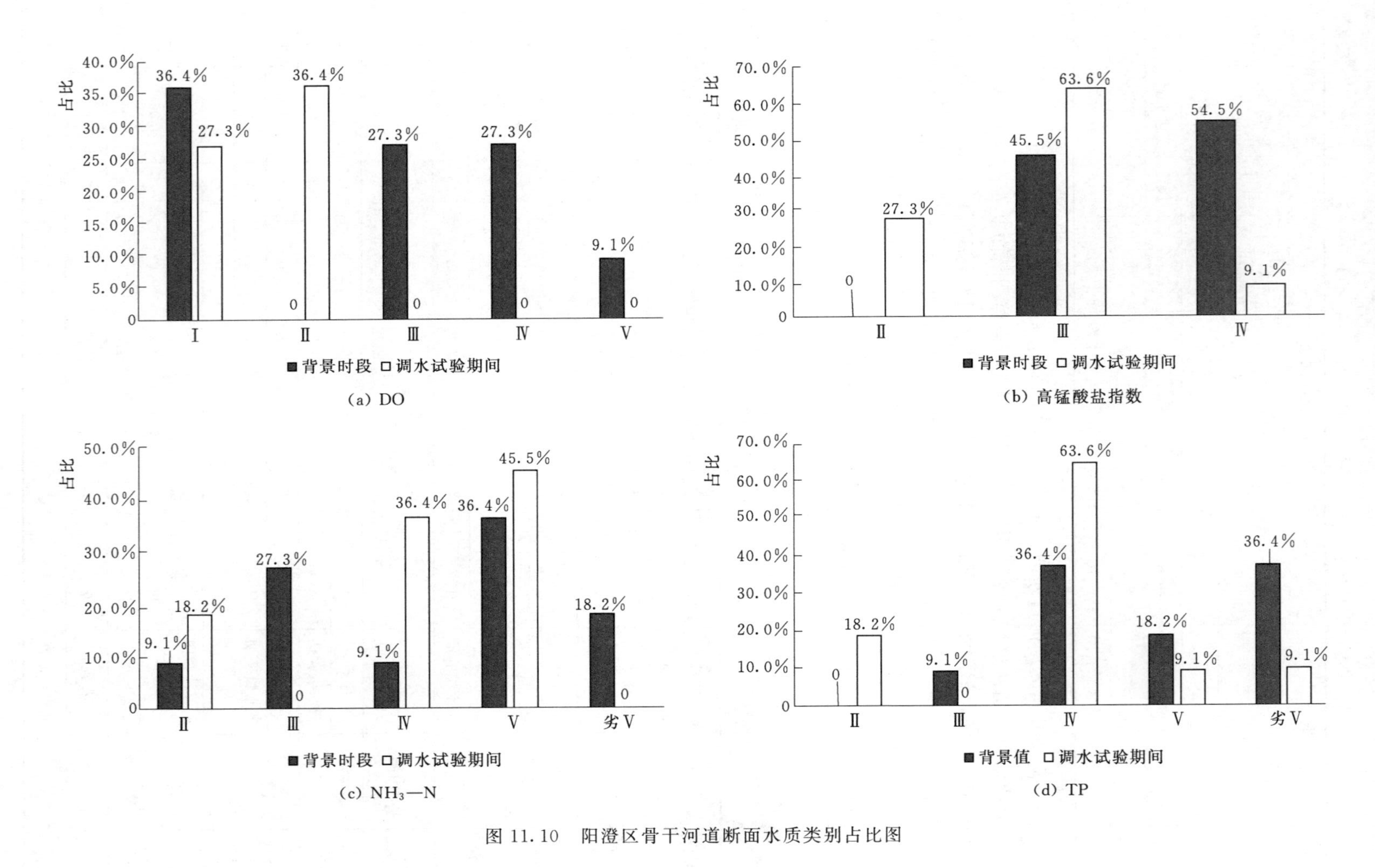

图 11.10　阳澄区骨干河道断面水质类别占比图

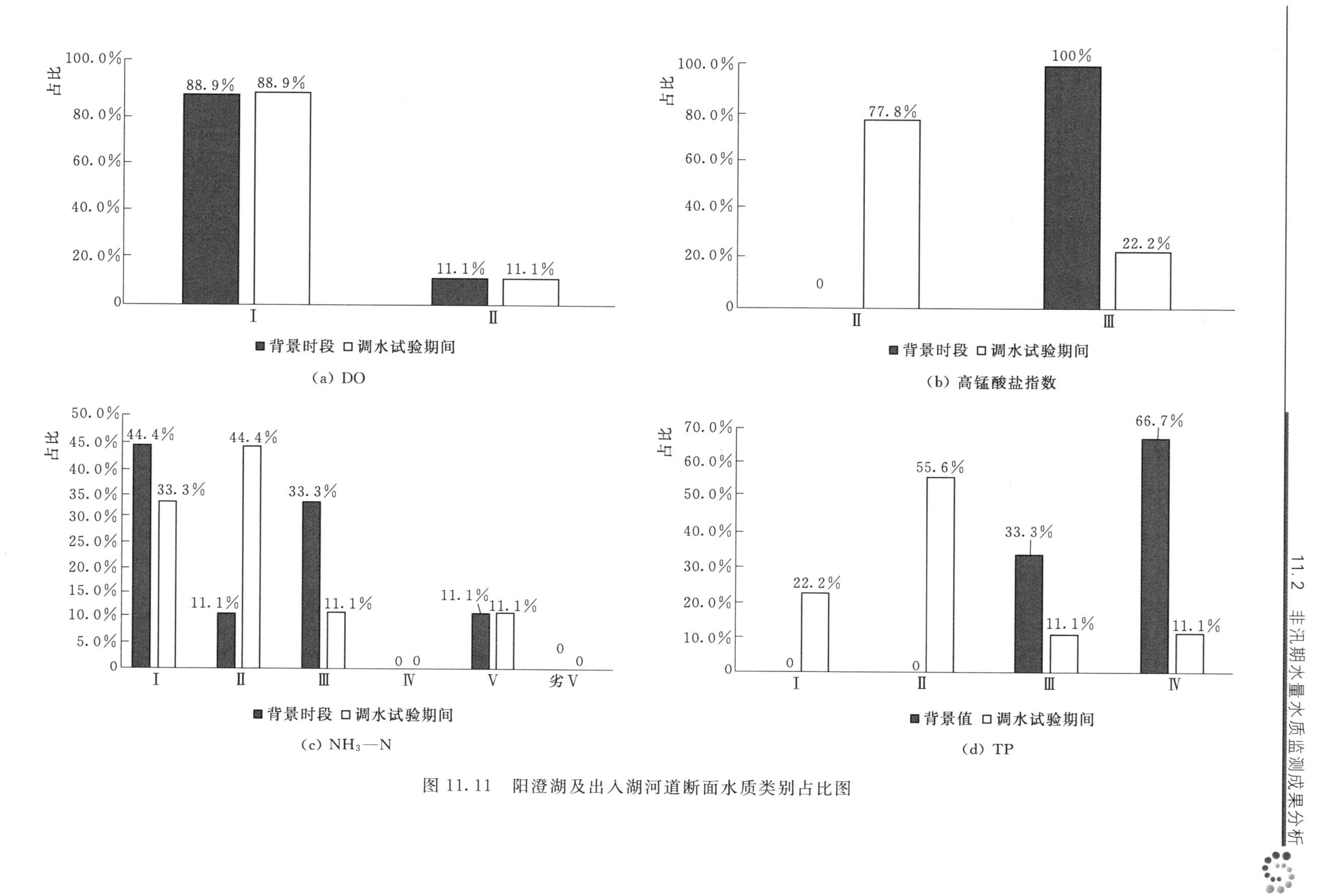

图 11.11 阳澄湖及出入湖河道断面水质类别占比图

（3）淀泖区骨干河道断面。本次调水试验在淀泖区骨干河道太浦河、斜塘、界浦、大直港、牛长泾、苏南运河、窑港桥共布设监测断面 9 处。

调水试验期间，淀泖区骨干河道监测断面水质指标 DO、高锰酸盐指数、NH_3—N、TP 达到Ⅲ类水占比的分别为 100%、100%、66.7%、77.8%，与背景值比较分别提高 11.1%、提高 11.1%、下降 33.3%、提高 44.5%，区域内 TP 改善明显，见图 11.12 和表 11.15。

表 11.15　　淀泖区骨干河道监测断面水质均值表

河流名称	监测断面	时段	DO		高锰酸盐指数		NH_3—N		TP	
			浓度/(mg·L^{-1})	评价	浓度/(mg·L^{-1})	评价	浓度/(mg·L^{-1})	评价	浓度/(mg·L^{-1})	评价
太浦河	太浦闸（下）	背景	10.57	Ⅰ类	6.4	Ⅳ类	0.06	Ⅰ类	0.138	Ⅲ类
		调水试验期	10.29	Ⅰ类	3.4	Ⅱ类	0.35	Ⅱ类	0.114	Ⅲ类
太浦河	平望大桥	背景	9.56	Ⅰ类	6.0	Ⅲ类	0.06	Ⅰ类	0.167	Ⅲ类
		调水试验期	9.40	Ⅰ类	4.0	Ⅱ类	0.61	Ⅲ类	0.104	Ⅲ类
太浦河	芦墟大桥	背景	7.04	Ⅱ类	4.6	Ⅲ类	0.08	Ⅰ类	0.213	Ⅳ类
		调水试验期	7.96	Ⅰ类	4.2	Ⅲ类	0.48	Ⅱ类	0.090	Ⅱ类
斜塘	斜塘大桥	背景	5.09	Ⅲ类	4.3	Ⅲ类	0.08	Ⅰ类	0.134	Ⅲ类
		调水试验期	9.99	Ⅰ类	4.3	Ⅲ类	0.41	Ⅱ类	0.099	Ⅱ类
界浦	界浦桥	背景	2.82	Ⅴ类	5.0	Ⅲ类	0.89	Ⅲ类	0.202	Ⅳ类
		调水试验期	6.57	Ⅱ类	4.6	Ⅲ类	1.39	Ⅳ类	0.158	Ⅲ类
大直港	机场路大直港桥	背景	8.60	Ⅰ类	4.7	Ⅲ类	0.59 类	Ⅲ类	0.430	劣Ⅴ类
		调水试验期	5.84	Ⅲ类	5.0	Ⅲ类	1.53	Ⅴ类	0.210	Ⅳ类
牛长泾	牛长泾桥	背景	5.63	Ⅲ类	4.2	Ⅲ类	0.26	Ⅱ类	0.229	Ⅳ类
		调水试验期	8.78	Ⅰ类	5.5	Ⅲ类	0.90	Ⅲ类	0.242	Ⅳ类
苏南运河	科林大桥	背景	8.68	Ⅰ类	4.2	Ⅲ类	0.72	Ⅲ类	0.212	Ⅳ类
		调水试验期	7.59	Ⅰ类	3.9	Ⅱ类	1.15	Ⅳ类	0.165	Ⅲ类
北窑港	窑港桥	背景	7.56	Ⅰ类	4.8	Ⅲ类	0.06	Ⅰ类	0.297	Ⅳ类
		调水试验期	8.28	Ⅰ类	4.3	Ⅲ类	0.40	Ⅱ类	0.128	Ⅲ类
淀泖区骨干河道	平均值	背景	7.28	Ⅱ类	4.9	Ⅲ类	0.31	Ⅱ类	0.225	Ⅳ类
		调水试验期	8.30	Ⅰ类	4.4	Ⅲ类	0.80	Ⅲ类	0.146	Ⅲ类

（4）省际边界河道断面。本次调水试验在省际边界河道千灯浦、大小朱砂、急水港、元荡、吴淞江、盐铁塘、太浦河共布设监测断面 7 处。

调水试验期间，省际边界河道监测断面水质指标 DO、高锰酸盐指数、NH_3—N、TP 达到Ⅲ类水占比的分别为 100%、85.7%、42.9%、57.2%，与背景值比较分别提高 28.6%、提高 14.3%、下降 28.6%、提高 42.9%，见图 11.13 和表 11.16。

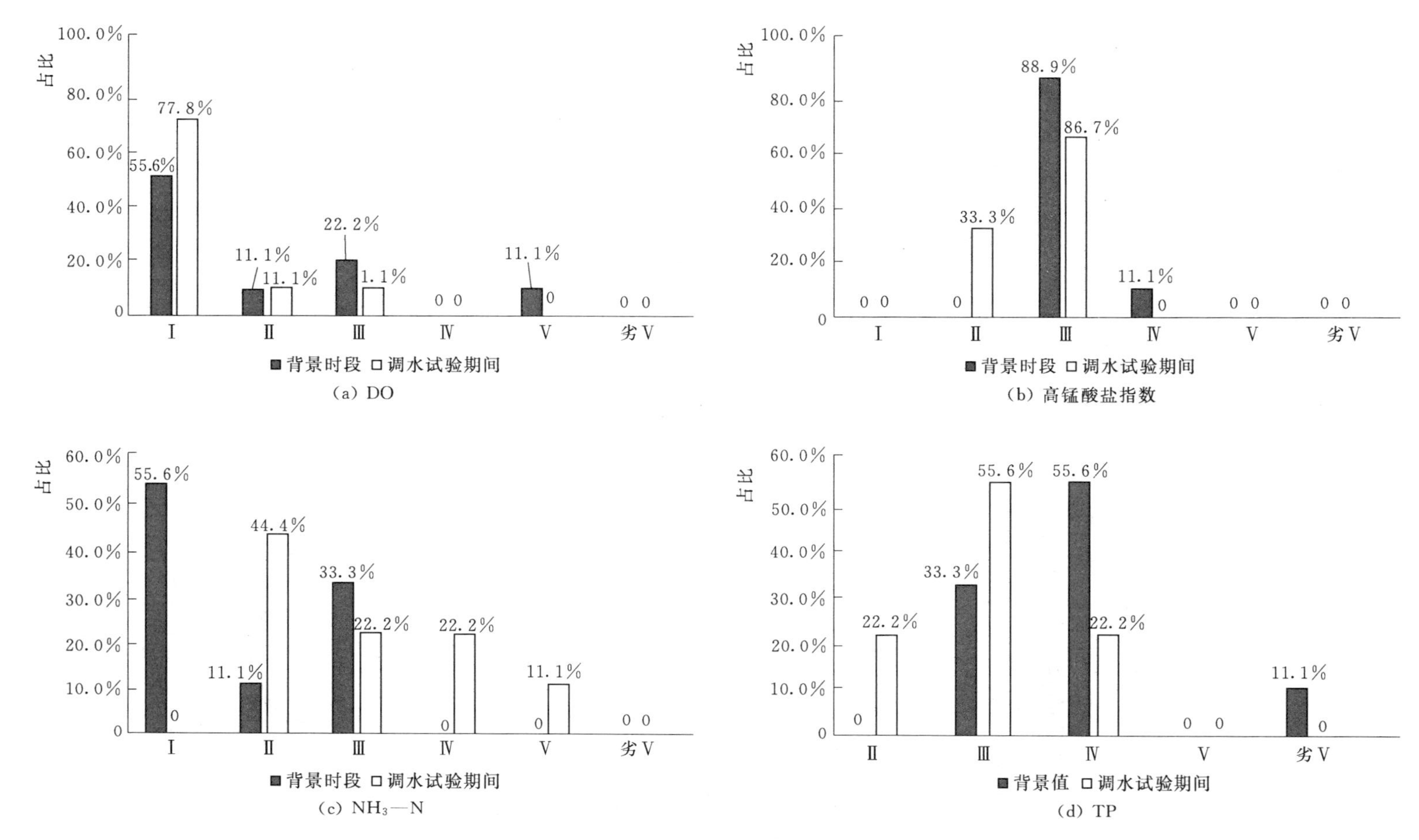

图 11.12 淀泖区骨干河道断面水质类别占比图

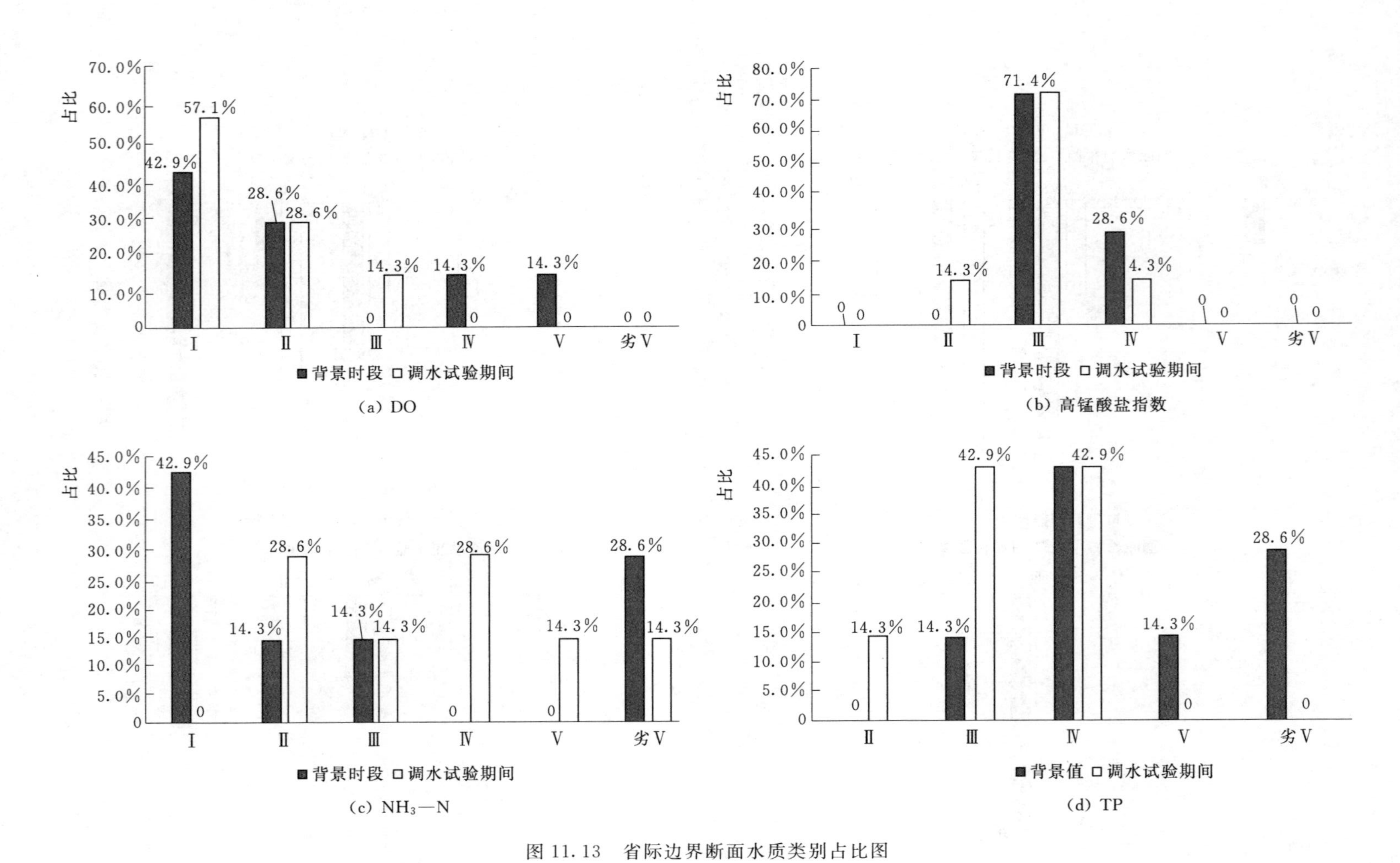

图 11.13　省际边界断面水质类别占比图

表 11.16　　　　　　　　　　省际边界监测断面水质均值表

河流名称	监测断面	时段	DO		高锰酸盐指数		NH_3—N		TP	
			浓度/(mg·L^{-1})	评价	浓度/(mg·L^{-1})	评价	浓度/(mg·L^{-1})	评价	浓度/(mg·L^{-1})	评价
盐铁塘	新丰新星桥	背景	4.22	Ⅳ类	6.4	Ⅳ类	3.39	劣Ⅴ类	0.215	Ⅳ类
		调水试验期	7.10	Ⅱ类	4.3	Ⅲ类	1.64	Ⅴ类	0.285	Ⅳ类
吴淞江	花桥吴淞江大桥	背景	2.52	Ⅴ类	7.1	Ⅳ类	2.21	劣Ⅴ类	0.719	劣Ⅴ类
		调水试验期	5.82	Ⅲ类	6.3	Ⅳ类	2.65	劣Ⅴ类	0.276	Ⅳ类
太浦河	芦墟大桥	背景	7.04	Ⅱ类	4.6	Ⅲ类	0.08	Ⅰ类	0.213	Ⅳ类
		调水试验期	7.96	Ⅰ类	4.2	Ⅲ类	0.48	Ⅱ类	0.090	Ⅱ类
千灯浦	千灯浦入赵田湖口	背景	7.95	Ⅰ类	5.9	Ⅲ类	0.80	Ⅲ类	0.458	劣Ⅴ类
		调水试验期	7.11	Ⅱ类	5.1	Ⅲ类	1.48	Ⅳ类	0.229	Ⅳ类
大、小朱砂	大朱砂桥	背景	9.01	Ⅰ类	5.2	Ⅲ类	0.43	Ⅱ类	0.342	Ⅴ类
		调水试验期	9.13	Ⅰ类	4.3	Ⅲ类	0.53	Ⅲ类	0.178	Ⅲ类
急水港	周庄大桥	背景	8.32	Ⅰ类	4.7	Ⅲ类	0.09	Ⅰ类	0.184	Ⅲ类
		调水试验期	8.32	Ⅰ类	4.1	Ⅲ类	1.27	Ⅳ类	0.135	Ⅲ类
元荡入淀山湖口	白石矶桥	背景	6.69	Ⅱ类	4.7	Ⅲ类	0.07	Ⅰ类	0.245	Ⅳ类
		调水试验期	9.69	Ⅰ类	3.8	Ⅱ类	0.28	Ⅱ类	0.107	Ⅲ类
省际边界河道	平均值	背景	6.54	Ⅱ类	5.5	Ⅲ类	1.01	Ⅳ类	0.339	Ⅴ类
		调水试验期	7.88	Ⅰ类	4.6	Ⅲ类	1.19	Ⅳ类	0.186	Ⅲ类

2. 水质指标综合评价分析

调水试验期间，在所监测的47个断面中，水质综合评价累计达到Ⅲ类水断面个数的占比为55.3%，较背景值上升23.4%；Ⅳ类水断面个数的占比为23.4%，较背景值下降6.4%；Ⅴ类和劣Ⅴ类水断面个数的占比为21.3%，较背景值下降17.0%。其中阳澄区骨干河道断面、阳澄湖及出入湖河道断面、淀泖区骨干河道断面、省际边界河道断面的水质综合评价达到Ⅲ类水占比的分别为18.2%、77.8%、55.6%和42.9%。与背景值比较，分别上升18.2%、22.1%、33.4%、28.6%。水质综合评价达到Ⅲ类水占比最高的为阳澄湖及出入湖河道断面，同时各区域均有不同程度的提高，其中淀泖区骨干河道区域提高幅度最高，见表11.17。

调水试验对阳澄淀泖区水环境的改善效果显著。调水试验期较背景时段水质监测断面改善的有29处，达到61.7%。其中沿江口门断面2处、望虞河东岸口门断面3处、东太湖口门断面3处、阳澄区骨干河道断面8处、阳澄湖及出入湖河道断面6处、淀泖区骨干河道断面4处、省际边界河道断面3处。

3. 水质改善程度分析

将阳澄淀泖区有序流动调水试验水质监测数据与调度前水质监测数据进行对比，分析调度对河湖受水区重要水质指标浓度的影响程度，从而评价水生态环境调度的效果。

表 11.17　　调水试验期较背景时段水质综合评价改善断面列表

区　域	河流名称	测站名称	水质综合评价	
			背景时段	调水试验期
沿江口门	望虞河	望虞闸（上）	Ⅳ类	Ⅲ类
	白茆塘	白茆闸（上）	Ⅴ类	Ⅲ类
望虞河东岸口门	张家港	西三环湖桥	Ⅴ类	Ⅳ类
	永昌泾	永昌泾闸内	Ⅲ类	Ⅱ类
	琳桥港	车轮桥	劣Ⅴ类	Ⅲ类
东太湖口门	吴家港	吴家港桥	Ⅳ类	Ⅲ类
	大浦港	联湖桥	Ⅲ类	Ⅱ类
	太浦河	太浦闸（下）	Ⅳ类	Ⅲ类
阳澄湖及出入河道	永昌泾	永昌泾入湖口	Ⅳ类	Ⅲ类
	界泾河	界泾河入湖口	Ⅳ类	Ⅲ类
	七浦塘	七浦塘桥	Ⅳ类	Ⅱ类
	杨林塘	巴城工农桥	Ⅲ类	Ⅱ类
	阳澄湖	野尤泾桥	Ⅲ类	Ⅱ类
		阳澄东湖	Ⅲ类	Ⅱ类
阳澄区主干河道	元和塘	元和塘常相交界处	Ⅴ类	Ⅱ类
	盐铁塘	盐铁塘常太交界	劣Ⅴ类	Ⅳ类
		城南桥	劣Ⅴ类	Ⅴ类
		新丰新星桥	劣Ⅴ类	Ⅴ类
	娄江	娄江大桥	Ⅳ类	Ⅱ类
	娄江	西河大桥	劣Ⅴ类	Ⅴ类
	张家港	通城河桥	Ⅴ类	Ⅳ类
	青阳港	青阳港大桥	劣Ⅴ类	Ⅳ类
淀泖区河道	界浦	界江大桥	Ⅴ类	Ⅳ类
	大直港	机场路大直港桥	劣Ⅴ类	Ⅴ类
	太浦河	芦墟大桥	Ⅳ类	Ⅲ类
	北窑港	窑港桥	Ⅳ类	Ⅲ类
省际边界河道	千灯浦	千灯浦闸	劣Ⅴ类	Ⅳ类
	大、小朱砂	大朱砂桥	Ⅴ类	Ⅲ类
	元荡入淀山湖口	白石矶桥	Ⅳ类	Ⅲ类

（1）河湖受水区水质改善程度评价方法。河湖受水区水质改善程度指标计算公式为

$$WQ=\frac{C_{wb}-C_{wa}}{C_{wb}}\times 100\% \tag{11.1}$$

式中：WQ 为河湖受水区水质改善程度；C_{wa} 为调度后流域或区域河流与湖泊受水区水质指标的浓度；C_{wb} 为调度前流域或区域河流与湖泊受水区水质指标的浓度。

河湖受水区水质改善程度越高，表明流域或区域常规水生态环境调度的效果越明显。河湖受水区水质改善程度指标赋分标准见表11.18。

表11.18 河湖受水区水质改善程度指标赋分标准

分级	推荐标准	赋分	分级	推荐标准	赋分
优	[66%，100%)	(80，100]	差	[−33%，0)	(20，40]
良	[33%，66%)	(60，80]	劣	(−∞，−33%)	(0，20]
中	[0，33%)	(40，60]			

不同河湖受水区参评水质指标的选择需依据该水域水质特点，选取对河湖水质评判具有约束性的水质指标。根据非汛期调水试验监测项目并结合水体特点，选取DO、高锰酸盐指数、NH_3—N、TP等水质指标计算各个单项指标的改善程度，并进行赋分，最后以四项指标改善程度的得分进行算数平均得到河湖受水区水质改善程度的综合得分。

调水试验前各口门以关闸或滞流状态为主，以阳澄淀泖区常态下的水功能区监测数据作为调度前水质监测资料，考虑调水试验后期降雨关闸等因素的影响，以降雨关闸前（3月9—17日）的水质监测数据作为调度后的水质监测资料。

（2）水质改善程度。

1）引水口门水质改善程度。引水口门共设监测断面14处，其中沿江口门7处，望虞河东岸3处，东太湖口门4处。各口门水质指标改善程度情况为：DO改善程度达到良等级的断面6处，为望虞闸上、湖桥、车轮桥、浒浦闸（上）、白茆闸（上）、永昌泾桥；高锰酸盐指数改善程度达到良等级的断面9处，为望虞闸（上）、白茆闸（上）、荡茜枢纽（上）、七浦闸（上）、浏河闸（上）、永昌泾桥、车轮桥、联湖桥、太浦闸（下）；NH_3-N改善程度达到良等级的断面5处，为望虞闸上、白茆闸（上）、永昌泾桥、车轮桥、浏河闸（上）；TP改善程度达到优等级的断面7处，为永昌泾桥、浒浦闸（上）、白茆闸（上）、湖桥、车轮桥、吴家港桥、联湖桥。

四项指标综合改善程度情况为：14处监测断面优、良、中、差占比分别为14.2%、28.6%、28.6%、28.6%；其中沿江各口门良、中、差占比为42.9%、14.2%、42.9%；望虞河东岸口门优、中占比为66.7%、33.3%；东太湖口门中、差占比为75.0%、25.0%。达到优等级的断面2处，为永昌泾和车轮桥；达到良等级的断面4处，为望虞闸（上）、浒浦闸（上）、白茆闸（上）、湖桥。由此可见，望虞河东岸口门水质改善程度显著，见表11.19。

2）阳澄淀泖区域水质改善程度。为更好地观察引水对腹地不同区域的改善程度，分别从阳澄区骨干河道（监测断面11处）、阳澄湖及出入湖河道（监测断面9处）、淀泖区骨干河道（监测断面9处）、省际边界河道（监测断面7处）进行分析。

阳澄淀泖区水质指标改善程度情况为：DO改善程度达到良等级的断面11处，为周塘河大桥、城南桥、新丰新星桥、斜塘大桥、界江大桥、花桥吴淞江大桥、常太交界、石头塘长桥、界泾河入湖口、牛长泾桥、白石矶桥；高锰酸盐指数改善程度达到良等级的断面有10处，为斜塘大桥、界江大桥、爱格豪路桥、建元路桥、常太交界、城南桥、娄江大桥、界泾河入湖口、巴城工农桥、牛长泾桥；NH_3—N改善程度达到良等级的断面6处，

表11.19　　引水口门水质改善程度赋分及分级表

区域	河流名称	监测断面	DO		高锰酸盐指数		NH_3—N		TP		四项指标综合	
			赋分	分级	赋分	分级	赋分	分级	赋分	分级	赋分	分级
沿江口门	望虞河	望虞闸（上）	100	优	66.1	良	84.3	优	<20	劣	67.6	良
	常浒河	浒浦闸（上）	61.5	良	56.0	中	58.6	中	78.5	良	63.7	良
	白茆塘	白茆闸（上）	77.5	良	77.2	良	88.7	优	74.0	良	79.3	良
	荡茜	荡茜枢纽（上）	46.5	中	63.2	良	<20	劣	<20	劣	37.4	差
	七浦塘	七浦闸（上）	41.7	中	64.2	良	<20	劣	<20	劣	36.5	差
	杨林塘	杨林闸（上）	<20	劣	32.1	差	<20	劣	<20	劣	23.0	差
	浏河	浏河闸（上）	54.4	中	74.3	良	77.0	良	<20	劣	56.4	中
望虞河东岸口门	张家港	湖桥	80.3	优	47.9	中	41.0	中	79.3	良	62.1	良
	永昌泾	永昌泾桥	78.1	良	74.3	良	93.5	优	92.6	优	84.6	优
	琳桥港	车轮桥	100	优	78.2	良	89.9	优	68.9	良	84.3	优
东太湖口门	瓜泾港	瓜泾口	37.4	差	50.8	中	<20	劣	27.1	差	33.8	差
	吴家港	吴家港桥	38.6	差	45.1	中	<20	劣	73.3	良	44.2	中
	大浦港	联湖桥	41.6	中	62.0	良	<20	劣	64.8	良	47.1	中
	太浦河	太浦闸（下）	36.7	差	71.8	良	<20	劣	55.4	中	46.0	中

为爱格豪路桥、常太交界、界泾河入湖口、新丰新星桥、永昌泾入湖口、七浦塘桥；TP改善程度达到优等级的断面22处。

四项指标综合改善程度情况为：阳澄区骨干河道监测断面良、中、差占比分别为45.5%、45.5%、9.0%；阳澄湖及出入湖河道监测断面良、中占比分别为33.3%、66.7%；淀泖区骨干河道监测断面中、差占比分别为66.7%、33.3%；省际边界河道监测断面良、中占比分别为14.3%、85.7%。阳澄淀泖区域33处监测断面良、中、差占比分别为27.3%、60.6%、12.1%。综合改善程度达到良等级的断面9处，分别为周塘河大桥、爱格豪路桥、常太交界、城南桥、娄江大桥、永昌泾入湖口、界泾河入湖口、七浦塘桥、花桥吴淞江大桥。由此可见，阳澄区骨干河道水质改善程度显著，见表11.20。

表11.20　　阳澄淀泖区域监测断面水质改善程度赋分及分级表

区域	河流名称	监测断面	DO		高锰酸盐指数		NH_3—N		TP		四项指标综合	
			赋分	分级	赋分	分级	赋分	分级	赋分	分级	赋分	分级
阳澄区骨干河道断面	元和塘	周塘河大桥	100	优	50.1	中	40.7	中	70.6	良	65.4	良
		爱格豪路桥	39.5	差	68.6	良	85.4	优	76.1	良	67.4	良
		建元路桥	39.1	差	66.1	良	<20	劣	51.0	中	44.0	中
	盐铁塘	常太交界	74.1	良	66.7	良	82.4	优	74.7	良	74.5	良
		城南桥	100	优	64.3	良	50.8	中	53.1	中	67.0	良
		新丰新星桥	84.9	优	59.5	中	72.9	良	21.1	差	59.6	中

续表

区域	河流名称	监测断面	DO		高锰酸盐指数		NH_3—N		TP		四项指标综合	
			赋分	分级	赋分	分级	赋分	分级	赋分	分级	赋分	分级
阳澄区骨干河道断面	娄江	娄江大桥	54.2	中	74.0	良	59.9	中	92.1	优	70.0	良
		西河大桥	39.5	差	42.8	中	<20	劣	72.0	良	43.6	中
	张家港	通城河桥	<20	劣	39.5	差	<20	劣	68.4	良	37.0	差
	青阳港	青阳港大桥	45.7	中	53.7	中	45.6	中	66.8	良	52.9	中
	石头塘	石头塘长桥	68.3	良	54.2	中	59.9	中	21.3	差	50.9	中
阳澄湖及出入湖河道断面	永昌泾	永昌泾入湖口	40.3	中	58.7	中	70.3	良	83.6	优	63.3	良
	界泾河	界泾河入湖口	66.3	良	60.6	良	81.2	优	85.7	优	73.5	良
	蠡塘河	蠡塘河入湖口	40.6	中	53.1	中	33.5	差	34.7	差	40.5	中
	七浦塘	七浦塘桥	43.6	中	53.4	中	72.9	良	89.3	优	64.8	良
	陆泾	陆泾出湖口	58.6	中	46.5	中	<20	劣	51.4	中	44.1	中
	西港河	西港河出湖口	45.3	中	56.5	中	<20	劣	90.7	优	53.1	中
	杨林塘	巴城工农桥	35.0	差	60.3	良	<20	劣	89.2	优	51.1	中
	阳澄湖	野尤泾桥	28.6	差	57.4	中	<20	劣	96.8	优	50.7	中
	阳澄湖	阳澄东湖	34.3	差	56.3	中	37.7	差	92.5	优	55.2	中
淀泖区骨干河道断面	太浦河	太浦闸（下）	36.7	差	71.8	差	<20	劣	55.4	中	46.0	中
	太浦河	平望大桥	38.4	差	64.5	差	<20	劣	63.1	良	46.5	中
	太浦河	芦墟大桥	48.6	中	49.4	中	<20	劣	75.2	良	48.3	中
	斜塘	斜塘大桥	98.0	优	42.1	优	<20	劣	55.6	中	53.9	中
	界浦	界江大桥	100	优	49.0	优	<20	劣	55.0	中	56.0	中
	大直港	机场路大直港桥	21.8	差	37.3	差	<20	劣	73.1	良	38.0	差
	牛长泾	牛长泾桥	73.7	良	20.9	良	<20	劣	35.7	差	37.6	差
	大运河	平望科林大桥	33.5	差	47.4	差	<20	劣	50.1	中	37.8	差
	北窑港	窑港桥	46.1	中	47.8	中	<20	劣	72.7	良	46.7	中
省际边界河道断面	盐铁塘	新丰新星桥	84.9	优	59.5	中	72.9	良	21.1	差	59.6	中
	吴淞江	花桥吴淞江大桥	100	优	44.4	中	25.9	差	77.6	良	62.0	良
	太浦河	芦墟大桥	48.6	中	49.4	中	<20	劣	75.2	良	48.3	中
	千灯浦	千灯浦入赵田湖口	36.8	差	48.0	中	<20	劣	69.9	良	43.7	中
	大小朱砂	大朱砂桥	45.2	中	51.4	中	52.9	中	70.7	良	55.1	中
	急水港	周庄大桥	40.3	中	51.0	中	<20	劣	56.0	中	41.8	中
	元荡入淀山湖口	白石矶桥	67.3	良	54.7	中	<20	劣	73.4	良	53.9	中

根据河湖受水区水质改善程度指标赋分表，水质改善程度达到中级，即认为水质指标有所改善。水质改善程度达到中级的占比情况见表 11.21。

表 11.21　　阳澄淀泖区域监测断面水质改善程度达到中级的占比情况表　　%

区　域	DO	高锰酸盐指数	NH_3—N	TP	四项指标综合
沿江口门	85.7	85.7	57.1	28.6	57.2
望虞河东岸口门	100	100	100	100	100
东太湖口门	25.0	100	0	75.0	75.0
阳澄区骨干河道断面	63.6	90.9	72.7	81.8	90.0
阳澄湖及出入湖河道断面	66.7	100	33.3	88.9	100
淀泖区骨干河道监测断面	55.5	55.5	0	88.9	66.7
省际边界河道断面	85.7	100	28.6	85.7	100
整个区域断面	66.0	87.2	40.0	78.7	83.0

调水试验期间，水质指标改善程度达到中级占比较高的为高锰酸盐指数和 TP，其次为 DO，NH_3—N 改善程度最弱。高锰酸盐指数除淀泖区骨干河道断面，其余各区域均有较高改善；TP 除沿江口门外，均有较高程度的改善；DO 改善程度较高的区域为望虞河东岸口门、沿江口门、省际边界河道区域；NH_3—N 改善程度较高的区域为望虞河东岸口门和阳澄区骨干河道。

从综合水质指标考虑，改善程度达到中级，且占比为 100%的有 3 个区域，分别为望虞河东岸口门、阳澄湖及出入湖河道断面、省际边界河道断面。望虞河东岸口门水质改善程度显著，设置的 3 个监测断面各项指标改善程度均达到中级以上，其中永昌泾和琳桥改善程度显著，综合指标改善程度等级均为优。阳澄湖及出入湖河道断面中永昌泾入湖口、界泾河入湖口、七浦塘桥 3 处的水质改善明显，改善程度达到良。省际边界河道断面中花桥吴淞江大桥综合水质改善程度达到良，DO、TP 改善程度较好。本次调水试验望虞河东岸口门、阳澄湖及出入湖河道断面水质改善效果较为显著，对省际边界河道断面水质有一定程度的改善。

阳澄区骨干河道断面综合水质指标改善程度达到中级的占比为 90.0%，本次调水试验阳澄区骨干河道区域水环境有一定的改善，其中元和塘周塘河桥和爱格豪路桥、盐铁塘城南桥、娄江娄江大桥改善程度为良，张家港通成河桥改善程度为差，其余断面改善等级为中；淀泖区骨干河道断面综合水质指标改善程度达到中级的占比为 66.7%，其中机场路大直港桥、牛长泾桥和平望科林大桥改善程度等级为差级，其余断面改善程度等级为中级，本次调水试验淀泖区骨干河道区域水环境状况改善效果一般。

11.2.5　综合分析

调水试验期间（3 月 9—23 日），阳澄淀泖区降雨地表产流 5245 万 m^3，沿江闸站共引水 10860 万 m^3，望虞河东岸口门共引水 3065 万 m^3，东太湖口门共引水 2955 万 m^3，太浦河北岸口门共引水 658.4 万 m^3，省际边界流入 294.2m^3，共引水 23077.6 万 m^3进入阳澄淀泖区；沿江闸站共排水 1301 万 m^3，望虞河东岸口门共排水 500.9 万 m^3，东太湖口

门共排水 537.3 万 m^3，太浦河北岸口门共排水 7560 万 m^3，省际边界共排水 18120 万 m^3，共排水 28019.2 万 m^3 出阳澄淀泖区。调水试验期间，在水利工程调度水体有序流动的情况下，其中 54%的监测断面流速换水改善期较引水准备期有所提高，67%的监测断面流速达到方案设计目标。

由于受水区地理位置、引排河道河口节制闸形状、泵站引排能力等因素影响，沿江感潮水流的时间、强度不一，引江水量不一，对阳澄区骨干河道和阳澄湖的影响也不尽相同。阳澄湖以北区域受海洋泾、常浒河、白茆塘和张家港影响较大，加大海洋泾和张家港的引水量，同时调度常浒河排水，使该区域的水体有序流动起来。阳澄湖及周边地区受七浦塘、杨林塘、永昌泾、西塘河影响较大，其中，七浦塘的影响最大。阳澄湖以南地区水流情况较为固定，“自北向南、自西向东”流动，阳澄湖水自北向南流入，东太湖引水自西向东流入，最后经过淀泖区腹部河道汇入东南湖泊。对于该区域应采取疏浚或修建水利工程措施来增加河湖上游来水，提升水动力。

非汛期调水试验监测成果表明，调水期间水质类别以Ⅲ类和Ⅳ类为主，其中引水准备期以Ⅲ类、Ⅳ类、Ⅴ类水为主，换水改善期以Ⅱ类、Ⅲ类水为主。换水改善期较引水准备期水质类别改善的断面有 10 处，占 21.3%，主要为沿江口门、东太湖口门、阳澄湖及出入湖河道断面，阳澄区娄江大桥断面和张家港通成河桥断面，淀泖区大直港河道断面。

调水试验期间，区域内 47 个监测断面水质综合评价累计达到Ⅲ类水断面个数占比为 55.3%，较背景值上升 23.4%。水质监测断面较背景值改善的有 29 处，达到 61.7%，其中沿江口门断面 2 处、望虞河东岸口门断面 3 处、东太湖口门断面 3 处、阳澄区骨干河道断面 8 处、阳澄湖及出入湖河道断面 6 处、淀泖区骨干河道断面 4 处、省际边界河道断面 3 处。

调水试验期间，水质指标改善程度达到中级占比较高的为高锰酸盐指数和 TP，其次为 DO，NH_3—N 浓度改善程度最弱。高锰酸盐指数除淀泖区骨干河道断面，其余各区域均有较高程度改善；TP 浓度除沿江口门外，均有较高程度改善；DO 浓度改善程度较高的区域为望虞河东岸口门、沿江口门、省际边界河道区域；NH_3—N 浓度改善程度较高的区域为望虞河东岸口门和阳澄区骨干河道。

阳澄淀泖区骨干河道水质变化不仅与各口门的引排水量和历时有关，也与上游区域面源、点源排放和上游河段原水水质等有一定关系。一般来说，引排水量越大、历时越长，骨干河道水质改善效果越显著，但当上游区域面源、点源越多，沿程污染情况越复杂时，部分河道水质就越不容易改善。

11.3 汛期水量水质监测成果分析

从区域水雨情、水利工程引排水量、河网流速、水流格局、河网水质等方面对两轮汛期监测期间阳澄淀泖区河网水量水质监测成果进行分析。

11.3.1 水雨情

11.3.1.1 第一轮监测期间

5 月 9—18 日，阳澄淀泖区降雨 28.3mm，共产生约 0.1803 亿 m^3 水进入河网。其中，

5 月 9 日、5 月 12—13 日，区域内分别有两次明显降雨过程。从降雨时间上看，第一场降雨发生在第一轮监测的前一天，历时 2d，雨量较小，可能会对后续监测过程中的河网水量、水质产生一定影响；第二场降雨发生在第一轮监测的第 4～5 天，雨量较大，可能会对后续监测过程中的河网水量、水质产生一定影响。

第一轮监测期间，太湖水情平稳，平均水位 3.18m。汛期监测期间，最高水位 3.22m，出现在 5 月 12 日；最低水位 3.15m，出现在 5 月 11 日。阳澄淀泖区内部河网水情稳定，水位整体呈上升趋势。阳澄区湘城站 5 月 10 日出现最低水位 3.17m，之后水位持续上升，5 月 18 日出现最高水位 3.33m，平均水位 3.25m。淀泖区陈墓站 5 月 9 日出现最低水位 3.02m，5 月 13 日出现最高水位 3.13m，持续 3d，水位逐渐回落，平均水位 3.08m，见图 11.14～图 11.17。

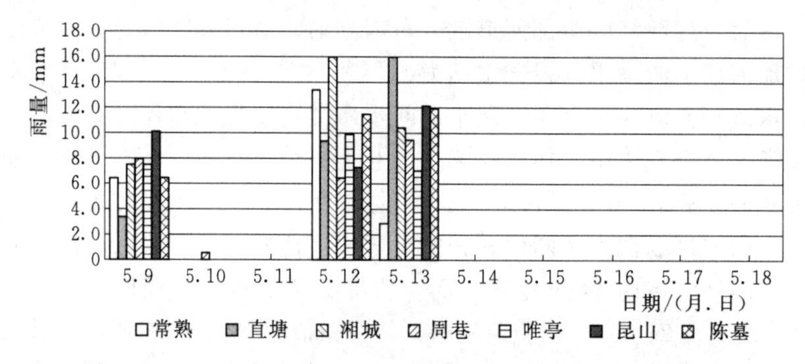

图 11.14　2017 年 5 月 9—18 日阳澄淀泖区主要站点降雨量图

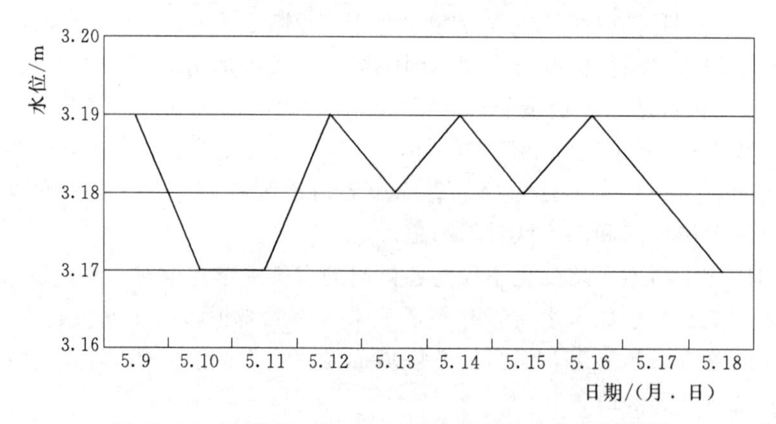

图 11.15　2017 年 5 月 9—18 日太湖平均水位过程线图

11.3.1.2　第二轮监测期间

6 月 8—17 日，阳澄淀泖区降雨 110.3mm，共产生约 1.340 亿 m^3 水进入河网。其中，6 月 9—13 日有一次明显降雨过程，雨量主要集中在 6 月 9—10 日。从降雨发生的时间上看，从第二轮监测的第 2～6 天，历时 5d，占第二轮监测的一半天数。从降雨强度上看，面雨量 110.3mm，折合径流深 32.7mm，雨量很大，可能会对后续监测过程中的河网水量、水质产生一定影响。

第二轮监测期间，太湖水位受降雨影响逐渐上升，平均水位 3.30m。期间，最高水位 3.44m，出现在 6 月 16 日；最低水位 3.13m，出现在 6 月 8 日。阳澄淀泖区内部河网水

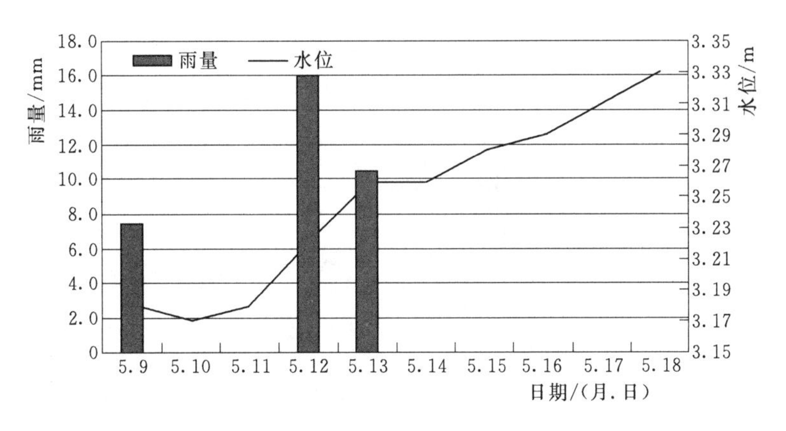

图 11.16 2017 年 5 月 9—18 日湘城站雨量、水位变化图

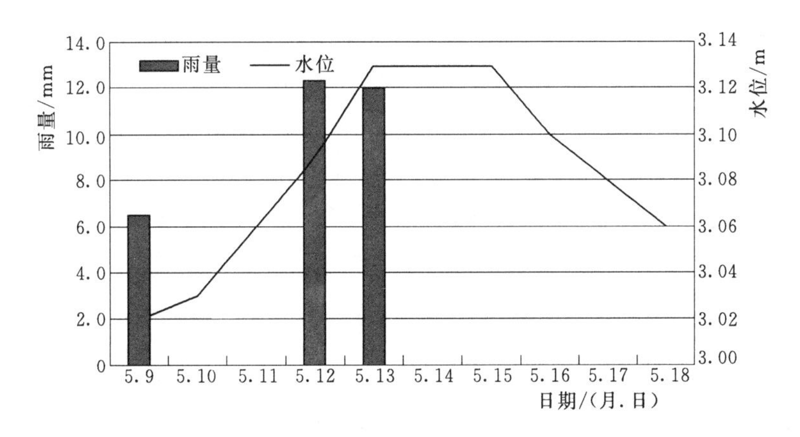

图 11.17 2017 年 5 月 9—18 日陈墓站雨量、水位变化图

情稳定，水位受降雨影响先上升后下降。阳澄区湘城站 6 月 8 日出现最低水位 3.20m，之后水位持续上升，6 月 11 日出现最高水位 3.53m，平均水位 3.34m。淀泖区陈墓站 6 月 8 日出现最低水位 3.02m，6 月 14 日出现最高水位 3.36m，持续 3d，水位逐渐回落，平均水位 3.24m。第二轮监测期间，主要受降雨影响，阳澄区引水量较小，降雨期间，湘城站水位迅速抬升，较雨量延后 1d，达到最高水位，降雨结束后，水位逐渐回落，见图 11.18～图 11.21。

11.3.2 引排水量及流速

11.3.2.1 引排水量

1. 第一轮监测期间

第一轮监测期间（5 月 9—18 日），阳澄淀泖区平均面雨量 28.3mm，折合水量 0.1803 亿 m^3，占本轮监测期间阳澄淀泖区总进水量（1.570 亿 m^3）的 11.48%。沿江闸站共引水 8540 万 m^3，望虞河东岸口门共引水 994.6 万 m^3，东太湖口门共引水 4366 万 m^3，分别占阳澄淀泖区总进水量（1.570 亿 m^3）的 54.39%、6.34%、27.81%，共引水 1.390 亿 m^3。太浦河北岸口门共排水 2562 万 m^3，省际边界共排水 8692 万 m^3，共排水

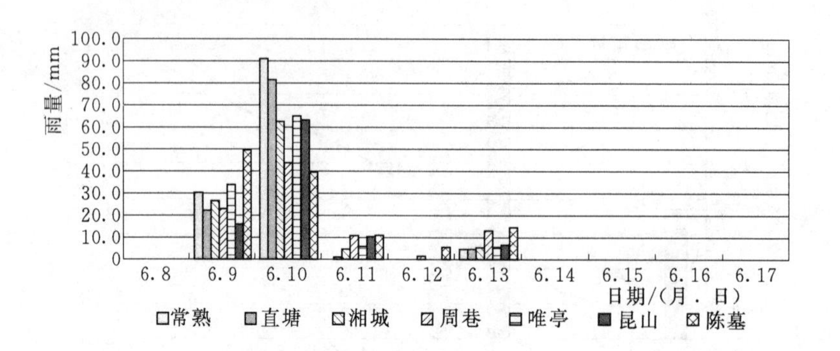

图 11.18　2017 年 6 月 8—17 日阳澄淀泖区主要站点降雨量图

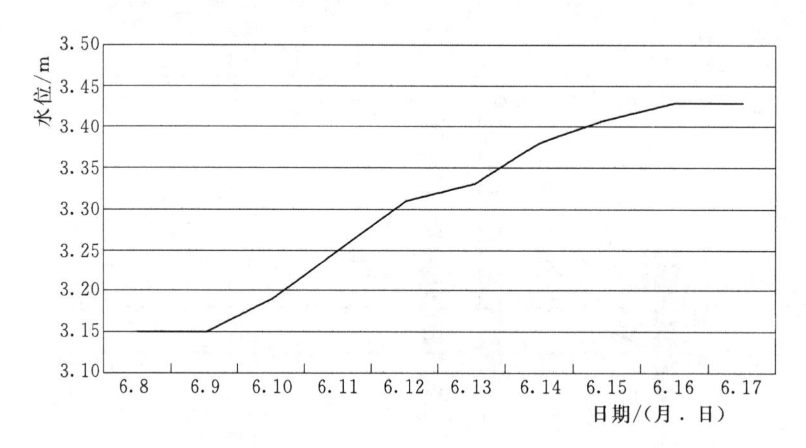

图 11.19　2017 年 6 月 8—17 日太湖平均水位过程图

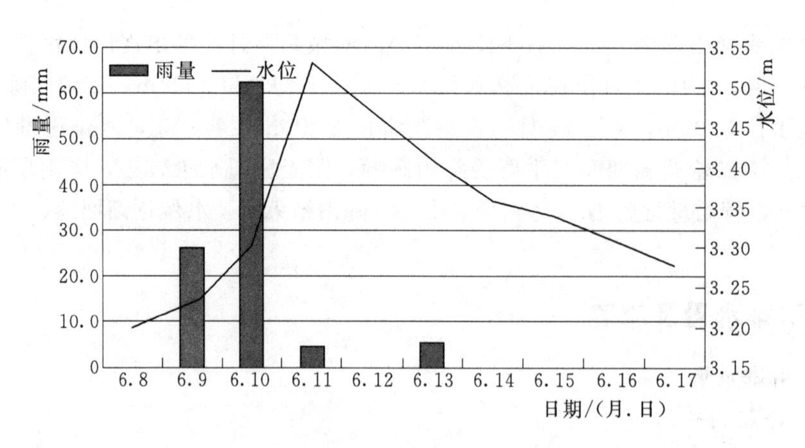

图 11.20　2017 年 6 月 8—17 日湘城站雨量、水位变化图

1.125 亿 m^3。

综上所述，第一轮监测期间合计有 1.570 亿 m^3 水量进入阳澄淀泖区，包括降雨产流、引长江水量、引望虞河水量和引太湖水量；合计有 1.125 亿 m^3 水量流出阳澄淀泖区，包

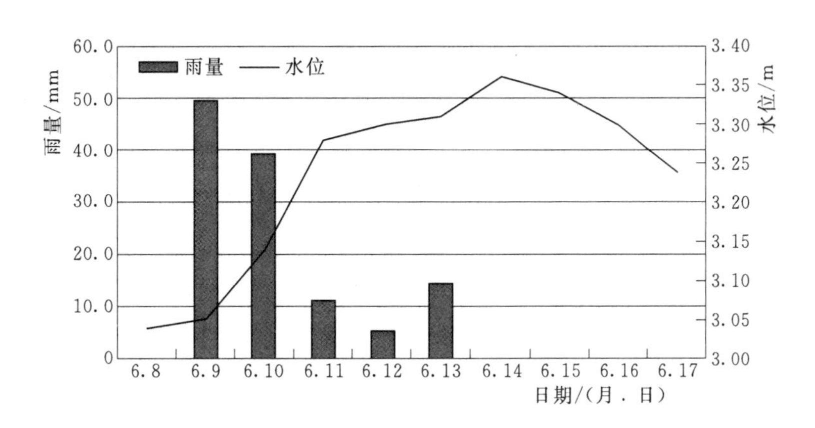

图 11.21 2017 年 6 月 8—17 日陈墓站雨量、水位变化图

括排太浦河水量和排出省际边界水量。

2. 第二轮监测期间

第二轮监测期间（6 月 8—17 日），阳澄淀泖区平均面雨量 110.3mm，折合水量 1.340 亿 m^3，占本轮监测期间阳澄淀泖区总进水量（1.523 亿 m^3）的 87.98%。沿江闸站共引水 674.4 万 m^3，望虞河东岸口门共引水 277.3 万 m^3，东太湖口门共引水 882.4 万 m^3，分别占阳澄淀泖区总进水量（1.523 亿 m^3）的 4.43%、1.82%、5.79%，共引水 0.1834 亿 m^3。沿江闸站共排水 599.2 万 m^3，东太湖口门共排水 120.2 万 m^3，太浦河北岸口门共排水 2381 万 m^3，省际边界共排水 8187 万 m^3，共排水 1.129 亿 m^3。

综上所述，第二轮监测期间合计有 1.523 亿 m^3 水量进入阳澄淀泖区，包括降雨产流、引长江水量、引望虞河水量和引太湖水量；合计有 1.129 亿 m^3 水量流出阳澄淀泖区，包括排长江水量、排太湖水量、排太浦河水量和排出省际边界水量，见表 11.22。

表 11.22 汛期监测期间阳澄淀泖区引排水量统计表 单位：万 m^3

引排水量		第一轮监测	第二轮监测
引水量	降雨地面产流量	1803	13400
	引江水量	8540	674.4
	引望虞河水量	994.6	277.3
	引太湖水量	4366	882.4
	合计	15700	15230
排水量	排江水量	0	599.2
	排太湖水量	0	120.2
	排太浦河水量	2562	2381
	排出省际边界水量	8692	8187
	合计	11250	11290

2017 年 5 月 9—18 日和 2017 年 6 月 8—17 日阳澄淀泖区引排水量示意见图 11.22 和图 11.23。

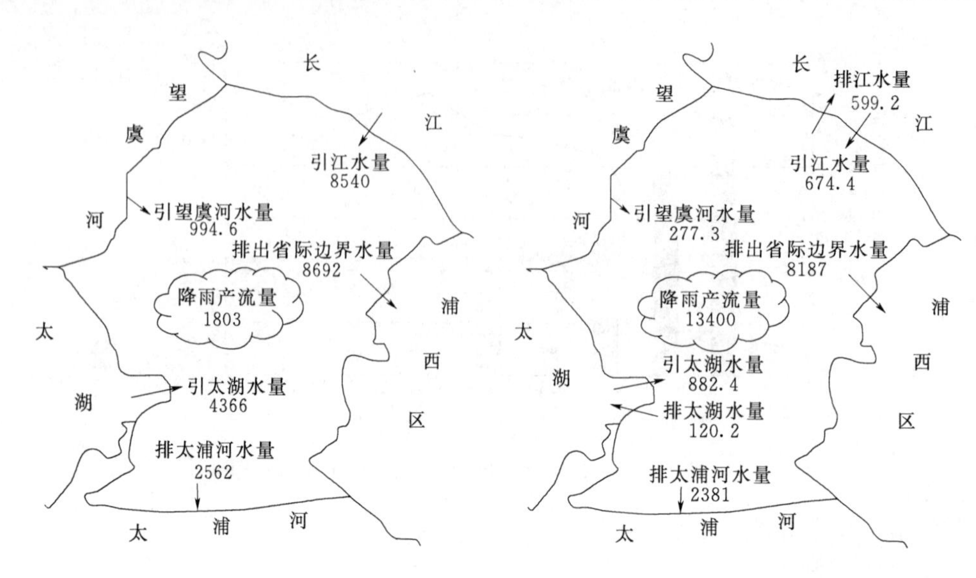

图 11.22　2017 年 5 月 9—18 日阳澄淀泖区引排水量示意图（单位：万 m^3）

图 11.23　2017 年 6 月 8—17 日阳澄淀泖区引排水量示意图（单位：万 m^3）

11.3.2.2　流速

根据流速监测资料，第一轮监测期间（5 月 9—18 日），71%监测断面平均流速达到或超过 0.10m/s；第二轮监测期间（6 月 8—17 日），79%监测断面平均流速达到或超过 0.10m/s，见表 11.23。

表 11.23　汛期监测期间阳澄淀泖区骨干河道流速统计表　单位：m/s

断　面	第一轮监测		第二轮监测	
	平均流速	最大流速	平均流速	最大流速
永昌泾桥	0.13	0.19	0.12	0.15
吴家港桥	0.16	0.25	0.12	0.36
联湖桥	0.14	0.34	0.12	0.23
圣塘港桥	0.07	0.12	0.12	0.22
七浦塘桥	0.29	0.79	0.15	0.16
元和塘常相交界	0.04	0.07	0.05	0.19
盐铁塘常太交界	0.27	0.27	—	—
青阳港大桥	0.17	0.26	0.17	0.25
界浦港北	0.03	0.05	—	—
大直港桥	0.14	0.16	0.13	0.20
吴淞江大桥	0.18	0.25	0.23	0.36
牛长泾	0.08	0.13	0.11	0.15
窑港桥	0.47	0.73	0.42	0.80
大朱砂桥	0.23	0.34	0.17	0.31

11.3.3 水流格局

11.3.3.1 第一轮监测期间

第一轮监测期间（5月9—18日），阳澄区沿江闸站与望虞河东岸口门持续引水，水流进入阳澄区内部河道及阳澄湖，形成“自东向西、自北向南”的水流格局。随后，水流汇入娄江—浏河一线，再通过界浦港、青阳港等支流流入淀泖区。淀泖区东太湖口门引水，水流自西向东流入吴淞江与苏南运河，阳澄区来水也汇入吴淞江，水量一部分通过吴淞江和苏南运河流出淀泖区，另一部分流入淀泖区腹部河网，形成“自西向东、自北向南”的水流格局。最后淀泖区腹部河网水流汇入淀山湖，再经拦路港排出。综上，阳澄淀泖区整体形成“长江、太湖→阳澄湖及周边、淀泖区→拦路港”的水循环线路。

11.3.3.2 第二轮监测期间

第二轮监测期间（6月8—17日），6月8—9日沿江闸站、望虞河东岸口门和东太湖口门全部引水，形成“大引大排”的水流格局；6月10—17日，受强降雨影响，沿江闸站、望虞河东岸口门和东太湖口门视区域情况适时进行控制引排水或关闸。从整个时期和总体引排水量来看，阳澄湖以北地区，海洋泾引水，常浒河、白茆塘排水，形成“长江→区域腹部河网→常浒河、白茆塘→长江”的水循环线路；阳澄湖以南地区，荡茜枢纽、永昌泾、界泾河引水入阳澄湖，杨林塘、浏河排水，形成“长江、望虞河→阳澄区腹部、阳澄湖→杨林塘、浏河”的水循环线路；淀泖区东太湖口门瓜泾港、三船路港引水，北淀泖区省际边界排水，形成“太湖→淀泖区腹部→拦路港”的水循环线路。

2017年5月9—18日和2017年6月8—17日阳澄淀泖区引排水路线示意见图11.24和图11.25。

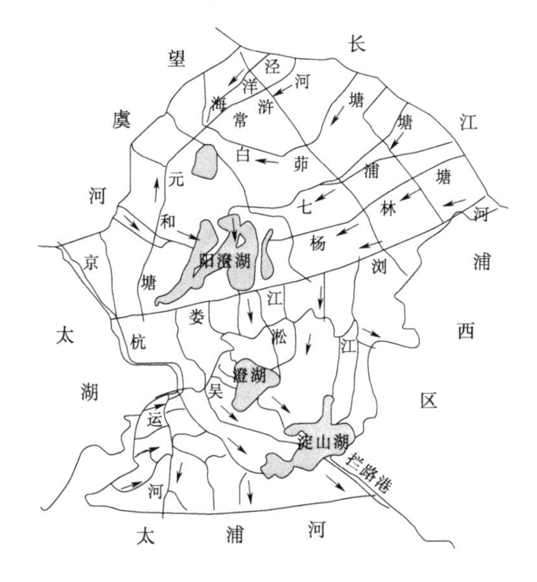

图11.24 2017年5月9—18日阳澄淀泖区引排水线路图

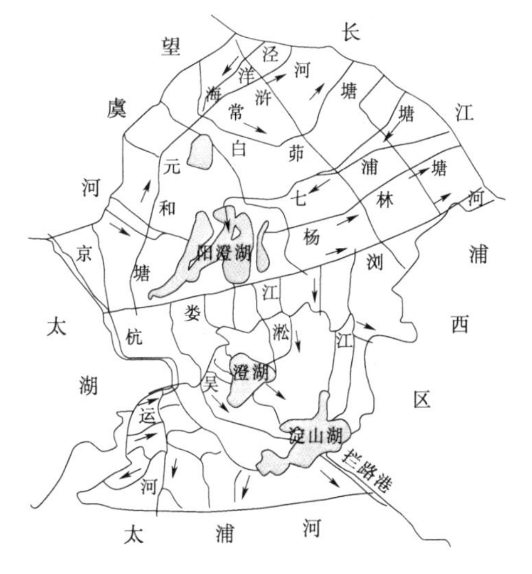

图11.25 2017年6月8—17日阳澄淀泖区引排水线路示意图

11.3.4　河网水质

11.3.4.1　两次监测浓度比较

由于 COD 和高锰酸盐指数是反映同一特性的指标，且两轮监测中 COD 的检测值多为未检出，因此不对 COD 进行比较分析。对 5 月和 6 月两轮监测期间 DO、高锰酸盐指数、TP 和 NH_3—N 指标的浓度进行比较分析。

1. 沿江口门

由图 11.26 可以看出，沿江 6 个口门各项指标的浓度值 6 月均劣于 5 月，主要是由于监测期间 5 月沿江口门以开闸且引水为主，而 6 月多为关闸状态且不时向长江排水。从 6 个指标的区域平均变幅来看，NH_3—N 的变化幅度最大，增幅达 245.5%。白茆闸（上）6 月相比于 5 月各指标的变化幅度均最大，6 月白茆闸（上）仅在开始 2d 引水，接着连续 4d 排水，区域内河道水质相对较差，影响了沿江口门的水质，在之后连续 3d 关闸的情况下，水体不流通，污染物无法得到有效的稀释降解，导致 6 月监测期间的水质均值明显差于以引水为主的 5 月。

荡茜枢纽（上）各指标的变化幅度均最小，监测期间 5 月该口门 10d 连续引水，6 月仅在前 2d 进行引水，后面 8d 均处于关闸状态，是 6 个口门中唯一在 6 月没有进行排水的。可能因为引水期间本底值较好，且连续关闸期间附近没有污染物汇入，因此荡茜枢纽（上）6 月相比于 5 月各指标浓度变化幅度最小。

2. 东太湖口门

从图 11.27 可以看到，6 月东太湖口门 DO 均值明显小于 5 月，降幅范围为 26.0%～34.2%。其中，降幅最小的是吴家港桥，降幅最大的是瓜泾口。东太湖口门 DO 平均值 6 月较 5 月下降 30.0%。6 月东太湖口门高锰酸盐指数均值大于 5 月，增幅范围为 22.9%～56.2%。其中，增幅最小的是联湖桥，增幅最大的是瓜泾口。东太湖口门高锰酸盐指数平均值 6 月较 5 月上升 38.9%。

结合以上分析，发现东太湖口门各项指标的浓度值 6 月均劣于 5 月，主要是由于监测期间 5 月东太湖 3 个口门基本都是开闸引太湖水的状态，而 6 月开闸天数不到 5 月的一半，并且存在排水情况。3 个口门中，指标变化幅度最大的主要为瓜泾口，指标变化幅度最小的主要为联湖桥，吴家港桥的 NH_3—N 变化幅度最大。从 6 个指标的东太湖口门平均变幅来看，NH_3—N 的变幅最大，增幅达 308.7%，其次是 TP，增幅达 174.2%。

3. 阳澄区河网

阳澄区河网共监测 7 处断面，分别为永昌泾桥、界泾河入湖口、阳澄东湖、七浦塘桥、元和塘常相交界、盐铁塘常太交界、青阳港桥。

由图 11.28 可以看出，阳澄区河网各指标浓度的变化有升有降。从区域浓度平均值来看，阳澄区河网的高锰酸盐指数和 NH_3—N 指标 6 月优于 5 月，DO 和 TP 指标 6 月劣于 5 月，主要是由于 6 月进入夏季，温度升高引起水体的 DO 下降，富营养化加重。从 6 个指标的区域平均变幅来看，TP 的变化幅度最大。

从单个河道的浓度变化看，七浦塘桥的各指标浓度均值 6 月均优于 5 月；盐铁塘常太交界处和阳澄东湖高锰酸盐指数和 NH_3—N 指标 6 月优于 5 月，DO 和 TP 指标 6 月劣

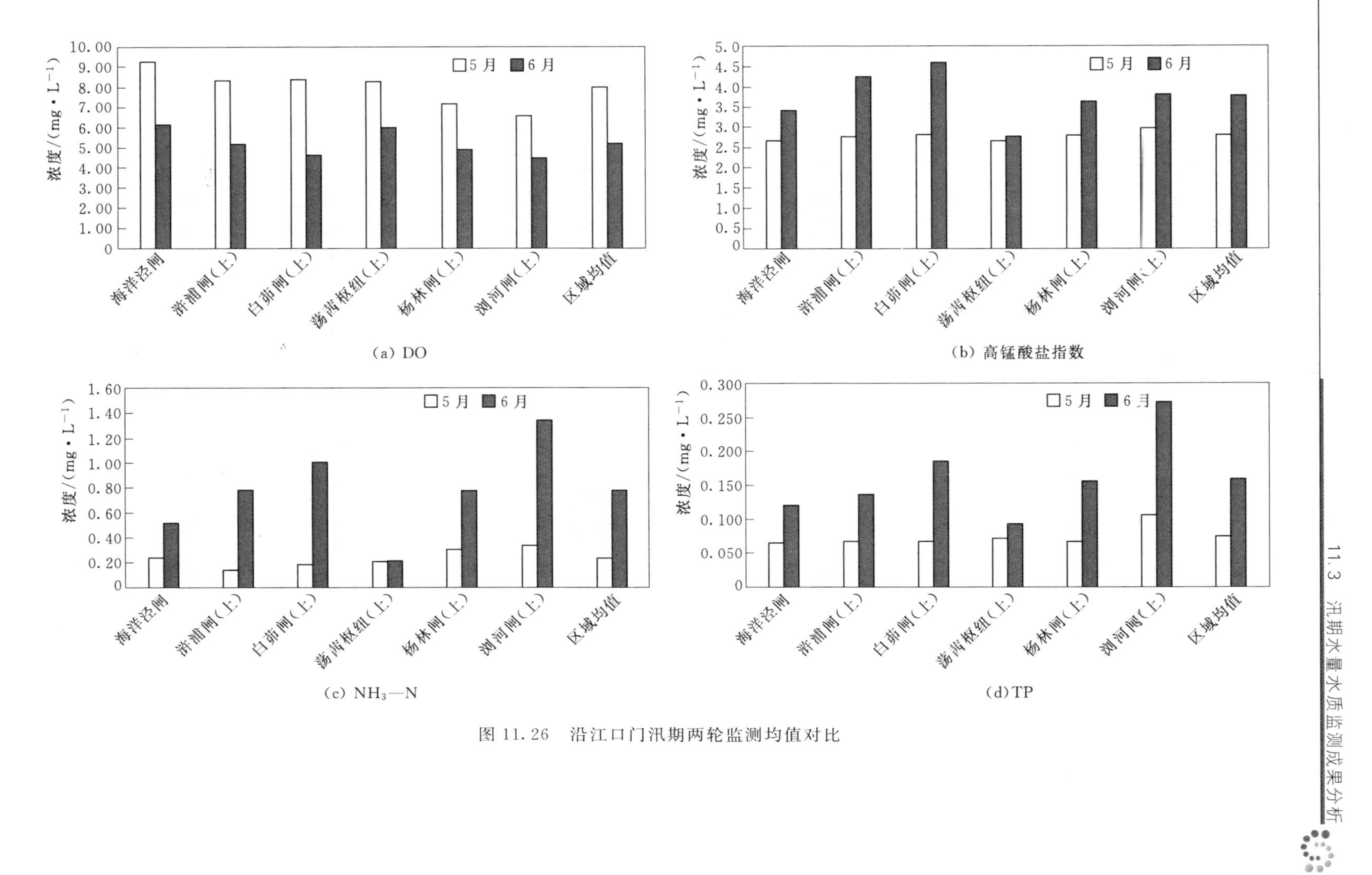

(a) DO

(b) 高锰酸盐指数

(c) NH_3—N

(d) TP

图 11.26 沿江口门汛期两轮监测均值对比

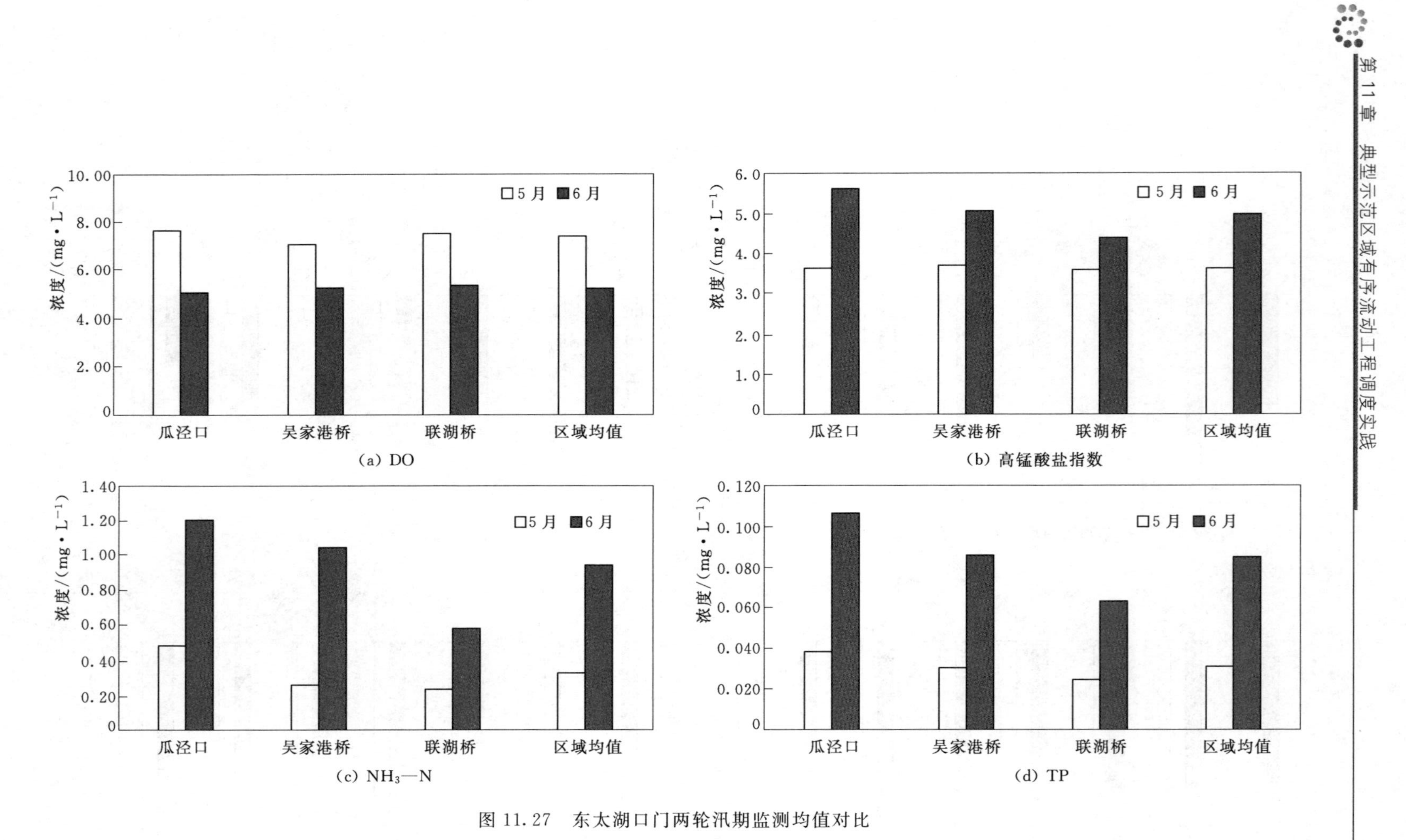

图 11.27　东太湖口门两轮汛期监测均值对比

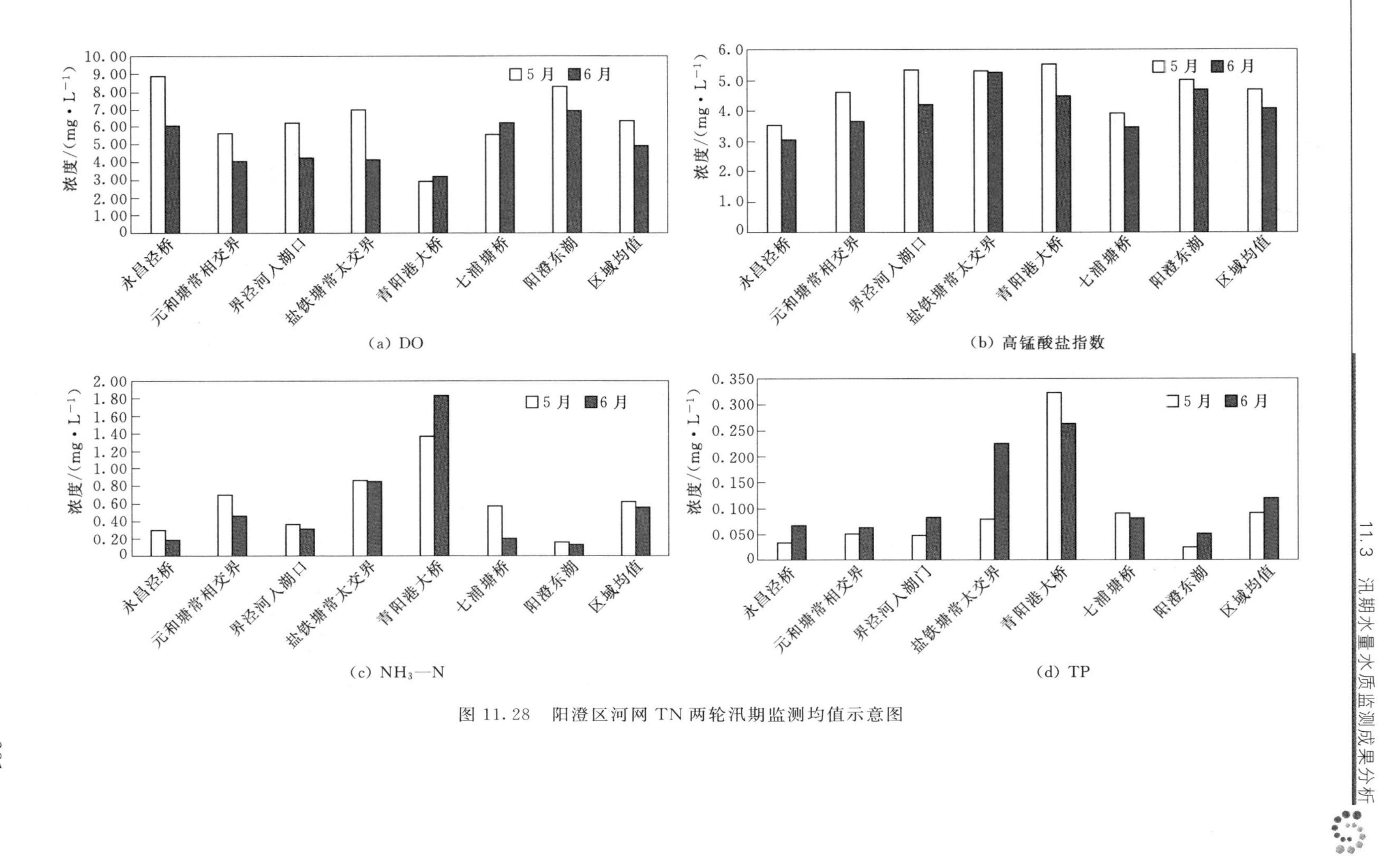

(a) DO

(b) 高锰酸盐指数

(c) NH_3—N

(d) TP

图 11.28 阳澄区河网 TN 两轮汛期监测均值示意图

于5月，可能受望虞河来水的影响；永昌泾桥的高锰酸盐指数6月优于5月，其他指标6月劣于5月；元和塘常相交界和界泾河入湖口的DO和TP指标6月劣于5月，其他指标都是6月更优；青阳港大桥则是NH_3—N指标6月劣于5月，其他指标6月更优。

4. 淀泖区河网

汛期监测期间淀泖区域河网监测断面有7处，分别为界江大桥、机场路大直港桥、澄湖、牛长泾、大朱砂桥、花桥吴淞江大桥、窑港桥。

由图11.29可见，淀泖区河网各指标均值的变化有升有降。从区域浓度平均值来看，淀泖区河网的高锰酸盐指数6月基本优于5月。从6个指标的区域平均变幅来看，TP的变化幅度最大。从单个河道的浓度变化看，界江大桥和机场路大直港桥高锰酸盐指数和NH_3—N指标6月优于5月，其他指标6月变差；牛长泾桥高锰酸盐指数和TP指标6月优于5月，其他指标6月更劣；大朱砂桥高锰酸盐指数和TN指标6月优于5月，其他指标6月更劣；花桥吴淞江大桥高锰酸盐指数、NH_3—N和TP指标6月优于5月，DO指标在6月变差；澄湖和窑港桥各指标值6月都更劣。

11.3.4.2　水质评价比较

1. 综合评价比较

对5月和6月两轮汛期监测的水质均值进行综合评价，统计不同类别水体的占比情况，见图11.30和图11.31。阳澄淀泖区23个监测断面中，5月监测期间Ⅱ类、Ⅲ类、Ⅳ类、Ⅴ类和劣Ⅴ类水断面占比分别为39.1%、39.1%、8.7%、8.7%和4.4%，Ⅲ类及优于Ⅲ类水断面占78.2%，即大部分断面为不低于Ⅲ类水。6月监测期间Ⅱ类、Ⅲ类、Ⅳ类、Ⅴ类和劣Ⅴ类水断面占比分别为13.0%、26.1%、47.8%、4.4%和8.7%，Ⅲ类及优于Ⅲ类水断面占39.1%，与5月监测期间相比减少39.1%，断面水质以Ⅳ类水为主。

2. 单项指标水质评价比较

选取DO、高锰酸盐指数、NH_3—N和TP 4个主要评价指标，分析各单项指标评价的类别分布。由图11.32可以看出，4个主要指标评价结果中，5月监测期间沿江口门和东太湖口门以引水为主，各指标主要集中在Ⅲ类及以上；6月监测期间，各口门引水减少，结合关闸或排水等情况，水质评价优于Ⅲ类的都有所减少，更多地往Ⅲ类和Ⅳ类水区间转移。

3. 骨干河道监测断面综合评价比较

下面分别列出阳澄区7条骨干河道和淀泖区7条骨干河道的综合水质评价变化情况。

对于两轮汛期监测的综合评价都能达到Ⅲ类及以上的断面，认为其水质评价“维持”，对于劣于Ⅲ类水的断面，两轮汛期监测的综合评价完全一样，认为其水质评价“维持”。阳澄区符合“维持”条件的断面有4处，分别是永昌泾桥、七浦塘桥、盐铁塘常太交界和青阳港大桥；淀泖区符合“维持”条件的断面有5处，分别是界江大桥、牛长江、大朱砂桥、窑港桥和花桥吴淞江大桥，详见表11.24。

当断面6月监测期间的水质综合评价劣于5月监测期间的评价时，认为其“变差”，阳澄区有3处，分别为元和塘常相交界、界泾河入湖口和阳澄东湖，元和塘常相交界和界泾河入湖口的主要影响指标为DO，阳澄东湖的主要影响指标为TP；淀泖区有2处，分别为机场路大直港桥和澄湖，机场路大直港桥的主要影响指标为DO，澄湖的主要影响指标

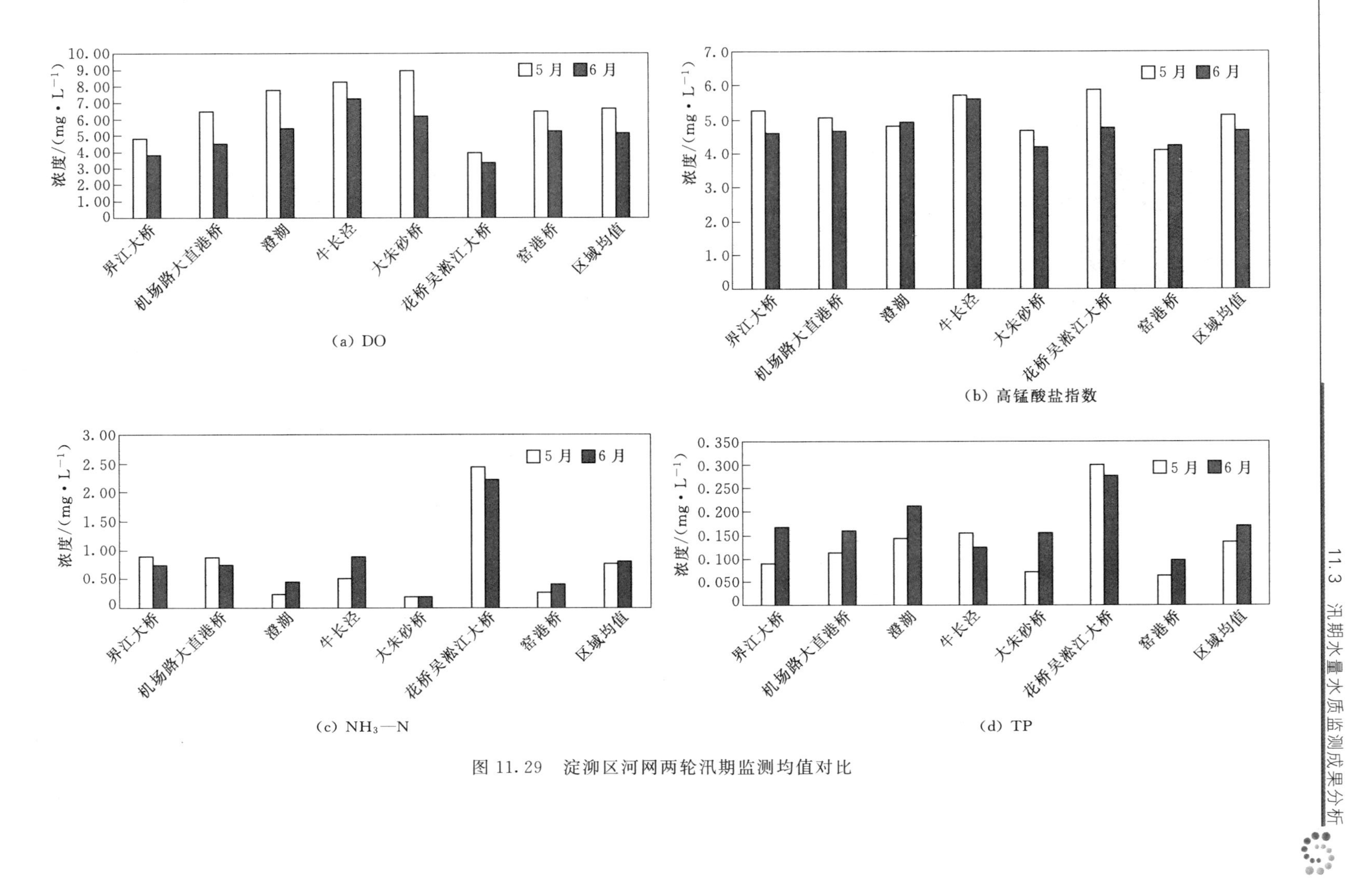

图 11.29 淀泖区河网两轮汛期监测均值对比

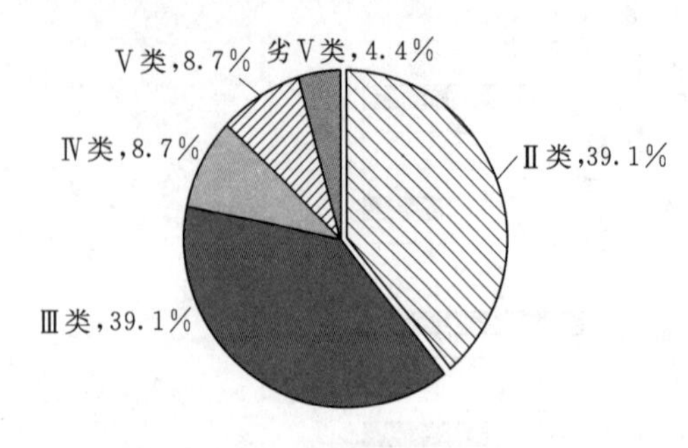

图 11.30　5 月各类别占比情况

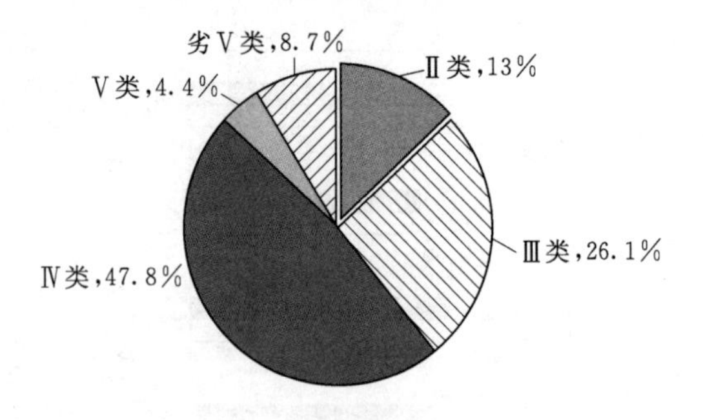

图 11.31　6 月各类别占比情况

表 11.24　　第二轮监测期间综合评价“维持”的断面列表

区域	河流名称	断面名称	5 月	6 月
阳澄区	永昌泾	永昌泾桥	Ⅱ类	Ⅱ类
	七浦塘	七浦塘桥	Ⅲ类	Ⅱ类
	盐铁塘	盐铁塘常太交界	Ⅳ类	Ⅳ类
	青阳港	青阳港大桥	Ⅴ类	Ⅴ类
淀泖区	界浦江	界江大桥	Ⅳ类	Ⅳ类
	牛长泾	牛长泾	Ⅲ类	Ⅲ类
	大、小朱砂	大朱砂桥	Ⅲ类	Ⅲ类
	北窑港	窑港桥	Ⅲ类	Ⅲ类
	吴淞江	花桥吴淞江大桥	>Ⅴ类	>Ⅴ类

为 TP。DO 的高低一方面受到水体流动的影响，另一方面受气温的影响也较大，6 月监测时，区域内的口门有时处于关闸状态，并且 6 月与 5 月相比温度有了大幅度的提升，都会导致 DO 指标变差。

TP 主要反映骨干河道上游的生活污染状况。受上游生活污染排放的影响，这部分影响为汛期监测中的不可控因素，阳澄东湖和澄湖 6 月监测期间可能受生活污水排放的影响导致水质评价变差。第二轮监测期间综合评价“变差”的断面列表见表 11.25。

表 11.25　　第二轮监测期间综合评价“变差”的断面列表

区域	河流名称	断面名称	5 月	6 月	主要影响指标
阳澄区	元和塘	元和塘常相交界	Ⅲ类	Ⅳ类	DO
	界泾河	界泾河入湖口	Ⅲ类	Ⅳ类	DO
	阳澄湖	阳澄东湖	Ⅲ类	Ⅳ类	TP
淀泖区	大直港	机场路大直港桥	Ⅲ类	Ⅳ类	DO
	澄湖	澄湖	>Ⅴ类	>Ⅴ类	TP

由以上分析发现，6 月各口门的开关闸和引排水变化对阳澄区骨干河道的影响更大，因此评价“维持”的断面数淀泖区更多，评价“变差”的断面数阳澄区更多。沿江口门引长江水对区域内的水质有很大影响，阳澄区离长江口门更近，受到的影响也就更大，经过

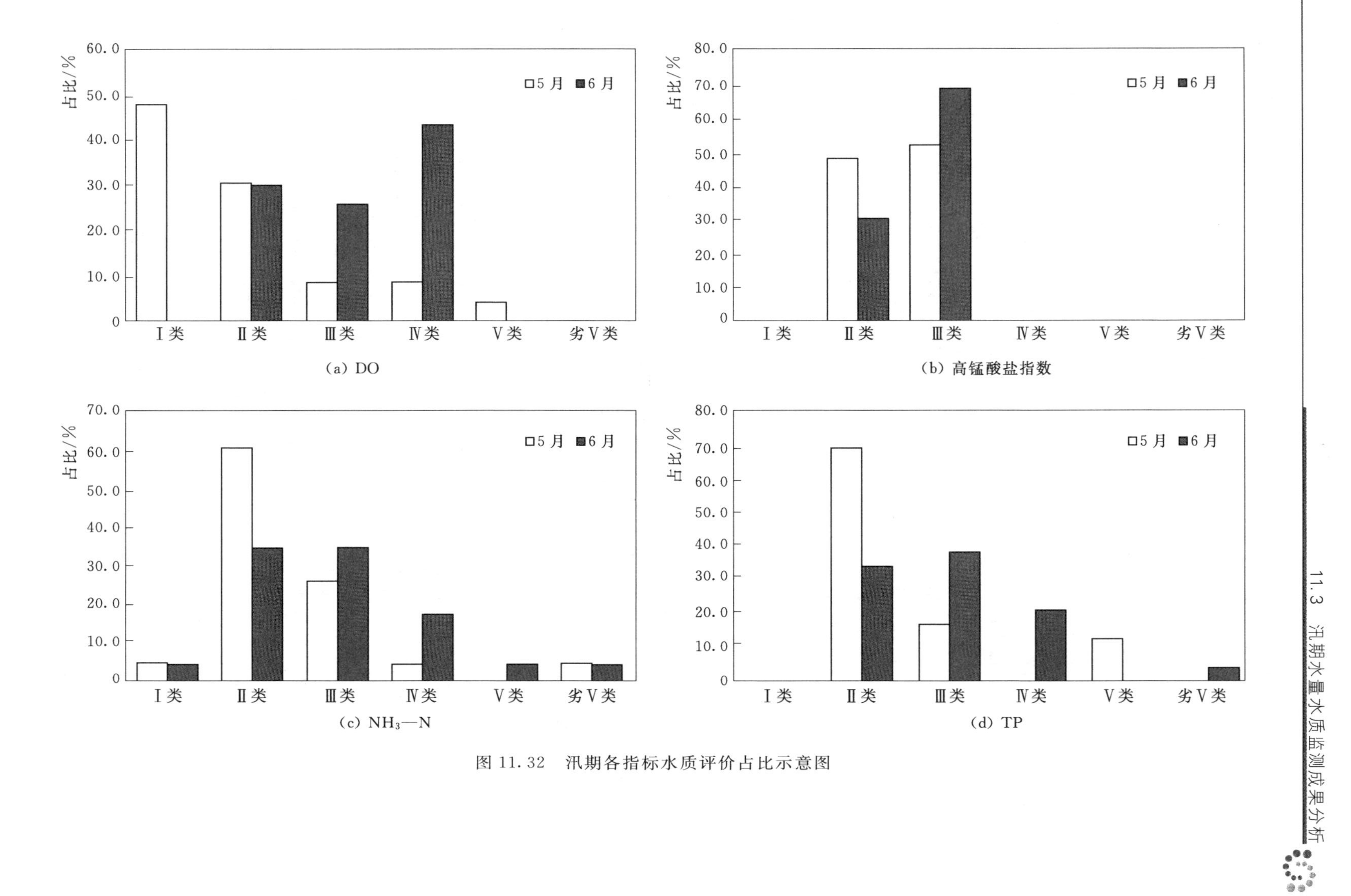

图 11.32 汛期各指标水质评价占比示意图

阳澄淀泖区错综复杂的河网调蓄作用，淀泖区河道受长江口门的引排水影响就相对削弱了很多，反而受附近污染源汇入的影响可能表现得更为及时和明显。

11.3.5　综合分析

汛期调水试验期间监测成果表明，5 月降雨较少，沿江口门、望虞河口门和环湖东太湖口门主要以引水为主，太浦河北岸口门及苏沪省际以排水为主；6 月降雨较多，降雨期间区域水位升高，但均未超过警戒水位，因此沿江口门有引有排，引排总量相当，东太湖口门短期向太湖排水，太浦河北岸口门和省际边界排水量与 5 月基本相当。从总量看，两个监测时段对比，进入阳澄淀泖区水量与排出水量基本相当。

由于地理位置、节制闸形状、泵站设计能力等因素，沿江感潮水流的时间、强度不一，引江水量不一，对阳澄区骨干河道和阳澄湖的影响也不尽相同。阳澄湖以北区域受海洋泾、常浒河、白茆塘和张家港的影响较大，加大海洋泾和张家港的引水量，同时调度常浒河与白茆塘排水，使该区域的水体有序流动起来。阳澄湖及周边地区受七浦塘、杨林塘、永昌泾、西塘河影响较大。

汛期调水试验期间监测成果表明，5 月监测期间，区域水质类别以Ⅱ类和Ⅲ类为主；6 月监测期间，区域水质类别以Ⅳ类为主，Ⅲ类及优于Ⅲ类水断面占 39.1%，与 5 月监测期间相比减少了 39.1%。

沿江口门 6 月各项指标的浓度、单项评价及水质综合评价均劣于 5 月。东太湖口门 5 月基本都是开闸引太湖水的状态，而 6 月开闸天数不到 5 月的一半，并且存在排水情况。各项指标的浓度值、单项评价和水质综合评价 6 月均劣于 5 月。阳澄区河网和淀泖区河网各指标的变化情况复杂得多，总体上高锰酸盐指数 6 月优于 5 月，并且 TP 的区域平均浓度变化幅度最大。

根据两轮汛期监测的水质分析，发现各口门的开关闸和引排水变化对阳澄区骨干河道的影响更大，因此评价“维持”的断面数淀泖区更多，评价“变差”的断面数阳澄区更多。沿江口门引长江水对区域内的水质有很大影响，阳澄区离长江口门更近，受到的影响程度也就更大，经过阳澄淀泖区错综复杂的河网调蓄作用，淀泖区河道受长江口门的引排水影响就相对削弱了很多，反而受附近污染源汇入的影响可能表现得更为及时和明显。

究其原因，水位、流量、水质变化与区域降水、各口门引水量影响和引水的时间、相对位置、距离远近、大小形状以及上下游水系都有密切关系。相对来说，引水量越大、历时越长、距离越近，受影响程度越大、水位流量变化越大、水质改善越快；上游支流越多、面源点源越多，水位流量变化越复杂，水质改善越慢。阳澄区骨干河道众多，受引排水影响明显；淀泖区湖泊众多，距离引江口门较远，受降雨和区间污染源汇入等影响更明显。

11.4　有序流动效果与规律分析

基于阳澄淀泖区非汛期调水试验水量水质监测数据、汛期常规调度下水量水质监测数据，从最能直观反映水体有序流动的水量指标——流速出发，利用 SPSS（Statistical

Package for Social Science）软件计算分析流速与水体重要水质指标之间的相关关系，探索河湖水体有序流动中流速与水质的响应机制；同时通过阳澄淀泖区有序流动调度方案与现状调度方案模拟效果的对比分析，以及试验期间实测数据与模拟数据的对比分析，验证有序流动的实际效果；最终综合提出阳澄淀泖区河湖水体有序流动的调度方案。

11.4.1 监测指标相关性分析

利用阳澄淀泖区非汛期（3月）和汛期（5月、6月）的监测资料，选取水量水质同步监测数据，利用Pearson相关系数 r 来计算流速与水质指标之间的相关关系，应用SPSS软件进行分析，探索水体有序流动流速—水质的响应机制。SPSS将自动计算Pearson相关系数，t 检验的统计量和对应的概率 P 值。当 $P<0.05$ 时，拒绝零假设，说明两变量之间存在显著的线性相关关系；当 $P\geqslant 0.05$ 时，接受零假设，表明两变量间不存在线性相关关系。

11.4.1.1 分析样本的选择

非汛期试验（3月9—23日）共计监测47个断面，水量为每天连续监测，水质为隔天监测，因此共有8d的水质水量同步数据。其中，沿江口门无法测得准确流速，部分断面一直关闸没有流速，以及湖泊内的断面均需扣除，实际参与流速—水质相关分析的为35个断面8d的流速水质同步数据。汛期5月和6月每月分别连续10d进行水量水质同步监测，断面数精简为23个，按照非汛期的原则进行扣除后，实际参与流速—水质相关分析的为14个断面20d的流速水质同步数据。共计14个断面的28组样本以及21个断面的8组样本进行流速—水质相关性计算分析。

11.4.1.2 相关性分析结果

由于非汛期和汛期进行监测期间，都有设定的工程调度参与，水体被认为在初定的有序流动状态，因此将汛期和非汛期两轮的流速水质同步数据结合，进行水体有序流动流速—水质的响应机制探索。选择DO、高锰酸盐指数、NH_3—N和TP 4个主要水质指标，对每组样本分别进行流速—DO、流速—高锰酸盐指数、流速—NH_3—N和流速—TP的相关关系计算。SPSS软件计算结果显示，35个断面中共有26个断面的流速与4个水质指标相关关系均接受零假设，表明流速与各水质指标不存在线性相关关系。9个断面的流速与部分水质指标存在相关关系。具体的相关系数见表11.26。对于DO指标，数值越大表明水质越好，因此流速—DO相关系数为正时，水质越改善。对于高锰酸盐指数、NH_3—N和TP 3项指标，数值越大表明水质越差，当流速—高锰酸盐指数、流速—NH_3—N和流速—TP的相关关系为正时，表明流速越大，水质越恶化；相关系数为负时，表明水质有所改善。

从指标的角度来看，本次阳澄淀泖区有序流动试验期间流速—DO的相关性最强，其次是高锰酸盐指数和NH_3—N，与TP的相关性很小，即通过适当调度，加快水体流动，DO指标最容易得到改善。结合本次调水试验显示的监测结果，90%以上的断面达到了DO与流速对应的调度控制要求，这也恰能体现水体流动加快时DO指标更易得到有效改善的特点。

表 11.26　　流速—水质指标相关系数

序号	断　面	流速—DO	流速—高锰酸盐指数	流速—NH_3—N	流速—TP
1	永昌泾闸	0.546		−0.569	−0.611
2	界泾河入湖口	−0.476			
3	盐铁塘常太交界		−0.549		
4	界江大桥	0.823			
5	花桥吴淞江大桥	−0.711	−0.549		
6	大直港桥			0.458	
7	窑港桥			−0.471	
8	西三环湖桥	0.869	−0.881	−0.872	
9	斜塘河桥		0.86		

从区域上看，望虞河东岸口门的流速与水质指标间的相关性明显好于区域内骨干河道。对于沿程污染物较多或者自身污染负荷较大的河道，流速与水质之间的关系最为复杂，水质情况可能更多的受污染物含量的影响，流速改变所起的作用显得相对微弱。阳澄淀泖区尤其是淀泖区的腹部河网距离引清口门较远，河网交织错杂，引清水源的影响逐层削弱，即使流速增大，若河道沿程有不确定的污染源汇入，水质反而可能恶化。

从断面来看，引水口门例如西三环湖桥和永昌泾闸的流速与水质各指标相关性较强，流速提高，水质改善明显，并且距离引水来源更近的口门改善效果更明显；本身滞流较多的河道，当水体有序流动时，水质的改善效果也更为明显；若河道自身水质较差，沿程污染物汇入较多，当水体流速增大时，水质变化情况较为复杂，具体的相关关系及变化规律有待更深入的研究。

参与分析的断面中仅 25.7%的断面流速与部分水质指标存在相关关系，表明即使在河网水体有序流动格局下，流速之类的某个单一因素改变能够一定程度上改变水环境，但与水质产生直接的相关关系很难，主要由于水质是在诸多因素综合影响下表征出的指标结果。

11.4.2　监测成果与模拟成果对比分析

重点通过有序流动调度方案与现状调度方案模拟效果的对比分析，以及试验期间实测数据与模拟数据的对比分析，验证有序流动的实际效果。统计模拟方案的主要河道流速数据成果和实际观测时段平均流速见表 11.27，可以发现 3 月除七浦塘闸和长牵路港平均流速较高，能达到模拟的平均流速外，其余河道平均流速均比模拟计算流速小，5 月和 6 月流速的监测平均值不小于 3 月监测平均值，其中七浦塘入湖段流速超过或持平于模拟计算流速，长牵路港平均流速则均超过模拟计算流速，其余河道流速较模拟计算流速偏小。出现偏差的原因，一是模拟计算本是原型的概化，存在一定偏差；二是实际监测时段内，受降雨等影响，无法严格按照设定的方案对工程进行调度。

由于原位观测时段中，3 月受降雨影响工程参与调度的时间较短，5 月则基本不受降雨影响，工程基本按引水方案参与调度，因此以 3 月监测期间数值为基准，5 月监测期间

数值为有序流动状态，进行河道水质改善程度分析与模拟计算改善幅度进行对比，见表11.28。可以发现沿江口门水质改善程度均相对较高，而腹部骨干河道改善效果较弱，阳澄湖西侧河道断面水质较差。

表 11.27　　各河道原位观测值与模拟计算值对比

河道	模拟流速	3月监测值		5月监测值		6月监测值	
		平均流速	最大流速	平均流速	最大流速	平均流速	最大流速
七浦塘闸	0.31	0.67	0.92	—	—	—	—
七浦塘（湖）	0.16	0.01	0.12	0.29	0.79	0.15	0.16
杨林塘	0.18	0.10	0.15	—	—	—	—
元和塘	0.08	0.04	0.07	0.04	0.07	0.05	0.19
张家港	0.09	0.05	0.19	—	—	—	—
永昌泾（闸）	0.45	0.10	0.15	0.13	0.19	0.12	0.15
永昌泾（湖）	0.27	0.02	0.04	—	—	—	—
娄江	0.09	0.02	0.07	—	—	—	—
界浦港	0.11	0.05	0.08	0.03	0.05	—	—
苏申外港	0.13	0.10	0.21	—	—	—	—
长牵路港	0.14	0.15	0.30	0.23	0.34	0.17	0.31

表 11.28　　河道水质（NH_3—N）改善程度对比

河道	断　　面	实测改善幅度	模拟改善幅度
常浒河	浒浦闸（上）	−84.6%	−17.1%
白茆塘	白茆闸（上）	−81.9%	−12.0%
七浦塘	荡茜枢纽（上）	−30.4%	−36.1%
杨林塘	杨林闸（上）	−72.9%	−5.9%
浏河	浏河闸（上）	−10.6%	−28.6%
永昌泾	永昌泾闸内	0	−31.5%
界泾河	界泾河入湖口	30.3%	—
七浦塘	七浦塘桥	58.1%	−34.8%
元和塘	元和塘常相交界处	54.2%	0
青阳港	青阳港大桥	4.0%	—
界浦港	界江大桥	−32.4%	—
大直港	机场路大直港桥	−41.2%	—
牛长泾	牛长泾桥	−33.3%	−20.0%
大、小朱砂	大朱砂桥	−66.0%	−14.3%
吴淞江	花桥吴淞江大桥	−7.5%	−11.8%
平均值		−21.0%	−19.3%

注　负值为改善；“—”表示模拟时未计算，无结果。

11.5　小　　结

利用阳澄淀泖区已建水利工程进行综合调度，可使阳澄淀泖区依托长江、望虞河和东太湖的清水，通过沿江控导工程和望虞河东岸口门的合理调度，结合区域水资源的合理配置，实现区域内水体平水期或非汛期水体的有序流动，增加区域水环境容量。

调度实践中，沿江地区充分考虑区域防洪以及航运安全，结合区域实际情况以及内河水位和外江潮位，合理控制闸门开闭及开启高度，同时将白茆塘、浏河等传统排水河道作为引排结合河道进行合理调度，实现有序引排；在淀泖区内部，发现东太湖口门引水对淀泖区水环境影响不显著，考虑东太湖引水经大运河被削减等因素，可在大运河淀泖区段选建过水通道，以期更有效地增加区域水环境容量。

阳澄淀泖区按适度引排的调度原则，以阳澄湖水源地为中心，充分利用阳澄淀泖区七浦塘向阳澄湖引水通道，结合其他口门引排能力的优势，增大引江水量，抬高阳澄湖水位，辅助增加阳澄湖周边河网清水供给量；通过腹部河网向淀泖区补充水资源，结合东太湖清水补给，最终由拦路港和吴淞江等河道排出，形成的区域引排水格局如下：阳澄湖以北区域，即七浦塘—阳澄湖一线以北至长江及望虞河，考虑望虞河东岸口门及海洋泾以引水为主，常浒河及白茆塘以排水为主，形成“长江、望虞河→区域腹部河网→常浒河、白茆塘→长江”的水循环路线；阳澄湖以南区域，即七浦塘—阳澄湖一线以南至太浦河，考虑长江、太湖两个水源，河网水位雍高后，形成北高南低的水势后，由拦路港退水，形成“长江、太湖→阳澄湖及周边、淀泖区→拦路港”的水循环路线。

参 考 文 献

[1]　张力，甘乾福，吴旭. SPSS19.0 在生物统计中的应用［M］. 3 版. 厦门：厦门大学出版社，2013.

第12章 太湖流域综合调度研究

太湖是流域防洪调蓄和水资源调配中心，流域、区域工程构成了流域北向长江引排、东出黄浦江供排、南排杭州湾且利用太湖调蓄的流域防洪与水资源调控工程体系。面向流域防洪、供水、水生态环境“三个安全”的太湖综合调度和流域综合调度研究是太湖流域综合调度研究的关键，通过研究为下阶段太湖流域综合调度优化与完善提供技术参考。本章包括太湖综合调度方案研究、太湖流域综合调度方案研究（即流域、区域工程体系综合调度方案研究）、太湖流域综合调度效果分析、太湖流域综合调度方案优化建议等内容。

太湖水位是判别流域水情的重要表征，是流域骨干工程调度的重要参数，同时太湖水位的变化又依赖于流域骨干工程的科学调度。开展太湖综合调度方案研究需要先解决好3个问题：①阐明太湖综合调度目标；②基于现状调度中发现的问题，进一步优化太湖防洪与供水调度控制要求；③适应太湖水生态环境调度的新要求，力图优化望虞河、太浦河等与太湖密切相关的骨干工程调度。前述章节已对上述单因素问题进行了阐述分析，故本章重点在太湖、太浦河、望虞河现状调度优化研究成果的基础上，设计兼顾太湖防洪、供水、水生态环境多目标的综合调度方案，研究提出太湖综合调度控制要求，具体包括对太湖调度线的优化以及对太浦河、望虞河等骨干工程的调度优化。

基于太湖综合调度控制要求，依据太湖流域平原河网水体有序流动的内涵，设计流域、区域骨干工程联合调度方案，模拟分析现状工况、规划工况下不同方案的效益与风险，提出面向流域“三个安全”的流域、区域骨干工程体系综合调度方案。基于研究提出的流域、区域工程体系综合调度方案，选取2013年典型降雨特征年，模拟分析现状工况流域综合调度推荐方案对于改善流域及区域防洪、供水和水生态环境的效果，并采用构建的太湖流域综合调度评价指标体系，分析评价流域综合调度推荐方案。

12.1 面向“三个安全”的太湖综合调度方案研究

基于前述章节研究提出的太湖综合调度目标，结合太湖现状调度优化研究成果，提出太湖综合调度设计方案，利用太湖流域水量水质数学模型，模拟分析兼顾防洪、供水、水生态环境多目标的太湖综合调度方案实施效果及风险，研究提出优化的太湖综合调度控制要求。

12.1.1　太湖综合调度方案设计

12.1.1.1　太湖综合调度控制要求拟订

1. 太湖防洪安全控制要求

根据《太湖流域洪水与水量调度方案》，太湖水位低于 4.65m 时执行一般洪水调度，即太湖实时水位高于对应时段的防洪控制水位，则开展防洪调度；太湖水位高于 4.65m 时执行超标准洪水调度，重点保护环湖大堤和大中城市等重要保护对象的安全，应尽可能加大太浦河、望虞河的泄洪流量，充分发挥沿长江各口门以及杭嘉湖南排工程的排水能力，加大东苕溪导流东岸各闸泄洪流量，打开东太湖沿岸及流域下游地区各排水通道。

根据太湖外排河道设计泄洪能力分析成果，太湖 4 条主要泄洪通道全部改造和投入运行后，遇“99 南部”百年一遇设计洪水造峰期可降低太湖单日平均水位约 14cm，遇 1991 年型百年一遇设计洪水造峰期可降低太湖单日平均水位约 15cm。因此，规划工况下太湖汛限水位可按太湖大堤防洪设计水位进行取值，即由现状的 4.65m 提高至 4.80m。太浦河是关乎太湖防洪安全的重要泄洪通道。由于现状太浦河泄洪与杭嘉湖区地区排涝矛盾较为突出，因此在加大太浦河泄洪流量的同时，需要统筹兼顾杭嘉湖区排涝需求。当太湖水位低于防洪警戒水位 3.80m 时，充分利用太湖的调蓄作用，在平望控制水位的基础上参考嘉兴水位进行控制调度。按不增大杭嘉湖区排涝风险调度。当嘉兴不超过警戒水位 3.30m 时，太浦闸分级按 $300m^3/s$ 流量下泄；当嘉兴超过警戒水位 3.30m 时，太浦闸分级按 $150m^3/s$ 流量下泄；当太湖水位高于警戒水位时，若平望水位超过原控制水位，太浦闸继续按照 $300m^3/s$ 泄洪。

2. 太湖供水安全控制要求

根据太湖低水位调度目标分析成果，太湖供水调度最低水位无需明显提升，仍可采用《太湖流域水资源规划》提出的 2.80m 最低旬平均水位。

为满足太湖雨洪资源利用需求，根据太湖雨洪资源利用可行性分析成果，将汛后期（7 月 21 日—9 月 30 日）防洪控制水位由现状的 3.50m 抬高至 3.80m，在保障流域防洪安全、适当承担防洪风险的前提下，尽可能拦蓄和利用汛后期洪水，增加流域可供水量。

为满足非汛期河道内的用水需求，根据太湖现状控制水位时段划分合理性分析成果，将太湖现状控制水位时段划分进行优化调整。将时段 1 结束时间推迟了 5d，时段 2 结束时间推迟了 10d，延长太湖高水位控制时间，有利于保障流域供水安全，满足流域河道内用水需求；将时段 4 结束时间提前了 10d，有利于梅雨期结束后部分雨洪资源的利用。

3. 太湖生态环境安全控制要求

为满足太湖水位保障需求，根据《太湖流域水量分配方案》，当太湖水位低于防洪控制线时，在统筹流域防洪安全的同时，实施流域水资源调度。其中，当太湖水位处于引水控制线和防洪控制线之间时，流域骨干河道视流域和区域水雨情和水环境状况适时引排；当太湖水位低于引水控制线时，流域骨干引水河道望虞河和新孟河引长江水相机

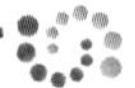

入太湖；当太湖水位低于低水位控制线时，须启用望虞河常熟枢纽和新孟河江边枢纽泵站，抽引长江水入太湖，加大入湖水量，同时，为保障流域整体供水安全，适当限制环湖取引水。

为满足太湖水质改善需求，根据太湖水质指标增加的可行性分析成果，2—5月当太湖水质TN指标超过2.0mg/L时，8—10月当太湖水质TP指标超过0.06mg/L时，开启新孟河江边枢纽进行引水入湖调度。为满足太湖水体流动性的改善需求，根据太湖与出入湖河道水体有序流动的联动效应分析成果，湖西区适宜入湖流量为150m^3/s，望虞河适宜入湖流量为70m^3/s。

根据太湖水源地水质达标目标分析成果，选取太湖水源地DO、高锰酸盐指数、NH_3—N 3项水质指标达到Ⅲ类水质标准作为太湖水生态环境调度目标之一，如有其中一项指标劣于Ⅲ类水，开展针对太湖水源地的应急水生态环境调度。

12.1.1.2 调度方案设计

根据太湖综合调度控制要求，从优化太湖调度线、调整骨干工程调度两方面设计方案，共形成2个分析方案，分别记为太湖综合调度方案1（记为THZH1）和太湖综合调度方案2（记为THZH2）。其中，THZH1方案在维持太湖现状水位时段划分的基础上，按照利于雨洪资源利用、利于保障太湖水生态环境安全的调度思路，调整太湖控制水位，调整望虞河、太浦河、新孟河江边枢纽等工程调度；THZH2方案在THZH1方案的基础上同时考虑对太湖控制水位时段进行调整，使得调度更符合实际需求，详见表12.1。

12.1.2 太湖综合调度方案效果分析

利用太湖流域水量水质数学模型，模拟分析不同太湖综合调度方案遇洪水、平水和枯水不同典型年（“99南部”百年一遇设计洪水、1990年型、1971年型）时对实现太湖综合调度目标的效益与风险。

12.1.2.1 防洪效益与风险分析

太湖综合调度方案的防洪效益与风险分析主要对“99南部”百年一遇设计洪水年型的模拟成果进行分析，包括流域、区域防洪分析两个层面，具体分析指标包括太湖水位、出入湖水量及流域外排水量、地区代表站水位等。

1. 流域防洪

“99南部”百年一遇设计洪水下，太湖综合调度方案太湖水位过程较JC方案变化不大，见图12.1。太湖最高水位为4.82m，略有降低。THZH2方案、THZH1方案太湖水位过程基本一致，6月30日—7月12日、8月4—20日太湖水位略有下降，较JC方案，太湖水位超警天数均增加2d，超保天数均减少1d，对于流域防洪具有一定效益，见表12.2。

进一步分析造峰期及汛期太湖出湖及流域外排水量（表12.3），从造峰期来看，与JC方案相比，太湖综合调度方案中太湖出湖水量、流域外排水量均有所增加。较JC方案，THZH1方案中太湖总出湖水量增加1.24亿m^3，主要是因为太浦河加大泄洪后出湖水量增加，此外，湖西区入太湖、武澄锡虞区入太湖水量均略有减少；THZH1方案流域外

表 12.1　　太湖综合调度方案研究的设计方案

方案	编号	太湖水位（现状控制时段）	工　程　调　度			
			常熟水利枢纽	望亭水利枢纽	新孟河江边枢纽	太浦河闸泵工程
基础方案	JC	太湖水位调度线包括防洪控制线、引水控制线和低水位控制线，实行分时段分级调度。 1 月 1 日—3 月 15 日，防洪控制水位 3.50m；引水控制水位 3.30m；低水位控制水位 2.90m。 3 月 16—31 日，防洪控制水位按 3.50～3.10m 直线递减；引水控制水位按 3.30～3.00m 直线递减；低水位控制水位 2.90m。 4 月 1 日—6 月 15 日，防洪控制水位 3.10m；引水控制水位 3.00m；低水位控制水位 2.80m。 6 月 16 日—7 月 20 日，防洪控制水位按 3.10～3.50m 直线递增；引水控制水位按 3.00～3.30m 直线递增；低水位控制水位按 2.80～3.10m 递增。 7 月 21 日—10 月 31 日，防洪控制水位 3.50m；引水控制水位 3.30m；低水位控制水位 3.10m。 11 月 1 日—12 月 31 日，防洪控制水位 3.50m；引水控制水位 3.30m；低水位控制水位 2.90m				
		防洪控制线以上	当太湖水位高于防洪控制水位时，望虞河常熟水利枢纽泄水	太湖水位不大于 4.20m，望亭水利枢纽泄水按琳桥水位不超过 4.15m 控制； 太湖水位不大于 4.40m，望亭水利枢纽泄水按琳桥水位不超过 4.30m 控制； 太湖水位不大于 4.65m，望亭水利枢纽泄水按琳桥水位不超过 4.40m 控制	滆湖水位不小于 4.60m 时，开泵排水，泵全开； 滆湖水位小于 4.60m 时，开闸排水	太湖水位不大于 3.50m，太浦闸泄水按平望水位不超过 3.30m 控制； 太湖水位不大于 3.80m，太浦闸泄水按平望水位不超过 3.45m 控制； 太湖水位不大于 4.20m，太浦闸泄水按平望水位不超过 3.60m 控制； 太湖水位不大于 4.40m，太浦闸泄水按平望水位不超过 3.75m 控制； 太湖水位不大于 4.65m，太浦闸泄水按平望水位不超过 3.90m 控制
		防洪控制线—引水控制线	在不增加防洪风险的前提下适时引排，具体为： 无锡水位不小于 3.60m、苏州水位不小于 3.50m，开闸排水，闸全开； 无锡水位不小于 3.20m、小于 3.60m，苏州水位不小于 3.10m、小于 3.50m 时，关闸； 无锡水位小于 3.20m、苏州水位小于 3.10m，开闸引水	关闸	处于适时调度区，滆湖水位小于 3.70m 时，开闸引水，具体为：滆湖水位不小于 4.20m，开闸排水，闸全开； 滆湖水位不小于 3.70m、小于 4.20m 时，关闸；滆湖水位小于 3.70m，开闸引水	太湖水位不小于 2.8m、小于防洪控制线时，闸泵泄水，泄水流量为 $50m^3/s$

续表

方案	编号	太湖水位（现状控制时段）	工程调度			
			常熟水利枢纽	望亭水利枢纽	新孟河江边枢纽	太浦河闸泵工程
基础方案	JC	引水控制线～低水位控制线	当望虞河张桥水位不超过3.80m时，可启用枢纽调引长江水，具体为：张桥水位不小于3.80m，关闸； 张桥水位小于3.80m，开闸引水	北国水位不小于4.35m，关闸； 北国水位小于4.35m，开闸引水	处于自引区时，开闸引水，具体为：滆湖水位不小于4.20m，关闸；滆湖水位小于4.20m，洮湖水位不小于4.60m，关闸； 洮湖水位小于4.60m，开闸引水	太湖水位不小于2.80m、小于防洪控制线时，闸泵泄水，泄水流量为$50m^3/s$
		低水位控制线以下	当望虞河张桥水位不超过3.80m时，可启用枢纽调引长江水，具体为： 张桥水位不小于3.80m，关闸； 张桥水位小于3.80m，开泵引水，其中5—11月，泵站引水	北国水位不小于4.35m，关闸； 北国水位小于4.35m，开闸引水	处于泵引区时，开泵引水，具体为： 5—11月，泵站大量引水，其余时间泵站适度	太湖水位不小于2.80m、小于防洪控制线时，闸泵泄水，泄水流量为$50m^3/s$； 太湖水位不小于2.65m、小于2.80m时，闸泵泄水，流量$20m^3/s$； 太湖水位小于2.65m，关闸
太湖综合调度方案1 注：原控制时段	THZH1	对太湖防洪控制线，将汛后期（7月21日—9月30日）防洪控制水位由现状的3.50m抬高至3.80m，其余时段同JC方案； 引水控制线、低水位控制线保持不变，同JC方案				
		防洪控制线以上	同JC方案	同JC方案	同JC方案	在JC方案基础上，太湖水位不小于防洪控制线、小于3.80m时，在平望站控制水位的基础上参考嘉兴站水位进行控制调度，具体为：嘉兴水位不小于3.30m，闸泵泄水，泄水流量为$150m^3/s$；嘉兴水位小于3.30m，闸泵泄水，泄水流量为$300m^3/s$； 太湖水位不小于3.80m，按平望水位超过原控制水位时，继续按照$300m^3/s$进行泄洪

续表

<table>
<tr><th rowspan="2">方案</th><th rowspan="2">编号</th><th rowspan="2">太湖水位（现状控制时段）</th><th colspan="4">工 程 调 度</th></tr>
<tr><th>常熟水利枢纽</th><th>望亭水利枢纽</th><th>新孟河江边枢纽</th><th>太浦河闸泵工程</th></tr>
<tr><td rowspan="3">太湖综合调度方案 1
注：原控制时段</td><td rowspan="3">THZH1</td><td>防洪控制线～引水控制线</td><td>无锡水位不小于 3.60m、苏州水位不小于 3.50m，开闸排水，闸全开；
无锡水位不小于 3.40m、小于 3.60m，苏州水位不小于 3.30m、小于 3.50m，关闸；
无锡水位小于 3.40m、苏州水位小于 3.30m，开闸引水，闸全开</td><td>望亭开闸少量引水</td><td>考虑增加太湖水质指标进行调度，具体为漏湖水位不小于 3.70m、小于 4.20m，2—5 月当竺山湖水质 TN 指标超过 2.0mg/L、8—10 月当竺山湖水质 TP 指标超过 0.06mg/L 时，新孟河江边枢纽开泵引水；其他同 JC 方案</td><td>太湖水位不小于 3.30m、小于防洪控制线时，冬春季（1—4 月）按 110m³/s 下泄，其余时段按 100m³/s 下泄；
太湖水位不小于 3.10m、小于 3.30m 时，冬春季（1—4 月）按 100m³/s 下泄，其余时段按 90m³/s 下泄</td></tr>
<tr><td>引水控制线～低水位控制线</td><td>张桥水位不小于 3.80m，关闸；
张桥水位小于 3.80m，开闸引水，闸全开</td><td rowspan="2">北国水位不小于 4.35m，关闸；
北国水位小于 4.35m，开闸引水，闸全开</td><td>同 JC 方案</td><td>太湖水位不小于 3.10m、小于 3.30m 时，冬春季(1—4 月)按 100m³/s 下泄，其余时段按 90m³/s 下泄；
太湖水位不小于 2.80m、小于 3.10m 时，冬春季（1—4 月）按 90m³/s 下泄，其余时段按 80m³/s 下泄</td></tr>
<tr><td>低水位控制线以下</td><td>同 JC 方案</td><td>同 JC 方案</td><td>太湖水位不小于 2.80m、小于 3.10m 时，冬春季（1—4 月）按 90m³/s 下泄，其余时段按 80m³/s 下泄</td></tr>
<tr><td rowspan="5">太湖综合调度方案 2
注：优化控制时段</td><td rowspan="5">THZH2</td><td colspan="5">太湖调度线控制水位时段划分采用提出的优化的时段划分，原 1 月 1 日—3 月 15 日调整至 1 月 1 日—3 月 20 日；原 3 月 16—31 日调整至 3 月 21 日—4 月 10 日；4 月 1 日—6 月 15 日调整至 4 月 11 日—6 月 15 日；6 月 16 日—7 月 20 日调整至 6 月 16 日—7 月 10 日；7 月 21 日—9 月 30 日调整至 7 月 11 日—9 月 30 日；10 月 1 日—12 月 31 日仍为 10 月 1 日—12 月 31 日；
对太湖防洪控制线，将调整时段后的汛后期（7 月 11 日—9 月 30 日）防洪控制水位由现状的 3.50m 抬高至 3.80m，其余节点水位同 JC 方案；
对太湖引水控制线，时段采用优化的时段划分，各节点水位同 JC 方案；
对太湖低水位控制线，时段划分、节点水位均保持不变，同 JC 方案</td></tr>
<tr><td>防洪控制线以上</td><td>同 JC 方案</td><td>同 JC 方案</td><td>同 JC 方案</td><td>同 THZH1 方案</td></tr>
<tr><td>防洪控制线～引水控制线</td><td>同 THZH1 方案</td><td>同 THZH1 方案</td><td>同 THZH1 方案</td><td>同 THZH1 方案</td></tr>
<tr><td>引水控制线～低水位控制线</td><td>同 THZH1 方案</td><td rowspan="2">同 THZH1 方案</td><td>同 JC 方案</td><td>同 THZH1 方案</td></tr>
<tr><td>低水位控制线以下</td><td>同 JC 方案</td><td>同 JC 方案</td><td>同 THZH1 方案</td></tr>
</table>

注 1. 当发生超标准洪水时，相关工程调度按《太湖超标准洪水应急处理预案》。
2. 其他工程调度同基础方案。

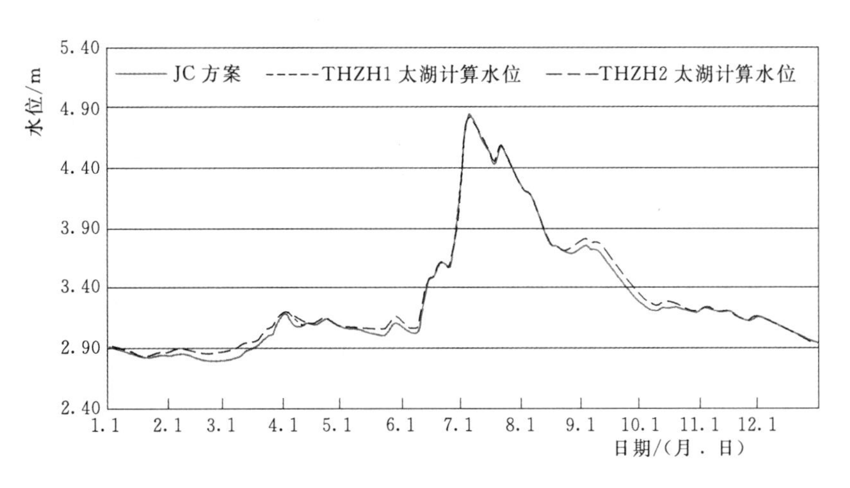

图 12.1 “99 南部”百年一遇设计洪水各方案太湖水位过程图

表 12.2　“99 南部”百年一遇设计洪水各方案太湖特征水位情况

统计项目	JC 方案	THZH1 方案	THZH2 方案
太湖最高水位/m	4.83	4.82	4.82
超 3.80m 天数/d	48	50	50
超 4.00m 天数/d	41	41	41
超 4.50m 天数/d	19	19	19
超 4.65m 天数/d	9	8	8

表 12.3　“99 南部”百年一遇设计洪水各方案造峰期及汛期太湖出湖及流域外排水量 单位：亿 m^3

项目		造峰期（6 月 7 日—7 月 6 日）			汛期（5—9 月）		
		JC 方案	THZH1 方案	THZH2 方案	JC 方案	THZH1 方案	THZH2 方案
出入湖	湖西区入太湖	15.51	15.29	15.30	39.27	43.47	43.46
	浙西区入太湖	18.79	18.83	18.83	25.50	26.95	27.01
	武澄锡虞区入太湖	0.13	0.06	0.05	−7.35	−6.66	−6.63
	太湖入阳澄淀泖区	1.13	0.99	1.00	7.74	11.11	11.13
	太湖入杭嘉湖区	−4.26	−4.87	−4.87	−0.49	3.57	3.66
	望虞河出湖	3.57	2.99	3.01	20.73	18.68	18.56
	太浦河出湖	4.40	6.36	6.38	33.13	32.38	32.41
	出湖合计	9.10	10.34	10.39	68.95	72.40	72.39
流域外排	北排长江	35.60	35.13	35.22	88.90	82.55	82.17
	东排黄浦江	27.98	28.57	28.60	66.83	68.12	68.38
	南排杭州湾	17.34	17.55	17.51	61.11	62.13	62.10
	流域外排合计	80.92	81.25	81.33	216.84	212.80	212.65

注　当武澄锡虞区入太湖为负值时，该数值绝对值为太湖入武澄锡虞区水量；当太湖入杭嘉湖区为负值时，该数值绝对值为杭嘉湖区入太湖水量。

排水量增加 0.33 亿 m^3，主要是因为东排黄浦江水量、南排杭州湾水量有所增加。THZH2 方案与 THZH1 方案类似，太湖出湖水量增加 1.29 亿 m^3，流域外排水量增加 0.41 亿 m^3，较 THZH1 方案增加更为明显，因此对于造峰期泄洪，THZH2 方案效果相对更好。

从汛期来看，较 JC 方案，太湖综合调度方案中太湖出湖水量、流域外排水量同样有所增加。与 JC 方案相比，THZH1 方案中太湖总出湖水量增加 3.45 亿 m^3，其中，湖西区、浙西区入太湖水量有所增加，湖西区入湖水量增加较多，增幅为 4.20 亿 m^3，阳澄淀泖区、杭嘉湖区出湖水量也增加较多，增幅分别为 3.37 亿 m^3、4.06 亿 m^3；THH1 方案流域外排水量减少 4.04 亿 m^3，主要是因为北排长江水量有所减少。THZH2 方案与 THZH1 方案类似，汛期太湖出湖水量增加 3.45 亿 m^3，流域外排水量减少 4.19 亿 m^3，略大于 THZH1 方案。

综合来看，THZH1 方案、THZH2 方案对于流域防洪均具有一定的效益。由于 THZH2 方案太湖调度控制线时段进行了优化调整，较 THZH1 方案，THZH2 方案造峰期太湖出湖水量相对更多，更有利于降低太湖水位，流域外排水量也相对较多，有利于保障流域防洪安全；整个汛期，THZH2 方案太湖出湖水量、流域外排水量较 THZH1 方案略有偏少，说明汛期结束后，有更多的雨洪资源被调蓄在太湖及河网中，有利于后期雨洪资源利用。

2. 区域防洪

太湖综合调度方案对区域代表站水位影响基本相当（表 12.4）。较 JC 方案，湖西区坊

表 12.4 “99 南部”百年一遇设计洪水各方案地区代表站水位情况

分区	水位代表站	警戒水位/m	保证水位/m	JC 方案			THZH1 方案			THZH2 方案		
				日均最高水位/m	超警戒水位天数/d	超保证水位天数/d	日均最高水位/m	超警戒水位天数/d	超保证水位天数/d	日均最高水位/m	超警戒水位天数/d	超保证水位天数/d
湖西区	王母观	4.60	5.60	6.13	27	6	6.13	29	6	6.13	27	6
	漏湖（坊前）	4.00	5.10	5.70	58	8	5.69	93	8	5.69	94	8
武澄锡虞区	常州	4.30	4.80	5.69	41	12	5.69	38	11	5.69	38	11
	无锡	3.90	4.53	4.64	44	7	4.64	44	7	4.64	44	7
	青阳	4.00	4.85	4.98	27	3	4.97	26	2	4.98	26	3
阳澄淀泖区	苏州（枫桥）	3.80	4.20	3.79	0	0	3.76	0	0	3.76	0	0
	湘城	3.70	4.00	4.37	11	7	4.40	11	7	4.40	12	7
	陈墓	3.60	4.00	4.35	18	7	4.39	19	7	4.39	19	7
杭嘉湖区	嘉兴	3.30	3.70	4.78	34	14	4.82	35	14	4.82	35	14
	南浔	3.50	4.00	4.99	58	18	5.02	69	18	5.03	69	18
	新市	3.70	4.30	5.34	39	14	5.35	41	14	5.36	41	14
浙西区	杭长桥	4.50	5.00	5.33	25	4	5.32	25	4	5.32	25	4
太浦河	平望	3.70	4.00	4.64	27	10	4.65	27	11	4.65	27	11
望虞河	琳桥	3.80	4.20	4.58	42	25	4.56	42	25	4.56	42	25

前站、武澄锡虞区青阳站、阳澄淀泖区枫桥站、浙西区杭长桥站最高水位略有减低，但阳澄淀泖区、杭嘉湖区代表站最高水位有一定上升。武澄锡虞区常州站超警天数减少3d、超保天数减少1d，青阳站超警天数减少1d、超保天数减少1d，对于区域防洪较为有利；湖西区王母观站、坊前站超保天数均没有增加，但是超警天数分别增加2d、35d；阳澄淀泖区陈墓站、杭嘉湖区代表站超保天数均没有增加，但是陈墓、嘉兴超警天数均有一定增加。

综上所述，太湖综合调度方案对流域防洪具有一定效益，对减轻武澄锡虞区防洪压力具有一定作用，湖西区、杭嘉湖区超警天数有所增加，但不会产生较大风险，超保天数均没有增加。综合来看，THZH2方案的综合效果相对于THZH1方案更好些。

12.1.2.2 水资源效益与风险分析

太湖综合调度方案的水资源效益与风险分析主要对流域1971年型枯水典型年的模拟成果进行分析，分析指标包括太湖水位、地区代表站水位、太湖入湖流量、松浦大桥断面月净泄流量、太湖分湖区水质等。

1. 太湖及地区代表站水位

1971年型下，太湖综合调度方案太湖水位过程线基本重合，全年期太湖水位过程较JC方案略有一定抬升，主要表现在非汛期和汛后期（图12.2），与JC方案相比，太湖水位在1月16日—5月21日、6月6日—7月13日以及10月17日—11月12日略有抬升，其中，2—3月水位升高比较明显，最大抬升幅度为6cm。从太湖特征水位（表12.5）来看，较JC方案，THZH1方案、THZH2方案太湖最低水位、最低旬均水位基本无变化，全年平均水位分别增加0.01m、0.02m，略有升高，一定程度上有利于太湖水资源条件改善，THZH2方案较THZH1方案的改善效果更好些。

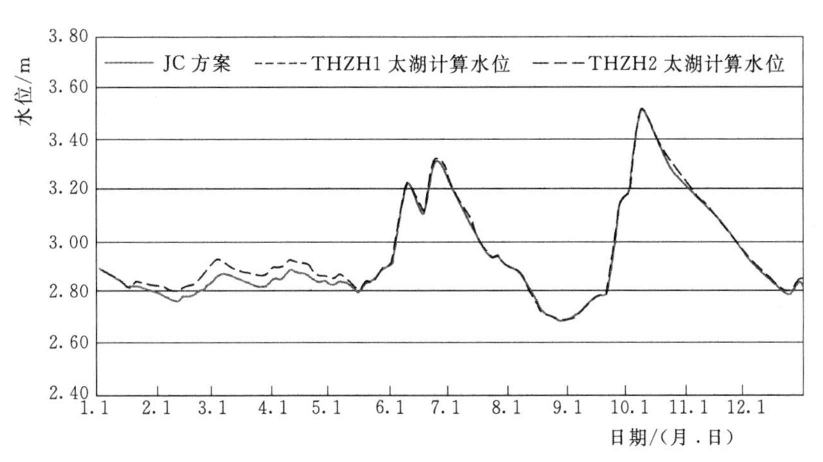

图12.2 1971年型各方案太湖水位过程图

表12.5 1971年型各方案太湖特征水位情况 单位：m

统计项目	JC方案	THZH1方案	THZH2方案
全年平均水位	2.94	2.95	2.96
全年最低水位	2.68	2.68	2.68
全年最低旬均水位	2.69	2.69	2.69

1971 年型下，各方案地区代表站特征水位统计详见表 12.6。较 JC 方案，太湖综合调度方案中各代表站全年平均水位、全年最低水位、全年最低旬均水位均呈现一定的增加。从全年平均水位来看，THZH1 方案与 JC 方案相比，湖西区（王母观、坊前）、武澄锡虞区（常州）水位上升较为显著，王母观、坊前、常州站全年平均水位分别上升 12cm、10cm、8cm，其余代表站水位增幅为 1～2cm。从全年最低水位来看，除无锡站最低水位降低 4cm 之外，青阳站最低水位增加 5cm，陈墓站、南浔站、杭长桥站水位增加 1cm，王母观、坊前、常州、枫桥、湘城、嘉兴、新市站保持不变。从最低旬均水位来看，变化情况与全年平均水位基本一致，王母观、坊前、常州站最低旬均水位上升较为显著，增幅分别为 11cm、8cm、7cm，其余代表站最低旬均水位略有上升或基本不变，增幅为 1～2cm。THZH2 方案与 THZH1 方案基本一致。特别地，JC 方案下杭嘉湖区嘉兴、南浔、新市站全年最低旬均水位均低于规划目标 2.55m，但是 THZH1 方案、THZH2 方案下南浔、新市站全年最低旬均水位均可以达到 2.55m，可以满足规划要求。

表 12.6　　1971 年型各方案地区代表站特征水位情况　　单位：m

分区	代表站	允许最低旬均水位	全年平均水位			全年最低水位			全年最低旬均水位		
			JC 方案	THZH1 方案	THZH2 方案	JC 方案	THZH1 方案	THZH2 方案	JC 方案	THZH1 方案	THZH2 方案
湖西区	王母观		3.45	3.57	3.57	2.91	2.91	2.91	3.03	3.14	3.14
	坊前①	2.87	3.38	3.48	3.48	2.92	2.92	2.92	3.01	3.09	3.09
武澄锡虞区	常州①	2.83	3.52	3.60	3.60	2.99	2.99	2.99	3.07	3.14	3.14
	无锡①	2.80	3.13	3.15	3.14	2.86	2.82	2.82	2.90	2.91	2.91
	青阳①	2.75	3.20	3.22	3.22	2.86	2.91	2.91	2.91	2.93	2.93
阳澄淀泖区	枫桥		2.98	2.98	2.99	2.78	2.78	2.78	2.86	2.87	2.87
	湘城①	2.60	2.99	3.00	3.00	2.81	2.81	2.81	2.86	2.87	2.87
	陈墓①	2.55	2.78	2.79	2.79	2.55	2.56	2.56	2.58	2.59	2.59
杭嘉湖区	嘉兴①	2.55	2.70	2.72	2.72	2.18	2.18	2.18	2.41	2.42	2.43
	南浔①	2.55	2.83	2.84	2.85	2.46	2.47	2.47	2.54	2.55	2.55
	新市①	2.55	2.91	2.92	2.92	2.41	2.41	2.41	2.54	2.55	2.55
浙西区	杭长桥①	2.65	2.95	2.97	2.97	2.60	2.61	2.61	2.65	2.65	2.65

①《太湖流域水资源综合规划》中提出平原河网区代表站允许最低旬平均水位的水位站点。

综合来看，THZH1 方案、THZH2 方案对于太湖水位、地区代表站水位的影响基本完全相同，从太湖全年平均水位，枫桥、南浔全年平均水位，嘉兴全年最低旬均水位来看，THZH2 方案的改善效果相对更好一些。

2. 主要控制线进出水量

1971 年型下，各方案主要控制线全年期进出水量统计详见表 12.7。

从沿江引排水量来看，与 JC 方案相比，太湖综合调度方案总引江量、排江量均有所增加。THZH1 方案、THZH2 方案总引江量分别增加 12.90 亿 m^3、12.86 亿 m^3，增幅均约为 9.3%，增加较为显著；总排江量分别增加 2.68 亿 m^3、2.29 亿 m^3，增幅分别为 6.4%、

表 12.7　　1971 年型各方案主要控制线全年期进出水量　　单位：亿 m³

分　区		统计项目	JC 方案	THZH1 方案	THZH2 方案
沿江引排水量	湖西区	引江	63.59	76.83	76.82
		排江	0.33	0.46	0.45
	武澄锡虞区	引江	3.15	2.54	2.33
		排江	29.39	31.80	31.84
	望虞河	引江	37.44	38.28	38.47
		排江	3.65	4.02	3.59
	阳澄淀泖区	引江	34.39	33.82	33.81
		排江	8.31	8.08	8.09
	合计	引江	138.57	151.47	151.43
		排江	41.68	44.36	43.97
出入湖水量	湖西区	入湖	64.78	72.88	72.84
		出湖	0.09	0.09	0.09
	浙西区	入湖	16.84	16.69	16.69
		出湖	16.61	16.51	16.49
	武澄锡虞区	入湖	0	0	0
		出湖	14.48	14.47	14.47
	阳澄淀泖区	入湖	0	0	0
		出湖	14.79	13.78	13.96
	杭嘉湖区	入湖	1.37	1.43	1.43
		出湖	27.76	27.29	27.50
	望虞河	入湖	36.05	36.86	36.96
		出湖	2.28	2.80	2.49
	太浦河	入湖	0	0	0
		出湖	16.77	26.13	26.13
	合计	入湖	119.04	127.86	127.92
		出湖	92.78	101.07	101.13
望虞河	常熟枢纽	引江	37.44	38.28	38.47
		排江	3.65	4.02	3.59
	望亭枢纽	入湖	36.01	36.83	36.93
		出湖	2.27	2.80	2.49
	东岸	东岸分流	4.52	4.46	4.55
	西岸	入望虞河	5.53	5.53	5.45
		出望虞河	2.19	2.40	2.46
太浦河	太浦河出湖		16.77	26.13	26.13
	太浦河出口净泄量		33.75	37.99	37.92
	北岸	出太浦河	0.24	0.28	0.28
		入太浦河	13.42	12.43	12.41
	南岸	出太浦河	9.83	11.47	11.56
		入太浦河	26.82	24.81	24.86
太湖蓄量	7 月 21 日/11 日太湖蓄量		42.67 (7 月 21 日)	42.92 (7 月 21 日)	46.67 (7 月 11 日)
	9 月 30 日太湖蓄量		48.42	48.67	48.67

5.5%。从分区引排水量来看，湖西区引江量增加较为显著，较 JC 方案，THZH1 方案、THZH2 方案均分别增加 13.24 亿 m^3、713.23 亿 m^3，增幅均达 20.8%，主要与新孟河工程江边枢纽加大引水有关。武澄锡虞区引江量略有减少，排江量略有增加。阳澄淀泖区引江量、排江量均略有减少。从环湖口门进出水量来看，与 JC 方案相比，太湖综合调度方案环太湖出入湖水量增加较为显著，THZH1 方案入湖量增加 8.82 亿 m^3，增幅为 7.4%，总出湖量增加 8.29 亿 m^3，增幅为 8.9%。从分区出入湖水量来看，THZH1 方案入湖水量增加主要来自湖西区，并主要与新孟河工程增加引水量有关，湖西区入湖水量增加 8.10 亿 m^3，增幅为 12.5%；出湖水量增加主要与太浦河出湖水量增加有关，太浦河出湖水量增加 9.36 亿 m^3，增幅达 55.8%，这也表明增加太浦河供水的调度效果较为显著。THZH2 方案结果与 THZH1 方案类似，THZH2 方案总入湖量增加 8.88 亿 m^3，增幅为 7.5%，总出湖量增加 8.35 亿 m^3，增幅为 9.0%。入湖水量增加同样主要来自湖西区，出湖水量增加主要也是由太浦河加大对下游供水导致。从两河进出水量来看，相比 JC 方案，太湖综合调度方案望虞河引江量略有增加，THZH1 方案、THZH2 方案分别增加 0.84 亿 m^3、1.03 亿 m^3、东岸分流基本保持不变，西岸分流略有增加，分别增加 0.21 亿 m^3、0.27 亿 m^3，太湖综合调度方案望亭入湖水量均有一定增加，分别增加 0.82 亿 m^3、0.92 亿 m^3。太浦河出湖水量增加较为显著，THZH1 方案、THZH2 方案均增加 9.36 亿 m^3，增幅均达 55.8%，加大太浦河供水后，太浦河两岸支流入太浦河水量有所减少，出太浦河水量有所增加，因此太浦河下游出口水量有一定增加，THZH1 方案、THZH2 方案分别增加 4.24 亿 m^3、4.17 亿 m^3，增幅分别为 12.6%、12.4%。从汛后期太湖蓄水量来看，较 JC 方案，各方案太湖蓄水量均有所增加，说明在汛后期有更多的水资源被调蓄下来，在保障流域防洪安全、适当承担防洪风险的前提下，有利于增加汛期结束后流域、区域可供水量。

综合来看，THZH1 方案、THZH2 方案对于沿江引排水量、出入湖水量、望虞河、太浦河两岸进出水量的影响基本一致。

3. 太湖入流流量

太湖综合调度方案常熟引江流量、望虞河入湖流量较 JC 方案均有显著增加（表 12.8）。太湖水位处于防洪控制线～引水控制线之间时段，THZH1 方案、THZH2 方案望虞河入湖流量分别为 39.08m^3/s、53.31m^3/s；太湖水位处于引水控制线～低水位控制线之间时段，望虞河入湖流量分别为 85.32m^3/s、84.32m^3/s，太湖水位处于防洪控制线～低水位控制线之间时段，分别为 78.10m^3/s、79.38m^3/s，可以满足适宜流量 70m^3/s 的要求，并且 THZH2 方案改善效果更好。太湖综合调度方案在太湖水位处于防洪控制线～低水位控制线之间时，由于新孟河引江入湖水量增加，湖西区平均入湖流量较 JC 方案有所增加，见表 12.9，THZH1 方案、THZH2 方案分别为 223.18m^3/s、225.04m^3/s，可以满足适宜流量 150m^3/s 的要求，THZH2 方案改善效果更好。

4. 松浦大桥断面月净泄流量

1971 年型各方案松浦大桥断面月净泄流量成果详见表 12.10。太湖综合调度方案年内各月松浦大桥净泄流量过程与 JC 方案类似，除 8 月外，各月净泄流量均大于 100m^3/s，满足《太湖流域水量分配方案》提出的目标要求。较 JC 方案均有所增加，THZH1 方案、

表 12.8　　1971 年型各方案望虞河入湖平均流量　　单位：m^3/s

执行调度区间	JC 方案		THZH1 方案		THZH2 方案	
	常熟引江	入湖	常熟引江	入湖	常熟引江	入湖
防洪控制线～引水控制线	0.06	0.58	52.00	39.08	64.81	53.31
引水控制线～低水位控制线	76.17	79.41	85.93	85.32	85.60	84.32
防洪控制线～低水位控制线	65.71	68.57	80.63	78.10	82.28	79.38

表 12.9　　1971 年型各方案湖西区入湖平均流量　　单位：m^3/s

执行调度区间	JC 方案		THZH1 方案		THZH2 方案	
	湖西区	新孟河	湖西区	新孟河	湖西区	新孟河
防洪控制线～引水控制线	236.06	71.28	280.60	83.06	290.28	85.50
引水控制线～低水位控制线	200.38	65.04	212.55	67.23	212.65	67.31
防洪控制线～低水位控制线	205.29	65.89	223.18	69.70	225.04	70.22

THZH2 方案增幅基本相当，均对 8 月月净泄流量具有一定改善作用，THZH1 方案、THZH2 方案 8 月月净泄流量分别由 JC 方案的 $11m^3/s$ 增加为 $23m^3/s$、$24m^3/s$。

表 12.10　　1971 年型各方案松浦大桥断面月净泄流量成果对比表　　单位：m^3/s

方案	1 月	2 月	3 月	4 月	5 月	6 月	7 月	8 月	9 月	10 月	11 月	12 月
JC 方案	394	357	362	367	337	392	205	11	118	453	414	449
THZH1 方案	426	404	402	406	360	384	219	23	123	472	436	468
THZH2 方案	426	404	402	406	360	384	220	24	124	472	433	468

12.1.2.3　水生态环境效益与风险分析

太湖综合调度方案的水生态环境效益与风险分析主要对 1990 年型平水典型年的太湖分湖区水质模拟成果进行分析。根据计算成果，太湖综合调度方案竺山湖、贡湖水质均有一定程度改善，见表 12.11 和表 12.12，竺山湖水质改善主要集中在 4—5 月、10—12 月，贡湖水质改善主要集中在 7 月、9—10 月。较 JC 方案，2—5 月 THZH1 方案竺山湖 TN、NH_3—N 浓度分别降低 2.3%、3.3%，COD 浓度增加 0.1%，TP 浓度保持不变，贡湖 COD 浓度下降 2.4%；THZH2 方案竺山湖 TN、COD、NH_3—N 浓度分别降低 3.2%、0.4%、4.9%，TP 浓度保持不变。8—10 月，THZH1 方案竺山湖 TN、TP、COD、NH_3—N 浓度分别降低 8.4%、6.3%、1.9%、6.4%，贡湖各项指标下降较为明显，TN、TP、COD、NH_3—N 浓度分别降低 26.1%、30.0%、10.9%、27.1%；THZH2 方案竺山湖 TN、TP、COD、NH_3—N 浓度分别降低 12.0%、6.3%、2.4%、6.4%，贡湖 TN、TP、COD、NH_3—N 浓度分别降低 28.8%、30.0%、10.3%、28.6%，THZH2 方案竺山湖、贡湖各项指标改善效果较 THZH1 方案更好些。JC 方案中，与贡湖相比，竺山湖 TN、TP 指标较差，COD、NH_3—N 指标相对较好，太湖综合调度方案对改善竺山湖 TN、TP、NH_3—N 指标效果较为明显、COD 指标略有改善；JC 方案中贡湖 COD、

NH_3—N 指标相对较差，太湖综合调度方案对改善贡湖 COD、NH_3—N 指标效果较为明显，TN、TP 指标 8—10 月呈改善趋势。总体来看，太湖综合调度方案对改善竺山湖水质效果较为显著，对改善贡湖水质有一定促进作用，且 THZH2 方案改善效果更好一些。

表 12.11　　1990 年型各方案太湖分湖区水质（TN、TP）

湖区	时段平均	JC 方案 /(mg·L⁻¹)		THZH1 方案 /(mg·L⁻¹)		THZH2 方案 /(mg·L⁻¹)		THZH1 方案变幅 /%		THZH2 方案变幅 /%	
		TN	TP	TN	TP	TN	TP	TN	TP	TN	TP
竺山湖	全年	1.92	0.21	1.86	0.21	1.81	0.20	−3.1	0	−5.7	−4.8
	2—5 月	2.21	0.25	2.16	0.25	2.14	0.25	−2.3	0	−3.2	0
	8—10 月	1.67	0.16	1.53	0.15	1.47	0.15	−8.4	−6.3	−12.0	−6.3
	其他时段	1.84	0.20	1.83	0.20	1.76	0.20	−0.5	0	−4.3	0
贡湖	全年	1.33	0.13	1.33	0.13	1.32	0.13	0	0	−0.8	0
	2—5 月	1.40	0.15	1.59	0.16	1.61	0.17	13.6	6.7	15.0	13.3
	8—10 月	1.11	0.10	0.82	0.07	0.79	0.07	−26.1	−30.0	−28.8	−30.0
	其他时段	1.41	0.14	1.44	0.15	1.41	0.15	2.1	7.1	0	7.1

表 12.12　　1990 年型各方案太湖分湖区水质（COD、NH_3—N）

湖区	时段平均	JC 方案 /(mg·L⁻¹)		THZH1 方案 /(mg·L⁻¹)		THZH2 方案 /(mg·L⁻¹)		THZH1 方案变幅 /%		THZH2 方案变幅 /%	
		COD	NH_3—N	COD	NH_3—N	COD	NH_3—N	COD	NH_3—N	COD	NH_3—N
竺山湖	全年	18.64	0.55	18.61	0.54	18.50	0.53	−0.2	−1.8	−0.8	−3.6
	2—5 月	19.84	0.61	19.86	0.59	19.77	0.58	0.1	−3.3	−0.4	−4.9
	8—10 月	17.31	0.47	16.98	0.44	16.90	0.44	−1.9	−6.4	−2.4	−6.4
	其他时段	18.49	0.56	18.60	0.55	18.48	0.55	0.6	−1.8	−0.1	−1.8
贡湖	全年	21.77	0.84	20.33	0.80	20.25	0.79	−6.6	−4.8	−7.0	−6.0
	2—5 月	22.38	0.89	21.84	0.94	21.68	0.94	−2.4	5.6	−3.1	5.6
	8—10 月	19.88	0.70	17.71	0.51	17.84	0.50	−10.9	−27.1	−10.3	−28.6
	其他时段	22.43	0.89	20.72	0.86	20.58	0.84	−7.6	−3.4	−8.2	−5.6

12.1.3　流域骨干河湖综合调度控制要求

基于上述太湖综合调度方案研究两个比选方案（THZH1 方案、THZH2 方案）在“99 南部”百年一遇设计洪水、1990 年型平水典型年、1971 年型枯水典型年下的方案效果以及对太湖综合调度目标实现程度的分析，表明太湖综合调度方案对于太湖水位过程、出入湖水量、望虞河入湖流量、湖西区入湖流量、太湖分湖区水质等具有一定程度的改善作用。

THZH1 方案在“99 南部”百年一遇设计洪水下，太湖最高水位略有降低，超 4.65m 天数略有减少，造峰期出湖水量及流域外排水量均有所增加，对流域来说具有一定的防洪效益，对于减轻武澄锡虞区防洪压力具有一定作用。1971 年型下，全年期总引江量和总入湖量增加较为显著，太湖处于防洪控制线～低水位线之间，望虞河入湖平均流量、湖西区总入湖平均流量均可以满足适宜流量 $70m^3/s$、$150m^3/s$ 的要求；由于总入湖水量增加，非汛期太湖水位较 JC 方案有一定程度地上升，各地区代表站水位也呈升高趋势；对于改善竺山湖水质效果较为显著，对于改善贡湖水质有一定作用。1990 年型下，望虞河入湖平均流量、湖西区总入湖平均流量均可以满足适宜流量 $70m^3/s$、$150m^3/s$ 的要求，同时，对于改善竺山湖水质效果较为显著，对于改善贡湖水质有一定作用。

THZH2 方案在 3 种年型下的模拟结果与 THZH1 方案基本相当。但是较 THZH1 方案，在“99 南部”百年一遇设计洪水下，THZH2 方案造峰期太湖出湖水量相对更多，更有利于控制或降低太湖水位，流域外排水量也相对较多，有利于保障流域防洪安全，对于整个汛期，THZH2 方案太湖出湖水量、流域外排水量较 THZH1 方案略有偏少，说明汛期结束后，有更多的雨洪资源被调蓄在太湖及河网中，有利于后期雨洪资源利用；在 1971 年型下，THZH2 方案对太湖全年平均水位，枫桥、南浔全年平均水位，嘉兴全年最低旬均水位的改善效果相对更好，太湖出湖水量、入湖水量增加略多；在 1971 年型、1990 年型下，THZH2 方案对太湖处于防洪控制线～低水位控制线之间的望虞河入湖平均流量、湖西区总入湖平均流量的改善效果相对更好，对竺山湖、贡湖的水质改善效果也相对更好。

因此，综合效益与风险，推荐 THZH2 方案作为太湖综合调度研究的推荐方案，该方案对保障太湖水位、改善水质、促进太湖水体流动性等目标具有较好的效果。同时，需要注意的是，在“99 南部”百年一遇设计洪水下，该方案可能在一定程度上增加了湖西区（坊前）、杭嘉湖区（南浔）的防洪压力；此外，在枯水年、平水年下，部分时段望虞河入湖流量尚未完全满足目标要求。因此为实现太湖综合调度目标，对太湖、望虞河、太浦河、新孟河等流域骨干工程的调度控制要求如下：

（1）太湖调度控制线中太湖防洪控制线、太湖引水控制线采用优化的控制时段划分，同时将汛后期（时段优化后汛后期为 7 月 11 日—9 月 30 日）防洪控制水位由 3.50m 抬高至 3.80m。

（2）对太浦河工程，防洪调度采用统筹考虑杭嘉湖区地区排涝的泄洪优化调度。当太湖水位低于警戒水位 3.80m 时充分利用太湖的调蓄作用，太浦闸在平望站控制水位的基础上参考嘉兴站水位进行控制，按不增大杭嘉湖区排涝风险调度；当太湖水位高于 3.80m 时，太浦闸调度按平望水位超过原控制水位时，继续大流量泄洪。供水调度采用加大太浦河供水流量的优化调度，并对太浦河水源地水质较差时段（冬春季 1—4 月）进一步加大供水。

（3）对望虞河工程，当太湖水位处于防洪控制线～引水控制线，放宽望虞河两岸无锡、苏州地区水位限制要求，当无锡水位低于 3.40m 且苏州水位低于 3.30m 时常熟枢纽开闸引水，同时，在常熟枢纽开闸引水时，望亭枢纽视太湖水资源和水环境状况，在不增加防洪风险的前提下，适时开闸引水入湖；当太湖水位处于引水控制线～低水位控制线，张桥水位低于 3.80m 时，常熟枢纽全力开闸引水。

（4）对新孟河工程，当太湖水位处于防洪控制线～引水控制线，在新孟河江边枢纽调度中增加太湖水质类指标进行调度，当 2—5 月竺山湖 TN 指标、8—10 月 TP 指标不能满足目标要求时，新孟河江边枢纽加大引水。

12.2　面向“三个安全”的流域综合调度方案研究

综合前述研究提出的太湖综合调度控制要求、太浦河调度优化方案、望虞河调度优化方案、区域水体有序流动的调度方案，形成流域、区域工程体系综合调度方案，在现状工况、规划工况条件下，分析面向“三个安全”的综合调度目标的满足程度，研究提出推荐的流域、区域工程体系综合调度方案。

12.2.1　太湖流域综合调度方案设计

12.2.1.1　流域、区域工程体系调度方式调整

1. 流域工程体系调度方式调整

流域工程体系调度方式与前述研究提出的太湖综合调度控制要求相一致，具体如下：

（1）太湖调度控制线。太湖水位调度线包括防洪控制线、引水控制线和低水位控制线，实行分时段分级调度。

1）太湖防洪控制线采用研究推荐的优化的时段划分，同时将分时段的节点控制水位进行局部优化，同时将汛后期（7 月 11 日—9 月 30 日）防洪控制水位由 3.50m 抬高至 3.80m，具体为：1 月 1 日—3 月 20 日，3.50m；3 月 21 日—4 月 10 日，按 3.50m 至 3.10m 直线递减；4 月 11 日—6 月 15 日，3.10m；6 月 16 日—7 月 10 日，按 3.10m 至 3.50m 直线递增；7 月 11 日—9 月 30 日，按 3.50m 至 3.80m 直线递增；10 月 1 日—12 月 31 日，3.50m。

2）太湖引水控制线采用研究推荐的优化的时段划分，分时段的节点控制水位保持与现状一致，具体为：1 月 1 日—3 月 20 日，3.30m；3 月 21 日—4 月 10 日，按 3.30m 至 3.00m 直线递减；4 月 11 日—6 月 15 日，3.00m；6 月 16 日—7 月 10 日，按 3.00m 至 3.30m 直线递增；7 月 11 日—9 月 30 日，3.30m；10 月 1 日—12 月 31 日，3.30m。

3）太湖低水位控制线不调整，与现状一致，具体为 1 月 1 日—3 月 15 日，2.90m；3 月 16—31 日，2.90m；4 月 1 日—6 月 15 日，2.80m；6 月 16 日—7 月 20 日，按 2.80m 至 3.10m 递增；7 月 21 日—10 月 31 日，3.10m；11 月 1 日—12 月 31 日，2.90m。

（2）太浦河调度方式。太浦河调度将研究推荐的统筹考虑太浦河泄洪和杭嘉湖区排涝的太浦河泄洪优化调度与加大太浦河供水流量的优化调度进行组合。

1）太浦河泄洪调度。当太湖水位低于警戒水位 3.80m 时，充分利用太湖的调蓄作用，太浦闸在平望站控制水位的基础上参考嘉兴站水位进行控制调度，按不增大杭嘉湖区排涝风险调度。当嘉兴不超过警戒水位 3.30m 时，太浦闸分级按 300m³/s 流量下泄；当嘉兴超过警戒水位 3.30m 时，太浦闸分级按 150m³/s 流量下泄。当太湖水位高于 3.80m

时，太浦闸调度按平望水位超过原控制水位时，继续按照 300m³/s 进行泄洪。

2）太浦河供水调度。在现状调度的基础上按太湖水位分级加大太浦河供水流量：太湖水位为 2.80～3.10m 时，太浦闸按 80m³/s 供水；太湖水位为 3.10～3.30m 时，太浦闸按 90m³/s 供水；太湖水位为 3.30m～防洪控制线时，太浦闸按 100m³/s 供水。对太浦河水源地水质较差时段（冬春季 1—4 月）进一步加大供水，在各分级供水流量的基础上再提高 10m³/s。

（3）望虞河调度方式。常熟水利枢纽调度采用太湖水生态环境调度控制要求研究提出的推荐调度，增加引江量。太湖水位处于防洪控制线～引水控制线时，放宽望虞河两岸地区引水控制条件，常熟枢纽开闸引水，无锡水位控制条件从 3.20m 抬高至 3.40m，苏州水位控制条件从 3.10m 抬高至 3.30m，同时常熟枢纽全力开闸引水；太湖水位处于引水控制线～低水位控制线时，当张桥水位小于 3.80m 时，常熟枢纽全力开闸引水。

望亭水利枢纽调度采用太湖水生态环境调度控制要求研究提出的推荐调度，增加入湖水量。太湖水位处于防洪控制线～引水控制线时，视太湖水资源和水环境状况，在不增加防洪风险的前提下，适时开启望亭枢纽引水入湖；在太湖水位低于引水控制线时，望亭枢纽全力开闸引水入湖。

（4）新孟河调度方式。新孟河江边枢纽调度采用太湖水质类指标增加的可行性分析、太湖水生态环境调度控制要求研究提出的推荐调度。太湖水位处于防洪控制线～引水控制线时，在新孟河江边枢纽调度中增加太湖水质类指标进行调度，2—5 月当竺山湖 TN 指标超过 2.0mg/L、8—10 月当竺山湖 TP 指标超过 0.06mg/L 时，江边枢纽开泵引水。

2. 区域工程体系调度方式调整

基于第 10 章区域水体有序流动研究提出的基于平原河网有序流动的区域水环境调度方案成果，提出湖西区、武澄锡虞区、阳澄淀泖区、杭嘉湖区工程体系调度方式调整。

（1）湖西区工程体系调度方式。湖西区工程体系主要由湖西区沿江控制线与武澄锡西控制线组成。

湖西区工程体系调度在 10.2 节湖西区水体有序流动的水量水质响应关系研究推荐的“增加引江方案”基础上，结合流域防洪、供水、水生态环境“三个安全”需求，主要内容如下：

1）谏壁枢纽、九曲河枢纽在现状调度基础上，增加王母观水位位于 3.10～3.30m 时的开闸引水力度，增加王母观水位低于泵引水位 3.10m 时的开泵引水力度。

2）魏村枢纽将调度控制站由坊前站调整为常州（三）站，当常州（三）水位高于 4.80m 时，开闸排水或开泵抽排；4.20～4.80m 时，关闸或开闸排水；3.30～4.20m 时，根据地区水环境需求及防洪风险相机引水；3.00～3.30m 时，开闸引水；低于 3.00m 时，开泵抽引。

3）新孟河江边枢纽在可研调度基础上增加太湖水质类指标进行调度。

4）其他沿江口门以及武澄锡西控制线调度维持现状调度。

（2）武澄锡虞区工程体系调度方式。武澄锡虞区工程体系主要由武澄锡虞区沿江控制线、白屈港控制线、望虞河西岸控制线以及环太湖控制线组成。

武澄锡虞区工程体系调度在 10.3 节武澄锡虞区水体有序流动的水量水质响应关系研究推荐的“多引多排方案”（以澡港河、锡澄运河、白屈港、十一圩港引水为主，新沟河、张家港、走马塘排水为主）的基础上，结合流域防洪、供水、水生态环境“三个安全”需求，综合拟订如下：

沿江控制线中澡港枢纽将调度控制站由坊前站调整为常州（三）站，当常州（三）水位高于 4.80m 时，开闸排水或开泵抽排；位于 4.20～4.80m 时，关闸或开闸排水；位于 3.30～4.20m 时，根据地区水环境需求及防洪风险（洮湖水位）相机引水；位于 3.00～3.30m 时，开闸引水；低于 3.00m 时，开泵抽引。白屈港枢纽调整现状青阳水位控制区间，当青阳水位高于 4.00m 时，开泵抽排；位于 3.70m 或 3.60～4.00m 时，开闸排水；位于 3.20～3.70m 或 3.60m 时，关闸；低于 3.20m 时，开闸自引；低于 2.90m 时，开泵抽引。福山闸、江阴枢纽、利港、申港闸、桃花港等适度抬高排水控制水位，增加水体在河道中的停留时间，当青阳水位高于 3.70m 或 3.60m 时，开闸排水；其余保持不变。十一圩港闸将调度控制站由青阳站调整为北国站，当北国水位低于 3.60m 或 3.50m 时，开闸引水；位于 3.60m 或 3.50～4.00m 时，适度开闸引水；高于 4.00m 时，开闸排水。新夏港闸适度降低排水控制水位，当青阳水位高于 4.00m 或 3.90m 时，开泵排水；其余保持不变。新沟闸适度降低排水控制水位，当直武地区水位位于 2.80～4.50m，青阳水位高于 3.90m 时，开泵排水；低于 3.90m 时，开闸排水；其余保持不变。张家港闸将调度控制站由青阳站调整为北国站，当北国水位高于 3.60m 或 3.50m 时，开闸排水；位于 3.20～3.60m 或 3.50m 时，适度开闸引水；低于 3.20m 时，开闸引水。

望虞河西岸控制线及走马塘工程采用望虞河西岸控制工程与走马塘工程联合调度推荐方案，在西岸控制总流量 11m^3/s 的前提下，在流域实施引江济太期间，针对望虞河西岸锡北运河、伯渎港、九里河、羊尖塘等重点河道在区域需水重点时段（6 月 10 日—8 月 31 日）加大分流，并且适当抬高走马塘工程调度参考水位无锡水位（由 2.80m 抬高至 3.00m）。

环太湖控制线、白屈港控制线沿线口门以及其他相关工程调度维持现状调度。

（3）阳澄淀泖区工程体系调度方式。阳澄淀泖区工程体系主要由阳澄淀泖区沿江控制线、望虞河东岸控制线、环太湖控制线以及太浦河北岸控制线组成。

阳澄淀泖区工程体系调度在 10.4 节推荐的“适度引排方案”（海洋泾、七浦塘、杨林塘、望虞河东岸口门及太湖环湖河道引水为主，常浒河、白茆塘、浏河排水为主）的基础上，结合流域防洪、供水、水生态环境“三个安全”需求，综合拟订如下：

沿江控制线由现状汛期、非汛期分时段调度调整为直接根据控制站水位进行调度。海洋泾枢纽、七浦塘荡茜枢纽均以湘城站为调度控制站，当湘城水位高于 3.50m 时，开泵抽排；高于 3.40m 时，开闸排水；位于 3.10～3.40m 时，关闸；位于 3.00～3.10m 时，开闸引水；低于 3.00m 时，开泵抽引。白茆闸、浒浦闸、浏河闸均以湘城站为调度控制站，当湘城水位高于 3.00m 时，开闸排水；低于 3.00m 时，适度开闸引水。钱泾闸、金泾闸、浪港闸、徐六泾闸、七浦闸、杨林闸等其他沿江口门也均以湘城站为调度控制站，当湘城水位高于 3.40m 时，开闸排水；低于 3.40m 时，开闸引水。

望虞河东岸控制线沿线口门调度维持现状，望虞河实施水量调度期间，东岸口门实行控制运行，分水比例不超过常熟水利枢纽引水量的30%，且分水总流量不超过50m³/s。

环太湖控制线、太浦河北岸控制线以及其他相关工程调度维持现状调度。

（4）杭嘉湖区工程体系调度方式。杭嘉湖区工程体系主要由东导流控制线、环太湖控制线、南排控制线以及太浦河南岸控制线组成。

杭嘉湖区工程体系调度在10.5节推荐的“适度加大从东导流引水、适度减少从太湖引水方案”的基础上，结合流域防洪、供水、水生态环境“三个安全”需求，综合拟订如下：

东导流控制线沿线口门在现状调度的基础上，增加新市站作为调度控制站。如果闸上水位高于3.80m后尚未达到分洪水位，当新市水位低于3.20m时还可适当开闸引流。

环湖控制线各口门采用适度减少引水方案或者维持现状调度，其中适度减少引水方案为当太湖水位位于防洪控制线～低水位控制线时增加双林站作为调度控制站。当双林水位高于3.20m，适度开闸引水；低于3.20m时，开闸引水。

南排控制线独山排涝站、盐官枢纽维持现状调度；南台头闸、长山闸采用维持现状调度或者增加排水方案，其中增加排水方案为当嘉兴水位高于3.00m时即启用开泵抽排。

太浦河南岸控制线口门采用维持现状调度或者增加引水方案，其中增加引水方案为当太湖水位位于2.65m～防洪控制线、松浦大桥流量大于100m³/s、嘉兴水位低于2.80m时即可开闸引水。

12.2.1.2 太湖流域综合调度方案拟订

根据流域工程体系、区域工程体系调度方式调整成果，综合形成2个分析方案，分别记为流域区域综合调度方案1（LYZH1，流域综合方案1）、流域区域综合调度方案2（LYZH2，流域综合方案2）。LYZH1主要是在太湖综合调度方案推荐方案（THZH2方案）的基础上，综合考虑区域河网水体有序流动与水量水质的响应关系研究中的各分区调度方案形成的；LYZH2主要是针对综合方案1产生的风险对相关工程调度进行进一步优化后形成的，详见表12.13。

表12.13　流域、区域工程体系综合调度模式研究分析方案

方　案	工程类别	主要工程	工程调度优化情况
JC方案	流域及区域工程		采用现状调度
流域区域综合调度方案1（LYZH1）	太湖调度线		采用太湖防洪与供水调度控制要求优化研究提出的方案
	流域工程	望虞河常熟枢纽、望亭枢纽	采用太湖水生态环境调度控制要求提出的方案
		望虞河西岸工程与走马塘工程	采用望虞河—走马塘工程联合调度提出的方案
		太浦河闸泵工程	采用太浦河调度优化研究提出的方案
		新孟河江边枢纽	采用太湖水生态环境调度控制要求提出的方案
	区域工程	各分区沿江口门、环湖口门调度	采用区域河网水体有流动与水量水质响应关系研究提出的方案

续表

方　案	工程类别	主要工程	工程调度优化情况
流域区域综合调度方案 2（LYZH2）	太湖调度线		同 LYZH1 方案
	流域工程	在 LYZH1 方案的基础上，优化以下工程调度，其他工程同 LYZH1 方案： （1）太浦河南岸芦墟以东口门：在 LYZH1 方案的基础上，松浦大桥控制流量由 160m^3/s 调整为 100m^3/s。 （2）常熟水利枢纽：进一步增大望虞河引水量，按照张桥水位小于 3.80m，开泵引水。 （3）新孟河江边枢纽：优化调度参考站及参考水位，太湖水位不小于防洪控制水位、小于 4.65m，按照滆湖水位 4.40m 控制排水；太湖水位不小于调水限制水位、小于防洪控制水位，综合考虑常州、滆湖水位变化进行引排，即常州水位不小于 4.10m 或滆湖水位不小于 4.00m，全力开闸引水，否则按 LYZH1 方案进行调度	
	区域工程	在 LYZH1 方案的基础上，优化以下工程调度，其他工程同 LYZH1 方案： （1）魏村枢纽、澡港枢纽：适度降低常州排水控制水位为 4.80m，增加区域排水。 （2）白屈港枢纽、福山闸、江阴枢纽、利港、申港闸、桃花港：适度抬高调度参考站青阳的排水控制水位为 3.60m。 （3）十一圩港闸：适度降低北国引水控制水位为 3.50m，增加引水。 （4）新夏港闸、新沟闸：适度降低青阳排水控制水位为 3.90m，增加排水。 （5）张家港闸：适度降低北国排水控制水位为 3.50m，增加排水。 （6）南台头闸、长山闸：在 LYZH1 方案的基础上，降低嘉兴泵排控制水位，加大排水	

12.2.2　太湖流域综合调度方案效果分析

12.2.2.1　现状工况综合调度方案效果分析

选取“99 南部”百年一遇设计洪水、1971 年型枯水年、1990 年型平水年，采用太湖流域水量水质数学模型对现状工况下太湖流域综合调度方案进行模拟，选取太湖流域综合调度评价指标体系中受调度改变影响较大的太湖水位、代表站水位、饮用水源区水质、湖泊生态水位、河湖受水区水质等指标对方案产生的防洪、水资源、水生态环境效益及风险进行分析。

1. 防洪效益与风险分析

流域、区域工程体系综合调度方案的防洪效益与风险分析主要对“99 南部”百年一遇设计洪水年的模拟成果进行分析，包括流域、区域防洪分析两个层面，具体分析指标包括太湖水位、地区代表站水位、出入湖水量及流域外排水量、区域代表站水位、区域外排水量等。

（1）流域防洪。“99 南部”百年一遇设计洪水下，较 JC 方案，LYZH2 方案对改善太湖水位过程具有一定效益。LYZH1 方案、LYZH2 方案均会在一定程度上抬高太湖水位过程，见图 12.3，但总体来看，LYZH2 方案对流域防洪具有一定效益，LYZH1 方案则会产生一定不利影响。LYZH2 方案太湖最高水位为 4.81m，较 JC 方案降低 0.02m，超警（3.80m）天数 47d，较 JC 方案减少 1d，超保（4.65m）天数 7d，减少 2d；较 JC 方

案，LYZH1 方案太湖最高水位升高 0.03m，超警天数增加 24d，超保天数增加 1d，见表 12.14。同时，LYZH2 方案汛后期 8 月中下旬至 9 月以及非汛期 10 月太湖水位增幅较为明显且均未超过警戒水位，说明 LYZH2 方案汛后期有更多水资源被调蓄在太湖中，利于汛后期太湖雨洪资源利用。

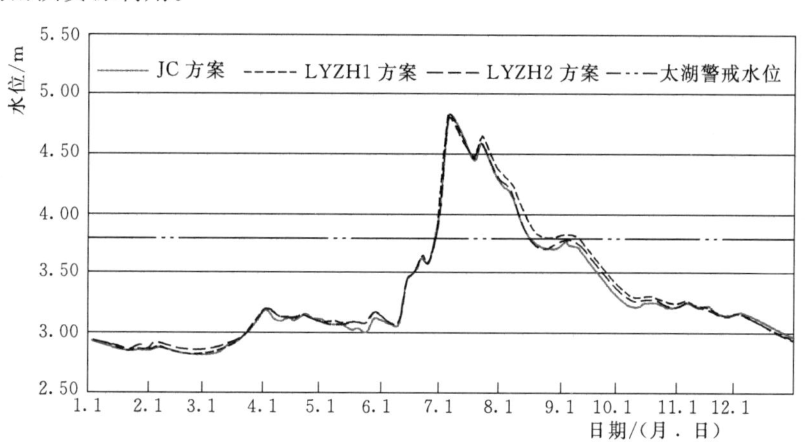

图 12.3 "99 南部"百年一遇设计洪水各方案太湖水位过程

表 12.14　"99 南部"百年一遇设计洪水各方案太湖特征水位情况

统 计 项 目	JC 方案	LYZH1 方案	LYZH2 方案
太湖最高水位/m	4.83	4.86	4.81
出现时间	7 月 6 日	7 月 6 日	7 月 6 日
超 3.80m 天数/d	48	72	47
超 4.65m 天数/d	9	10	7

进一步分析"99 南部"百年一遇设计洪水各方案造峰期及汛期太湖出湖及流域外排水量。与 JC 方案相比，造峰期 LYZH1 方案、LYZH2 方案太湖出湖水量分别增加 1.01 亿 m^3、0.58 亿 m^3，LYZH1 方案流域外排水量减少 1.04 亿 m^3，LYZH2 方案流域外排水量增加 0.24 亿 m^3；汛期 LYZH1 方案、LYZH2 方案太湖出湖水量分别增加 8.93 亿 m^3、3.36 亿 m^3，流域外排水量分别减少 4.85 亿 m^3、3.41 亿 m^3，见表 12.15。因此，LYZH2 方案更有利于造峰期流域防洪安全，并且整个汛期 LYZH2 方案流域外排水量有所减少，有更多的雨洪资源被调蓄在河网中，有利于后期雨洪资源利用。

（2）区域防洪。流域综合方案对于区域防洪的影响不完全一致，见表 12.16。较 JC 方案，LYZH1 方案地区代表站日均最高水位均出现抬高，其中陈墓、湘城抬高幅度最大，达 0.1m；湖西区、武澄锡虞区、阳澄淀泖区、浙西区代表站超警水位天数均呈一定程度的增加，其中湖西区坊前站超警水位天数增加 24d，杭嘉湖区超警水位天数有所减低；湖西区、杭嘉湖区南浔站、新市站超保水位天数与 JC 方案持平，武澄锡虞区超保天数增加 2d 左右，阳澄淀泖区超保水位天数增加 1d 左右，浙西区超保水位天数增加 4d。LYZH2 方案地区代表站日均最高水位有升有降，阳澄淀泖区、杭嘉湖区嘉兴站、南浔站日均最高水位有所抬高，但是增幅小于 LYZH1 方案增幅，湖西区、武澄锡虞区常州站、

表 12.15　"99 南部"百年一遇设计洪水各方案造峰期及汛期出湖及流域外排水量

单位：亿 m³

统计项目		JC 方案		LYZH1 方案		LYZH2 方案	
		造峰期	汛期	造峰期	汛期	造峰期	汛期
出入湖	湖西区入太湖	15.51	39.27	15.54	41.09	14.03	36.98
	浙西区入太湖	18.79	25.50	19.70	35.58	19.71	33.31
	武澄锡虞区入太湖	0.13	−7.35	0.59	−6.54	0.20	−6.68
	太湖入阳澄淀泖区	1.13	7.74	1.01	9.24	0.91	10.91
	太湖入杭嘉湖区	−4.26	−0.49	−3.93	2.72	−4.37	5.23
	望虞河出湖	3.57	20.73	2.56	18.95	2.37	16.23
	太浦河出湖	4.40	33.13	6.54	40.43	6.40	33.26
	出湖合计	9.10	68.95	10.11	77.88	9.68	72.31
流域外排	北排长江	35.60	88.90	32.77	80.76	34.06	83.07
	东排黄浦江	27.98	66.83	29.56	70.77	28.94	68.23
	南排杭州湾	17.34	61.11	17.55	60.46	18.16	62.13
	合计	80.92	216.84	79.88	211.99	81.16	213.43

注　当武澄锡虞区入太湖为负值时，该数值绝对值为太湖入武澄锡虞区水量；当太湖入杭嘉湖区为负值时，该数值绝对值为杭嘉湖区入太湖水量。

表 12.16　"99 南部"百年一遇设计洪水各方案地区代表站水位情况

分区	代表站	警戒水位/m	保证水位/m	JC 方案			LYZH1 方案			LYZH2 方案		
				日均最高水位/m	超警水位天数/d	超保水位天数/d	日均最高水位/m	超警水位天数/d	超保水位天数/d	日均最高水位/m	超警水位天数/d	超保水位天数/d
湖西区	王母观	4.60	5.60	6.13	27	6	6.16	29	6	5.99	22	4
	坊前	4.00	5.10	5.70	58	8	5.73	82	8	5.59	70	6
武澄锡虞区	常州	4.30	4.80	5.69	41	12	5.72	50	14	5.66	39	12
	无锡	3.90	4.53	4.64	44	7	4.67	47	9	4.63	45	6
	青阳	4.00	4.85	4.98	27	3	5.06	36	4	5.09	34	4
阳澄淀泖区	枫桥	3.80	4.20	3.79	0	0	3.80	1	0	3.79	0	0
	湘城	3.70	4.00	4.37	11	7	4.47	14	8	4.44	13	8
	陈墓	3.60	4.00	4.35	18	7	4.45	19	8	4.42	19	8
杭嘉湖区	嘉兴	3.30	3.70	4.78	34	14	4.84	32	15	4.81	30	14
	南浔	3.50	4.00	4.99	58	18	5.05	44	18	5.33	61	16
	新市	3.70	4.30	5.34	39	14	5.36	25	14	5.01	29	11
浙西区	杭长桥	4.50	5.00	5.33	25	4	5.46	29	8	5.44	27	8

无锡站、杭嘉湖区新市站日均最高水位有所降低；湖西区坊前站、武澄锡虞区无锡站、青阳站、阳澄淀泖区湘城站、陈墓站、杭嘉湖区南浔站超警水位天数有所增加，但是增幅基

本小于LYZH1方案增幅，湖西区王母观站、武澄锡虞区常州站、杭嘉湖区嘉兴站、新市站超警水位天数均有所减少；湖西区、武澄锡虞区无锡站、杭嘉湖区南浔站、新市站超保水位天数均有所减少，较JC方案减少1～3d，武澄锡虞区青阳站、阳澄淀泖区超保水位天数虽有所增加，但增幅仅为1d。

从太浦河泄洪与杭嘉湖区排涝关系（表12.17）来看，较JC方案，流域综合方案增大了太浦河下泄水量，有利于流域洪水外排；虽然会减少北排太浦河水量，但是扩大了南排出路，杭嘉湖区水位超警、超保情况明显改善，有利于区域防洪安全。具体来看，LYZH1方案、LYZH2方案造峰期太浦闸下泄水量分别增加2.14亿m^3、2.00亿m^3，北排太浦河水量分别减少0.82亿m^3和0.96亿m^3，南排杭州湾水量分别增加0.21亿m^3、0.82亿m^3，因此LYZH2方案在增加太浦河下泄水量的同时，也增加了杭嘉湖区南排杭州湾水量。

表12.17 “99南部”百年一遇设计洪水太浦闸下泄与杭嘉湖区排涝情况对比 单位：亿m^3

统计项目		JC方案		LYZH1方案		LYZH2方案		LYZH1方案变幅		LYZH2方案变幅	
		造峰期	汛期	造峰期	汛期	造峰期	汛期	造峰期	汛期	造峰期	汛期
太浦闸下泄水量		4.40	33.13	6.54	40.43	6.40	33.26	2.14	7.30	2.00	0.13
杭嘉湖区出流	北排太浦河	3.57	4.81	2.75	0.03	2.61	3.37	−0.82	−4.78	−0.96	−1.44
	东排	8.27	15.75	8.59	15.76	8.15	14.69	0.32	0.01	−0.12	−1.06
	南排	17.34	61.11	17.55	60.46	18.16	62.13	0.21	−0.65	0.82	1.02
	合计	29.18	81.67	28.89	76.25	28.92	80.19	−0.29	−5.42	−0.26	−1.48
杭嘉湖区入流	浙西区入	5.54	21.81	4.77	14.02	4.79	15.96	−0.77	−7.80	−0.75	−5.85
	太湖入	−4.26	−0.49	−3.93	2.72	−4.37	5.23	0.33	3.22	−0.11	5.72
	山丘区入	0.51	1.07	0.51	1.07	0.51	1.07	0	0	0	0
	合计	1.79	22.39	1.35	17.81	0.93	22.26	−0.44	−4.58	−0.86	−0.13

因此，综合来看，LYZH2方案对减轻湖西区、武澄锡虞区、杭嘉湖区防洪压力的效果较为显著，对阳澄淀泖区也不会产生防洪风险。

进一步分析地区代表站在汛期结束以后的适宜水位满足情况，“99南部”百年一遇设计洪水下，太湖水位在9月10日以后均低于防洪控制水位，流域结束防洪调度，分析地区代表站水位过程发现，9—12月湖西区、武澄锡虞区、阳澄淀泖区各代表站水位均能较好地满足区域河网水体有序流动对非汛期适宜水位的要求，杭嘉湖区嘉兴站基本可以满足要求。

综上所述，LYZH2方案对于减轻流域防洪压力，改善湖西区、武澄锡虞区、杭嘉湖区防洪压力，保障流域、区域防洪安全具有更好的效果。

2. 水资源效益与风险分析

流域、区域工程体系综合调度方案的水资源效益与风险分析主要对流域1971年型枯水典型年的模拟成果进行分析，分析指标包括太湖水位、地区代表站水位、松浦大桥断面月净泄流量、主要控制线进出水量、流域重要水源地水质等。

（1）太湖水位。1971年型下，流域综合方案对全年期太湖水位过程的影响不完全一致，见图 12.4，LYZH1 方案太湖水位在 6 月中旬至 7 月有一定抬升，抬升幅度在 0.012～0.043m；LYZH2 方案太湖水位在 1 月中旬至 4 月上旬有一定抬升，抬升幅度在 0.020～0.045m 之间。同时，1 月 29 日—2 月 20 日，JC 方案与 LYZH1 方案下太湖水位均低于 2.80m，LYZH2 方案有效抬升太湖水位至 2.80m 以上，可有效改善太湖及下游地区水资源条件。较 JC 方案，LYZH1 方案太湖全年平均水位增加 0.004m，全年最低水位增加 0.005m，全年最低旬均水位增加 0.004m，总体增幅不大；LYZH2 方案太湖全年平均水位增加 0.012m，全年最低水位增加 0.016m，全年最低旬均水位增加 0.016m，见表 12.18。因此，LYZH2 方案对太湖水位过程的改善效果更好，更有利于流域特别是 1—4 月水资源条件改善。

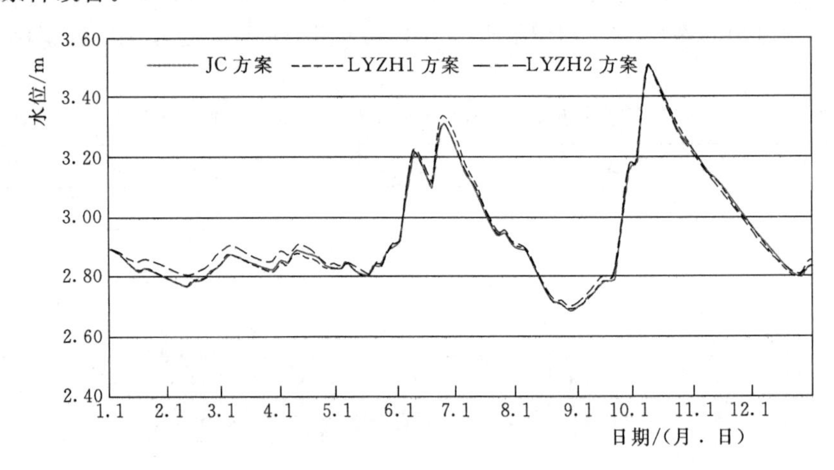

图 12.4　1971 年型各方案太湖水位过程

表 12.18　　1971 年型各方案太湖特征水位情况　　单位：m

统计项目	JC 方案	LYZH1 方案	LYZH2 方案
全年平均水位	2.939	2.943	2.951
全年最低水位	2.680	2.685	2.696
全年最低旬均水位	2.690	2.694	2.706

（2）地区代表站水位。1971 年型各方案地区代表站特征水位情况见表 12.19。可以看出，较 JC 方案，流域综合方案各地区代表站全年平均水位、全年最低水位、全年最低旬均水位均呈现一定增加，并且除杭嘉湖区部分代表站不能满足规划提出的允许最低旬均水位要求外，其余分区代表站均能满足规划要求。具体来看，JC 方案杭嘉湖区嘉兴站、南浔站、新市站全年最低旬均水位分别为 2.41m、2.54m、2.54m，均不能满足规划允许最低旬均水位 2.55m 要求，LYZH1 方案嘉兴站、南浔站全年最低旬均水位分别为 2.42m、2.54m，仍不能满足要求，新市站全年最低旬均水位为 2.55m，可以满足要求；LYZH2 方案嘉兴站全年最低旬均水位为 2.42m，仍不能满足要求，但南浔站、新市站全年最低旬均水位分别为 2.55m、2.56m，可以满足要求。因此，LYZH2 方案对于改善区域水资源条件效果更好，并能更好地满足规划目标要求。

表 12.19　　　1971 年型各方案地区代表站全年期特征水位情况　　　单位：m

统计项目			JC 方案			LYZH1 方案			LYZH2 方案		
			平均水位	最低水位	最低旬均水位	平均水位	最低水位	最低旬均水位	平均水位	最低水位	最低旬均水位
湖西区	王母观		3.45	2.91	3.03	3.47	2.91	3.07	3.46	2.91	3.07
	坊前①	2.87	3.38	2.92	3.01	3.40	2.92	3.03	3.38	2.92	3.04
武澄锡虞区	常州①	2.83	3.52	2.99	3.07	3.55	3.09	3.18	3.55	3.09	3.20
	无锡①	2.80	3.13	2.86	2.90	3.17	2.88	2.94	3.18	2.89	2.98
	青阳①	2.75	3.20	2.86	2.91	3.25	2.90	2.94	3.25	2.93	2.98
阳澄淀泖区	枫桥		2.98	2.78	2.86	2.99	2.81	2.84	2.99	2.81	2.86
	湘城①	2.60	2.99	2.81	2.86	3.01	2.87	2.89	3.01	2.87	2.92
	陈墓①	2.55	2.78	2.55	2.58	2.76	2.55	2.55	2.77	2.54	2.56
杭嘉湖区	嘉兴①	2.55	2.70	2.18	2.41	2.71	2.18	2.42	2.71	2.19	2.42
	南浔①	2.55	2.83	2.46	2.54	2.83	2.47	2.54	2.84	2.48	2.55
	新市①	2.55	2.91	2.41	2.54	2.91	2.42	2.55	2.92	2.42	2.56
浙西区	杭长桥①	2.65	2.95	2.60	2.65	2.96	2.61	2.66	2.97	2.62	2.67

① 《太湖流域水资源综合规划》中提出平原河网区代表站允许最低旬平均水位的水位站点。

进一步分析地区代表站水位在汛期、非汛期对适宜水位目标的满足程度，见表12.20，LYZH1 方案、LYZH2 方案下湖西区、武澄锡虞区以及阳澄淀泖区湘城站汛期、非汛期水位均可满足适宜水位目标要求；阳澄淀泖区陈墓站、杭嘉湖区嘉兴站虽然最低旬均水位可以满足规划要求，但汛期、非汛期水位距适宜水位目标还有一定差距。

表 12.20　　　1971 年型各方案地区代表站汛期与非汛期水位情况　　　单位：m

分区	水位站	适宜水位目标		JC 方案		LYZH1 方案		LYZH2 方案	
		汛期	非汛期	汛期	非汛期	汛期	非汛期	汛期	非汛期
湖西区	王母观	3.40	3.05	3.61	3.34	3.61	3.37	3.59	3.36
	坊前	3.35	3.05	3.52	3.28	3.52	3.31	3.49	3.30
武澄锡虞区	青阳	3.30	3.00	3.32	3.11	3.38	3.15	3.37	3.16
阳澄淀泖区	湘城	3.00	2.90	2.97	3.01	3.03	2.99	3.04	2.99
	陈墓	2.90	2.80	2.80	2.76	2.79	2.74	2.79	2.75
杭嘉湖区	嘉兴	2.90	2.90	2.69	2.72	2.69	2.72	2.69	2.72

(3) 松浦大桥断面月净泄流量。1971 年型下，同 JC 方案流域综合方案除 8 月以外，其余各月松浦大桥断面月净泄流量均大于 100m^3/s，见图 12.5，可以满足《太湖流域水量分配方案》提出的目标要求，且 LYZH1 方案、LYZH2 方案 1—5 月的松浦大桥月净泄流量较 JC 方案有一定增加。

(4) 主要控制线进出水量。1971 年型各方案主要控制线全年期进出水量统计见表 12.21。

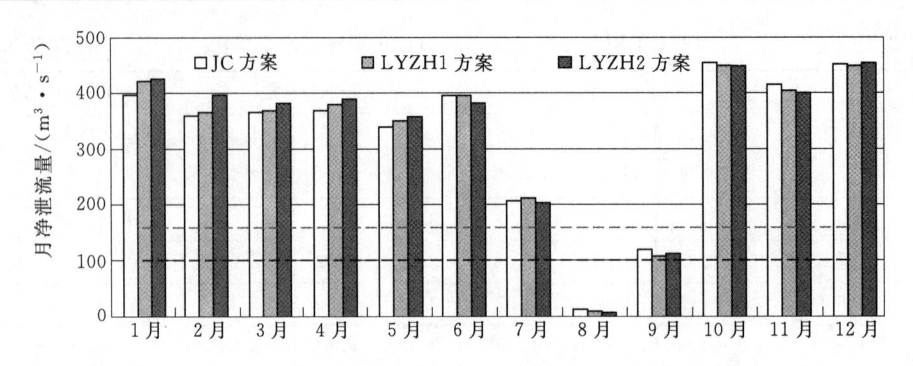

图 12.5 1971 年型各方案松浦大桥断面月净泄流量

表 12.21 1971 年型各方案主要控制线全年期进出水量统计

分区		统计项目	JC 方案/亿 m³	LYZH1 方案/亿 m³	LYZH2 方案/亿 m³	LYZH1 变幅/%	LYZH2 变幅/%
沿江引排水量	湖西区	引江	63.59	64.61	63.32	1.60	−0.42
		排江	0.33	0.51	2.10	54.55	536.36
	武澄锡虞区	引江	3.15	2.87	2.88	−8.89	−8.57
		排江	29.39	23.18	25.15	−21.13	−14.43
	望虞河	引江	37.44	38.64	47.29	3.21	26.31
		排江	3.65	4.83	4.25	32.33	16.44
	阳澄淀泖区	引江	34.39	38.78	38.14	12.77	10.90
		排江	8.31	19.60	20.70	135.86	149.10
	合计	引江	138.57	144.90	151.63	4.57	9.42
		排江	41.68	48.12	52.20	15.45	25.24
出入湖水量	湖西区	入湖	64.78	66.44	64.07	2.56	−1.10
		出湖	0.09	0.09	0.09	0	0
	浙西区	入湖	16.84	16.87	16.87	0.18	0.18
		出湖	16.61	16.70	16.93	0.54	1.93
	武澄锡虞区	入湖	0	0	0	—	—
		出湖	14.48	13.98	14.03	−3.45	−3.11
	阳澄淀泖区	入湖	0	0	0	—	—
		出湖	14.79	12.76	13.00	−13.73	−12.10
	杭嘉湖区	入湖	1.37	1.38	1.35	0.73	−1.46
		出湖	27.76	26.82	27.61	−3.39	−0.54
	望虞河	入湖	36.05	39.62	44.58	9.90	23.66
		出湖	2.28	2.47	2.25	8.33	−1.32
	太浦河	入湖	0	0	0	—	—
		出湖	16.77	25.34	26.21	51.10	56.29
	合计	入湖	119.04	124.31	126.87	4.43	6.58
		出湖	92.78	98.16	100.12	5.80	7.91

续表

分区		统计项目	JC方案/亿m³	LYZH1方案/亿m³	LYZH2方案/亿m³	LYZH1变幅/%	LYZH2变幅/%
望虞河	常熟枢纽	引江	37.44	38.64	47.29	3.21	26.31
		排江	3.65	4.83	4.25	32.33	16.44
	望亭枢纽	入湖	36.01	39.59	44.55	9.94	23.72
		出湖	2.27	2.48	2.25	9.25	−0.88
	东岸	东岸分流	4.52	4.31	5.84	−4.65	29.20
	西岸	入望虞河	5.53	8.30	6.15	50.09	11.21
		出望虞河	2.19	2.03	2.40	−7.31	9.59
太浦河	太浦河出湖		16.77	25.34	26.21	51.10	56.29
	太浦河出口净泄量		33.75	37.15	37.63	10.07	11.50
	北岸	出太浦河	13.42	10.81	10.81	−19.45	−19.45
		入太浦河	0.24	0.29	0.25	20.83	4.17
	南岸	出太浦河	9.83	10.52	11.23	7.02	14.24
		入太浦河	26.82	25.43	25.82	−5.18	−3.73
新孟河	引江		52.14	52.68	48.95	1.04	−6.12
	入湖		20.62	21.15	20.47	2.57	−0.73
	引江入湖效率		39.55%	40.15%	41.82%	1.52	5.74
太湖蓄量	汛后期始太湖蓄量		46.30	46.97	46.52	1.45	0.48
	汛后期末太湖蓄量		48.47	48.72	49.00	0.52	1.09
	汛后期太湖蓄变量		2.17	1.75	2.48	−19.35	14.29

从沿江引排水量来看，与JC方案相比，流域综合方案引江量、排江量均有较大幅度增加。具体来看，LYZH1方案全年期总引江量增加6.33亿m³，增幅为4.57%，总排江量增加6.44亿m³，增幅为15.45%；LYZH2方案引排水量增幅更大，全年期总引江量增加9.42%，排江量增加25.24%。从分区引排水量来看，变化趋势不完全一致。湖西区引江量基本不变、排江量有所增加；武澄锡虞区引江量、排江量均有所减少；阳澄淀泖区引江量、排江量均有所增加；望虞河引江量、排江量也均有所增加。因此，较JC方案，流域综合方案形成多引多排格局，加快水体有序流动，更有利于水资源利用；较LYZH1方案，LYZH2方案效果更好。

从环湖口门进出水量来看，与JC方案相比，流域综合方案总入湖量、总出湖量均有一定的增加。具体来看，LYZH1方案全年期总入湖量增加4.43%、总出湖水量增加5.80%；LYZH2方案全年期总入湖量增加6.58%、总出湖水量增加7.91%。从分区出入湖水量来看，变化趋势不完全一致。LYZH1和LYZH2方案下浙西区、湖西区、杭嘉湖区的出入湖水量变化幅度极小，武澄锡虞区、阳澄淀泖区出湖水量均有所减小，望虞河入湖水量、太浦河出湖水量均有较大幅度增加，其中LYZH2方案下增幅较大，望虞河入湖水量增加23.72%，太浦河出湖水量增加56.29%。因此，较JC方案与LYZH1方案，

LYZH2 方案在增大引江入湖量的同时，也加大了太浦河下泄水量，可以更好地保障太湖及下游地区的水资源需求。

从流域骨干工程进出水量来看，较 JC 方案，流域综合方案全年期望虞河引江水量、入湖水量均有所增加。其中 LYZH2 方案较 LYZH1 方案增加更多，并且 LYZH2 方案下望虞河东岸分流水量、西岸分流水量也更多，在保障太湖水资源的同时，也更有利于两岸地区用水。此外，在引江济太期间（当太湖水位低于引水控制线时，详见表 12.22)，LYZH1 方案、LYZH2 方案东岸口门分水比例分别为 11.45％、12.54％，分水总流量也均小于 $50m^3/s$，低于《太湖流域水量分配方案》中提出的限值要求。从太浦河进出水量来看，较 JC 方案，LYZH2 方案下太湖出湖水量、出口净泄量增幅均较 LYZH1 方案大，对保障下游供水安全具有更大效益。从新孟河引江入湖效益来看，LYZH1 方案、LYZH2 方案可将新孟河引江入湖效率由 JC 方案下的 39.55％分别提高至 40.15％、41.82％，LYZH2 方案效果更好。

表 12.22　　1971 年型各方案引江济太期间望虞河东岸分流情况统计

统 计 项 目	JC 方案	LYZH1 方案	LYZH2 方案
东岸分流/亿 m^3	4.41	4.30	5.83
常熟枢纽引水量/亿 m^3	37.31	37.55	46.48
东岸分流比/%	11.82	11.45	12.54
分水总流量/($m^3 \cdot s^{-1}$)	16.20	15.85	21.29

从太湖蓄量来看，LYZH2 方案汛后期末太湖蓄量为 49.00 亿 m^3，较 JC 方案增加 0.53 亿 m^3，LYZH1 方案汛后期末太湖蓄量为 48.72 亿 m^3，较 JC 方案增加 0.25 亿 m^3，因此，LYZH2 方案汛后期有更多的水资源被调蓄下来，更有利于增加汛期结束后流域、区域的可供水量。

分析遇 1971 年型各方案在农作物生长期 4—10 月、汛期 5—9 月、用水高峰期 7—8 月等时段的进出水量情况，见表 12.23～表 12.25。较 JC 方案，LYZH1 方案在农作物生长期 4—10 月沿江引江量、排江量均有所增加，增幅分别为 1.11％、3.45％；望虞河引江量、入湖量也有所增加，引江量增幅为 4.12％，入湖量增幅较大，增幅为 13.69％；太浦河出湖水量增幅为 43.32％。在汛期 5—9 月沿江引江量、排江量均有所减少，减幅分别为 0.88％、8.72％；望虞河引江量、入湖量也有所增加，增幅分别为 0.79％、10.55％；太浦河出湖水量增幅为 27.97％。在用水高峰期 7—8 月沿江引江量减少 2.71％，排江量增加 8.40％；望虞河引江量增加 0.37％，入湖量增加 7.33％；太浦河出湖水量增加 72.35％。LYZH2 方案在农作物生长期 4—10 月沿江引江量、排江量也均有所增加，增幅较 LYZH1 方案大，分别为 1.57％、3.79％；望虞河引江量、入湖量也均有所增加，增幅较 LYZH1 方案大，分别为 12.35％、17.71％；太浦河出湖水量增幅为 39.42％，较 LYZH1 方案略小。在汛期 5—9 月沿江引江量、排江量也均有所减少，减幅较 LYZH1 方案小，分别为 0.04％、3.51％；望虞河引江量、入湖量也均有所增加，增幅较 LYZH1 方案大，分别为 10.71％、16.61％；太浦河出湖水量增幅为 22.47％，较 LYZH1 方案小；在用水高峰期 7—8 月沿江引江量增加 0.37％、排江量增加 20.25％，

表 12.23　　1971 年型各方案主要控制线 4—10 月进出水量统计

分　区		统计项目	JC 方案/亿 m^3	LYZH1 方案/亿 m^3	LYZH2 方案/亿 m^3	LYZH1 变幅/%	LYZH2 变幅/%
沿江引排水量	湖西区	引江	43.42	43.66	42.60	0.55	−1.89
		排江	0.33	0.51	2.10	54.55	536.36
	武澄锡虞区	引江	2.99	2.56	2.70	−14.38	−9.70
		排江	17.29	12.34	13.13	−28.63	−24.06
	望虞河	引江	22.84	23.78	25.66	4.12	12.35
		排江	3.65	4.83	2.25	32.33	−38.36
	阳澄淀泖区	引江	21.17	21.42	20.89	1.18	−1.32
		排江	8.31	12.90	13.21	55.23	58.97
	合计	引江	90.43	91.43	91.85	1.11	1.57
		排江	29.57	30.59	30.69	3.45	3.79
望虞河	常熟枢纽	引江	22.84	23.78	25.66	4.12	12.35
		排江	3.65	4.83	4.25	32.33	16.44
	望亭枢纽	入湖	20.67	23.50	24.33	13.69	17.71
		出湖	2.27	2.48	2.25	9.25	−0.88
	东岸	东岸分流	3.53	3.07	3.72	−13.03	5.38
	西岸	入望虞河	3.67	5.75	5.05	56.68	37.60
		出望虞河	1.41	1.31	1.39	−7.09	−1.42
太浦河	太浦河出湖		11.01	15.78	15.35	43.32	39.42
	太浦河出口净泄量		18.85	20.89	20.66	10.82	9.60
	北岸	出太浦河	7.86	6.74	6.83	−14.25	−13.10
		入太浦河	0.24	0.27	0.23	12.50	−4.17
	南岸	出太浦河	6.14	6.55	6.67	6.68	8.63
		入太浦河	13.52	12.73	12.98	−5.84	−3.99

表 12.24　　1971 年型各方案主要控制线 5—9 月进出水量统计

分　区		统计项目	JC 方案/亿 m^3	LYZH1 方案/亿 m^3	LYZH2 方案/亿 m^3	LYZH1 变幅/%	LYZH2 变幅/%
沿江引排水量	湖西区	引江	37.62	36.92	35.79	−1.86	−4.86
		排江	0.15	0.16	1.00	6.67	566.67
	武澄锡虞区	引江	2.62	2.12	2.27	−19.08	−13.36
		排江	11.32	7.36	7.98	−34.98	−29.51
	望虞河	引江	20.16	20.32	22.32	0.79	10.71
		排江	3.27	3.65	3.24	11.62	−0.92
	阳澄淀泖区	引江	17.25	17.59	17.23	1.97	−0.12
		排江	6.94	8.63	8.70	24.35	25.36
	合计	引江	77.64	76.96	77.61	−0.88	−0.04
		排江	21.68	19.79	20.92	−8.72	−3.51

续表

分区		统计项目	JC 方案/亿 m^3	LYZH1 方案/亿 m^3	LYZH2 方案/亿 m^3	LYZH1 变幅/%	LYZH2 变幅/%
望虞河	常熟枢纽	引江	20.16	20.32	22.32	0.79	10.71
		排江	3.27	3.65	3.24	11.62	−0.92
	望亭枢纽	入湖	17.82	19.70	20.78	10.55	16.61
		出湖	1.94	1.61	1.43	−17.01	−26.29
	东岸	东岸分流	2.91	2.42	2.91	−16.84	0
	西岸	入望虞河	2.71	4.32	3.74	59.41	38.01
		出望虞河	1.04	0.91	1.00	−12.50	−3.85
太浦河	太浦河出湖		8.01	10.25	9.81	27.97	22.47
	太浦河出口净泄量		10.97	11.88	11.47	8.30	4.56
	北岸	出太浦河	5.33	4.56	4.66	−14.45	−12.57
		入太浦河	0.18	0.15	0.11	−16.67	−38.89
	南岸	出太浦河	4.98	5.12	5.23	2.81	5.02
		入太浦河	7.50	7.44	7.52	−0.80	0.27

表 12.25　　1971 年型各方案主要控制线 7—8 月进出水量统计

分区		统计项目	JC 方案/亿 m^3	LYZH1 方案/亿 m^3	LYZH2 方案/亿 m^3	LYZH1 变幅/%	LYZH2 变幅/%
沿江引排水量	湖西区	引江	20.39	20.08	20.01	−1.52	−1.86
		排江	0	0	0	—	—
	武澄锡虞区	引江	1.74	1.28	1.23	−26.44	−29.31
		排江	3.60	2.20	2.56	−38.89	−28.89
	望虞河	引江	10.87	10.91	12.48	0.37	14.81
		排江	0	0	0	—	—
	阳澄淀泖区	引江	10.16	9.72	9.59	−4.33	−5.61
		排江	0.45	2.20	2.31	388.89	413.33
	合计	引江	43.15	41.98	43.31	−2.71	0.37
		排江	4.05	4.39	4.87	8.40	20.25
望虞河	常熟枢纽	引江	10.87	10.91	12.48	0.37	14.81
		排江	0	0	0	—	—
	望亭枢纽	入湖	8.73	9.37	10.25	7.33	17.41
		出湖	0	0	0	—	—
	东岸	东岸分流	1.78	1.75	2.11	−1.69	18.54
	西岸	入望虞河	0.52	1.06	0.79	103.85	51.92
		出望虞河	0.45	0.55	0.60	22.22	33.33
太浦河	太浦河出湖		2.17	3.74	3.73	72.35	71.89
	太浦河出口净泄量		2.16	2.85	2.66	31.94	23.15
	北岸	出太浦河	2.45	1.80	1.77	−26.53	−27.76
		入太浦河	0	0.02	0.02	—	—
	南岸	出太浦河	2.53	2.56	2.66	1.19	5.14
		入太浦河	2.24	2.26	2.26	0.89	0.89

增幅较LYZH1方案大；望虞河引江量、入湖水量也均有所增加，增幅较LYZH1方案大，分别为14.81%、17.41%；太浦河出湖水量增加71.89%，增幅较LYZH1方案略小。因此，LYZH2方案对改善农作物生长期、用水高峰期流域、区域水资源条件具有较好的效果，可以较好地缓解流域季节性水资源的供需矛盾。

（5）流域重要水源地水质。1971年型下，流域综合调度方案对太湖贡湖水源地、湖东水源地水质影响效果不一致，见表12.26。较JC方案，LYZH1方案贡湖水源地水质呈现恶化趋势，COD、NH_3—N、TN浓度分别增加0.15%、2.86%、6.09%，TP浓度保持不变；湖东水源地水质也呈现恶化趋势，COD、NH_3—N、TN浓度分别增加0.09%、2.78%、1.92%，TP浓度保持不变；LYZH2方案贡湖水源地、湖东水源地均呈现改善趋势，贡湖水源地COD、NH_3—N、TP、TN浓度分别降低3.26%、7.14%、15.38%、7.83%，湖东水源地COD、NH_3—N、TP、TN浓度分别降低1.11%、2.78%、7.69%、2.88%。

表12.26　　1971年型全年期太湖贡湖水源地和湖东水源地水质情况

太湖水源地	指标	JC方案/(mg·L^{-1})	LYZH1方案/(mg·L^{-1})	LYZH2方案/(mg·L^{-1})	LYZH1方案变幅/%	LYZH2方案变幅/%
贡湖水源地	COD	20.25	20.28	19.59	0.15	−3.26
	NH_3—N	0.70	0.72	0.65	2.86	−7.14
	TP	0.13	0.13	0.11	0	−15.38
	TN	1.15	1.22	1.06	6.09	−7.83
湖东水源地	COD	21.68	21.70	21.44	0.09	−1.11
	NH_3—N	0.72	0.74	0.70	2.78	−2.78
	TP	0.13	0.13	0.12	0	−7.69
	TN	1.04	1.06	1.01	1.92	−2.88

流域综合调度方案对金泽断面水质影响效果也不一致，见表12.27。LYZH1方案对全年期金泽断面水质几乎没有改善效果，对冬春季水质有一定改善效果，COD、TN浓度分别降低0.52%、5.64%，NH_3—N、TP浓度保持不变；LYZH2方案对金泽断面水质的改善效果优于LYZH1方案，全年期金泽断面水质COD、TP、TN浓度分别降低1.13%、5.56%、8.37%，NH_3—N浓度虽略有升高，但是仍然满足Ⅲ类水质要求，冬春季金泽断面水质COD、TP、TN浓度分别降低1.61%、5.00%、10.77%，NH_3—N指标未超Ⅲ类水质要求。

因此，LYZH2方案对太湖贡湖水源地、湖东水源地、太浦河金泽水源地等水质改善具有较好的效果。

综上所述，LYZH2方案对于改善流域、区域水资源条件，促进河湖水体流动，保障流域重要水源地水质安全，改善下游地区用水条件等具有更好的效果。

3. 水生态环境效益与风险分析

流域、区域工程体系综合调度方案的水生态环境效益与风险分析主要对流域1990年型平水典型年的模拟成果进行，分析指标包括太湖水位、太湖及区域水质等。

表 12.27　　1971 年型各方案金泽断面水质情况

太湖水源地	指标	JC 方案 /(mg·L^{-1})	LYZH1 方案 /(mg·L^{-1})	LYZH2 方案 /(mg·L^{-1})	LYZH1 方案变幅/%	LYZH2 方案变幅/%
全年	COD	21.30	21.23	21.06	−0.33	−1.13
	NH_3—N	0.58	0.58	0.59	0	1.72
	TP	0.18	0.18	0.17	0	−5.56
	TN	2.03	2.03	1.86	0	−8.37
	NH_3—N 超Ⅲ类天数	0	0	0		
冬春季 1—4 月	COD	21.15	21.04	20.81	−0.52	−1.61
	NH_3—N	0.69	0.69	0.69	0	0
	TP	0.20	0.20	0.19	0	−5.00
	TN	1.95	1.84	1.74	−5.64	−10.77
	NH_3—N 超Ⅲ类天数	0	0	0		

（1）太湖水位。1990 年型下，流域综合方案太湖水位过程较 JC 方案有一定程度抬高，见图 12.6。LYZH1 方案、LYZH2 方案全年期太湖水位过程均高于 2.80m，见表 12.28，可以满足太湖适宜水位要求，全年最低旬均水位分别为 2.916m、2.915m，均可以满足太湖最低旬均水位 2.80m 的要求。

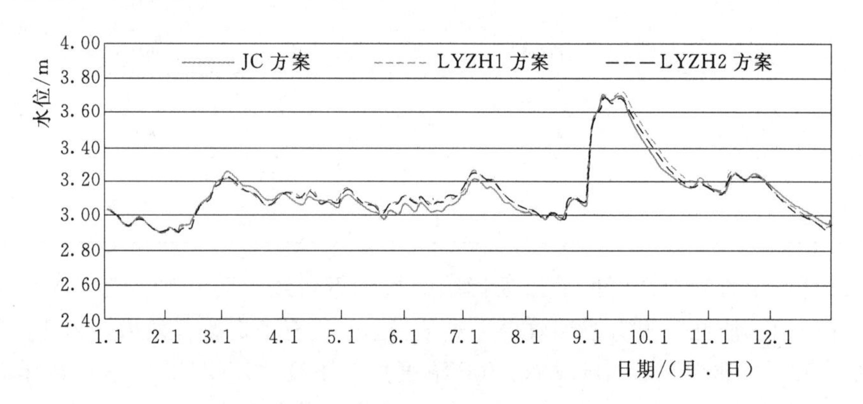

图 12.6　1990 年型各调度方案太湖水位过程

表 12.28　　1990 年型各调度方案太湖特征水位情况　　单位：m

统计项目	JC 方案	LYZH1 方案	LYZH2 方案	LYZH1 方案−JC 方案	LYZH2 方案−JC 方案
全年平均水位	3.134	3.149	3.140	0.015	0.006
全年最低水位	2.916	2.904	2.903	−0.012	−0.013
全年最低旬均水位	2.926	2.916	2.915	−0.010	−0.011

（2）太湖及区域水质。1990 年型下，流域综合调度方案太湖水质浓度呈现一定改善趋势，见表 12.29，但不会发生水质类别的变化，改善区域主要集中在西部和北部湖区，且 LYZH2 方案的改善效果更好。分湖区来看，与 JC 方案相比，贡湖，LYZH2 方案各项

水质指标的影响均优于 LYZH1 方案，COD、NH_3—N 浓度降幅超过 LYZH1 方案，TP、TN 浓度略有增加，但 LYZH2 方案增幅较小；竺山湖和西部沿岸区，除 COD 浓度基本相当外，LYZH1 方案、LYZH2 方案对其余水质指标均有所改善；梅梁湖，除 COD 浓度有所改善，其余水质指标浓度略有增加，但 LYZH2 方案增幅低于 LYZH1 方案；湖心区、胥湖、南部沿岸区、东太湖水质 LYZH1 方案、LYZH2 方案改善效果基本一致。

表 12.29　　1990 年型全年期太湖分湖区水质情况

湖　区	指标	JC 方案 /($mg \cdot L^{-1}$)	LYZH1 方案 /($mg \cdot L^{-1}$)	LYZH2 方案 /($mg \cdot L^{-1}$)	LYZH1 变幅 /%	LYZH2 变幅 /%
贡湖	COD	21.77	20.81	20.49	−4.4	−5.9
	NH_3—N	0.84	0.85	0.82	1.2	−2.4
	TP	0.13	0.15	0.14	15.4	7.7
	TN	1.33	1.47	1.41	10.5	6.0
竺山湖	COD	18.64	18.60	18.73	−0.2	0.5
	NH_3—N	0.55	0.53	0.54	−3.6	−1.8
	TP	0.21	0.21	0.21	0	0
	TN	1.92	1.86	1.87	−3.1	−2.6
西部沿岸区 J13# 大浦口	COD	20.38	20.38	20.44	0	0.3
	NH_3—N	0.83	0.80	0.81	−3.6	−2.4
	TP	0.25	0.25	0.25	0	0
	TN	2.72	2.73	2.72	0.4	0
梅梁湖 J16# 三号标	COD	20.37	20.26	20.16	−0.5	−1.0
	NH_3—N	0.75	0.79	0.78	5.3	4.0
	TP	0.13	0.13	0.13	0	0
	TN	1.15	1.23	1.22	7.0	6.1
湖心区 J19# 平台山	COD	19.06	18.97	19.07	−0.5	0.1
	NH_3—N	0.82	0.81	0.81	−1.2	−1.2
	TP	0.16	0.16	0.16	0	0
	TN	1.66	1.64	1.63	−1.2	−1.8
南部沿岸区 J23# 小梅口	COD	19.93	20.15	20.15	1.1	1.1
	NH_3—N	0.57	0.59	0.59	3.5	3.5
	TP	0.20	0.20	0.21	0	5.0
	TN	1.67	1.73	1.74	3.6	4.2
胥湖 J26# 西山	COD	20.07	19.94	19.96	−0.6	−0.5
	NH_3—N	0.62	0.61	0.61	−1.6	−1.6
	TP	0.12	0.12	0.12	0	0
	TN	0.86	0.85	0.84	−1.2	−2.3

续表

湖 区	指标	JC 方案 /(mg·L⁻¹)	LYZH1 方案 /(mg·L⁻¹)	LYZH2 方案 /(mg·L⁻¹)	LYZH1 变幅 /%	LYZH2 变幅 /%
东太湖 J36# 东太湖	COD	19.98	19.90	19.91	−0.4	−0.4
	NH_3—N	0.60	0.63	0.62	5.0	3.3
	TP	0.11	0.11	0.11	0	0
	TN	0.80	0.85	0.84	6.2	5.0
太湖平均	COD	20.02	19.88	19.86	−0.7	−0.8
	NH_3—N	0.70	0.70	0.70	0	0
	TP	0.16	0.17	0.17	6.3	6.3
	TN	1.51	1.54	1.53	2.0	1.3

注 太湖平均值为上述分湖区算数平均值。

流域综合调度方案对部分区域水质断面 COD 浓度、NH_3—N 浓度有改善作用，大部分断面的水质浓度与 JC 方案基本相当，见表 12.30。从分区来看，阳澄淀泖区水质改善效果较好，COD 浓度、NH_3—N 浓度均呈降低趋势，且 LYZH2 方案改善效果优于 LYZH1 方案，其中元和塘桥 COD 浓度变化较大，由 JC 方案的 31.12mg/L 降低至 LYZH1 方案的 25.94mg/L、LYZH2 方案的 25.72mg/L，降幅为 16.6%、17.4%，千灯

表 12.30　　1990 年型全年期区域主要断面水质情况

统计项目		JC 方案 /(mg·L⁻¹)		LYZH1 方案 /(mg·L⁻¹)		LYZH2 方案 /(mg·L⁻¹)		LYZH1 方案 变幅/%		LYZH2 方案 变幅/%	
分区	断面	COD	NH_3—N	COD	NH_3—N	COD	NH_3—N	COD	NH_3—N	COD	NH_3—N
湖西区	坊仙桥	15.14	0.50	15.20	0.49	15.18	0.49	0.4	−2.0	0.3	−2.0
	吕城大桥	16.00	0.27	16.08	0.25	16.06	0.25	0.5	−7.4	0.4	−7.4
	人民桥	17.36	0.29	17.26	0.31	17.37	0.31	−0.6	6.9	0.1	6.9
	徐舍	20.57	0.43	20.56	0.42	20.68	0.42	−0.05	−2.3	0.5	−2.3
	金沙大桥	17.08	0.32	17.19	0.32	17.18	0.32	0.6	0	0.6	0
武澄锡虞区	水门桥	21.88	0.32	21.90	0.30	21.94	0.31	0.1	−6.3	0.3	−3.1
	西湖塘桥	19.19	0.38	19.34	0.36	19.32	0.37	0.8	−5.3	0.7	−2.6
	查家桥	21.92	0.48	22.09	0.48	22.08	0.48	0.8	0	0.7	0
	东方红桥	22.74	0.40	22.91	0.40	23.02	0.40	0.7	0	1.2	0
	吴桥	26.05	0.41	26.15	0.41	26.36	0.41	0.4	0	1.2	0
阳澄淀泖区	元和塘桥	31.12	0.38	25.94	0.39	25.72	0.38	−16.6	2.6	−17.4	0
	周庄大桥	26.26	0.43	25.51	0.47	25.52	0.46	−2.9	9.3	−2.8	7.0
	娄江大桥	26.43	0.36	26.35	0.36	26.20	0.36	−0.3	0	−0.9	0
	千灯浦	27.66	0.43	28.13	0.38	28.13	0.38	1.7	−11.6	1.7	−11.6
	尹山大桥	30.29	0.49	29.73	0.50	29.68	0.50	−1.8	2.0	−2.0	2.0

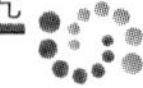

续表

统计项目		JC方案/(mg·L^{-1})		LYZH1方案/(mg·L^{-1})		LYZH2方案/(mg·L^{-1})		LYZH1方案变幅/%		LYZH2方案变幅/%	
分区	断面	COD	NH_3—N	COD	NH_3—N	COD	NH_3—N	COD	NH_3—N	COD	NH_3—N
杭嘉湖区	鼓楼桥	19.21	0.61	19.39	0.65	19.42	0.65	0.9	6.6	1.1	6.6
	练市大桥	20.79	0.59	20.86	0.60	20.88	0.60	0.3	1.7	0.4	1.7
	乌镇双溪桥	24.85	0.58	24.99	0.59	25.02	0.59	0.6	1.7	0.7	1.7
	嘉兴	26.25	0.50	26.32	0.52	26.41	0.52	0.3	4.0	0.6	4.0
	平湖	25.99	0.48	26.17	0.48	26.21	0.48	0.7	0	0.8	0
浙西区	杭长桥	17.32	0.54	17.44	0.57	17.40	0.56	0.7	5.6	0.5	3.7

浦NH_3—N浓度变化较大，LYZH1方案、LYZH2降幅分别为11.5%、11.7%；湖西区、武澄锡虞区主要表现为NH_3—N浓度有所降低；杭嘉湖区、浙西区COD浓度、NH_3—N浓度略有升高。

综上所述，LYZH1方案、LYZH2方案对改善太湖及区域水位条件，增加望虞河入湖流量、湖西区入湖流量以及改善太湖分湖区以及区域水质的效果基本相当，但是LYZH2方案对改善望虞河、湖西区入湖流量以及阳澄淀泖区水环境质量的效果更好。

12.2.2.2 规划工况综合调度方案效果分析

规划工况综合调度方案中太湖、太浦河、望虞河、新孟河等流域骨干工程以及湖西区、武澄锡虞区、阳澄淀泖区、杭嘉湖区相关工程采用现状工况流域、区域工程体系综合调度模式研究推荐的LYZH2方案，太浦河后续工程中太浦河南岸芦墟以西口门以及吴淞江工程沿线工程调度采用相关前期论证报告提出的工程调度方案，记为GHZH方案。分别选取“99南部”百年一遇设计洪水、1971年型枯水年、1990年型平水年，采用太湖流域水量水质数学模型，对规划工况综合调度方案的防洪、水资源、水生态环境效益及风险进行模拟分析。

1. 防洪效益与风险分析

规划工况综合调度方案的防洪效益与风险分析主要对“99南部”百年一遇设计洪水年型模拟成果进行分析，包括流域、区域防洪分析两个层面，具体指标包括太湖水位、地区代表站水位、出入湖水量、流域外排水量、区域外排水量等。

(1) 流域防洪。“99南部”百年一遇设计洪水下，较GHJC方案，GHZH方案太湖水位过程有一定程度抬升，4月至6月中旬、8月中旬至10月抬升幅度较为明显，见图12.7，但没有产生新的防洪风险。GHJC方案太湖最高日均水位为4.718m，出现在7月5日和6日，GHZH方案太湖最高日均水位为4.695m，出现在7月6日，降低约0.023m；GHZH方案超警（3.80m）天数、超保（4.65m）天数分别为41d、3d，与JC方案一样，全年太湖水位均没有超4.80m，见表12.31。因此，GHZH方案一方面没有增加太湖防洪风险，另一方面有利于4月至6月中旬、8月中旬至10月的流域水资源利用。

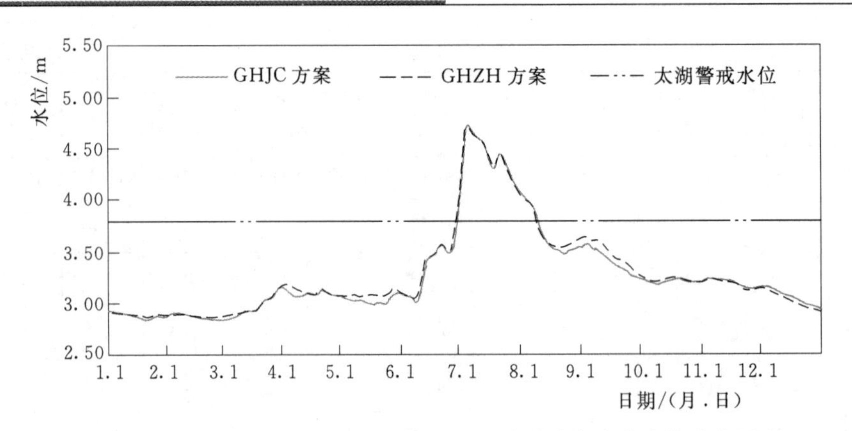

图 12.7　规划工况“99 南部”百年一遇设计洪水各方案太湖水位过程

表 12.31　　规划工况“99 南部”百年一遇设计洪水各方案太湖特征水位情况

统计项目	GHJC 方案	GHZH 方案	项　　目	GHJC 方案	GHZH 方案
太湖最高水位/m	4.718	4.695	超 4.65m 天数/d	3	3
出现时间	7 月 5 日、6 日	7 月 6 日	超 4.80m 天数/d	0	0
超 3.80m 天数/d	41	41			

进一步分析规划工况遇“99 南部”百年一遇设计洪水各方案造峰期及汛期出湖及流域外排水量，见表 12.32。从造峰期来看，较 GHJC 方案，GHZH 方案太湖出湖水量增加 0.47 亿 m^3，增幅为 3.5%，其中以太浦河出湖增加为主，增加 2.34 亿 m^3，增幅达 55.2%，望虞河出湖减少 1.48 亿 m^3，减幅为 25.0%；GHZH 方案流域外排水量增加 0.57 亿 m^3，增幅为 0.7%，其中东排黄浦江水量增加 1.53 亿 m^3，增幅为 5.2%，南排杭州湾水量增加 0.65 亿 m^3，增幅为 3.8%，北排长江水量有所减少，减少 1.61 亿 m^3，减幅为 4.2%。从汛期来看，较 GHJC 方案，GHZH 方案太湖出湖水量增加 3.61 亿 m^3，增幅为 4.6%，其中太浦河出湖增加 3.39 亿 m^3，杭嘉湖区由入湖变为出湖，杭嘉湖区出湖水量为 3.01 亿 m^3，望虞河出湖水量减少 4.07 亿 m^3；GHZH 方案流域外排水量减少 1.08 亿 m^3，减幅为 0.5%，其中主要以北排长江水量减少为主，减少 6.09 亿 m^3，减幅为 7.0%，东排黄浦江水量增加 3.00 亿 m^3，增幅为 4.1%，南排杭州湾水量增加 2.01 亿 m^3，增幅为 3.5%。

因此，GHZH 方案有利于造峰期太湖洪水外排、有利于流域防洪安全，且整个汛期 GHZH 方案流域外排水量有所减少，有更多的水资源被调蓄在河网中，有利于后期雨洪资源利用。

(2) 区域防洪。流域综合方案对于区域防洪的影响不完全一致，见表 12.33。较 GHJC 方案，GHZH 方案湖西区、武澄锡虞区地区代表站日均最高水位呈降低趋势，湖西区降幅为 0.12～0.16m，降幅较大，武澄锡虞区降幅为 0.02～0.04m；阳澄淀泖区、杭嘉湖区、浙西区地区代表站日均最高水位呈现升高趋势，阳澄淀泖区升幅为 0.03～0.08m，杭嘉湖区升幅为 0.05～0.07m，浙西区升幅为 0.13m。GHZH 方案湖西区、武澄锡虞区、杭嘉湖区超警天数、超保天数均呈减少趋势，阳澄淀泖区、浙西区超警天数、超保天数略有增加，其中，湖西区超警天数、超保天数改善较为明显，王母观站超警天数减少 6d、超保天数减少 2d，坊前站虽然超警天数增加 8d，但是超保天数减少 1d；武澄锡

表 12.32 规划工况“99南部”百年一遇设计洪水各方案出湖及流域外排水量

统计项目		GHJC方案/亿 m^3		GHZH方案/亿 m^3		变幅/%	
		造峰期	汛期	造峰期	汛期	造峰期	汛期
出入湖	湖西区入太湖	15.83	43.83	14.41	42.76	-9.0	-2.4
	浙西区入太湖	19.10	28.84	20.00	35.66	4.7	23.6
	武澄锡虞区入太湖	0.23	-5.89	0.35	-5.57	52.2	-5.4
	太湖入阳澄淀泖区	3.09	19.29	2.70	20.89	-12.6	8.3
	太湖入杭嘉湖区	-5.15	-1.55	-4.96	3.01	-3.7	-294.2
	望虞河出湖	5.93	25.79	4.45	21.72	-25.0	-15.8
	太浦河出湖	4.24	27.60	6.58	30.99	55.2	12.3
	出湖合计	13.26	78.57	13.73	82.18	3.5	4.6
流域外排	北排长江	37.92	86.46	36.31	80.37	-4.2	-7.0
	东排黄浦江	29.55	73.19	31.08	76.19	5.2	4.1
	南排杭州湾	17.13	57.84	17.78	59.85	3.8	3.5
	合计	84.60	217.49	85.17	216.41	0.7	-0.5

注 当武澄锡虞区入太湖为负值时，该数值绝对值为太湖入武澄锡虞区水量；当太湖入杭嘉湖区为负值时，该数值绝对值为杭嘉湖区入太湖水量。

虞区常州站超警天数减少6d、无锡站超保天数减少2d；杭嘉湖区超警天数、超保天数改善最为明显。虽然GHZH方案太浦闸下泄水量有所增加，造峰期、汛期分别增加55.2%、12.3%，导致了杭嘉湖区北排太浦河水量有所减少，造峰期、汛期分别减少23.7%、31.5%，但杭嘉湖区南排能力有所增加，造峰期、汛期分别增加3.8%、3.5%，见表12.34，因此，综合作用下，全年期嘉兴站超保天数减少1d，南浔站超保天数减少2d，新市站超保

表 12.33 规划工况“99南部”百年一遇设计洪水各方案地区代表站水位情况

分区	代表站	警戒水位/m	保证水位/m	GHJC方案			GHZH方案			GHZH方案-GHJC方案		
				最高水位/m	超警天数/d	超保天数/d	最高水位/m	超警天数/d	超保天数/d	最高水位/m	超警天数/d	超保天数/d
湖西区	王母观	4.60	5.60	6.11	24	6	5.95	18	4	-0.16	-6	-2
	坊前	4.00	5.10	5.66	54	7	5.54	62	6	-0.12	8	-1
武澄锡虞区	常州	4.30	4.80	5.67	42	10	5.63	36	11	-0.04	-6	1
	无锡	3.90	4.53	4.55	41	3	4.53	41	1	-0.02	0	-2
	青阳	4.00	4.85	4.95	25	2	5.06	26	3	0.11	1	1
阳澄淀泖区	枫桥	3.80	4.20	3.75	0	0	3.78	0	0	0.03	0	0
	湘城	3.70	4.00	4.30	11	6	4.34	12	7	0.04	1	1
	陈墓	3.60	4.00	4.27	14	6	4.35	14	7	0.08	0	1
杭嘉湖区	嘉兴	3.30	3.70	4.73	27	13	4.80	21	12	0.07	-6	-1
	南浔	3.50	4.00	4.93	44	14	4.98	40	12	0.05	-4	-2
	新市	3.70	4.30	5.26	30	12	5.26	20	9	0	-10	-3
浙西区	杭长桥	4.50	5.00	5.27	19	3	5.40	22	5	0.13	3	2

天数减少 3d，改善效果较好。进一步分析地区代表站在汛期结束以后的适宜水位满足情况，“99 南部”百年一遇设计洪水规划工况下 GHZH 方案 9—12 月湖西区、武澄锡虞区、阳澄淀泖区各代表站水位均能较好地满足区域河网水体有序流动对于非汛期适宜水位的要求，杭嘉湖区嘉兴站基本可以满足非汛期适宜水位的要求。

表 12.34　规划工况“99 南部”百年一遇设计洪水各方案太浦闸下泄与杭嘉湖区排涝情况对比

统计项目		GHJC 方案/亿 m^3		GHZH 方案/亿 m^3		GHZH 方案－GHJC 方案/亿 m^3		变幅/%	
		造峰期	汛期	造峰期	汛期	造峰期	汛期	造峰期	汛期
太浦闸下泄水量		4.24	27.60	6.58	30.99	2.34	3.39	55.2	12.3
杭嘉湖区出流	北排太浦河	3.93	8.89	3.00	6.09	−0.93	−2.80	−23.7	−31.5
	东排	8.07	13.75	8.06	12.93	−0.01	−0.82	−0.1	−6.0
	南排	17.13	57.84	17.78	59.85	0.65	2.01	3.8	3.5
	合计	29.14	80.47	28.85	78.87	−0.29	−1.60	−1.0	−2.0
杭嘉湖区入流	浙西区入	5.31	18.85	4.51	13.68	−0.80	−5.17	−15.1	−27.4
	太湖入	−5.15	−1.55	−4.96	3.01	0.19	4.56	−3.7	−294.2
	山丘区入	0.51	1.07	0.51	1.07	0	0	0	0
	合计	0.67	18.38	0.06	17.76	−0.61	−0.62	−91.0	−3.4

因此，GHZH 方案对于减轻流域防洪压力，减轻湖西区、武澄锡虞区、杭嘉湖区防洪压力具有较为明显的效果，但是阳澄淀泖区、浙西区防洪压力会略有增加。此外，各分区非汛期水位过程可以满足非汛期适宜水位的要求。

2. *水资源效益与风险分析*

规划工况综合调度方案的水资源效益与风险分析主要对流域 1971 年型枯水典型年的模拟成果进行分析，分析指标包括太湖水位、地区代表站水位、松浦大桥断面月净泄流量、主要控制线进出水量、流域重要水源地水质等。

(1) 太湖水位。1971 年型下，与 GHJC 方案相比，GHZH 方案全年期太湖水位过程在 4 月下旬至 5 月中旬、11 月上旬至 12 月上旬略有降低，见图 12.8，其余时段均呈一定程度上升，其中 1 月至 4 月中旬水位抬高较为明显，抬高幅度为 0.009～0.069m，7 月中旬

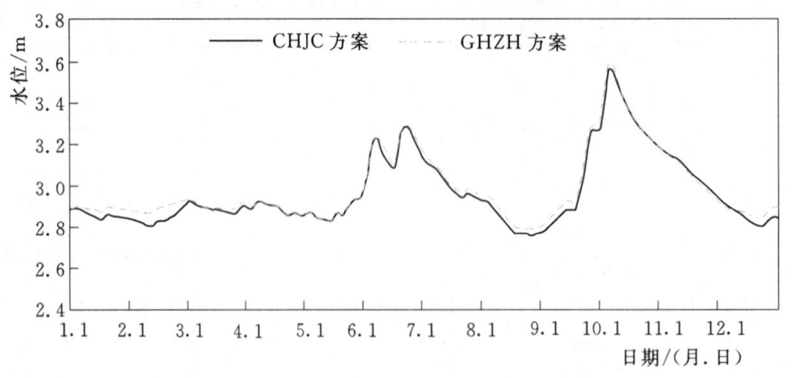

图 12.8　1971 年型规划工况各方案太湖水位

至9月下旬水位抬高也较为明显，抬高幅度为0.014～0.043m。GHZH方案太湖年均水位为2.983m，比JC方案增加0.018m，太湖最低水位为2.788m，增加0.031m，全年最低旬水位为2.794m，增加0.031m，见表12.35。因此，较GHJC方案，GHZH方案对保障太湖全年水资源需求具有较好的效果。

表12.35　1971年型规划工况各方案太湖特征水位情况　单位：m

统计项目	GHJC方案	GHZH方案
全年平均水位	2.965	2.983
全年最低水位	2.757	2.788
全年最低旬均水位	2.763	2.794

（2）地区代表站水位。GHZH方案各地区代表站全年平均水位、最低水位、最低旬均水位均呈现一定增加，见表12.36。除杭嘉湖区嘉兴站不能满足允许最低旬均水位要求外，其余分区代表站均能满足要求，其中GHJC方案阳澄淀泖区陈墓站最低旬均水位也无法满足要求，但GHZH方案陈墓站最低旬均水位可以满足要求。具体来看，较GHJC方案，湖西区王母观站、坊前站全年平均水位、全年最低水位保持不变，但全年最低旬均水位有所增加，增幅为0.04m、0.03m；武澄锡虞区常州站、无锡站、青阳站全年平均水位、全年最低水位、全年最低旬均水位均有所增加，增幅分别为0.03～0.05m、0.05～0.10m、0.08～0.14m；阳澄淀泖区枫桥站、湘城站、陈墓站全年平均水位、全年最低水位、全年最低旬均水位均有所增加，增幅分别为0.02～0.03m、0.01～0.03m、0.02～0.09m；杭嘉湖区嘉兴站、南浔站、新市站全年平均水位、全年最低水位、全年最低旬均水位均有所增加，增幅分别为0.01～0.02m、0.02～0.03m、0.02～0.03m；浙西区杭长

表12.36　1971年型规划工况各方案地区代表站特征水位情况　单位：m

统计项目			GHJC方案			GHZH方案		
			全年平均水位	全年最低水位	全年最低旬均	全年平均水位	全年最低水位	全年最低旬均
湖西区	王母观		3.45	2.91	3.03	3.45	2.91	3.07
	坊前①	2.87	3.38	2.92	3.01	3.38	2.92	3.04
武澄锡虞区	常州①	2.83	3.52	2.99	3.07	3.55	3.09	3.21
	无锡①	2.80	3.13	2.84	2.90	3.18	2.89	2.98
	青阳①	2.75	3.20	2.87	2.91	3.25	2.95	3.00
阳澄淀泖区	枫桥		2.97	2.79	2.84	2.99	2.80	2.89
	湘城①	2.60	2.99	2.82	2.86	3.02	2.85	2.95
	陈墓①	2.55	2.76	2.51	2.54	2.76	2.53	2.56
杭嘉湖区	嘉兴①	2.55	2.72	2.21	2.44	2.73	2.23	2.46
	南浔①	2.55	2.86	2.50	2.58	2.87	2.52	2.60
	新市①	2.55	2.93	2.46	2.60	2.95	2.49	2.63
浙西区	杭长桥①	2.65	2.98	2.68	2.72	3.00	2.71	2.75

① 为《太湖流域水资源综合规划》中提出平原河网区代表站允许最低旬平均水位的水位站点。

桥站全年平均水位、全年最低水位、全年最低旬均水位分别增加 0.02m、0.03m、0.03m。因此，GHZH 方案对区域水资源条件具有较好的改善效果，并且武澄锡虞区改善幅度最大。

进一步分析地区代表站水位在汛期、非汛期对于适宜水位控制目标的满足程度，1971 年型规划工况各方案地区代表站汛期与非汛期水位统计见表 12.37。可以看出，GHJC 方案湖西区、武澄锡虞区代表站汛期、非汛期水位可满足区域河网水体有序流动对于适宜水位的目标要求，阳澄淀泖区仅湘城站非汛期水位可以满足适宜水位的要求，阳澄淀泖区陈墓站、杭嘉湖区嘉兴站汛期、非汛期水位不能达到适宜水位的要求；GHZH 方案湖西区代表站汛期水位略有减低、非汛期水位略有增加，武澄锡虞区代表站汛期、非汛期水位有一定增加，湖西区、武澄锡虞区仍可以满足适宜水位的要求，阳澄淀泖区湘城站汛期水位有所增加，汛期、非汛期水位也可以满足适宜水位的要求，阳澄淀泖区陈墓站、杭嘉湖区嘉兴站仍尚达到适宜水位的要求。因此，总体来看，GHZH 方案对于促进湖西区、武澄锡虞区、阳澄淀泖区部分区域维持适宜河网水位具有一定效果。

表 12.37　　1971 年型规划工况各方案地区代表站汛期与非汛期水位情况　　单位：m

分区	水位站	适宜水位目标		GHJC 方案		GHZH 方案	
		汛期	非汛期	汛期	非汛期	汛期	非汛期
湖西区	王母观	3.40	3.05	3.62	3.34	3.60	3.35
	坊前	3.35	3.05	3.52	3.28	3.50	3.29
武澄锡虞区	青阳	3.30	3.00	3.32	3.12	3.38	3.16
阳澄淀泖区	湘城	3.00	2.90	2.98	3.00	3.04	3.00
	陈墓	2.90	2.80	2.79	2.74	2.79	2.74
杭嘉湖区	嘉兴	2.90	2.90	2.70	2.74	2.71	2.74

（3）松浦大桥断面月净泄流量。GHZH 方案对于松浦大桥断面月净泄流量具有一定改善作用，同 GHJC 方案，除 8 月以外，其余各月净泄流量均大于 100m³/s，见图 12.9），可以满足《太湖流域水量分配方案》提出的目标要求，且较 GHJC 方案，除 6 月、11 月外，GHZH 方案各月均有一定增加。因此，GHZH 方案对于松浦大桥断面月净

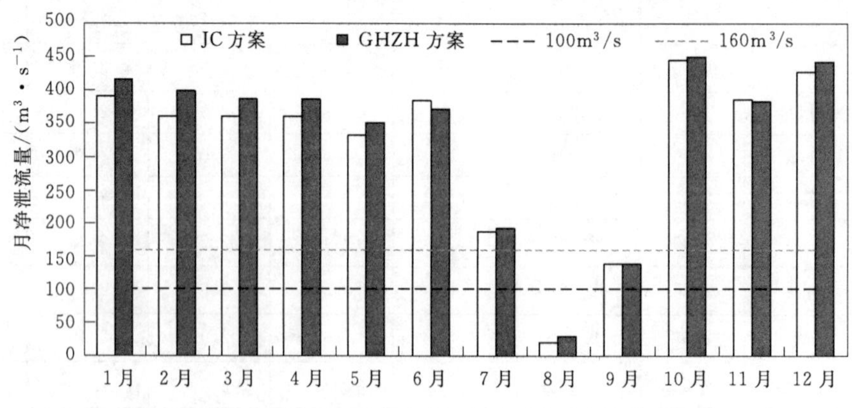

图 12.9　1971 年型规划工况各方案松浦大桥断面月净泄流量

泄流量具有一定改善作用。

(4) 主要控制线进出水量。1971 年型规划工况各方案全年期主要控制线进出水量统计见表 12.38。

表 12.38 1971 年型规划工况各方案全年期主要控制线进出水量

分区		统计项目	GHJC 方案 /亿 m³	GHZH 方案 /亿 m³	变幅 /%
沿江引排水量	湖西区	引江	62.82	62.25	−0.91
		排江	0.48	2.79	481.25
	武澄锡虞区	引江	2.39	2.40	0.42
		排江	29.90	25.48	−14.78
	望虞河	引江	59.18	72.84	23.08
		排江	5.58	6.59	18.10
	阳澄淀泖区	引江	34.65	37.51	8.25
		排江	8.04	21.10	162.44
	合计	引江	159.04	175.00	10.04
		排江	44.00	55.96	27.18
出入湖水量	湖西区	入湖	63.78	62.67	−1.74
		出湖	0.09	0.09	0
	浙西区	入湖	16.74	16.73	−0.06
		出湖	16.75	17.45	4.18
	武澄锡虞区	入湖	0.01	0	−100
		出湖	14.64	14.26	−2.60
	阳澄淀泖区	入湖	0	0	0
		出湖	27.79	28.39	2.16
	杭嘉湖区	入湖	1.70	1.72	1.18
		出湖	27.23	28.12	3.27
	望虞河	入湖	53.93	66.64	23.57
		出湖	4.08	4.38	7.35
	太浦河	入湖	0	0	0
		出湖	18.86	27.15	43.96
	合计	入湖	136.16	147.76	8.52
		出湖	109.44	119.84	9.50
望虞河	常熟枢纽	引江	59.18	72.84	23.08
		排江	5.58	6.59	18.10
	望亭枢纽	入湖	53.93	66.64	23.57
		出湖	4.08	4.39	7.60
	东岸	东岸分流	7.21	8.40	16.50
	西岸	入望虞河	4.92	5.90	19.92
		出望虞河	2.67	3.03	13.48

续表

分区			GHJC方案/亿 m^3	GHZH方案/亿 m^3	变幅/%
太浦河	太浦河出湖		18.86	27.15	43.96
	太浦河出口净泄量		31.07	35.97	15.77
	北岸	出太浦河	12.96	10.17	−21.53
		入太浦河	0.16	0.14	−12.50
	南岸	出太浦河	6.32	8.70	37.66
		入太浦河	19.80	22.08	11.52
新孟河	引江		51.76	47.90	−7.46
	入湖		20.35	20.07	−1.38
	引江入湖效率		39.32%	41.90%	6.57
太湖蓄量	汛后期始太湖蓄量		42.92	43.42	1.16
	汛后期终太湖蓄量		50.70	51.52	1.62
	汛后期太湖蓄变量		7.77	8.10	4.25

从沿江引排水量来看，与GHJC方案相比，GHZH方案全年期引江量、排江量均有较大幅度增加，引江量增加15.96亿 m^3，增幅为10.04%，排江量增加11.96亿 m^3，增幅27.18%。从分区引排水量来看，变化趋势不完全一致，湖西区引江量基本不变、排江量有所增加；武澄锡虞区引江量基本不变、排江量均有所减少；阳澄淀泖区引江量、排江量均有所增加；望虞河引江量、排江量也均有所增加。因此，较GHJC方案，GHZH方案形成了多引多排的格局，加快了水体有序流动，更有利于水资源利用。

从环湖口门进出水量来看，与GHJC方案相比，GHZH方案全年出入湖水量均有所增加，出湖水量增幅为9.50%、入湖水量增幅为8.52%，增加了太湖水体的流动性；同时太湖净入湖水量为27.92亿 m^3，较GHJC方案的26.72亿 m^3 有所增加，更有利于保障太湖的水资源需求。从分区出入湖水量来看，变化趋势不完全一致，浙西区、湖西区、武澄锡虞区、阳澄淀泖区、杭嘉湖区出入湖水量变化幅度均较小；望虞河入湖水量、太浦河出湖水量均有较大幅度增加，望虞河入湖水量增加23.57%，太浦河出湖水量增加43.96%。因此，GHZH方案在增大引江入湖水量的同时，也加大了太浦河下泄水量，可以更好地保障太湖及下游地区的水资源需求。

从流域骨干工程进出水量来看，较GHJC方案，GHZH方案全年期望虞河引江水量、入湖水量均有所增加，增幅分别为23.08%、23.57%；望虞河东岸分流水量、西岸分流水量也有一定增加，增幅分别为16.50%、13.48%；在增加太湖水资源的同时，也更有利于两岸地区用水。此外，在引江济太期间（当太湖水位低于引水控制线时），GHZH方案望虞河东岸口门分水比例为11.67%（表12.39），分水总流量也小于50m^3/s，低于《太湖流域水量分配方案》中提出的限值要求。从太浦河进出水量来看，太浦河出湖水量增加43.96%，出口净泄水增加15.77%，对保障下游供水安全具有更大效益。从新孟河引江入湖效率来看，由GHJC方案下的39.32%提高至41.90%。因此，从流域骨干工程

运行情况看，GHZH方案对于保障流域和区域水资源更具优势。

表12.39　　1971年型规划工况各方案引江济太期间望虞河东岸分流情况统计

统计项目	GHJC方案	GHZH方案	统计项目	GHJC方案	GHZH方案
东岸分流/亿m^3	6.88	8.32	东岸分流比/%	11.71	11.67
常熟枢纽引水量/亿m^3	58.75	71.32	分水总流量/m^3/s	25.10	30.49

从太湖蓄量来看，GHZH方案太湖汛后期末太湖蓄量为51.52亿m^3，较JC方案的50.70亿m^3增加0.82亿m^3，增幅为1.62%。因此，GHZH方案汛后期有更多的水资源被调蓄下来，更有利于增加汛期结束后流域、区域的可供水量。

进一步分析遇1971年型规划工况各方案在农作物生长期4—10月、汛期5—9月、用水高峰期7—8月等时段的进出水量情况，见表12.40～表12.42。较GHJC方案，GHZH

表12.40　　1971年型规划工况各方案主要控制线4—10月进出水量

分区		统计项目	GHJC方案/亿m^3	GHZH方案/亿m^3	变幅/%
沿江引排水量	湖西区	引江	43.22	42.82	−0.93
		排江	0.48	2.79	481.25
	武澄锡虞区	引江	2.26	2.12	−6.19
		排江	17.81	13.24	−25.66
	望虞河	引江	36.21	40.27	11.21
		排江	5.58	6.59	18.10
	阳澄淀泖区	引江	20.93	20.52	−1.96
		排江	8.04	13.72	70.65
	合计	引江	102.62	105.73	3.03
		排江	31.90	36.35	13.88
望虞河	常熟枢纽	引江	36.21	40.27	11.21
		排江	5.58	6.59	18.10
	望亭枢纽	入湖	31.10	36.80	18.33
		出湖	4.08	4.39	7.60
	东岸	东岸分流	5.59	5.33	−4.65
	西岸	入望虞河	3.30	4.77	44.55
		出望虞河	1.84	1.59	−13.59
太浦河	太浦河出湖		12.37	16.13	30.40
	太浦河出口净泄量		17.64	19.83	12.41
	北岸	出太浦河	7.54	6.27	−16.84
		入太浦河	0.14	0.09	−35.71
	南岸	出太浦河	4.63	5.49	18.57
		入太浦河	10.54	11.43	8.44

表 12.41　　1971 年型规划工况各方案主要控制线 5—9 月进出水量

分区		统计项目	GHJC 方案/亿 m³	GHZH 方案/亿 m³	变幅/%
沿江引排水量	湖西区	引江	37.47	36.06	−3.76
		排江	0.05	1.30	2500.00
	武澄锡虞区	引江	1.90	1.71	−10.00
		排江	11.80	8.16	−30.85
	望虞河	引江	32.00	35.48	10.88
		排江	4.04	4.31	6.68
	阳澄淀泖区	引江	16.94	16.61	−1.95
		排江	6.89	9.24	34.11
	合计	引江	88.31	89.86	1.76
		排江	22.79	23.01	1.01
望虞河	常熟枢纽	引江	32.00	35.48	10.88
		排江	4.04	4.31	6.68
	望亭枢纽	入湖	27.10	32.01	18.12
		出湖	2.72	2.45	−9.93
	东岸	东岸分流	4.72	4.40	−6.78
	西岸	入望虞河	2.35	3.43	45.96
		出望虞河	1.47	1.20	−18.37
太浦河	太浦河出湖		8.71	10.06	15.50
	太浦河出口净泄量		10.34	10.86	5.03
	北岸	出太浦河	5.18	4.32	−16.60
		入太浦河	0.14	0.09	−35.71
	南岸	出太浦河	3.83	4.16	8.62
		入太浦河	6.04	6.76	11.92

表 12.42　　1971 年型规划工况各方案主要控制线 7—8 月进出水量

分区		统计项目	GHJC 方案/亿 m³	GHZH 方案/亿 m³	变幅/%
沿江引排水量	湖西区	引江	20.42	19.95	−2.30
		排江	0	0	0
	武澄锡虞区	引江	1.26	0.82	−34.92
		排江	3.84	2.57	−33.07
	望虞河	引江	17.74	20.19	13.81
		排江	0	0	0
	阳澄淀泖区	引江	9.92	9.50	−4.23
		排江	0.44	2.66	504.55
	合计	引江	49.34	50.46	2.27
		排江	4.28	5.23	22.20

续表

分区		统计项目	GHJC方案/亿m^3	GHZH方案/亿m^3	变幅/%
望虞河	常熟枢纽	引江	17.74	20.19	13.81
		排江	0	0	0
	望亭枢纽	入湖	14.33	16.86	17.66
		出湖	0	0	0
	东岸	东岸分流	2.67	2.89	8.24
	西岸	入望虞河	0.34	0.59	73.53
		出望虞河	0.65	0.71	9.23
太浦河	太浦河出湖		2.30	3.96	72.17
	太浦河出口净泄量		1.73	2.32	34.10
	北岸	出太浦河	2.38	1.67	−29.83
		入太浦河	0.01	0.03	200.00
	南岸	出太浦河	1.82	2.24	23.08
		入太浦河	1.51	1.82	20.53

方案农作物生长期沿江引江量、排江量均有所增加，增幅分别为3.03%、13.88%，望虞河引江量、入湖量也有所增加，引江量增幅为11.21%，入湖量增幅较大，增幅为18.33%，太浦河出湖水量增幅为30.40%；在汛期沿江引江量、排江量均略有增加，增幅分别为1.76%、1.01%，望虞河引江量、入湖量分别增加10.88%、18.12%，太浦河出湖水量增加15.50%；在用水高峰期沿江引江量增加2.27%、排江量增加22.20%，望虞河引江量、入湖水量分别增加13.81%、17.66%，太浦河出湖水量增加72.17%。因此，GHZH方案对于改善农作物生长期、用水高峰期流域、区域水资源条件具有较好的效果，可以较好地缓解流域季节性水资源供需矛盾。

（5）流域重要水源地水质。1971年型下，GHZH方案贡湖水源地、湖东水源地水质浓度均有所降低，见表12.43。较GHJC方案，贡湖水源地COD、NH_3—N、TP、TN浓度分别降低2.95%、6.90%、10.00%、9.89%；湖东水源地COD、NH_3—N、TN浓度分别降低1.41%、2.90%、3.03%，TP浓度保持不变。

表12.43　1971年型规划工况全年期太湖贡湖水源地和湖东水源地水质情况

太湖水源地	指标	GHJC方案/(mg·L^{-1})	GHZH方案/(mg·L^{-1})	变幅/%
贡湖水源地	COD	18.64	18.09	−2.95
	NH_3—N	0.58	0.54	−6.90
	TP	0.10	0.09	−10.00
	TN	0.91	0.82	−9.89
湖东水源地	COD	21.21	20.91	−1.41
	NH_3—N	0.69	0.67	−2.90
	TP	0.12	0.12	0
	TN	0.99	0.96	−3.03

GHZH 方案对金泽断面水质具有一定改善作用，见表 12.44。全年期金泽断面 COD、TN 浓度有所减低，降幅分别为 0.2%、3.59%，NH_3—N、TP 浓度保持不变；冬春季金泽断面 NH_3—N、TN 浓度有所降低，降幅分别为 1.45%、3.25%；GHZH 方案全年期、冬春季 NH_3—N 指标均未超Ⅲ类水质要求。因此，GHZH 方案有利于改善太湖贡湖水源地、湖东水源地、太浦河金泽水源地等的水质状况。

表 12.44　　1971 年型规划工况各方案金泽断面水质情况

项　目	指标	GHJC 方案 /(mg·L^{-1})	GHZH 方案 /(mg·L^{-1})	变　幅 /%
全年	COD	20.12	20.08	−0.20
	NH_3—N	0.59	0.59	0
	TP	0.15	0.15	0
	TN	1.67	1.61	−3.59
	NH_3—N 超Ⅲ类天数	0	0	
冬春季 1—4 月	COD	19.82	19.89	0.35
	NH_3—N	0.69	0.68	−1.45
	TP	0.17	0.17	0
	TN	1.54	1.49	−3.25
	NH_3—N 超Ⅲ类天数	0	0	

综上所述，GHZH 方案对于改善流域、区域水资源条件，促进河湖水体流动，保障流域重要水源地水质安全，改善下游地区用水条件等具有较好的效果。

3. *水生态环境效益与风险分析*

规划工况综合调度方案的水生态环境效益与风险分析主要对流域 1990 年型平水典型年的模拟成果进行分析，分析指标包括太湖及区域水质等方面。1990 年型规划工况各方案太湖分湖区水质情况统计见表 12.45。可以看出，较 GHJC 方案，GHZH 方案对太湖平均水质浓度有所改善，但变幅不大，不会发生水质类别的变化。从分区来看，改善效果较为明显的区域主要集中在贡湖、竺山湖、西部沿岸区、梅梁湖和湖心区，南部沿岸区、胥湖、东太湖水质浓度略有升高，但没有发生水质类别的恶化。具体来看，贡湖 COD、NH_3—N、TP、TN 浓度分别降低 4.4%、12.5%、8.3%、7.7%；竺山湖 COD 浓度升高 0.5%，NH_3—N、TN 浓度分别降低 3.6%、2.6%，TP 浓度不变；西部沿岸区 COD 浓度升高 0.3%，NH_3—N、TP 浓度分别降低 3.6%、3.8%，TN 浓度不变；梅梁湖 COD、NH_3—N、TN 浓度分别降低 3.0%、5.6%、3.7%，TP 浓度不变；湖心区 NH_3—N、TN 浓度分别降低 3.6%、2.5%；南部沿岸区、胥湖、东太湖各指标升幅不超过 9.5%。

1990 年型规划工况各方案区域水质统计见表 12.46。可以看出，较 GHJC 方案，GHZH 方案对湖西区、武澄锡虞区、阳澄淀泖区水质具有较好地改善作用，其中阳澄淀泖区改善效果最好，COD、NH_3—N 浓度均有所降低，湖西区、武澄锡虞区主要表现为 NH_3—N 浓度有所降低，对杭嘉湖区、浙西区没有改善作用。具体来看，较 GHJC 方案，GHZH 方案湖西区 NH_3—N 浓度降幅为 2.0%～3.7%，COD 浓度略有增加，增幅为

表 12.45　　　　1990年型规划工况全年期太湖分湖区水质情况

湖　区	指　标	GHJC方案 /(mg·L^{-1})	GHZH方案 /(mg·L^{-1})	变　幅 /%
贡湖	COD	19.34	18.48	-4.4
	NH_3—N	0.72	0.63	-12.5
	TP	0.12	0.11	-8.3
	TN	1.17	1.08	-7.7
竺山湖	COD	18.59	18.68	0.5
	NH_3—N	0.56	0.54	-3.6
	TP	0.21	0.21	0
	TN	1.92	1.87	-2.6
西部沿岸区 J13# 大浦口	COD	20.39	20.46	0.3
	NH_3—N	0.83	0.80	-3.6
	TP	0.26	0.25	-3.8
	TN	2.76	2.76	0
梅梁湖 J16# 三号标	COD	19.52	18.94	-3.0
	NH_3—N	0.71	0.67	-5.6
	TP	0.12	0.12	0
	TN	1.08	1.04	-3.7
湖心区 J19# 平台山	COD	19.03	19.04	0.1
	NH_3—N	0.83	0.80	-3.6
	TP	0.16	0.16	0
	TN	1.62	1.58	-2.5
南部沿岸区 J23# 小梅口	COD	20.11	20.33	1.1
	NH_3—N	0.60	0.61	1.7
	TP	0.21	0.21	0
	TN	1.74	1.81	4.0
胥湖 J26# 西山	COD	20.03	19.94	-0.4
	NH_3—N	0.59	0.60	1.7
	TP	0.11	0.12	9.1
	TN	0.82	0.84	2.4
东太湖 J36# 东太湖	COD	19.98	19.87	-0.6
	NH_3—N	0.63	0.65	3.2
	TP	0.11	0.11	0
	TN	0.85	0.89	4.7
太湖 平均	COD	19.62	19.47	-0.8
	NH_3—N	0.68	0.66	-2.9
	TP	0.16	0.16	0
	TN	1.49	1.48	-0.7

0.3%～0.9%；武澄锡虞区 NH_3—N 浓度降幅为 2.5%～4.3%，COD 浓度略有增加，增幅为 0.5%～2.0%；阳澄淀泖区 COD 浓度降幅为 0.8%～17.0%，NH_3—N 浓度降幅为 2.1%～10.4%；杭嘉湖区 COD 浓度增幅为 0.8%～2.1%，NH_3—N 浓度增幅为 1.9%～4.8%；浙西区 COD 浓度增幅为 0.8%，NH_3—N 浓度增幅为 3.6%。

表 12.46　　1990 年型规划工况全年期区域主要断面水质情况

统计项目		GHJC 方案 /(mg·L⁻¹)		GHZH 方案 /(mg·L⁻¹)		变　幅 /%	
分区	断面	COD	NH_3—N	COD	NH_3—N	COD	NH_3—N
湖西区	坊仙桥	15.09	0.50	15.17	0.49	0.5	−2.0
	吕城大桥	15.97	0.27	16.05	0.26	0.5	−3.7
	人民桥	17.26	0.29	17.32	0.31	0.3	6.9
	徐舍	20.46	0.43	20.65	0.42	0.9	−2.3
	金沙大桥	17.03	0.32	17.16	0.32	0.8	0
武澄锡虞区	水门桥	21.81	0.32	21.91	0.31	0.5	−3.1
	西湖塘桥	19.07	0.38	19.26	0.37	1.0	−2.6
	查家桥	21.63	0.47	21.82	0.45	0.9	−4.3
	东方红桥	22.53	0.40	22.88	0.39	1.6	−2.5
	吴桥	25.62	0.40	26.12	0.39	2.0	−2.5
阳澄淀泖区	元和塘桥	30.08	0.37	24.96	0.38	−17.0	2.7
	周庄大桥	22.62	0.49	22.22	0.51	−1.8	4.1
	娄江大桥	25.91	0.36	25.55	0.35	−1.4	−2.8
	千灯浦	26.09	0.48	26.72	0.43	2.4	−10.4
	尹山大桥	29.63	0.47	29.39	0.46	−0.8	−2.1
杭嘉湖区	鼓楼桥	19.14	0.62	19.31	0.65	0.9	4.8
	练市大桥	20.83	0.61	21.00	0.61	0.8	0
	乌镇双溪桥	25.16	0.59	25.35	0.59	0.8	0
	嘉兴	25.96	0.52	26.33	0.53	1.4	1.9
	平湖	25.61	0.49	26.15	0.49	2.1	0
浙西区	杭长桥	17.23	0.56	17.36	0.58	0.8	3.6

12.2.2.3　综合分析

经过方案比选，推荐流域区域综合调度方案（LYZH2 方案）作为现状工况下的流域、区域工程体系综合调度方案。LYZH2 方案对减轻流域防洪压力，缓解湖西区、武澄锡虞区、杭嘉湖区防洪压力，保障流域、区域防洪安全具有更好的效果，对改善流域、区域水资源条件，促进河湖水体流动，保障流域重要水源地水质安全，改善下游地区用水条件等具有更好的效果，对改善望虞河、湖西区入湖流量以及阳澄淀泖区区域水环境质量效果相对更好。

进一步模拟分析发现流域综合方案（GHZH 方案）在规划工况下具有较好的效果，

对减轻流域防洪压力，减轻湖西区、武澄锡虞区、杭嘉湖区防洪压力具有较为明显的效果，但阳澄淀泖区、浙西区防洪压力会略有增加；对改善流域、区域水资源条件，促进河湖水体流动，保障流域重要水源地水质安全，改善下游地区用水条件等具有较好的效果；对改善太湖4—8月、9月中旬至10月中旬水位条件，改善区域水位条件、促进区域河网水体有序流动，增加望虞河入湖流量、湖西区入湖流量、促进太湖太湖水体交换，改善太湖分湖区以及区域水质等均具有较为明显的效果。

因此，综合考虑现状工况、规划工况下太湖流域综合调度方案的防洪、水资源、水生态环境等多方面的效益与风险，将现状工况下LYZH2方案（同规划工况下GHZH方案）作为太湖流域综合调度方案的推荐方案。

12.3 太湖流域综合调度效果分析

2013年可作为旱涝急转以及台风影响的典型特殊实况年，年内既实施了引江济太水资源调度，又实施了防洪调度，具有一定的代表性和典型性。选取2013年实况降雨，对前述研究推荐的现状工况流域、区域工程体系综合调度模式，即现状工况流域区域综合调度方案2（LYZH2），记为综合方案（编号ZH方案）进行方案效果评估，分析其遇2013年特殊实况年对流域、区域的防洪、水资源、水生态环境产生的效益和风险，并采用本书提出的综合调度评价指标体系进行不同水情期的综合调度评价。

12.3.1 效益与风险分析

12.3.1.1 防洪效益与风险分析

2013年特殊实况年全年未出现超警情况，两方案全年期太湖水位过程变化趋势基本一致，见图12.10。与JC方案相比，ZH方案太湖全年日均最高水位降低0.016m，太湖水位在4月16日—7月31日有一定抬升，抬升幅度为0.020～0.052m，未对太湖造成防洪危险，由于7月出梅后随即进入枯水季节，一定幅度的水位抬高有利于保障水资源需求。ZH方案太湖最高水位有所降低，没有产生新的防洪风险，有利于流域防洪；同时，在局部时间段内有利于太湖水资源需求保障。ZH方案较JC方案有效减少了湖西区坊前

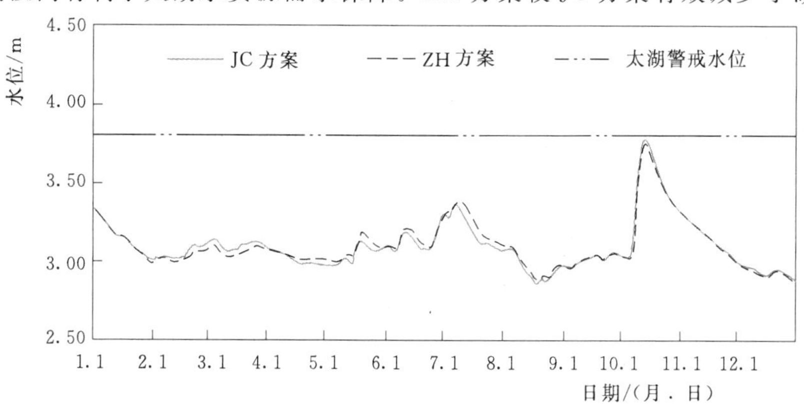

图12.10 2013年型现状工况各方案太湖水位

站（从10d减少至8d）、武澄锡虞区常州站（从10d减少至8d）、杭嘉湖区代表站（嘉兴站由9d减少8d、南浔站由10d减少至8d、新市站由7d减少至6d）的超警天数，降低了相应区域的洪涝风险。ZH方案降低杭嘉湖区最高水位最为明显，降幅为0.008～0.010m，10月台风影响期太浦河下泄水量、杭嘉湖区外排水量均有明显增加（表12.47）。因此，ZH方案对区域防洪没有产生较大不利影响，对区域防洪均具有防洪效益。

表12.47　　2013年型现状工况太浦闸下泄与杭嘉湖区排涝情况对比　　单位：亿 m^3

统计项目		汛期			台风影响期/10月		
		JC方案/亿 m^3	ZH方案/亿 m^3	变幅/%	JC方案/亿 m^3	ZH方案/亿 m^3	变幅/%
太浦闸下泄水量		9.27	10.81	16.61	3.50	4.07	16.29
杭嘉湖区出流	北排太浦河	4.91	5.70	16.09	3.31	3.12	−5.74
	东排	7.99	8.55	7.01	5.77	5.70	−1.21
	南排	13.72	14.14	3.06	10.26	10.54	2.73
	合计	26.63	28.39	6.61	19.34	19.37	0.16
杭嘉湖区入流	浙西区入	13.58	13.88	2.21	4.91	4.77	−2.85
	太湖入	13.36	14.99	12.20	−0.17	−0.26	52.94
	山丘区入	0.46	0.47	2.17	0.24	0.24	0
	合计	27.41	29.34	7.04	5.15	5.01	−2.72

12.3.1.2　水资源效益与风险分析

全年期太湖水位过程中，ZH方案太湖水位在4月16日—7月31日有一定抬升，7月出梅后随即进入枯水季节，有利于保障水资源需求。ZH方案太湖全年平均水位同JC方案均为3.107m，最低水位由JC方案2.870m抬升至2.883m；JC方案太湖全年最低旬均水位为2.918m，出现在8月中旬用水高峰期，不利于保障该时段用水需求，ZH方案最低旬均水位为2.915m，出现在12月中旬，因此，虽然ZH方案最低旬均水位略低于JC方案，但结合其出现时间，ZH方案更有利于保障太湖水资源需求，见表12.48。

表12.48　　2013年型现状工况各方案太湖水资源特征水位情况　　单位：m

统计项目	JC方案	ZH方案	项　目	JC方案	ZH方案
全年平均水位	3.107	3.107	全年最低旬均水位	2.918	2.915
全年最低水位	2.870	2.883	最低旬均水位出现时间	8月中旬	12月中旬

较JC方案，ZH方案各地区代表站全年平均水位、最低水位、最低旬均水位均有所抬升，除杭嘉湖区嘉兴站外，其余各站最低旬均水位均能满足允许最低旬均水位的要求。除阳澄淀泖区陈墓站、杭嘉湖区嘉兴站水位较低外，其余各站水位均在适宜水位区间内或略高于适宜水位。JC方案松浦大桥断面最小月净泄流量（8月）为95.4m^3/s，ZH方案可使松浦大桥断面最小月净泄流量增大到100m^3/s。可见，ZH方案对区域水资源条件有较好的改善效果，且更有助于促进湖西区、武澄锡虞区、阳澄淀泖区部分区域维持适宜河网水位，以及保障太浦河下游地区供水安全。

较JC方案，ZH方案全年期引江量、排江量均有较大增加（表12.49），分别增加7.46%、21.27%，全年期出湖水量增加7.16%、入湖水量增加6.19%，其中太浦河出湖水量增加38.60%，对保障下游供水安全具有一定效益。ZH方案下，望虞河引江水量、入湖水量分别增加25.05%、31.24%，东岸、西岸分流水量也有增加，增幅分别为5.03%、1.31%，引江济太期间望虞河东岸口门分水比例为26.79%，满足限值要求，ZH方案在增加太湖水资源供给的同时，也有利于两岸地区用水。

表12.49　　2013年型现状工况各方案主要控制线全年期进出水量

统计项目			JC方案/亿 m^3	ZH方案/亿 m^3	变幅/%
沿江引排水量		引江	118.98	127.86	7.46
		排江	64.47	78.18	21.27
出入湖水量		入湖	118.62	125.96	6.19
		出湖	106.10	113.70	7.16
望虞河	常熟枢纽	引江	35.41	44.28	25.05
	望亭枢纽	入湖	26.95	35.37	31.24
	东岸	东岸分流	8.94	9.39	5.03
	西岸	西岸分流	3.82	3.87	1.31
其中	引江济太期间常熟枢纽引江		33.22	34.97	5.27
	引江济太期间东岸分流		8.65	9.37	8.32
	引江济太期间东岸分流比		26.04%	26.79%	
太浦河	太浦河出湖		20.70	28.69	38.60
	太浦河出口净泄量		48.84	52.66	7.82

进一步分析各方案农作物生长期4—10月、用水高峰期7—8月等时段的进出水量（表12.50和表12.51）可知，较JC方案，ZH方案4—10月沿江引江量增加1.90%，望虞河引江量、入湖量分别增加26.51%、34.25%，太浦河出湖水量增加21.52%，更有利农作物生长灌溉取水。较JC方案，ZH方案7—8月沿江排江量减少2.70%，望虞河引江量、入湖水量分别增加13.39%、21.29%，太浦河出湖水量增加29.10%，更有利于用水高峰期水资源供给保障。

表12.50　　2013年型现状工况各方案主要控制线4—10月进出水量

统计项目			JC方案/亿 m^3	ZH方案/亿 m^3	变幅/%
沿江引排水量		引江	88.59	90.28	1.90
		排江	46.54	50.37	8.23
望虞河	常熟枢纽	引江	24.44	30.92	26.51
		排江	5.74	6.38	11.15
	望亭枢纽	入湖	18.92	25.40	34.25
		出湖	4.03	3.45	−14.39
太浦河	太浦河出湖		14.17	17.22	21.52
	太浦河出口净泄量		26.51	27.71	4.53

表 12.51　　2013 年型现状工况各方案主要控制线 7—8 月进出水量

统计项目			JC 方案/亿 m^3	ZH 方案/亿 m^3	变幅/%
沿江引排水量		引江	35.83	34.77	−2.96
		排江	11.50	11.19	−2.70
望虞河	常熟枢纽	引江	10.83	12.28	13.39
		排江	0.85	0.42	−50.59
	望亭枢纽	入湖	7.28	8.83	21.29
		出湖	0.60	0.29	−51.67
太浦河	太浦河出湖		3.54	4.57	29.10
	太浦河出口净泄量		4.96	5.41	9.07

综上所述，遇 2013 年型特殊实况年，ZH 方案对改善流域、区域水资源条件，促进河湖水体流动，保障流域重要水源地安全，改善下游地区用水条件等具有较好的效果。

12.3.1.3　水生态环境效益与风险分析

ZH 方案与 JC 方案相比，不同时段望虞河入湖平均流量均可以满足适宜流量 $70m^3/s$ 的要求，见表 12.52。不同时段湖西区入湖平均流量均有所增加，均可以满足适宜流量 $150m^3/s$ 的要求，见表 12.53。

表 12.52　　2013 年型现状工况各方案望虞河引江入湖平均流量　　单位：m^3/s

执行调度区间	JC 方案		ZH 方案		ZH 方案−JC 方案	
	常熟引江	望亭入湖	常熟引江	望亭入湖	常熟引江	望亭入湖
防洪控制线～引水控制线	24.06	32.20	103.72	112.78	79.66	80.58
引水控制线～低水位控制线	106.17	79.38	115.82	88.54	9.65	9.16
防洪控制线～低水位控制线	77.46	61.29	111.88	97.30	34.42	36.01

表 12.53　　2013 年型现状工况各方案湖西区入湖平均流量　　单位：m^3/s

执行调度区间	JC 方案		ZH 方案		ZH 方案−JC 方案	
	湖西区入湖	新孟河入湖	湖西区入湖	新孟河入湖	湖西区入湖	新孟河入湖
防洪控制线～引水控制线	239.77	72.41	241.88	73.87	2.11	1.46
引水控制线～低水位控制线	182.20	56.04	189.38	58.03	7.19	1.99
防洪控制线～低水位控制线	192.07	55.77	208.28	63.74	16.21	7.97

根据现状工况各方案太湖分湖区水质情况（表 12.54），可以发现 ZH 方案对太湖平均水质浓度有所改善。从分区来看，ZH 方案下贡湖、梅梁湖、湖心区、西部沿岸区改善效果较为明显，主要表现为 3 项以上水质指标浓度有所下降；南部沿岸区、东太湖仅 TN 浓度略有改善，竺山湖仅 COD 浓度略有改善，胥湖无明显改善指标。各区域水质统计（表 12.55）可以看出，ZH 方案对湖西区、武澄锡虞区、阳澄淀泖区、杭嘉湖区、浙西区均具有一定改善作用，主要表现为各分区 COD 浓度普遍改善，阳澄淀泖区、杭嘉湖区的改善效果最好。

表 12.54 2013年型现状工况全年期太湖分湖区水质情况

湖区	指标	JC方案/(mg·L^{-1})	ZH方案/(mg·L^{-1})	变幅/%
贡湖	COD	20.21	19.53	−3.4
	NH_3—N	0.71	0.67	−5.6
	TP	0.12	0.11	−8.3
	TN	1.13	1.05	−7.1
竺山湖	COD	18.61	18.52	−0.5
	NH_3—N	0.54	0.58	7.4
	TP	0.20	0.20	0
	TN	1.82	1.82	0
西部沿岸区 J13#大浦口	COD	20.61	20.29	−1.6
	NH_3—N	0.81	0.86	6.2
	TP	0.26	0.26	0
	TN	2.74	2.72	−0.7
梅梁湖 J16#三号标	COD	20.25	20.01	−1.2
	NH_3—N	0.72	0.71	−1.4
	TP	0.12	0.12	0
	TN	1.08	1.05	−2.8
湖心区 J19#平台山	COD	19.29	19.24	−0.3
	NH_3—N	0.82	0.83	1.2
	TP	0.17	0.16	−5.9
	TN	1.63	1.57	−3.7
南部沿岸区 J23#小梅口	COD	21.18	21.35	0.8
	NH_3—N	0.60	0.60	0
	TP	0.19	0.19	0
	TN	1.62	1.59	−1.9
胥湖 J26#西山	COD	20.81	21.03	1.1
	NH_3—N	0.60	0.65	8.3
	TP	0.12	0.12	0
	TN	0.84	0.89	6.0
东太湖 J36#东太湖	COD	20.75	20.87	0.6
	NH_3—N	0.63	0.64	1.6
	TP	0.11	0.11	0
	TN	0.86	0.85	−1.2
太湖平均	COD	20.22	20.10	−0.6
	NH_3—N	0.68	0.69	1.5
	TP	0.16	0.16	0
	TN	1.46	1.44	−1.4

表 12.55 2013 年型现状工况全年期区域主要断面水质变化情况

统计项目		JC 方案/(mg·L^{-1})		ZH 方案/(mg·L^{-1})		变幅/%	
分区	断面	COD	NH_3—N	COD	NH_3—N	COD	NH_3—N
湖西区	坊仙桥	15.15	0.51	14.84	0.53	−2.0	3.9
	吕城大桥	16.13	0.26	15.97	0.27	−1.0	3.8
	人民桥	17.41	0.30	17.13	0.29	−1.6	−3.3
	徐舍	20.98	0.44	20.34	0.46	−3.1	4.5
	金沙大桥	17.21	0.33	16.96	0.34	−1.5	3.0
武澄锡虞区	水门桥	21.86	0.33	21.63	0.34	−1.1	3.0
	西湖塘桥	19.40	0.38	19.02	0.39	−2.0	2.6
	查家桥	22.52	0.49	22.17	0.50	−1.6	2.0
	东方红桥	22.74	0.40	22.39	0.43	−1.5	7.5
	吴桥	25.86	0.41	25.78	0.44	−0.3	7.3
阳澄淀泖区	元和塘桥	29.79	0.40	26.54	0.40	−10.9	0
	周庄大桥	26.94	0.46	25.62	0.47	−4.9	2.2
	娄江大桥	26.72	0.38	24.99	0.35	−6.5	−7.9
	千灯浦	27.22	0.47	27.52	0.43	1.1	−8.5
	尹山大桥	30.77	0.51	29.54	0.53	−4.0	3.9
杭嘉湖区	鼓楼桥	19.86	0.65	19.86	0.64	0	−1.5
	练市大桥	21.71	0.62	20.94	0.63	−3.5	1.6
	乌镇双溪桥	25.77	0.60	24.96	0.62	−3.1	3.3
	嘉兴	26.85	0.52	25.83	0.53	−3.8	1.9
	平湖	26.60	0.48	25.22	0.51	−5.2	6.3
浙西区	杭长桥	18.48	0.59	18.50	0.58	0.1	−1.7

综上所述，ZH 方案遇 2013 年型特殊实况年，对于增加望虞河入湖流量、湖西区入湖流量，促进太湖水体交换，改善太湖分湖区以及区域水质等均具有较为明显的效果。

12.3.2 综合调度效果评价

根据第 6 章太湖流域综合调度评价指标体系研究构建的评价指标体系及分析方法，在 2013 年实况降雨模式下，对前述研究推荐的现状工况流域、区域工程体系综合调度模式进行计算和评价，分析其遇 2013 年特殊实况年对流域及区域的防洪、水资源、水生态环境产生的综合影响，评价研究推荐的综合方案相比于基础方案产生的效益。

同时，鉴于本书提出的指标体系是面向“三个安全”、包含水雨工情、常态和应急调度等方面均涵盖的全指标体系，根据评价方案年型下调度的实际情况，在全指标体系中按需调整相关指标的权重进行方案效果评估。此处针对 2013 年型的方案效果评估中，调整外排工程泄流状态、引江水量比及湖泊受水区蓝藻密度变化率权重为零，原因如下：

(1) 外排工程泄流状态指标主要针对部分外排工程，无法代表全流域整体情况，且其主要指向为工程角度，对于方案角度的评判意义不大。

(2) 引江水量比指标所评价的是区域引水量对于需水的满足程度，主要评价对象为相

应水利工程所在区域的水量供需关系，而此处方案所需评价的是流域整体情况，评价对象吻合度不高；此外，此指标为实际引水量和近5年平均水平相比较，而此处评价涉及方案模拟数值，与近年平均值相比意义不大。

(3) 湖泊受水区蓝藻密度变化率指标评价的是应急调度前后的蓝藻密度改善程度，并不适用于常态调度。

此外，根据2013年实况及指标重要性评判，调整水生态环境调度评价指标中的权重引水工程供水效率：代表站水位满足度：饮用水源区水质改善程度=4∶7∶4，调整供水与水生态环境调度评价指标中的权重河湖受水区水质改善程度：湖泊生态水位满足度：河道流速改善程度=4∶3∶3。

12.3.2.1 评价时段划分

太湖流域综合调度是防洪、供水与水生态环境安全综合保障的调度，因不同时期水情条件不同，不同区域调度需求与目标存在差异，流域在防洪、供水与水生态环境调度方面的侧重点有所不同。因此，根据太湖水位以及调度线特征进行不同水情期的时段划分，赋予不同的权重比例分别进行评价。

根据2013年JC方案下太湖水位的不同变动特征［图12.11 (a)］，5月18—24日、6月8—18日、10月10—23日太湖平均水位值高于太湖防洪控制水位，划定为防洪调度

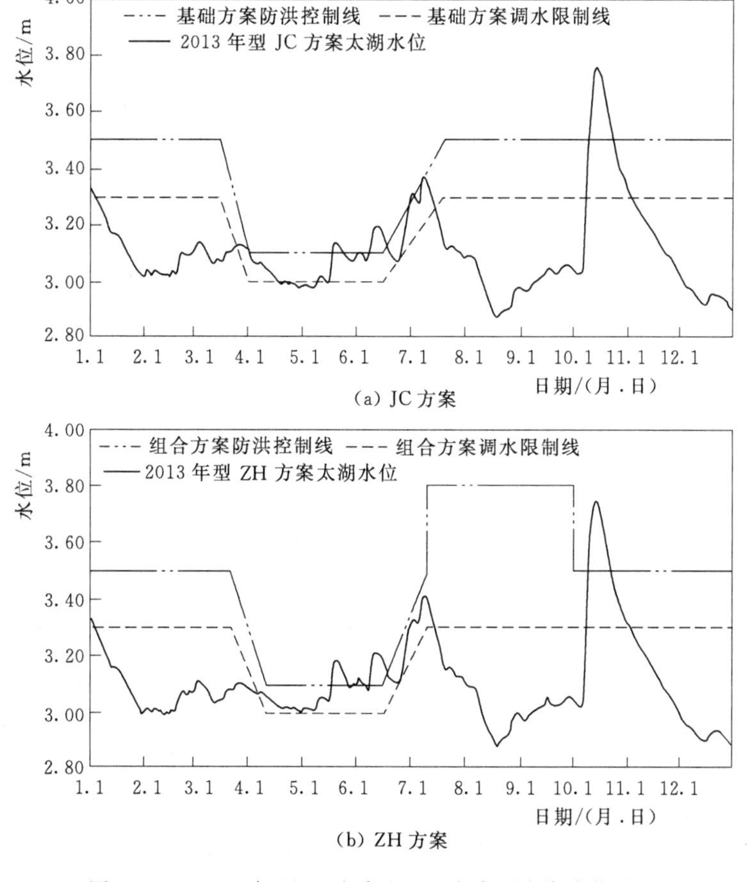

图12.11 2013年型JC方案和ZH方案下太湖水位过程

期；3 月 24 日—4 月 13 日、5 月 10—17 日、5 月 25 日—6 月 7 日、6 月 19 日—7 月 14 日、10 月 24 日—11 月 3 日太湖平均水位值在太湖防洪控制线和调水限制线之间，划定为水生态环境调度期；1 月 1 日—3 月 23 日、4 月 14 日—5 月 9 日、7 月 15 日—10 月 9 日、11 月 4 日—12 月 31 日太湖平均水位值低于太湖调水限制水位，划定为供水与水生态环境调度期。

根据 2013 年 ZH 方案下太湖水位的不同变动特征［图 12.11（b）］，5 月 17 日—6 月 18 日、10 月 10—22 日太湖平均水位值高于太湖防洪控制水位，划定为防洪调度期；4 月 6 日—5 月 16 日、6 月 19 日—7 月 14 日、10 月 23 日—11 月 2 日太湖平均水位值在太湖防洪控制线和调水限制线之间，划定为水生态环境调度期；1 月 1 日—4 月 5 日、7 月 15 日—10 月 9 日、11 月 3 日—12 月 31 日太湖平均水位值低于太湖调水限制水位，划定为供水与水生态环境调度期。

12.3.2.2　防洪调度期综合评价

防洪调度期内，太湖流域综合调度以防洪调度为重心，同时兼顾水生态环境调度与供水调度。对 JC 方案与 ZH 方案的综合评价结果详见表 12.56。由表可知，ZH 方案综合得分为 67.84，JC 方案综合得分为 66.60，两方案综合调度效果评级均为良，但从分值来看，ZH 方案的综合调度效果优于 JC 方案。

表 12.56　　2013 年型不同调度方案下防洪调度期综合调度效果评价对比

评价对象	评价指标	权重	JC 方案指标得分	ZH 方案指标得分	ZH 方案－JC 方案得分差值
防洪调度	外排工程泄流状态	0	0	0	0
防洪调度	代表站超保风险指数	0.7143	47.32	47.86	0.54
供水调度	引江水量比	0	0	0	0
供水调度	引水工程供水效率	0.0381	3.08	3.78	0.70
供水调度	代表站水位满足度	0.0667	6.67	6.67	0
供水调度	饮用水源区水质改善程度	0.0381	1.52	1.51	−0.01
水生态环境	河湖受水区水质改善程度	0.0571	2.43	2.26	−0.17
水生态环境	湖泊生态水位满足度	0.04285	4.29	4.29	0
水生态环境	湖泊受水区蓝藻密度变化率	0	0	0	0
水生态环境	河道流速改善程度	0.04285	1.29	1.47	0.18
综合得分			66.60	67.84	1.24

从单项指标得分对比来看，ZH 方案下代表站超保风险指数、引水工程供水效率、河道流速改善程度等指标较方案 JC 有所提升。此外，单项指标中，代表站超保风险指数是评价防洪调度期调度效果好坏的首要指标，其权重占比为 0.7143。由该指标得分对比来看，ZH 方案下代表站超保风险指数得分为 47.86，较 JC 方案有小幅提升。可见，防洪调度期内 ZH 方案既发挥了其应有的防洪调度效益，也充分发挥了其在水资源供给、水环境改善方面的作用。

12.3.2.3　水生态环境调度期评价

水生态环境调度期内，太湖流域综合调度以水生态环境调度为主，结合供水调度，同时为防备出现旱涝急转的现象发生，兼顾防洪调度。对JC方案与ZH方案的综合评价结果详见表12.57。由表可知，方案ZH综合得分为70.80，方案JC综合得分为67.69，两方案综合调度效果评级均为良，从分值来看，方案ZH的综合调度效果优于方案JC。

表12.57　2013年型不同调度方案下水生态环境调度期综合调度效果评价对比

评价对象	评价指标	权重	JC方案指标得分	ZH方案指标得分	ZH方案－JC方案得分差值
防洪调度	外排工程泄流状态	0	0	0	0
防洪调度	代表站超保风险指数	0.0869	8.69	8.69	0
供水调度	引江水量比	0	0	0	0
供水调度	引水工程供水效率	0.07030	6.34	7.22	0.88
供水调度	代表站水位改善程度	0.1277	12.77	12.77	0
供水调度	饮用水源区水质改善程度	0.0730	2.93	3.12	0.19
水生态环境	河湖受水区水质改善程度	0.2557	12.87	13.20	0.33
水生态环境	湖泊生态水位满足度	0.19185	19.18	19.18	0
水生态环境	湖泊受水区蓝藻密度变化率	0	0	0	0
水生态环境	河道流速改善程度	0.19185	4.91	6.62	1.71
综合得分			67.69	70.80	3.11

从单项指标得分对比来看，方案ZH下河道流速改善程度、河湖受水区水质改善程度等水生态环境调度类指标，以及引水工程供水效率、饮用水源区水质改善程度等供水调度类指标均较方案JC有所提升。其中，河网流速大为提升，河道流速改善程度得分提升最为明显，较JC方案提升1.71分，河湖受水区水质改善程度、饮用水源区水质改善程度也分别有0.33分、0.19分的提高，可见水生态环境调度期内ZH方案有效增加了河网流速，提升了水环境容量，有效维护和改善了河湖及重要水源地水质，发挥了显著的水生态环境调度效益。

12.3.2.4　供水与水生态环境调度期评价

供水与水生态环境调度期内，太湖流域综合调度以供水和水生态环境调度并重，同时兼顾防洪调度。其中，代表站均未出现超保现象，此指标在此时期不纳入评价。JC方案与ZH方案综合评价结果详见表12.58。由表可知，方案ZH综合得分为77.48，方案JC综合得分为81.12，可知实施ZH方案后调度效果的评级由JC方案的良提升至优。

供水与水生态环境调度期内，太湖水位低于调水限制水位，但高于最低旬均水位2.80m，与水生态环境调度期相比，流域水资源需求进一步增大。在供水方面，代表站水位满足程度均较优，ZH方案实施后对于饮用水源区水质改善程度有了明显提升；水生态环境方面，ZH方案实施后受水区水质改善程度、河道流速改善程度等供水和水生态环境指标均有不同程度提升。可见，ZH方案供水和水生态环境调度期内很好地兼顾了供水安全和水生态环境安全。

表 12.58　2013 年型不同调度方案下供水与水生态环境调度期综合调度效果评价对比

评价对象	评　价　指　标	权重	JC 方案指标得分	ZH 方案指标得分	ZH 方案－JC 方案得分差值
防洪调度	外排工程泄流状态	0	0	0	0
防洪调度	代表站超保风险指数	0	0	0	0
供水调度	引江水量比	0	0	0	0
供水调度	引水工程供水效率	0.1333	11.75	11.76	0.01
供水调度	代表站水位满足度	0.2334	23.34	23.34	0
供水调度	饮用水源区水质改善程度	0.1333	5.46	7.64	2.18
水生态环境	河湖受水区水质改善程度	0.2	11.76	11.76	0
水生态环境	湖泊生态水位满足度	0.15	15.00	15.00	0
水生态环境	湖泊受水区蓝藻密度变化率	0	0	0	0
水生态环境	河道流速改善程度	0.15	10.17	11.62	1.45
综　合　得　分			77.48	81.12	3.64

12.3.2.5　综合分析

遇 2013 年型特殊实况年，从各分期综合得分比较来看，ZH 方案优势较为凸显，主要体现在供水与水生态环境调度期综合调度效果较 JC 方案提升 3.64 分，水生态环境调度期综合调度效果较 JC 方案提升 3.11 分，防洪调度期提高 1.24 分。从单项指标各时期得分变化来看，ZH 方案优势更加明显，不同水情期内引水工程供水效率、河湖受水区水质改善程度、河道流速改善程度、饮用水水源区水质改善程度等指标得分均较 JC 方案有不同程度的提升。

总体来看，较 JC 方案，ZH 方案能更好地满足不同水情期的调度需求和适应不同水情期的转换要求，对太湖防洪以及杭嘉湖区、湖西区、武澄锡虞区部分地区防洪均具有较好的防洪效益；对改善流域、区域水资源条件，促进河湖水体流动，保障流域重要水源地，特别是太湖贡湖水源地、太浦河金泽水源地等水质安全，改善下游地区用水条件等具有较好的效果；同时对增加望虞河入湖流量、湖西区入湖流量，促进太湖太湖水体交换，改善太湖分湖区及区域水质也具有较好的效果。因此，从方案效果评估结果来看，综合方案能较好地适应不同水情的不同调度需求，既能有效地保障防洪安全与供水安全，又能加强河网水体流动性，促成河网水体有序流动，提升水环境容量。

12.4　太湖流域综合调度方案优化建议

12.4.1　太湖流域综合调度原则

1. 坚持因时制宜

不同水情条件下流域调度的需求不同，调度的侧重点也有所不同。当流域处于防洪调

度期（太湖水位高于防洪控制水位线），流域以防洪安全为先，流域综合调度应以防洪调度为重心，同时兼顾水生态环境调度与供水调度；当流域处于水生态环境调度期（太湖水位处于防洪控制水位线与调水限制水位线之间），流域防洪风险较小且水资源条件较为充沛，太湖及河网水环境改善需求突显，流域综合调度应以水生态环境调度为重心，同时兼顾供水调度和防洪调度；当流域处于供水与水生态环境调度期（太湖水位处于供水调度线与2.80m之间），流域水资源供给需求增大，但水情条件仍可促进水环境改善，流域综合调度应供水与水生态环境调度并重；当流域处于供水调度期（太湖水位低于2.80m），主要指枯水季节，供水安全保障需求剧增的阶段，流域综合调度以供水调度为重心，同时兼顾水生态环境调度。

2. 坚持围绕核心

以实现太湖综合调度目标为核心，优化太湖防洪和引水控制线时段划分，抬高汛后期防洪控制水位，加强雨洪资源利用，持续保障流域防洪与供水安全。同时，根据太湖水环境改善需求，优化骨干引排工程调度，提高太湖水环境容量。

3. 坚持统筹兼顾

流域骨干工程需统筹考虑流域与区域需求，根据相对重要性变化，适时调整工程运行方式，与区域骨干工程进行联合调度，注重望虞河工程与走马塘工程的联合调度、太浦河工程与杭嘉湖区南排工程的联合调度；区域水利工程体系根据位置、功能、区域综合调度需求等实施有序联动，湖西区谏壁枢纽、九曲河枢纽等调整调度控制站，适时增加引江力度，形成“增加引江”的调度方式；武澄锡虞区、杭嘉湖区调整调度控制站及参考水位，形成“多引多排”的调度方式；阳澄淀泖区形成“适度引排”的调度方式。

12.4.2 调度优化建议

基于《太湖流域洪水与水量调度方案》《太湖流域引江济太调度方案》以及各个地区现有的水情调度方案、日常调度原则、城防工程运行调度方案等，为太湖流域实现“三个安全”的综合调度，本书研究提出太湖、太浦河、望虞河、新孟河等流域骨干河湖以及湖西区、武澄锡虞区、阳澄淀泖区、杭嘉湖区等流域平原河网地区的调度优化建议。

12.4.2.1 太湖调度控制线

太湖防洪控制线采用研究推荐优化的时段划分，同时将分时段的节点控制水位进行局部优化，将汛后期（7月11日—9月30日）防洪控制水位由3.50m抬高至3.80m。太湖引水控制线采用研究提出优化的时段划分，分时段的节点控制水位保持与现状一致。太湖低水位控制线不调整，与《太湖流域水量分配方案》一致。

12.4.2.2 太浦河工程调度

太浦河工程采用第8章提出的统筹考虑太浦河泄洪和杭嘉湖区排涝的太浦河泄洪优化调度与加大太浦河供水流量优化调度。防洪调度期间，当太湖水位低于警戒水位3.80m时，充分利用太湖的调蓄作用，太浦闸在平望站控制水位的基础上参考嘉兴站水位进行控制调度；当太湖水位高于3.80m时，太浦闸调度按平望水位超过原控制水位时，继续泄洪。供水调度期间，在现状调度的基础上按太湖水位分级加大太浦河供水流量，同时对太浦河水源地水质较差时段（冬春季1—4月）进一步加大供水。

12.4.2.3　望虞河工程调度

常熟水利枢纽调度采用 7.3 节提出的优化调度，增加引江量。太湖水位处于防洪控制线～引水控制线时，放宽望虞河两岸地区引水控制条件，常熟枢纽全力开闸引水；太湖水位处于引水控制线～低水位控制线，当张桥水位小于 3.80m 时，常熟枢纽全力开闸引水。

望亭水利枢纽调度采用 7.3 节提出的优化调度，增加入湖水量。太湖水位处于防洪控制线～引水控制线时，视太湖水资源和水环境状况，在不增加防洪风险的前提下，适时开启望亭枢纽引水入湖；在低于引水控制线时望亭枢纽全力开闸入湖。

12.4.2.4　新孟河工程调度

新孟河江边枢纽调度采用 7.3 节提出的优化调度，太湖水位处于防洪控制线～引水控制线时，在新孟河江边枢纽调度中增加考虑太湖 TN、TP 等水质类指标参数进行调度。新孟河沿线其他工程按初步设计报告中确定的工程调度运用规则进行调度。

12.4.2.5　区域调度

1. 湖西区

按照“增加引江”思路进行优化，对谏壁枢纽、九曲河枢纽、魏村枢纽等沿江口门进行优化调度，具体如下：

谏壁枢纽、九曲河枢纽在现状调度的基础上，按照王母观水位增大引水力度。当王母观水位为 3.10～3.30m 时增加开闸引水力度，低于 3.10m 时增加开泵引水力度。

魏村枢纽将调度控制站由坊前站调整为常州（三）站。当常州（三）水位高于 4.20m 时，全力排水；位于 3.30～4.20m 时，根据地区水环境需求及防洪风险（洮湖水位）相机引水；低于 3.30m 时全力引水。

其他沿江口门以及武澄锡西控制线调度维持现状调度。

2. 武澄锡虞区

按照“多引多排”思路进行优化，对澡港枢纽、白屈港枢纽、福山闸、江阴枢纽、利港、申港闸、桃花港、十一圩港闸、新夏港闸、新沟闸、张家港闸等沿江口门进行优化调度，望虞河西岸控制线及走马塘工程采用第 9 章提出的望虞河西岸控制工程与走马塘工程联合调度研究优化方案，具体如下：

沿江口门中澡港枢纽将调度控制站由坊前站调整为常州（三）站。当常州（三）水位高于 4.20m 时，全力排水；位于 3.30～4.20m 时，根据地区水环境需求及防洪风险（洮湖水位）相机引水；低于 3.30m 时，全力引水。白屈港枢纽调整现状青阳水位控制区间，当青阳水位高于 3.60m 时，全力排水；位于 3.20～3.60m 时，关闸；低于 3.20m 时，全力引水。福山闸、江阴枢纽、利港、申港闸、桃花港等适度抬高排水控制水位，增加水体在河道中的停留时间，当青阳水位高于 3.60m 时，全力开闸排水；其余保持不变。十一圩港闸将调度控制站由青阳站调整为北国站，当北国水位低于 3.50m 时，全力开闸引水；位于 3.50～4.00m 时，适度开闸引水；高于 4.00m 时，全力开闸排水。新夏港闸适度降低排水控制水位，当青阳水位高于 3.90m 时，全力开泵排水；其余保持不变。新沟闸适度降低排水控制水位，当直武地区水位位于 2.80～4.50m 时，当青阳水位高于 3.90m 时，开泵排水，低于 3.90m 时，开闸排水；其余保持不变。张家港闸将调度控制站由青阳站调整为北国站，当北国水位高于 3.50m 时，全力开闸排水；低于 3.20m 时相机适度引水。

环太湖控制线、白屈港控制线沿线口门以及其他相关工程调度维持现状调度。

3. 阳澄淀泖区

按照“适度引排”思路进行优化，海洋泾枢纽、七浦塘荡茜枢纽、白茆闸、浒浦闸、浏河闸、钱泾闸、金泾闸、浪港闸、徐六泾闸、七浦闸、杨林闸等沿江口门由现状汛期、非汛期分时段调度调整为直接根据控制站水位进行优化调度，具体如下：

沿江口门由现状汛期、非汛期分时段调度调整为直接根据控制站水位进行调度，海洋泾枢纽、七浦塘荡茜枢纽均以湘城站为调度控制站，当湘城水位高于 3.40m 时，排水；位于 3.10～3.40m 时，关闸；低于 3.00m 时，引水。白茆闸、浒浦闸、浏河闸均以湘城站为调度控制站，当湘城水位高于 3.00m 时，开闸排水；低于 3.00m 时，适度开闸引水。钱泾闸、金泾闸、浪港闸、徐六泾闸、七浦闸、杨林闸等其他口门也均以湘城站为调度控制站，当湘城水位高于 3.40m 时，开闸排水；低于 3.40m 时，开闸引水。

望虞河东岸控制线、环太湖控制线、太浦河北岸控制线以及其他相关工程维持现状调度。

4. 杭嘉湖区

按照“多引多排”思路进行优化，东导流控制线沿线口门增加新市站作为调度控制站，南排控制线南台头闸、长山闸采用增加排水方案，太浦河南岸控制线口门采用增加引水方案，具体如下：

东导流控制线沿线口门在现状调度的基础上，增加新市站作为调度控制站，如果闸上水位高于 3.80m 后尚未达到分洪水位，当新市水位低于 3.20m 时还可适当开闸引流。

南排控制线独山排涝站、盐官枢纽维持现状调度；南台头闸、长山闸采用增加排水方案，当嘉兴水位高于 3.00m 时即启用开泵抽排。

太浦河南岸控制线口门采用增加引水方案，当太湖水位位于 2.65m～防洪控制线，松浦大桥流量大于 $100m^3/s$，嘉兴水位低于 2.80m 时即可开闸引水。

环湖控制线维持现状调度。

参 考 文 献

[1] 王元元，陆志华，马农乐，等. 太湖流域河湖连通工程调度模式综述 [J]. 人民长江，2016，47 (12)：10-13，32.

[2] 吴浩云，王银堂，胡庆芳，等. 太湖流域洪水识别与洪水资源利用约束分析 [J]. 水利水运工程学报，2016 (5)：1-8.

[3] 李宁，连振荣. 完善太湖流域控制性骨干工程运行调度管理体制机制探析 [J]. 中国水利，2015 (10)：20-21.

第13章 成果与展望

随着太湖流域治理与管理的不断推进，经济社会的快速发展和水利工程调度理念的逐步升华，水利工程调控在保障流域防洪安全、供水安全和水生态环境安全中的作用愈加明显。本书立足太湖流域实际情况，研究界定了太湖流域综合调度与平原河网水体有序流动的内涵，构建了太湖流域综合调度评价指标体系，提出了“一湖两河”流域骨干工程优化调度方案，建立了太湖与出入湖河道水体有序流动的联动模式，并提出了典型水利分区河湖水体有序流动模式，同时开展了基于水体有序流动响应机制的典型区域工程调度示范，最终研究提出了面向“三个安全”的流域综合调度模式建议，可为促进太湖流域实现“科学调度、精细调度”，发挥水利工程调度的综合效益，建设流域水生态文明，实现以水资源可持续利用支撑经济社会可持续发展提供技术支撑。

13.1 主要研究成果

1. 研究界定太湖流域综合调度内涵和平原河网水体有序流动内涵

太湖流域综合调度是指在保障流域防洪安全、供水安全的基础上，兼顾水生态环境安全的一种多目标调度，是一项综合性的调度管理措施，通过设置科学、经济、合理的流域综合调度方案，合理运用水利工程，有序调动河网水体，解决流域、区域存在的防洪、供水、水生态环境问题。太湖流域综合调度包含5个层面的含义：①防洪、供水、水生态环境改善多目标协同的调度；②流域与区域多尺度协同的调度；③适应不同水情期调度目标的调度；④复杂水利工程群联合运用的调度；⑤实现河湖有序流动可控的调度。其内涵为在控源截污的基础上，通过调整和改变水利工程调度方式，发挥水利工程综合效益，促进河湖水体有序流动，使得洪水排得出、涝水有出路、清水引得进、污水影响小，不断提升水生态环境质量，实现生态效益与经济效益的双赢，最终保障流域防洪、供水、水生态环境安全。

太湖流域平原河网水体有序流动重点关注平水期、枯水期的河湖水体有序流动，其内涵为在保障流域防洪安全与供水安全的前提下，通过水闸、泵站等水利工程适时合理调控水流，将原河网流向多变、换水低效、流动性平缓的无序流态转变为水体引排方向规律、换水高效、流动性加快的有序流态，改善水动力条件，增强流域、区域河湖水体稀释自净能力，增加水环境容量，从而有效促进河湖水生态环境改善，形成一种自然流畅、人水和谐、利益最大化的流动格局。

2. 研究提出太湖流域综合调度评价指标体系

根据太湖流域及区域防洪、供水以及水生态环境改善调度问题与需求分析，提出了太湖流域及区域综合调度目标与指标，并采用层次分析法分目标层、对象层、指标层构建了太湖流域综合调度评价指标体系框架，确定了防洪调度、供水调度、水生态环境调度3个对象层的具体评价指标候选群，进一步结合太湖流域调度工作特点并考虑最基本的、易于理解和观测的、可操作性强等原则，最终筛选确定10个指标。防洪调度评价指标有外排工程泄流状态、代表站超保风险指数2个指标，供水调度评价指标有引江水量比、引水工程供水效率、代表站水位满足度、饮用水源区水质改善程度4个指标，水生态环境调度评价指标有河湖受水区水质改善程度、湖泊生态水位满足度、湖泊受水区蓝藻密度变化率、河道流速改善程度4个指标，同时给出了不同水情期各个指标的参考权重。本书研究构建的太湖流域综合调度评价指标体系主要用于评价不同调度方案的成果，找出调度方案存在的薄弱环节，为太湖流域综合调度方案优化提供技术支撑，为太湖流域综合调度实践提供宏观指导。鉴于实际调度工作受气象条件、水利工程上下游水文条件、不同省市间行政协调等因素的影响，本书所提出的流域综合调度评价指标体系若用于对调度业务部门实际调度工作优劣进行评估，尚需考虑实际调度多种影响因素，进一步调整完善。

3. 研究凝练太湖流域骨干河湖综合调度关键技术

太湖是流域防洪与水资源配置中心，是流域江河湖联通体系的重要节点。结合太湖外排河道泄洪能力，分析了太湖滞蓄能力，提出了太湖防洪调度目标，认为太湖防洪调度目标水位可由现状的4.65m提高至4.80m；从太湖供水调度水位目标分析、太湖水源地水质达标目标分析等两方面分析提出太湖供水调度目标，建议太湖供水调度水位目标采用2.80m最低旬平均水位，太湖水源地水质达标目标选取太湖水源地水质达标参评指标DO、高锰酸盐指数、NH_3—N等3项水质指标达到Ⅲ类水质标准；从太湖生态水位、太湖蓝藻密度控制等方面分析提出太湖水生态环境调度目标，不同季节的太湖水位都应高于太湖最低旬平均水位2.80m，太湖蓝藻密度在不同季节有所不同，但均需满足湖泊健康要求。

基于太湖综合调度目标要求，一方面从太湖现状控制水位时段优化、太湖雨洪资源利用可行性分析等，提出了太湖防洪与供水调度控制要求优化方案；另一方面，从太湖水生态环境改善需求、太湖水质类指标增加的可行性分析等，结合太湖与出入湖河道水量水质联动效应分析，提出太湖水生态环境调度控制要求，并综合以上两方面成果，形成了太湖调度优化方案：采用研究提出的优化的太湖水位时段划分方案，在现行方案基础上，进一步考虑雨洪资源利用和太湖水生态环境安全，将时段1结束时间推迟了5d，时段2结束时间推迟了10d，将时段4结束时间提前了10d，有利于梅雨期结束后部分雨洪资源的利用；基于优化的水位控制时段划分，对汛后期太湖防洪控制水位进行优化，将汛后期防洪控制水位由现状3.50m抬高至3.80m，在保障流域防洪安全、适度承担防洪风险的前提下，尽可能拦蓄和利用汛后期洪水，增加流域可供水量；通过望虞河常熟枢纽、望亭枢纽调度优化达到望虞河适宜入湖流量要求，促进太湖水体流动，同时在新孟河江边枢纽调度中增加太湖水质类指标作为调度参考指标，通过增调长江清水入湖改善竺山湖水质，进而提升太湖整体水质。

太浦河是太湖泄洪和向下游供水的重要通道，一方面结合太浦河不同泄量对杭嘉湖区排涝影响分析、扩大杭嘉湖区排涝对太浦河泄洪影响分析，提出了统筹考虑太浦河泄洪与杭嘉湖区排涝的太浦河泄洪调度优化方案：按照风险共担原则，当太湖水位低于警戒水位 3.80m 时控制太浦闸下泄，抢排杭嘉湖区涝水，充分利用太湖调蓄作用，按照嘉兴站水位控制下泄量，当嘉兴站不超过警戒水位时，太浦闸按 300m³/s 泄洪；当嘉兴站超过警戒水位后按 150m³/s 进行调度。当太湖水位超过警戒水位但不超过 4.65m 时，在保证地区不超过保证水位的情况下，加快排出流域洪水，适度放宽太浦闸调度控制条件，当平望水位超过原控制水位时，太浦闸仍按 300m³/s 进行下泄。另一方面从保障太浦河水源地安全角度出发，分析了加大太浦河供水流量的可行性，以保障太浦河金泽水源地为重点，提出太浦河供水调度优化方案。一是在现状调度基础上按太湖水位分级加大太浦闸供水流量，太湖水位位于 2.80～3.10m 时，太浦闸按 80m³/s 向下游供水；位于 3.10～3.30m 时，按 90m³/s 向下游供水；位于 3.30m～防洪控制线时，按 100m³/s 向下游供水。二是重点时段，如冬春季在 1—4 月太浦河水源地水质较差时段，根据太湖水位分级进一步加大太浦闸供水，在各级供水流量基础上提高 10m³/s。

望虞河是流域洪水北排长江的主要泄洪河道，又是将长江水源直接引入太湖的引江济太通道，从保障望虞河引水入湖水质以及引江入湖效率出发，研究提出了望虞河现状调度优化建议：对于望虞河工程，当太湖水位处于防洪控制线～引水控制线，放宽望虞河两岸地区引水控制条件，当无锡水位低于 3.40m 且苏州水位低于 3.30m 时常熟枢纽开闸引水，在常熟枢纽开闸引水的同时，视太湖水资源和水环境状况，在不增加防洪风险的前提下，适时开启望亭枢纽引水入湖；当太湖水位处于引水控制线～低水位控制线，张桥水位低于 3.80m 时，常熟枢纽全力开闸引水；对于望虞河西岸控制工程与走马塘工程，在望虞河西岸控制总流量为 11m³/s 的前提下，在实施流域引江济太期间，针对望虞河西岸锡北运河、伯渎港、九里河、羊尖塘等重点河道在区域需水重点时段（6 月中旬至 8 月下旬）进行加大分流、优化补水，并且适当抬高走马塘工程调度参考水位无锡水位（由 2.80m 抬高至 3.00m）。

统筹太湖综合调度的多目标，综合与太湖出入湖密切相关的流域骨干工程太浦河、望虞河现状调度优化研究成果，研究提出面向流域“三个安全”条件下的太湖综合调度控制要求，涉及太湖、望虞河、太浦河、新孟河等流域骨干工程的调度控制要求建议：太湖调度控制线中太湖防洪控制线、太湖引水控制线采用优化的控制时段划分，同时将汛后期（时段优化后为 7 月 11 日—9 月 30 日）防洪控制水位由 3.50m 抬高至 3.80m；对于太浦河工程，防洪调度采用统筹考虑杭嘉湖区地区排涝的泄洪优化调度，供水调度采用加大太浦河供水流量的优化调度，并对太浦河水源地水质较差时段（冬春季 1—4 月）进一步加大供水；对于望虞河工程，当太湖水位处于防洪控制线～引水控制线，适当放宽常熟枢纽引水的望虞河两岸无锡、苏州地区水位限制要求；当太湖水位处于引水控制线～低水位控制线，当张桥水位低于 3.80m 时，常熟枢纽全力开闸引水；对于新孟河工程，在其江边枢纽调度中增加太湖水质类调度参考指标进行调度，增加新孟河引江入湖水量。

4. 研究建立基于理论—示范互馈的水体有序流动模式

通过实测资料与模型模拟分析，研究了上游区来水与太湖水量水质影响效应、望虞河

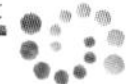

引水水量与太湖水质改善关系，提出了有利于太湖湖体水环境改善的适宜引水流量阈值。湖西区上游来水入湖后，水环境影响范围为竺山湖及梅梁湖，其中对竺山湖的改善效果最好，梅梁湖有一定的改善效果，但效果不明显；望虞河引水入湖后，水环境影响范围为贡湖及胥湖，对北部的梅梁湖及西部的竺山湖基本无影响，但若与上游区来水同时发挥作用，可进一步改善湖心区水环境。从改善效果、水利工程和实际情况出发，推荐望虞河入湖平均流量为 $70m^3/s$，湖西区总入湖平均流量为 $150m^3/s$，太浦闸出湖平均流量为 $50m^3/s$。

结合现状区域河网水体流动情况及流动需求，研究提出利于河网水体有序流动的水环境调度目标参数、各区域水体有序流动总体格局，设计区域水利工程联合调度方案，以1990年型平水年为典型年，分析区域水体有序流动的水量水质响应关系，研究推荐有利于区域水环境改善的调度方案，提出区域河网水体有序流动模式：湖西区重点通过沿江水利工程联合调度实现多引多排；武澄锡虞区重点通过沿江口门引水与新沟河、走马塘等排水改善区域河网水环境；阳澄淀泖区重点通过沿江口门、望虞河东岸控制线等水利工程联合调度实现有序流动；杭嘉湖区重点通过东导流、杭嘉湖南排及环湖溇港等水利工程联合调度实现有序流动。

选取阳澄淀泖区为示范区域，基于该片区水体有序流动的水量水质响应关系分析成果，开展典型区域工程调度示范。2017年3月9—23日组织实施了阳澄淀泖区非汛期水体有序流动调水试验，共布设47个水量水质监测断面，进行水量水质同步监测。受降雨影响，工程调度虽未能严格按照设计的调水试验方案进行，但从监测数据分析来看，试验基本实现了区域有序流动，改善了河网水质。47个监测断面中，有67%的监测断面流速达到适宜流速目标，53%的监测断面达到了Ⅲ类水要求，其中沿江各口门、东太湖各口门、阳澄湖及阳澄湖的出湖口附近断面水质改善效果最为明显。从调度影响范围来看，阳澄湖及周边地区受七浦塘、杨林塘、永昌泾、西塘河影响较大，其中七浦塘引水占入阳澄湖总水量的74%；阳澄湖以北区域受海洋泾、常浒河、白茆塘和张家港影响较大，加大海洋泾和张家港的引水量，同时调度常浒河与白茆塘排水，可实现该区域水体的有序流动。

2017年5月9—18日、6月8—17日组织实施了两轮阳澄淀泖区汛期河网水量水质监测，每次均布设23个监测断面，对现状常规实际调度情况下的汛期前后河湖水体流动及水质变化情况进行监测分析。第一轮监测期间，引水为主，区域整体形成“长江、太湖→阳澄湖及周边、淀泖区→拦路港”的水循环线路，构成“大引大排”的水流格局，有效改善了河网内部水质，有78%的断面达到或优于Ⅲ类水要求。第二轮期间引排结合为主，形成了“长江→区域腹部河网→常浒河、白茆塘→长江”“长江、望虞河→阳澄区腹部、阳澄湖→杨林塘、浏河”“太湖→淀泖区腹部→拦路港”多个水循环线路，改善了阳澄淀泖区内部河网水质和水动力条件，有39%的断面达到或优于Ⅲ类水要求。

基于以上监测数据，开展了流速与水质相关关系的探索分析。流速与水质总体状况的显著相关性并不太强，不同水质指标比较来看，流速与DO相关性相对较大，且表现为离引水水源越近、原有水体滞留情况越严重，流速提升后，对水质的改善作用越明显。结合非汛期、汛期水量水质监测结果发现，非汛期时，要坚持让水体进行长期的有序流动，区域水环境改善效果明显；汛期时，在水体顺势流动的情况下，结合“大引大排”措施，区域水环境的改善效果明显。建议沿江地区充分考虑区域防洪及航运安全，结合区域实际情况以及水位、潮位合理控制闸门开闭及开启高度，同时建议将白茆塘、浏河等河道作为引排结合河道进行调度；在淀泖区内部，发现东太湖口门引水对淀泖区水环境影响不显著，考虑东太湖引水经大运河被削减等因素，建议在大运河淀泖区段选建过水通道，以期更有效地增加区域水环境容量。

5. 研究构建面向“三个安全”的太湖流域综合调度模式

不同水情条件下，流域处于不同调度期，防洪、供水与水生态环境调度的侧重点有所不同。当流域处于防洪调度期（太湖水位在防洪控制水位线以上），流域综合调度应以防洪调度为重心，同时兼顾水生态环境调度与供水调度；当流域处于水生态环境调度期（太湖水位在防洪控制水位线与调水限制水位线之间），以水生态环境调度为重心，同时兼顾供水调度和防洪调度；当流域处于供水与水生态环境调度期（太湖水位在调水限制水位线与2.80m之间），以供水调度与水生态环境调度并重；当流域处于供水调度期（太湖水位在2.80m水位以下），以供水调度为中心，同时兼顾水生态环境调度。

综合太湖综合调度控制要求和基于有序流动的区域水环境调度方案建议等研究成果，提出了现状工况、规划工况下面向“三个安全”流域、区域工程体系综合调度方案：流域工程体系调度方式采用太湖综合调度控制要求研究推荐的太湖、太浦河、望虞河、新孟河等流域骨干工程的调度控制要求建议；区域工程体系调度方式在基于典型片区水体有序流动模式的基础上，综合考虑与流域调度目标的统筹以及流域、区域风险的防控，对相关工程调度进行优化完善后形成以下调度方式：湖西区工程体系优化调度形成“增加引江”的调度方式；武澄锡虞区、杭嘉湖区工程体系优化调度形成“多引多排”的调度方式；阳澄淀泖区工程体系优化调度形成“适度引排”的调度方式。

选取旱涝急转以及台风影响特征的2013年特殊实况年，采用太湖流域水量水质数学模型，模拟分析了现状工况综合调度模式遇2013年特殊实况年对流域、区域的防洪、水资源、水生态环境产生的效益和风险，并采用层次分析法对综合方案在防洪调度期、水生态环境调度期、供水与水生态环境调度期等不同水情期的调度效果进行了综合评价。综合分析来看，与基础方案相比，综合方案能更好地满足不同水情期的调度需求和适应不同水情期的转换要求，且在防洪风险控制、区域水资源条件改善、水源地水质安全保障等方面具有明显效果。

13.2 成果创新性

太湖流域平原河网地区地势低平，河网交织，下游河道受感潮河道影响，流速缓慢且流向反复，受水利工程调控影响较大，水体流动特性研究面临较多影响因素，问题复杂。此外，太湖流域水利工程分属不同的管理主体，流域与区域、区域与区域之间对水利工程调控的需求也不尽相同，防洪、供水、水生态环境安全“三大调度目标”相互交织，很难清晰地确定与简单地分割，统筹协调“三个安全”的流域综合调度难度较大。长期以来，流域水利工程调度研究多数聚焦在保障某单一目标，或是部分区域工程调度优化方面，在

多目标协同的调度理论和技术方法等领域研究较少。本书从理论—技术—示范不同层次系统研究了太湖流域综合调度的内涵、目标指标及调度控制要求，从防洪—供水—水生态环境等不同目标、流域—区域—城市等不同尺度全面构建了保障“三个安全”的流域、区域工程体系的综合调度模式，这是对前人工作的继承和发展，具有重要的理论和实践意义。

本书研究成果的创新性主要体现在以下方面：

（1）研究界定了满足保障流域“三个安全”需求的太湖流域综合调度内涵，首次构建了适用于太湖流域防洪—供水—水生态环境改善的综合调度指标与评价指标体系，该指标体系可用于评价不同水情期流域综合调度状况，识别短板指标，初步解决了太湖流域综合调度方案效应分析与方案优选评估的技术难题；以太湖为中心，从防洪—供水—水生态环境改善问题与需求出发，完善并优化了太湖综合调度目标，提出了太湖综合调度控制要求，可为保障流域防洪、供水、水生态环境安全提供重要基础。

（2）研究界定了太湖流域平原河网河湖水体有序流动的内涵，阐释了平原河网水体的有序流动性，从太湖与出入湖河道水体有序流动的联动模式、典型片区水体的有序流动模式等流域、区域不同层次，建立了河湖有序流动性与水位、水量、水质的响应关系，探索基于有序流动的太湖流域水环境调度关键技术，可为改善太湖流域水环境提供技术方法；注重研究成果的实际应用，以阳澄淀泖区为典型区域，开展研究成果的工程示范，验证平原河网有序流动对河网水环境改善的实际效果，提出了阳澄淀泖区河湖有序流动模式的完善建议，同时为完善太湖流域水量水质数学模型提供大量的实测数据信息。

（3）基于面向“三个安全”的流域综合调度目标实现，集成太湖流域现有调度优化关键技术、基于平原河网有序流动的水环境调度关键技术，综合研究提出了面向“三个安全”的太湖流域综合调度模式，可为太湖流域构建面向“三个安全”的流域综合调度体系提供参考，为提高流域综合管理能力提供科学依据。

13.3 展　　望

随着太湖流域治理的不断推进，经济社会的快速发展和水利工程调度理念的逐步升华，流域水利工程调控在保障流域防洪安全、供水安全和水生态环境安全中的作用愈加明显。然而，流域“水多、水少、水脏”等水问题与经济社会发展的矛盾在未来一个时期仍将存在，流域综合调度是协调矛盾，实现防洪、供水、水生态环境“三个安全”的必然选择和要求，新形势下太湖流域综合治理与管理工作对流域综合调度提出了更高的要求。调度方案是水利工程调度的依据，太湖流域调度方案随流域社情、工情、水情的变化和调度经验的积累不断进行修订和完善，经历了从无到有、从单一到综合的过程。流域调度方案的演进，实质上是经济社会发展需求变化、水利工程体系完善、治水管水思路转变、流域管理能力提高，以及相关省、直辖市团结治水的综合体现。本书研究提出的太湖流域综合调度评价指标体系、流域骨干河湖优化调度建议、区域河网水体有序流动调度方案、面向“三个安全”的流域综合调度方案优化建议，以及完成的基于水体有序流动响应机制的典型示范区域有序流动工程调度实践，可为太湖流域今后调整和修编流域洪水与水量调度方案、优化流域骨干工程调度、编制流域及区域水环境调度方案、制定流域综合调度管理办法、开展重要河湖水体有序流动改善水环境的调水实践等相关工作奠定基础并提供借鉴，有益于促进太湖流域进一步深化流域综合调度实践，发挥水利工程调度的综合效益，为建设流域水生态文明、实现以水资源可持续利用支撑经济社会可持续发展提供技术支撑，具有较好的实用价值和应用前景。

太湖流域平原河网地区是我国城镇化程度最高的地区之一，河网水系相互连通，难以区分上下游，受潮汐影响水流往复，水流动力不足，同时快速的城镇化进程改变太湖流域下垫面及河湖水系，导致水文规律发生变化，且水生态环境受影响因素较多，水资源和水环境承载能力较低，防洪排涝与水环境调度互相影响，调度时上下游水环境问题较为复杂。为保障太湖流域防洪、供水、水生态环境“三个安全”，实现流域生态文明，今后流域治理与管理的工作重点和主要问题集中在以下方面：

（1）区域的水生态环境改善不能单单依靠水利工程引排调控，而要更多地依靠水污染防治、水环境治理、水生态修复等多种措施多管齐下。流域内各省（直辖市）要坚持生态文明理念，根据自身特点，加强顶层设计，发展绿色循环经济、优化产业结构，以水功能区管理、污染物排放总量控制为基础，严格执行污（废）水排放标准，切实加强控源截污，实施污染源治理，落实限制排污总量意见，减少流域废污水排放，同时，因地制宜，采用合适可行的河湖水体修复治理技术开展河湖水体的治理与保护工作。

（2）进一步加快流域治理工程建设，统筹流域、区域工程调度。流域综合调度方案效益的发挥依赖于工程体系的完善、调度管理水平的提高等。因此，需要进一步加快推进新孟河延伸拓浚工程、吴淞江工程、望虞河后续工程、太浦河后续工程等流域骨干工程建设，进一步提高流域洪水外排能力和从长江引水能力。继续强化流域控制性骨干工程的统一调度和管理，合理制定运行机制，优化工程管理体制，不断提高运行管理水平，确保工程安全运行和发挥工程效益。细化流域、区域工程调度管理，加强流域与区域、区域与区域以及各行政区之间的协调调度，强化水利工程联合调度的准确性和衔接性。

（3）进一步加强技术攻关，完善综合调度评价指标体系及水利信息化建设。本书研究提出的太湖流域综合调度评价指标体系主要关注水量和水质，并未设置经济、社会等方面的指标，伴随流域综合管理水平的提高、监测数据的积累，未来需进一步完善流域综合调度评价指标体系；另外，在评价过程中，本书更多地关注流域层面上的综合调度评价指标体系的权重分配，实际上太湖流域与区域综合调度复杂，不同区域的调度需求与问题有所不同，需要构建适应不同区域调度实际的各个区域的综合调度评价指标体系与权重，建议后续开展相关研究。同时，为有效保障流域“三个安全”，离不开完备的水利信息化保障，今后需要进一步完善流域水利资源信息化建设，加强调度管理信息化建设，提高流域江河湖以及水利工程体系的信息化管理水平，为流域综合调度提供技术手段及决策支持。